南京工业大学
江苏省节约用水办公室

工业节水案例与技术集成

季红飞 王重庆 冯志祥 廖传华 编著

中国石化出版社
HTTP://WWW.SINOPEC-PRESS.COM

图书在版编目（CIP）数据

工业节水案例与技术集成/ 季红飞等编著．—北京：
中国石化出版社，2011.12
ISBN 978－7－5114－1258－4

Ⅰ.①工…　Ⅱ.①季…　Ⅲ.①工业用水－节约用水
Ⅳ.①TU991.64

中国版本图书馆 CIP 数据核字（2011）第 224546 号

中国石化出版社出版发行
地址:北京市东城区安定门外大街 58 号
邮编:100011　电话:(010)84271850
读者服务部电话:(010)84289974
http://www.sinopec-press.com
E-mail:press@sinopec.com.cn
北京科信印刷有限公司印刷
全国各地新华书店经销
*
787×1092 毫米 16 开本 25.5 印张 637 千字
2011 年 12 月第 1 版　2011 年 12 月第 1 次印刷
定价:80.00 元

前　言

水是世界上最宝贵的资源之一。随着社会经济的飞速发展和人口的增长，我国用水量与日俱增。随着全球气候和环境的变化，我国水资源的总量正在明显减少，以黄河、淮河、海河和辽河地区最为显著。在水资源日益减少的同时，我国仍存在水资源利用方式粗放、用水效率不高等问题，导致水资源供需矛盾进一步突显。另一方面，工业废水很多都没经过彻底处理甚至根本没经过处理就直接排放，对生态环境造成了巨大的压力。由于水污染而产生的环境事件、公共安全事件甚至重大社会事件层出不穷，水污染制约了社会经济的发展，严重影响到人类的身体健康，直接威胁到人类的生存空间。

为此，受水利部和江苏省水利厅的资助，我们在大量现场调研的基础上撰写了这本《工业节水案例与技术集成》，旨在为生产企业的节水改造及用水管理部门的用水管理提供指南。全书共分九章，第一章概述性地介绍了当前我国的用水现状及面临的问题，指出了节约用水的重要意义；第二章介绍了工业节水的几种途径；第三章深入讲述了循环用水与废水再生回用；第四章至第九章分别详细介绍了火力发电行业、纺织印染行业、造纸行业、钢铁行业、化学工业行业和石油化工行业的生产工艺流程、用水节点及水质水量要求、目前已实施的节水案例、归纳出的节水集成技术，并对采用节水集成技术后可能取得的效果进行了预测分析。

本书由南京工业大学和江苏省节约用水办公室联合编写。参加编写的人员有季红飞、王重庆、冯志祥、廖传华、陈海军、朱廷风，全书由廖传华统稿。全书的编写过程得到了南京工业大学副校长朱跃钊教授与江苏省水利厅的吴毅泽、李春华等领导的大力支持，方向、丁杨惠勤、张华、马雷、武一鸣等研究生做了大量的文字工作，在此表示衷心的感谢。

本书虽经多次审稿、修改，但由于作者的水平有限，不妥及疏漏之处在所难免，恳请广大读者批评指正。

目　　录

第1章　绪　　论

水是生命之源，生产之要，生态之素，人类社会发展一刻也离不开水。在现代社会中，水更是经济可持续发展的必要物质条件。然而，随着社会经济的快速发展，城市化进程的加快，水资源供需矛盾更加突出，水对经济安全、生态安全、国家安全的影响更加突出，成为制约可持续发展的重要因素。因此，企业实行最严格的水资源管理制度，深入推进节水型社会建设，大力加强节水工作，充分挖掘节水潜力，进一步提高节水水平，对缓解当前用水的紧张局面，实现水资源的可持续利用，进而实现经济社会的可持续发展具有重大的意义。

1.1　水的组成与分布

地球上水的分布很广泛，在海洋、冰川、雪山、湖泊、河流、大气、生物体、土壤和地层中，在全球形成了一个完整的水系统，这就是水圈。根据现有资料估算，全球水的总储量为 $13.86\times10^8\text{km}^3$，其中 97.47% 的水是在海洋中（咸水），海洋在地球上的覆盖面积为 71%。陆地上、大气中和生物体中的淡水资源只占很少的一部分，淡水所占比例极少，约为 2.53%，而且多储存于冰川、雪山和深度为 750m 以下的地下，便于取用的河水、湖泊水及浅层地下水等水资源约为全球水的总储量的 0.02%。全球自然界中各种水体的组成与分布见表 1-1。

表 1-1　地球上各种水体的组成与分布

水的形式	分布面积/10^4km^2	储量/10^4km^3	在全球总水中的百分比/%	
			占总水	占淡水
一、海洋水	36130	133800	96.5	
二、地下水	13480	2340	1.7	
其中：淡水	13480	1053	0.76	30.1
三、土壤水	8200	1.65	0.001	0.05
四、冰川冰盖	1622.75	2406.41	1.74	68.7
五、永冻土底冰	2100	30.0	0.222	0.86
六、湖泊水	206.87	17.64	0.013	
其中：淡水	123.64	9.10	0.007	0.26
咸水	82.23	8.54	0.006	
七、沼泽水	268.26	1.147	0.0008	0.03
八、河床水	14880	0.212	0.0002	0.006
九、生物水	51000	0.112	0.0001	0.003
十、大气水	51000	1.29	0.001	0.04
水体总储量	51000	138598.461	100	
其中：淡水储量	14800	3502.992	2.23	100

（1）冰的储水量

全球冰的储水量为 $2406\times10^4km^3$，占全球总储水量的 1.74%，占全球淡水资源的 68.7%，覆盖面积为 $1623\times10^4km^2$，大部分分布在南极，约为 $1398\times10^4km^2$，占冰覆盖面积的 86%。地面冰的储水量见表 1-2。

表 1-2 地面冰的储水量

国家和地区	冰的面积/km^2	储水量/km^3	占总冰储水量的百分比/%
南 极	13980000	21600000	0.897601
格陵兰	1802400	2340000	0.09724
北 极	226090	83500	0.00347
欧 洲	21415	4090	0.00017
亚 洲	109085	15630	0.00065
北美洲	67522	14062	0.000584
南美洲	25000	6750	0.000281
非 洲	22.5	3	0.000000125
新西兰	1000	100	0.00000416
新几内亚	14.5	7	0.000000291
总 计	16232549	24064142	1

（2）湖泊的储水量

世界湖泊水的分布面积为 $206.87104km^2$，储水量约为 $17.64104km^3$。各大洲中面积超过 $100km^2$ 的湖泊共有 145 个，对其中 111 个湖泊的统计，总面积为 $130104km^2$，总储水量为 $16.8104km^3$，其中淡水储量为 $8.65km^3$，占湖泊总储水量的 51.5%，咸水的储量为 $8.14km^3$，占湖泊总储水量的 48.5%。咸水湖主要分布在欧洲、亚洲，淡水湖主要分布在北美洲、南美洲和非洲。世界上最大的淡水湖是位于美国和加拿大之间的苏必利尔湖，面积达 $82000km^2$ 以上；水量和水深最大的淡水湖是俄罗斯的贝加尔湖。世界各大洲的大湖泊见表 1-3。

表 1-3 世界各大洲大湖泊的储水量

大 陆	面积超过 $100km^2$ 的湖泊数/个		总面积/10^4km^2	储水量/km^3	
	总计	统计		淡水	咸水
欧 洲	34	30	43.04	2047	78000
亚 洲	43	24	20.99	27782	3165
非 洲	21	15	19.68	30000	
北美洲	30	20	39.29	25623	19
南美洲	6	21	2.78	913	2
大洋洲	11	1	4.17	154	174
总 计	145	111	129.95	86519	81360

从世界范围来看，农业是最大用水户，农业用水占世界水资源量的三分之二。低收入国家的农业用水量占其总用水量的 91%，而高收入国家的仅占 39%。20 世纪 80 年代，世界农业用水量占总用水量的比例平均为 68%，至 2000 年下降为 60%。从收入水平看，高收入国家的人均用水、年用水量高，城市生活和工业用水的比例较高。从各洲用水发展情况看，全球城市生活和工业用水的比例在不断提高，由 20 世纪 80 年代的 32% 提高到 2000 年的 40%。以欧洲和美国所占比例最大，欧洲由 20 世纪 80 年代的 69% 提高到 2000 年 74%，南美洲由 20 世纪 80 年代的 44% 提高到 2000 年的 62%，北美洲由 20 世纪 80 年代的 53% 提高

到2000年的55%。而亚洲城市生活与工业用水的比例相对较低，在20世纪80年代仅为14%，至2000年为26%。

1.2 中国的水资源现状

我国位于世界最大的大陆，即亚欧大陆的东侧，濒临世界最大的海洋，即太平洋，南北跨纬度约50°，东西跨经度约60°，土地面积约为960×10^4km^2，地域辽阔、地形复杂、气候多样、江河众多、资源丰富，是一个人口众多、社会生产力正在迅速发展的国家。

1.2.1 水资源的分布

(1) 河流水系

我国江河众多，流域面积1000km^{2}以上的河流约5800多条，因受地形、气候的影响，在地区上的分布很不均匀。绝大多数河流分布在我国东部气候湿润、多雨的季风区，西北内陆气候干燥、少雨，河流很少，有面积广大的无流区。

按照河川径流循环的形式，河流可分为直接注入海洋的外流河和不与海洋沟通的内陆河两大类。从大兴安岭西麓起，沿东北—西南走向，经内蒙古高原的阴山、贺兰山、祁连山、巴颜喀拉山、唐古拉山、冈底斯山，直至我国西端的国境线，为我国内陆河和外流河的主要分水界。在此分水界以东，除松辽平原、鄂尔多斯台地以及雅鲁藏布江南侧有几块面积不大的闭流区外，河流都分别注入太平洋和印度洋。外流河区域约占全国土地总面积的65%。在分水界以西，除额尔齐斯河下游流经俄罗斯入北冰洋外，其余的河流都属于内陆河，内陆河区域约占全国土地总面积的35%。我国的河流水系和流域面积如表1－4所示。

表1－4 中国河流水系和流域面积

区域	水系	流 域	流域面积/km^2	占全国总面积的比例/%
外流河	太平洋	黑龙江及绥芬河	875342	9.16
		辽河、鸭绿江及沿海诸河	245207	3.61
		海河、滦河	319029	3.34
		黄河	752443	7.87
		淮河及山东沿海诸河	327443	3.43
		长江	1808500	18.92
		浙闽台诸河	241155	2.52
		珠江及沿海诸河	578141	6.05
		元江及澜沧江	240194	2.51
		小计	4587454	57.40
	印度洋	怒江及滇西诸河	154756	1.62
		雅鲁藏布江及藏南诸河	369588	3.87
		藏西诸河	52930	0.55
		小计	577274	6.04
	北冰洋	额尔齐斯河	50000	0.52
	合计		6114728	63.97

续表

区域	水系	流域	流域面积/km²	占全国总面积的比例/%
内陆河	内蒙古内陆河		309923	3.24
	河西内陆河		517822	5.42
	准噶尔内陆河		322316	3.37
	中亚细亚内陆河		79516	0.83
	塔里木内陆河		1121636	11.73
	青海内陆河		301587	3.15
	羌塘内陆河		701489	7.34
	松花江、黄河、藏南闭流河		90353	0.95
	合计		3444642	36.03
	总计		9559370	100.00

1）外流河流

我国的外流河大都发源于青藏高原东、南部边缘地带；内蒙古高原、黄土高原、豫西山地和云贵高原的东、南地带；长白山地、山东丘陵、东南沿海低山地丘陵的三个地带。发源于青藏高原的河流都是源远流长、水量很大，蕴藏着巨大水力资源的巨川大河，主要有长江、黄河、澜沧江、怒江、雅鲁藏布江等。发源于内蒙古高原、黄土高原、豫西山地和云贵高原的河流，主要有黑龙江、辽河、滦河、海河、淮河、珠江、元江等河流，除黑龙江、珠江外，就长度、流域面积和水量而言，均次于源自青藏高原的河流。发源于东部沿海低山地的河流，主要有图们江、鸭绿江、沂沐泗河、钱塘江、瓯江、闽江、九龙江、韩江、东江和北江等河流，这些河流的长度和流域面积都较小，但大部分河流的水量和水力资源都十分丰富。

2）内陆河流

我国内陆河的水系，由于地理、地形和水源补给条件的不同，在水系发育、分布方面存在很大的差异，大致可划分为：内蒙古、河西、准噶尔、中亚细亚、塔里木、青海和羌塘等内陆河流域。内蒙古内陆河地形平缓，河流短促、稀少，存在着大面积无流区。河西、准噶尔、中亚细亚、塔里木内陆河，气候干燥，但地形起伏较大，在祁连山、天山、昆仑山等高山冰雪融化水和雨水的补给下，发育了一些比较长的内陆河，如塔里木河、伊犁河和黑河等。另有许多短小的河流顺山坡流到山麓，消失在山前或盆地的砂砾带中。青海柴达木盆地的地形和高寒气候使盆地四周分布着许多向中央汇集的短小河流，在盆地中广泛分布着盐湖和沼泽。藏北羌塘内陆河流域的特色是星罗棋布地分布着许多湖泊和以湖泊为汇集中心的许多小河。

我国主要江河的长度和流域面积见表1－5。

表1－5　中国的主要江河长度和流域面积

江河名称	长度/km	流域面积/km²	江河名称	长度/km	流域面积/km²
长　江	6300	1808500	珠　江	2210	442585
黄　河	5464	752443	塔里木河	2179	198000
黑龙江	3101	886950	雅鲁藏布江	2057	240480
澜沧江	2354	164766	怒　江	2013	134882

续表

江河名称	长度/km	流域面积/km^2	江河名称	长度/km	流域面积/km^2
松花江	1956	545594	鸭绿江	790	32466
辽　河	1390	219014	元　江	686	75428
海　河	1090	264617	闽　江	541	60992
淮　河	1000	269150	钱塘江	410	41700
滦　河	877	54412			

注：国外部分的长度和流域面积不计在内。

（2）湖泊

我国是一个多湖泊的国家，据初步统计，面积在1km^2以上的湖泊有2800多个，湖泊总面积达75610km^2，占全国总面积的0.8%左右；全国湖泊的储水量约为$7510\times10^6m^3$，其中淡水的储量为$2150\times10^8m^3$，仅占湖泊储水量的28.7%。

我国的湖泊大致以大兴安岭、阴山、贺兰山、祁连山、昆仑山、唐古拉山和冈底斯山一线为界，此线的东南为外流湖泊区，以淡水湖分布为主，此线西北的湖泊为内陆湖泊区，以咸水湖或盐湖分布为主，但青藏高原还分布着一些淡水湖泊。

我国内流湖泊的总面积为38150km^2，储水量为$5230\times10^8m^3$，其中淡水的储量为$390\times10^8m^3$；外流湖泊的面积为37460km^2，储水量为$2270\times10^8m^3$，其中淡水的储量为$1760\times10^8m^3$。外流湖泊的淡水储量为内流湖泊的4.5倍。

我国主要湖泊的面积和水量分布见表1－6。

表1－6　中国主要湖泊的面积和水量分布

湖泊分布地区	湖水面积/km^2	占全国湖泊总面积的比例/%	储水量/10^8m^3	其中淡水储量/10^8m^3	占湖泊淡水总量的比例/%
青藏高原	36560	48.4	5460	880	40.9
东部平原	23430	31.0	820	820	38.2
蒙新高原	8670	11.5	760	20	0.9
东北平原	4340	5.7	200	160	7.4
云贵高原	1100	1.4	240	240	11.2
其　他	1510	2.0	30	30	1.4
合　计	75610	100.0	7510	2150	100.0

（3）冰川

我国是世界上中低纬度山岳冰川最多的国家之一，南起云南省的玉龙雪山（27°N），北抵新疆的阿尔泰山（49°10′N），纵横数千公里的西部高山，据初步查明现代冰川的面积约为56500km^2，占亚洲中部山岳冰川面积的一半，其中以昆仑山冰川覆盖面积为最大，其次是喜马拉雅山，最小为阿尔泰山。分布于内陆河区域的冰川面积为33600km^2，约占全国冰川面积的60%；分布于外流河区域的冰川面积为22855km^2，约占全国冰川面积的40%。全国冰川的总储水量约为$50000\times10^8m^3$。

我国冰川分为大陆性和季风海洋性两大类型。

1）大陆性冰川

它是在干冷的大陆性气候条件下发育的，具有降水少、气温低、雪线高、消融弱、冰川运动速度慢等特点，主要分布在喜马拉雅山中段的北坡和西段、昆仑山、帕米尔、喀喇昆仑山、天山、阿尔泰山、祁连山和唐古拉山等。

2）季风海洋性冰川

它是在季风海洋性气候条件下形成的，具有气候温和、降水充沛、气温高、消融强烈、冰川运动速度快等特点，主要分布在喜马拉雅山东段和中段、念青唐古拉山东段以及横断山脉部分地区。

我国各山系的冰川面积见表1－7。冰川是“高山固体水库”，星罗棋布分布在全国的西北、西南河流的源头。每当湿润年，山区大量的固态积水储存在天然水库中，而遇到干旱年，由于山区晴朗的天空，气温升高，消融增强，冰川释放大量融水以调节因干旱而缺水的河流。所以，对以冰川融水补给为主的河流具有干旱年不缺水，湿润年水量接近或略小于正常年的特点，这是冰川消融水补给占有相当比例的西北山区河流独具的特色。

表1－7　中国冰川面积

山　脉	主峰高度/m	雪线高度/m	冰川面积/km^2		
			内陆河	外流河	合计
祁连山	5826	4300～5240	1931.5	41	1972.5
阿尔泰山	4374	3000～3200		293.2	293.2
天　山	7435	3600～4400	9549.7		9549.7
帕米尔	7579	5500～5700	2258		2258
喀喇昆仑山	8611	5100～5400	3265		3265
昆仑山	7160	4700～5800	11447.1	192	11639.1
喜马拉雅山	8848	4300～6200	989.4	10065.6	11055
羌塘高原	6547	5600～6100	3188		3188
冈底斯山	7095	5800～6000	845.9	1342.1	2188
念青唐古拉山	7111	4500～5700	122.8	7413.2	7536
横断山	7556	4600～5500		1456	1456
唐古拉山	6621	5200～5800		2082	2082
总　计			33597.4	22885.1	56482.5
所占比例/%			59.48	40.52	100

1.2.2　水资源量

根据地形地貌特征，可将全国的水资源分布按流域水系划分为10大片和69个分区，各分区的名称及分区范围如表1－8所示。

表1－8　中国的水资源分区

分　区	计算面积/km^2	范　围
全　国	9559370	
松花江区	807081	额尔古纳河、嫩江、松花江、黑龙江、乌苏里江、绥芬河

续表

分　区	计算面积/km^2	范　围
辽河区	434882	辽河、浑太河、鸭绿江、图们江及辽宁沿海诸河
海河区	319029	滦河、海河北系四河、海河南系三河、徒骇、马颊河及冀东沿海诸河
黄河区	794712	黄河及黄河闭流区(鄂尔多斯高原)
淮河区	327443	淮河、沂、沭、泗河及山东沿海诸河
长江区	1808500	金沙江、岷沱江、嘉陵江、乌江、长江、汉江及洞庭湖水系、鄱阳湖水系、太湖水系
珠江区	578141	南北盘江、红柳黔江、郁江、西江、北江、东江、珠江三角洲、韩江和粤东沿海诸河、桂南粤西沿海诸河、海南岛和南海诸岛
东南诸河区	241155	钱塘江、闽江和浙东诸河、浙南诸河、闽东沿海诸河、闽南诸河、台湾诸河
西南诸河区	844138	雅鲁藏布江、怒江、澜沧江、元江和藏西诸河、藏南诸河、滇西诸河
西北诸河区	3404289	内蒙古内陆诸河(包括河北省内陆河)、河西内陆河、准噶尔内陆河、中亚细亚内陆诸河、塔里木内陆诸河、羌塘内陆诸河、额尔齐斯河

我国河川径流量(地表水资源量)居世界第六位，列在巴西、俄罗斯、加拿大、美国、印度尼西亚之后，平均径流深284mm，低于全世界的平均年径流深(314mm)，人均占有河川径流量仅为世界人均占有量的1/4，耕地亩均占有河川径流量仅为世界亩均占有量的3/4。

根据水利部门水资源评价工作的结果，全国多年平均水资源总量为$28412\times10^8m^3$，总的分布趋势是南多北少，数量相差悬殊。南方的长江、珠江、东南诸河、西南诸河流域片，平均年径流深均超过500mm，其中，东南诸河超过1000mm，淮河流域平均径流深225mm，黄河、海河、松辽河等流域的平均年径流深100mm，内陆诸河平均年径流深仅有32mm。从水资源地表径流模数来看，南方4个流域片平均为65.4万$m^3/(km^2\cdot a)$，北方6个流域片平均为8.8万$m^3/(km^2\cdot a)$，南北方相差7.4倍。全国年平均地表径流模数最大的是东南诸河流域片，为108.1万$m^3/(km^2\cdot a)$，而最小的是内陆诸河流域片，为3.6万$m^3/(km^2\cdot a)$，两者相差30倍。

我国水资源的地区分布与人口、土地资源、矿藏资源的配置很不适应。南方4个流域片，耕地占全国的36%，人口占全国的54.4%，拥有的水资源占到了全国的81%，特别是其中的东南诸河流域片，耕地只占全国的1.8%，人口为全国的20.8%，人均占有水资源量为全国平均占有量的15倍。松辽河、海河、黄河、淮河4个流域片，耕地为全国的45.2%，人口为全国的38.4%，而水资源仅为全国的9.6%。

我国大部分地区受季风影响较大，水资源的年际、年内变化大。我国南方地区最大的年降水量与最小的年降水量的比值达2~4倍，北方地区达3~6倍，最大年径流量与最小年径流量的比值，南方为2~4倍，北方为3~8倍。南方汛期的降水量可占全年降水量的60%~80%，北方汛期的降水量可占全年降水量的80%以上。大部分水资源量集中在6~9月(汛期)，以洪水的形式出现，利用困难，而且易造成洪涝灾害。南方是伏秋干旱，北方是冬春干旱，降水量少，河道径流枯竭，甚至河流断流，造成旱灾。

1.2.3　水资源的开发利用现状

水资源的开发利用受到水资源的条件、自然环境以及社会经济发展水平等因素的影响。

我国是传统的农业国，水资源开发利用的历史悠久，历代王朝安邦定国、发展生产都离不开兴修水利，特别是在中华人民共和国成立以来，水利事业进入了新的发展时期，平均每年的水利投资占同期国家财政总支出的4%左右，兴建了一批水利工程，提高了防洪抗灾的能力，取得了防洪、灌溉、供水、发电、航运等综合效益，对社会和经济的发展发挥了重要的支撑作用。

水资源的利用主要体现为农业、工业与生活用水三大类。农业用水包括农田灌溉用水和林牧渔业用水，生活用水包括城镇居民生活用水、公共设施用水和农村居民生活用水、牲畜用水等，工业用水包括各类生产企业的生产过程的工艺用水、冷却用水和清洗用水等。其中，农业用水占总用水量的62.7%，工业用水占总用水量的23.7%，生活用水(城镇用水占47.4%，其他用水占52.6%)占总用水量的10.7%，其他用水占总用水量的2.9%。

1.3 水资源的危机

1.3.1 水资源的短缺

20世纪的世界人口增长了近3倍，淡水消耗量也增加了约6倍，其中工业用水增加了26倍，而世界淡水资源的总量基本不变，到20世纪末的人均占有水量仅是世纪初的1/18。目前全球约有24亿人生活在严重缺水的地区。照这种趋势发展下去，到本世纪中叶，世界将有近20亿人缺少饮用水。与此同时，水资源的危机也带来了生态系统恶化和生物多样性破坏，这将严重威胁人类的生存。在全世界水资源的利用上，农业占到了70%，工业占到了近25%，其中发达国家和发展中国家存在着显著的差异。

日益严重的水污染蚕食了大量可供人类使用的水资源。随着工业的迅速发展和城市化进程的加快，目前全世界每年排放的工业废水约为4260亿m^3，这使可供人类使用总量的1/3的淡水资源受到污染，导致本来就很紧张的淡水资源雪上加霜。据联合国教科文组织统计，每天至少有6000人死于与水污染相关的疾病，其中大部分是5岁以下的儿童。

我国是一个干旱严重缺水的国家，多年的平均降水总量为6.2万亿m^3，除通过土壤水直接利用于天然生态系统与人工生态系统外，可通过水循环更新的地表水和地下水的多年平均水资源总量为2.8万亿m^3，占全球水资源的6%，仅次于巴西、俄罗斯和加拿大，居世界第四位，但人均只有2300m^3，仅为世界平均水平的1/4，是全球13个人均水资源最为贫乏的国家之一。扣除难以利用的洪水径流和散布在偏远地区的地下水资源后，我国现实可利用的淡水资源量更少，仅为1.1万亿m^3左右，人均可利用的水资源量约为900m^3。

目前，我国正常年份的蓄水量约为6000亿m^3，全国正常年份的缺水量约为400亿m^3。据有关经济学家预测，到2030年中国工业用水量将增加到2690亿m^3。缺水性质从以工程型缺水为主向资源型缺水和水质型缺水为主转变。水不仅影响工业的发展，成为制约经济发展的主要因素，而且严重影响人民的生活质量和社会安定。

我国水资源的空间分布极不均衡，北方水资源贫乏，南方水资源相对丰富，南北相差悬殊。长江及其以南地区的流域面积占全国总面积的36.5%，却拥有占全国80.9%的水资源总量，长江以北地区的流域面积占全国总面积的63.5%，而拥有的水资源量仅占全国的19.1%。即使在北方地区，水资源的空间分布和土地资源也极不相配。黄河、海河、淮河三大流域的土地面积占全国的13.4%，耕地占39%，人口占35%，GDP占32%，而水资源量仅占7.7%，人均水资源量约为500m^3，耕地水资源量少于6000m^3/km^2，是我国水资源最为紧张的地区。西北内陆河流域的土地面积占全国的35%，耕地占5.6%，人口占2.1%，GDP占1.8%，水资源量占4.8%，属于干旱地区，但因人口稀少，人均水资源量约为5200m^3，耕地水资源量约为24000m^3/km^2。目前，我国部分地区已进入严重的水危机状态，水的问题不得不引起人们的高度重视。

1.3.2 水资源的浪费

一方面是水资源的严重紧缺，另一方面则是水资源的无谓浪费。在输水、耗水和水的重复利用效率等方面，我国与国外水平相比差距较大。

尽管城市节水已经取得明显成效，但是浪费水和用水效率不高的现象仍十分普遍。生活用水器具与城市管网的跑、冒、滴、漏现象十分严重。全国城市供水管网的实际漏失率为20%以上。市政公共用水的浪费更加惊人，其人均生活用水量高达200~900L/d。

工业用水的浪费问题也很突出，以石油加工业为例，我国加工吨油的耗水量是国外的近5倍，其他工业产品的耗水量也均比国外高出数倍。据美国世界观察研究所报告，中国生产1t乙烯所需的水量相当于日本或美国的3~6倍。

尽管我国的水资源如此紧张，但用水效率极其低下，用水浪费现象普遍存在。我国目前的用水量和美国相等，但GDP仅为美国的1/8，全国农田灌溉水的利用系数为0.4左右，而先进国家为0.7~0.8；全国工业万元产值的用水量是发达国家的5~10倍，工业用水的重复利用率不到50%，而发达国家为85%以上。

1.3.3 水污染的加剧

水是工业污染物杂质排放的重要载体。

工业生产过程产生的废水与工业过程密切相关。目前主要的有机废水来源于食品、造纸和化学工业，化工过程产生的废水约占10%。

目前我国每年的污水排放总量已达500多亿t，并呈逐年上升的趋势，相当于人均排放40t，其中相当部分未经处理直接排入江河湖库。在全国七大流域中，太湖、淮河、黄河的水质最差，约有70%以上的河段受到污染；海河、松辽流域的污染也相当严重，污染河段占60%以上。河流污染情况严峻，其发展趋势也令人担忧。从全国情况看，污染正从支流向干流延伸，从城市向农村蔓延，从地表向地下渗透，从区域向流域扩展。

据检测，目前全国多数城市的地下水都受到了不同程度的点状和面状污染，且有逐年加重的趋势。在全国118个城市中，64%的城市地下水受到严重污染，33%的城市地下水受到轻度污染。从地区分布来看，北方地区比南方地区更为严重。日益严重的水污染不仅降低了水体的使用功能，而且进一步加剧了水资源短缺的矛盾，对我国正在实施的可持续发展战略带来了严重影响，而且还严重威胁到城市居民的饮水安全和人民群众的健康。

1.4 节约用水的意义

由上可以看出，中国的水资源问题已严重影响中国人口、资源、环境与经济社会的协调发展，是中国经济社会发展的重要制约因素。因此，在我国，水危机比能源危机更为严峻，节水减排工作已成为我国社会生存和可持续发展的重要前提之一。

节水是指采取必要的现实可行的工程措施和非工程措施，减少用水过程中不必要的损失和浪费，提高水的利用率，更加科学合理和高效利用水资源。一般而言，节水技术大致可分为四个方面：①水资源的合理开发、收集和优化利用技术；②在用水过程中，通过各种工程技术手段、管理手段，达到节水目的的技术；③使用后的废水回收再循环利用技术；④对劣质水进行改造，改变其功能，使之成为可用水的技术。

我国国情、水情和经济社会发展的需要决定节水是我国的一项重大国策，尤其是日益恶化的水环境已严重影响经济社会的可持续发展，治理、改善和保护我国水环境对节水提出了迫切的要求。

1.4.1 节约用水是缓解城市缺水的措施

水资源不足是我国的基本国情，节约用水是缓解当前城乡缺水矛盾的长期硬性措施。

（1）水资源短缺

我国人均水资源量为2091m^3，约为世界人均水资源占有量的1/4，而且分布不均衡，与土地、矿产资源的分布组合不相适应；水资源的年内年际变化大。

（2）缺水严重

目前全国农田灌溉供水不足，仅灌区每年平均缺水超过300亿m^3，缺水严重，已成为农业发展特别是粮食长期稳定增长的严重制约因素。与此同时，在全国669个城市中，有400多个城市缺水，其中比较严重的缺水城市有110多个，全国城市日缺水量为1600万m^3。全国每年因城市缺水影响产值2000亿元以上，影响城市人口约4000万。

实践表明，缓解我国城乡严重的缺水矛盾，必须把节约用水作为一项长期的硬性措施。节约用水可以减少对水资源的无谓占用，从长远观点分析，由于不合理使用而过早过多地占用现有的水资源，会使缺水地区将来为获取新的水资源而付出更大的代价。

1.4.2 节约用水是保护水环境的需要

我国日益恶化的水环境已严重影响到经济社会的可持续发展。治理、改善和保护我国水环境迫切需要加强节水工作。

（1）河流断流

北方河流断流的情况加剧，尤以黄河下游为甚。黄河下游1972～1999年的28年中，利津站断流22年，共计1092天，其中20世纪90年代就有9年连续断流，共计901天，占28年断流天数的83%。断流最严重的1997年，利津站断流13次，共226天。黄河断流的频繁发生，加剧了主河槽的淤积，导致河道排洪能力下降，使工农业生产遭受严重损失，城乡居民饮水困难，严重破坏了生态平衡，恶化了河口地区的生态与环境。

（2）地下水超采

局部地区地下水大量超采。据全国地下水资源开发利用规划调查分析，全国地下水多年平均超采量为71亿m^3，超采区共有164片，超采区面积达18.2万km^2，其中严重超采区面积占总面积的42.6%。辽宁、山东、河北等沿海一些城市和地区，地下水含水层受海水入侵面积在1500km^2以上；北京、天津、上海、常州和西安等20多个城市出现地面沉陷、地面塌陷、地裂缝，其中北京地区最大地面下沉0.6m，天津城区最大地面下沉3.0m。西北内陆一些地区因地下水不断下降，荒漠化及沙化面积逐年扩大，已影响到这些地区的城乡供水、城市建设和人民生存。

（3）污废水量增加

全国的污废水排放量在快速增长，其中大部分未经处理而直接排入水域。据调查，全国主要江河有近46.5%的河段、90%以上的城市水域遭受污染，其中10%的河段污染严重，已基本丧失使用价值，对水资源造成严重破坏，加剧了水资源的紧缺程度。

（4）土地荒漠化

我国还存在严重水土流失、土地荒漠化以及沙尘暴等问题。这些环境问题都是由于水资源过度开发和不合理利用而产生的，因此要通过节水加以遏止。

1.4.3 节约用水能产生巨大的经济效益

节水的效益除了减少用水量的直接效益外，还包括减少资源消耗、减轻环境污染、促进生态改善、保障社会可持续发展、缓解社会用水矛盾、有利社会稳定等间接的、综合的社会效益，因此节水效益是多方面的、长远的，有的可以计量，有的不能计量，有的是短期内就能看到的效益，有的却是“功在当代，利在千秋”。

节水的直接效益，直观反映为用水量的减少，在经济上表现为相应的供水设施投资、运行管理费用、水利供水工程水费、水资源费、排污费等的节省，以及因减少这笔资金的占用而产生的效益。随着水资源紧缺程度的增加和水价水平的提高，供水和节水工程所产生的相对经济效益都在大幅提高，由节水产生的直接经济效益也将越来越显著。节水其他可计量的外部效益，主要表现为分摊因节水而增加的社会纯收入，以及由于减少排水量而节省的相应排水系统和其他市政设施的投资与运行管理费用。

1.4.4 节约用水是实现可持续发展战略的保证

节水是保障我国经济社会可持续发展必须坚持的一项重大国策。

到本世纪中叶是我国实现第三步发展战略目标的关键时期。这一时期，我国人口在2030年后将达到16亿，人均水资源量只有1750m^3，将列为严重缺水的国家。我国实际可利用的水资源量为8140亿m^3。根据国务院批准的《全国水资源综合规划》，2015年全国用水总量控制在6350亿m^3，2020年全国用水总量控制在6700亿m^3，2030年全国用水总量控制在7000亿m^3，到本世纪中叶，我国的用水可能接近可利用量的极限值。

从社会经济发展保障情况看，即使我国在本世纪中叶实现了8000亿～8500亿m^3的供水目标，人均年用水量也只有500m^3（比目前仅增加50m^3），这实际上是目前中等发达国家人均年用水量的下限值。为此，我国必须坚持开源节流并举，把节流放在首位的方针，实现以提高用水效率为核心的水资源优化配置，关键是把节水放在突出位置，以水资源的可持续利用保障经济社会的可持续发展。

1.4.5 节约用水是社会安定团结的要求

从全国情况看，因缺水引发的矛盾冲突已成为社会稳定的隐患。据统计，最近10年内，全国共查处水事违法案件30多万起，调处水事纠纷10余万件，严重影响了当地的社会安定团结，因此节约用水、缓解用水供需矛盾是促进社会安定团结的要求。

1.5 本书的主要内容

我国是一个水资源短缺的国家，人均水资源量仅为2091m^3，在世界银行近年作连续资源统计的132个国家中居第82位，水资源问题已成为经济社会可持续发展的主要制约因素之一。随着社会和经济的飞速发展，水资源的矛盾日益突出。一般而言，越是经济发达的地区，其用水量越大，水资源的紧缺与需求量之间的矛盾就越大。

相对而言，江苏地处长江、淮河流域下游，水资源总量相对丰富，但优质水资源较为缺乏，而且水环境承载能力较弱。目前江苏省全省的年用水总量为550亿 m^3 左右，废污水年排放总量约为63亿t，全省三分之二的河段水质劣于Ⅲ类水，成为典型的水质型缺水地区。

由于水资源的利用率与利用水平偏低，随着经济社会的快速发展，水资源不足的矛盾将更加突出，环境压力也日益加大。虽然"九五"以来，江苏省全面实施可持续发展战略，积极推进经济增长方式转变，加快经济结构调整，积极推行循环经济与清洁生产，加强环境保护和治理，提高资源节约与综合利用水平，并取得了一定的成效，但产业结构偏重，资源消耗较高，经济增长主要依靠资本、资源等要素投入拉动的格局尚未实现根本转变。随着江苏省社会经济的飞速发展，对水的需求也不断增大，但由于水资源时空分布不均，水资源利用效率较低，水污染尚未得到根据控制，致使水资源的供需矛盾日益突出，资源性、水质性、工程性、管理性缺水并存。随着国民经济的发展和城市化战略的实施，这一矛盾还将进一步突出，因此切实加强水资源的保护和节约，提高水资源的利用效率，有效防治水污染，是当前江苏省大力发展经济所面临的一个重大而紧迫的任务，对于促进经济社会的可持续发展具有重要意义。

节水是实现水资源优化配置与可持续利用的前提和关键。研究工业节水技术，加强节水技术改造与推广，既有助于相关企业降低运行成本，实现可持续发展，也是水行政主管部门行使水资源、节约用水统一管理行政职能的具体表现。有鉴于此，在水利部和江苏省水利厅的大力支持和全省各地节约用水办公室有关人员的大力配合下，在对江苏省内用水量较大的企业进行深入调研的基础上，针对某些耗水量较大的产品的工艺流程，通过分析流程中的用水节点及其对水质水量的要求，结合具体的生产案例对节水技术进行剖析归纳，总结出具有一定普适性的节水技术，最后将其进行集成优化，力求使其既能为生产企业进行节水改造提供指导，又能为水行政主管部门进行用水节水管理提供参照。

1.5.1 重点行业的确定

节约用水、高效用水是缓解水资源供需矛盾的根本途径。节水的目的并不在于限制用水，而是通过采用先进合理的用水设备、工艺和技术改造，实现合理用水和科学用水，提高现有水资源的重复利用率，从而降低单位产量、产值的取水量，以较少的投入获得用水的最大综合效益。节水潜力与工业需水量有关，一般来说，工业需水量越大，其节水潜力就越大，采用节水技术所取得的节水效果(即节水量)也越大。因此，本书主要针对取水量较大的工业行业进行了节水案例分析，并在此基础上提出了集成的节水技术。

统计资料表明，火力发电、钢铁、石油、石化、化工、造纸、纺织印染、有色金属、食品与发酵等八个行业的取水量约占全国工业总用水量的60%(含火力发电直流冷却用水)，因此，由国家发改委、科技部、水利部、建设部和农业部于2005年联合制定的《中国节水技术政策大纲》将这几个行业作为我国中长期节水工作的重点。在江苏省范围内，取水量占全省工业总取水量比重较大的行业依次是火力发电、石油及化工行业、造纸行业、冶金行业、纺织印染行业、建材行业、食品行业和机械制造行业，因此在《中共江苏省委、江苏省人民政府关于加快建设节约型社会的意见》(苏发[2006]10号)中指出，应突出抓好这8个用水量大的行业的节水工作，实施800家高耗水企业(单位)节水技改示范工程，开展企业水平衡测试，落实节水管理制度，实施用水定额考核。各类新建、改建、扩建取水项目必须进行用水、节水评估，在工程设计中同时提出节水方案，同步建设节水设施。在水资源短缺地区，限制、淘汰和禁止高耗水项目建设。

我国火力机组发电量占总发电量的80%以上，火力发电是我国取水量最大的行业之一，采用循环冷却的机组容量约占全国机组总容量的60%，但耗水量约占83%，耗水量比美国同类电厂高2倍以上。对于江苏省而言，火力发电几乎是满足电力需求的全部，大大小小的火力发电厂随处可见，随着经济社会的飞速发展，对电力需求的不断增加必将促使火力发电厂的容量进一步扩大，因此对全省范围内的火力发电厂的运行现状进行调查分析，提出节水技术是江苏省节水工作的首要任务，也是本书的主要内容之一。

我国是纺织服装生产大国，印染加工在整个纺织服装生产链中具有承上启下的作用，具有丰富的原料和巨大的消费市场。但印染是高耗水、高污染行业，其用水量约占全部纺织工业用水的80%。印染产业的发展必须重视保护环境，提高水资源利用效率，大力推广清洁生产，以生态环保理念开发并推广各类减少污染、节约能源、利于健康的新技术和新产品。江苏省是纺织印染大省，其产能约占全国1/3左右，因此对纺织印染行业加强节水技术的开发与改造对实现节约用水，缓解水资源的供需矛盾意义重大。

现代造纸工业是技术密集型、资金密集型、资源和能源消费型的产业。目前，江苏省造纸工业机制纸及纸板的总产量突破1000万t，并经过一系列的产业结构调整，已成为全国造纸大省和造纸强省。但造纸工业是用水耗能大户，也是工业污染的主要产业之一。虽然江苏省已将原先排污不能达标的碱法草浆制浆造纸企业关停或调整原料结构改用废料和商品木浆、苇浆进行生产，引进的外资造纸企业全部采用商品木浆和废纸为原料，生产用水量较小(吨纸用水量均在20m^3以下)，但大多数中小型造纸企业的吨纸用水量依然较大，因此在造纸行业大力开展节水减污，既具有较大的环境效益，更能取得一定的经济效益。

钢铁产业是国民经济重要支柱产业，产业规模大、关联度高、涉及面广，在国民经济和社会发展中具有重要作用。进入21世纪，江苏省的钢铁产业持续较快发展，已成为全国重要的钢铁产业基地之一。2008年，全省钢铁行业实现销售收入6284亿元，生产生铁3858万t，粗钢4864万t，钢材7364万t，均占全国的1/10左右，但90%的铁钢产能均集中在沿江两岸，环境压力较大，而且由于水、电等资源消耗增加，环境要素制约增大。为此，江苏省人民政府决定加快建设钢铁产业循环经济体系，采用大型化、连续式、高精度、低损耗冶炼和轧制设备，集成式、循环型工艺流程，努力使全行业的吨钢综合能耗降到0.65t以下，吨钢新水消耗量降到5t以下，低于全国平均水平。同时积极开展清洁生产，加强“三废”综合利用，使工业用水复用率达到95%。由此可见，大力开发新型节水技术，节约水资源对实现江苏省乃至全国钢铁行业的可持续发展具有重要意义。

石油和化学工业是中国国民经济的重要基础产业和支柱产业，在经济建设、国防事业和人民生活中发挥着重要的作用。目前，全行业有不同规模和所有制企业10万余家，其中规模以上企业2万多家，20余种主要产品的产量位居世界前列。石油和化学工业也是江苏省的支柱产业，在全省范围内很多地方都建有化学工业园区，仅南京周边地区就有扬子石油化工公司、南京化学工业公司、金陵石化有限公司及仪征化纤股份有限公司四大家。但石油和化学工业具有资源、能源密集的特点，属高污染、高危险产业。能源和水资源短缺严重制约着石油和化学工业的发展，因此必须进一步增强节能、节水、节地等节约各种资源的意识，大力发展循环经济，提高资源综合利用效率。

有鉴于此，本书着重针对江苏省用水量较大的火力发电、纺织印染、造纸工业、钢铁工业、化学工业、石油化工等高耗水行业，选取了一些在生产工艺与节水改造方面具有代表性的企业，对其用水节水的现状进行了调研剖析，以作为技术集成的基础。

需要说明的是，虽然建材行业与食品行业也是高耗水行业，但目前江苏省范围内的建材行业以水泥产量居多，而水泥生产大多已淘汰了落后的立窑生产线，改用先进的干法转窑法，因此其耗水量已大大降低。而食品行业虽然耗水量大，但由于从事食品生产的企业规模小、分布零散，从个体来看，其耗水量并不算大，因此本书在探讨高耗水行业的节水技术时，没有将建材与食品这两个行业计入，但并不意味这两个行业不需要进行节水，只是在其他高耗水行业中探讨的节水技术等有相当部分可适用于这两个行业，从而达到节水减排的目的。

1.5.2 案例选取的原则和方法

近几年，包括江苏省在内的全国各地都已完成了一定的节水改造项目，所采用的节水技术也多种多样。为了选取典型案例进行节水技术的剖析，经过多方面的分析比较，确定了如下的选取原则和方法：

（1）案例选取的原则

选取典型案例必须遵循先进性、经济性和可推广性这一原则。

先进性：即要求所选取案例的主生产工艺及所采用的节水技术均具有一定的先进性。主生产工艺的先进性一般由单位产品的物耗与能耗来衡量，而节水技术的先进性一般根据节水效果来判定。一般说来，生产工艺越先进，其自身的耗水量也就越低，为实现节水所采用的技术也就越先进，否则就无法达到节水的目的。

经济性：是指采用的节水技术可能取得的效益，包括经济效益、环境效益和社会效益。只有经济性较好的节水技术才能被市场认可和接受，才有发展的前景。另外，经济性还有一个重要的评价指标，即投资费用。在经济性和投资费用之间应有一个最优评价。

可推广性：是指所采用的节水技术需具有一定的普适性，能在多个行业或某一行业的不同生产工艺中应用并取得相当的节水效果。

（2）案例选取的方法

根据上述原则，在选取典型案例时采用了现场调研、地方推荐和专家评估的方法。

现场调研：通过现场调研，对进行节水改造的企业进行了大范围的调研，通过分析其生产工艺流程及取得的节水效益而确定是否选为典型案例。

地方推荐：目前，实施节水改造的企业大多都是直接在当地水行政管理部门的支持与帮助下进行，各地方节约用水办公室对各节水案例的了解更加深入，因此，在选取典型案例时采用了地方推荐这一方法。

专家评估：节水技术是多门学科与技术的结合，不同行业的生产工艺不同，所采用的节水技术也各异。为了全面了解各节水案例的先进性，采用专家评估选取典型案例可有效避免盲目性。

1.5.3 技术集成的原则

本书在编写过程中，本着“立足江苏，面向全国”的原则，针对江苏省的工业布局，在选定的火力发电、纺织印染行业、造纸行业、钢铁行业、化学工业、石油炼制与化工等六类高耗水行业中，首先根据产量的大小及其在国民经济中的作用，选取一些有代表性的产品，然后每种产品选取3~5家生产工艺相对比较先进、节水改造工作做得较好的企业进行实地调研，通过对各个节水案例进行深入剖析，总结该技术在节水方面的先进性，并结合文献资料中介绍的全国其他省份相关企业已开发或采取的节水技术和措施，同时根据生产工艺流程中用水节点对水质水量的要求，提出一些新的节水技术，然后采用“嫁接”的方法将不同企业采取的不同节水技术进行集成，“设计”出一个集各种节水技术于一体的“完美”生产流程，并对可能取得的节水效果进行了预测，以期作为各相关企业进行用水管理和节水改造的指导，也作为政府有关部门从事用水节水管理的参照。

参考文献

[1] 崔玉川. 城市与工业节约用水手册[M]. 北京：化学工业出版社，2002.
[2] 廖传华，顾国亮，袁连山. 工业化学过程与计算[M]. 北京：化学工业出版社，2005.

第2章　过程工业节水减排的基本途径

随着工业水平的提高，我国工业用水总量正不断增大。传统的用水模式如图2－1所示，用水系统中的各用水单元分别采用新鲜水，然后将使用过的水汇集后排入水处理系统，经水处理单元分别去除不同的杂质后再排放到自然生态环境的水体大循环中。但由于管理不善或没有综合利用，污废水的排放量也很大，这样一方面造成水的大量浪费，另一方面又对环境造成严重的污染，进一步加剧用水的紧张状态，形成恶性循环。据分析，目前我国万元工业增加值的用水量比工业发达国家要高出3～4倍，因此我国节约用水的潜力相当大。

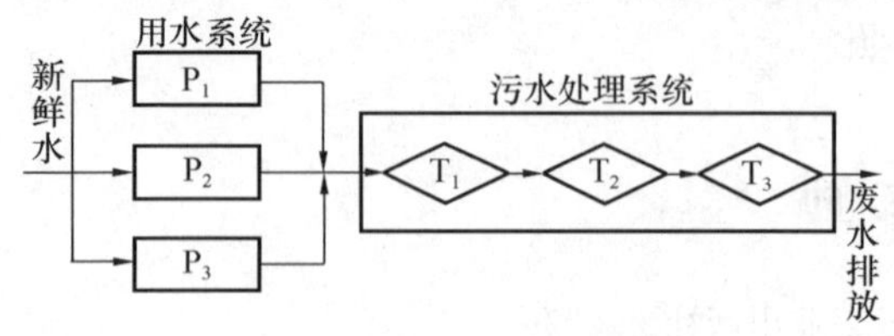

图2－1　传统的用水模式

P—用水单元；T—污水处理单元

节约用水、高效用水是缓解水资源供需矛盾的根本途径。然而，节水的目的并不在于限制用水，而是通过采用先进合理的用水设备、工艺和技术改造，实现合理用水和科学用水，提高现有水资源的重复利用率，做到按品质供水，一水多用，从而降低单位产量、产值的取水量，以较少的投入获得用水的最大综合效益。

在节水的技术层面上，实现工业节约用水的途径和措施很多，主要有以下几个方面：

（1）工程节水

是指用水户通过对用水系统和排水系统进行改造，使其达到节约用水的目的。一般地，对用水系统进行改造的主要目的是实现重复用水，而对排水系统进行改造的目的是实现废水的处理与回用。

重复用水是根据工业生产过程中各用水环节对水质的不同要求，通过对用水系统进行改造而提高水的利用效率，进而实现节水的目的。其内容主要包括改变生产用水方式（如改单次用水为循序用水，改直流用水为循环用水），提高水的循环利用率及回用率，统称提高水的重复利用率。

提高水的重复利用率通常可在生产工艺条件不变的情况下进行，是比较容易实现的，因而是工业节水前期的主要节水途径，但提高水的重复利用率涉及很多具体条件，特别是思想认识、技术条件、经济条件等，总体上讲提高工业用水系统的重复利用率是一项长期任务。

随着工业的飞速发展，用水量及排水量正逐年增加，而有限的水资源又不断被污染，因而导致水资源的供需矛盾越来越尖锐。在这种情况下，通过污水处理并实现回用是一种最为现实可行的节水途径。

（2）管理节水

是从管理的角度，结合企业目前的用水状况，制定更加合理的用水定额，通过加强行政管理、技术管理和经济管理等手段，以减少优质水资源的损失，提高企业的用水效率，从而实现节水的目的。相对于工程节水，管理节水有时可以取得立竿见影的效果，其潜力很大，不容忽视。

（3）工艺节水

通过实现清洁生产、改变生产工艺，采用少水或无水生产工艺和合理进行工业生产布局，以减少水的需求，提高水的利用效率。例如，用空气冷却代替水冷，用干法洗涤代替湿法洗涤、逆流洗涤工艺等就属于这类方法。采用这类方法后，可减少过程的需水量，从而达到节水减排的目的。

工艺节水涉及工业生产原料、生产工艺、流程和设备、生产规模和产品结构，以至工业生产布局等，几乎涉及工业生产的各个方面，因此工艺节水是更为复杂、更加长远的任务，是工业节水的长期目标。

（4）设备节水

是指采用与同类设备相比具有显著节水功能的设备或检测控制装置，使企业的用水量明显减少，从而达到节约用水的目的。

（5）非常规水源的开发和利用

是指大力开发除井水、河水等常规水源外的非常规水源的利用。一般来讲，非常规水源主要包括海水、雨水和建筑中水。

2.1　工 程 节 水

所谓工程节水，就是用水户通过对用水系统和排水系统进行工程改造，使其达到节约用水的目的。对用水系统进行的改造是根据工业生产中各用水环节对水质的不同要求，将某一些用水环节的排水直接或适当处理后作为另一些用水环节的供水，使水得以重复利用的一种节水方式，主要有两种：循序用水和循环用水。对排水系统进行的改造主要是指通过对排放的废水进行深度处理回用而实现节约用水。

2.1.1　循序用水

循序用水系统，也称重复用水系统、串联用水系统，是根据工业生产中各用水环节对水质的不同要求，将某一些用水环节的排水直接或适当处理后作为另一些用水环节的供水，使水得以顺序重复利用的一种供水方式。这种节水的方法一般只要对工业生产中各用水环节的水量、水质情况进行调查分析，加以统筹考虑，在加强管理的基础上，一般是不难做到的。在工业生产中，重复用水主要体现为一水多用与污水回用。

一水多用是将水源先送到某些车间，使用后或直接送到其他车间，或经冷却、沉淀等适当处理后，再送到其他车间使用，然后排出。例如，可以先将清水作为冷却水用，然后送入水处理站，经软化或除盐后作锅炉供水用。也可将冷却水多次利用后作洗涤、洗澡用。

工业企业中有些环节出来的水质较差，如果经过适当的处理，往往可以回用或降级用于其它环节中去，以达到节水的目的。例如在采煤洗煤工业中，其浮选尾矿水排放量较大，这种废水中含有大量细颗粒黏土类物质及微粉煤，直接排放一方面浪费水源，另一方面也污染环境。这可采用混凝沉降的技术处理，即在洗煤废水中加入聚丙烯酰胺 4mg/L 左右，将洗煤废水在沉降槽（或沉淀槽）中混凝沉降，所得澄清液即可回用于原洗煤过程中。沉降槽中排出的污泥主要为细粉煤及泥石灰等，并含水 65% 左右，可加入 25mg/L 的聚丙烯酰胺进一步脱水回收。

在钢铁工业的高炉气湿式集尘时会产生集尘废水，这种集尘废水呈灰黑色，固含量约为 300mg/L，可加入 0.5mg/L 的聚丙烯酰胺，使固含量降低到 50mg/L，然后继续回用于湿式集尘的洗涤中。

对于一些运输单位的车辆洗涤，也可用生活污水如淋浴水经净化后代替清水作洗车用。例如将淋浴水经收集后加铝盐，如明矾、碱式氯化铝等，必要时再添加微量的聚丙烯酰胺，即能获得无色透明、无臭、pH 值为 7 左右，符合洗车用水要求的水。当夏日因水中含有的有机质变质起味时，可加入少量的氧化剂，如漂白粉或过氧化氢溶液即可消除异味。

在造纸工业中产生的白水也可用气浮法回收其中的纤维，经处理后的水可在工艺过程中循环回用。在气浮过程中可以使用硫酸铝、碱式氯化铝或聚丙烯酰胺作聚凝剂以提高处理效果，同时在处理中还要防止细菌大量繁殖，以免对水质造成不利影响。

循序用水实现了“优水优用、劣水劣用”，是较为经济合理的一种用水方式，可提高水的重复利用率，达到节约用水的目的。

2.1.2　改直流水为循环水

在工业生产中，需要冷却的设备差别很大，归纳起来有以下类型：冷凝器和热交换器；电机和空压机；高炉、炼钢炉、轧钢机和化学反应器等，用水来冷却这些设备的系统称为冷却用水系统。许多工业生产中都直接或间接使用水作为冷却介质，因为水具有使用方便、热容量大、便于管道输送和化学稳定性好等优点。据一般估计，在工业生产中约 70% ~80% 的用水是冷却水，如一个 10^5kW 的火力发电站，其冷却用水量达 $900m^3/h$；一个年产 3500t 聚丙烯的化工设备，其冷却用水量达 $3000m^3/h$。工业冷却用水中的 70% ~80% 是间接冷却水。间接冷却水在生产过程中作为热量的载体，不与被冷却的物料直接接触，使用后一般除水温升高外，较少受污染，不需要较复杂的净化处理或者无需净化处理，经冷却降温后即可重新使用。

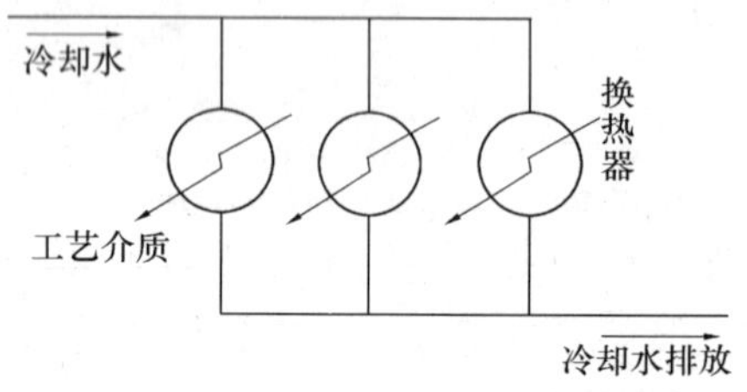

图 2 – 2　直流冷却水系统流程

冷却用直流水是指换热器或机泵等设备直接用新鲜水来冷却，且用后即排放的情况，其系统流程如图 2 – 2 所示。直流冷却水系统的优点是设备简单，不需要冷却构筑物，操作比较方便，一次性投资少；缺点是消耗水量大，且携带的大量热量会造成纳水体的热污染，所以只有在水源极其丰富的地区或用水量极小的系统才能采用。

冷却用直流水造成了水的浪费，不仅增加了企业的新鲜水用量以及污水排放量，而且会造成热污染。为了节约水资源、减少对环境水域的污染，这种系统(除了用海水的直流冷却水系统外)在国外已被淘汰，国内虽有一些中、小型企业仍在使用，但随着国内各项节水政策的制定和实施，也将逐渐被循环冷却水系统所代替。

只要循环水的水温能够满足要求，就应改用循环水；循环水的水温不能满足冷却要求的，可以用新鲜水冷却，但用后的水应按新鲜水合理地再利用。

企业中的间接冷却设备以及机泵冷却应尽量使用循环水，但要考虑以下几个方面因素：

① 一些设备如果采用循环水冷却，由于腐蚀等原因会要求提高循环水的水质，这样会增加循环水的处理费用，是否采用需要考虑经济、环境等因素；

② 一些设备由于与循环水管道的距离较远，或由于设备等原因从循环水管道引水困难，是否采用循环水冷却需要考虑经济因素；

③ 一些设备要求水温较低，循环水不能满足其要求，此时虽可采用新鲜水，但应考虑合理利用其排水；

④ 冷却油泵等的换热设备的循环水会因换热设备泄漏而导致污染，一般是直接排到含油污水井，这部分循环水可以通过加强现场管理而避免直排，一旦发现设备泄漏应及时维修。

2.1.3 工业废水的深度处理与回用

工业废水的回用是指将工业生产过程中产生的废水经处理后再用于工厂内部，以及工业用水的循序使用、循环使用等。

（1）废水回用的类型和途径

废水回用分为间接回用、直接回用、再生回用和再生循环利用四种类型。

1）间接回用

水经过一次或多次使用后成为工业废水，经处理后排入天然水体，经水体缓冲、自然净化，包括较长时间的储存、沉淀、稀释、日光照射、曝气、生物降解、热作用等，再次使用，称为间接回用。

间接回用又分为补给地表水和人工补给地下水两种方式。

① 补给地表水　废水经处理后排入地表水体，经过水体的自净作用再进入给水系统。

② 人工补给地下水　废水经处理后人工补给地下水，经过净化后再抽取上来送入给水系统。

2）直接回用

直接回用是指从某个用水单元出来的废水直接用于其他用水单元而不影响其操作，又称为水的优化分配，如图 2－3 所示。

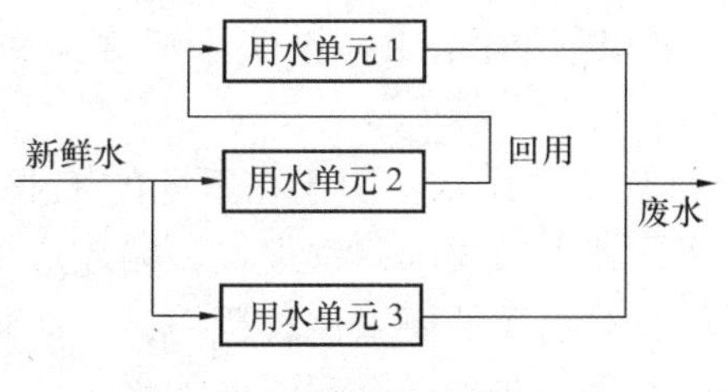

图 2－3　废水的直接回用

一般来说，从一个用水单元出来的废水如果在浓度、腐蚀性等方面满足另一个单元的进口要求，则可为其所用，从而达到节约新鲜水用量的目的。这种废水的重复利用是节水工作的主要着眼点，其中最具节水潜力的是回用于工业冷却水方面。

相对于其他节水方法来说，废水的直接回用通常所需的投资和运行费用最少，因此是应该首先考虑的节水方法。而且，在考虑废水的再生回用和再生循环之前，也应先考虑废水的直接回用。

直接回用与间接回用的主要区别在于，间接回用中包括了天然水体的缓冲与净化作用，而直接回用则没有任何天然净化作用。选择直接回用还是间接回用，取决于技术因素和非技术因素。技术因素包括水质标准、处理技术、可靠性、基建投资和运行费用等，非技术因素包括市场需要、公众的接受程度和法律约束等。

3）废水再生回用

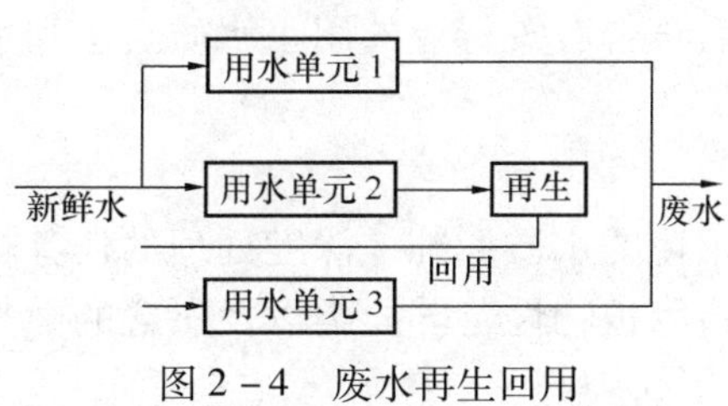

图 2－4　废水再生回用

从某个用水单元出来的废水经处理后用于其他用水单元，如图 2－4 所示。

在采用废水再生回用方法时，由于再生回用后的废水将被排掉，所以与再生循环相比，不会产生杂质的积累，在这一点上，废水的再生回用优于再生循环。但是，再生回用时，使用再生水的用水单元接收的是来自其他单元的废水，虽然经过了再生，但其他单元所排出的一些微量杂质可能未在再生单元中去除掉而带入到该单元，有可能影响该单元的操作，这一点要予以注意。

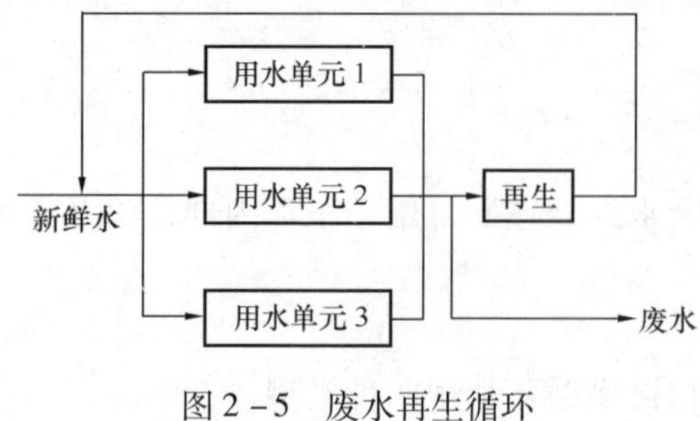

图 2-5　废水再生循环

4）废水的再生循环

从某个用水单元出来的废水经处理后回到原单元再用，如图 2-5 所示。

在再生循环水网络中，废水处理脱除杂质再生后又可回用于本单元。由于水可以一直循环使用，因此再生水量可以充分满足系统的要求，使得这种结构的水网络可以最大限度地节约新鲜水的用量和减少废水的排放，而且，如果杂质再生后浓度足够低，系统就可能只需要输入补充水量损失的新鲜水，而实现用水系统废水的"零排放"。因此，再生循环水网络具有重要的意义。

但是，在废水的再生循环中，由于废水一直在循环使用，会出现杂质的积累，对此要注意并需有相应的措施以保证用水系统的正常运行。

5）回用途径

① 冷却用水：冷却水在工业生产用水中占有很大的比例，一般约占 70% ~80% 或更多，且水质要求相对较低，因而是废水回用的大户和主要对象。

② 锅炉补给水：由于水质要求高，特别是超高压锅炉，因此在近期内还不可能普遍利用。

③ 工艺用水：由于在不同的工业之间、同一工业的不同工厂之间和同一工厂不同工段之间，其水质要求差别很大，因此应根据工艺过程对水质的要求而定。一般食品加工、医药等工业对水质的要求比较严格，因而限制了再生水的利用，而木材、采矿等工业则对水质的要求不高，非常适合利用再生水。

工业废水的回用有着广阔的前景，但从目前看，回用的范围和回用的水量还很小，其潜力是很大的。

（2）工业废水回用对水质的要求

1）冷却用水

根据冷却系统的类型和换热器金属材料的性质而有所不同。对水质的要求是：在热交换过程中不产生结垢；对冷却系统不产生腐蚀作用；不产生过多的泡沫；不存在有助于微生物生长的过量营养物质。

2）锅炉补给水

水质要求随锅炉压力的增高而提高。由于对水的硬度、溶解性固体等水质指标要求非常高，因此必须经深度处理，使回用水的水质符合相应锅炉用水的水质标准。

3）工艺用水

不同类型工业的水质要求差异很大，回用水的水质需符合有关行业的用水水质要求和水质标准。

（3）工业废水回用的处理

要实现废水的回用，必须使出水水质符合具体回用用途的水质标准。深度处理的任务就是去除废水中含有的呈悬浮状和溶解状的有机物、氮和磷等植物性营养盐类以及所含的微量溶解性无机盐与微生物，使出水水质达到符合回用要求。

工业废水回用的处理流程大致由下列环节组成：去除沉降、浮游和漂浮性物质；去除构成浑浊度的成分和胶状物质；去除溶解的无机物，包括有毒有害物质；去除有机物，消除其毒害性；保证水回用的安全性。

对于工业回用水处理而言，采用较多的是前述的物理、化学和物理化学方法，但生物处理法在去除易被微生物降解的悬浮性、溶解性有机物或无机物方面仍具有重要地位。

由于工业废水的成分复杂，回用对象也不同，因此工业废水的回用处理很难形成通用定型的模式，需根据具体的处理对象和回用类型，有针对性地采用前述各种水处理方法中的一种或几种的组合，使出水水质达到回用的标准。

2.2　管理节水

所谓管理节水，是指分别从行政、技术和经济的角度出发，结合企业目前的用水状况，建立健全的节水管理网络，完善各种节水管理制度，制定更加合理的用水定额，提高企业的用水效率，从而起到节水的目的。

2.2.1　行政管理

行政管理是指依据国家有关节水的政策法令，通过采用行政措施对节水工作实施的管理，是一种见效快且最直接的管理方法。

节水行政处罚程序一般有两种：简易程序和一般程序。

行政管理的内容包括计划用水管理、节水“三同时”管理和节水型器具管理。

(1) 计划用水管理

计划用水管理是节水管理机构通过节水行政管理这一带有强制性、指令性的手段，对用水单位合理下达计划用水指标，并定时实施考核，厉行节奖罚超，严格控制用水单位的新鲜水取用量，促使其采用管理和技术措施，做到合理用水、节约用水。

(2) 节水“三同时”管理

节水“三同时”管理是实现节约用水的重要行政管理措施，是指新建、改建、扩建项目的主体工程与节水技术措施要同时设计、同时施工、同时投入使用。

(3) 节水型器具管理

节水型器具的管理主要是通过法律和行政措施，对节水型器具的生产、销售和使用三大环节实施的有效管理，以杜绝假冒伪劣产品和落后淘汰产品的继续使用。

2.2.2　技术管理

技术管理包括用水定额的制定和管理、水平衡测试管理以及节水技术的科研管理。

(1) 用水定额的制定和管理

用水定额的制定和管理是实现科学用水的基础性工作。工业企业在产品生产过程中，用水定额一般可用单位产品取水量、万元产值取水量和职工人均日生活取水量三种方式表达，反映了用水量标准以及生产和用水之间的内在联系，但不同生产单元在用水结构、用水方式、性质、量值上存在差异。

用水定额管理具有很强的行政和技术管理职能，是体现用水科学管理的必要手段。用水定额管理的工作十分复杂，为实施合理、高效的用水定额管理，必须坚持统一领导，分级管理的原则。各地区、各部门要在国家和省用水定额的基础上，根据各自的实际情况，制定相应的用水定额管理办法实施细则，使管理工作具有切实的可操作性。

用水定额管理工作的实效主要体现在用水定额的贯彻实施和用水定额的及时修订两大环节上。

1）用水定额的贯彻实施

用水定额的贯彻实施是制定用水定额的根本目的，即通过以用水定额为主建立一套节约用水考核指标体系（编制、下达和考核用水计划）来实现用水节水的科学化管理。

2）用水定额的修订

用水定额的修订一般有定期修订和不定期修订两种。定期修订是指在生产工艺和技术水平以及生产用水水平提高的前提下，原有用水定额水平已不适应新的生产和用水状况而进行的修订，包括对不完善用水定额的修改和充实。其年限一般采用三年制；不定期修订是指在采用新的节水生产工艺和设备及实施节水技术改造项目后，使生产用水水平有了较大提高的前提下，原有的用水定额水平已明显滞后，为此而及时进行的用水定额的修订。

（2）企业水平衡测试管理

水平衡测试是加强工业企业对水进行科学管理行之有效的管理手段，是搞好节水工作的基础。开展水平衡测试是解决当前用水现状不清、节水潜力不明、用水管理不科学的重要手段，对管理部门具有重要意义：一是不同地区的不同行业、不同设备，其用水工艺存在一定差异，通过水平衡测试工作可以掌握当地企业的用水现状；二是通过水平衡测试为制定和下达企业用水计划和加强日常考核提供依据；三是通过了解企业用水现状，能正确评价企业用水水平，找出企业各主要用水环节的节水潜力，为制定节水规划提供依据；四是通过水平衡测试，便于和同类企业、同类产品的用水水平相比较，推动企业节水工作的深入开展；五是培养一批熟悉本企业用水现状、素质较高的用水管理人员；六是通过水平衡测试，为提高工业用水统计精度，实施取水许可制度和年度用水审验提供基本保证；七是为摸清用水现状，制定供水、节水及污水处理规划提供可靠依据。与此同时，水平衡测试也可为企业纳入城市用水计划、最终实现节水型工业提供保证。

（3）科研管理

节水科研管理是节水科技开发管理的重要组成部分，它是指依据科研活动的规律性和特点，在节水科研工作中采用计划、组织、协调、控制和激励等手段，为实现最大的经济、社会效益和节水效益而进行的一系列管理活动。其主要作用是依靠科技力量，合理地计划开发利用水资源；组织对节水科研的探索、预测、规划和评价；尽快将节水科研成果转化为生产力；保证和监督科研计划的正常进行；为节水科研的发展建立充分的科学理论储备和技术储备。

1）节水科研管理的内容

节水科研管理涉及的内容较多，主要包括：节水科研预测，并制定节水科研规划；节水科研经费管理；节水科研项目管理，即项目选定、项目论证和组织实施等；成果鉴定、评价和成果推广；节水科研条件和信息的管理；节水科研人员的管理和科学技术交流活动。

2）节水科研预测和规划

节水科研预测是通过对水资源储量和社会经济发展的需水量规律等，进行综合评价和预测来制定社会发展用水及节水的科研预测，为取得最佳科研成果奠定基础。

节水科研规划是指根据节水科研预测和展望，制定较长期的节水科研总体战略计划，确定节水科研发展战略方向、目标、决策和措施。

3）节水科研经费管理

在节水科研的整个过程中，节水科研经费是确保科研工作开展以及决定科研活动的规模和深度的关键环节。节水科研经费的管理一般通过专款专用和针对节水科研项目拨款使用的方式来实现。

4）节水科研项目管理

节水科研项目是节水科研管理的中心内容，具有明确的研究方向和内容，其最根本的目的就是与生产、社会经济发展相结合，提高合理用水水平，降低单位产品的用水量，提高用水效率，实现用水的科学化要求。

2.2.3　经济管理

节水经济管理是指运用经济手段，充分发挥经济杠杆的作用，调节、控制、引导用水行业，从而达到合理用水和节约用水的目的。节水经济管理是节水管理的一项重要手段，在实践中，很少单独采用，往往与行政手段和技术手段同时进行。

节水经济管理的基本原则是根据客观规律来制定在运用经济手段实施用水和节水管理中必须遵循的要求和准则。

在社会主义市场经济体制下，合理运用经济手段进行用水节水管理，充分发挥经济杠杆的调节作用，对水资源的合理开发和有效利用有着重要的作用：

(1) 可调动各方面节水的积极性，形成巨大的节水动力

节水活动的持续、深入、健康发展需要有内、外推动力，需上下左右各方面的积极性。产生这一推动力和积极性的手段之一就是制定并执行适宜而有效的、以物质利益为作用机制的经济政策和经济方法。实践证明，像用水的节奖超罚，经济目标责任制等经济方法和经济政策对促进节水工作起了很好的推动作用。

(2) 可有效控制浪费水的现象

长期以来，由于人们对水资源合理开发利用的认识不足，加上供水价格偏低，致使许多人不重视、不关心节水，用水方面存在许多浪费现象，因此，采用一定的经济政策，发挥经济杠杆的调节作用，如征收水资源费，提高水价，实行计划用水管理，超计划累进加价收费，用水类别差价、季节差价等，对节约用水起到了积极的促进作用。

(3) 可更好地发挥科学技术节水的作用，促进节水技术的进步和节水技术改造措施的建设

节约用水的根本出路之一在于不断地采用先进的节水技术、节水工艺和节水设备，改造原有不合理的、浪费水的用水工艺和设备，采用一定的经济手段，如将超计划用水加价费用用于节水技改项目和节水工程的建设，专款专用，或对节水技改项目给予低息贷款，适当补贴等，无疑会对促进节水技术的进步起到重要作用。

(4) 可创造更好的节水经济效益、环境效益和社会效益

一切节水活动的宗旨都要以最小的代价换取最大的成果，无论是节水管理工作，还是节水工程建设，都要从经济效益出发，以最少的人财物消耗换取最佳的节水效果。

2.3 工艺节水

生产过程所需的用水量是由生产工艺决定的。在工业生产中，同一种产品由于采用的生产方法、生产工艺、生产设备和生产工艺用水方式不同，单位产品的取水量也不同。工艺节水就是指由于工业生产工艺的改造及生产经营管理的变革，使生产用水得以合理利用的一种节水途径的总称。

工艺节水是在水的循环利用和废水的再生回用之外的又一重要节水途径。由于水的循环利用和回用较易实施、取得立竿见影的效果，因此较受重视。但节水潜力特别是循环用水的节水潜力，受生产条件的限制，随着节水工作的深入开展将会逐渐降低。与此相反，工艺节水不仅可以从根本上减少生产用水，而且通常具有减少用水设备、减少废水或污染物排放量、减轻环境污染，以及节省工程投资和运行费用、节省能源等一系列的优点。在水资源匮乏的情况下，随着节水工作的发展，工艺节水正越来越受到重视并具有广阔的发展前景。

从原则上讲，对任何一种工业行业，其一般生产过程都有可能采用工艺节水技术来减少生产用水，而且节水潜力较大。但是，为实行工艺节水，需改变生产方法、改革生产工艺，所涉及的问题较多，情况也较复杂。通常对旧有工业企业实行工艺节水往往不如提高水的重复利用率简便，但是对新建或改建的工业企业，采用工艺节水技术往往比单纯进行水的循环利用和废水的再生回用更为方便与合理。在一般情况下，各种节水途径宜从实际出发结合运用以取得最佳节水效果。

影响生产工艺节水的因素主要有：①生产布局、产业与产品结构及产品开发；②原料品位、路线与原料政策；③生产方式、方法和生产工艺流程；④生产设备；⑤生产工艺用水方式；⑥生产工艺技术水平；⑦生产组织与生产人员素质；⑧生产规模与规模经济效应；⑨水资源条件和环保要求；⑩市场和政策。上述任一因素变化产生的节约用水效果都属于工艺节水范畴，但有时人们可能更注重于第③、④方面的节水作用，故习惯称之为“工艺节水技术”。显然，工艺节水技术比较具体、直观，但并不包含工艺节水的全部内容。

2.3.1 节水洗涤技术

在工业生产中，为了保证产品的质量，往往需要对成品或半成品进行洗涤以去除杂质，一般的洗涤工序都是采用水作为洗涤介质。在工业生产用水中，洗涤水的用量仅次于冷却水，居工业用水量的第二位，约占工业用水总量的10%～20%，尤其在印染、造纸、电镀等行业中，洗涤用水有时占总用水量的一半以上，是工艺节水的重点。

（1）减少洗涤次数的洗涤法

通过加强操作管理，减少洗涤次数，或通过工艺改革，使产品或半成品不经洗涤就能达到质量指标，可大大节约用水。如炼油厂油品的精制，原先采用先用碱液洗，然后再用水洗的工艺，如果能加强操作管理，控制好碱洗液中碱的含量及碱洗液的数量，并能保证及时排出处理过程中产生的碱渣，同样也能保证油品的质量。某炼油厂采用这种方法，每年节水超过30万t，节约蒸汽近3万t，并减少了污水处理的费用，取得了显著的经济效益。

（2）改变洗涤方式的洗涤法

采用何种形式洗涤常常对需要的水量有较大的影响。水洗工艺分为单级水洗与多级水洗两种。在单级水洗工艺中，被加工的产品在一个水洗槽中经一次水洗即完成洗涤过程。在多级水洗工艺中，被加工的产品需在若干个水洗槽中依次进行洗涤。

在传统的多级水洗工艺中，各水洗槽均设进水管和排水管。在洗涤过程中，被加工产品依次经每个水洗槽进行洗涤，各水洗槽则连续加入新水并排出废水，水在其中经一次使用后即被排除。因各水洗槽之间的用水互不相关，故这种多级水洗工艺称为分流洗涤工艺。

在逆流洗涤工艺中，新水仅从最后一水洗槽加入，然后使水依次向前一水洗槽流动，最后从第一水洗槽排出。被加工的产品则从第一水洗槽依次由前向后逆水流方向行进。逆流洗涤即因此而得名。除在最后一水洗槽加入新水外，其余各水洗槽均使用其后一级水洗槽用过的洗涤水。水实际上被多次回用，提高了水的重复利用率。因此逆流洗涤工艺与分流洗涤工艺相比，可以节省大量新水，是个行之有效的节水方法，只是增加了操作的复杂性，并对生产管理提出了更高的要求。

逆流洗涤工艺可广泛应用于机械、造纸、食品等行业，并可取得良好的节水效果，具有明显的经济效益和环境效益。例如：

在某机械行业的电镀工艺中，清洗镀铬件时以逆流洗涤工艺取代分流洗涤工艺，并用纯水作水洗槽的补充水。在镀件经三级逆流喷洗后，水中铬酐的浓度即显著提高，然后将这种洗涤废水作为电镀槽的补充水。这样，既补充了电镀槽中镀液的蒸发损失(因镀液温度较高)，可节约99.5%的新水量，又回收了99.9%的铬酐，取得了良好的节水效果、经济效益和环境效益。

在造纸行业的制浆工艺中，采用多段逆流洗浆工艺，洗浆后的高浓度黑液可供作碱回收的原料，这样既减少了新水用量，又有利于黑液的碱回收。

在工业企业的水处理工艺中，已广泛采用离子交换树脂或其他水处理滤料的逆流再生和逆流反洗方法，以节省再生药剂、减少反洗水量、减少排污。

(3) 提高洗涤效率的洗涤法

节约洗涤用水的途径，除在适当条件下加强洗涤水的循环利用和回用外，最简捷有效的途径是提高洗涤工艺的洗涤效率，如高压水洗、新型喷嘴水洗、喷淋洗涤、气雾喷洗、振荡水洗、气水混合冲洗等洗涤方法及工艺。

1) 高压水洗法

在造纸生产过程中，造纸机的铜网、毛布需不断用水冲洗。一般采用的洗涤方法是低压喷水管水洗，这种洗涤方法的洗涤效果差、用水量大，有时还会造成铜网堵塞，严重时需停机检修。其原因是冲洗强度不够、布水不均。如某造纸厂将低压洗涤改为高压洗涤：将原直径为2~4mm的喷水管孔眼改用直径为1mm的喷嘴，水压由0.1~0.4MPa增至2~3MPa，以增加水的射流强度；此外使喷嘴往复运动，以确保冲洗均匀，其结果是喷嘴数仅为喷水孔数的4%，但冲洗效率成倍提高，用水量下降至原洗涤方法的2%。

高压水洗方法也可用于其他场合以提高洗涤效果，如机械行业铸件的除砂或加工件的除锈等。

2) 新型喷嘴水洗法

改善喷嘴的水力条件，也是提高洗涤效果的方法之一。例如，某造纸厂将冲洗铜网的喷水孔(Φ1.5mm)改为扇形喷嘴，消除了使用原喷水孔时存在的水力条件差、铜网被粗浆嵌缝、堵塞筛孔、“糊网”等现象，既提高了洗涤的效果，又提高了产品的质量(纸张质地均匀)，可减少19%的冲洗水量。

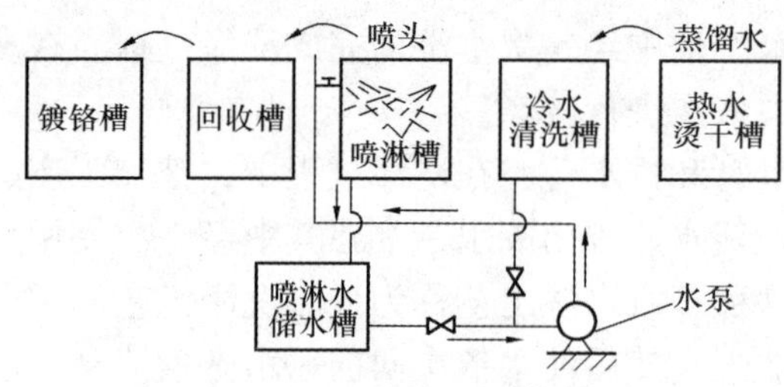

图 2－6　逆流间歇喷淋洗涤工艺流程

3）喷淋洗涤法

目前电镀件还多采用水洗槽洗涤工艺（包括上述的逆流洗涤工艺）。近年来已开始以喷淋洗涤代替水洗槽洗涤。这种洗涤方法是使电镀件以一定的移动速度通过喷洗槽，同时用以一定速度喷出的射流水喷射洗涤电镀件。一般多采用二、三级喷淋洗涤工艺，用过的水被收集到储水槽中并以逆流洗涤方式回用。这种喷淋洗涤工艺的节水效果更好，节水率可达 95%。例如，某厂的电镀件清洗采用如图 2－6 所示的逆流间歇喷淋洗涤工艺，电镀件的洗涤程序为：从电镀槽取出电镀件，在回收槽中回收电镀件带出的电镀液，在喷淋槽中进行喷淋洗涤，在冷水清洗槽中进行清洗，在热水烫干槽中清洗烫干。洗涤水的流程是：用回收槽的水补充电镀槽中的蒸发损失，以喷淋槽储水补充回收槽的缺水，用冷水清洗槽的水作喷淋水，热水烫干槽的水供冷水清洗槽使用。全部洗涤过程做到水量平衡并完全以蒸馏水作新水补充，过程的节水效率高达 99.5%。本洗涤工艺可回收全部铬酐，不产生电镀废水。

上述逆流间歇喷淋洗涤工艺的特点是：

① 喷淋洗涤的冲刷力强，洗涤效率高；

② 在回收槽中截留回收了部分电镀液，降低了其后洗涤水中电镀液的浓度；

③ 喷水阀由行程开关控制，只当镀件进入喷淋槽时进行喷洗，杜绝了水的浪费；

④ 采用逆流洗涤方式，控制了洗涤水的用量（小于补充水量）。否则，可考虑气雾喷洗方法，以实现洗涤水的用量与补充水量之间的平衡。

4）气雾喷洗法

气雾喷洗法主要由特制的喷射器（如图 2－7 所示）产生的气雾喷洗待清洗的物件。其原理是：压缩空气通过喷射器时产生的高速气流在喉管处形成负压，同时吸入清洗水，混合后的雾状气水流——气雾，以高速洗刷待清洗物件。

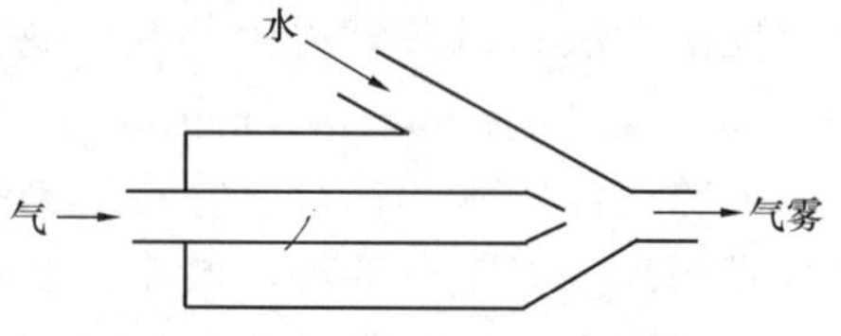

图 2－7　气雾喷洗喷射器

用气雾喷洗的工艺流程与喷淋洗涤工艺相似，但洗涤效率高于喷淋洗涤工艺，更节省洗涤用水。例如，某企业采用气雾喷洗工艺进行镀件清洗，单位镀件表面积仅需新水量 $5L/m^2$，而另一企业采用喷淋洗涤工艺时单位镀件表面积需新水量为 $10.5L/m^2$。

5）振荡水洗法

振荡水洗法是以机械振荡的方法加强清洗物件与水的相对运动，以增大需清除物质的扩散系数，提高洗涤效果。振荡水洗法可用于一些特定的情况，如织物的洗涤等。

6）气水冲洗法

与气雾喷洗法相似，气水冲洗是用一部分空气代替水进行冲洗，以减少冲洗水的用量，但不形成雾状气水混合物，有时气、水可交替使用。水处理过滤装置采用的气水反冲洗法就是气水冲洗法的典型例子，目前已被广泛应用，其节水效果可达 30%～50%，冲洗效果良好。

水处理过滤装置反冲洗的目的是在水、气的作用下使滤料层“膨胀”，同时使滤料颗粒互相碰撞摩擦，以去除被截留于滤料颗粒表面的杂质，恢复过滤装置的“截污”能力。显然，在这种情况下是可以用气水冲洗的。

由于我国绝大部分水处理系统都设有各种类型的过滤装置，其反冲洗水量约占总处理水量的 3% ~5%，因此减少水处理系统的自用水量(包括反冲洗水量)是不容忽视的。

7）高效转盘水洗工艺

高效转盘水洗工艺是合成脂肪酸生产中的氧化蜡水洗工艺。氧化蜡水洗的目的是去除其中的 C1 ~ C4 水溶性酸。提高氧化蜡水洗效果的主要途径是增加两相的接触面积。原洗涤工艺主要靠在瓷环填料塔中的静态沉降，洗涤时间长、效果差。新的水洗工艺是在专用的转盘塔中，于逆流水洗时由旋转盘将分散相的蜡破碎成直径为 1.5mm 的蜡滴，以增加相间的接触面积，提高水洗效率。采用这种洗涤工艺可节省 70% ~80% 的洗涤水。

8）高效印染洗涤工艺

高效印染洗涤工艺是由多种提高洗涤效果的方法和措施构成的专门工艺。这些方法、措施包括提高水温、延长织物与水的接触时间、机械振荡、浸轧、搓揉、逆流或喷射清洗等，由此形成多种成套专用洗涤设备，如回形穿布水洗机、振荡平洗机、槽导辊水洗机和喷射水洗机等。

2.3.2　节水型生产工艺

在工业生产中，有许多生产方法或工艺具有节水作用，从节约用水的角度来看，可将其称为节水型生产工艺技术，其节水效果的产生更侧重于生产方法或工艺的变革，而不是依靠生产工艺用水方式的变更。

随着技术的进步，各行各业均出现了节水型的生产工艺。

（1）节水型印染生产工艺

1）低给液染整

目前应用的有循环带转移给液法和“QS”法(吸墨水纸原理)。我国上海等地的厂家应用该项技术表明，低给液染整工艺可降低给液率 15% ~40%，不但可提高生产率 25%，还相应有节水、节能作用。

2）冷轧堆工艺

采用冷轧堆工艺进行漂白比蒸汽漂白(使用双氧水)将节约 1/3 的能源。冷轧堆工艺用于活性染料染色和直接铜盐染料染色，可获得渗透性良好、布面均匀的染色效果，与轧染相比可省去汽蒸加热工序，既可节省能源和染料，又相应减少了生产用水量。冷轧堆工艺适用于小批量多品种生产。

3）一浴法染色

采用一浴法染色可减少不必要的水洗，且有产量高、省工、节水、节能等特点。如腈纶染色时，染色和柔软处理可以同时进行。一浴法用染料有多种混合染料。为简化染料品种，单一染料的开发受到关注，单一染料可以同时染着两种纤维，因而更为节水。

4）泡沫染整

泡沫染整主要是为节省染料而开发的一项新技术，是一种用空气代替水作为稀释介质的染整工艺，可以节约用水 50% ~60%。它同时可降低织物的吸水率，从而可减少织物烘干过程的能耗和相应的锅炉补给水(如用蒸汽)。

5）泡沫上浆

泡沫的比表面积很大，可将少量高浓度浆液均匀地涂敷到较大面积的织物上去。采用泡沫上浆技术可节水50%左右。

6）微波染色

染织物浸过染液后，经微波照射可使染织物上的水分子产生偶极旋转，分子间产生摩擦，使纤维内部温度迅速升高，染料分子聚合体迅速扩散为单分子，同时纤维的非晶体区有所松动，使染料分子迅速渗透到纤维中去，进而完成染色过程。微波染色的用水量仅为其他染色方法的3%～20%，这种方法适用于小批量多品种生产过程。

（2）节水型电力生产工艺

火力发电行业是城市用水大户，其万元产值的用水量居于其他工业行业之首，发电节水举足轻重。

燃气轮机发电几乎会完全改变目前广泛采用的汽轮机发电生产工艺。由于燃气轮机发电是由燃烧产生的高温高压燃气推动透平并带动发电机发电，直接实现化学能—机械能—电能的转换，因而不需汽轮机发电机组所需的锅炉用水、冷凝器冷却用水、冲灰水等，在功率相同的条件下，燃气轮机发电工艺可节水70%。从工艺角度看，燃气轮机发电虽具有一系列的优点，但单机组容量有限，其热效率尚不及高参数的汽轮机发电机组，机组的高温组件寿命较短，不能利用固体燃料。

（3）节水型造纸生产工艺

我国造纸工业的用水约占工业用水量的10%左右，属用水量大、排污量大和污染严重的工业行业。造纸生产分制浆和造纸两部分，制浆部分的用水量约占造纸总用水量的一半以上。制浆的方法很多，大体可分为化学法、机械法和化学机械法三类，并分别具有不同的特点。

盘磨机械制浆是用盘磨机把木片直接磨制成浆的制浆方法，又分为普通木片磨木浆、热磨木片磨木浆和化学机械制浆等。这种制浆方法比化学制浆的单位用水量小（两者的用水量分别为20～50m^3/t和200～300m^3/t），可节水80%～90%，同时还具有纸浆得率高、省料、成本低、原料适用性广和污染轻等优点。典型的普通木片磨木浆生产流程如图2-8所示。

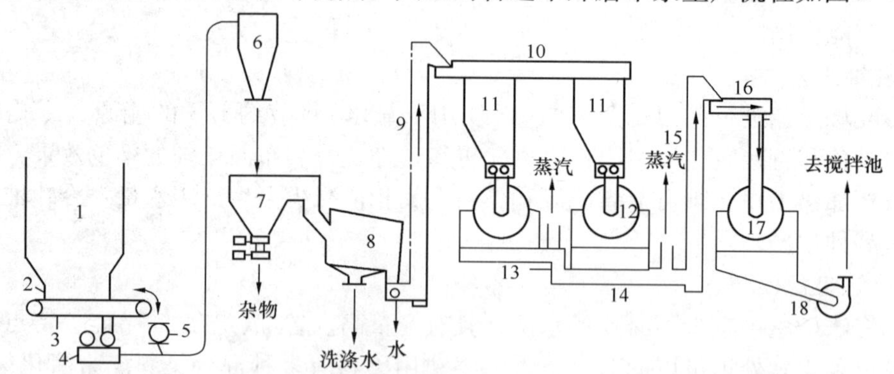

图2-8　木片磨木浆工艺流程

1—木片仓；2—卸料装置；3—皮带运输机；4—鼓风机；5—旋转阀；6—旋风分离器；7—石头和金属捕集器；8—脱水机；9、15—垂直螺旋运输机；10—分配输送机；11—振动木片仓；12—第一段磨浆机；13、14—浆料运输机；16—进料螺旋；17—第二段磨浆机；18—浆泵

热磨木片磨木浆生产流程（如图2-9所示）是在普通木片磨木浆生产流程之前增加了一道预热工序，以提高木浆质量、减少电耗，是盘磨机械制浆的主要生产方法，具有较好的发

展前景。

抄纸时应用盘磨机械浆可减少化学浆的配比，相应地减少造纸生产的总用水量。

（4）节水型钢铁生产工艺

在钢铁行业中，节水型生产工艺主要有“以干代湿”、“以清补浊”、“连铸连轧”、“一罐到底”。“以干代湿”是指采用干法除尘替代原先采用的湿法除尘，可以节约大量的除尘用水。“以清补浊”是指在循环水系统中，以部分净循环水补充浊循环系统中的损失水量，以减少清水的耗用量；“连铸连轧”和“一罐到底”是采用先进生产工艺，减少钢水重复冷却和加热，实现节水的同时又节能。

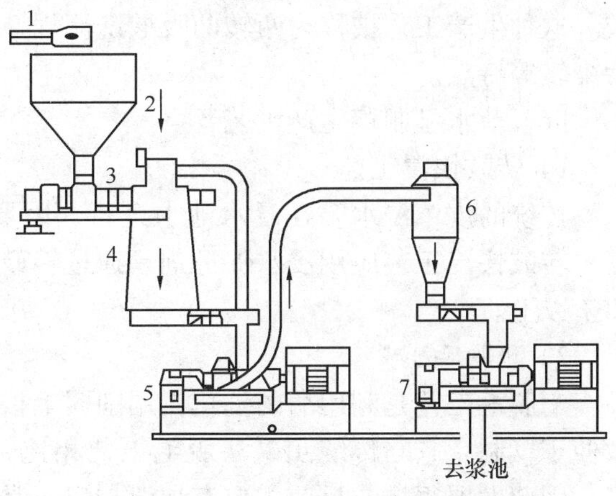

图2-9　热磨木片磨浆的工艺流程

1—从木片洗涤器来的木片；2—木片仓；3—螺旋给料器；4—预热器；5—压力盘磨机；6—浆汽分离器；7—第二段盘磨机

（5）节水型化工生产工艺

1）节水型氯碱生产工艺

在氯碱工业中，隔膜法是在阴阳两极之间用多孔性石棉或聚合物制成的隔膜隔开，在阳极生成氯气，在阴极生成氢气和氢氧化钠电解液。其产物需经如下处理方能作为商品使用：电解液需去除残留的氯化钠并进一步蒸发浓缩制成固体烧碱，氯气需洗涤、干燥，氢气需去除氯化铵、氯、二氧化碳等杂质并干燥。离子膜法是以阳离子膜隔开阴阳极，其特点是耐腐蚀，可抵制阴离子向阳极迁移，但阳离子的透过性好、电阻小，故可从阴极获得高纯度的烧碱溶液和氢气，其耗水量小。

2）节水型硫酸生产工艺

在图2-10所示的硫酸生产流程中，被干燥加热的 SO_2 气体经转化器进行第一次转化，生成的 SO_2 气体再次被加热，经转化器进行第二次转化，最后由第二吸收塔吸收生成浓硫

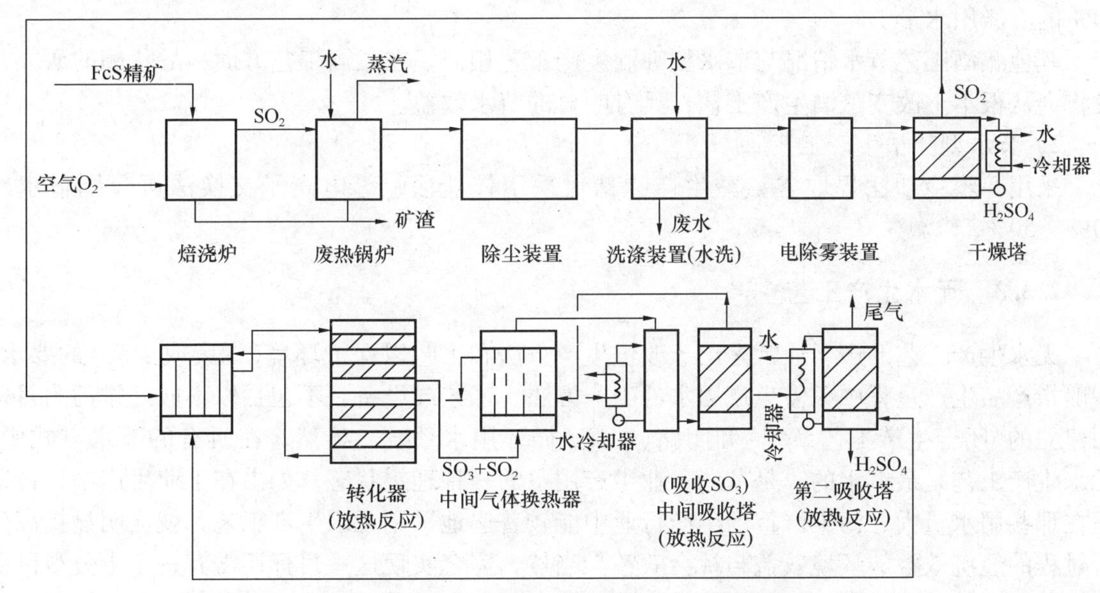

图2-10　以硫铁矿为原料生产硫酸采用的两转两吸酸洗工艺流程

酸。这种生产工艺被称为两转两吸酸洗流程，具有工艺先进、转化效率高、用水量少、环境污染轻等特点。

(6) 节水型制革生产工艺

1) 转鼓快浸工艺

传统的皮革浸水多在浸水池中进行，因要经常翻皮，故时间长、用水量大、劳动强度高。转鼓快浸工艺应用浸水促进剂，通过转鼓的转动作用，可大大缩短水浸时间，节约用水40%以上。

2) 酶脱毛工艺

酶脱毛工艺是利用酶的催化作用削弱毛根与胶原纤维之结合，使毛脱落，并可使胶原松散便于鞣制。它与传统灰碱法脱毛工艺相比，用水量小，所产生废水的污染程度也大为减轻，因此发展很快，目前主要有加温加浴、常温无浴和无碱堆置等方法。

3) 无浴鞣制工艺

鞣制是制革生产的主要工序之一。轻革无浴鞣制工艺与老工艺相比，可减少用水量80%以上，废液中的铬减少约95%。重革无浴鞣制工艺可节约用水70%左右，节约栲胶10%、红矾30%，减轻劳动强度。

4) 常温小浴染色工艺

以往皮革染色加油，通常是在60℃左右的大量浴液中进行，用水量非常大。常温小浴染色新工艺是在32℃的水中添加1%渗透剂的条件下染色加油。这种方法可节水80%左右。

(7) 节水型食品生产工艺

1) 节水型啤酒生产工艺

通常，啤酒生产过程中的工艺用水量仅次于冷却用水量，约占总用水量的10%～30%，洗涤用水量居第三位。一些正在开发、推广应用的啤酒生产新技术，如各种麦汁制备新技术、麦汁冷却新技术、连续发酵(单罐发酵)工艺、露天大罐发酵工艺，以及新型包装工艺设备，从节约用水的角度看，几乎都属节水型生产工艺，其中麦汁冷却新技术可大大减少冷却水量，其余各项新工艺则可减少生产工艺用水量或洗涤用水量，如单罐发酵工艺可减少约50%的洗涤用水量。

其他酿酒工艺节水情况与节水型啤酒生产工艺相似。在酿酒工艺方面，醇化酶的研究开发将会从根本上改变酿酒生产工艺，具有明显的节水效益。

2) 节水型味精生产工艺

采用一步冷却法提取谷氨酸生产味精比采用锌盐法、等电离子交换法可分别节水约20%、50%。

2.3.3 无水生产工艺

无水生产工艺的产生通常是出于改进生产方法和工艺以保护环境(无废或少废)的要求，一般指产品生产过程中无需生产用水的生产方法、工艺或设备，不包括以不向外排污为目标而建立的“闭合生产工艺系统”和闭路(封闭)循环用水系统。显然，在所有的节水方式中，无水生产工艺是最节水的，是节约工业生产用水的一种理想状态。如果在工业生产中，特别是在那些用水量大、污染严重的生产行业中能较普遍地采用无水生产工艺，就会明显提高生产过程的经济效益、环境效益与社会效益。当然，完全实现这一目标还需有一个十分艰巨而漫长的过程，并有赖于科学技术的进步。

(1) 耐高温无水冷却装置

鉴于在工业生产中用以冷却各种高温生产设备的冷却用水量很大，如果这些生产设备的相关部件采用无需冷却的耐高温材料制造，则可不用冷却水。例如：某钢厂在加热炉中用无水冷滑轨取代传统的水冷滑轨，节省了原装置的全部冷却用水。该无水冷滑轨用碳化硅刚玉加工而成，轨基用矾土水泥混凝土预制块砌筑，可耐 1250 ~ 1300℃ 的高温。此外，还提高了加热炉的热效率，节省燃料 30%。

(2) 干熄焦工艺

在炼焦工艺中，湿法熄焦不仅用水量大，还产生废气、废水，污染环境。采用干法熄焦时，以不含氧的气体(如氨气)冷却灼热的焦炭，高温气体通过封闭循环水系统冷却后再重复利用，加热后的冷却水又被送至废热锅炉进行余热利用。采用这种熄焦工艺可节水、节能，且无污染。

(3) 无水造纸工艺

例如，采用气动工艺制木质纤维，用细孔筛分离出纤维层，然后用合成黏合剂黏合纤维素以制成书写、印刷用纸、包装纸、纸质地毡、睡袋、床单、襁褓、尿布和衬衣等。

又如在制浆原料加工中，采用干法剥皮(用刀或剥皮机)可节省湿法剥皮时所需的水($2 \sim 3m^3/t$)。

(4) 无水印染工艺

比较典型的无水印染工艺有：溶剂漂染、溶剂染色、气相染色、光漂白等。

溶剂漂染是以溶剂代替水进行漂染，将退浆、煮炼和漂白三个工艺合并，既简化生产工艺、不产生废水、提高产品质量，又不需用水。

溶剂染色是以有机溶剂代替水进行染色，不仅染色均匀，而且染色后不需水洗，可节约大量印染、洗涤用水。

气相染色是用染料或整理剂的蒸气或烟雾对织物进行染色、整理，以免用水作染色媒介，染色后无需水洗。气相染色操作简单、加工迅速，产品色泽鲜艳、质量好。目前我国各地采用的转移印花工艺即属于气相染色工艺。

光漂白是用光代替漂白剂漂白织物，不但可节省大量的漂白用水和洗涤用水，不排污，漂白速度快、工效高、质量好。

此外，干热染色、低压染色、气溶胶染色、溶剂上浆、磁性染色、高能射线染色均属无水印染工艺。

(5) 无水电镀

气相镀膜工艺是在高真空中使金属离子化并附着在被镀基材上形成一层金属膜。此工艺亦称离子蒸镀工艺。另一种气相镀膜工艺是在减压气体容器内用镀料金属组成电极，在高电压作用下两极间发生辉光放电，使惰性气体离子化并射向阳极，形成阳极的原子喷射，然后在磁场电位作用下沉积于被镀基材表面构成镀膜。此外，采用特殊喷枪喷出 Cr 原子镀于镀件表面。这些干法电镀工艺革除了镀件漂洗工序，因而无需洗涤用水、不排污、无污染。

2.3.4 物流节水技术

在石油化工、化工、制药以及某些轻工业产品生产过程中，有许多反应过程是在温度较高的反应器中进行的，原料(进料)通常需要预热到一定温度后再进入反应器参加反应。反应生成物(出料)的温度较高，在离开反应器后需用水冷却到一定温度方可进入下一生产工序。这样，往往用以冷却出料的水量较大并有大量余热未予利用，造成水与热能的浪费。如果用温度较低的进料与温度较高的出料进行热交换，即可达到加热进料与冷却出料的双重目的。由于这种方式与热交换方式类似，因此称为物料换热节水技术。

(1) 物料换热节水技术

采用物料换热节水技术，可以完全或部分地解决进、出料之间的加热、冷却问题，相应减少用于加热的能源消耗量、锅炉补给水量(如用蒸汽加热时)及冷却水量。

物料换热节水技术在一些工业生产中已得到较为广泛的应用，并取得了较好的效果。例如，某厂生产维生素 C 的发酵连续消毒过程，原先是用蒸汽将培养基加热至 130℃，维持 5 ~ 8min，用水冷却至 50 ~ 60℃，在发酵罐内将培养基继续降温至 30℃，后采用物料换热节水技术，用加温后需降温的培养基与起初需加温的冷培养基进行热交换。这样既节省了蒸汽又节约了冷却水，年节约蒸汽量为 816.7t，节水 2.25 万 m^3。其工艺流程如图 2 - 11 所示。

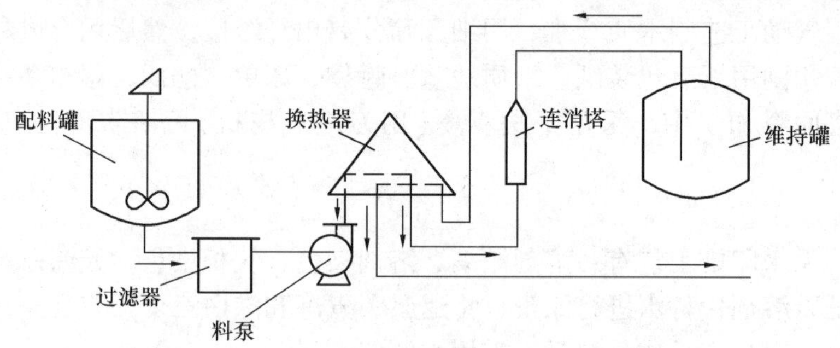

图 2 - 11　某厂的物料换热工艺流程

又如，某厂以锅炉补充水(软化水)代替锅炉的煤气喷嘴、蒸汽取样器等所需的冷却水，不但减少了冷却水的用量，还使补给水的水温比原先提高了 2 ~ 3℃。食品味精行业的连消、发酵工艺中待冷却物料与待加温糖液之间的物料换热等，都属于物料换热节水技术的应用范畴。

(2) 物料液态节水技术

工业品大多都是以固态的形式进行出售或运输的，但作为原材料使用时需将其加热变成液态参加生产。这样，在由最初的原材料到最终产品的加工过程中，需进行一次甚至多次的重复加热和冷却，造成了多次用水和能耗的浪费。如果能根据生产工艺的需要将未冷却的原材料以液态形式输送参加生产或成型加工，比如，冶金行业正在实施的钢水输送的热轧联铸，化工行业的碱、苯酐等产品的液态输送等，既省去了包装，又节约了冷却用水，还可充分利用能源，并减少了热污染。对于大型联合生产企业而言，由于该项工艺节水是降低成本的有效措施之一，有望实施，但必须统筹规划、科学安排。

2.3.5　余热利用节水技术

在工业生产中，用于水封或汽化冷却的水会吸热产生蒸汽或高温水，从而使水带有一定的热量。对于这部分低温热水，冬季可将其部分用于供热，如保温、采暖，但到夏季就无法充分利用余热，造成经济损失。如果能将其实现科学利用，不仅余热得到利用，而且可以节水。但此项技术有待进一步研究开发。

工业生产中的某些冷却过程，如果使用温度为 28 ~ 32℃左右的循环水，无法满足工艺要求，必须使用温度低于20℃的水来冷却以达到工艺要求，如物料凝结或由气态变为液态和固态，从而需要直接取用新鲜水。虽然冷却后的水排放至循环水系统循环使用，但由于其水量大于循环系统的正常补水量，因此造成大量溢流浪费用水。如果使用吸热制冷机组，将工厂乏汽或高温水作为该机组的动力热源，便可制出温度为7~20℃的冷水，将该水作为特殊工艺的冷却用水并闭路循环使用，无需直接使用新鲜水，而吸热制冷机组的散热可用循环水冷却，如图2-12所示。这样可产生明显的节水效果，大大提高水的有效利用率。

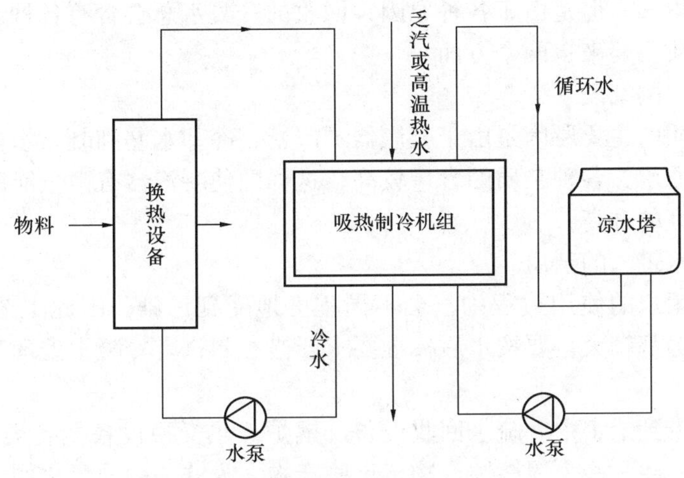

图2-12 利用吸热制冷机组节水工艺

乏汽喷射制冷就是利用水的物理性质使水在密闭的制冷发生器内，在真空状态下进行绝热蒸发，带走水中的潜热，达到冷却的目的。保持真空的动力来于乏汽，只要乏汽的压力达到0.03MPa，通过喷嘴就可满足制冷的需要。乏汽制冷可以将冷水的温度降至0~15℃，温度可以自动调控。在工业生产中采用这种技术可节约大量新鲜水，并可根据各生产企业的实际情况进行研究和改进。如某苯酐生产厂采用图2-13所示的工艺，将氧化塔产生的乏汽用于喷射制冷系统，将其制备的冷水用于精制车间部冷器的冷却，既可满足生产工艺的冷却要求，又可避免直接使用新鲜水而造成取水量增加的现象。

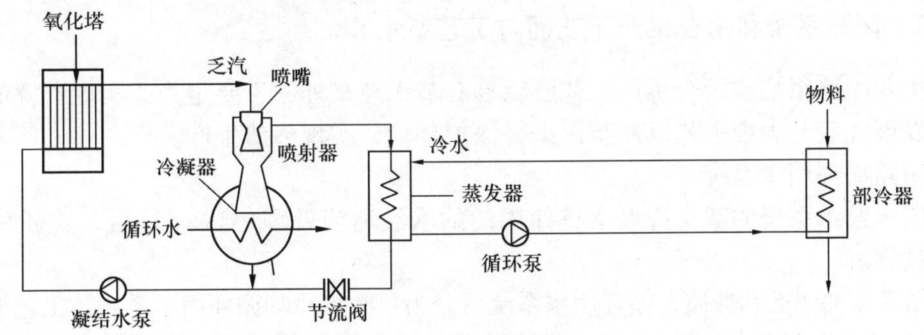

图2-13 乏汽制冷节水工艺

2.3.6 冷凝水的回收

蒸汽冷凝水的回收利用情况用蒸汽冷凝水的回用率来衡量。蒸汽冷凝水的回用率，是指在一定时间内用于生产的蒸汽冷凝水的回用量与用于生产的蒸汽量之比。

在回收冷凝水时，应根据分流回收、按质用水的原则。来自不同系统的冷凝水水质是不同的，可分为凝结水、疏水和工艺冷凝水三类。不同水质的冷凝水应进入各自的收集系统，分别回收利用。冷凝水应尽量返回冷凝水管网，重新用作锅炉给水。不能返回冷凝水管网的，也应回用到需要高水质的场合，而不能简单地回用到一个对水质要求很低的单元，更不能直接排放。

蒸汽冷凝水是质量很高的水，杂质相对较少，如果能回收作为锅炉给水，则其经济价值比任何其他污水高得多。但是由于各种原因，回收的冷凝水总会含有各种杂质，难以不经处理而直接回用，杂质主要来自两个方面。

（1）凝结水带入的杂质

凝结水含有杂质的主要原因是由于凝汽器不严密，冷却水漏到凝结水中。由于冷却水一般均为未经处理的原水，各种杂质的含量较高，这样即使凝汽器有微量泄漏，也会使凝结水的含盐量有较大幅度的升高。

（2）工艺冷凝水带入的杂质

外供蒸汽在热用户的使用过程中，会不同程度地受到污染，因此工艺冷凝水中的含油量、含铁量及硬度等都较大，要按水质标准要求严格控制，有冷凝水处理工艺的，要严格按工艺操作规程进行。

腐蚀产物被水带到给水中。疏水回收设备、锅炉、热交换设备及各类管道在炉组的启、停和运行过程中会产生一些金属腐蚀产物，这些产物多为铁、铜的氧化物。这些是进入给水的又一杂质来源。

来自不同系统的冷凝水的水质是不同的，应当经常监测不同冷凝水的水质，冷凝水依据不同的水质分别进入各自的收集系统，根据不同水质和回用目标决定相应的处理办法，进行分别处理回收利用。

冷凝水回收后的去处，按其水质高低(或经济价值大小)依次可有以下选择：

①进入除氧水系统，直接成为锅炉补水；②进入脱盐水系统，成为除氧处理的补水；③当做工业新鲜水使用，成为脱盐处理的补水；④作为其他工艺用水的补水；⑤作为循环冷却水的补水。

2.3.7　闭路系统和闭合生产工艺圈与工艺节水

建立工业闭路系统或闭合生产工艺圈除具有节水意义外，主要是为了实现资源的有效综合利用，发展无废与少废工艺以控制污染，保护环境，实现清洁生产。

（1）闭路循环用水系统

循环用水给水系统的基本特点是将使用过的水经适当处理(含冷却)后，重新用于同一生产用水过程。

根据循环水的用途和性质，循环用水系统可分为：间接冷却循环用水系统、工艺循环用水系统(包括洗涤、直接冷却、冲灰等)、锅炉循环用水系统等独立闭路循环用水系统，等等。

目前在化工、石油化工、水泥和纸浆造纸等工业生产工艺中，已有不少企业在生产过程中采用了工艺闭路系统。建立闭路系统的一般程序是：

① 了解生产工艺产生废物的情况，查明废物的来源、排出量、废物的性质，进行物料平衡计算并绘制流程图，这种流程图被称为负流程图。

② 按负流程图控制废物的产生，或对单元操作进行改进，如改变原料的组成、反应的条件，改进设备与操作，以减少废物的危害性或使之易于处理。

③ 在需要排出废物的情况下，应尽量进行废物的点源处理，以进行回收或再利用。对于无法利用的废物，应酌情进行无害化处理，将有关的处理工艺作为生产工艺的一个组成部分考虑。这种处理称为废物处理的“内包化”。

④ 必要时应将原生产工艺改为少废或无废的单元操作或工艺。

图2－14为煤气化生产工艺的闭路循环用水系统方案。该系统使萃取脱酚和蒸氨后的煤气废水经二级曝气生化处理、过滤后进入循环水箱，然后再经换热器、冷却塔后回流至循环水箱，形成循环水系统。循环排污水在冷却塔蒸发浓缩约10倍后再由蒸发器进行蒸发浓缩（约10倍），蒸发冷凝水返回循环水系统，蒸发残液被送往气化炉，同原煤一起混合燃烧，或另建一焚烧装置进行处理。

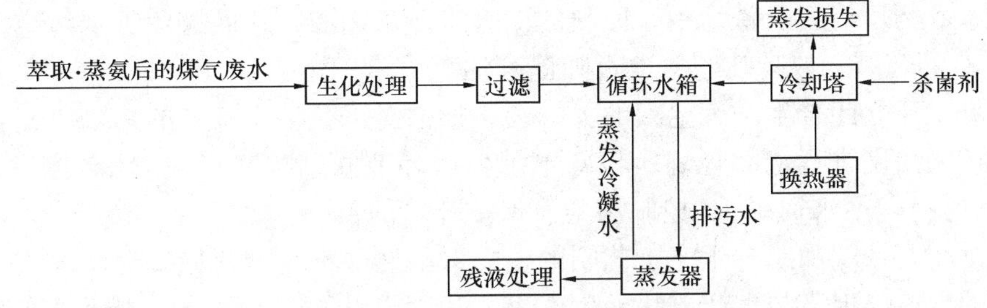

图2－14 煤气化生产工艺的闭路循环用水系统方案

该闭路循环用水系统连同其前部的废水萃取蒸氨工艺，不仅可实现煤气厂废水的“零排放”，还可以回收废水中的酚、氨，完全避免其对水环境的污染。由于单独设置了废水的生化处理单元，还可避免系统中的生物沉积和冷却塔对空气的污染等问题。

又如，在丙烯腈的生产过程中，欲将剧毒的氢氰酸废液处理到无害程度要付出高昂的代价，如果用乙烯和氧气与之反应：

$$CH_2{=}CH_2+\frac{1}{2}O_2+HCN=CH_2{-}CHCN+H_2O$$

不仅可消除外排氢氰酸废液造成的环境污染，节省处理废水的费用，还可获得丙烯腈，从而构成了一个工艺闭路系统。

对于石油化工或化工行业而言，其生产过程的用水量大，所排的废水含有大量的污染物质，实行工艺闭路系统化，特别是其生产用水的闭路循环，对于节约用水具有非常重要的意义。因此，在石油化工及化工生产中采用闭路循环用水系统的例子很多，如从以磺化法生产苯酚所排放的废水中回收酚钠并作为原料返回苯酚生产系统也是一种闭路循环用水系统。在苯酚和氯碱生产过程中，设法将苯酚生产过程中排放的含酚废水经处理后作为氯碱生产的原料；在某厂引进的大型硝酸磷肥生产系统中，对排放的生产废水进行处理，回收的污染物质作为原料返回生产系统，处理后的出水被循环利用等等。

（2）闭合生产工艺圈

闭合生产工艺圈也称园区串联供水，是在工业企业群内建立的更广泛的闭路系统，它要求在一定范围内对不同工业企业的生产工艺进行科学合理的布局组合，使之形成一种“闭合生产工艺圈”，从而使前一生产过程产生的废水、废物成为后一生产过程的原料。如此类推构成一个“闭合圈”。

在“循环经济”思想的指导下，闭合生产工艺圈在石油化工和化工行业中得到了十分广泛的应用，较常见的有：

① 石油炼制厂精制高含硫原料时需要脱硫，这时可考虑以脱下的硫制取亚硫酸氢铵，将制得的亚硫酸氢铵供给以麦(稻)草为原料的造纸厂制浆，所排出的蒸煮黑液可作为氮肥。这样，石油炼制厂、制浆造纸厂和农业生产之间可组成一个“闭合生产工艺圈”，既可消除工业污染物(硫、黑液)的危害，又促进了农业生产。

② 利用含高硫原油脱硫获得的氨水吸收硫酸厂或有色冶金厂产生的二氧化硫废气制取亚硫酸氢铵，再将制得的亚硫酸氢铵供纸浆厂制纸浆，最后用纸浆厂产生的黑液作有机化肥，使原油炼制厂、硫酸厂或有色冶金厂、纸浆厂、农业生产组成一个闭合生产工艺圈。这样，可消除二氧化硫、造纸黑液对环境的污染，化害为利。

③ 利用漂染厂的废碱液造纸，再用造纸厂的废液代替蓖麻油作溶剂生产农药乳剂。使印染、造纸、农药厂组成以碱为中心原料的闭合生产工艺圈，从而避免了水污染，每年还可节约50%左右的烧碱、数千吨苯、数百吨蓖麻油。

由此可见，建立闭合生产工艺圈的关键在于加强对工业生产工艺的综合研究，从社会发展与环境保护的角度进行全面规划，将各单独生产环节联结起来形成“闭合圈”，以求达到经济、节约资源(包括水资源)、控制污染、保护环境的目的。

事实上，闭路系统和闭合生产工艺圈的建立，虽然并不完全依赖于生产方法、生产工艺和生产设备的变革，但又与生产方法、生产工艺和生产设备密不可分，因而具有工艺节水的意义，应是工艺节水的主要方向之一。但其所涉及的是废气、废水、废液和废渣所引起的全部环境污染治理问题，而不单纯是废水和水污染治理问题，因此就其复杂性而言，有时远超过上述其他工艺节水技术。

2.4 设备节水

设备节水是指采用与同类设备相比具有显著节水功能的设备或检测控制装量，使企业的用水量明显减少，从而达到节水的目的。其主要节水方法是：限定水量，如限量水表；限定(水箱、水池)水位或水位适时传感、显示，如水位自动控制装置、水位报警器；防漏，如低位水箱的各类防漏阀；限制水流量或减压，如各类限流、节流装置、减压阀；限时，如各类延时自闭阀；定时控制，如定时冲洗装置；改进操作或提高操作控制的灵敏性，前者如冷热水混合器，后者如自动水龙头、电磁式淋浴节水装置；提高用水效率；适时调节供水水压或流量，如水泵机组调速给水设备。

上述方法几乎都是以避免水量浪费为特征的。这些方法可应用各式各样的原理与构思来实现。鉴于同一类节水设备往往可采取不同的方法，以致某些常用节水设备的种类繁多、效果不一。鉴别或选择时，应依据其作用原理，着重考察是否满足下列基本要求：实际节水效果好，安装调试和操作使用方便，结构简单经久耐用，经济合理。

为加大以节水为重点的产业结构调整和技术改造力度，促进工业节水技术水平的提高，国家经济贸易委员会先后公布了《当前国家鼓励发展的节水设备(产品)目录》(第一批和第二批)。这些设备都是由国内自主研究，有较高的技术含量，有利于企业的设备更新和技术改造，能促进工业企业的结构优化和升级，提高企业的经济效益，并有可靠的运行实践，因此在节水改造中应优先选用。

2.4.1　工业用水计量装置

根据国家发展和改革委员会、科技部、水利部、建设部和农业部组织制定的《中国节水技术政策大纲》：工业用水的计量、控制是用水统计、管理和节水技术进步的基础工作，重点用水系统和设备应配置计量水表和控制仪表，鼓励开发生产新型工业水量计量仪表、限量水表和限时控制、水压控制、水位控制、水位传感控制等控制仪表。

（1）新型水表

水表是累计水量的仪表，是节水的“眼睛”和“助手”，是科学管理和定额考核的重要基础，是结算的重要依据，同时也是水平衡测试的主要监测工具。水表主要有旋翼式、螺翼式和容积式水表及超声波流量计、电磁流量计、孔板流量计等。

1）插入式水表

是利用缩小的速度式水表的叶轮计量机构，插入到具有同被测管道相同口径的“筒形”外壳内，利用流过管道的水流，推动“筒形”外壳内作用于叶轮计量机构中的叶轮，并经机械传动机构传至指示机构。由于设计中，使叶轮在规定的流量范围内，转速与管道内的瞬时流量成正比，转动圈数与流过管道的水的总量（累积流量）成正比，因此，指示机构记录和指示了叶轮的转数，从而记录和指示管道内的流量。

按叶轮计量机械中使用的叶轮种类不同，又分为插入旋翼式水表和插入螺翼式水表，实际上是旋翼式水表和水平面螺翼式水表的变形，具有防堵塞、耐磨损、阻力小等优点，为自备井专用水表。

2）容积式水表

容积式水表里，计量元件是“标准容器”。当水流入水表时，随即进入“标准容器”。当“标准容器”充满水之后，在水流压力差的推动下，“标准容器”将其内的水向水表出水口送去，并同时带动计数器运动，达到计量的目的。

DH 容积活塞式水表是目前国际上先进的水流计量器具，采用无毒无害的优质材料组成，不受电磁感应影响，技术含量高，品质稳定持久，不污染水质、不生锈，计量精度高，并设有止回阀，使水永远不会倒流，对水量的浪费起到了一定的克制作用。

3）磁卡水表

是机电一体智能化的高新技术产品，可从自动交费的方式上提高人们的节水意识，是水表发展的趋势。

（2）水位的检测及控制装置

水位的检测与控制是确保水塔不溢流，减少水的浪费和保证水泵安全运行的重要手段，所以水位的控制是节水的重要保证措施之一，应根据供水设施的情况合理选择水位监测控制装置。目前常用的水位控制探测主要有压力式、浮球磁电式、电容式、超声波探测式等。

近年来，开发了一种变频恒压给水装置，即通过压力传感器感知管网内压力的变化，将信号传输给供水控制器，经分析运算后，控制器输出信号给变频器，由变频器控制电机，从而改变水泵的转速。这种供水系统在严格保证水泵出口或管网内最不利点水压恒定（恒压值可根据实际情况设定）的前提下，根据用水量的变化，随时调节水泵的转速，达到恒压变量供水，可改变在用水量减少时超压供水或稳压溢流排放的状况，从而大幅节约电能和用水量。这种供水系统适用于二次供用自备井的技术改造。

变频调速恒压变量供水系统不需水塔、高位水箱及气压罐就可做到高质量安全供水，占地面积小，投资少，全自动控制，不需专人值班。目前，给水控制系统有由工频和变频软启动运行和睡眠运行状态两种。

2.4.2 蒸汽冷凝水回收装置

锅炉蒸汽冷凝水是具有高品位的可回收水，对其进行回收利用具有节水和节能的双重意义。蒸汽冷凝水回收装置配置性能的好坏直接关系到冷凝水的回收，目前我国蒸汽冷凝水的回收率较低，节水潜力较大，但各用水单位由于退汽点的压力不同等因素，给回收带来不便，因此应科学选择回收系统。

常用的蒸汽冷凝水回收装置主要有如下几种：

(1) 密闭式凝结水回收装置

密闭式凝结水回收装置(如图2-15所示)适用于工业企业间接用水及各种采暖凝结水的回收，其优点为：设备整体性好，配带电柜，无需基础；安装简单，只要把进出水的管道连通，电源接好，便可实现全自动化运行；采用闪蒸罐与引射器联动技术实现二次闪蒸，产生的蒸汽通过引射装置被凝结水泵送出的水作为动能带走，可降低凝结水泵的工作温度和热负荷，减少电功率的消耗，使高温凝结水在密闭系统中可以完整地回收，节能、节水效果明显；每小时的回水量为0.5~100t，适合在各种工况中运行，并始终保持回水系统的顺畅；对于安装位置有特殊要求的，可以按要求随时调整设备的外形尺寸；可直接打入锅炉。

(2) 热泵式凝结水回收装置

热泵式凝结水回收装置(如图2-16所示)具有独特的“热泵”抽吸闪蒸技术，是凝结水回收装置的换代产品，其优点如下：采用蒸汽喷射式热泵将凝结水的闪凝蒸汽升压、回收利用，从而做到汽水同时回收，使可用蒸汽量大于锅炉的供给量；可使凝结水在闪蒸汽被吸走的同时降低温度，用防汽蚀泵打回再用，节能效果显著；收集凝结水的闪蒸罐处于低压状态，减小了疏水阀的背压，有利于凝结水的回流(即避免憋气现象)，使系统运行良好；由于闪蒸汽被回收利用，可取消结构复杂的疏水阀，节省费用及人工。

(3)压缩机回收废蒸汽装置

废蒸汽回收压缩机(如图2-17所示)采用耐高温、耐磨损的新材料，无油耐磨效果佳，回收的高温水和汽中不夹带油，密封效果好，运行平稳可靠，运行费用低，维护简单。没有自动仪表控制，不易出故障，节能超过25%。

蒸汽回收压缩机是由机械传动系统带动压缩系统工作，将高温汽水混合物加压，使其达到稍高于锅炉运行压力时进入锅炉，从而达到回收蒸汽并节能的目的。

安装时，在用汽设备的排汽管路上接蒸汽回收压缩机，再把回收出口管路接至锅炉的锅

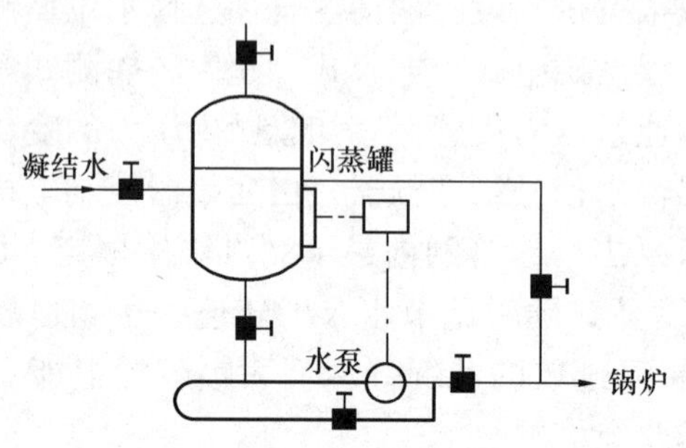

图2-15 密闭式凝结水回收装置

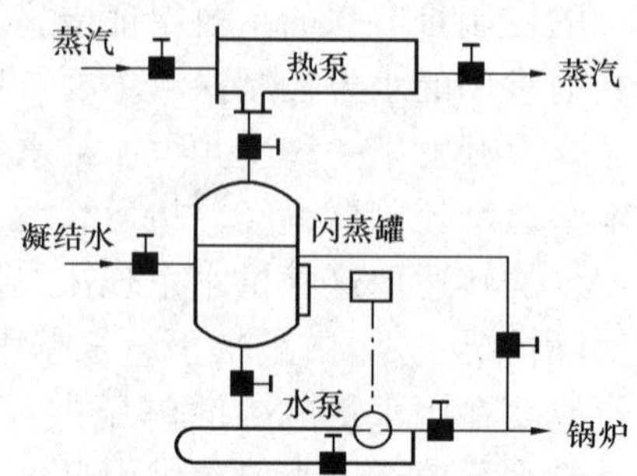

图2-16 热泵式凝结水回收装置

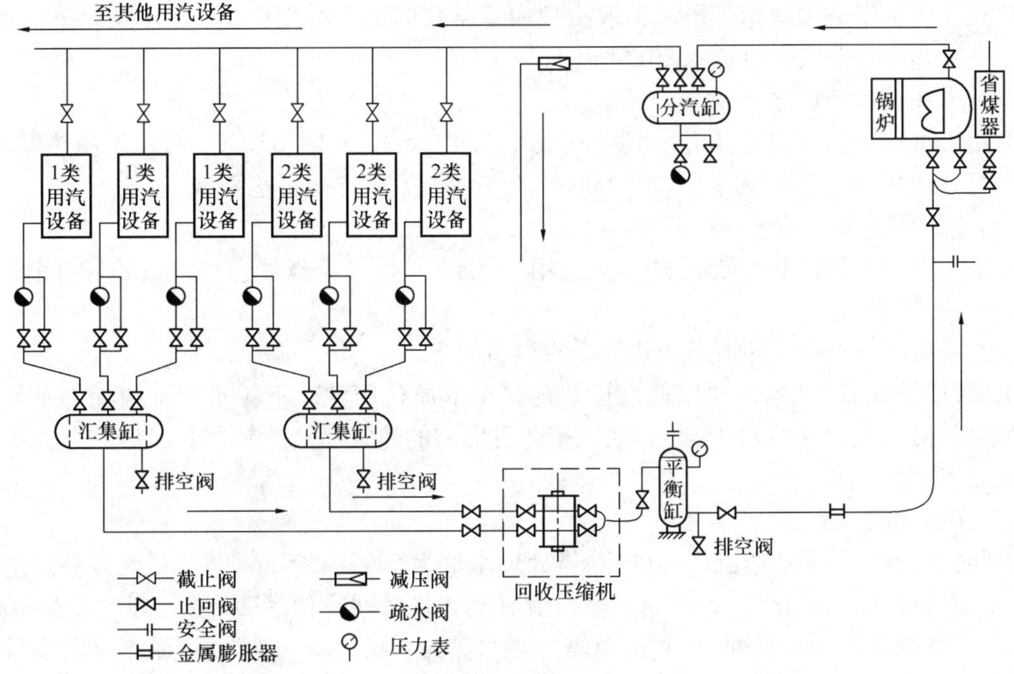

图2－17　压缩机回收蒸汽装置安装示意图

筒或省煤器出口即可，使锅炉供汽→用汽设备→回收机→锅炉形成一个全封闭循环的回收系统。

（4）恒温蒸汽压力式回水器

恒温蒸汽压力式回水器（如图2－18所示）是由钢制的集水罐与加压罐形成主体构造，集水罐与加压罐成逆止的单向连通。在加压罐上设置了液位继电器开关来控制两只交替工作的蒸汽电磁阀。当凝结水进入集水罐后，靠重力流向加压罐，此时上下连通的排汽电磁阀打开，导通集水罐与加压罐。当加压罐的水位到一定值时，由液位继电器控制，使蒸汽电磁阀打开（排汽电磁阀此时关闭），使一定压力的蒸汽进入加压罐。水位处于下位时，进汽电磁阀即关闭，排汽电磁阀打开，此时加压罐的工作废汽的热量混于水中，蒸汽体积变小。在排汽电磁阀上下连通时，集水罐的凝结水靠重力又进入加压罐，重复上述的工作程序，因此形成了间断汽压回水和连续收水的工作状态。集水罐上部的凝结水入口设置了一台可恒温的疏水阀（温控阀），它可将继续作功的蒸汽节流，只使一定温度的凝结水进入，因此可起到阻汽排水的恒温作用。

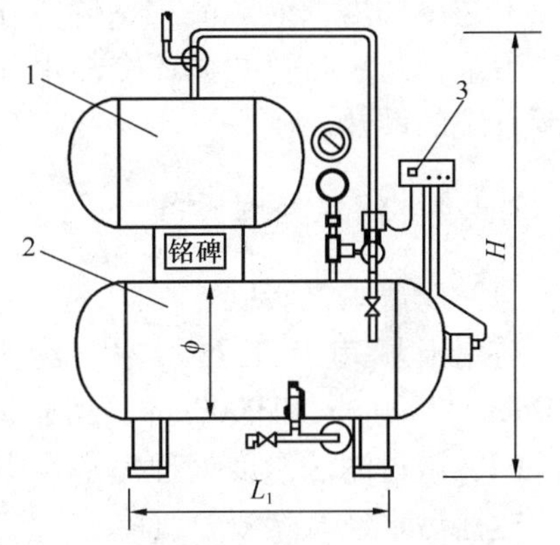

图2－18　恒温蒸汽压力式回水器示意图
1—集水罐；2—加压罐；3—控制器

该回水器的工作方式为水位控制，用蒸汽压力的动力使水输送，依靠温控阀来截汽吸水，因此形成一个完善的自动回水装置。它可承担与离心水泵相同的工作，是一种不会形成汽蚀的“无轮泵”，承担着高温水的回收输送。

2.4.3　换热设备

（1）微循环导热油加热成套设备

使用温度不超过200℃，沿用蒸汽锅炉的加热方式，用导热油取代蒸汽作制热剂，反复循环传热，并采用炉内微循环技术，解决炉内易结焦问题。适用于蒸汽(4t 及以下锅炉)加热的生产工艺，4t 蒸汽炉可节水 90t/d 以上。

(2) 内展翅片换热器

适用于水冷却气(汽)化工艺，翅化比为 1∶7.4，耐压 0.1 ~ 3MPa，与常规换热器相比，节水率可高达 87%，体积减小 25% ~ 50%，热效率提高 32%(可达 82%)。

(3) 空冷型(水空)换热器

以空气做制冷剂，节水效果显著，适用于出口水温与干球温差大于 15℃的闭路循环场合。

(4) 中央液态冷热源环境系统热能采集设备

采用"单井抽灌"技术，利用低品位热能，全部原位回灌，不耗水，每消耗 1kW · h 的电，可提供相当于 14400kJ 的热量，适用于各种类型的建筑物及工矿企业厂房、办公楼的供暖、空调和生活热水。

(5) 冷却塔系列产品

主要包括流线型系列逆流冷却塔(单塔处理水量为 500 ~ 4500m^3/h)、吊装式系列逆流冷却塔(单塔处理水量为 1000 ~ 5000m^3/h)、横流混装式系列冷却塔(单塔处理水量为 1000 ~ 5000m^3/h)、横流薄膜式系列冷却塔(单塔处理水量为 500 ~ 4500m^3/h)、横流点滴式系列冷却塔(单塔处理水量为 500 ~ 5000m^3/h)和干湿智能绿色冷却塔，相比目前运行的湿式开式冷却塔，可节水 90%，节电 85%。

上述冷却塔系列产品中，除干湿智能绿色冷却塔外，均适用于炼油、化工、化肥、电力、冶金、纺织行业的循环冷却水处理。干湿智能绿色冷却塔适用于办公楼等建筑物的制冷空调系统的散热。

2.4.4 污水处理设备

(1) 双速曝气转刷

适用于城市及工业给水、污水处理，按转刷长度有 5 种规格，3000mm、4500mm、5000mm、7000mm 和 9000mm，其充氧能力分别为每小时 24kg、35kg、46kg、56kg、74kg 氧。

(2) 微过滤法深度处理污水及中水回用装置

达标污水经微絮凝、沉降、过滤等处理后的中水(COD < 40mg/L，浊度不高于 5mg/L)，回用于工业循环水系统，适用于工业循环水系统、基建用水、生活区的绿化及居民卫生用水。

(3) 气浮水处理成套设备

该装置具有如下优点：低压运行，工作压力仅为 0.3MPa；高效能比，溶气效率高达 99% 以上，释气率高达 99%；抗堵，释放气免清洗；微气泡与悬浮颗粒的高效率吸附，提高了 SS 的去除效果；多层排泥，确保出水效果。适用于造纸、印染、电镀、制革、油漆、食品等废水处理和含藻地表水净化处理。

(4) 污水净化车

可处理含油废水、乳化液、切削液、电镀废水、印染废水、含酚废水等，处理能力有 2t/d、5t/d、10t/h 系列，适用于需要处理上述污水的单位。

(5) 含重金属离子废水处理成套装置

对重金属离子(Cr^{3+}、Cu^{2+}、Ni^{2+}、Pb^{2+}、Cd^{2+}、Hg^{2+} 等)吸附容量高于 40mg/g，成套

装置的年处理能力从1万t到30万t，可回收重金属离子，水处理剂可降解。适用于处理皮革工业废水、电镀工业废水、印刷电路板废水、无机化工行业工业废水等。

(6) 中空纤维超滤膜组件

适用于化工、医药、饮料行业，用于截留分子量5万以上的高分子物质。

(7) 稠油联合站污水深度处理及回注成套设备

经高效三相分离器、斜板沉降、粗粒化除油、过滤等处理后，按一定污清比回注，可节约大量清水，适用于油田。

(8) 电子线路板漂洗废水回收设备

经混凝、过滤、吸附、离子交换处理后，使废水的水质达到自来水的标准，循环利用，适用于主要污染物质为SS、Cu^{2+}、Ni^{2+}等的废水。

(9) 膜生物反应器

COD的去除率达90%以上，SS的去除率达90%以上，NH_3—N的去除率达90%以上，电耗为0.6~0.8kW·h/m^3，适用于工业有机废水的处理。

(10) 压力过滤器

滤速为20~40m/h，双层滤料，适用于钢铁行业浊环水系统，再生废水回用处理或其它水的过滤。

(11) 超临界水氧化反应器

COD的去除率达99%以上，除盐率达70%，适用于造纸、化工、石油炼制、印染、农药、医药等行业高浓度难降解有毒有机废水的处理。

2.4.5 供水及排渣处理设备

(1) 高压大功率变频调速装置

这种装置可节电超过10%，节约用水30%以上，提高供水质量，整机功率因数高，谐波含量低，适用于高压电机拖动的水泵供水系统。

(2) 高炉渣粒化设备

其生产负荷为1200t/d，渣水比为1:2，吨粒化渣用水量为0.8t，比以往冲渣工艺节约用水20%~50%，适用于2000m^3以上的高炉。

(3) 电站燃煤锅炉干式排渣成套设备

采用这种设备，可由目前的水力排渣技术每百万千瓦年用水量300~400万t减少到零，提高锅炉效率，回收灰渣中部分炭，节约大量煤炭，减少维修资金和水力排渣造成的污染，适用于200~600MW及以上电站燃煤锅炉排渣系统。

2.4.6 海水、苦咸水等利用设备

(1) 板式(海水)换热器

利用海水做制冷剂，其单板面积、结构形式可根据工程要求确定。适用于海水冷却系统。

(2) 反渗透海水淡化装置

适用于海岛和沿海地区工农业用水、生活饮用水的制取，其淡化水的总盐含量低于500mg/L，水回收率(利用率)达30%~40%，电耗为4~5kW·h/m^3。

(3) 电渗析苦咸水淡化装置

适用于含盐量在1000~3500mg/L范围内的苦咸水淡化，制取生活饮用水。其脱盐率高于75%，电耗为2~4kW·h/m^3。

(4) 反渗透苦咸水淡化装置

适用于含盐量在1000~3500mg/L范围内的苦咸水淡化，制取生活饮用水。其脱盐率高于96%。

(5) 其他海水淡化装置

包括板式海水淡化装置、管式海水淡化装置、电力压气式海水淡化装置及闪蒸式海水淡化装置，出口淡水的含盐量低于10mg/L，适用于陆用和船用。其中，板式海水淡化装置的淡水产量为10~55t/d，管式海水淡化装置的淡水产量为1.5~55t/d，电力压气式海水淡化装置的淡水产量为5~30t/d，闪蒸式海水淡化装置的淡水产量为20~30t/d。

2.4.7 管网的检漏与防渗

目前城市和大型企业供水管网的水漏损失比较严重，已成为当前城市和大型企业供水中的突出问题。积极采用城市和大型企业供水管网的检漏和防渗技术，不仅是节约水资源的重要技术措施，对保障城市和企业的供水水质安全也具有重要意义。

(1) 推广预定位检漏技术和精确定点检漏技术

推广应用预定位检漏技术和精确定点检漏技术，并根据供水管网的不同铺设条件，优化检漏方法。埋在泥土中的供水管网，应当以被动检漏为主，主动检漏为辅；上覆城市道路的供水管网，应以主动检漏为主，被动检漏为辅。鼓励在建立供水管网GPS、GIS系统基础上，采用区域泄漏普查系统技术和智能精确定点检漏技术。

(2) 推广应用新型管材

大口径管材($DN>1200$)优先考虑预应力钢筋混凝土管；中等口径管材($DN=300\sim1200$)优先采用塑料管或球墨铸铁管，逐步淘汰灰口铸铁管；小口径管材($DN<300$)优先采用塑料管，逐步淘汰镀锌铁管。

(3) 推广应用供水管道连接、防腐等方面的先进施工技术

一般情况下，承插接口应采用橡胶圈密封的柔性接口技术，金属管内壁采用涂水泥砂浆或树脂的防腐技术，焊接、粘接的管道应考虑胀缩性问题，采用相应的施工技术，如适当距离安装柔性接口、伸缩器或U形弯管。

(4) 鼓励开发和应用管网查漏检修决策支持信息化技术

鼓励在建设管网GIS系统的基础上，配套建设具有阀门搜索、状态仿真、事故分析、决策调度等功能的决策支持系统，为管网查漏检修提供决策支持。

2.5 非常规水源的利用

目前工业用水的绝大部分是直接由供水系统供应或由自备水厂从水井、河流等取水供水。由于我国水资源的缺乏，绝大多数地区均出现了不同程度的“水荒”，因此大力开发和利用除井水、河水等常规水源外的非常规水源，对于消除水资源短缺给工业企业带来的不利影响，实现可持续发展具有重大的战略意义。

一般来讲，非常规水源主要包括海水、雨水和建筑中水。

2.5.1 海水的利用

地球表面积的70.8%为海洋所覆盖，其平均深度约为3800m，海水的体积为$13.7\times10^{15}m^3$，按平均密度1.03kg/L计，海水的总质量为$14.11\times10^{15}t$。由此可见，综合开发利用海水资源是解决我国水资源紧缺的一种重要途径。

（1）海水的利用

由于海水的化学成分十分复杂，主要离子含量均远高于淡水，尤其是Cl^-、SO_4^{2-}、Na^+和Mg^{2+}的含量是淡水的数百倍乃至上千倍，因此使海水的利用受到了很大的限制。目前，海水主要在三个方面得到应用，即直接利用或简单处理后作为工业用水或生活杂用水，如作工业冷却用水，或用于洗涤、除尘、冲灰、冲渣、化盐碱及印染等方面；经淡化处理后提供高品质淡水，或再经矿化作为饮用水；综合利用，如从海水中提取化工原料等。与工业节水有关的应用主要有如下几个方面：

1）工业冷却水

在工业生产中海水被直接用为冷却水的量占海水总用量的90%左右。几个主要应用行业的海水冷却对象为：火力发电行业的冷凝器、油冷器、空气和氨气冷却器等；化工行业的吸氨塔、炭化塔、蒸馏塔、煅烧塔等；冶金行业的气体压缩机、炼钢电炉、制冷机等；水产食品行业的醇蒸发器、酒精分离器等。

利用海水冷却的方式有间接冷却与直接冷却两种，其中以间接换热冷却方式居多，包括制冷装置、发电冷凝、纯碱生产冷却、石油精制、动力设备冷却等。其次是直接洗涤冷却，即海水与物料接触冷却或直喷降温等。

在工业生产用水系统方面，海水冷却水的利用有直流冷却和循环冷却两种系统。海水直流冷却具有深海取水温度低且恒定，冷却效果好，系统运行简单等优点，但排水量大，对海水污染也较严重。海水循环冷却时取水量小，排污量也小，可减轻海水的热污染程度，有利于环境保护。

当工厂远离海岸或工厂所处位置海拔较高时，海水循环冷却较直流冷却更为经济合理。我国现已采用淡水循环冷却的一些滨海工厂，代以海水循环冷却具有更大的可能性。

与淡水冷却相比，利用海水冷却具有一系列的优点：

① 水源稳定。海水水质较为稳定，水量很大，无需考虑水量的充足程度。

② 水温适宜。海水全年平均温度为0~25℃，深海水温更低，有利于迅速带走生产过程中的热量。

③ 动力消耗较低。一般采用近海取水，可减少管道的水力损失，节省输水的动力费用。

④ 设备投资较少。据估算，一个年产30万t乙烯的工厂，采用海水做冷却水所增加的设备投资仅是工厂设备投资的1.4%左右。

2）离子交换再生剂

在工业低压锅炉的给水软化处理中，多采用阳离子交换法，当使用钠型阳离子交换树脂层时，需用5%~8%的食盐溶液对失效的交换树脂进行再生还原。沿海城市可采用海水（主要是利用其中的NaCl）作为钠离子交换树脂的再生还原剂，这样既省药又节约淡水。

3）化盐溶剂

纯碱或烧碱的制备过程中均需使用食盐水溶液，传统方法是用自来水化盐，需要使用大量的淡水，而且盐耗也高。用海水作化盐溶剂，可降低成本、减轻劳动强度、节约能源，具有显著的经济效果。如天津碱厂使用海水化盐，每吨海水可节约食盐15kg，仅此一项每年可创效益180万元。

4）除尘

海水可作为冲灰及烟气洗涤用水。国内外很多电厂采用海水作冲灰水，节省了大量的淡水资源。我国黄岛电厂每年利用海水6200万m^3，冲灰水全部使用海水。

5）烟气脱硫

海水烟气脱硫工艺是利用天然的纯海水作为烟气中SO_2的吸收剂，无需其他添加剂，也不产生任何废弃物，具有技术成熟、工艺简单、系统运行可靠、脱硫效率高（理论脱硫效率可达98%）和投资运行费用低等特点。

工艺系统主要由吸收塔、烟气—烟气加热器（GGH）和曝气池（海水恢复系统）等组成，其主要原理是：经过除尘处理及GGH降温后的烟气由塔底进入脱硫吸收塔中，在塔内与由塔顶均匀喷洒的纯海水逆向充分接触混合，海水将烟气中的SO_2有效地吸收生成亚硫酸根离子SO_3^{2-}，经过脱硫后的海水借助重力流入曝气池中（海水恢复系统），在曝气池里与大量的海水混合，并通过鼓风曝气使SO_3^{2-}氧化为SO_4^{2-}，海水中的CO_3^{2-}中和H^+，产生的CO_2在鼓气时被吹脱逸出，从而使海水的pH值得以恢复。水质恢复后的海水可直接排入大海。

6）传递压力

传统的液压系统主要用矿物型液压油作为介质，但它具有易燃、浪费石油资源、产生泄漏后污染环境等严重缺点，不宜在高温、明火及矿井等环境中工作，特别不适用于存在波浪暗流的水下（如舰艇、河道工程、海洋开发等）作业，因此常采用淡水代替液压油。

利用海水作为液压传动的工作介质，具有很多的优越性：无环境污染，无火灾危险；无购买、储存等问题，既节约能源，又降低费用；可以省去回水管，不用水箱，使液压系统大大简化，系统效率提高；可以不用冷却和加热装置；海水温度稳定，介质黏度基本不变，系统性能稳定；海水的黏度低，系统的沿程阻力损失小。

海水液压传动系统由于其本身的特点，能很好地满足某些特殊环境下的使用要求，极大地扩大了液压技术的应用范围，已成为液压技术的一个重要发展方向。在水下作业、海洋开发及舰艇上采用海水液压传动已成为当前的主要发展趋势，受到西方工业发达国家的高度重视。十多年来，他们一直在进行海水液压传动技术的研究与开发工作，并开始进入实用阶段。

7）印染用水

海水中含有的许多物质对染整工艺能起到促进作用，如氯化钠对直接染料能起排斥作用，促进染料分子尽快上染。由于海水中有些元素是制造染料引入的中间体，因此利用海水能促进染色稳定，且匀染性好，印染质量高。经海水印染的织物表面具有相斥作用而减少吸尘，在穿用时可长时间保持清洁。

海水的表面张力较大，使染色不易老化，并可减少颜料的蒸发消耗和污染，同时能促进染料分子深入纤维内部，提高染料的牢固度。海水在纺织工业上用于印染，可减少或不用某些染料和辅料，降低了印染成本，减少了排放水的污染物，因此海水被广泛用于煮炼、漂白、染色和漂洗等生产工艺过程。

我国第一家海水印染厂于1986年4月底在山东荣成县石岛镇建成并投入批量生产，该厂采用海水染色的纯棉平绀比淡水染色工艺节约染料、助剂30%～40%，染色的牢度提高二级，节约用水三分之一。

除了上述的直接利用外，还可采用淡化工艺将海水淡化后，作为企业的生产用水或生活用水。

（2）海水利用中存在的问题及解决对策

海水因其特殊的水质和水文特性，以及生物繁殖等，会对用水系统的构筑物和设备造成一些危害，主要有以下几个方面：

① 海水为含盐量很高的强电解质，对一般金属均有着强度不同的电化学腐蚀作用；

② 海水对混凝土具有腐蚀性，因此对构筑物主体会产生不同程度的破坏作用；

③ 在加热的条件下，海水中的 Ca^{2+}、Mg^{2+} 等极易在管道表面结垢，影响水力条件和热效率；

④ 海水富含多种生物，可造成取水构筑物和设备的阻塞，如海红（紫贻贝）、牡蛎、海蛭、海藻等大量繁殖，可造成取水头部、格网和管道阻塞，而且不易清除，使管径缩小，输水能力降低，对取水安全构成很大的威胁；

⑤ 潮汐和波浪具有很大的冲击力和破坏力，会对取水构筑物产生不同程度的破坏。

为此，在进行海水利用时，必须合理选用海水用水系统中管道、管件、箱体和设备的材质，以防止腐蚀；必要时根据材料的腐蚀机理，可在金属表面喷涂涂料或敷设衬里或其他措施。

2.5.2　雨水的利用

雨水是自然界水循环过程的阶段性产物，其水质优良，是十分宝贵的水资源，通过合理的规划和设计，采取相应的措施，可将雨水加以充分利用，不仅能在一定程度上缓解水资源的供需矛盾，而且还可有效减少地面的水径流量，延滞汇流时间，减轻雨水排除设施的压力，减少防洪投资和洪灾损失。

（1）雨水利用技术与设施

1）雨水收集系统

雨水收集系统是将雨水收集、储存并经简易净化后供给用户的系统。依据雨水收集场地的不同，分为屋面集水式和地面集水式两种雨水收集系统。

屋面集水式雨水收集系统由屋顶集水场、集水槽、落水管、输水管、简易净化装置（粗滤池）、储水池和取水设备组成。

地面集水式雨水收集系统由地面集水场、汇水渠、简易净化装置（沉砂池、沉淀池、粗滤池等）、储水池和取水设备组成。

2）雨水收集场

屋面集水场：屋顶是雨水的收集场，但在其他影响条件相同时，屋面材料和屋顶坡度往往影响屋面雨水的水质，因此要选择适当的屋面材料，一般可选用黏土瓦、石板、水泥瓦、镀锌铁皮等材料，而不宜收集草皮屋顶、石棉瓦屋顶、油漆涂料屋顶的水，因为草皮中会积存大量微生物和有机污染物，石棉瓦在水的冲刷浸泡下会析出对人体有害的石棉纤维，有些油漆和涂料不仅会使水中有异味，在雨水的作用下还会溶出有害物质。

地面集水场：地面集水场是按用水量的要求在地面上单独建立的雨水收集场。为保证集水效果，场地宜建成有一定坡度的条型集水区，坡度不小于1∶20。在低处修建一条汇水渠，汇集来自各条型集水区的降水径流，并将水引至沉砂池。汇水渠的坡度应不小于1∶400。

3）雨水储存设施

雨水储存设施分为集中储水和分散储水两类。集中储水是指通过工程设施将雨水径流集中储存，以备处理后使用。分散储水是通过修筑小水库、塘坝、水窖(储水池)等工程设施，把集流场所拦蓄的雨水储存起来，以备利用。

4）雨水的简易净化

屋面集水式的雨水净化：舍去初期雨水径流后，屋面集水的水质较好，因此多采用粗滤池净化，出水消毒后便可使用。

地面集水式的雨水净化：地面集水式雨水收集系统收集的雨水一般水量大，但水质较差，要通过沉砂、沉淀、混凝、过滤和消毒处理后才能使用。

(2）雨水利用中存在的问题及解决对策

1）大气污染与地面污染

空气质量直接影响着降雨的水质。我国严重缺水的北方地区，大气污染已是普遍存在的环境问题，因此降雨中的污染物浓度较高，有的地方已经形成酸雨。这样的雨水降落至屋面或地面，比一般的雨水更易溶解污染物，从而导致雨水利用时处理成本的增加。

地面污染源也是雨水利用的严重障碍。雨水溶解了流经地区的固体污染物或与液体污染物混合，形成了污染雨水径流。当雨水中含有难以处理的污染物时，雨水的处理成本将成倍增加，甚至出现经济上难以承受的现象，致使雨水从经济上失去了其使用价值，影响了雨水的利用。

2）屋面材料污染

屋面材料对屋面初期雨水径流的水质影响较大，目前我国普遍采用的屋面材料(如油毡、沥青)中有害物质的溶出量较高，因此要大力推广使用环保材料，以保证利用雨水和减轻雨水中的有害杂质。

3）集水量保证率

降雨过程存在季节性和很大的随机性，因此，在雨水利用工程的设计中必须掌握当地的降雨规律，否则集水构筑物、处理构筑物及供水设施将无法确定。

降雨径流量的大小主要取决于降雨量、降雨强度、地形及下垫面条件(包括土壤类型、地表植被覆盖、土壤的入渗能力及土壤的前期含水率等)。在干旱和半干旱的黄土高原地区，年降雨量一般在250～550mm之间，黄土的结构疏松，水稳生团粒含量较高，水的稳定入渗速率较大(一般在0.5mm/min以上)，因此小强度的降雨很少能产生径流。

为增大雨水的集流量，需利用产流条件较好的材料做成集水面。一般在坡度为5%～15%时，以混凝土为材料的集水面，其集水效率为55%～86%；以塑料薄膜覆沙的集水面，其集水效率为36%～47%；原土夯实的集水面，其集水效率为19%～32%。

因此，在确定雨水利用设施的规模时，不仅要考虑设计频率下的降雨量，还要考虑降雨强度、次降雨量等特性，更要重视产流汇流条件对集水量保证程度的影响。

4）初期雨水弃流量

屋面和地面的初期雨水径流中的污染物浓度很高，而这部分水量所占的比例很小，因此，雨水的收集利用应考虑舍弃这部分水量，以减少对后续设施的影响。

初期雨水弃流量的合理确定关系到雨水收集利用系统的经济性和安全性。弃流量偏大时，虽然进入雨水利用系统的后续雨水径流水质稳定，但造成了雨水资源的浪费；弃流量偏小时，虽充分利用了雨水量，但水质不好，增加了雨水处理成本和难度，甚至有些杂质还会堵塞处理和利用设施，影响设施的正常运行。

屋面雨水的初期径流水质与屋面材料和屋顶坡度及降雨量有很大的关系，因此，初期弃流量可由降雨曲线和水质变化曲线来确定，径流中COD和SS浓度达到相对稳定时所对应的降雨量即为初期弃流量。

地面雨水的初期径流比屋面径流水质成分复杂，因此准确确定初期雨水弃流量较为困难，但可参照屋面雨水初期弃流量的确定方法试验确定。

2.5.3 城市再生水的利用

城市再生水的利用技术包括城市污水处理再生利用技术、建筑中水处理再生利用技术和居住小区生活污水处理再生利用技术。

(1) 城市污水处理再生利用

城市污水处理再生利用技术是把城市部分地区的污水经过处理而实现再生利用的方式，即把污水处理厂的排放水送至城市净水厂，经处理后送到中水系统，供工业区或住宅做非饮用水。城市污水再生利用，宜根据城市污水的来源与规模，尽可能按照就地处理就地回用的原则合理采用相应的再生水处理技术和输配技术。这种回收利用方式，由于要求城镇和建筑内部供水管网均应分为生活饮用和杂用双管配水系统，且城镇必须有污水处理厂，因此应鼓励研究和制订城市水系统规划、再生水利用规划和技术标准，逐步优化城市供水系统与配水管网，建立与城市供水系统相协调的城市再生水利用管网系统和与集中处理厂出水、单体建筑中水、居民小区中水相结合的再生水利用体系，制定和完善污水再生利用标准。

(2) 建筑中水处理再生利用

建筑中水处理再生利用，是把民用建筑或建筑小区中人们生活中排放的污水、冷却水及雨水等，经集流、水质处理、输配等技术措施，实现回用目的的供水系统。建筑中水处理再生利用工程属于分散、小规模的污水回用工程，具有灵活、易于建设、无需长距离输水和运行管理方便等优点，是一种较有前途的节水方式。实现建筑中水回用，可节约淡水资源，减少污水排放量，减轻水环境的污染，就近开辟了稳定的新水源，既可节省基建投资，又能降低供水成本，具有明显的社会效益、环境效益和经济效益。

建筑中水系统由中水原水系统、中水处理设施和中水供水系统三部分组成，是给水工程技术、排水工程技术、水处理工程技术及建筑环境工程技术的有机综合，在建筑物或建筑小区内运用上述工程技术，可实现其使用功能、水功能及建筑环境功能的有机统一。

(3) 居住小区生活污水处理再生利用

缺水地区城市建设居住小区，达到一定建筑规模、居住人口或用水量的，应积极采用居住小区生活污水处理再生利用技术，将再生水用于冲厕、保洁、洗车、绿化、环境和生态用水等，可节约大量的新鲜水。

2.6 水系统集成优化

要提高工艺用水的重复利用率，最有效的方法是采用水系统集成技术。

常规的节水策略主要通过直观定性分析，通常着眼于单个的单元操作或局部用水网络，只能达到一定的节水目的，不能使整个用水系统的新鲜水用量和废水产生量达到最小。而水系统集成技术是将工业企业的整个用水系统作为一个有机的整体来对待，对用水系统中的各种污废水的回用、再生和循环的所有可能的机会进行综合考察，采用过程系统集成的原理和技术对用水系统进行优化调度，按品质需求逐级用水，提高用水系统的重复利用率，使用水系统的新鲜水消耗量和废水排放量同时减少。水系统集成技术能取得最大的节水效果，已成为当前节水科学和技术研究的热点，特别是在工业企业水网络的设计与改造方面，已经取得了显著的成效与进展。

用水过程的系统集成可以解决以下问题：

① 用水系统新鲜水的最小目标值和废水产生量的最小目标值是多少；

② 现行用水系统是否合理，若不合理，不合理的环节和原因是什么；

③ 现行用水系统经济可行的节水潜力有多大；

④ 设计一个新的用水网络或对现有的用水网络进行改造，以实现新鲜水和废水的最小目标值。

水系统集成技术体现了“系统着眼，按质用水，一水多用”的节水原则。采用水系统集成技术实现用水系统节水减排的主要途径是用水系统中的废水直接回用、废水再生回用和废水再生循环三种基本方式及其组合方式对用水系统进行合理分配和高效利用；主要方法或技术包括图示法和数学规划法。

图示法是在平面坐标上描述和分析用水系统，又称为水夹点法。所用的坐标图可以是负荷—浓度图，即以水中的杂质浓度为纵坐标，以要去除的杂质负荷为横坐标；也可以是流量—浓度图，即以水的流量为横坐标。这种方法的主要优点是形象、直观、物理意义明确，但由于二维图形的限制，使其在解决多杂质水系统集成问题上存在困难，而且无法解决与水质、水量无关的目标或约束，如以费用最小为目标的问题、考虑网络结构最简化的问题等。

数学规划法是基于对用水系统所建立的超结构模型。所谓超结构，是指能涵盖用水系统所有可能网络结构的模型。以该结构构造用水系统的物理模型，通过设定目标函数，并确定与实际过程相应的约束条件，建立用水系统的数学优化模型。通过求解该数学模型，就可以得到达到目标函数要求并满足约束条件的用水网络。其主要优点是可以用于具有多杂质的复杂系统，而且可以通过设定不同的目标及约束条件，使用水网络具有所期望的性质。但由于数学规划法的求解过程为一黑箱模型，不直观，物理意义不明确。在采用该方法时，使用者虽然可以得到一个用水网络的结构，达到所期望的目标，但是由于模型的多解性，使用者难以知晓是否存在其他同样达到所期望的目标并具有更好其他性质的网络结构，也就是说使用者难以控制优化网络结构的生成。

参考文献

[1] 崔玉川. 城市与工业节约用水手册[M]. 北京：化学工业出版社，2002.

[2]《化工进展》编辑部. 全国石油和化工行业节能节水技术[M]. 北京：化学工业出版社，2008.

[3] 廖传华，朱廷风. 超临界流体技术与环境治理[J]. 北京：中国石化出版社，2007.

[4] 冯霄，刘永忠，沈人杰，等. 水系统集成优化——节水减排的系统综合方法[M]. 北京：化学工业出版社，2008.

第 3 章　循环用水与废水处理

在前述的节水减排基本途径中，工程节水范畴的循环用水与工艺节水范畴的废水再生回用是节水效果最明显、应用最为广泛的两种，因此，本章对这两种节水方法进行详细的介绍。

3.1　循 环 用 水

当前我国工业用水的循环利用率还不到 50%，而发达国家为 85% 以上，因此，实行冷却水尤其是间接冷却水的循环利用、提高冷却水的循环利用率就成为工业节水的重点，也是工业节约用水的主要努力方向。

3.1.1　循环冷却水系统的分类

循环冷却水系统可根据生产工艺要求、水冷却方式和循环水的散热方式，分为密闭式和敞开式两种。

(1) 密闭式循环冷却水系统

系统流程如图 3－1 所示。冷却水通过换热器冷却工艺热介质，在换热过程中冷却水温度升高成为热水，热水在另一台换热设备——二次冷却器中通过和空气或水间接接触而冷却，冷却后的水由于温度降低，再循环使用。在循环过程中，冷却水不暴露于空气中，没有蒸发、风吹飞溅和浓缩问题，所以水量基本上不消耗，补充水量很少，水中各种矿物质离子的含量一般也不发生变化。

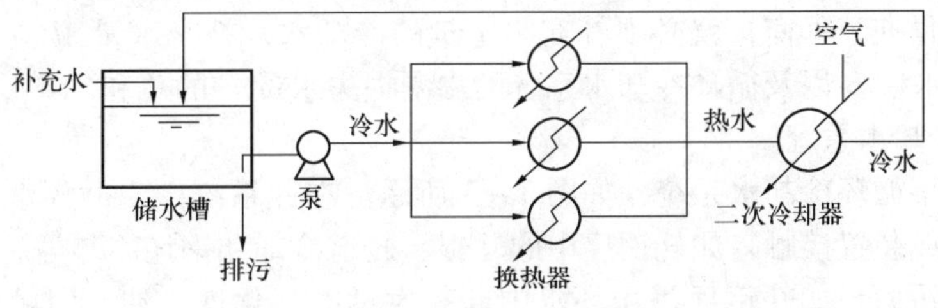

图 3－1　密闭式循环冷却水系统流程

密闭式循环冷却水系统的补充水常用软化水、脱盐水或冷冻液，因而结垢的可能性很小，主要问题是防止腐蚀，但只要选择合适的缓蚀剂，一次投入水中以维持一定的含量就可以了。所以采用该系统，水质处理方法简单，而且操作维护也很方便。

密闭式循环冷却水系统所需费用较高，一般只适用于被冷却装置散热量较小、所要求的工作安全可靠度大或具有特殊要求的工业生产系统，如空调、内燃机、变压器油冷却器、高炉的风口与冷却壁、转炉的氧仓与烟罩等的冷却。

(2) 敞开式循环冷却水系统

在敞开式循环冷却水系统中，一方面循环水带走物料、工艺介质、装置或热交换设备所散发的热量；另一方面升温后的循环水通过冷却构筑物时与空气直接接触得以冷却，然后再循环使用。敞开式循环冷却水系统是目前应用最广泛的一种循环冷却系统。根据循环水同被冷却物料、工艺介质或装置是否直接接触，敞开式循环冷却水系统可分为清循环、污循环和集尘循环三种类型。

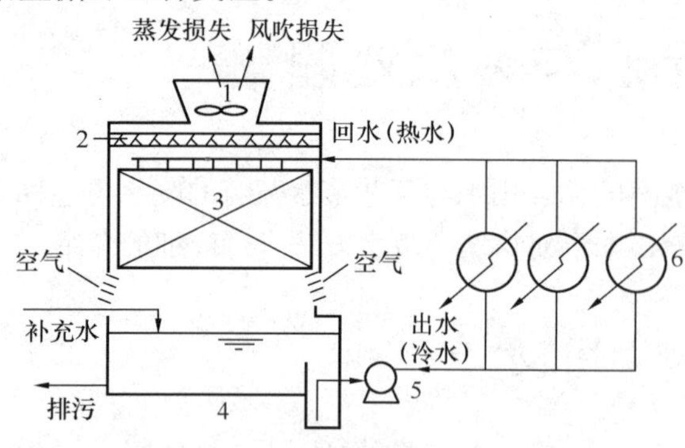

图3-2 敞开式清循环冷却水系统

1—风机；2—收水器；3—淋水装置；4—冷却塔集水池；5—水泵；6—换热器

1）清循环冷却水系统

又称为间接循环冷却水系统。在此系统中，水是通过冷却器(热交换设备)间接地冷却物料、工艺介质或装置的，循环水除水温升高外水质几乎无污染，故不必另设净水设备。

清循环冷却水系统的流程如图3-2所示。冷却水通过换热器冷却工艺热介质，在换热过程中，冷却水温度升高成为热水，热水被送往冷却塔顶部，由塔内淋水装置喷散成水滴或水膜自上而下流动，与塔内自下而上流动的空气直接接触进行热交换，水滴和水膜在下降过程中逐渐变冷，当到达冷却塔底部的集水池时，水温即下降到符合冷却水的要求，可继续循环使用。

换热过程中升温后的冷却水在冷却塔中进行冷却时，有两部分水量要损失掉：一部分是蒸发损失水量 E(在蒸发传热过程中由空气带走的水量)，另一部分是风吹损失水量 D(包括热水由塔顶向下喷溅的飞溅损失和随空气带走的雾沫夹带损失)。由于蒸发所损失的水量中是不含盐分和其他杂质的，因此，随着水的不断蒸发，循环冷却水系统中的盐分和其他一些有害杂质会不断浓缩，浓度不断增高。

为了控制循环冷却水系统中的盐分和其他一些有害杂质的浓度在允许的极限值范围内，必须从系统中排出一定比例的浓缩水，排出的这部分水量称为排污损失水量 B。为保持循环冷却水系统的水量处于平衡，就必须补充一定量的冷却水，补充水量 M 应等于蒸发损失水量 E、排污损失水量 B 以及循环冷却水系统的渗漏损失水量 F 的总和。

2）污循环冷却水系统

这是一种直接循环冷却水系统，如图3-3所示。在此系统中，循环水直接同被冷却的物料、工艺介质或装置接触，如轧钢厂中的轧辊、轧道冷却和钢坯冷却等。因而使循环水中夹带大量杂质、污垢，如轧钢厂污循环水中即有大量的氧化铁、油、污垢等。采用这种系统，循环水除需进行降温冷却处理外，还需视具体情况进行除浊、除油之类的处理。

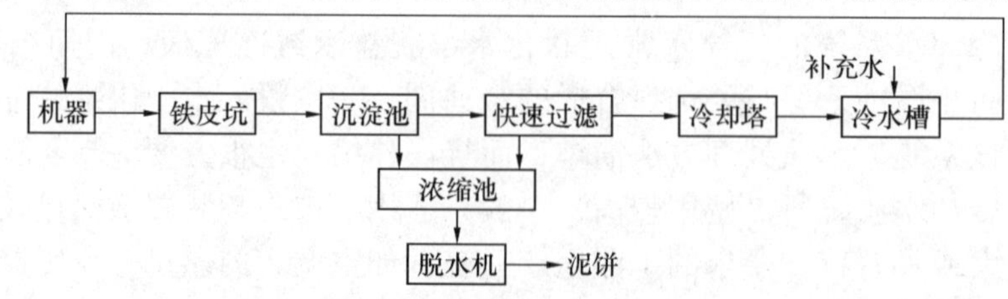

图3-3 敞开式污循环冷却水系统

3）集尘循环冷却水系统

也属于直接循环冷却水系统，如图3-4所示。它与污循环冷却系统的不同之处在于循环水除直接冷却物料外还兼有淋洗、吸附物料中杂质的作用，如：煤气洗涤水可去除煤气中的灰尘、SO_2、SO_3 和 CO_2，生产硫酸过程中应用水淋洒 SO_2 气体使之冷却并去除灰尘。由于这类循环水的浑浊度很高，因此采用这种系统，循环水除需降温冷却处理外，还须加强水的澄清处理并调节 pH 值，以保证一定的水质。

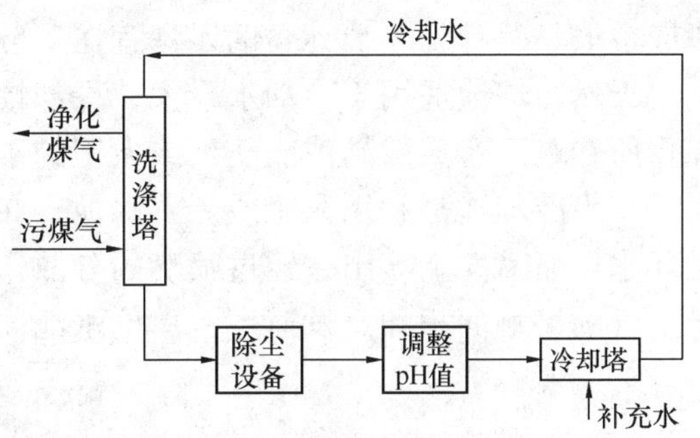

图3－4　集尘循环冷却水系统

上述三种敞开式循环冷却水系统对冷却水水质的要求是依次下降的。在适当条件下，如钢铁联合企业，可考虑将前一种系统的排污水作为后一种系统的补充水的串联用水方式，以提高整个工业给水系统水的利用效率。

敞开式循环冷却水系统与直流冷却水系统相比，既可节约大量的冷却水，又因排污量减少而利于环境保护；与密闭式循环冷却水系统相比，投资及运行费用均较低。因此从节水、环保和经济等方面综合考虑，应限制使用直流冷却水系统，尽可能推广采用敞开式循环冷却水系统，适当发展密闭式循环冷却水系统。

3.1.2　冷却构筑物

在循环冷却水系统中，用来降低水温的设施称为冷却设备或冷却构筑物。

在敞开式循环冷却水系统中，水的冷却需要与空气直接接触。根据水与空气接触方式的不同，冷却构筑物可分为冷却池和冷却塔两大类。

(1) 冷却池

分为天然冷却池和喷水冷却池两种。

天然冷却池是利用天然水体(水库、湖泊、海湾、河道、池塘等)冷却循环水的，循环水除了与原有冷水掺和降温外，主要是借水体表面与空气接触，以接触、辐射和蒸发传热的过程散热的。

为充分利用池面，应尽量使水流分布均匀，减小死水区。例如为了运转及管理方便和节省投资，将热水进水口和冷却水吸水口放在冷却池的同一地段时应设导流墙，把冷、热水流组织好。图3－5为一带导流堤的水库冷却池。

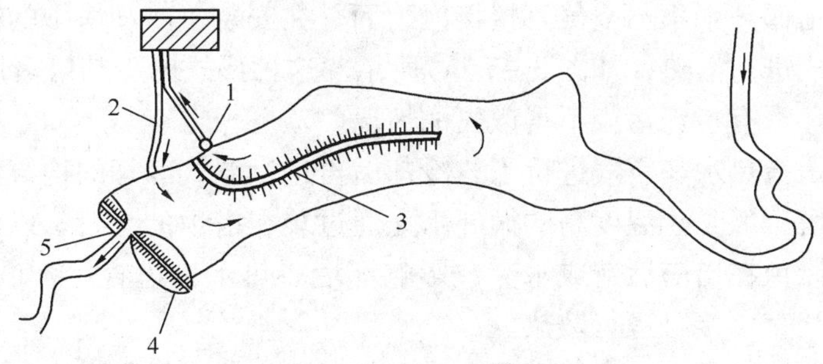

图3－5　带导流堤的冷却池

1—进水建筑物；2—排水渠；3—导流堤；4—土坝；5—混凝土溢洪道

天然冷却池一般容积较大、水较深。如果水太浅，易滋生水草，且不利于冷热水间形成异重流。异重流是由于冷水和热水的密度不同而形成的，热水浮于上层，冷水流于下层，两层间可相对流动。形成异重流可促进热水在水面扩散，有利于散热。水越深，冷热水分层越好。一般最小水深为1.5m，常水位时水深宜在2.5m以上。水流负荷可为0.01～0.1m^3/(m^2·h)。

天然冷却池适用于冷却水量大，冷却幅宽(冷却前与冷却后的水温差)不大的工业企业，并且所在地区有天然湖泊、洼地或人工的水池水库可以结合利用。一般多用于火力发电厂。

喷水冷却池是利用人工或天然水池，在池上布置配水管和喷嘴构成的，如图3－6所示。循环水经喷嘴向上喷出，经过喷嘴的分散作用，在空气中喷散成细小的水滴，这样增加了水与空气的接触面积和蒸发速率，单位水池面积的冷却效率高于天然冷却池。

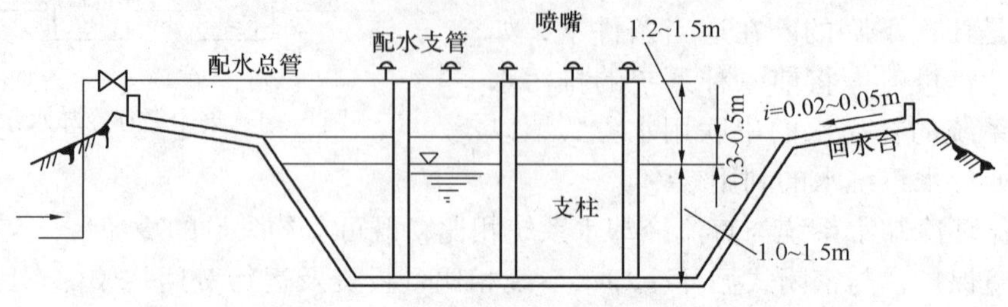

图3－6 喷水池示意

喷水冷却池由两部分组成，一部分是配水管及喷水嘴，配水管的间距一般为3～3.5m，同一支管上的喷嘴间距为1.5～2.2m。另一部分是集水池和溢流井，池中水深为1～1.5m，保护栏的高度为0.3～0.5m，水流负荷可达0.17～1.2m^3/(m^2·h)。

喷水冷却池具有结构简单、维护方便、造价低廉等优点，适用于冷却水量较小，冷却幅宽不大的工业企业，并且有足够的开阔场地、洼地、池塘可以利用。但冷却过程缓慢，效率低，冷热水温差小，需要很大的储水量和占地面积。另外，因水池露天，水质易受污染。

(2)冷却塔

又称凉水塔，是塔形构筑物。

冷却塔有很多种类，根据循环水在塔内与空气是否直接接触，可分为湿式(敞开式)、干式(密闭式)和干湿式(混合式)三种类型。

湿式冷却塔是指循环水与空气直接接触、同时进行蒸发传热和传导散热的敞开式冷却构筑物。在冷却塔中，热水从上向下喷散成水滴或水膜，空气由下向上或沿水平方向在塔内流动，在流动过程中，水与空气两者之间发生热质传递，水温随之降低。

干式冷却塔是指循环水不与空气直接接触，而是在安装于冷却塔中的散热器内被空气冷却，以热传导的方式进行散热，如图3－7(a)所示。这种形式的冷却塔多用于水源奇缺、不允许水分散失或循环水有特殊污染不得散失的情况。

干湿式冷却塔是指热水和空气进行干式冷却后再进行湿式冷却的构筑物，如图3－7(b)所示，干湿式冷却塔一般是让温度高的循环水先通过装在塔顶的盘管，以此来加热出塔湿空气，使湿空气过热以免在出塔后造成水雾，影响环境。热水出盘管后，再被引到配水装置，喷淋到填料上与空气直接接触进行散热。

与冷却池相比，冷却塔具有占地面积小，冷却效果好，水量损失小，处理水量和冷却幅宽较大等优点，因而获得了广泛的应用。

在上述三种冷却塔中，最常用的是湿式冷却塔。

(3) 湿式冷却塔的类型

根据不同的分类方式，冷却塔的类型也不同。根据通风的方式和塔体的形式，湿式冷却塔可分为自然通风和机械通风两类。自然通风冷却塔依靠塔体内外气体的压差或风压促使空

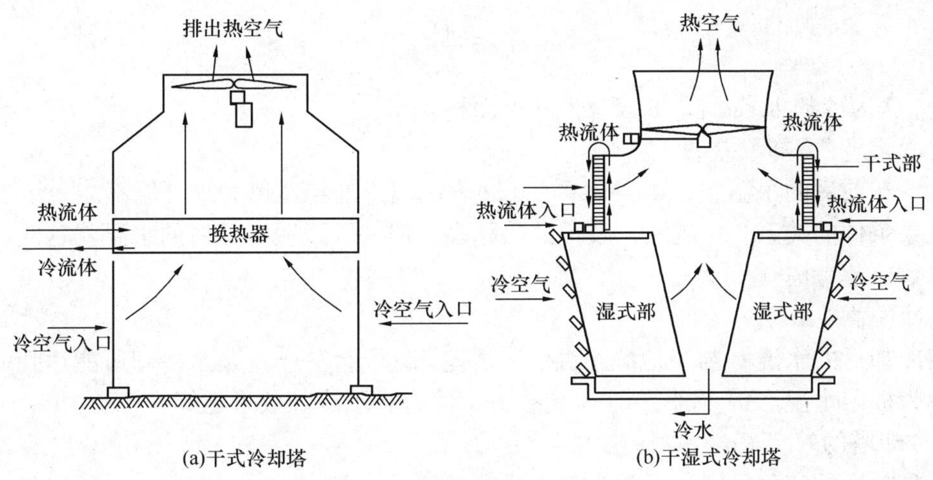

图3-7 干式和干湿式冷却塔

气与循环水对流，故塔身较高，它还可分为风筒式冷却塔和开放式冷却塔。机械通风冷却塔是借助于分别设于塔体进口或出口的鼓风机或抽风机促使空气流动以冷却循环水的，因此它又可分为鼓风式冷却塔和抽风式冷却塔。根据循环水和空气在塔内流动方式的不同，冷却塔可分为逆流式和横流式两类。在逆流式冷却塔中，空气气流自下而上与水流逆行，在横流式冷却塔中，空气的气流方向垂直于自上而下的水流方向。根据塔内淋水装置的不同，冷却塔可分为点滴式、薄膜式、点滴薄膜式和喷水式四种。

图3-8为各种类型湿式冷却塔的示意图。

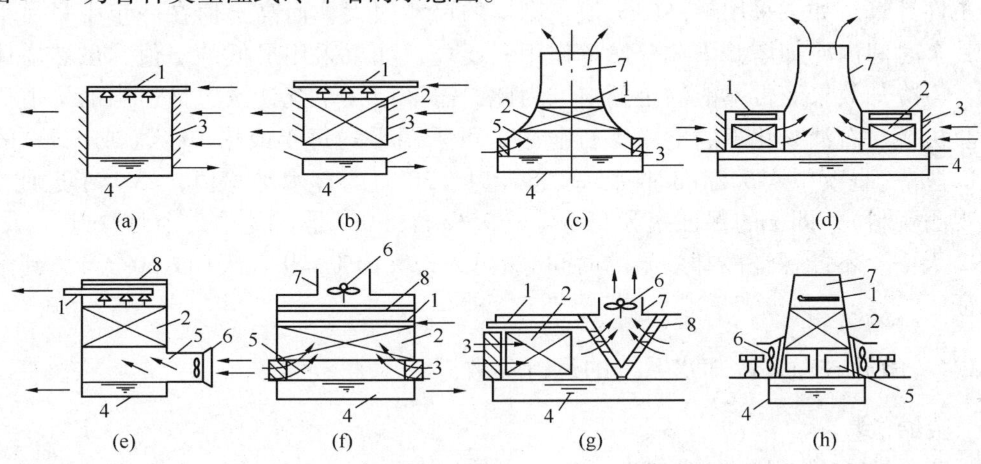

图3-8 各种类型湿式冷却塔示意

1—配水系统；2—淋水填料；3—百叶窗；4—集水池；5—空气分配区；6—风机；7—风筒；8—除水器

3.1.3 冷却塔的运行参数

(1) 热负荷(H)

指冷却塔每平方米有效面积上单位时间内所能散发的热量，kJ/(m^2·h)。

(2) 水负荷(q)

指冷却塔每平方米有效面积上单位时间内所能冷却的水量，m^3/(m^2·h)，即淋水密度，

$$q = \frac{Q}{F_m}$$

式中，Q 为冷却水量，m^3/h；F_m 为淋水面积，m^2。

(3) 冷幅宽(冷却温差 Δt)

是指冷却前后的水温差，$\Delta t = t_1 - t_2$。Δt 表示温降的绝对值大小，但不能表示冷却效果与外界气象条件的关系。Δt 越大，表示散热越多，但并不说明冷却后的水温就越低，还需结合其他参数一起考虑。

(4) 冷幅高 ($\Delta t'$)

是指冷却后的水温 t_2 与当地湿球温度 τ 之差，$\Delta t' = t_2 - \tau$。τ 是水冷却所能达到的最低水温，也称为极限水温。$\Delta t'$ 越小，即 t_2 越接近 τ 值，表示冷却效果越好。

(5)冷却塔的效率 (η)

表示冷却塔的完善程度，通常用效率系数来衡量。

$$\eta = \frac{t_1 - t_2}{t_1 - \tau} = \frac{1}{1 + \dfrac{t_2 - \tau}{\Delta t}}$$

当 Δt 一定时，η 是冷幅高 ($\Delta t' = t_2 - \tau$) 的函数，$\Delta t'$ 越小，说明 t_2 越接近理论冷却极限 τ 值，上式中的分母越小，则效率系数越高。

(6) 冷却后水温的保证率

冷幅高 ($\Delta t' = t_2 - \tau$) 表示了冷却效果，因此，选取 τ 值就很重要。冷却塔通常按夏季的气象条件计算，如果采用最高的 τ 值，则塔的尺寸很大，而高 τ 值在一年中只占很短的时间，其余时间内冷却塔并未充分发挥作用；反之，如果采用最低的 τ 值，虽然塔体尺寸减小了，但冷却效果经常不能满足要求。为此，需采用频率统计法选择适当的 τ 值。一般在冶金、机械、石油、化工、电力等行业中，可采用平均每年最热 10 天(或 5 天)的日平均 τ 值(即取一昼夜中 4 次标准时间：2、8、14、20 时的算术平均值，不少于近期 5～10 年连续观测资料)，即 τ 的保证率为 90%(或 95%)。90% 是指夏季 3 个月(6 月、7 月、8 月)共 92 天中，不能保证冷却效果的时间只有 92 天 ×10% =9.2 天(取 10 天)，其余时间均能保证。

3.1.4 敞开式循环冷却水系统的运行参数

(1) 浓缩倍数

在敞开式循环冷却水系统的运行过程中，存在着水的蒸发、风吹和渗漏损失。因蒸发掉的水中不含盐分，所以循环水中的溶解盐类不断浓缩，其含盐量亦随之增加。为了维持系统的水量和盐量平衡，必须不断向系统补充新鲜水并向外排出一定的浓缩水。由于循环水的含盐量大于补充水的含盐量，因此将两者的比值称作浓缩倍数 K，即

$$K = C_R / C_M \tag{1}$$

式中，C_R 为循环水的含盐量，mg/L；C_M 为补充水的含盐量，mg/L。

浓缩倍数是宏观表示循环冷却水系统中盐量(总含盐量的统称)平衡的一项重要水质控制参数。为了快速确定浓缩倍数，一般采用电导率或某种溶解离子的浓度代替含盐量，要求选择的离子浓度除了随浓缩过程而增加外，不受其他外界条件(如加热、沉淀、投加药剂

等)的干扰，通常选择 Cl^-、SiO_2、K^+ 等物质。

(2) 补充水量

在敞开式循环冷却水系统中，根据水量平衡，补充水量应是各项损失水量之和，即

$$M = E + B + D + F \tag{2}$$

式中，M 为补充水量，m^3/h；E 为蒸发损失水量，m^3/h；D 为冷却塔风吹损失水量，m^3/h；B 为排污水量，m^3/h；F 为渗漏损失水量，m^3/h。

蒸发损失水量与循环冷却水量、进出塔的水温差和气温等有关，其计算方法可分为粗略估算水量和精确计算水量两种。

粗略估算水量，可按下式进行

$$E = K\Delta tR \tag{3}$$

式中，E 为蒸发损失水量，m^3/h；K 为系数，1/℃，可按表 3-1 选取；Δt 为冷却塔进出水的温差，℃；R 为系统中的循环水量，m^3/h。

表 3-1 K 值与气温的关系

气温/℃	-10	0	10	20	30	40
K/(1/℃)	0.0008	0.001	0.0012	0.0014	0.0015	0.0016

精确计算水量，可按下式计算

$$E = G(x_2 - x_1) \tag{4}$$

式中，E 为蒸发损失水量，kg/h；G 为进入冷却塔的干空气量，kg/h；x_2 和 x_1 分别为出塔和进塔空气的含湿量，kg/h；

风吹损失水量除与当地的风速有关外，还与冷却塔的形式和结构有关。一般自然通风冷却塔比机械通风冷却塔的风吹损失要大些。若塔中装有良好的收水器，其风吹损失比不装收水器的要小些。风吹损失通常以占循环水量的百分率来估计，其值可按下式进行估算

$$D = K_c R \tag{5}$$

式中，K_c 为风吹损失率,%，可按表 3-2 选用。

表 3-2 K_c 值与冷却塔塔型的关系

塔型	喷水冷却池	敞开 喷水式冷却塔	敞开点 滴式冷却塔	机械通风 冷却塔(有收水器)	风筒式冷却塔
K_c/%	1.5~3.5	1.5~2.0	0.5~1.5	0.1~0.5	0.5~1.0

对于良好的循环冷却系统，其管道连接处、泵的进出口和水池等地方都不应该有渗漏，但如果由于管理不善，安装不好，则渗漏就不可避免，因此在考虑补充水量时，应根据系统的具体情况确定渗漏损失水量 F。

排污损失水量 B 的确定与冷却塔的蒸发损失水量和浓缩倍数有关。根据循环冷却水系统的含盐量平衡，可采用下式进行计算

$$B = \frac{E}{K-1} - D - F \tag{6}$$

3.1.5 循环冷却水的节水措施

(1) 合理确定浓缩倍数

循环冷却水系统的补充水量与浓缩倍数的关系式为

$$M = E + B + D + F = E + \frac{E}{K-1} = \frac{KE}{K-1} \tag{7}$$

当系统中管道连接紧密，不发生渗漏时，则 $F = 0$；当冷却塔收水器的效果较好时，风吹损失 D 很小，可忽略不计，则式(7)可简化为

$$B = \frac{E}{K-1} \tag{8}$$

当循环水系统正常运行时，热负荷基本不变，故蒸发损失水量 E 大致不变，则补充水量 M 与 $\frac{K}{K-1}$ 成正比，排污水量 B 近似与 $\frac{1}{K-1}$ 成正比。这说明补充水量 M 与排污水量 B 和浓缩倍数 K 有直接关系。浓缩倍数 K 提高，则补充水量 M 和排污水量 B 都降低。补充水量的降低意味着节约用水并降低企业的运行成本，排污水量的降低表示污水的排量小和浓度高，此时即可在较小的设备中进行处理，这比对低浓度大排量的污水进行处理要容易得多，既可减小设备的投资费用，还可节省污水处理费用，所以在循环冷却水系统的运行中要适当提高浓缩倍数，以提高过程的经济效益。一般地，当浓缩倍数小于3时，随着浓缩倍数的提高，补充水量和排污水量迅速减少，节水效果比较明显。如浓缩倍数由1.5提高到2.0时，节约的水量占循环水量的1.50%；当浓缩倍数由2.0提高到3.0时，节约的水量占循环水量的0.75%。

然而，过多地提高浓缩倍数，会使循环冷却水中的硬度、碱度和浊度升得太高，水的结垢倾向增大很多，从而使结垢控制的难度变得太大；会使循环冷却水中的腐蚀性离子（如 Cl^- 和 SO_4^{2-}）和腐蚀性物质（如 H_2S、SO_2 和 NH_3）的含量增加，水的腐蚀性增强，从而使腐蚀控制的难度增加；会使药剂（如聚磷酸盐）在冷却水系统内的停留时间增长而发生水解。而且当浓缩倍数达到4.0以上时，随着浓缩倍数的提高，补充水量和排污水量减少得很少，节水效果不太明显，如浓缩倍数由4.0提高到5.0时，节约的水量仅占循环水量的0.125%。

因此，冷却水的浓缩倍数并不是越高越好，最佳浓缩倍数应根据具体的节水要求、水资源条件、水处理技术等通过技术经济分析而确定。如果从节水的观点出发，就是使补充水量降到合理的程度，此时的浓缩倍数在3左右较合适。如果从节约药剂的观点出发，就是使排污水量降到经济合理的程度，此时的浓缩倍数在5左右较为合适。所以，一般认为，浓缩倍数为3~5是经济合理的，可通过调节排污水量或补充水量来控制。

(2) 合理控制循环水的温升

系统循环水温差是指冷却塔进出口水温之差，是判断冷却塔效率的重要指标。温差小不仅说明冷却塔效率低，同时也不利于提高浓缩倍数，给运行操作带来不便。

冷却塔的温差随季节温差、昼夜温差、空气湿度以及风力、风向等变化而改变，可通过改变风机的速度和启停风机来调节温差。对于使用循环水的设备，在工艺许可的条件下应适当增大循环水在设备中的温升，以减少循环冷却水的用量。

为了提高冷却塔的冷却效果和循环水的浓缩倍数，减少循环水的用量，循环系统可采用人工制冷循环冷却用水和地下水回灌冷源储备的循环冷却用水。

1) 人工制冷的循环冷却用水

人工制冷即冷冻机制冷。在冷却水系统或空调系统中，通常可通过人工制冷降低冷水的温度，以减少冷却水的用量或提高水的循环率，从而达到节约用水的目的。但利用人工制冷

方式节约用水是以一定的能耗及其他费用支出为代价的，除因生产工艺的要求或受水资源限制等必须采用外，宜与其他节水方案通过技术经济比较确定。

人工制冷量、循环冷却水量及相应的循环倍数，可根据系统的热量平衡与水量平衡计算确定。

2）地下水回灌冷源储备的循环冷却水

冷源储备，通常是指将地面的低温水在低温季节（如冬季）回灌至地下含水层，以备高温季节（如夏季）供应冷却水系统、空调系统或其他类似用水系统使用。由于取用水的温度较原先使用的地面水或地下水的温度低，因而可减少制冷量或冷却水的用量，从而达到节水节能的目的。

目前，“冬灌夏用”的冷源储备方式已被我国江苏、上海、北京、天津、西安等一些城市的纺织厂广泛采用，取得了显著的节水节能效益。

实行“冬灌夏用”时，除考虑回灌的低温水能替代制冷负荷、减少总制冷量外，还应该注意冷负荷的平衡与调度。例如，如果按高温季节平均使用低温回灌水，平均取水量为 $60m^3/h$，制冷温差为10℃，则每小时可替代700kW·h的制冷负荷；而在气温最高的时刻集中使用低温回灌水，制冷温度以12℃计，则每小时可替代840kW·h的制冷负荷，从而提高了“冬灌夏用”的效益。此外，在人工制冷的基础上以低温回灌水调节制冷高峰的负荷，使两种冷源合理搭配和调度，可取得更佳的经济效果。这是因为大多数制冷设备的制冷效率都随冷却水温的上升而降低，即气温越高，制冷效率越低，制冷量越小，但回灌低温水却是气温越高，可利用的温差越大，制冷效率越高。因此，集中使用回灌低温水虽然会使同期的冷却水用量有所增加，但单位电耗却能显著下降，如果保持单位电耗不变，此时便可取得相应的节水效果。通过两者的综合权衡，便可使水资源得到合理的利用。

地下水密闭循环回灌是近年来开发应用的一项利用大气冷源的新技术，它不同于一般“冬灌夏用”冷源储备之处在于地下水仅作为温度的载体被循环利用，而无水量消耗和水质变化。

地下水密闭循环回灌用水系统由“冬抽夏灌井”、“冬灌夏抽井”、换热器和空气冷却器等组成，其运行方式是：在气温较低的冬季，由“冬抽夏灌井”中抽取常温水（温度低于循环冷却水的温度）至换热器对循环冷却水进行间接冷却，被加温的地下水经空气冷却器依靠低气温冷却后，再由“冬灌夏抽井”注入地下含水层并作为冷源储备。在炎热的夏季，则由“冬灌夏抽井”中抽取低温水至换热器用作间接冷却循环水，被加温的地下水再由“冬抽夏灌井”注入同一地下含水层。如此往复循环，利用冬季的大气冷源。

（3）循环水的混合补水方式

循环水系统必须不断补充水以维持系统的水平衡，一般补充新鲜水。可以根据循环水系统的水质要求，采用新鲜水和回用水混合的补水方式，达到节约新鲜水用量的目的。

为了最大限度地采用回用水作为补水，需考虑加入回用水的循环水质的变化情况。可采用流程模拟技术来估算不同比例的回用水引起的循环水水质变化，以便确定补水的混合比例。

3.1.6 循环水的水质控制与处理

冷却水循环使用时，要注意循环冷却水的冷却效果。在用冷却塔进行冷却时，要注意冷却塔的性能，包括其中填料的特性等。同时在循环冷却水中还需注意到细菌的繁殖、水垢的形成、腐蚀的控制、循环水的飞溅、盐分浓度的提高等问题，即对循环水的水质需进行控制与处理。

(1) 敞开式循环冷却水系统的水质

循环冷却水在其运行过程中，补充水量不断进入冷却水系统，此时，补充水中的一部分被蒸发进入大气，另一部分则留在冷却水中而被浓缩，并发生一系列的变化：

1) 二氧化碳的含量降低

补充水中含有一定数量的Ca、Mg重碳酸盐类和游离的CO_2，它们在水中有着相对稳定的平衡关系：

$$Ca(HCO_3)_2 = CaCO_3\downarrow + CO_2\uparrow + H_2O$$

当它们的浓度符合上述平衡条件时，水质呈稳定状态，否则就不稳定。

由于CO_2在空气中的分压很低，因此循环冷却水在冷却塔内与大气充分接触时，CO_2将从水中逸出，导致平衡条件受到破坏，致使反应向右移动，使循环冷却水趋向于产生$CaCO_3$沉积而结垢。

2) 碱度增加

随着循环冷却水被浓缩，冷却水的碱度会升高，当补充水被浓缩K倍时，循环冷却水的总碱度也就相应增加为补充水总碱度的K倍，使冷却水的结垢倾向增大。

3) pH值升高

补充水进入循环冷却水系统后，水中的CO_2在曝气过程中逸入大气而散失，导致冷却水的pH值逐渐上升，直到冷却水中的CO_2与大气中的CO_2达到平衡为止。此时的pH值称为冷却水的自然平衡pH值，其值通常在8.5~9.3之间。

4) 浊度增加

补充水进入循环冷却水系统后，由于被不断蒸发浓缩，水中的悬浮物含量和浊度增加。与此同时，循环水在冷却塔内与空气接触时，把空气中的尘埃洗涤下来并带入循环冷却水系统，形成悬浮物。此外，冷却水系统中生成的腐蚀产物、微生物繁衍生成的黏泥都会成为悬浮物。这些生成的悬浮物约有4/5沉积在冷却塔集水池的底部，可通过排污而被带出冷却水系统，还有约1/5的悬浮物则悬浮在冷却水中，使水的浊度增加。

如果采用旁滤处理，可使循环水的浊度控制在10~15mg/L(高限为20mg/L)。

5) 溶解氧浓度增大

补充水进入循环冷却水系统后，在冷却塔内的喷淋曝气过程中，水中的溶解氧会大量增加，达到或接近该温度与压力条件下氧的饱和浓度，从而增加循环水对设备的腐蚀性，因此冷却水中金属腐蚀的形式主要是氧去极化腐蚀。

6) 含盐量升高

循环水由于蒸发而被浓缩后，水中的含盐量必然会随着水蒸气的散失而增加，从而增大了循环水的结垢倾向和腐蚀倾向。

7) 微生物滋长

循环冷却水中的微生物既可能是由空气带入的，也可能是由补充水带入的。循环冷却水的水温通常在32~42℃左右，水中含有大量的溶解氧和氮、磷等营养成分，这些条件都有利于微生物的生长。在冷却水系统中，日光照及的部位可以有大量的藻类生长繁殖，日光照不到的地方会有大量的细菌和真菌繁殖。微生物的大量繁殖会形成生物黏泥覆盖在换热器中的金属表面上，降低换热器的冷却效果，引起垢下腐蚀和微生物腐蚀。

8）有害气体进入

循环冷却水在冷却塔内与工业大气反复接触时，大气中的 SO_2、H_2S 和 NH_3 等有害气体不断进入循环水中，使循环水对钢、铜和铜合金的腐蚀性增大。

9）工艺泄漏物进入

循环冷却水在运行过程中，冷却水系统中的换热器可能发生泄漏，从而使工艺物质（例如炼油厂的油类、合成氨厂的氨等）进入循环水中，使水质恶化或水的 pH 值发生变化，增大循环水腐蚀、结垢或微生物生长的倾向。

10）水温变化

冷却水在循环过程中水温升高，除了降低钙、镁盐类的溶解度及部分 CO_2 逸出外，还提高了平衡 CO_2 的需要量，使水失去稳定性而具有产生水垢的性质。反之，循环水在冷却构筑物中降温，水中平衡 CO_2 需要量也降低，如果需要量低于水中的 CO_2 含量，会使水中富余的 CO_2 具有侵蚀性和腐蚀倾向。

因此，在温差比较大的循环冷却水系统中，有可能同时产生腐蚀和水垢，即在生产工艺冷却设备的冷水进口端（低水温区）产生腐蚀，而在热水出口端产生水垢。

（2）循环冷却水系统水质控制

循环冷却水水质的变化常会使系统发生腐蚀和结垢故障。腐蚀故障不仅缩短设备寿命，而且引起工艺过程效率的降低、产品泄漏和污染等问题，对于高温高压过程中的冷却水系统，还可能发生安全事故。结垢故障不仅使传热效率降低，影响冷却效果，严重时会使设备堵塞而不得不停工检修。结垢还会降低管道的输送能力，从而增加泵的动力消耗，并促使微生物滋生，间接引起腐蚀。

循环冷却水处理的基本任务就是防止或减缓系统的腐蚀和结垢以及微生物的危害，确保冷却水系统高效安全地运行。因此，在推广使用敞开式循环冷却水系统时，必须选择一种经济实用的循环冷却水处理方案，使上述问题得到解决和改善。

1）沉积物的控制

循环冷却水系统在运行过程中，会有各种物质沉积在换热器的传热管表面。这些沉积物习惯上统称为沉垢，分为水垢和污泥两大类。污泥中包括泥砂、腐蚀产物和生物黏泥。

循环水中的水垢多属具有反常溶解度（水温升高溶解度降低）或难溶性的盐类物质，例如钙、镁、铁的碳酸盐、硫酸盐、硅酸盐以及磷酸盐等。当循环冷却水温度升高或蒸发浓缩时，这些盐类物质渐呈饱和或过饱和状态，并且在金属表面结晶析出而形成水垢。一般直流冷却水系统或不加阻垢剂的循环冷却水系统中，当补充水的硬度很大时，则常产生这种垢。水垢都是由无机盐组成，故又称为无机垢；由于这些水垢结晶致密，比较坚硬，故又称为硬垢。它们通常牢固地附着在换热表面上，不易被水冲洗掉。大多数情况下，换热器传热表面上形成的水垢是以碳酸钙为主的。

控制水垢的方法有物理方法和化学方法。国内已使用的物理方法及其相应的装置有磁化器、高频改水器、电子水处理器、高压静电水处理器和超声波水处理器等，均是利用不同的物理场效应，改变水或水中杂质的某些物理化学性质，以阻抑水垢的形成，目前多用于单台设备或小型循环水系统中。对于大中型循环冷却水系统而言，采用化学处理方法比较成熟、经济和有效。

循环水中的污泥来自补充水中的悬浮液、空气中的尘埃、微生物代谢产物、混凝土水解产物、金属锈蚀产物、工艺介质泄漏和水处理剂等。相对水垢而言，污泥体积较大，质地疏松稀软，故又称为软垢。它们在传热表面上粘附不紧，容易清洗，有时只需用水冲洗即可除去。但在运行中，污泥和水垢一样，也会影响换热器的传热效率。

控制污泥主要是控制循环水中悬浮物的含量、菌藻的增殖和金属的腐蚀。

2）金属腐蚀控制

工业冷却水系统中的金属设备有各种换热器（水冷器、冷凝器、凝汽器等）、泵、管道及阀门等，因此循环冷却水处理的任务之一是防止或减轻水对金属设备的腐蚀。

循环冷却水系统中的金属腐蚀一般分为三种：化学腐蚀、电化学腐蚀及微生物腐蚀，其控制方法很多，目前所采用的主要有药剂法、阴极保护法、阳极保护法、涂防腐层法等。

3）微生物控制

循环冷却水中产生危害的微生物种类很多，不同地区、不同水源、不同季节和不同的生产工艺，其出现的微生物也不同，但一般常见的微生物主要是藻类、细菌、真菌。

循环冷却水的温度和 pH 值均适合大多数微生物生长，随着冷却水的不断蒸发浓缩，水中的营养源也随之增加，更促使微生物在系统内迅速繁殖，不仅使水质恶化，而且还与其他有机或无机杂质掺混形成黏垢沉积在换热器壁上，导致换热器的传热效率大大降低，而且增加了水流的阻力。黏垢沉积既妨碍了缓蚀剂的缓蚀效果，同时还会促进或加速腐蚀过程，甚至造成危险的点穿孔腐蚀，造成设备报废，停车检修等事故。

在敞开式循环冷却水系统中，微生物的危害往往与污垢和腐蚀的危害并列为三大危害，三者比较起来，控制微生物甚至是首要的。如果能控制微生物的繁殖，对整个冷却水的腐蚀和结垢就较易解决。反之，如果对微生物的增殖不能有效地控制，不论使用何种高效的缓蚀阻垢剂，都难以获得良好的效果。所以，要解决好结垢和腐蚀问题，必须同时解决好微生物的危害问题。

敞开式循环冷却水系统中微生物的控制一般可采用以下几种方法：混凝沉淀、旁滤处理、控制水质、清洗、对冷却塔进行防护、化学杀菌等。

4）循环冷却水的综合处理

清洗和预膜：清洗和预膜被称为循环冷却水化学处理的预处理，是循环水系统投入正常运行前的必要步骤，目的是保证日常运行时缓蚀阻垢剂的作用得以正常发挥。

循环冷却水缓蚀处理的原理是在金属表面形成一层保护膜而起抑制腐蚀的作用，而循环冷却水系统日常运行时使用的缓蚀剂，在正常操作浓度下都难于或者不能在活泼的金属表面形成一层完整的防腐膜，它们仅在已形成的防腐膜上起维护和修补缺陷的作用。因此，在正常处理前需先对循环冷却水系统做预膜处理，使整个系统形成完整的保护膜。

清洗是预膜处理的先决条件。在循环冷却水新系统安装或老系统检修中，不可避免地会有油污、铁锈、泥砂、灰尘等进入系统，由于这些杂质的存在很难使金属表面活化，影响预膜药剂形成保护膜。为了有效地预膜，必须先对金属表面进行清洗处理。

复合处理：由于循环冷却水系统中的结垢、腐蚀和微生物生长等过程共处于一个体系，而且互相影响，因此循环水水质控制的最佳途径是综合处理，即选择一种水处理方案，使循环水的水质处于最佳状态。目前普遍采用的几乎都是水处理剂的复合配方或共聚物，即将两种或两种以上的水处理剂联合使用。几种药剂可以分别加入循环水系统，也可混合成复合剂加入系统。

在进行循环冷却水处理工艺设计时，水处理配方应通过试验确定，在生产运行过程中，由于水质的变化或工艺条件的改变，仍需在满足实际使用条件下，不断予以调整。

复合配方是多种多样的，目前国内大多数使用磷系配方，这类复合配方的特征是具有缓蚀、阻垢、分散等多种作用，可在碱性条件下使用，对环境造成的污染较小。

3.1.7 采用非水冷或人工冷源，减少地下水或优质淡水的用量

在有些工业企业中，还有可能利用非水冷却达到节约冷却用水的目的，如某厂锌冶炼车间电解槽的电解液，原由水冷却，后改为空气冷却塔直接冷却电解液，每年可节水182万m^3，取得了较好的效果。

汽化冷却和空气冷却是有别于水冷却的两种冷却方式。在适当的工艺条件下，采用这两种冷却方式可以取得比水冷却更好的节水效果和经济效益。

（1）汽化冷却

汽化冷却是根据水蒸发成蒸汽需要吸收大量热量的原理，把热从高温设备中带走，从而达到冷却和保护设备目的的一种冷却方式。

根据水的循环方式，汽化冷却系统可分为不设水泵的自然循环和设循环水泵的强制循环两种。

自然循环汽化冷却系统的基本组成部分包括下降管、上升管、分汽管和冷却水管等。冷却水自下降管进入冷却水管，水在其中被加热和部分汽化后以汽水混合物的形式由上升管进入分汽箱。汽、水在分汽箱中分离后，汽被引出利用，水则重新由下降管被引至冷却水管。水的循环动力是由于下降管中水的相对密度与上升管中汽水混合物的相对密度不同而产生的压差，故称为自然循环系统。

当汽化冷却系统中下降管与上升管的压差不足以提供水的循环动力时，就需要设置循环水泵，强制性地让起冷却作用的水进行循环，此即为强制循环汽化冷却系统。

由于单位质量水的汽化热远大于水的比容热，因此汽化冷却较常规的水冷却节水，例如，对于同一冷却系统，采用汽化冷却所需的水量仅为温升为10℃时水冷却系统用水量的2%～4%，且仅需约0.6%的补充水量，而水冷却系统却需5%左右的补充水量。

在适当的条件下，汽化冷却系统的节水效果明显优于水冷系统，同时还能达到节电的目的。汽化冷却的关键在于掌握好循环水量，应随热负荷的变化进行调整，必要时应配以强制循环手段以保证散热。

虽然汽化冷却系统比水冷却系统节水节电，但受水汽化条件的限制，常规条件下汽化冷却只适用于高温冷却对象，即冷却对象要求保持的工作温度最低为100℃，因此汽化冷却系统多用于平炉、高炉、转炉和加热炉等高温设备，对于温度低于100℃的冷却对象，由于冷却水不能迅速汽化，因此无法进行汽化冷却。对于温度远高于100℃，而操作温度低于100℃的冷却对象，则可采用先汽化冷却再水冷却的方式，也可节省冷却水的用量。

（2）空气冷却

空气冷却系统是采用干式冷却塔作为循环水冷却的一种方式，是一种密闭式的循环水冷却系统，即循环水通过空气冷却器中的盘管和散热翅片与空气进行热交换，达到降低循环水用量的目的。

空气冷却系统分为干式冷却和加湿冷却两种。干式冷却即为普通的大气冷却系统，被广泛用于炼油厂和各种制冷设备。据统计，炼油厂如采用传统的水冷却工艺，加工每吨原油需新水50～100m^3，如改用干式空气冷却工艺，冷却水的需用量可降至0.2～0.6m^3。加湿空气冷却是空气冷却、水冷却和汽化冷却并用的冷却方式。如利用喷淋在空气冷却器表面的水

蒸发吸收热量，其冷却效果远高于单纯的水冷却效果。

由于空气冷却系统中的循环水换热不直接与空气接触，整个系统为密闭循环，因此基本没有水的损耗，没有补充水水源的问题，尤其是干式冷却塔不存在湿式冷却塔所具有的水雾气团现象，也不会发生淋水噪音，减少了对环境的污染，改善了空气的能见度。但因空气的比热和传热系数比水的小，要满足相同的冷却负荷条件，所需的空气冷却设备比水冷却设备要庞大得多，占地面积大，一次性投资大，并因整个系统的控制、维护和自动化程度要求较高，其运行维修也较复杂。

空气冷却系统的适用范围较广，在冶金、化工、石化和电力行业中均可采用，尤其在水资源比较匮乏的地区，更具有广阔的应用前景，但仅适用于中、低温冷却对象，应用于高温冷却对象时效果欠佳。

(3) 人工制冷

人工制冷技术的主要措施是使用一种制冷剂，从较低温度物体中连续不断地吸热，从而得到比天然温度低得多的冷源，以此代替冷却水作为冷源，从而大大减少水的用量。

人工制冷技术因制冷剂和设备的不同，可分为蒸汽压缩式、蒸汽喷射式和吸热式三种，其主要冷却设备有制冷压缩机、冷凝器、过冷器等。各种形式的制冷措施都需要一定数量的水作为冷却介质，带走制冷过程中多余的热量。经过冷却设备排出的水仅温度有所升高，水质未受污染，如果将制冷设备与冷却塔联用，实现用水闭路循环，系统需要补充的新水量就更少了。

(4) 利用海水作冷却水

海水资源丰富，来源稳定，水温也比较适宜，因此，对于沿海城镇来说，可以充分利用海水作冷却水以代替淡水。采用海水作冷却水时，一般采用直流冷却方式，可省去冷却系统，减少投资与占地面积。

3.2 废水处理与回用

随着工业的飞速发展，用水量及排水量正逐年增加，而有限的水资源又不断被污染，因而导致水资源的供需矛盾越来越尖锐，成为世界范围的战略性问题之一。在这种情况下，通过污水处理并实现达标排放、再生与回用是废水处理所面临的刻不容缓、亟待解决的问题，也是一种最为现实可行的节水途径。

3.2.1 废水处理与回用的意义

(1) 缓解水资源的供需矛盾

由于全球性水资源危机正威胁着人类的生存和发展，世界上许多国家和地区对废水的处理和回用做出了总体规划，把经过适当处理的废水作为一种新水源，以缓解水资源的紧缺状况。如果将处理后的废水作为可用水资源，其潜力是相当可观的。因此，推行废水资源化，把处理后的废水作为第二水资源加以利用，是合理利用水资源的重要途径，可以减少新鲜水的取用量，缓解水资源的供需矛盾。

(2) 体现了水的“优质优用，低质低用”的原则

事实上，并非所有用途的水都需要优质水，而只需满足一定的水质要求即可。如果用户采用能满足其水质要求的较低水质的水源，则可合理利用水资源，扩大利用水资源的范围和

水的有效利用程度。

(3) 有利于提高工业企业水资源利用的综合效益

工业废水的水质相对稳定，不受气候等自然条件的影响，且就近可得，易于收集，其处理利用比海水淡化成本低廉，处理技术也较成熟，基建投资远比远距离引水经济得多。废水的处理与回用减少了废水排放量，减轻了对水体的污染，并能使部分被污染的水体逐渐更新复活，可以有效保护水源，相应降低取自该水源的水处理费用。

(4) 是实现环境保护战略的重要措施

废水的处理与回用同目前倡导的“清洁生产”、“源头削减”和“废物减量化”等环境保护战略措施是不可分的。废水的处理与回用也是废水的一种“回收”和“减量”，而且水中的相当一部分污染物质只能在水回用的基础上才能回收。

3.2.2 工业废水的来源及特点

工业废水的主要来源有：生产原料和产品在生产、包装、运输、贮存、堆放过程中因一部分物料流失又经雨水冲刷而形成的废水；化学反应不完全而产生的废料常以废水的形式排放出来；化学反应中的副产物，在某些情况下难以回收而作为废水排放；在高温下进行反应获得的产品或半成品采用直接水冷方式时，不可避免地排出含有物料的废水；一些特定生产，如焦炭生产的水力割焦、酸洗或碱洗等过程排放的废水；生产车间地面及设备冲洗水因夹带某些污染物最终形成的废水。

工业废水的污染特点一是排放量大，二是污染物种类多，三是污染物毒性大、不易生物降解，四是污染范围广，所排放的许多有机物十分稳定、不易被氧化、不易为生物所降解，许多沉淀的无机化合物和金属有机物可通过食物链进入人体，对人类健康极为有害。

如果工业废水直接排入水体，对水体较有影响的污染物主要有如下几种：

(1) 需氧污染物

过程工业排出的废水中所含的碳水化合物、蛋白质、脂肪和木质素等有机化合物可在生物作用下最终分解为简单的无机物质。这些有机物在分解过程中需要消耗大量的氧气，故被称为需氧污染物。需氧污染物对水体的影响主要是使水体中的溶解氧(DO)降低。溶解氧是水质的重要参数之一，当水体污染程度较低时，好氧性微生物使有机废物发生氧化分解，DO逐渐减少，并减少到一定含量后不再下降。但水体污染程度较高时，超过水体自净能力，水中DO耗尽，从而发生厌氧性微生物分解作用，同时水面常会出现黏稠的絮物使之与空气隔开，妨碍再充气过程的进行，此时水中DO不足，可能引起鱼类等水生动物的死亡。

(2) 植物营养物

所谓植物营养物主要是指氮、磷、钾、硫及其化合物。过多的营养物质进入天然水体将恶化水体质量，影响渔业的发展和危害人体健康。水体中植物营养物主要来自化肥，其污染危害是造成水体富营养化，最直观的表现是藻类的数量增多和种类的变化。水体富营养化的结果破坏了水体生态系统原有的平衡，使水体中有机物大量生长，从而引起水质污染、藻类、植物及水生物、鱼类衰亡甚至绝迹。根据湖水营养物质浓度、藻类所含叶绿素的量、湖水透明度以及溶解氧等项指标来划分水质营养状态，也常作为判断水质营养状态的标准。

(3) 重金属

在环境污染方面所说的重金属主要指汞、镉、铅、铬以及类金属砷等生物毒性显著的元素，也包括具有毒性的重金属锌、铜、钴、镍、锡等，重金属污染物排入水体环境中不易消失，通过食物链的富集进入人体，再经较长时间积累可能促进慢性疾病的发作。一般来说，重金属产生毒性的浓度范围大致在 1 ~ 10mg/L 之间，汞、锡产生毒性的范围在 0.04 ~ 0.001mg/L 以下。目前已证实，约有 20 多种金属可致癌，如铍、铬、镉及砷、钛、铁、镍、钪、锰、锆、铅、钯等都有致癌性。汞、铌、钽、镁已知为特异性致癌物质。

（4）酚类化合物

工业废水中酚的来源主要是合成苯酚生产、合成染料、酚醛树脂厂、农药厂、焦化厂等。苯酚是产生臭味的物质，溶于水，毒性较大，能使细胞蛋白质发生变性和沉淀。当水体中酚浓度为 0.1 ~ 0.2mg/L 时，鱼肉产生酚味；浓度高时，可使鱼类大量死亡。长期饮用含酚水可引起头昏、贫血及各种神经系统症状，甚至中毒。一般规定地面水中酚的最高允许浓度为 0.002mg/L（1 类水），渔业水体标准规定为≤0.005mg/L。

（5）氰化物

水体中氰化物主要来源于化学、电镀、煤气、炼焦等工业排放的含氰废水。对我国各地氰化电镀车间废水的实际调查表明，含氰废水中氰的浓度一般在 20 ~ 70mg/L。化肥厂煤气洗涤水含氰约 108mg/L。氰化物是剧毒物质，一般人只要误服 0.1g 左右的氰化钾或氰化钠便立即死亡。世界卫生组织订出了鱼的中毒限量为游离氰 0.03mg/L，生活饮用水中氰化物不许超过 0.05mg/L，地面水中最高允许浓度为 0.1mg/L。

（6）酸碱及一般无机盐类

这类物质使淡水资源的矿化度增多，影响各种用水水质。酸碱废水破坏水体的自然缓冲作用，消灭或抑制细菌及微生物的生长，妨碍水体的自净功能，腐蚀管道和船舶。酸性废水除主要来自矿山排水外，还有部分来自化工冶金和金属加工酸洗废水。碱性废水则主要来自碱法造纸、人造纤维、制碱、制革等工业废水，酸碱废水彼此中和可产生各种盐类，它们分别与地表物质反应生成一般无机盐类。

（7）放射性污染物

放射性污染物是指各种放射性核素，这种污染物对环境的污染是其放射性。其主要来源一是天然放射性物质，二是人工放射性物质。主要来自天然铀矿的开采及选矿、精炼厂废水、核武器试验、核工业排放的各种放射性物质。现在世界任何海区均可测出锶 - 90 和铯 - 137，这两种物质也是污染水体的最危险放射性物质。当其经水和食物进入人体后，能在一定部位积累，增加对人体的放射性辐射，可能引起遗传变异或癌症。

（8）病原微生物

水体中病原微生物主要来自生活污水和医院废水、制革、洗毛等工业废水。病原微生物包括病菌、病毒和寄生虫，对人来讲这种污染物引发的传染病的发病率和死亡率均很高。

3.2.3 工业废水的处理方法

目前应用于工业废水处理的方法很多，按对污染物实施的作用不同可分为两大类：一类是通过各种外力的作用把有害物质从废水中分离出来，称为分离法或物理法；一类是通过化学或生物作用使有害物质转化为无害或可分离的物质（再经过分离予以除去），称为转化法。转化法按作用方式的不同又可分为化学法和生物法两种。

（1）物理法

物理法是采用筛滤、沉淀等物理方法对废水进行预处理，目的是除去废水中不溶解的悬浮固体（包括油膜、油品）和漂浮物，为二级处理做准备。这种处理方法设备简单，操作方便，分离效果良好，使用极为广泛，但COD的去除率一般只有30%左右。

根据物理作用的不同，物理处理法可分为筛滤截留法、重力分离法、离心分离法等。

1）筛滤截留法

其实质是使废水通过有孔眼的装置，或由某种介质组成的滤层，由于悬浮固体被截留而得到一定程度的净化。这种方法使用的设备有格子网、筛网、布滤、砂滤、微孔管过滤、反渗透和超滤。

2）重力分离法

是使废水中的悬浮物在重力作用下与水分离的方法。当悬浮物的相对密度大于1时就下沉，称之为沉降或沉淀。当悬浮物的相对密度小于1时就上浮，称之为自然上浮（或重力浮选）。若悬浮物相对密度接近于1时，必须通入空气或药剂进行机械搅拌，形成大量气泡将悬浮物带至水面，这种强制上浮又称气浮或浮选。

沉降法是利用沉淀作用分离废水中悬浮固体的既简单又经济的方法。根据废水中可沉物质的浓度高低和絮凝性能的强弱，沉降又可分为自由沉降（也称离散沉降）、絮凝沉降、成层沉降和压缩沉降。自由沉降是一种无絮凝倾向或弱絮凝倾向的固体颗粒在稀溶液中的沉降。絮凝沉降是一种絮凝性颗粒在稀溶液中的沉降。成层沉降（也称集团沉降、拥挤沉降）是当废水中悬浮物浓度较高时颗粒之间相互干扰但相对位置不变而成为一个整体覆盖层共同下沉的沉降。压缩沉降是废水中悬浮物浓度很高时，颗粒之间相互接触，彼此支承且相对位置发生变化，在上层颗粒重力作用下，下层颗粒间隙水被挤出界面，颗粒群被压缩。沉降处理装置一般分为普通沉淀池和斜板（管）式沉淀池两大类。普通沉淀池按池内水流方向可分为平流式、竖流式和辐射流式三种形式。斜板沉淀池又分为异向流式和同向流式两种。

上浮法是利用浮力从废水中除去相对密度小于1的悬浮物或粒子附着气泡后相对密度变得小于1的杂质。前者属于自然上浮法，后者为强制上浮法（或称气浮法）。在上浮法中使用最普通的是气浮法，即向废水中通入空气，然后降低压力，使空气呈细小气泡形式向水面上升，把吸附在气泡表面的悬浮物带到水面。按照产生气泡的方法不同，可分为加压溶气上浮法、叶轮扩散上浮法、扩散板曝气上浮法、喷射上浮法等。

3）萃取法

溶剂萃取又称液液萃取，是一种利用不溶或者难溶于水的溶剂将污染物分子从水溶液中提取、分离和富集有用物质的分离技术。液膜技术近年来发展较快，它有较好的经济和环境效益，主要有物理萃取法和络合萃取法。

4）离心分离法

是借用离心力分离废水中悬浮物和油类的方法。颗粒所受到的离心力可用下式表示。

$$F = (m - m_0)\frac{V^2}{R}$$

式中，F为离心力，N；m，m_0分别为废水中杂质颗粒的质量与水的质量，kg；V为颗粒旋转时沿圆周的线速度，m/s；R为颗粒的旋转半径，m。

若F为正值，表示离心沉降，F为负值，表示离心上浮。同一颗粒在废水中所受的重力

$$F = (m - m_0)g$$

离心力和重力之比称为分离因素α，α表示分离强度，α值越大，不同颗粒越易分离。若$R=0.1$m，$n=500$r/min，$\alpha=28$；$n=1800$r/min，$\alpha=110$。可见，进行离心分离时，离心力

对悬浮颗粒的作用远远超过重力或压力，故离心分离可强化悬浮液和乳浊液的分离。

离心分离设备按离心力产生的方式可分为两种类型：水力旋流器（又称旋液分离器）和高速离心机。水力旋流器又有压力式和重力式之分。

5）磁力分离法

让废水通过人工磁场或向废水中添加磁种，在磁场力的作用下，水中的磁性悬浮物被吸住，而非磁性物随水流流走，由此达到分离的目的。作用于颗粒上的磁力可表示为

$$F_m = VXH\frac{\mathrm{d}H}{\mathrm{d}x} = \frac{\pi d_p^2}{6}XH\mathrm{grad}H$$

式中，F_m 为磁场作用于颗粒上的磁力；V 为磁性颗粒的体积；X 为磁性颗粒的磁化率；H 为磁场强度；$\frac{\mathrm{d}H}{\mathrm{d}x}$ 为磁场梯度（亦写成 grad$H$）。

磁力分离设备主要有永磁分离器、高梯度磁过滤器和超导磁分离器三种。

6）吸附法

是使废水与多孔性固体吸附剂接触，利用吸附剂的表面活性，将分子态或离子态的污染物吸附和浓集于表面，然后将吸附污染物的吸附剂与废水分离，使废水得以净化的过程。用吸附法处理废水时，采用的吸附剂主要有活性炭、合成吸附剂、天然吸附剂等。而活性炭利用最为广泛。

活性炭吸附剂：活性炭是由木材、煤、果壳等含碳物质在高温和缺氧条件下活化制成的，具有非常大的比表面积（1800～2000m^2/g）和非常多的微孔结构，溶质在空隙内表面进行浓缩而被吸附，可有效吸附废水中的有机污染物质和金属离子。在废水处理中使用的活性炭有粉状和柱状两种。我国主要将活性炭吸附技术用于废水的深度处理。其优点是处理程度高，出水水质比较稳定，处理后水中的 BOD、COD 和 SS 可分别达到 10mg/L、15mg/L、5mg/L 以下。

合成吸附剂：①螯合树脂。这是一种具有构成螯合基的高分子化合物，根据高分子母体的化学结构不同可分为物性不同的线状结构和立体结构两大类。前者溶于水，后者不溶于水。而重金属废水处理工业界统称为高分子重金属捕收剂，用其来处理含重金属废水可获得良好的效果。②天然复合吸附剂。天然沸石、膨润土与氯化镁、三氯化铝、四氯化钛、氧氯化锆、十六烷基三甲基溴化铵（CTMAB）等活化、交联后制成一系列的复合吸附剂，用来处理含磷废水、含重金属废水、含有机物废水、柠檬酸厂废水、造纸黑液等，都可获得较高的去除率。③腐殖酸系吸附剂。天然风化煤、褐煤、泥煤（草炭）中都含有腐殖酸。它基本上是由分子量很大（10^5～10^6）的羧基（似甲酸）、多胺基和多羟基等活性基团混合组成。这些活性基因的存在决定了腐殖酸的亲水性、阳离子交换性、络合能力以及较高的吸附能力。

7）离子交换法

是借助静电力吸附在固体表面官能团上的离子能置换溶液中不同类别的离子的处理方法。离子交换过程可以看作是离子交换剂与溶液中电解质之间的化学置换反应。任何离子交换反应都具有三个特征：和其他化学反应一样服从当量定律；离子交换是一个可逆反应，遵循质量作用定律；离子交换剂具有选择性。

离子交换剂有天然的也有合成的，大体上可分为无机离子交换剂、液体离子交换剂和离子交换树脂。离子交换设备主要有阳离子交换器和阴离子交换器。通常是将阳离子交换器和阴离子交换器串联使用。

8）膜分离法

水处理中膜分离法通常是指采用特殊固膜的渗析法、电渗析法、超滤及反渗透四项技术。其共同优点是在常温下可分离污染物，且不耗热能，不发生相变化，设备简单，易于操作。

用膜分离时，使溶质通过膜的称为渗透。溶质或溶剂透过膜的推动力是电动势（电渗析）、浓度差（扩散渗析）或压力差（反渗透、超过滤和压渗析）。膜是膜分离技术的关键部分，种类很多，可根据需要选用。

反渗透法采用的反渗透膜是一类具有不带电荷的亲水性基团的膜，目前广为采用的是醋酸纤维素膜和芳香聚酰胺膜。它能允许溶剂或水透过，而不允许溶质或离子透过。电渗析装置是将许多块只允许阳离子通过的阳离子膜和只允许阴离子通过的阴离子膜组装在一起，然后在膜群两端接上电源，通电后就可将废水净化。超滤所使用的膜与反渗透使用的膜类似，本质上是一种机械筛滤过程。膜表面孔径的大小是主要的控制因素。

（2）生物处理法

自然界中存在着大量的微生物，它们具有氧化分解复杂有机物和某些无机物，并将这些物质转化成简单物质，或将有毒物质转化为无毒物质的能力。这种利用微生物处理废水的方法称生物处理法或生化处理法。在微生物生命活动的过程中，一部分溶解性的有机物质用于合成细胞的原生质和储藏物；一部分则变为代谢产物，并释放出能量，供给微生物原生质的合成和生命活动，使微生物能继续不断地生长繁殖，从而使废水得到净化。生物处理法就是利用这一功能，并采取一定的人工措施，创造有利于微生物生长繁殖的环境，使其更大量地繁殖，提高分解氧化有机物的效率。这种方法是目前用于去除废水中有机物的主要方法。根据微生物的生活习性，将生物处理分为好氧处理和厌氧处理，它们又分为多种方法（图3－9）。

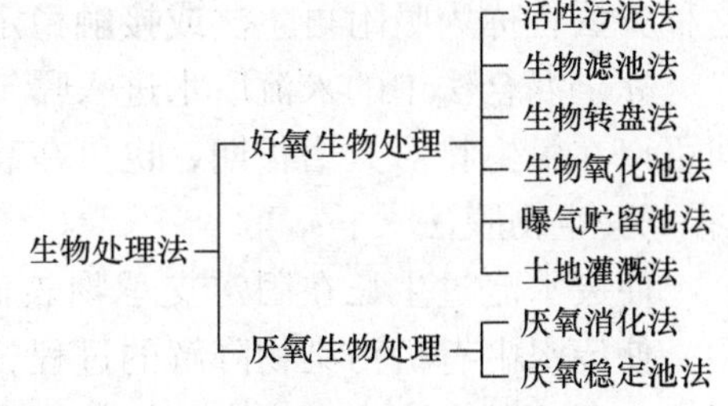

图3－9 生物处理的分类

废水生物处理的可行性和废水的组成情况、微生物的生活条件有着密切的联系。在工程实践中，采用测定废水中BOD/COD的比值法，评定工业废水生物处理的可行性，其参考值如表3－3所示。

表3－3 废水生物处理可行性参考值

BOD/COD	>45	>30	<30	<25
可行性	较好	可以	较难	不宜

严格说来，按此法判断的可行性是比较粗糙的，一般应再以生物处理的可行性试验确定可否采用生物法处理工艺进行无害化的处理。

1）活性污泥法

是以活性污泥（经过专门驯化的好氧性微生物群体）为主体的废水处理方法。其过程是向有机废水中添加活性污泥，在充气条件下，利用好氧微生物的生长和繁殖，将有机物分解成CO_2、NH_3、硝酸盐、磷酸盐，以活性污泥的形式与水分离而净化废水。其基本原理就是利用栖息在污泥状絮凝物上的以菌胶团为主的微生物群有很强的吸附与氧化有机物的能力除去有机物。其处理过程一般可用下面的式子来表示。

有机物的氧化：

$$C_xH_yO_z+(x+1/4y-1/2z)O_2 = xCO_2+1/2yH_2O+Q$$

细胞物质的合成：

$$nC_xH_yO_z+nNH_3+n(x-1/4y-1/2z-5)O_2=(C_5H_7NO_2)_n+n(x-5)CO_2+1/2n(y-4)H_2O+Q$$

细胞物质的氧化：

$$(C_5H_7NO_2)_n+5nO_2=5nCO_2+2nH_2O+nNH_3+Q$$

活性污泥法的主要处理设备有初次沉淀池、曝气池和二次沉淀池。废水流入初次沉淀池，经沉淀后导入调整槽，然后定量连续地导入曝气池，混合曝气一定时间，加入驯养过的活性污泥以除去废水中的有机物。最后将曝气槽中的混合液导入沉淀池，滞留2～3h后再进行沉降分离。采用此法可除去0～95%的BOD。沉淀污泥的一部分返回曝气池，剩余部分则排出系统外另行处理或处置。

活性污泥法的运行方式有推流式活性污泥处理系统与完全混合式活性污泥处理系统。普通（或标准）活性污泥法系统是以推流式曝气池为核心的处理系统。为克服标准活性污泥法沿池长均匀供氧而需氧率却沿池长降低这两者的不相适应，产生了沿池长渐减供气方式的渐减曝气法。逐步曝气法则是针对普通活性污泥法的BOD负荷在池首过高的缺点，将废水沿曝气池长分数处注入而发展起来的。为了充分利用普通活性污泥法对废水中存在大量胶体和悬浮物的BOD废水初期吸附量特别大的优点，将吸附凝聚和氧化分别用两个曝气池处理，这种方法就称为吸附再生法或接触稳定法。

完全混合法中的入流废水进入曝气池后立即与池内废水完全混合。其特点是废水入流时间可以在微生物对数增长期，也可在衰减增长期或内源呼吸期。

2）生物膜法

使废水流过生长在固定支承物表面上的生物膜，通过各相间的物质交换及生物氧化作用，使废水中有机污染物降解的过程，是与活性污泥法并列的好氧生物处理法，亦称生物过滤法。用这种方法处理废水的构筑物有生物滤池、生物转盘和生物接触氧化池等。

生物滤池是一种利用生物膜进行人工生物处理的方法。此法对水量、水质负荷变动以及对有毒物质的适应性强，生成的污泥量小，与活性污泥法相比，具有管理方便，经常维护费用低等特点而获得了生产应用。其实质是依靠滤料表面的生物膜对废水中有机物的吸附氧化作用而使废水得到净化。生物膜是生长在固体支承物表面上、由好氧性微生物（主要是好氧性菌胶团）及其吸附截留的有机物和无机物所组成的黏膜，具有良好的生物化学活性。在生物膜净化构筑物里，呈蓬松絮状结构、多微孔、大比表面积的微生物具有很强的吸附能力。生物膜微生物以吸附和沉积于膜上的有机物为营养料，将一部分物质转化为细胞物质，进行繁殖生长，成为生物膜中新的活性物质；另一部分物质转化为排泄物，在转化过程中放出能量，供给微生物繁殖生长的需要。增殖生物膜脱落后进入废水，在二次沉淀池中被截留下来，成为污泥。生物膜微生物对有机物不断地进行氧化分解和同化合成，使废水中的有机物不断减少，从而得到净化。

生物滤池的基本流程与活性污泥法相似，由初次沉淀池→生物滤池→二次沉淀池等三部分组成。生物滤池分为普通生物滤池和高负荷生物滤池两种类型，近年来还发展了一种超高负荷的塔式生物滤池。其运行方式一般分为单级运行系统和多级运行系统。单级运行系统又分为单级直流系统和单级回流系统。塔式生物滤池和曝气生物滤池一般是单级的，回流式生物滤池可以是单级，也可以是两级。

采用生物滤池处理某种废水时，应该做好滤池类型和运行系统的选择。一般说来，低负荷生物滤池目前已不常采用，大多数采用高负荷生物滤池。

生物转盘由固定在一横轴上的若干间距很近的圆盘组成。主要有转动部分、固定部分和传动部分，旋转轴架设在截面呈半圆形的废水槽上，圆盘的下部(约 40% 的表面积)浸没在废水中，上部露于空气中，生物膜则附着在转动的一组圆盘上。当生物膜处于浸没状态时，废水中的有机物被生物膜吸附和吸收，而当它处于水面上时，大气中的氧向生物膜传递，使生物膜内所吸附和吸收的有机物完全氧化，生物膜恢复活性。这样，生物转盘盘面每转动一圈，即完成一个吸附、吸附—氧化的周期。转盘转动形成的剪切力，使增厚老化的生物膜脱落下来悬浮在氧化槽的液相中，并随废水流入二次沉淀池进行分离除去。

生物转盘有各种组合形式，如单轴单级、单轴多级和多轴多级等。其处理废水的流程同样包括预处理设施、初次沉淀池、生物转盘、二次沉淀池，其中无需污水回流。处理高浓度废水可采用如下流程：初次沉淀池→一阶转盘池→中间沉淀池→二阶转盘池→二次沉淀池。

由于生物转盘上生长的微生物量很大，用转盘处理废水时，生物转盘对冲击负荷的适应力强，运转时具有工作可靠、不易堵塞、污泥不易膨胀、氧利用率高等特点，适于处理流量小的工业废水。

厌氧生物处理：常用来处理有机污泥和高浓度有机废水($BOD_5>5000\sim10000mg/L$)。厌氧生物处理的最终产物为气体，其中大部分是甲烷、二氧化碳以及少量的硫化氢和氢气等。整个处理过程包括两个阶段：酸性发酵和碱性发酵(又称甲烷发酵)。

在第一阶段中，有机污泥或有机废水中的有机物借助于从厌氧菌分泌出的细胞外水解酶得到降解，并通过细胞壁进入细胞中进行代谢的生化反应。在水解酶的催化下，将复杂的多糖类水解为单糖类，将蛋白质水解为缩氨酸和氨基酸，以及将脂肪水解为甘油和脂肪酸，然后在产酸菌的作用下将上述有机物进一步降解为比较简单的挥发性有机酸，同时生成二氧化碳和新的微生物细胞。第二阶段是在甲烷菌的作用下将第一阶段产生的挥发酸转化成甲烷和二氧化碳。其反应可用下式表示：

$$C_nH_aO_b+(n-1/4a-1/2b)H_2O\longrightarrow(1/2n-1/8a+1/4b)CO_2+(1/2n+1/8a-1/4b)CH_4$$

为使厌氧消化过程正常进行，必须将温度、pH 值(控制在 6.8～7.2)、氧化还原电势等保持在一定的范围内以维持甲烷菌的正常活动，保证及时完全地将第一阶段产生的挥发性酸转化为甲烷气。在厌氧生物处理过程中，根据废水中有机物的负荷量，可分别采用中温消化法[32～35℃，$2\sim3kgBOD/(m^3\cdot d)$]和高温消化法[50～57℃，$4\sim6\ kgBOD/(m^3\cdot d)$]，产生的气体可作为辅助燃料加以利用。经厌氧生物处理后的水，其 BOD 值仍然较高且有恶臭气味，因此，需进一步经好氧生物处理方能排放。

生物氧化塘：又称稳定塘或生物塘，是利用水中自然存在的微生物和藻类对污水和有机废水进行好氧和厌氧生物处理的天然池塘或人工池塘。

生物氧化塘是一种构造简单、易于维护管理的废水生物处理构筑物。氧化塘的种类，按照塘中微生物活动的特征，可将其分为三种：

好氧生物氧化塘：此种氧化塘池子浅，阳光透射负荷小，全部废水都能进行好氧生物转化；

兼性生物氧化塘：和好氧塘相比较，其池子较深，阳光半透射，负荷较大，池的上层进行好氧生物转化，底层和污泥进行厌氧生物转化；

厌氧生物氧化塘：这种塘池子深，负荷大，废水进行厌氧生物转化。

生物氧化塘亦可分为单级和多级两种。

3）光合细菌生物处理法

光合细菌可以利用光能进行高效的能量代谢，在有氧条件下分解有机物，通过氧化磷酸化取得能量，并且伴随生长条件的变化而灵活地改变代谢类型。

采用各种生物处理方法通常只能除去废水中呈胶体和溶解状态的有机污染物，其 COD 的去除率可达 90% 以上，但处理后的水不能满足回用要求。如要实现废水的深度处理并回用，只能采用高级氧化法将其进行化学转化。

（3）化学处理法

溶解于废水中的有毒物质在使用生物法或其他方法难以处理时，可利用它在化学反应过程中被氧化或还原的性质，通过改变废水中污染物的化学形态或物理形态，消除其毒性或使其从溶液、胶体或悬浮物状态转变为沉淀或漂浮状态，或从固体转变为气态而从水中除去，从而达到净化处理的目的，这种方法称为化学处理法。此法是废水最终处理的重要方法之一，主要用于含氰化物、硫化物、酚、Cr^{6+}、Hg^{2+}、Fe^{3+}、Mn^{2+} 等废水的深度处理，其处理单元过程有中和法、絮凝法、电化学法、高级氧化法等。

1）中和法

当废水中存在游离酸或碱时，可利用添加碱或酸使酸和碱相互进行中和反应生成盐和水，这种利用中和过程处理废水的方法称为中和法。通常采用的废水中和方法有均衡法和 pH 值直接控制法。均衡法是以废治废使酸碱废水相互中和最理想的方法，它通过测定酸碱废水相互作用的中和曲线求得两者的适宜配比，多余部分则另行处理。pH 值直接控制法是利用添加中和剂来控制废水 pH，使废水中的有害离子（如重金属离子）在此 pH 下以沉淀物的形式沉降，然后进行分离使水得以净化。

2）絮凝法

絮凝法是向废水中投加某种化学药剂（常称之为混凝剂），使水中难以沉淀的胶体状悬浮颗粒或乳状污染物质失去稳定后，由于互相碰撞以及集聚或聚合、搭接而形成较大的颗粒或絮状物，从而更易于自然下沉或上浮而被除去。

采用絮凝法可降低废水浊度、色度，除去多种高分子物质、有机物、某些重金属毒物和放射性物质等，因此在工业废水处理中得到了广泛应用。混凝工艺包括药剂配制、投药、混合与反应几个步骤，常用的设备有隔板式、旋转式和涡流式三种反应池。

3）化学沉淀法

化学沉淀法是向废水中投加称之为沉淀剂的某种化学物质使其和水中的某些溶解性污染物质产生反应，生成溶度积小的难溶于水的化合物沉淀下来，然后分离出去，从而降低溶解性污染物质的浓度。化学沉淀法多用于除去废水中的重金属离子，也可用于除去营养性物质。

4）电化学法

是将污水通过电解槽，在直流电场的作用下，使其中的有害成分或在阳极氧化或在阴极还原或发生二次反应，即电极反应产物与溶液中某些成分发生作用，转变成无害成分的处理过程。它可分为电化学—物理处理过程和电化学—化学处理过程。

电化学—物理处理过程主要是将电化学过程所产生的产物用于污水的气浮分离或絮凝过程，所以又称电解浮上法和电解絮凝法。废水电解时，由于水的电解及有机物的电解氧化，在电极上会有气体（如 H_2，O_2 及 CO_2，Cl_2 等）析出，借助电极上析出的微小气泡而浮上分离疏水性杂质微粒的技术称为电解浮上法。电解时，不仅有气泡浮上作用，而且兼有凝聚、共沉。

电化学氧化及电化学还原等作用：通常电解浮上所用的电极为水平放置在设备底部的板状（多孔板或筛网）电极，阳极材质为不锈钢或表面沉积 PbO_2 的钛板，阴极材质为不锈钢。通直流电后，阳极产生氧，阴极产生氢，因而有大量气泡逸出，能有效地将污水中的分散油滴和固体悬浮物夹带浮升至水面而除去。

电解凝聚的主要特点为使用可溶性阳极（牺牲阳极），一般用铝或铁作阳极，不锈钢筛网（或板）作阴极，阳极可以是整体的铝板或碳钢板，也可以是装填于不锈钢或钛框篮内的刨花或切屑，阴极产生氢而阳极产生金属离子。通过电化学反应，不但产生了气浮分离所需的气泡，也产生了絮凝剂如 $Al(OH)_3$、$Fe(OH)_2$ 和 $Fe(OH)_3$，使废水中的胶体粒子、悬浮物凝聚，吸附于气泡的表面而除去。

电化学—化学处理过程是利用电化学反应所产生的产物与污水中的污染物发生化学反应，将污染物氧化分解除去。利用该法处理浓度较高的含氰废水，既可除去 CN^- 又可回收重金属。为保证过程的正常进行，必须在污水中加入适量的 NaCl。此法在工业上应用比较成功，阴极为碳纤维构件，阳极为表面涂氮化稀土的钛板。据称，采用电化学方法处理含镉、含氰污水，其费用要比用沉淀法、药剂氧化法低 28%。

5）微电解法

其原理是当碳铁合金的铸铁浸入水中，构成无数个 Fe – C 微原电池，在酸性溶液中，阴极反应所产生的氢与废水中的许多物质发生还原反应，破坏水中污染物的原有结构，使其易被吸附或絮凝沉淀；阳极铁被氧化成二价或三价铁，在碱性条件下生成 $Fe(OH)_2$ 或 $Fe(OH)_3$ 絮状沉淀，能吸附水中悬浮物，有效去除废水中的污染物，使废水净化。

6）高级氧化法

高级氧化法可将可生化性差、相对分子质量大的物质直接矿化或通过氧化提高污染物的可生化性，使绝大部分有机物完全矿化或分解，具有较为广阔的应用前景。常见的高级氧化技术主要包括空气湿式氧化法、催化湿式氧化法和光化学氧化法等。

湿式空气氧化法（Wet Oxidation Process，WOP）是以空气为氧化剂，将水中的溶解性物质（包括无机物和有机物）通过氧化反应转化为无害的新物质，或者转化为容易从水中分离排除的形态（气体或固体），从而达到处理的目的。通常情况下氧气在水中的溶解度非常低（0.1MPa、20℃时氧气在水中的溶解度约为 9mg/L 左右），因而在常温常压下，这种氧化反应的速率很慢，尤其是高浓度的污染物，利用空气中的氧气进行的氧化反应就更慢，需借助各种辅助手段促进反应的进行（通常需要借助高温、高压和催化剂的作用）。一般来说，在 10 ~ 20MPa、200 ~ 300℃条件下，氧气在水中的溶解度会增大，几乎所有污染物都能被氧化成二氧化碳和水。湿式空气氧化法的关键在于产生足够的自由基供给氧化反应。虽然该法可以降解几乎所有的有机物，但由于反应条件苛刻，对设备的要求很高（需要高温高压），燃料消耗大，因而不适合大量废水的处理。

催化湿式氧化法（Catalytic Wet Oxidation Process，CWOP）是一种工业废水的高级处理方法，它是依据废水中的有机物在高温高压下进行催化燃烧的原理来净化处理高浓度有机废水的，其最显著的特点是以羟基自由基为主要氧化剂与有机物发生反应，反应中生成的有机自由基可以继续参加 · OH 的链式反应，或者通过生成有机过氧化物自由基后进一步发生氧化分解反应直至降解为最终产物 CO_2 和 H_2O，从而达到氧化分解有机物的目的。

光化学氧化法是在光的作用下进行化学反应，采用臭氧或过氧化氢作为氧化剂，在紫外线的照射下使污染物氧化分解，从而实现污水的处理。根据采用的氧化剂，光化学氧化系统主要有 UV/H_2O_2 系统、UV/O_3 系统和 UV/O_3/H_2O_2 系统。

对于高浓度难降解工业废水而言，采用上述方法进行处理时，由于废水中 COD 值过大，一般是先采用稀释的方法，将废水中的 COD 值降低后再进行处理，水耗和能耗均较大，效果不十分理想，而且都是以消耗大量外部能源或物质去摧毁水中的含能物质(COD/BOD)或使其絮凝沉淀，其最终结果实际上是一种污染的转嫁方式，即在使废水得到净化的同时却需要消耗大量的外部能源并产生 CO_2 而污染大气或消耗外部物质产生新的污染物。这与可持续发展的战略是相悖的。随着经济的发展和工业化程度的提高，排放水质越来越复杂且难于控制，同时人们的环境保护意识越来越强，新的环境法规不断出台，对于废水的排放要求也越来越高，在当前大力要求实行可持续发展的形势下，进一步探索开发适合高浓度难降解工业废水处理的可持续发展的新工艺新方法显得更加迫切。

对于包括工业废水在内的所有废弃物，以前由于认识上的错位而将其直接排放，实际上，所有的废弃物可都认为是“放错了地方的资源”，比如废水中的化学需氧量物质 COD 含有大量的化学能，因此，对废水的处理不能再简单地采用外加能源或物质将其中的 COD 摧毁或者转移，而应将废水作为能源与资源的载体，回收利用其中潜在的有机能源。基于这种理念，国内外提出了用于高浓度难降解工业废水治理的超临界水氧化法。

超临界水氧化法是近年来发展起来的一种深度氧化技术。将水的温度和压力升高到临界点以上时，水就会处于一种既不同于气态，也不同于液态或固态的流体态，即超临界态，该状态下的水即为超临界水。超临界流体具有类似气体的良好的流动性，同时密度又远大于气体，因此具有许多独特的理化性质。超临界水的介电常数与常温常压下的极性有机溶剂相似，所以可与一些有机物以任意比例互溶。同时，一般在水中溶解度不大的气体也可与超临界水互溶，以均相状态存在。在水的超临界状态下，通过氧化剂(氧气、臭氧等)完全氧化有机物，反应温度高，速率快，可以几秒钟内将废水中的有毒有害物质彻底氧化分解为 CO_2、H_2O 和无机盐，是一种高效的废水处理技术，具有分离效果好、有机污染物降解彻底、热能可回收利用、无二次污染等特点，特别适用于高浓度难降解有毒有害废水的处理。

参考文献

[1] 廖传华，顾国亮，袁连山. 工业化学与化工计算[M]. 北京：化学工业出版社，2005.

[2] 廖传华，褚旅云，方向，等. 合成香料废水处理技术现状[J]. 香料香精化妆品，2009，(4)：38~41.

[3] 廖传华，褚旅云，方向，等. 超临界水氧化法在造纸黑液治理中的应用[J]. 中国造纸，2008，27(9)：51~55.

[4] 廖传华，李永生. 基于超临界水氧化过程的能源环境系统设计[J]. 环境工程学报，2009，3(12)：2232~2236.

[5] 廖传华，李永生，朱跃钊. 造纸黑液超临界水氧化过程的能流分析与经济评价[J]. 中国造纸学报，2010，25(3)：58~63.

[6] 廖传华，褚旅云，朱跃钊，等. 一种印染废水的处理系统和方法. ZL 200810024677.3，2010-11.

[7] 廖传华，朱廷风，朱跃钊. 造纸黑液的处理系统和方法. ZL200810244137.6，2011-3.

第4章　火电行业的节水技术

火力发电是电力工业的重要组成部分，它既是用水大户，也是排水大户。在中国，火力发电作为耗水大户，其用水量约占工业总用水量的30%～40%，仅次于农业用水量，是工业用水第一大行业。近年来，随着环保监管力度的加强，特别是水资源费和排污费的征收更趋合理，水的成本在电厂运行成本中所占的份额越来越大，因此火电厂实施节约用水、提高水的重复利用率、减少废水的排放具有重大意义，节水工作的开展与否直接影响电力企业的生产经营和持续发展。

火力发电厂废水“零排放”是节水的最佳途径。所谓“零排放”，是指不向外界排出对环境有任何不良影响的水，进入电厂的水最终以蒸汽的形式进入大气中，或是以污泥等适当的形式封闭、填埋处置。实现废水“零排放”，电厂必将实现最大程度的节水，同时最大限度的保护水环境，最终实现电厂经济效益和社会效益的全面改善。

4.1　火力发电厂的典型生产流程

火力发电厂简称火电厂，是利用煤、石油、天然气等燃料的化学能生产电能的工厂。火力发电厂的种类很多，根据使用的燃料，可分为燃煤电厂、燃油电厂、燃气电厂和余热电厂；根据所用原动机的种类，可分为凝汽式汽轮机发电厂、燃汽轮机发电厂、内燃机发电厂和蒸汽－燃汽轮机发电厂。

虽然火力发电厂的种类很多，但从能量转换的观点分析，其生产过程却基本相同，概括地说，就是把燃料中含有的化学能转换为电能，整个生产过程可分为三个阶段：

① 燃料的化学能转换成热能，加热锅炉中的水，使其转变为蒸汽，称为燃烧系统。

② 产生的蒸汽进入汽轮机，推动汽轮机旋转，将热能转化为机械能，称为汽水系统。

③ 由汽轮机旋转的机械能带动发电机发电，把机械能转变成电能，称为电气系统。

其基本生产过程为：燃煤被输煤皮带从煤场运至煤斗中。为提高燃煤效率，煤斗中的原煤要先送至磨煤机内磨成煤粉。磨碎的煤粉由热空气携带送入锅炉炉膛内燃烧。燃煤燃尽的灰渣落入炉膛下面的渣斗内，与从除尘器分离出的细灰一起用水冲至灰浆泵房内，再由灰浆泵送至灰场。煤粉燃烧后形成的热烟气沿锅炉的水平烟道和尾部烟道流动，放出热量，然后进入除尘器，将烟气中的煤灰分离出来。洁净的烟气在引风机的作用下通过烟囱排入大气。

助燃用的空气由送风机送入装设在尾部烟道上的空气预热器内，利用热烟气加热空气。这样一方面使进入锅炉的空气温度提高，易于煤粉着火和燃烧，另一方面也可以降低排烟温度，提高热能的利用率。从空气预热器排出的热空气分为两股：一股去磨煤机干燥和输送煤粉，另一股直接送入炉膛助燃。

在除氧器水箱内的水经过给水泵升压后通过高压加热器送入省煤器。在省煤器内，水受到热烟气的加热，然后进入锅炉顶部的汽包内。在锅炉炉膛四周密布着水管，称为水冷壁。水冷壁水管的上下两端均通过联箱与汽包连通，汽包内的水经由水冷壁不断循环，吸收煤燃烧过程中放出的热量。部分水在冷壁中被加热沸腾后汽化成水蒸气，这些饱和蒸汽由汽包上部流出进入过热器中。饱和蒸汽在过热器中继续吸热，成为过热蒸汽。过热蒸汽有很高的压力和温度，因此有很大的热势能。具有热势能的过热蒸汽经管道引入汽轮机后，便将热势能转变成动能。高速流动的蒸汽推动汽轮机转子转动，形成机械能。汽轮机的转子与发电机的转子通过联轴器联在一起。当汽轮机转子转动时便带动发电机转子转动。在发电机转子的另一端带着一台直流发电机，叫励磁机。励磁机发出的直流电送至发电机的转子线圈中，使转子成为电磁铁，周围产生磁场。当发电机转子旋转时，磁场也是旋转的，发电机定子内的导线就会切割磁力线感应产生电流。这样，发电机便把汽轮机的机械能转变为电能。电能经变压器将电压升压后，由输电线送至电用户。

释放出热势能的蒸汽从汽轮机下部的排汽口排出，称为乏汽。乏汽在凝汽器内被由循环水泵送入凝汽器的冷却水冷却，重新凝结成水，此水称为凝结水。凝结水由凝结水泵送入低压加热器并最终回到除氧器内，完成一个循环。在循环过程中难免有汽水的泄露，即汽水损失，因此要适量地向循环系统内补给一些水，以保证循环过程的正常进行。高、低压加热器是为提高循环的热效率所采用的装置，除氧器是为了除去水中含有的氧气以减少其对设备及管道的腐蚀。

以上分析虽然较为繁杂，但从能量转换的角度看却很简单，即：首先通过锅炉将燃料的化学能转化为蒸汽的热势能，然后通过汽轮机将蒸汽的热势能转化为汽轮机的机械能，最后通过发电机将汽轮机的机械能转化为电能。在锅炉中，燃料的化学能转变为蒸汽的热能；在汽轮机中，蒸汽的热能转变为转子旋转的机械能；在发电机中机械能转变为电能。炉、机、电是火力发电厂中的主要设备，亦称三大主机。与三大主机相辅工作的设备称为辅助设备或辅机。主机与辅机及其相连的管道、线路等称为系统。火力发电厂的主要系统有燃烧系统、汽水系统、电气系统等。

除了上述的主要系统外，火力发电厂还有其它一些辅助生产系统，如燃煤的输送系统、水的化学处理系统、灰浆的排放系统等。这些系统与主系统协调工作，它们相互配合完成电能的生产任务。大型火力发电厂为保证这些设备的正常运转，装有大量的仪表，用来监视这些设备的运行状况，同时还设置有自动控制装置，以便及时地对主辅设备进行调节。现代化的火力发电厂，已采用了先进的计算机分散控制系统。这些控制系统可以对整个生产过程进行控制和自动调节，根据不同情况协调各设备的工作状况，使整个电厂的自动化水平达到了新的高度。

4.2 我国火力发电厂的用水现状及面临的困境

火力发电厂的用水主要是锅炉用水、冷却用水、工艺用水和生活用水。锅炉用水主要用于吸收燃煤放出的热量产生蒸汽；冷却用水主要包括设备冷却用水、轴承冷却用水和空调用水等；工艺用水主要包括除尘用水、煤场防尘喷水、脱硫用水等；生活用水主要指电厂工作人员的生活与清扫用水。

火力发电厂的用水考核指标有两个：装机单耗率和产品单耗率。装机单耗率是瞬时单位最大供水量，即整个供水系统的供水能力，以每百万千瓦装机容量需多少供水量(m^3/s)计算，单位为$m^3/(s \cdot GW)$。产品单耗率是运行指标，即每生产1kW·h的电量需消耗的水量，以kg/(kW·h)计。我国对采用循环冷却水系统的大型火力发电厂，要求达到或低于

1.0 $m^3/(s \cdot GW)$。

4.2.1　火力发电厂的用水现状及存在的问题

我国火力机组的发电量占总发电量的80%以上，火力发电是中国取水量最大的行业之一。随着火电装机规模的快速发展，行业用水量增长趋势较大，平均占总工业用水量的48%左右。

我国2000年的平均发电耗水量为4.13kg/(kW·h)(包括循环供水冷却和直流供水冷却电厂)，发达国家为2.52kg/(kW·h)，南非仅为1.25kg/(kW·h)；发达国家二次循环供水系统的设计耗水指标为0.6kg/(kW·h)，而我国同类机组的实际耗水指标为1.32kg/(kW·h)。江苏省2000年的火力发电装机容量为1921.86万kW，发电量为975.85kW·h，当年取水量为89.47亿m^3，占全省工业取水量的63%，是江苏省取水量最多的工业行业。江苏省主要的发电厂分布在沿江地区，直接从长江取水，采用直流供水方式，水的重复利用率低，单位产品的新水用量高。苏北地区的火力发电厂大部分采用循环(闭式)供水方式，这种系统的新水用量小，耗水量大。循环供水的火力发电厂单位产品的新水用量为66$m^3/10^4$ kW·h，而直流供水的火力发电厂单位产品的新水用量为916.8$m^3/10^4$kW·h，重复利用率仅为16.3%。

由此可见，在我国火电行业用水量大的同时，水资源的使用效率总体水平较低，资源浪费比较严重。虽然近年来新建的300MW以上机组从设计、建设、运行管理等环节加强了节水意识，并取得了较好的效果，但从整个火电行业来看，总体耗水指标依然较高。

4.2.2　火力发电面临的水资源困境

我国多年平均水资源总量为28415亿m^3，可利用总量仅为31%；多年平均地表水资源量为27375亿m^3/a，可利用率仅为29%左右，因此水资源总量中能够为经济社会系统利用的水资源量十分有限。与此同时，水资源的分布与土地资源、人口、其他资源以及生产力布局不相匹配，总体表现为南方多、北方少，东部多、西部少，山区多、平原少。我国北方地区的水资源可利用量约占水资源总量的51%，目前北方大部分地区的开发利用程度已相当高，开发利用的潜力已非常有限。随着社会经济的发展和生态环境保护用水需求量的不断增加，未来我国水资源的供需形势将更为严峻。

煤炭是我国最主要的一次能源，目前煤炭的消费量中电力用煤占50%以上，2005年全国火电装机容量占总装机容量的75.56%，预计2020年仍将达到70%以上，火力发电机组在电源结构中仍然占主导地位。然而，我国煤炭资源与水资源呈逆向分布，总体表现为北多南少、西多东少。根据第三次全国煤田预测资料，以昆仑—秦岭—大别山一线以北我国北方省区的煤炭资源量之和大致为51145.71亿t，占全国煤炭资源总量的91.83%。从煤炭资源的区域分布来看，华北和西北地区占全国的79.64%，山西、内蒙、陕西、新疆、贵州和宁夏6省区占全国的81.6%。北方地区不仅煤炭资源丰富，生产规模或规划生产规模亦较大，已经或即将成为我国煤炭生产和供应的重要组成部分，在我国火电工业的发展中具有举足轻重的地位。

与此同时，我国煤炭资源与生产力布局和经济发展程度也呈逆向分布。目前我国的主要电力负荷中心位于东部和东南部，从而导致煤炭资源流向的基本格局为由北向南、由西向东。由于煤炭流动受到运输瓶颈的制约，因此发展大型坑口燃煤电站、变输煤为输电将是未来燃煤火力发电的主要方式之一。但我国的主要煤炭基地多数处于水资源紧缺地区，水资源条件可能会成为坑口电站建设的重要制约因素。

综上所述，实现节约用水、提高水资源的利用效率是火电行业实现可持续发展的重大需求，因此，火电行业必须加强行业管理，增强节水意识，积极采用节水新工艺，减少水资源的浪费，通过开源与节流并举，进一步提高水资源的综合利用水平。

4.2.3 火力发电行业水资源综合利用的对策

为加强火力发电行业水资源的综合利用，节约水资源，提高水资源的利用效率，必须采取相应的措施：

（1）严格执行国家节水政策和用水标准

必须高度重视节约用水，按照国家的产业政策鼓励新建、扩建燃煤电站项目采用新技术、新工艺，降低新水用量。对扩建电厂项目，应对该电厂中已投运的机组进行节水改造，尽量做到发电增容不增水。

北方缺水地区新建、扩建电厂时，应禁止取用地下水，严格控制使用地表水，鼓励利用中水或其他废水。原则上应建设大型空冷机组。这些地区建设的火力发电厂应与城市污水处理厂统一规划，配套建设。坑口电站应首先考虑使用矿井疏矸水，沿海缺水地区建厂时，应首先鼓励利用火力发电厂余热进行海水淡化。

现行行业标准详细规定了火力发电厂节约用水应遵守的技术原则、应达到的技术要求和需采取的主要技术措施，国家标准取水定额规定了火力发电厂的取水定额。这些标准是指导火力发电厂规划、设计、施工和生产运行中节水工作的重要依据，应严格执行，以保障火力发电厂用水合理化、管理科学化。

应进行精心的水量平衡测试和节水工艺设计，对于300MW及以上的空冷凝汽发电机组，其设计耗水指标应达到0.15m^3/(s·GW)，对于300MW及以上的直流供水凝汽发电机组，其设计耗水指标应达到0.10m^3/(s·GW)以下。

（2）开发利用新水源，减少常规水资源的取水

1）积极利用城市污水

将城市污水处理后作为再生水资源回用于火力发电厂，实现污水资源化，既可以有效地节约新鲜水资源，又可以减少污、废水的排放，具有开源与节污的双重功效，其社会效益、经济效益与环境效益都相当显著，特别是对于水资源短缺、水环境不断恶化的北方地区。

2）积极利用城市中水

可将城市中水作为距城区较近的电源项目或城市热电项目的补给水源。利用城市中水作为电厂补给水源，在工艺设计上已经取得了较为成熟的经验，如大同二电厂600MW直接空冷机组，工业用水全部采用中水，已安全运行多年，并取得了显著的效益。江苏北部、山东、河南和安徽等有条件的电源项目，也在积极利用中水作为水源。

虽然在火电行业利用城市中水可实现节约用水，起到缓解水资源紧缺矛盾的作用，但在利用城市中水作为电厂补给水源时，应注意城市发展规模、中水处理厂规模以及污水处理厂的运行状况，充分论证中水水源的可靠性。

3）积极利用矿区排水

利用矿区排水作为电厂水源，可在节约水资源的同时保护水环境，促进煤矿与水环境的

良性发展。我国山西、内蒙、陕西、东北等地的一些矿区，因煤层埋深较浅，赋水条件较好，疏矸水量较大，且有一定的外排量。在国家节水政策的引导下，目前已有部分坑口电厂利用矿区排水作为电厂补给水源。

在利用矿区排水作为电厂水源时，应注意矿区的开采规模、方式、规划以及自用水量，充分论证水源的可靠性。

4）积极利用海水

一般海滨电厂均可采用海水直流冷却。如能实现带海水冷却塔的二次循环系统，将进一步拓宽利用海水冷却的空间。

我国沿海地区的经济发展程度较高，但淡水资源普遍紧张，在利用海水作为冷却水源的同时，如能采用海水淡化工艺解决电厂生产和生活淡水供应，可节约宝贵的淡水资源。

（3）加强现役老机组的节水改造

现役老机组的技术与工艺水平相对落后，导致水资源浪费严重。在北方缺水地区，火电机组绝大部分为湿冷机组，逐步淘汰或改造这些老机组，将有很大的节水空间。

对缺水地区以湿冷机组为主的现役老机组，应循序渐进地进行节水技术改造：

① 将缺水地区原有的水灰场逐步改造为干灰场，将循环水的浓缩倍率提到 3 以上，二次循环电厂的耗水指标降至 $0.7m^3/(s \cdot GW)$，海水直流供水电厂的耗水指标降至 $0.10m^3/(s \cdot GW)$。

② 将缺水地区电厂的污废水全部实现综合利用，将循环水的浓缩倍率提到 6 以上，基本实现零排放，二次循环电厂的耗水指标降至 $0.6m^3/(s \cdot GW)$ 以下。

（4）加强节水设计

优化厂内水资源的配置，积极开发应用新技术以实现水的综合利用和重复利用，提高用水效率，降低耗水指标。在缺水地区推行空冷技术，最大限度地降低耗水指标。

1）采用节水新技术、新工艺

积极推广应用国内外的先进节水技术，采用成熟的节水新工艺、新系统和新设备，提高循环水浓缩倍率，降低灰水比，采用节水型冷却方式，提高水的重复利用率等。

2）优化水务管理设计

对火力发电厂各供水、排水系统进行设计和优化，选用节水工艺，确定经济合理的供水、排水方案，对各系统的排水拟定回用措施，做到一水多用、污水回用。在电厂设计过程中，应充分考虑各水系统的循环使用，按照各用水点对水质、水温的不同要求，梯级使用，作到“水尽其用”，尽可能减少污、废水的排放量，减少全厂的耗水量。例如，在有循环供水系统的电厂，在循环水浓缩倍数较低时可优先用作工业和暖通用水，然后用作循环水系统的补充水。污染程度较高的部分工业废水、生活污水、含油污水和高悬浮物废水（输煤系统冲洗水、煤场初期受污染雨水、沉淀池排泥水等）经适当处理后，作为中水用作除灰系统用水。污染程度较轻的冷却塔排污水、部分工业废水、锅炉排污水等直接作为中水，用作输煤系统和主厂房冲洗水、煤场喷洒水、翻车机室抑尘水等的补充水，剩余部分排入厂外受纳水体。

（5）加强电厂内部用水管理

制订用水考核、报告汇总、技术监督等制度，定期组织进行全厂的水平衡测试及各水系统的水质分析测试，加强对主要供排水系统的监控调节等。有针对性地制定出切实可行的节水技术措施，提高火电厂的水务管理工作水平。

4.3 火力发电厂的用水与排水

燃煤火力发电是我国电力工业的重要组成部分，火力机组的发电量占总发电量的80%以上。火力发电是我国取水量最大的行业之一，同时也是排水大户，因此，对火力发电过程中的用水与排水进行分析，有针对性地采用节水技术和措施，对于节约用水，降低成本，实现可持续发展具有重要意义。

4.3.1 用水节点及水质水量分析

要实现节约用水，首先必须要弄清火力发电厂在生产过程中的用水节点及其对水质水量的要求，使节水工作不致影响火力发电厂的正常生产。

根据使用的目的，火力发电厂的用水一般可分为生产用水和非生产用水两大块。生产用水包括冷却用水、锅炉补水、工艺用水等，其用量在火力发电厂用水中占95%；非生产用水包括生活用水、消防用水、清扫用水和绿化用水，约占火力发电厂总用水的5%。对于采用循环冷却、湿式除灰系统的火力发电厂(纯凝机组)，几种水所占总用水量的比率如表4-1所示。

表4-1 火力发电厂中各种用水率 %

锅炉用水	冷却用水	工艺用水	生活用水
5.7	52	37	5.3

由表4-1可以看出，在整个火力发电厂中，冷却用水和工艺用水占有绝对的比率，因此火力发电厂的节水工作应主要针对这两部分用水进行。同时，由于水在火力发电生产中所起的作用不同，对水质的要求也有很大的差别。

(1) 锅炉用水

锅炉用水主要用于水汽循环系统(即热力系统)中吸收燃料燃烧的化学能并转化为蒸汽，以推动汽轮机做功。释放出热势能的蒸汽(乏汽)在凝汽器内被冷凝成为凝结水，重新进行循环。在循环过程中，因为存在汽水损失，需适量地向循环系统内补给一些水，以保证循环过程的正常进行。这部分补充的水即为锅炉补水。锅炉补水率按有关规定应控制在锅炉蒸发量的2%以下，一般火力发电厂均可达到。如建有两台1000MW超超临界水力发电机组的某火力发电厂，其锅炉补给水及闭式冷却水的用量为140m^3/h。然而，也有少部分火力发电厂的全年平均补水率达5%，个别电厂的甚至高达8%以上。

为了防止结垢，锅炉用水对水质的要求非常严格。不同锅炉水化学工况的水质控制标准如表4-2。目前火力发电厂向着大容量、高参数发展，对锅炉用水的水质也越来越高，锅炉用水中杂质的含量要求至10^{-9}级。因此，对于锅炉的给水，除了按常规的混凝、沉淀、过滤等水处理方法进行处理外，还需要采用离子交换、反渗透、电渗析等纯水制备技术进行软化除盐处理。

表4-2 不同锅炉水化学工况的水质控制标准

锅炉水化学工况	碱性水	络合物	中性水	联合水
pH(25℃)	8.8~9.3	9.1	>6.5	8.0~8.5
直接电导率/$\mu S\cdot cm^{-1}$	—	—	<0.25	0.4~1.0

续表

锅炉水化学工况	碱性水	络合物	中性水	联合水
氢电导率/μS·cm^{-1}	≤0.2	≤0.2	<0.2	<0.2
O^2/μg·L^{-1}	<7	<7	>50	150~300
N_2H_4/μg·L^{-1}	10~30	20~60	—	—
Fe^{2+}/μg·L^{-1}	≤10	<20	<20	<20
Cu^{2+}/μg·L^{-1}	≤5	<3	<3	<3
SiO_2/μg·L^{-1}	≤20	<20	<20	<20

（2）冷却用水

火力发电机组需要用到大量的冷却水。以容量为100MW的机组为例，如采用直流供水方式，冷却水的用量为35m^3/s，如采用二次循环供水方式，冷却水的耗用量约为1.5~2.0m^3/s。

火力发电厂的冷却形式有三种：直流式、密闭式和敞开冷却式。直流式是指作为冷却介质的水工作后直接排放，不作循环。因为这种冷却形式首先要求要有足够的水源，而且排放的水对水体有热污染，因此已很少采用。密闭式循环冷却水本身在一个完全密闭的系统中循环运行，基本不需补充水，用水量少，但造价较高。目前运用最广泛的是敞开式冷却水循环系统，冷却水由热交换器获得的热量直接在冷却塔或其它设备中散发至大气，在运行中，有蒸发、风吹和排污等损失，故需不断补充水。如某装机容量为2000MW的火力发电厂，其间接冷却水的用量达210541m^3/h，采用开式循环，凝汽器和开式冷却水全部进入冷却塔循环使用，蒸发损失达2741m^3/h，风吹损失达121m^3/h，冷却塔的排污损失为895m^3/h，间接冷却的补充水量为3757m^3/h。

蒸发损失水量主要与当地气象条件及冷却塔的进出水温差有关，目前无法回收。风吹损失与当地风速有关，无法循环利用。若不考虑四季气候变化，应取最大可能损失水量。

火力发电厂对冷却水的水质要求相对较低，只要满足不致冷却水系统结垢、腐蚀和堵塞等即可，水中杂质的含量一般要求至10^{-6}级，具体水质要求与凝汽器的管材有较大的关系。一般可直接取用地表水或经处理后的工业废水与生活污水。

（3）工艺用水

工艺用水主要包括主厂房服务用水、空调冷却水、湿法脱硫用水、煤场及输煤系统用水、湿式除灰系统用水、煤场喷淋和栈桥冲洗用水等。如某装机容量为2000MW的火力发电厂，其工艺用水的分配为：循环水泵冷却水的用量为150m^3/h，机组排水槽冷却水的消耗量为30m^3/h，制氢站的用水量为18m^3/h，灰浆泵等的轴封用水量为65m^3/h，除尘器的用水量为50m^3/h，主厂房服务用水量为42m^3/h，脱硝区的用水量为120m^3/h，脱硫区的用水量为120m^3/h，调湿冲灰的用水量为227m^3/h，捞渣机的补充水量为110m^3/h，缓冲水池的补水量为40m^3/h，调湿灰的用水量为25m^3/h，脱硫用水量为150m^3/h，煤场喷淋、栈桥冲洗的用水量为100m^3/h。

目前我国火力发电厂绝大部分采用的是湿式除灰系统，除灰水的用量约占工艺用水量的50%，但其对原水几乎没有什么要求，如目前有的电站用海水冲灰、用直流式循环冷却水冲灰、灰水回用再冲灰等，有的电厂直接用生活污水冲灰，由于粉煤灰的特殊结构，反而使污水得到了净化。

除了空调冷却水之外的其余工艺用水对水质的要求也不高，一般可直接采用地表水。

(4) 生活用水

主要用于电厂工作人员的生活用水、采暖系统耗水、绿化用水等。

4.3.2 污废水的产生

火力发电厂的废水系统一般由循环冷却排污水、脱硫废水、含油废水、含煤废水、排泥废水、除灰废水、其他工业废水和生活污水等构成，其中循环冷却排污水和除灰废水的排水量较大，占整个火电厂废水的80%左右。其他废水的水量由火力发电厂的具体用水情况而定。火力发电厂各废水系统的来源、排放特征、主要污染物及其占废水总量的比例见表4-3所示。

表4-3 火力发电厂各废水系统的来源、排放特征、主要污染物及占废水总量的比例

废水名称	废水来源	排放特征	主要污染物	占百分比/%
生活污水	生活区生活污水	连续，水量变化系数2.5	BOD、SS	0.5~3
	生产区生活污水			
冷却系统排污水	湿式冷却塔排污水	连续、定值	Ca^{2+}、Cl^-、SS	30~70
含油废水	油库油处理间有洗涤排水	经常、不连续	油污	0.1~1
	大小修或事故排放含油废水	非经常性排水		
	工业冷却及杂用排水	连续，基本定量		
经常性化学排水	化学除盐再生水	经常，不连续	pH、COD、Cl^-、SS	2~7
	化学预处理污泥水	经常，不连续		
	锅炉高温排污水	连续，定期		
	取样排水	不连续，量少		
非经常性化学排水	锅炉化学清洗	非经常	pH、COD、SS、Ca^{2+}、SO_4^{2-}、重金属	2~5
	炉管、空气预热器、除尘器及烟囱的不定期冲洗水	非经常		
	凝汽器管泄漏检查水	非经常		
	湿冷却塔清洗水	非经常		
除灰废水	冲灰水	连续，定量	COD、SS、Ca^{2+}、SO_4^{2-}、重金属	20~50
	冲渣水及水封溢流水			
煤场排水	输煤系统冲洗水	经常，不连续	SS	0.5~2(随降雨量而定)
	煤场雨水	不定期		

(1) 经常性生产废水

在正常生产过程中，经常性生产废水包括补给水处理再生废水、凝结水精处理再生废水，冷却塔、反应沉淀池的排污水及对锅炉补给水进行化学除盐预处理而产生的酸碱废水和浓缩器排水。对于这类废水，可采用反渗透方式进行处理以减少酸、碱中和处理剂的用量，反渗透处理后的废水中悬浮物含量在150~200mg/L之间。化学除盐废水的pH值在2~12之间，悬浮物含量在20~50mg/L，COD含量约10mg/L。这类废水排入废水中和池、清净水池，污泥脱水，确保水质达标后回用。

(2) 非经常性排水

这类废水主要为空气预热器等设备检验时产生的冲洗废水、锅炉酸洗等废水。每年每台锅炉要酸洗两次，产生的酸性废水的pH值在2～6之间，其中的F^-含量为3000mg/L，悬浮物含量为4000mg/L，COD浓度为1000mg/L。锅炉化学清洗排水为非经常性废水，每台锅炉每5年采用化学方法清洗一次，产生的清洗废水的pH值在2～12之间，悬浮物含量为3000mg/L，COD浓度为3000mg/L。这类废水的水质组成复杂，需集中进行废水储存、曝气、pH值调整、氧化、絮凝、澄清、中和、浓缩、污泥脱水、反渗透处理等，在水质达标后回用。

（3）含油废水

含油废水主要来源于油罐区、重油泵房设备的排水，属间断排水，其含油量约为600～1000mg/L。含油污水经过二级隔油池处理，再经油水分离器处理，油被回收利用，清水排入废水池做进一步处理，处理达标后作为煤厂喷淋用水。

（4）煤场排水

主要是煤场喷淋水、输煤系统地面冲洗水及场地冲洗水，这些含煤污水用泵送入沉煤池内，悬浮物经重力自然沉降，煤泥放回煤堆再利用，澄清水抽回煤场后重复利用。

（5）脱硫废水

采用石灰石－石膏湿法脱硫，脱硫效率≥93%；脱硫设施需建设相应的脱硫废水处理装置，使废水处理后用于现有机组的冲灰渣补充水或干灰调湿用水，无废水外排。

（6）生活污水

采用地埋式生活污水处理设备进行处理，达标后回用。

4.3.3　废水的排放与处理

生产过程中产生的各类废水有：锅炉补给水处理系统的再生废水、凝结水处理系统的再生废水、除灰系统的冲灰水以及锅炉、空气预热器的清洗废水等，主要污染因子有pH、石油类、悬浮物、COD、温升等。

废水的产生量及处理方式可见表4－4。

表4－4　废水的排放量及处理方式

序号	名　称	单　位	水　量	处　理　方　式
1	补给水处理系统的再生废水	m^3/d	400	中和后回用
2	凝结水处理系统的再生废水	m^3/d	600	中和后回用
3	含油废水	m^3/d	10	油水分离处理后回用
4	除渣泵封水等	m^3/h	50	回用水池
5	反渗透浓水	m^3/h	50	回用水池
6	循环水泵冷却水	m^3/h	150	回用
7	生活污水	m^3/h	5	生化处理
8	煤场与输煤系统排水	m^3/h	40	煤泥沉淀澄清处理后回用
9	脱硫废水	m^3/h	20	中和、混凝、澄清处理后回用
10	锅炉化学清洗排水	m^3/次	12000	氧化、絮凝、澄清、中和处理后回用
11	空气预热器清洗排水	m^3/年	13000	氧化、絮凝、澄清、中和处理后回用
12	冷却塔排污水	m^3/h	247	$648m^3/h$回用，$247m^3/h$外排
外排量			$247m^3/h$	

火力发电厂的生产一向比较均衡，日内变化与月内变化均较小，对于单位产品来说，其需水量与排污量是一定的。

4.4 节水案例剖析

火力发电厂是城市用水大户，其万元产值的用水量居于工业行业之首，因此采用先进技术实现节水具有重大的经济意义与环境意义。如将火力发电厂的直流式用水系统改为封闭式循环用水系统，其用水量将由 $1500m^3/10^4kW \cdot h$ 降至 $100 \sim 150m^3/10^4kW \cdot h$。若结合采取其他节水技术，用水量可降至 $30 \sim 40m^3/10^4kW \cdot h$。若采用空气冷却系统，其用水量约为 $2m^3/10^4kW \cdot h$ 左右，可见火力发电行业节水潜力很大，大力加强节水工作对减缓水资源紧缺矛盾具有重要意义。

（1）节水案例一：冷却水循环利用

利用冷却塔提高循环冷却水的降温效果，可起到节水节能的双重作用。如某电厂原先采用湖水作循环冷却水，一遇夏季循环水的进口温度高达 37 ~ 40℃，只有大量循环使用新水。与此同时，由于汽机做功后的蒸汽冷却工况恶化，致使机组的发电能力下降，通常减少出力 10% 以上，每年夏季要少发数千万度电，同时煤耗上升。该厂改用冷却塔冷却循环水后，使循环冷却水的水温降低了 3℃，每 $10^4kW \cdot h$ 的新水取用量减少了 $198m^3$，循环水泵的耗电率由 1.81% 下降至 1.69%，年节电 $127.8 \times 10^4kW \cdot h$，此外还增加了机组的发电能力和安全可靠性。

江苏徐州某火力发电厂对工艺水实行闭式循环改造，将主厂房内的工业服务水大部分采用除盐水闭式循环（热量通过水－水交换器），将化学取样冷却水采用闭式循环，取得了明显的节水效果。同时将射水箱溢流排水回收系统进行改造，经过增加回收水箱，利用回收泵将回收的射水箱溢流排水加压送回循环水池，既可减少循环水池的补水，又可减少排污量。在此基础上进行雨污分流，既可保证冷却塔的水质不会再次受到污染，还降低了水处理的成本。

（2）节水案例二：提高循环水的浓缩倍率

提高循环水的循环倍率可取得明显的节水效果。某火力发电厂将 1000MW 火力发电机组的浓缩倍率从 2 提高到 3 后，可节水 800 ~ 1000t/h。为节省有限的水资源，减少外排水量，该厂采用 50% 循环冷却水补充水弱酸氢离子交换并投加阻垢剂联合处理，利用弱酸树脂与水中的重碳酸盐硬度发生交换反应，降低原水中碳酸盐硬度及相应的碱度，使循环水冷却塔的浓缩倍率由原来的 2.2 提高到 4.5 左右，减少循环水的排污水量约 $1600m^3/h$，取得了明显的节水效果。

当然，采用循环冷却水系统时，企业需根据自身的实际情况，确定一个恰当的循环冷却水浓缩倍数，以此为控制指标，分析认定水质稳定处理的方法和用药量，可以有效减少排污水量，节约补充的新水量。

在有循环冷却水系统的火力发电厂中，采用新型冷却塔填料和收水器对原有的老水塔进行改造，降低水塔的出水水温，减少风吹损失，可起到节水的作用。通过在冷却塔上安装收水器，可大幅度降低冷却水的风吹损失，一台 200MW 的机组可减少风吹损失 $100m^3/h$ 左右。采用高压电场荷电降低蒸发水耗的新技术后，可降低冷却塔蒸发水耗 60% 以上。

（3）节水案例三：循环冷却水系统的改进

回收冷却塔的排污水：冷却塔的排污水量较大，可以继续回收部分用作脱硫用水，替换取用新鲜水部分。

汽轮机发电机组耗用的循环冷却水量占全厂总耗水量的70%以上，是最有节水潜力的系统。部分汽轮机组的凝汽冷却循环水是敞开式凉水系统，采用空气与水直接对流的方式，因此冷却水的蒸发损失较大。空气冷却系统是采用循环水在内部循环以冷却凝汽器，而外部采用大型空气冷却塔进行对流冷却。当汽轮机采用空气冷却系统时，耗水量仅为传统蒸发式冷却水塔耗水量的5%～10%，对于一台200MW的机组，其循环冷却水的消耗量最多为5000m^3/h左右，大大减少了火力发电厂对水源的依赖程度，而且对环境无污染，为干旱地区、少水而煤炭资源丰富的地区建设大型坑口电站开辟了新天地。我国山西省的太原、大同等地均采用了空冷机组，在运行过程中的节水效果十分显著，实现了发电容量增加而总取水量降低。

当然，空冷系统也存在着不足：①基建投资大，是常规冷却水塔水汽系统投资的2～3倍；②运行费用高，与常规水冷系统汽轮机组相比，平均每发1kW·h的电，要多耗标准煤10g左右，但可以从节水费用中得到补偿。

（4）节水案例四：工艺节水

为了节约用水，江苏徐州地区某火力发电公司采取了如下一系列的工艺节水改造措施：

1）射水箱溢流排水回收系统改造

减少循环水池的补水，减少排污，经过增加回收水箱，利用回收泵加压送回循环水池，每小时可减少循环水池补水、总排污口排污水各30～50t/h，每天提高综合效益1000～1800元，年效益为37～60万元。在此基础上剥离雨水、污水系统，保证了冷却塔的水质不会再次受到污染，降低了水处理成本。

2）空压机冷却水、化水炉内取样器冷却水、给水泵液力偶合器冷油器冷却水回收改造

降低清水箱补充原水，减少循环水池溢流排污，冷却水靠回水静压（0.3MPa）引流至清水箱。改造后，每小时可以减少排污30t，每天提高综合效益1080元，年效益为38万元。

3）采用蒸汽换热循环水运行，凝结水回收，循环水重复利用

每年可回收凝结水5.5万t，降低管损约10%，降低供热成本，提高经营效益。全年可降耗增效166万元。

4）低温水改造

15MW抽凝式汽轮机在正常工业供汽情况下，有43t/h的蒸汽排到凝汽器，将汽轮机的排汽压力提高到0.05MPa，其排汽温度为81℃，循环水出口的温度可达到70℃。根据计算可知，一台15MW抽凝式汽轮机在满足正常工业抽汽的条件下，低真空运行循环水供暖面积可达到50万m^2。

一台15MW汽轮机低真空循环水供暖如达到50万m^2时，同时可带满负荷工业抽汽，此时机组的进汽量比非低真空运行增加13t，如按13t蒸汽耗原煤2.5t，按原煤单价400元/吨计算，供暖100天，增加蒸汽的成本为240万元，考虑增加的循环泵的电费、水费、维修费用约计100万元，成本应为340万元。如果采暖按每小时每平方米0.012元收费，两台机组低真空循环水的供暖效益为2200万元。

与此同时，利用该技术在冬季采暖期完全关停冷却塔，把汽轮机的排汽完全加热到循环冷却水中，使热能全部利用。如果两台机组改造后满负荷运行，可增加总收入2640万元。

（5）节水案例五：工业水回收利用

江苏江阴地区某火力发电有限公司现有6台燃煤发电机组，总装机容量1215MW，年发电量可超70亿kW·h。一期工程2台125MW国产发电机组于1995年建成投产，2002年技术改造后每台机组的出力增至137.5MW；二期工程2台140MW国产发电机组于2003年建

成并投入商业运行；三期工程2台330MW发电机组于2005年投运。

为了节约用水，该公司将一、二期机组的连续排污水经浴室加热器及三期机组的连续排污水经热水加热器利用其余热后，送至一期预处理化水箱用作水处理制水水源；一、二、三期机组的定排水经浴室加热器回收热量后送至一期预处理化水箱作水处理制水水源。

将一、二期工业水回收至工业水回收水箱，经回收水泵回收至化学水箱作水处理制水水源。将三期的工业水回收至三期定排水箱，后经热水泵回收至一期定排回收水箱，再经浴室加热器回收余热后至一期预处理化水箱用作水处理制水水源。若三期定排水箱水温不高，可直接回水至一期或二期工业水回水水箱，最后至化学水箱作水处理制水水源。该系统同时还将化学废水直接回收至定排水箱再利用。

该公司采用上述节水改造后，能够减少用水量30t/h，减少污水排放量30t/h，取得了巨大的经济效益、环境效益和社会效益。

（6）节水案例六：汽轮机冷却水改造

江苏江阴地区某热电有限公司为地方公用电厂，年售汽量约15.5万t，供电量约3900万kW·h，耗煤量约5.2万t。该公司的主体设备配置为两炉一机，有两台35t/h中温中压锅炉，型号为UG035/3.82-M。汽轮机发电机组为一台6MW抽凝式汽轮机，型号为C6-3.43/0.49，发电机型号为QF-J6-2。

为了节约能源，保护环境，实现节能减排，该公司淘汰拆除了原有的抽凝式汽轮机，改用相同容量的抽背式汽轮机，型号为CB6-3.43/0.981/0/490。由于背压机的特性，可以使发电和供电标煤耗指标大幅度下降，全年煤炭消耗总量大幅度减少，使二氧化硫和烟尘的排放总量同比例大幅度削减。由于不再需要取用河水作为汽轮机凝汽器的循环冷却用水，年取冷却水水量基本为零，避免了对外界的热污染，同时还减少了公司的用电量。

与此同时，该公司还进行了如下的节水改造：

1）冷却水改造

在对汽轮机组进行改造的同时，对冷油器、空冷器的冷却水同时进行改造，把地表冷却水改为水处理的原水进行闭式循环，提高了原水的温度。

锅炉转动机械的冷却水：与冷油器、空冷器同时进行改造，提高了原水的温度。

锅炉取样台的冷却水：把地表冷却水改成除盐水闭式冷却，同时提高除盐水的温度。

锅炉煤渣的冷却水：把地表冷却水改成除尘水循环利用。

2）节水改造

通过对取样冷凝水、除氧器乏汽的收集、输送进行回收利用，回收率为1t/h左右。

通过对化水交换器反冲洗水进行收集、输送，每月可回收1000t左右的水量。

3）污染防治

由于煤渣呈碱性，可将锅炉煤渣水过滤之后用于脱硫，减少脱硫用水的消耗。

由于连排水呈碱性，可将其排至尘灰池用于脱硫。

通过节水改造，每年回收的水量达3万多吨，而且冷凝水和乏汽的回收可直接用于炉前水，利用价值较高。由于对煤渣水、连排水的综合利用，实现了以废治废。以上节水改造可减少地表冷却水量800~1000t/h，公司的用电量每小时下降80~90kW·h。

（7）节水案例七：除灰系统的改进

粉煤灰是以煤为燃料的火力发电厂排出的废弃物，每10MW火力发电机组的排灰渣量为0.9~1.0万t；燃煤锅炉排出的灰渣除粉煤灰外，还有一部分是由炉底排出的煤渣，约占灰渣量的15%左右。目前大部分火力电发厂的除尘冲灰都是采用湿排方式，除灰泵和除渣的灰水比一般大于1∶20，一台200MW机组的除灰用水量在500m^3/h以上，在锅炉用水中占有很大的比例。

新建电厂在有条件的地方应首先选用干除灰方式。实施干式除尘，采用静电除尘，增加自动回收干粉系统，形成一条龙生产线，可用于筑路、制砖、生产保温材料。发展干灰的综合利用，不仅可以节约国土资源，而且可大大节省用水。

如果采用水力除灰时，应使冲灰水尽量做到闭路循环。当实现灰水闭路循环确有困难时，则应使用高浓度水力除灰，同时采用灰渣分排、渣水闭路循环。这些措施的采用可使冲灰水的用量及废水的外排量都有大幅度下降。如果灰水比达到1∶2左右，一台200MW机组的除灰水用量可降至200m^3/h以下。

图4-1所示为一种节水型冲灰系统，其特点是：灰渣分排，采用新型浓缩输灰泵(灰水比控制在1∶1~1∶3)，灰浆在浓缩池内澄清后，冲灰水可重复利用。实践表明，火力发电厂采用灰渣分排比灰渣混排可节约40%的冲灰水量，且有利于灰渣的综合利用。新建火力发电厂的锅炉如果均采用灰渣分排技术，可取得非常明显的节水效果。

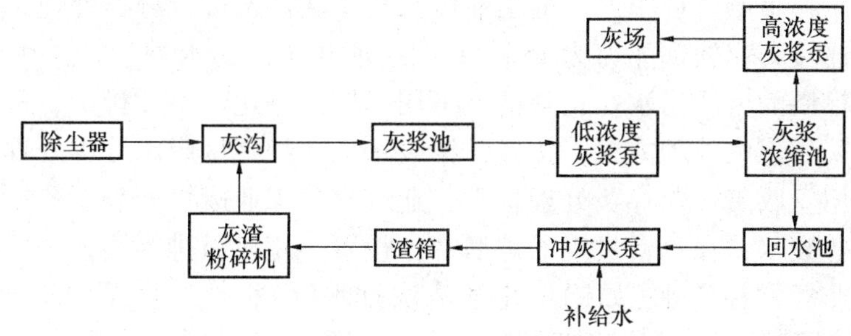

图4-1 锅炉节水型除灰系统的新工艺流程

对以稀浆方式输送的冲灰水，可采用澄清法或渗漏法从灰场进行回收，及真空短路法截流灰水以减少对地下的扩散渗漏。铺设新型耐磨抗腐输灰管和回水双管路进行远距离大循环用水，并从保护地下水资源的角度对回水方案进行研究和改进。

采用间断式除灰渣方式，可节省补充水约50%。

实现污水回用和零排放方案，改用劣质水作为冲灰水，可以大幅减少新鲜水的用量。

(8) 节水案例八：中水利用

某火力发电企业将锅炉房内的工业服务水(包括定排水)经管(沟)收集至炉后的机组排水槽，再用泵输送回原水池作为水源用水。汽机房内的工业服务水经管(沟)收集至工业水回收井，再用泵输送回原水池作为水源用水。滤池反冲洗水的排水仍泵回澄清池作为水源用水。厂外水力出灰的灰水，经灰场澄清后，泵回重复使用。

(9) 节水案例九：废水处理与回用

江苏徐州地区某火力发电公司生产系统的主要废水包括化水车间的酸碱中和废水、反洗排水、河水净化排水、冷却塔排水以及生活污水等，其处理回用情况分别为：

1) 酸碱废水

化水车间产生的含酸、碱废水(约1~3个月排放一次)，排入酸碱中和池中和处理后进入污水池，通过市政污水管网排入污水处理厂集中处理。

2) 反洗排水

化水车间产生的离子膜反洗排水(约2~4天排放一次)进入雨水池，用于煤场喷淋、绿化洒水等。

3）河水净化排水

河水净化排水进入雨水池，经沉降后回用于水箱，作为冷却塔的补充水。

4）煤系统排水

输煤栈桥、转运站冲洗水等经管网输至沉煤池澄清后回用。

5）循环冷却塔排水

循环冷却塔排水因含有防垢剂、防腐剂等化学物质，首先使其进入污水池，然后排入市政污水管网。

6）生活污水

生活污水收集后经一套地埋式污水处理装置处理后进入污水池，排入市政污水管网。

7）雨水

厂区雨水经收集后进入雨水池，部分回用后排放。

（10）节水案例十：废水处理与回用

某火力发电厂将生产过程中产生的工业废水与生活污水进行分类处理。

生活污水：通过 2 套处理能力为 15m^3/h 的地埋式生活污水处理，采用二级接触氧化工艺进行处理，达标后的生活污水在正常情况下用于厂区绿化，不外排。

工业废水：采用集中处理方式，按经常性废水、非经常性废水分类处理。设置专门的工业废水处理系统用于收集、贮存、处理各类工业废水，工业废水处理系统的出力为 220t/h。

非经常性工业废水：在每台机组的炉后部位设置一座机组排水槽，用于收集、临时贮存主厂房内排出的非经常性废水（如锅炉化学清洗排水等），然后由泵输送至废水处理系统，采用贮存并均质→pH 值调整→氧化反应→絮凝→凝聚澄清→最终中和→清水的流程进行处理后回用，产生的污泥采用浓缩、脱水工艺进行处置，最终产生的泥饼运至厂外灰场堆置。

经常性废水：如锅炉补给水处理系统再生废水等，采用贮存并均质、最终中和的方法进行处理，经处理后的排水在满足《污水综合排放标准》（GB 8978—1996）第二类污染物最高允许排放浓度规定的一级标准要求后，可回用于冲灰、渣，或用于煤场喷淋、地面冲洗等，以使处理后的排水得到充分再利用。

含油污水：对油罐区及主厂区产生的含油污水进行集中收集，采用隔油池进行油水分离后作为煤场喷淋用水进行回用。

脱硫废水：脱硫废水经单独处理后，回用于调湿灰或冲渣。

冷却塔排污水：冷却塔排污水尽量回用于脱硫用水、冲渣、煤场喷淋等，小部分外排。

灰场积水：为防止雨水冲刷，在灰坝的内外侧各设置草皮与浆砌石条埂相结合的护坡；为尽量减少灰场雨水的下渗，灰场采取防渗措施、底部排水层及场内排水沟。

（11）节水案例十二：管理节水

通过大力宣传新水法和节水知识，不断提高职工的节水意识。在各供水系统的出水干管及主要用水支管上安装水量计量装置，必要时设置调节和控制流量的装置，并将厂区内的主要计量数据进行统计分析，以便有针对性地控制水量。在厂区内各水池设置水位监测和水位报警，以防溢水。

引进技术含量高、经久耐用的输水管网材料，科学合理地布置管网路径，防止管网在输水（汽）过程中的跑、冒、滴、漏等现象，以降低管网输水（汽）的损失率。

4.5　节水技术集成

4.5.1　节水技术集成

根据前述对节水案例的剖析，要充分实现节约用水，火电行业可采用如下的集成技术：

① 冷却水循环利用：由于火力发电过程中所用的冷却水大多为间接冷却水，在使用前后仅水温升高，而其他水质没有任何变化，因此可采用冷却塔等对使用后的冷却水进行冷却后循环利用，以减少新水的取用量。

② 提高循环水的浓缩倍数：提高循环水的浓缩倍数可以取得明显的节水效果。火力发电企业通过改造循环水系统，采用合适的水质稳定剂，提高循环水的浓缩倍率，既可大大节约冷却水的用量，又可减少排污量，取得经济与环境双重效益。

③ 对循环冷却水系统进行改进：利用冷却塔提高循环冷却水的降温效果，并采用新型水塔填料和收水器，减少冷却过程中的风吹损失与蒸发损失，可起到节水节能的双重作用。

④ 采用空冷技术：采用空气冷却代替水冷却，可使生产过程的总取水量大大降低。

⑤ 采用干式除灰系统或闭路循环水力除灰系统：实施干式除尘，采用静电除尘，增加自动回收干粉系统，既可大大节省用水，而且可将回收的干粉用于筑路、制砖或生产保温材料，从而取得良好的经济效益。如无法采用干法除尘时，应使冲灰水尽量做到闭路循环。如实现灰水闭路循环确有困难时，应采用高浓度水力除灰，同时采用灰渣分排、渣水闭路循环，使冲灰水的用量及废水的外排量大幅度下降。

⑥ 采用节水型发电工艺：将耗水量大的抽凝式汽轮机改为节水型的抽背式汽轮面，可使发电和供电标煤耗指标大幅度下降，减少用水量。

⑦ 工业水回用：对射水箱溢流排水回收系统进行改造，可减少循环水池的补水和排污，节约用水；对空压机冷却水、化水炉内取样器冷却水、给水泵液力偶合器冷油器冷却水进行回收改造，可以降低清水箱补水，减少循环水池的溢流排污；采用蒸汽换热循环水运行，回收凝结水，实现循环水的重复利用；将连排排污水经浴室加热器利用余热后，用作水处理制水水源。

⑧ 中水利用：将锅炉房内的工业服务水经管收集至炉后的机组排水槽，再用泵送回原水池作为水源用水；汽机房内的工业服务水经管收集至工业水回用井，再用泵输送回原水池作为水源用水。将滤池反冲洗水的排水泵回澄清池澄清后作为水源用水。厂外水力出灰的灰水，经灰场澄清后，泵回重复利用。

⑨ 废水回收利用：火力发电厂用水、耗水量最大的部分是湿式循环冷却系统，可将冷却塔的排污水收集后进行适当的处理，并将其它工业废水或生活污水处理后回用为冷却塔循环水的补充水，可取得显著的效果，是火力发电厂耗水定额指标下降的主要原因。

在火力发电企业的运行过程中，冷却塔的排污水占全部废水的比重最大，可以将其继续回收部分用作脱硫区的用水，替换原设计取用新鲜水部分。冷却塔排污水用于冲灰、冲洗和喷洒，已得到广泛的应用。

为减少低污染水的直接排放损失，提高水的回用率，从电厂灰渣水、消防水池溢水、部分取样水、射水池溢水等回收或循环使用，水质较好的经处理后作为冷却塔循环水补充水源，返回到下一级循环水系统再利用。目前，已普遍将水质较差的工业废水，如含油污水、化学中和池排水、生活污水等处理后，用于调湿灰用水、冲灰煤场喷淋用水等。

⑩ 利用非常规水源：针对火力发电生产过程的用水量大、水质要求低的特点，可利用非常规水源，如海水、矿井水、生活废水等，从而节约大量新水。

4.5.2 集成效果预测

以装机容量为2台1000MW的某火力发电厂为例，采取上述节水集成技术后，各用水量如表4-5所示。

表4-5 采用集成技术后的补给水量表

m^3/h

序号	用水项目		用水量		排水量		耗水量	备注
			新水量	回用水量	至下级工艺	至厂外		
1	间接冷却水	冷凝器及开式冷却水		206784	206784			
2		冷却塔蒸发损失	2741				2741	
3		冷却塔风吹损失	121				121	
4		冷却塔排污损失	745	150	648	247		回收用于冲灰
		小　计	3607	206934	207432	247	2862	
5	工艺用水	循环水泵冷却水	150		150			
6		机组排水槽冷却水	30				30	
7		化学用水	20				20	
8		制氢站用水	18				18	
9		灰浆泵等轴封水	65		50		15	至回用水池
10		除尘器用水	50				50	
11		主厂房服务用水	42				42	
12		脱硝区用水	12				12	
13		脱硫区用水		120			120	
14		调湿灰用水		227			227	
15		捞渣机补水		110			110	
16		缓冲水池补水		40			40	
17		调湿灰水		25			25	
18		脱硫用水		150			150	
19		未预见水量		16			16	
20		煤场喷淋、栈桥冲洗		100	40		60	
21		污泥浓缩水	10	290	290		10	
22		化学水	190		190			至回用水池
23		精处理再生废水		10			10	
24		弱酸处理	50				50	
		小　计	637	1088	720		1005	
25	锅炉用水	锅炉补给水及闭式冷却水		140	10		130	
合　计			4244	208162	208162	247	3997	
			212406					

(1) 锅炉用水

锅炉用水量取决于生产能力。对于一定的生产能力，所需的锅炉用水量基本不变，仅存在由蒸汽泄漏所造成的损失。该火力发电厂在集成前所需的锅炉补给水及闭式冷却水的用量为140m³/h，对冷却水进行回收改造后，回收利用10m³/h，实际用水量为130m³/h，折算产品单耗为0.065m³/(kW·h)。

(2) 间接冷却水

由于间接冷却水在使用前后仅有温度的升高，其他水质没有任何变化，因此对于间接冷却水，采用循环系统实现循环利用。该火力发电厂生产系统需要的间接冷却用水量为210541m³/h，将其中的大部分水(206634m³/h)在使用后全部回收进入冷却塔进行冷却处理后循环利用，仅需对损失的水量进行补充(间接冷却补充水量为3757m³/h，包括蒸发损失2741m³/h、风吹损失121m³/h、冷却塔排污损失895m³/h)。

将冷却塔的排污水处理后实现部分回用(150m³/h)，另一部分(648m³/h)进入下级工艺串联使用，实际外排量为247m³/h，可实现节水745m³/h。系统的实际耗水量为2862m³/h，产品单耗为1.43L/(kW·h)。

(3) 工艺用水

该火力发电厂对用水系统进行改造，将循环水泵的冷却用水150m³/h全部实现回收；脱硫区用水120m³/h、调湿灰用水227m³/h、捞渣机补水110m³/h、缓冲水池补水40m³/h、调湿灰水25m³/h、脱硫用水150m³/h等全部回用；在煤场喷淋、栈桥冲洗消耗的100m³/h水中，回收40m³/h，实际消耗60m³/h；对灰浆泵等所需的轴封水65m³/h，回收50m³/h，实际消耗15m³/h。仅有机组排水槽所需的冷却水30m³/h、制氢站所需的水18m³/h、除尘器用水50m³/h、主厂房服务用水42m³/h、脱硝区用水12m³/h等需补充新鲜水，所需补充的新水量为637m³/h，折算产品单耗为0.32m³/(kW·h)。与改造前相比，可节水1088m³/h，取得了明显的节水效果。

以上三项累计，改造后的产品单耗为1.815L/(kW·h)。

4.5.3 用水指标合理性分析

火力发电厂在生产过程中的需水量较大，加强水务管理，节约用水不仅具有很大的经济效益，而且具有重要的社会和环境效益。根据中华人民共和国电力行业标准《火力发电厂节水导则》(DL/T 783—2001)条款，火力发电厂节约用水的整体水平一般采用全厂发电水耗率和全厂复用率等指标进行评价。

(1) 设计用水指标分析

1) 机组设计发电水耗率

设计新水消耗量3997m³/h，机组设计额定总发电装机容量为2GW。设计发电水耗率为：

$$b_s = \frac{Q_{X,S}}{N} = \frac{4244 - 247}{2 \times 3600} = 0.56\text{m}^3/(\text{s} \cdot \text{GW})$$

工程设计全厂发电水耗率为0.56m³/(s·GW)。与"单机容量为600MW及以上新建或扩建凝汽式电厂，采用淡水循环供水系统，设计全厂发电水耗率不应超过0.60m³/(s·GW)"的指标相比，满足其规定的指标水平。

2）重复利用率

$$R = 208162/212406 \times 100\% = 98.0\%$$

生产用水系统的重复利用率达到了98.0%，与“单机容量为125MW及以上新建或扩建凝汽式电厂，全厂复用水率不宜低于95%”的指标相比，高于其规定的指标水平。

3）间接冷却水循环率

$$r_c = 206934/210541 \times 100\% = 98.3\%$$

间接冷却水的循环率高达98.3%，高于我国一类城市“冷却水循环利用率2010年达到95%～97%”的指标要求。

4）新水利用率

$$K_f = 3997/4244 \times 100\% = 94.2\%$$

新水利用率为92.4%，处于较高水平。

5）单位产品新水量

设计年取用水量2334.2万m^3。单位产品新水量为：

$$V_{uf} = \frac{2334.2 \times 10^4}{110\text{亿 kW} \cdot \text{h}} = 21.2\text{m}^3/\text{万 kW} \cdot \text{h}$$

根据江苏省水利厅和质量技术监督局发布的《江苏省工业和城市生活用水定额》中电力生产业用水定额，火力发电厂的用水指标为66.0m^3/万kW·h，该火力发电厂的取水量大大低于火力发电厂的用水定额，因此，其用水量是合理的。

（2）其他指标

该火力发电厂冷却塔的蒸发损失水量为2741m^3/h，蒸发损失率为1.3%，尚未达到二次循环冷却塔一般为1.2%的要求。为此，需对冷却塔进一步进行改造，积极研发和引进新型冷却塔，使蒸发损失率降低。风吹损失水量为121m^3/h，风吹损失率约为0.06%，低于有收水器的风吹损失率0.2%的规定要求，且已达到好的收水器的风吹损失率0.1%的标准。循环水排水损失量为247m^3/h，循环水排水损失率约为0.12%，低于循环水排水损失率1.0%的规定要求。

4.5.4 火力发电的发展趋势

为了进一步节约用水，减少火力发电生产过程中水的消耗，火力发电的发展趋势应为：

（1）提高发电效率

提高机组的发电效率意味着减少了能源和资源的消耗量。目前火力发电厂采取的措施主要有以下几个方面：

提高蒸汽初参数：提高蒸汽初参数是改善朗肯循环的重要因素，因此发展超临界机组是提高能源利用率现实可行的选择。常规火力发电厂的发电效率仅为32%～35%，但理论研究表明，采用亚临界发电系统，其发电效率可达38%；采用超临界发电系统，发电效率可达40%～42%；如果采用超超临界发电系统(USC)，发电效率则可能达到50%～55%。另外超临界机组具有很好的负荷适应性，容易实现部门负荷的滑压运行。

蒸汽燃气联合循环(Repowering)：一种方式是利用燃气轮机的高温排气加热锅炉给水，

锅炉保持常规形式，可使常规火力发电厂的热效率提高 6% ~8%，功率增加 70%，并且负荷适应性好。另一种方式是把在中低温区工作的蒸汽轮机的朗肯(Rankine)循环和在高温区工作的燃气轮机的布雷登(Brayton)循环叠置，组成总能利用系统，使火力发电厂的发电效率达到 40%。燃气蒸汽联合循环既可用于新建电厂，也可用于旧电厂的改造，具有较好的经济性，即便在几十年后，也仍是火力发电可选择的技术措施之一。

(2) 采用先进的发电技术

采用先进的燃煤发电技术，如增压流化床联合循环(PFBC/C)和整体煤气化蒸汽联合循环(IGCC)，火力发电厂的发电效率可达 42% 以上。随着蒸汽参数的改善和燃气轮机入口温度的提高，采用 PFBC/C 技术的火力发电厂机组的热效率可由目前的 50% 提高到 53%。

整体煤气化联合循环(IGCC – Integrated Gasification Combined Cycle)发电技术是通过将煤气化生成燃料气，首先由燃料气直接驱动燃气轮机发电，再使燃气轮机发电后的尾气通过余热锅炉生产蒸汽，然后用此蒸汽驱动汽轮机发电，从而使燃气发电与蒸汽发电联合起来，可使火力发电厂的发电效率达 45% 以上，预计今后可达 50%。若采用天然气进行燃气轮机循环，其发电效率可达 52% ~58%。

整体煤气化 – 燃料电池联合循环(MCFC)的最大优点是不用贵金属，可使用一氧化碳作为燃料，其发电效率比 IGCC 高，达 45% ~53%，预计可达 60%。若用天然气重整(SRM)与 MCFC 联合，其发电效率高达 60% ~70%。

为了提高火力发电厂的发电效率，目前已开发的先进发电技术还包括多联产系统、热 – 电换能器(AMTEC)、磁流体发电(MHD)及高温气冷堆 – 氦气轮机(HIGR – GT)。

多联产是能源领域实现降低能耗、物耗的重要方向。目前已有的联产系统包括：以甲烷作为燃料的冷、热、电联产，以生物质作为燃料的冷、热、电联产，以煤作为燃料的冷、热、电联产，以生产化工产品为目标的化工产品与冷、热、电联产等。

热 – 电换能器是一种新型的非旋转发电设备，利用碱金属制作热 – 电换能器，可以实现将热能转化为电能的目的，其发电效率为 43% ~45%。若将其与汽轮机和燃气轮机联合，其发电效率将提高 10%，可与燃料电池媲美。

磁流体发电(MHD)是另一种将热能转化为电能的先进发电技术，其发电效率可达 50% ~60%。高温气冷堆 – 氦气轮机的发电效率为 48%。

(3) 新能源的开发

核能发电：核能发电是将核能转化为热能而实现发电的，与目前采用的汽轮机发电相比，由于生产过程中无需烧煤，整个系统密闭运行，所以可省去除尘、出渣、冲灰等工艺用水，因此是节水型工艺。

无水发电工艺：利用自然风能、太阳能发电是节水与节能的最佳方式，高山、大草原、大沙漠的风力发电潜力最大，同时永磁材料的发展为优化发电机结构带来了很大的方便。

新能源发电技术：积极开发包括海洋能发电和地热能发电等的可再生能源发电技术，减少火电在能源消费结构中所占的比重，对电力行业节约用水具有重要的意义。

4.6　火力发电废水的“零排放”

火力发电厂的废水“零排放”工艺是美国、加拿大于 20 世纪 70 年代提出的。所谓“零排放”是指不向外界排出对环境有任何不良影响的水，进入电厂的水以蒸汽的形式进入大气中，或是以污泥等适当的形式封闭、填埋处理。实现废水“零排放”，火电厂必将实现最大程度的节水，同时最大限度的保护水环境，最终实现电厂经济效益和社会效益的全面改善。

火力发电厂实现废水“零排放”是节水的最佳途径。目前，“零排放”工艺已基本成熟，许多发达国家在引进该工艺的基础上，根据本国的具体情况，充分利用当今的新技术、新设备，真正做了火力发电厂用水的闭路循环，确保废水“零排放”。在中国范围内，火力发电厂的废水“零排放”启动较晚，但由于火力发电厂废水“零排放”项目具有巨大的经济、环境和社会效益，一些火力发电厂正在陆续开展此项工作。

4.6.1 火力发电厂废水“零排放”的技术措施

从技术上讲，火力发电厂实施废水“零排放”有多种方案，但其核心都是根据产生废水的种类分类收集，进行分质、分类处理和综合处理。虽然可将火力发电厂的废水进行集中处理后再用，但由于火力发电厂废水的水量大，水质差别大，同时许多污染物的含量极低，因此处理难度大，从经济角度考虑是不可行的。而将各系统产生的废水分别进行处理和回收利用，在生产过程中减少用水和排水，不仅在技术上可行，经济上也可以承受。火力发电厂废水“零排放”的实现必须采用有效、可行的措施；依据火力发电厂各用水系统的现状，对火力发电厂水系统的水量平衡进行分析，做出总体规划；使水在各用水系统之间梯度循序使用，将多余废水处理后回用，或水在单个水系统中自身闭路循环使用，从而达到废水“零排放”的目的。

（1）水系统的水量平衡分析，总体规划

火力发电厂内存在着各种用水系统，各用水点的用水量及其对水质的要求不尽相同。准确的水量平衡是实现火力发电厂废水“零排放”的关键，必须把全厂的用水看作一个整体，统筹规划全厂的取排水水量、水质，协调好各用水系统的用水分配，做好水量平衡，优化各用水系统的关系，根据各用水点对水质、水量要求，为废水处理后的回用找到归宿，减少系统的补给水量，最终达到节约用水、废水“零排放”的目的。

（2）梯度循序使用

火力发电厂的用水系统繁多、复杂，对水质、水量的要求也各不相同。采用梯度循序使用可充分利用水资源，节省火力发电厂的运行成本，降低环境污染负荷。如辅机冷却水和循环冷却水的排水水质相对较好，仅 TDS 浓度较高，可将其充分用于水质要求相对较低的脱硫工艺用水等，脱硫废水经处理后可再用于除灰、煤场用水等。

（3）闭路循环使用

清污分流是用水单位常采用的手段，污染较重的废水不宜与轻污染水混合处理，以减轻废水处理的难度和降低处理成本。例如，由于除灰废水和煤场废水所含的污染物种类繁多，污染较重，处理后回用于其他水系统不经济。一般经济措施是将除灰废水和煤场废水经简单处理后，闭路自身循环使用。

（4）处理后回用

火力发电厂循环冷却水的排水量一般较大，但其他用水系统如脱硫用水、除灰煤场用水等水系统的用水量有限，不能全部采纳循环冷却排污水。为达到火力发电厂废水“零排放”的目的，就必须将多余的循环冷却排污水经处理后回用。一般将多余的循环冷却排污水经膜处理后自身回用或回用作锅炉补给水。

4.6.2　确保火力发电厂废水“零排放”的有效方法

火力发电厂的废水“零排放”是一个复杂的系统工程，必须统筹规划，完善水系统的水量平衡，采用水资源梯度循序使用、自身循环使用及处理后回用等措施，兼顾治水、管水、节水，以确保火力发电厂废水“零排放”的实现。

（1）加强水务管理

火力发电厂废水“零排放”的设计建设是短期的过程，而运行管理才是长久之事。火力发电厂废水“零排放”的实施离不开强有力的管理措施，必须加强水务管理。水务管理的目的在于：“在满足电厂安全运行的前提下，按照各工艺系统用水量及对水质的要求，结合水源条件，合理选择水源和供水系统；根据各排水点和水量水质与环保要求，合理确定各排水系统及废水处理方案；通过行之有效的技术措施，对电厂各车间各设备的用排水量进行平衡及重复使用，并监测和控制运行中的排水量和排水水质，以最小的投资获得最大的节能效益，从而达到节约用水和保护环境的目的。”

（2）提倡节约用水

火力发电厂实现节约用水将减少电厂的取水量和废水排放量，更有利于火力发电厂废水“零排放”目标的实现。火力发电厂的循环冷却排污水占电厂总废水量的比例最大，直接影响电厂废水“零排放”项目的顺利实施。而浓缩倍率直接决定循环冷却水系统的补水量和排水量，电厂减少耗水量和废水量的关键是提高循环水的浓缩倍率。以 2×600MW 机组的循环冷却系统为例，当浓缩倍率为 2 时，其补充水量和排污水量分别为 3592t/h 和 1680t/h，而当浓缩倍率提高到 4 时，其补充水量和排污水量分别降为 2394t/h 和 471t/h。因此，如何提高浓缩倍率、减少排污水量，是当前火力发电厂节水治污、废水“零排放”的研究重点。

4.7　超临界水发电技术及其应用

常规火力发电的生产特点决定了其生产过程中需要耗费大量的冷却水，但可从两个主要方面实现节水：一是提高发电效率，一是拓展发电渠道，尽量减少火力发电在一次能源消费中所占的比重。

目前，对先进燃煤发电技术的基本要求是：高效率、低污染、安全可靠、投资及运行费用低等。利用高效超临界锅炉配置发电机组是现有过热蒸汽机组火力发电技术的发展方向，已引起国内外广大学者的高度重视，高效超临界锅炉发电技术则是在技术已很成熟的传统燃煤发电技术基础上进一步改善发展起来的。近年来，超临界水发电技术已广泛应用于电力行业，超临界发电及超超临界发电以其高效、节能、环保的特点逐步取代了低效率、高耗能的中低压火力发电技术。

根据使用介质的不同，超临界水发电技术可分为超临界净水发电和超临界水氧化发电。

4.7.1　超临界净水发电技术

超临界净水发电技术是利用处理后的净水，在超临界锅炉中加热加压至超临界状态后输入超临界汽轮机实现发电的技术。

（1）超临界锅炉技术原理

水在自然循环锅炉中，当加热时开始蒸发，在饱和温度下，水和蒸汽作为两相流体，由于存在巨大的密度差，导致锅炉中的水在循环回路中不断流动，使受热的炉体得到了水的冷却，从而保证锅炉的安全工作。但随着锅炉中压力的升高，饱和蒸汽和饱和水的密度差逐渐减小，因而循环回路的流动压力差减少，循环倍率相应降低。一般中压锅炉的循环倍率为20～30，而亚临界压力锅炉的循环倍率只有4～6。因此，对于亚临界压力锅炉，为了提高湍流强度，增强传质效果，常将内管加工成螺纹状，也防止因气泡积聚造成"壁膜沸腾"。但当锅炉压力达到水的临界压力，同时水温超过水的临界温度时，水和蒸汽的密度完全相同，两相的差别也完全消失，成为超临界流体。液相和气相间的转变是在连续相变中完成的，因此，依靠水和气液混合物的密度差维持锅炉水循环流动的自然循环锅炉不能成立，取而代之的是直流锅炉和复合循环直流锅炉。

一般把在超临界状态下工作的发电机组称为超临界（Supercritical）机组；而把蒸汽压力在28MPa以上和主蒸汽、再热蒸汽温度在580℃及以上的机组定义为高效超临界（High Efficiency Supercritical）机组，通常也称为超超临界（Ultra Supercritical）机组或高参数超临界（Advanced Supercritical）机组。与超临界状态以下的水的特性不同，在压力增高的情况下，特别在临界点附近，水的定压比热容值会有明显的变化。

从热机的效率来看，锅炉产生的水蒸气供给汽轮机做功，根据热力学原理，锅炉的给水温度、过热与再热蒸汽的温度越高，工质（H_2O）在加热过程中的平均温度就越高，因此，热机的效率就越高。同时，凝汽器的真空度越高，工质在放热过程中的平均温度就越低，循环的效率也越高。因此，可通过提高循环蒸汽的初参数和降低循环的终参数提高循环的热效率。除此之外，采用再热循环和回热循环也可以提高循环的热效率。在实际应用中，蒸汽动力装置的发展和进步一直都是以提高热效率为目的的。

提高蒸汽参数并发展大容量机组是提高常规火力发电厂效率及降低单位容量造价最有效的途径。与同容量亚临界火力发电机组的热效率相比，采用超临界参数在理论上可提高效率2.0%～2.5%，采用超超临界参数可提高效率4%～5%。

（2）高效超临界发电案例

最早的超临界锅炉起源于美国，1957年投运第一台125MW超临界试验机组。至今，各国都在大力发展超临界发电技术。

1）中国电力公司三隅1号锅炉

是一台1000MW一次再热变压运行的超临界直流锅炉，使用烟煤作为燃料，锅炉的出口参数为25.4MPa/604℃/604℃。锅炉采用内螺纹管的一次上升垂直水冷壁，额定负荷下的质量流速为1500～2000kg/（m^2·s），水冷壁的工作是安全的，因而与螺旋管水冷壁相比减小了水冷壁的阻力损失，降低了给水泵的功耗。炉膛为八角切向燃烧单炉膛结构，炉膛中央不设双面水冷壁，炉内形成旋转方向相反的双切向火焰，燃烧器从四角布置改为布置在炉壁上，有利于保护炉膛水冷壁出口、工质分布更加均匀和提高着火区域的热辐射强度。

在燃烧方面，为实现低NO_x和高的燃烬率，组合采用了A－PM型燃烧器，炉内脱氮A－MACT燃烧方向和高纫度强H型磨煤机，使烟气中的NO_x密度可以降低，飞灰可燃物也大大降低。为了进一步降低排烟中NO_x的含量，在省煤器出口还设置了选择性催化还原装置，灰中未燃碳的含量在3%以下，排烟脱硫则采用湿式脱硫法，脱硫率达90%。

由于采用过热和再热蒸汽，过热器和再热器的高温部分使用了25Cr(S310沈阳)，主蒸汽管和再热器管使用了改进的9Cr钢(SDpd8)，确保了过热器、再热器运行的可靠性并获得显著的经济效益。过热气温的调整采用控制煤水比和二级喷水，再热气温则采用挡板调温和烟气再循环来控制，以提高煤种的适应性和负荷的变化率，过热蒸汽和再热蒸汽的温度能在50%～100%的负荷范围内保持额定值，负荷的变化率在正常工况下为每分钟3%～5%。

2）尼德劳森电站1000MW褐煤锅炉

该炉是世界上最大容量的褐煤锅炉，毛输出功率为1012MW，净输出功率为900MW，锅炉出口蒸汽的参数为27.5MPa/580℃/600℃，锅炉的效率为94.4%。锅炉呈塔式布置，下炉膛布置螺旋管圈，上炉膛设置垂直管屏水冷壁。采用单炉膛切圆燃烧方式，风扇磨直吹式制粉系统，燃烧器沿炉膛四墙八角布置。应用低NO_x燃烧系统。燃用褐煤时，锅炉出口的NO_x含量可低于200mg/m^3。对于所采用的蒸汽参数，水冷壁管材仍可采用一种奥氏体低合金钢制造，而过热器、再热器热段必须采用含有17%Cr和12%Ni的一种奥氏体钢制造，主蒸汽管道采用改进的9%～12%Cr钢E911，与P91相比，其壁厚可从100mm减薄至75mm。

为了进一步提高热效率，在锅炉出口与空气预热器平行布置了热回收装置，对给水予以加热。另一个措施是减少再热器中的喷水量，采用三流体(气－汽－汽)热交换器。再热蒸汽流经套管的环形空间，过热蒸汽流经内管。在稳定的条件下，可将再热器的喷水量降至零。

3）丹麦Vestkraft电厂3号炉

该机组代表了目前超临界技术的较高水平。该机组于1992年7月1日投产，机组的发电效率在凝汽运行时达45.3%。该机组按100%燃油和100%燃煤设计，在全供热运行时的效率可达到90%。锅炉为苏尔寿直流锅炉，塔式布置，直流燃烧器分6层布置，切圆燃烧，锅炉配备3台BRD4760型双进双出钢球筒型磨煤机，磨煤机的设计出力可保证在燃烧设计煤种时只投两台磨煤机即可带锅炉满负荷运行，另外一台磨煤机备用，仅在燃烧质量较差时3台磨煤机运行，两端煤粉出口各装一台固定式粗粉分离器，向锅炉一层燃烧器供粉，同时配有20支油燃烧器，分5层布置。锅炉采用改变燃烧器的摆角来控制再热蒸汽的温度，当锅炉负荷降至40%时，再热蒸汽的温度仍能维持在560℃左右，炉膛水冷壁为164根平行管上升环绕，炉膛断面约为13m×12m，高约35m，回转式空气预热器为三分仓容壳式，满负荷运行时可将烟气冷却至104℃，当燃煤的含硫量高于1.4%时，需投入蒸汽暖风器以提高排烟温度，避免烟气系统的低温腐蚀。

4）日本碧南火电厂1号炉

该机组投产于1992年，负荷为700MW，配套锅炉为日本三菱公司制造的超临界变压运行燃烧直流炉。为防止隔墙结渣并使结构简单化，锅炉为中间无隔墙的八角单炉膛，水冷壁上升管采用内螺纹管，每层8个燃烧器，左、右炉膛各布置4个燃烧器，分别在炉内形成正反两个切圆。锅炉采用6台MPS磨煤机(其中1台备用)、直吹式制粉系统及与之配套的PM燃烧器，还有先进的MACT(炉内脱氮内)等方法，可降低出口烟气中NO_x的含量和飞灰可燃物。再热蒸汽温度的调节是通过调整安装在尾部烟道出口的烟气挡板开度和烟气再循环来实现的，过热蒸汽的温度由煤水比进行粗调，辅之以三级过热器喷水减温器进行细调，以提高煤种的适应性和负荷变化率。另外还有自动吹灰控制、磨煤机台数控制、煤发热量修正控制等锅炉总体控制装置。满负荷运行时，锅炉的飞灰可燃物最低可达1.16%，就机组负荷特性而言，在伴随磨煤机启动、停止而大范围变化负荷的试验中，均取得了较好的效果。

5）伊敏发电厂1号、2号炉

伊敏发电厂1号、2号500MW火电机组由俄国波多尔斯克锅炉厂制造的锅炉与列宁格勒金属工厂制造的K－500－240型汽轮机配套。汽轮机为一次再热，单轴4缸4排凝汽式，最大功率为525MW，进出汽压力分别为23.1MPa/3.51MPa，进气温度为540℃，1号机组于1999年5月投产。锅炉为垂直上升往复直流锅炉，T形布置，单炉膛，炉膛的横断面为18.472m^2的方形断面，通过金属结构件吊挂在标高为97m的大板梁上，炉膛水平连接的烟道和对流竖井是由整体焊接而成的膜式壁构成，形成一个气密的箱体，锅炉最高标高为102.5m。

锅炉汽水系统由两条平行不相混的、具有独立控制系统的流程构成。一个流程位于左半炉膛、中心线布置于右侧。锅炉配备4台直径为10m的回转式空气预热器，8台风扇磨煤机为直吹式制粉系统，每台磨煤机供4个燃烧器工作，燃烧器分4层，每层8个燃烧器，共32个燃烧器，组织切圆燃烧，其中，锅炉前、后、左、右墙各布置两个燃烧器，但在炉内形成一个切圆。

6）上海石洞第二发电厂1号、2号炉

该电厂1号机组投产于1991年10月，2号机组投产于1992年11月，机组负荷为600MW。锅炉系CE－SOLZZER公司制造，额定蒸发量为1900t/h，主蒸汽温度为541℃，主蒸汽压力为25.3MPa，再热蒸汽流量为1613t/h，再热蒸汽温度为559℃，再热蒸汽压力为4.47MPa，给水压力为29.4MPa，给水温度为286℃，排烟温度为130℃，炉膛的容积热强度为127000W/m^3，炉膛的截面热强度为4800000W/m^2，锅炉的效率为92.35%。直流锅炉的螺旋管圈盘绕圈数为1.74圈，螺旋管选用管径为ϕ38.0mm×5.6mm的低合金耐热钢，最高工作温度为560℃，当MCR（锅炉最大连续蒸发量）负荷时，水冷壁管内的质量流速为2800kg/（m^2·s）。再热器系统采用一次中间再热，由低温再热器和高温末级再热器组成，两级之间进行一次左右交叉。低温再热器进口集箱上装有事故喷水减温器。非沸腾式省煤器蛇形垂直于前墙，顺列、逆流布置。设计燃用神木石讫台烟煤，并以晋北煤作为校核煤种，配备6台HP943型碗式中速磨，正压直吹式制粉系统，锅炉采用四角切圆摆动式直流燃烧，每角6只燃烧器，计24只燃烧器，在炉膛中心形成两个假想切圆，直径分别为1.5m和1.7m，切圆逆时针方向旋转。过热蒸汽的温度由煤水比进行粗调，辅以两级喷水减温进行细调。多层燃烧器的不同组合运行也可作为调节过热气温的一种手段。再热气温的调节主要靠改变摆动式燃烧器的摆角来实现，作为事故情况下保护再热器的事故喷水装置也可用作备用减温器。

4.7.2 超临界水氧化法热能利用及发电技术

超临界水氧化发电是利用超临界水氧化（SCWO，Supercritical Water Oxidation）技术处理高浓度有机废水在处理过程中产生的超临界水蒸气用于发电的技术，亦称超临界污水发电技术。

（1）超临界水氧化的反应热

在超临界水氧化过程中，有机物氧化所产生的反应热值的大小取决于有机物的组成和含量。有机物的含量越高，其反应热值就越大，当反应过程中产生的热值超过或等于反应所需的热值时，就可以不需外界供热，由反应热来维持。因此，超临界水氧化法与传统的污水处理方法有本质的不同：采用传统的方法处理废水时，往往希望废水中有机物的浓度越低越好，而超临界水氧化法则希望有机物的浓度越高越好，有机物浓度越高，其反应热值就越大，一般适用于高有机物浓度（以 COD 表示，为 100000 ~ 300000mg/L）的废水。

有机物在超临界水氧化过程中，C、H 元素被氧化成 CO_2 和水，S 被氧化成为硫酸盐，N 元素往往生成 N_2，氧元素作为助燃剂，在超临界水氧化反应过程中将被去除。根据废水中有机物的含量，按照杜隆公式可估算出有机物完全氧化时放出的热值。

$$\Delta H_T = 337.4C + 603.3\left(H - \frac{O}{8}\right) + 95.1S\ (\text{kJ/kg})$$

式中，C、H、O、S 分别为各元素的百分数。

利用上式进行计算的热值尽管与实测值存在一定的差别，但用 COD（化学耗氧量）为基准单位时反映的热值却相当接近，即每克 COD 的平均热值为 14.8kJ，大多数 COD 的热值与此平均值的相应误差都在 10% 以下（工程允许范围内）。而一般煤炭的热值在 15 ~ 30kJ/g。由此可见，废水中有机物的热值处于低质煤的当量，可以作为燃料进行利用，或混合煤粉配成水溶液进行超临界水氧化反应。利用超临界水氧化处理废水的热能进行发电的流程如图 4－2所示。

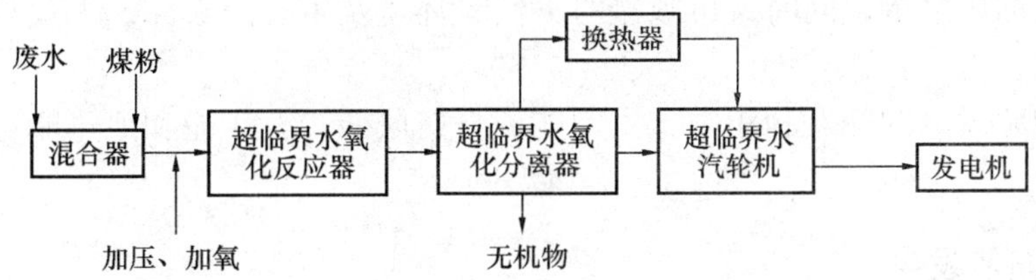

图 4－2　超临界水氧化热能发电流程

（2）超临界水氧化污水发电的开发和利用

近年来，在欧、美、日等发达国家，超临界水氧化技术取得了很大的进展，出现了不少中试工厂以及商业性的 SCWO 装置。1995 年美国 Austin 建成了一座商业性的 SCWO 装置，处理高浓度工业废水，COD 的去除率达 99.997%。同时处理后产生的高压蒸汽被用于发电供应设备的运转，余热也用于工业供热。日本和德国也相继建立起中试工厂和商业化装置，并且处理污水量越来越大，有效能源的利用率也越来越高。在日本，由政府专门资助成立了“超临界水发电研究应用中心”，并已推广实施超临界污水发电技术。在美国的哈林根市，污水处理厂建成的超临界水氧化法处理污泥的工业化装置已投入商业运行，其处理污泥量折合干污泥为 9.8t/d，该 SCWO 装置的下一步目标就是利用超临界水氧化过程产生的蒸汽发电。

在我国，超临界水氧化技术自 1995 年开始研究后，进行了包括苯酚、含硫、含油、农药、石化、造纸、印染等废水的处理试验。南京工业大学利用自行开发设计的连续式 SCWO 装置对催化废水、印染废水、造纸黑液、碱碴废水等进行了试验，COD 的去除率均大于 99.9%。近年来国内开始出现中试装置，同时正在开发超临界水氧化处理后的热能利用发电项目。

对于超临界水氧化发电技术，国内外专家一致认为：该技术既可处理高浓度难降解污水，消除环境污染，又可利用污水本身的热能实现发电供暖，具有较好的社会效益和经济效益，是今后发电领域中的一个重要方向。

污水发电和净水发电的不同特点在于：污水发电的燃料为废水中的有机物，而净水发电的燃料为煤、油及燃气，前者的成本相对于煤来说是极低的，同时 SCWO 处理有机物过程中的最终产物为 CO_2、N_2 和 H_2O，无任何有害物质，而净水发电则最终产生 NO_x 和 SO_2 等污染物，还需二次处理。因此，每天产生的大量工业有机废水和城市生活废水均可为超临界污水发电提供大量燃料，而且发电的过程也是环境净化的过程，因此超临界污水发电是一项具有绿色应用前景的发电技术。

4.8 可再生能源发电技术

随着工业化的发展和人口的快速增长，人们对能源的需求越来越大，而煤炭、石油、天然气等能源的大量开发和使用，造成的大气、环境污染及生态破坏，已严重危害了人类的生存环境和人们的身体健康。虽然与常规的火力发电相比，采用超临界流体发电技术可通过提高发电效率而大大减少水的消耗量，对于缓解水资源的紧缺矛盾起着重要的作用，但开发和利用无污染又不破坏生态的可再生能源发电技术，减少火力发电在一次能源消费中所占的比重，降低工业发展对煤炭、石油、天然气等化石能源的依赖度，既能进一步减少以火力发电为主的电力工业的用水量，同时又可减轻对大气、环境及生态的破坏，无疑具有重大的社会意义和经济效益。

在可再生能源发电的开发利用中，太阳能、自然风能、海洋能和地热能等的发电是目前研究最多的。

4.8.1 太阳能发电

太阳能是世界上最丰富的一种能源，太阳能作为一种可再生的新能源，具有清洁、环保、持续、长久的优势，越来越受到世人的强烈关注。太阳能发电主要包括太阳能热发电与太阳能光伏发电。太阳能热发电是利用集热器将太阳辐射能转换成热能并通过热力循环进行发电。光伏发电是通过太阳能电池直接将光能变成电能。目前应用较多的是太阳能热发电。

太阳能热发电主要分为塔式、槽式、碟式、太阳能池和太阳能塔热气流发电五种类型。前三种太阳能热发电系统属于聚光型，后两种属非聚光型。发达国家将太阳能热发电技术作为研发重点，已建立了各种类型的太阳能热发电示范电站，并达到并网发电的实际应用水平。

（1）塔式太阳能热发电

又称为高温太阳能热发电，是采用大量的（几十个或几百个）定向反射镜（定日镜）将太阳光聚集到一个装在类似塔状的高型建筑物（其高度可以从几十米到上百米）顶端的中央热交换器（接受器）上，通过能量转换把热量传递给热传导工质，由蒸汽发生器产生蒸汽带动蒸汽涡轮发电机产生电能，利用冷却塔进行冷却，进入接受器进行循环发电。

（2）槽形抛物面太阳能热发电

采用大面积单轴槽式太阳能追踪采光板，通过对太阳光的聚集，把太阳光聚集到安装在抛物面形反光镜焦点上的线形接收器中，通过加热流过接收器的热传导工质，使热传导工质汽化，同时在热转换设备中产生高压、过热的蒸汽，并将其送入常规蒸汽涡轮发电机内进行发电。槽形抛物面太阳能发电站的功率为 10～1000MW，是目前所有太阳能热发电站中功率最大的。

(3) 碟式太阳能热发电

利用双轴跟踪技术，采用一组反光镜聚集太阳光，通过接受器进行有效的热转变，再利用普通发电机发电。碟式发电系统具有高效率、多功能、可与化石燃料混合发电等特点。高效率来自于它的低成本和高能量密度。

4.8.2　风力发电

风是由于太阳照射到地球时地球表面各处受热不同产生温差所引起的大气运动而形成的。到达地球的太阳能约有 2% 转化为风能，据估计，全球风能的储量约为 2.74×10^9MW，其中可开发利用量约为 2×10^7MW，比全球可开发利用的水能总量还要大 10 倍。

风力发电是目前使用最多的形式，其发展趋势为：一是功率由小变大，陆上使用的单机最大发电量已达到 2MW；二是由一户一台扩大到联网供电；三是由单一风电发展到多能互补，即“风力 - 光伏”互补和“风力机 - 柴油机”互补。

风力发电呈现出如下趋势：装机容量和发电量不断增加；风电机组型式多元化；关键部件技术不断进步；风电场技术日益发展；风电开发由陆基向海基发展；风能应用技术不断扩充；恶劣气候环境下的风电机组可靠性得到重视；公共技术服务平台逐步完善。今后，风电的发展方向为：

(1) 多兆瓦级风电机组设计和制造技术

随着风电市场需求的增加，风电机组功率已从兆瓦级向多兆瓦级发展。多兆瓦级风电机组一般是指 3MW 级以上的风电机组，主要考虑用于海上风电场。与兆瓦级风电机组相比，其尺寸、重量和高度的变化不仅表现在量的方面，也表现在质的方面，因此，在风电机组设计和制造技术方面都有一些新的发展。

(2) 风电并网技术

并网发电是风能利用的主要形式，保证风电场向电网输电的电能品质是电网稳定安全运行的需要，也是风能持续发展的重要条件。

(3) 风能与其他能源互补发电系统

由于自然风所具有的随机性、波动性以及不可控性，使得风电的出力波动极大。当风电的容量占到电网总容量一定比例时，这种波动对电网的频率与电压稳定性会造成不良的影响。为了能够消除由于风电大规模开发所带来的对电网稳定性的不良影响，国内外提出了多种能源互补发电系统，如风电—水电互补发电系统，风电—太阳能互补发电系统，风电—柴油机互补发电系统，风能储能系统。

1) 风水互补发电系统

指的是风力发电系统与水力发电系统的有机结合与调度，当风电场对电网的出力随机波动时，水电站可快速调节发电机的出力，对风电场的出力进行补偿。另外，在资源分布上有天然的时间互补性。

2) 风柴互补发电系统

指的是利用柴油发电机和风力发电机组成的互补发电系统，主要是用于解决孤立岛屿与村落的供电。由于风柴互补发电系统主要是解决边远地区，如孤立岛屿与村落的供电，而且柴油发电机的单机容量都很小(常为几十千瓦级)，效率比较低，发电成本较高，一般只能用于独立的小电网或孤立的电网中，很少应用于并网发电。因此，风柴互补发电系统很难用于风能的大规模开发利用。

3）风光互补发电系统

是一种多能互补的发电方式。但由于太阳能和风能一样具有不稳定、不连续的缺点，并网发电时也会产生与当前风电发展相似的一系列问题。另外，太阳能的能量密度较低，因此太阳能电站同样需要占用大片的土地。同时，现阶段太阳能发电的成本还非常的高，所以很难进行大规模的开发。

4）风能储能系统

风力发电的运行维护成本占整个成本的比例极低，没有燃料的消耗，而这部分是化石燃料电厂成本的很大一部分。风力发电的成本与机组的运行时间成反比，特别是当大型风电场到晚上时，机组随这时风速的加大而急剧加大，正是提高机组出力的最好时机，而这时的负荷需求反而减少，这给风能储能系统发挥作用提供了空间。通过合理的设计与调度，能够给风电场的稳定运行以及提高整个系统的经济性提供保障，从另一方面也更能促进风能的大规模开发，进一步降低成本。因此，在考虑风能与其他各种能源组成互补系统之外，国内外也进行了一些风能储能系统方面的研究工作，包括抽水储能、压缩空气储能、化学储能等。

4.8.3　海洋能发电

海洋能通常是指海洋本身所蕴藏的能量，它的形态很多，包括潮汐能、波浪能、海流能、温差能、盐差能和化学能，但不包括海底或海底下储存的煤、石油、天然气等化石能源和“可燃冰”，也不包含溶解于海水中的铀、钽等化学能源。

海洋能有如下特点：①可再生性，由于海水潮汐、海流和波浪等运动周而复始，永不休止，所以海洋能是可再生能源；②属于一种洁净能源；③能量多变，具有不稳定性，运用起来比较困难；④总量巨大，但分布分散、不均，能流密度低，利用效率不高，经济性较差。

海洋总面积有 3.61 亿 km^2，约占全球总面积的 71%，海洋储水量约为全球总水量的 97%，太阳恩赐给地球的热能大部分都被海水吸收和储存，因此，海洋是最大的太阳能收集器，海水中的海洋能蕴藏量也就十分巨大。据计算，全世界海洋能的理论可再生量超过 760 亿 kW，其中，温差能约为 400 亿 kW，盐差能约 300 亿 kW，潮汐能大于 30 亿 kW，波浪能约 30 亿 kW。仅 6000 万 km^2 的热带海洋一天也能吸收相当于 2500 亿桶石油热量的太阳辐射能，若将其中的 1% 转化为电力，也将有 140 亿 kW 的装机容量。

潮汐能、波浪能、海洋温差能发电技术的开发与利用引起了世界各国的普遍关注。在开发潮汐能、波浪能等海洋能方面，欧洲各国走在了世界前列。

（1）潮汐能发电

潮汐是指海洋水体在太阳、月亮等天体引力的作用下而产生的一种周期性的海水自然涨落现象。海水的垂直涨落运动称为潮汐，海水的水平运动称为潮流。人们通常把潮汐和潮流中所包含的机械能统称为潮汐能。潮汐能发电是利用水的能量使水轮发电机发电。问题是如何利用海潮所形成的水头和潮流量去推动水轮发电机运转。潮汐流量虽然很大，但它的水头很低，所以发电机的转速并不高，因此，用于发电的潮汐必须是幅度足够大（至少要几米高），海岸边地形必须能储蓄大量的海水，并可以进行土建施工的地方。潮汐发电系统主要由水轮发电机组、输配电设备、起吊设备、中央控制室、下层水流通道、闸门、蓄水池等组成。利用潮汐能发电可以采用单水池单向、单水池双向或双水池单向三种形式。

将潮汐能转化为电能的技术主要有以下几个方面：

1）拦河坝系统

拦河坝系统是指在跨海大坝中安装门控水闸和低水头水轮发电机，利用水坝两侧的水位差进行发电，这是一种传统的潮汐能发电方式。

2）潮流涡轮机

潮流涡轮机是大型的独立涡轮机，其工作原理与风电涡轮机类似，但由于海水密度是空气密度的 850 倍，因此潮流涡轮机要承受的能量密度比风电涡轮机高得多。

3）深海潮汐发电

指在深海部署涡轮机，以期从快速流动的深海潮流中获取能量。

（2）波浪能发电

波浪能是由大气层和海洋在相互影响的过程中，由于在风和海水重力作用下形成永不停息、周期性上下波动的波浪，这种波浪具有一定的动能和势能。波浪能是一种可再生能源，它的大小与波高的平方和波动水域的面积成正比。

波浪能发电从原理上主要有浮体式和气室式两类，前者利用浮体在水面上摇动或上下运动转换为动力功，后者利用水面的上下运动产生气流，驱动空气透平发电机组。解决波浪能发电的关键是波浪能转换装置。波浪能发电装置按固定的位置来分，有海洋式波浪发电装置和海岸式波浪发电装置两种。按原理来分，有利用波浪上下运动直接转换成机械运动的，有利用波浪上下运动产生气流或水流去驱动涡轮发电机的，也有利用波浪装置的摆动或转动产生气流或水流去驱动涡轮机发电，或把低压大波浪变成小体积高压水，然后引入高位水池产生水头带动涡轮机发电的，等等。通常情况下，人们采用三级转换的方式，即利用受波体将大海的波浪能吸收进来，再通过中间转换装置来优化第一级转换，并产生足够的能量，最后利用这些能量来驱动发电装置发电。目前，人们运用最多的几种方式有气动式波浪能发电、液动式波浪能发电、蓄水波浪能发电等。

气动式波浪能发电是利用波浪的起伏力量，均匀地把波浪能转换成气流能，以推动空气涡轮机发电。液动式波浪能发电装置是把波浪能转换成液压能，再通过液压电机发电。蓄水波浪能发电是利用气泵原理，使海浪“聚集”，并提高波浪的高度，使其涌进岸边高处的蓄水池，再用高水头冲击水轮电机发电。

目前已开发的将波浪能转化为电能的技术，主要有以下几个方面：

1）Pelamis 装置

漂浮在海上呈蛇形的 Pelamis 发电装置酷似一条海蛇，其工作原理是将金属海蛇的嘴垂直于海浪方面，其关节依靠海浪推动相互铰接的金属圆筒，像海蛇一样随着海浪上下起伏；铰接处的上下运动与侧向运动的势能将推动金属圆筒内的液压活塞作往复运动，从而使高压油驱动发电机。

2）浮筒技术

浮筒技术是指将由浮筒组件构成的浮筒长阵固定在离岸几英里的大海中，那里波涛汹涌，能量充沛。各家新能源公司在传统技术基础上设计、开发的浮筒技术各不相同。

3）防波堤及岸边技术

是利用海浪的落差效应，基于振荡水柱原理（Oscillating Water Column，OWC）开发的防波堤涡轮机。其工作原理是：当海水涌向岸边时，由波浪引起固定在岸边的部分浸没，底部开口的中空舱室内的表面水体发生振荡，这种振荡不断地对舱室上方的空气柱进行加压与减压，由此造成的压力差去驱动涡轮发电机，把动能转化为电能。

4）漂浮平台技术

将其收集能量的触手伸向迎面涌来的波浪，将波浪汇集到前部的坡道上，由此增大波浪在坡道上的浪高，有助于海水越过坡道后进入其后的水库。通过水流驱动底部的涡轮机而实现发电。

（3）温差能

温差能也被称做海洋热能，是由于深部海水与表面海水温度差而产生的能量。利用表面海水与深海海水之间的温差来驱动发电设备发电，进而将太阳辐射热能转换成电能的技术称之为海洋温差发电（Ocean Thermal Energy Conversion，OTEC）。除了产生清洁的可再生能源，通过 OTEC 循环还能得到多种有用的副产品，其中包括从深水中萃取出的锂、铀以及通过电解处理得到的淡水和氢。

目前 OTEC 循环技术可分为封闭式、开放式和混合式三种。

1）闭式循环 OTEC

在闭式循环 OTEC 中，温暖的洋面海水用来蒸发一种低沸点的传热流体介质，如氨、丁烷、氟氯烷等，该流体进入蒸发器被蒸发后，在涡轮机内绝热膨胀，进而驱动涡轮发电机。发电后的传热流体流入冷凝器，通过水泵抽取深层海水进行降温冷凝。该传热流体在封闭循环中不断循环。闭路循环式发电可大大提高进排气之间的压力差和涡轮机的工作效率。

2）开式循环 OTEC

在开式循环 OTEC 中，由温海水直接充当传热液体介质，传热流体被导入真空下的蒸发器，使其快速蒸发为高压蒸汽。高压蒸汽经绝热膨胀后进而驱动低压涡轮机。之后，低温海水将蒸汽冷凝。如果将水与蒸汽分离，则可得到副产品——淡化海水。其缺点就是能量密度太低，动能有限，建造费用高，施工复杂。

3）混合式循环 OTEC

混合式循环 OTEC 兼有开式循环和闭式循环的特点。

由于海水温差不大，温差发电效率很低，一般只有 2% 左右，目前还难以达到 4% 以上。在建设海水温差发电站时还存在许多困难，如发电设备庞大，伸向海底深层的冷水管很长，技术难度大，同时还涉及耐压、绝热、防腐材料，以及热能的利用等许多问题。

（4）海流能发电

海流亦称洋流，是海洋中的海水朝一个方向不断流动，主要指海底水道和海峡中较为稳定的流动以及由于潮汐导致的有规律的海水流动。海流能是指海水流动的动能，海流的动能非常大。

海流能发电是利用海流的冲击力使水轮机高速旋转，再带动发电机发电。海流能发电装置很多，其中以降落伞集流式、螺旋桨式和贯流式三种较为突出。降落伞集流式是利用强大的海流动力，带动相连的多级降落伞环绕涡轮机快速旋转，使发电机发电。螺旋桨式发电是利用海流的能量冲击流线型的水轮机叶片，使之高速旋转发电。贯流式海流发电是使海流进出口都呈喇叭形，以提高水轮机的效率。

与其他海洋能发电技术相比，利用海流能发电技术的研究目前仍处于初级阶段。海流能发电技术的应用虽潜力巨大，但也存在着不少问题，既涉及复杂、昂贵的维护工程，也可能对脆弱的海洋生态系统造成潜在的破坏。

（5）盐差能发电

盐差能是指海水和淡水间或两种含盐浓度不同的海水之间的化学电位差能。海水属于咸水，它含有大量的矿物盐，河水属于淡水，因此，当陆地河水流入大海的交界区域，咸淡水相混时就会形成盐度差和较高的渗透压力，淡水会向咸水方向渗透，直至两者的盐度平衡，在两种水体的接触面上新生一种物理化学能，利用这种能量发电就是海洋盐差能发电。

盐差能发电是美国人在 1939 年首先提出来的。据估算，全球因海水和淡水的盐差（或盐度区分）形成的能量高达 35 亿 kW，可以开发利用的盐差能约有 26 亿 kW。虽然已有关于盐差能发电的多种设想方案，但实用性的盐差能发电站还未问世，大规模利用盐差能发电还有一个相当长的过程。

（6）能源岛

能源岛是指一系列的漂浮式海上平台。每一座能源岛都安装有波浪能发电小设备、风电机、太阳能聚热板，甚至还包括一座小型的 OTEC 发电厂。这些设备将最大程度地获取可再生能源。在一定的条件下，一座能源岛可发电 250MW。

能源岛颠倒了传统 PES 的抽水蓄能工作方式。当电力供给大于电力需求时，海水将从水面低于海平面 32 ~ 39.62m 堤坝围住的泄湖中泵出抽回大海，相反，如果电力供给小于电力需求时，则将海水再次引入泄湖，利用内外水位差驱动发电机。

4.8.4　地热能发电

地热能是指储存于地球内部的热量。地球是一个巨大的热库，一般来说，深度每增加 100m，地球温度就会增加 3℃左右，这意味着地下 2000m 深处的地球温度是 70℃左右，深度 3000m 时的地球温度将增加到 100℃，依此类推。地热能发电是利用地热水实现发电的技术，主要有如下几种方式：

（1）背压式汽轮机系统

将由地底开采的天然蒸汽先经过净化分离器滤去夹带的固体杂质，然后进入汽轮机中膨胀做功，废汽直接排入大气。此种发电方式简单、投资费用低、电站容量小，适用于超过 0.1MPa 压力的干蒸汽。

（2）凝汽式汽轮机循环系统

这种发电系统适用于低于 0.1MPa 压力的蒸汽田，这时井口流体为汽水混合物。经净化后的湿蒸汽进入汽水分离器，分离出的蒸汽进入汽轮机中膨胀做功。蒸汽中夹带的不凝结气体随蒸汽经汽轮机积聚在凝汽器中，通过抽气器抽除，以保持凝汽器中的真空度。

（3）减压扩容蒸汽循环系统

减压扩容蒸汽循环系统适用于湿蒸汽田和热水田。若地热井口流体是热水，将首先进入减压扩容器，扩容器中维持着比热水低的压力，得到闪蒸蒸汽并送往汽轮机做功。若流体是湿蒸汽，将进入汽水分离器，分离出的蒸汽送往汽轮机做功，分离出的水则进入减压扩容器，得到的闪蒸蒸汽也送往汽轮机做功。

（4）中间工质双循环系统

这种发电方式适用于低于大气压下饱和温度的热水田。用从地热井口喷出的热水加热一氟三氯甲烷（$CFCl_3$）等低沸点（23.7℃）工质，工质受热汽化后进入汽轮机做功。凝结成液态的工质送入蒸发器循环使用。

地热发电存在的机组效率低、系统复杂、运行维护繁琐、生产井结垢、材料腐蚀等问题，从某种意义上讲是制约其发展的重要因素。目前地热发电设备有如下发展趋势：小功率积木式机组，功率一般为 3 ~ 5MW 或更小，安装容易，若出现资源衰退可马上迁移；运用低沸点有机工质的朗肯循环发电机组，适用于热源为85～130℃的地热水，从热力学观点看，应采用低沸点的循环系统，热效率可达2.8%～8.5%。

参考文献

[1] 赵洁，谢秋野，朱京兴．火力发电厂水资源综合利用对策[J]．电力环境保护，2007，23(1)：2～6.

[2] 姜蓓蕾，王丽丽．我国火电行业用水效率及节水措施分析[J]．水利科技与经济，2010，16(3)：264～266.

[3] 李锐，何世德，杜云贵，等．火电厂废水"零排放"系统[J]．四川电力技术，2008，31(2)：88～90.

[4] 何世德，张占梅，周于．火力发电厂节水技术进展[J]．四川电力技术，2008，31(6)：16～88，22.

[5] 杨文静，孟文俊．火力发电厂节水措施[J]．内蒙古水利，2010，(2)：68～69.

[6] 宋轩，耿雷华，杜霞，等．我国火电工业取用水量及其定额分析[J]．水资源与水利工程学报，2008，19(6)：61～66，70.

[7] 裘晟，李磊．火电厂水务管理与零排放设计研究[J]．水利电力机械，2004，26(5)：49～53.

[8] 张贵祥，董建国，李志民，等．火电厂废水"零排放"设计研究与应用[J]．电力建设，2004，25(2)：52～54.

[9] 辽宁省电力行业协会组编．中小型火电机组运行技术丛书——电厂化学分册[M]．北京：中国电力出版社，2005.

[10] 刘海虹．大型火电机组运行维护培训教材——化学分册[M]．北京：中国电力出版社，2010.

[11] 周伊明．电力行业节能减排技术问答[M]．北京：化学工业出版社，2010.

[12] 孟祥泽，王正志．火力发电厂[M]．北京：中国电力出版社，2006.

[13] 电力动力工程学会主编．火力发电设备技术手册(第四卷)——火电站系统与辅机[M]．北京：机械工业出版社，2006.

[14] 曾德勇，李建玺，王蓉蓉，等．二级污水在火电厂循环冷却系统中的应用[J]．热力发电，2004，(3)：55～57.

[15] 张建丽．给水联合处理技术在500MW超临界直流机组应用实例[J]．电力标准与计量，2000，23(3)：16～20.

[16] 马志强，谢磊，朱永跃．我国生物质能开发利用现状及对策建议[J]．生产力研究，2009，(14)：106～107，118.

[17] 张百良，王吉庆，徐桂转，等．中国生物能源利用的思考[J]．农业工程学报，2009，25(9)：226～231.

[18] 蒋剑春．生物质能源应用研究现状与发展前景[J]．林产化学与工业，2002，22(2)：75～80.

[19] 袁振宏，罗文，吕鹏梅，等．生物质能产业现状及发展前景[J]．化工进展，2009，28(10)：1687～1692.

[20] 尹纪欣，朱长军．太阳能的利用及其发展趋势[J]．新乡学院学报(自然科学版)，2009，26(1)：28～29.

[21] 胡其颖．太阳能热发电技术的进展及现状[J]．能源技术，2005，26(5)：200～207.

[22] 周敏．浅论太阳能光伏发电[J]．价值工程，2009，(9)：106～109.

[23] 孟浩，陈颖健．我国太阳能利用技术现状及其对策[J]．中国科技论坛，2009，(5)：96～101.

[24] 李永明．太阳能的利用及其在我国的实施路径[J]．沿海企业与科技，2009，(6)：65～66.

[25] 茹俊卿．新能源发电技术概述[J]．河北电力技术，2001，(1)：11～13，34.

[26] 张国伟，龚光彩，吴治．风能利用的现状及展望[J]．节能技术，2007，25(1)：71～76.

[27] 陈雷，邢作霞，李楠．风力发电的环境价值[J]．可再生能源，2005，(5)：47～49.

[28] 黎发贵，郭太英．风力发电在中国电力可持续发展中的作用[J]．贵州水力发电，2006，20(1)：74～78.
[29] Sonal Patel. 海洋能源的利用与开发[J]．上海电力，2009，(1)：32～38.
[30] 周善元．21 世纪的新能源——海洋能[J]．江西能源，2002，(1)：38～41.
[31] 杨鹏程，章学来，王文国，等．海洋温差发电技术[J]．上海电力，2009，(1)：38.
[32] 邓隐北，熊雯．海洋能的开发与利用[J]．可再生能源，2004，(3)：70～72.
[33] 张定源，施华生，周汉民，等．地热绿色新能源与可持续发展[J]．火山地质与矿产，2001，22(4)：236～243.
[34] 王宏伟，李亚峰，林豹，等．地热能在我国的应用[J]．可再生能源，2002，(5)：32～34.
[35] 马殿辉，闫鸿林，王德良．地热资源的开发与利用[J]．国外油田工程，2000，(6)：47～52.
[36] 汪集，刘时彬，朱化周．21 世纪中国地热能发展战略[J]．中国电力，2000，33(9)：85～94.
[37] 陈听宽．超临界锅炉技术的发展[J]．电力设备，2002，3(3)：19～24.
[38] 陆延昌．大力发展超临界压力机组优化火电结构[J]．中国电力，2000，33(1)：1～5.
[39] 刘宝珠，吕洪泉，吴履深．高效超临界锅炉技术综述[J]．锅炉制造，2002，2(5)：10～13.

第5章　纺织印染行业的节水技术集成

纺织工业是我国的传统产业之一，纺织品所用的纤维材料主要有天然纤维(棉、毛、麻、丝等)和化学纤维(涤纶、锦纶、维纶、氨纶等合成纤维及胶黏纤维、人造纤维)，纺织印染工业是将天然的或人工合成的纤维加工成纱、丝、线、绳、织物及其染整制品的工业，一般包括纺纱、织造和染整三个过程。纺纱过程是将各种纤维通过松解与集合而纺成纱线，以供织造使用。织造过程是将纱线织成具有一定密度的织物。染整过程是采用特定的染料将织物染成一定颜色的织物或特定的花纹。

根据纤维的种类，纺织印染行业包括棉纺印染行业、毛纺染整行业、丝绢纺织印染行业和麻纺印染行业等。据统计，目前在棉、毛、丝、麻各类天然纤维中，以棉花为主加工成的棉织物数量占天然纤维总量的85%以上，是数量最大的一种产品，毛织物产品占10%，丝织和麻纺产品仅占总量的5%。我国是纺织印染大国，纺织印染行业是用水大户，其中印染用水占80%。与此同时，印染行业是工业中的排污大户，印染废水是纺织工业污染的主要来源，据统计，中国具有一定生产规模的、有统计资料的印染织物总量为2.9×10^{10}m，加上未能统计的小型印染厂，估计总印染量为3.2×10^{10}m，全国每年产生的印染废水量约16×10^{9}t，新型染料、助剂的不断开发和应用，使印染废水的处理难度不断增大。目前国内大部分大型印染企业都建有废水处理设施，但有的企业从经济角度考虑，废水不经处理就直接排放，有的企业由于技术原因，无法做到达标排放，一些小型企业根本没有废水处理设施，废水直接排入周边河流，给环境造成严重影响。因此，纺织印染行业如何采取有效措施，大力开展节水技术的开发与应用，对节约用水、缓解水资源的供需矛盾具有重要意义，也是当今纺织印染行业实现清洁生产和可持续发展的关键。

5.1　节水型工艺

对于包括纺纱、织造、染整全流程的纺织品生产企业而言，染整过程的用水量和废水排放量都是最大的。从20世纪70年代以来，国外投入了大量的人力、物力和财力，开发了一系列的环保型染料、助剂和节能、少水或无水的新技术、新设备。少水或无水染色作为一个重要的领域，小浴比和低给液染色等一直是传统染色改造的方向。

(1) 气流雾化染色

气流雾化染色是采用空气动力学原理，将高压鼓风机产生的高速气流注入喷嘴，同时，另一管路向喷嘴注入染液，染液与高速气流在喷嘴中混合形成雾状微细液滴后喷向织物，既带动织物运行，又使得染液与织物可以在很短的时间内充分接触，达到均匀染色的目的。

气流雾化喷射染色的突出特点就是浴比小，能耗低。由于雾化染色具有使坯布“扩张”及染料分子渗透力强的特点，故染色机的浴比大大降低。根据织物的种类，染色机的浴比可控制在1∶2～1∶4，大大节约了水和染化料。因其染色载体具有“细化”和“活化”的特性，染料分子以雾状载体形式更易达到“泳移”平衡，所以染色时间短，同时，染料、助剂的消耗也随着浴比减小而明显降低，有利于环保。

(2) 气液式染色技术

气液式染色机用风带动织物，用水量少，只要将织物泡湿，再加200L的循环用水就可进行染色，其最低浴比可达1:2。无导布轮气流式染色机直接利用喷射空气循环输送布匹进行染色，织物无褶痕，并节省耗水量、蒸汽、助剂等，降低染色浴比，减少用水和排污量。

气流雾化染色和气液式染色在染色浴比小、节能降耗等方面有着共同的特点，气流雾化染色基本适用于绳状松式染色，气液式染色适用一些平幅加工的织物品种。

(3) 小浴比染色工艺

染浴用水量随着染色方式和浴比的不同而有很大的变化，其中轧染、冷轧堆染色的用水量较低，浸染、特别是大浴比染色的用水量较高，一浴法染色用水量也较低。活性染料冷轧堆、轧蒸(特别是湿短蒸)和小浴比染色工艺都有节水的效果。一般染后水洗、皂洗的用水量很大，应用高效固色剂或交联剂，使未固着的活性、酸性和直接染料被固着，可减轻水洗负担，从而减少用水量。

冷轧堆工艺适用于小批量多品种的生产。采用冷轧堆工艺进行漂白比蒸汽漂白(使用双氧水)可节约三分之一的能源。冷轧堆工艺用于活性染料染色和直接铜盐染料染色，可获得渗透性良好、布面均匀的染色效果，与轧染相比，可省去蒸汽加热工序，节省能源和染料，并相应减少生产过程的用水量。

(4) 一浴法染色

采用一浴法染色可减少不必要的水洗，具有产量高、省工、节水、节能等特点。如腈纶染色时，染色和柔软处理可以同时进行。一浴法用染料有多种混合染料。为简化染料品种，单一染料的开发受到关注，单一染料可以同时染两种纤维，因而更为节水。

一浴法按染料、助剂和纺织品的不同可分为多种类型。

1) 一种染料一浴法染多组分纺织品

多种组分的纺织品可分为多组分纤维，例如大豆和蚕蛹蛋白纤维、涤/棉复合纤维等；多种纤维的纱线，例如涤纶与纤维素纤维、蛋白纤维和其他合成纤维的混纺纱及其织物；多种纤维的织物，如涤纶与纤维素纤维、蛋白质纤维和其他合成纤维的交织、包芯和包覆纱织物，有的纺织品含有3~4种以上的纤维，目前有涤纶/锦纶/纤维素纤维/氨纶、锦纶/羊毛/蚕丝/氨纶、Tencel/羊毛/锦纶/氨纶等多种复合型的纺织品，这些多组分纺织品有的可用一种染料一浴来染色，有的则用两种以上染料一浴来染色。

2) 多种染料一浴法染多组分纺织品

分散/活性染料一浴法染多组分纺织品和活性/酸性(直接染料)一浴法染多组分纺织品。

3) 小浴比和低给液染整

染浴中的水不仅要溶解染料，使纤维润湿和溶胀，作为染料上染的介质，还为匀染和移染提供条件，因此它直接关系到染色进行的好坏，但是水的用量，即浴比又关系到污染、耗能和加工成本。不同染色方式的用水不同，按浴比计，轧染的用水量低，浴比一般低于1:1，而浸染的用水量高，即使目前的一些小浴比染色，浴比也在6:1~8:1。降低浴比，不仅节约了水，还可节能，提高染料的上染速率和平衡上染量，同时又减少了污水排放。采用喷雾、泡沫以及平面给液方式，也可以大大减少带液率。轧染时应用高效轧液机和真空吸液装置，可以大大提高浸轧和脱液效果，达到低给液的目的。

(5) 泡沫染色

泡沫染色优点为：由于浴比小，可以大大节约用水量；显著降低各种助剂(如盐、碱和染料）的用量；缩短加工时间；提高织物表面的得色量，泡沫染色的染液对织物的渗透性较小，当泡沫与纤维表面接触后，因泡沫内的染料浓度高而水分少，来不及渗透到纤维内部就均匀地破裂于纤维的表面，使织物的表面得色量增加；减少染料泳移，提高织物的匀染性；降低染色废水量，常规染色织物的带液率一般为60%～80%，而泡沫染色织物的带液率一般为10%～40%，可减少染色废水的处理量，降低对环境的污染。

利用泡沫染色法进行还原染料悬浮体染色，可使悬浮体均匀地分布，提高悬浮染色的匀染性能。发泡剂一般为表面活性剂，不仅可以发泡，同时还具有分散作用。将泡沫染色与常规染色相比可以发现，前者赋予织物更好的匀染性。应用这两种方法进行悬浮体染色对比发现，织物的摩擦牢度、汗渍牢度、水洗牢度以及日晒牢度基本相同。

（6）超临界 CO_2 流体染色

这是利用超临界 CO_2 流体的特殊性质而开发的一种染色新技术，其核心是以超临界 CO_2 流体代替水作为过程溶剂，理论基础是超临界流体的良好溶解和扩散性质。在超临界印染中，以二氧化碳代替水为溶剂，加入少量的分散染料和分散剂，不需要加入助剂就能够对天然纤维、聚酯和尼龙等织物进行染色，而且分散染料和分散剂的用量很少，未附着的染料可以100%回收，使用后的二氧化碳也可100%回收，而且不产生任何废液，还能大大节省印染操作时间。但由于纤维的种类不同，为达到理想的染色效果，必须对织物进行适当的前处理。

超临界流体染色还处于理论研究与探索阶段，此种染色技术必定要在纤维－染料－助剂－设备几方面共同协调下才会有进展，而且不可能完全代替水作为染色介质。

（7）微波染色

织物浸过染液后，经微波照射可使织物上的水分子产生偶极旋转，分子间产生摩擦，使纤维内部的温度迅速升高，染料分子聚合体迅速扩散为单分子，同时纤维的非晶体区有所松动，使染料分子迅速渗透到纤维中去，从而完成染色过程。采用微波染色工艺的用水量仅为其他染色方法所需水量的3%～20%，这种方法适用于小批量多品种的生产过程。

（8）新型助剂

染整加工中耗费最多的是能源和水（高达加工成本的50%以上）而不是染料和助剂（大概只占加工成本的20%），因此选用低温加工工艺或合并工序，既可以减少劳动力和机械设备的投资，又可以节能、节时，从而提高企业的竞争力。采用炼油精QE22010不但可缩短加工时间和降低煮炼温度，而且至少可省去两道水洗工序，节约用水，减少废水的排放量。

（9）无水印染工艺

比较典型的无水印染工艺有：溶剂漂染、溶剂染色、气相染色、光漂白等。

溶剂漂染是以溶剂代替水进行漂染，将退浆、煮炼和漂白三个工艺合并，既简化了生产工艺，不产生废水，提高了产品质量，又不需用水。溶剂染色是以有机溶剂代替水进行染色，不仅染色均匀，而且染色后不需水洗，可节约大量印染、洗涤用水。气相染色是用染料或整理剂的蒸汽或烟雾对织物进行染色、整理，以免用水作染色媒介，染色后无需水洗。气相染色操作简单，加工迅速，产品色泽鲜艳、质量好。目前我国各地采用的转移印花工艺即属气相染色工艺。光漂白是用光代替漂白剂漂白织物，可节省漂白用水和洗涤用水，不排污，漂白速度快，工效高，质量好。

此外，干热染色、低压染色、气溶胶染色、溶剂上浆、磁性染色、高能射线染色均属无水印染工艺。

5.2　节水型技术

纺织印染工业的主要用水点包括印染用水及锅炉和空调用水。印染由于纤维不同、染料不同、助剂不同、染色工艺不同、产品档次、厚度及要求不同，用水量有较大区别。但总体而言，低档产品和落后工艺(或落后管理)是用水量大的主要原因。目前我国多数企业的印染工艺落后，特别是小印染企业，加上设备、管理更差，印染浴比高，用水量较大。一般水耗 250 ~350t/t 产品；电耗 1700 ~2100kW · h/t 产品；蒸汽 18 ~25t/t 产品；煤耗 25 ~30t/t 产品。

纺织印染工业可持续发展最大的问题是资源和环境问题，而水资源是染整工业的核心问题。针对生产用水情况，纺织印染工业主要采用如下节水措施：采用逆流洗涤措施及循环用水措施；改革洗涤方式；空调水闭路循环；应用人工制冷措施；改造生产设备，采用少用水或不用水的新工艺；清污分流，做好各类水的回用。

5.2.1　应用逆流洗涤技术

在纺织印染企业中，漂洗是用水量最大的一道工序。平洗机水槽中(一般有数个水槽)清水的加入和污水的排出，各槽都是单独完成、互不相连的，用水十分浪费。而改造成逆流洗涤形式，运转时新水量仅在最后一槽才加入，各水槽的位置从第一槽至最后一槽逐格相应抬高，相邻水槽均保持一定的位差，如果水洗机的水槽不连在一起(如棉布漂洗绳状水洗机及松式水洗机等)，就要用水泵和配管来保持逆流，使新水从最后一槽逐槽向前流动直至第一槽，而织物则从第一槽送进，由最后一槽洗净取出，即水流的流动方向与织物的行进方向相反。水在逆流时，因织物带有污物，所以水的颜色逐渐变混浊，水质逐渐变差，颜色最混浊的水就在第一槽里排出，因而带杂质最多又尚未水洗的织物与这种污染最重的水相遇，而逐渐趋于洗净的织物则与水质较好的水相遇，最后排出水洗机。所以，对于采用逆流洗涤技术的水洗机，新水要经反复使用数次后才排出，既节水，又能提高洗涤效果。

采用逆流漂洗技术时应注意：各水槽间轧水辊的轧水效率要高；防止堵塞和漏水现象；每只水洗槽里用的化学药剂应相互配合。有条件时应采用必要的措施，对排出的漂洗废水进行回收处理，尽可能实现循环利用。

5.2.2　染浴循环利用

根据染液的组成和消耗情况，研究染浴循环利用的工艺，包括酸性染料染浴、分散染料染浴重复回用，染浴中残存的染料浓度通过分光光度法和高效薄层色谱法测定，经染料测试，确定补充的染料量，重复进行染色，获得较好的重现性，这样可节约 5% ~10% 的染料、65% ~80% 的助剂和电解质以及几乎全部染浴中的水，并且大大减少了污水的排放。这种工艺对于单一染料的染浴有较好的效果，但对多种染料的染浴控制较难。

染色用水的循环利用还包括洗水的重复利用，水洗后工序的水含杂质较少，直接或经过简单快速处理后可再用于前工序的水洗或皂洗。根据染色工艺和染料性质的不同，有的染色设备在水洗部门专门配置了水循环处理和利用装置。

5.2.3 提高空调的用水效率

在纺织生产用水中，用于调节室内温度和湿度的空调用水占有较大的比重。空调用水的特点是不与原料和产品接触，水质比较洁净，比较容易实现重复利用。

提高空调用水效率的主要措施有：

（1）改善空调的用水方式

直接以冷水作冷源带走空气中热量的喷淋式空调设备简单，投资少，操作管理方便，运行费用较低，但用水量较大，特别是一次喷淋后常排放较多的优质水。对于此类空调，可建立空调用水冷却回用水系统，将喷淋水循环使用。在低温季节这种措施的节水效果非常显著，重复循环利用率可达95%以上。但在高温季节，为达到循环复用的目的，需补充大量的低温新水，以降低喷淋水的温度，浪费现象较为严重。

针对这种情况，可通过采用人工制冷的方式降低空调的用水量。按照制冷剂和设备情况，人工制冷可分为蒸汽压缩式、蒸汽喷射式和吸收式三种，主要的冷却设备有制冷压缩机、冷凝器、过冷器等。各种形式的制冷都需要一定数量的冷却水，以带走制冷中的多余热量，但排出设备的冷却水仅温度升高，水质未受污染。可将制冷设备排放的冷却水送冷却塔冷却，实现冷却水的闭路循环利用，只需补充少量的新水即可维持运行。采用这类空调比采用喷淋式空调可节省95%左右的用水量。

（2）一水多用和废水回用

纺织企业针对冬季气温低、夏季气温高的情况，按照生产工艺和生产环境的要求，以生产空调水为目的，新水经过纺部、织部降温洗涤后回收作过滤消毒处理，供生产生活用水，达到一水四用，可取得非常明显的节水效果。

（3）冬储夏用与夏储冬用

对空调用水的回用采取深井冬灌夏用、夏灌冬用措施，可取得利用地下储能、改变地下水温、改善地下水水质、抬高地下水位、减少地面沉降、减少用水费用、降低生产成本的综合目的。这一措施在各地都取得了明显的节水节能效果。

5.2.4 凝结水的回用

染整企业是高耗能单位，在织物前处理工艺过程的漂洗、退浆、蒸煮；染色过程的预烘、固色、皂洗；印花过程的烘干、蒸化、水洗；后整理中大量的烘干、焙烘、拉幅定形等加工皆需要耗用大量蒸汽。一些辅助设施如淡碱液回收及生产车间的空调加热亦要消耗大量蒸汽。一般来讲，用汽设备消耗多少蒸汽即能产生多少凝结水。蒸汽在用汽设备中进行热交换过程时发生相变放出“潜热”，同时产生大量的高温凝结水。通过热力学的分析可知，0.4MPa饱和蒸汽的饱和温度为143.6℃，所含的总热能（焓）为2738kJ/kg，其中汽化潜热为2133kJ/kg，占总热能的77.9%；饱和水显热为605kJ/kg，占总热能的22.1%。

蒸汽作为一种载热体，在锅炉内产生，经管网输送到用热设备，把约80%的热量释放出来，气态的水蒸气变成液态的凝结水。由于这种水质好，而且包含近20%的热量，因此在工艺过程中少用蒸汽、回收凝结水、回收饱和水的显热，对染整企业降低生产成本极为重要。

凝结水回收系统有开式和闭式两大类：在开式系统中，凝结水箱不受压，上口敞开，在闭式系统中，凝结水箱以及所有管路都处于压力下。两种系统各有优缺点。

凝结水的水质较好，可送回锅炉间作锅炉给水，或就地利用。也可通过热交换器利用凝结水中的热量，还可通过扩容闪蒸方式产生二次蒸汽，利用二次蒸汽的热量，供给需要用低压汽的用热设备使用。如回收的凝结水量多，需送到供汽车间，可采用闭式系统，如就地使用，也可采用开式系统。如回收的凝结水量仅在4～6t/h，则可采用开式系统。

(1) 凝结水开式回收系统

图5-1所示为凝结水开式回收系统。若凝结水全部送入锅炉给水箱，箱内温度高于80℃时(一般离心清水泵的工作温度小于80℃)，给水泵将发生汽蚀而打不出水。因此只能将一半左右的凝结水放入室外排水道。这样在损失水和热量时，溢出的二次蒸汽又损害环境。如果用热交换器将凝结水冷却后再放入锅炉给水箱，势必使系统复杂并增加投资。再者，高温水直接进入给水箱会引起水击。

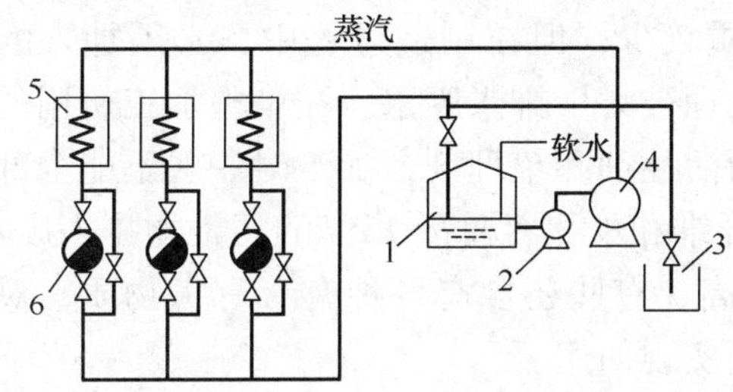

图5-1 凝结水开式回收系统

1—给水箱；2—泵；3—排水道；4—锅炉；5—热交换器；6—疏水阀

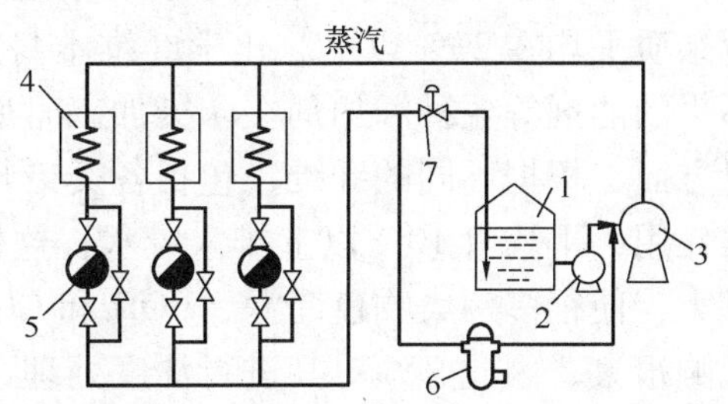

图5-2 凝结水闭式回收系统

1—给水箱；2—泵；3—锅炉；4—热交换器；5—疏水阀；6—射流泵；7—压力调节阀

(2) 凝结水闭式回收系统

闭式凝结水回收系统的优点是凝结水不和空气接触，可以回收凝结水的全部热量，系统寿命长。由于是闭式系统，必须安装安全阀以及压力表，系统的初期投资要大些。图5-2是由图5-1改进而成的凝结水闭式回收系统。该系统在锅炉3附近增设一台射流泵6，直接向锅炉输送回收的高温凝结水。此外，在回收管道末端加装一只压力调节阀7，以保持一定的回收管道内的压力，从而保证疏水阀的工作压差，使回收顺利进行。

开式系统由于将一半左右的凝结水放入室外排水道，一般只能回收40%的凝结水热量。闭式系统则可回收凝结水的全部热量。

凝结水的回收系统，不管采用开式系统还是闭式系统，回收的排水最终若输送到锅炉内，特别要注意水的质量。如果给水中金属碱以碳酸氢钠的形式存在，进入锅炉中发生热分解产生二氧化碳，混入蒸汽中，在与凝结水同时排出时，因排水中溶存物质少，所以缓冲作用就差，容易把二氧化碳溶解成弱酸，促进腐蚀。如果在锅炉中加入铁的成分，那么就会在锅炉内产生二次腐蚀。为了防止上述现象，锅炉必须用软水，排水回用通过过滤器，或经测定采用中和的办法。

(3) 高温凝结水无泵背压回收技术

高温凝结水无泵背压回收技术是利用疏水阀后的高背压率及高温凝结水在管道内流动时密度变化的规律(水、汽二相流体)，将高温凝结水无泵背压自动提升输送到锅炉房软水箱或其他需用热水的工序，整个系统由性能优异的疏水阀、科学合理的管路设计、优异的高温球阀和止回阀组成，其特点是无需任何外加动力，不耗一度电，无热污染，凝结水回收率>95%。

高温凝结水无泵背压自动提升回收技术在染整企业的实际应用，改变了传统高温凝结水从地沟排放或加压回收(运行成本高)的局面，真正做到了节能、节水型的清洁生产，实现了经济效益和社会环境效益的统一。

5.2.5 染整废水的处理与回用

纺织印染行业的用水量大，产生的废水量也很大，因此对产生的废水进行适当处理后回用，既对节水具有重要的现实意义，又具有重大的环保意义。

在染整加工中，几乎全部的化学品、染料等都从污水中排放，产生大量的废水，其中的污染物主要来自各种纤维材料和加工时所用的染化料两个方面。纤维材料含杂质较多，特别是天然纤维。原棉含杂质在10%左右，主要是棉蜡、果胶质、色素和棉籽壳等；原毛含杂质在50%以上，主要为沙土、草屑、羊毛脂等；生丝含杂质约20%左右，主要为丝胶；原麻含杂质平均在20%以上。化学纤维本身虽含杂质较少，但在制造过程中，必须加入的数量不少的油剂等各种添加剂在印染加工时通过前处理被大量排入废水。在染整加工所用的染化料方面，根据不同的纤维，包括各类染料、表面活性剂和整理剂，加工时一般不能全部与纤维作用，平均有10%以上排入废水，这样就有纤维和染化料总量15%的污染物排入废水，数量大，使很多污染物色泽深，BOD和COD值很高，有些还含有各种有毒有害物质，对人类影响很大，因此必须对其进行深度处理，尽可能实现回用。

常用的水处理回用措施有如下几种：

(1) 混凝沉淀-生化法

是我国目前应用较多的方法之一，使用的混凝剂主要是碱式氯化铝和硫酸铝。该方法具有对疏水性染料脱色程度高、工艺流程简单、操作管理方便、设备投资省、占地少等优点，但其运行费用较高、泥渣量多，脱水困难，对亲水性染料的处理效果较差。近年来出现了采用高分子混凝剂取代无机混凝剂处理印染废水的发展趋势。经混凝处理后的出水再用生化法处理，一般都可以满足工艺回用的要求。

(2) 生化-活性炭法

也是目前处理印染废水普遍应用的方法，且是能够达到很好脱色目的的一种方法。近年来，生物化学法有活性污泥法、生物膜法、生物热接触氧化法或生物塔等多种方法。处理印染水一般用生物接触氧化法，经该措施处理过的废水，除色度外，其他指标基本上能达到标准要求，并且由于所用的活性炭具有很强的吸附作用，对废水中绝大部分有毒、有害物质，不论是无机物还是有机物，都能起吸附作用，净化能力较强。

(3) 反渗透法

是用半透膜进行分子过滤的方法，半透膜是一种只允许水分子渗透过去，而溶质分子不能透过的材料膜。一般的渗透是水由稀溶液一边渗透向浓溶液一边，而反渗透是由于浓溶液一边的压力，使分子向相反的方向流动，因而溶液愈来愈浓，使水得到净化处理。

5.3 棉纺织印染行业的节水技术集成

5.3.1 典型生产流程

棉纺织印染是以棉花为原料，生产一定颜色织物面料的工艺过程，一般包括纺纱、织造与染整三个工序。目前棉纺企业的生产格局相差较大，有的仅生产棉纱，有的既生产棉纱又生产坯布，有的仅对购进的坯布进行染色，也有企业从事从原棉至成品布料的全流程生产。

棉纺生产中最常用的是匹染工艺，即产品的纤维在纺纱、织造过程中均为原料本色，织造后的坯布再经染色整理后成为成品。根据棉纺产品的加工次序，可将其生产过程分为纺纱、织造与染整三个工序。

(1) 纺纱

是以棉花为原料生产棉纱的过程，其生产流程如图5-3所示，主要包括以下几个步骤：

图5-3 纺纱生产的工艺流程

1）开清棉

主要任务是开松、除杂、混和与均匀成卷，其工艺技术路线的原则是合理配棉，多包取用，精细抓棉，早落少碎，加强混合，减少翻滚，以梳代打。

2）梳棉

其主要任务是对原清棉进行初步除杂，剔除其中所含的固体杂物后制成棉卷，然后采用条卷机将其制成粗条。

3）精梳棉

进一步除去会影响纺纱质量的杂质及结头等，并将其制成适于纺纱的半制品细条。

4）并粗

是对半制品进行并合、牵伸，制成条干均匀并具有一定形状的棉条和粗纱。

5）细纱

将粗纱通过细纱机的牵伸进一步抽长拉细到一定细度的细纱。

6）络筒

一是改变卷装形式，将纱线络成容量较大、成形良好的筒子，以满足后道工序的加工要求或半成品运输要求，二是清除纱线上的部分疵点(粗节、细节、棉结等)和杂质，以利于提高后道工序的产量和质量。

(2) 织造

是采用织机将纺出的棉纱织成布坯的过程，一般包括捻线、整经、浆纱、穿综、喷织和整理等工序，其生产工艺如图5-4所示。

图5-4 织造生产的工艺流程

1）捻线

使细纱经过加捻合股，以提高其强度、条干、弹性、耐磨、光泽和手感等。

2）整经

其目的是按照工艺设计的要求，将一定根数的经纱按规定的长度、排列及幅宽等要求，以均匀的张力平行卷绕在经轴或织轴上，供后道工序使用。整经对保证后道加工工序的顺利进行和提高织物质量具有重要的意义。

3）浆纱

是重要的织前准备工序，是对经纱表面和内部黏附、渗入一定量的浆液，再经烘燥使表面成膜，以此来增加原纱的强度和耐磨性，减少表面毛羽，提高其可织造性能。浆纱后，经纱在织造中应能承受反复拉伸、摩擦和冲击等作用，顺利完成与纬纱的交织。

浆纱包括调浆和上浆两部分。调浆就是选择浆料以一定比例配合调成一定浓度的浆液，其工作在调浆桶内进行。上浆就是把一定数量的浆液黏附在经纱上，经烘燥后形成浆膜，其工作在浆纱机上进行。

4）穿综

也称穿经或穿头，是将经纱按工艺要求的规律穿过综筘，以供织造。结经是把浆轴纱头直接与织轴纱尾连接，然后拉过综筘。

5）织造

在大多数织机上，经纱从织轴上退出，绕过后梁，穿过经片、综眼和钢筘而到达织口；综框按一定的规律分别作上下运动，使穿入综眼中的经纱分成两层，形成引纬通道；当纬纱穿过梭口后，由钢筘等装置将它推向织口，交织形成织物；织物绕过胸梁，在卷取辊的带动下，经导辊后卷绕到卷布轴上。为完成上述动作，织机必须完成开口、引纬、打纬、卷取和送经五个动作，各由相应的机构完成。

织造工序中所用的喷织机有两类，采用压缩空气送线的喷气织机和采用高压水送线的喷水织机。

6）织坯整理

是机织物生产的最后一道工序，通常包括检验、清刷、烘布、折叠、分等和成包等。织坯从织机上落下后，在验布机上逐匹检验疵点，测定下机产量并标出疵点记号，以便整修。清刷是通过刷布机的砂轮和毛刷的磨刷作用，除去织坯上残留的白星和籽屑等杂物，使织物表面光洁。烘布是把织物的回潮率控制在一定范围内，以防止储存时霉变。折叠是以一定幅度把织物在长度方面折叠起来，同时记录布匹长度，加盖印记，按品种、疵点类别堆放。折叠起来的织坯经过整修和复验，最后按疵点情况给予评分，并根据评分多少加以分等。经过分等的织物便可成包入库，或者作为产品出售。

（3）染整

染整是棉纺产品生产过程中用水量和排放量最大的工序，其作用是将坯布染上需要的颜色。由于棉纺企业所用的原纱有化纤丝及棉纱，因此后续的染整工艺可分为化纤布染色、纯棉布染色及混纺布染色，但实际上这三种针织布的染色工艺基本相同，区别仅在于化纤布使用分散染料一步染色，纯棉布使用活性染料一步染色，而混纺布采用两步染色：第一步采用分散染料进行化纤染色，第二步采用活性染料进行纯棉染色，混纺染色既包含了化纤染色，又包含了纯棉染色。棉及棉型织物的染整加工一般经过图 5－5 所示的工序。

1）烧毛

烧毛是为了烧去布面上的绒毛，使布面光洁，并防止在染色、印花时因绒毛的存在而产生染色不匀及印花疵病。烧毛是使平幅织物迅速地通过火焰，或擦过赤热的金属表面，这时布面上存在的绒毛很快升温并燃烧，而布身比较紧密，升温较慢，在未升到着火点时即已离开火焰或赤热的金属表面，从而达到既烧去绒毛，又不损伤织物的目的。

2）退浆

主要是为了去除织物上的浆料。棉织物在织造时，经纱由于开口和引纬作用受到较大的张力和摩擦，常发生断经现象。为了减少断经，提高经纱的强力、耐磨性及光滑程度，以保证织布的顺利进行，所以在织造前经纱一般都要经过上浆处理。经纱上浆便于织造，但给印染加工带来许多困难，由于浆料薄膜包覆在经纱表面，影响织物的渗透性，阻碍化学药剂和染料与纤维的接触，而且多耗用染化药品。退浆不仅能去除原布上的浆料，而且还能去除棉纤维上的部分天然杂质。

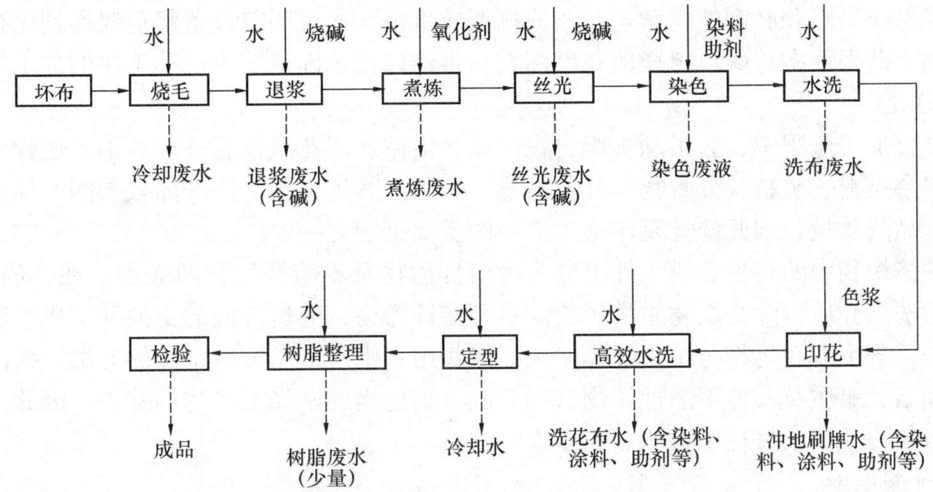

图5－5　棉混纺产品印染过程的工艺流程

浆料的种类很多，主要有天然浆料和合成浆料两大类。天然浆料如淀粉、橡子粉等；合成浆料如聚乙烯醇(PVA)、聚丙烯酸酯(PMA)等，合成浆料还包括纤维素材料，如羧甲基纤维素(CMC)等。常用的退浆工艺有碱退浆、酶退浆、氧化退浆等。

3）煮练

织物经过退浆以后，已经去除了大部分浆料和部分天然杂质及油剂，但是其中大部分天然杂质如蜡状物质、果胶物质、含氮物质及部分油剂等仍残留在织物上，仍然会影响后续的染色、印花加工。为了使织物具有一定的吸水性，便于印染过程中染料的吸附、扩散，需要将织物在高温的浓碱液中进行较长时间的煮练，以去除上述的杂质。煮练的主要用剂是烧碱，常用的助练剂有表面活性剂、硅酸钠和亚硫酸氢钠等。

4）漂白

漂白的目的主要是去除天然色素，赋予棉织物以必要的白度，同时棉布上残留的其他杂质如棉籽壳、蜡质、含氮物质等也可在漂白过程中进一步去除，使棉布的润湿性能进一步提高。棉纺织印染厂一般使用氧化性漂白剂，常用的有次氯酸钠、过氧化氢等。

5）丝光

为了提高纤维的光泽和对染料的吸附性能，棉、麻等纤维素纤维的纱线和织物一般需经丝光处理。丝光是使织物在一定张力情况下，用浓烧碱溶液处理，以获得稳定的尺寸、耐久的光泽及提高对染料的吸附能力的加工过程。

6）染色

染色是借染料与纤维发生物理化学或化学的结合，或者用化学方法在纤维上生成颜料，使整个纺织品成为有色物体的加工过程。染色是在一定温度、时间、pH值和所需染色助剂等条件下进行的。各类织物的染色如纤维素纤维、蛋白质纤维、合成纤维都有各自适用的染料和相应的工艺条件。一般情况下，染色过程是以水为媒介，在湿法中进行。染色过程中排放一定量的染料残液及相应的漂洗废水，染色废水含有一定量的色度及有机污染物，但染色废水中的污染物浓度要高于印花废水。

7）印花

印花是将染料和必需的化学药剂和原糊调成色浆，通过印花设备将色浆印到织物上，从而使织物上获得由多种颜色组成的花型图案，再经过汽蒸固色、水洗等工序的加工过程。

8）水洗

在染整加工过程中，为了除去织物在练漂、染色、印花及树脂整理等加工过程中的表面浮色、多余染料、浆料、分解物及其他污物，必须对其进行水洗。洗涤效果的好坏直接影响着印染产品的质量，因此洗涤是印染生产中的重要工序之一。

被洗涤织物中的污物杂质大体可分为可溶性污物及不溶性污物两大类。在一般情况下，以水作为洗涤介质，除去织物中的污物。对可溶性污物，通过洗液的交换和溶质扩散，即可把它除去。若可溶性污物与织物纤维发生吸附作用，则可采用酸碱中和的方法，提高洗涤效果。对油脂、蜡质及其他不溶性污物，则只能采用适当的洗涤剂将它们除去。因此，根据洗涤要求，在染整加工过程中可能需要多次水洗。

9）预缩烘干

在染整加工过程中，由于织物承受到经向张力的拉伸而导致发生纬向收缩、经向伸长的不稳定现象，在以后的加工和使用过程中，遇湿热会产生一定程度的收缩，影响产品质量，给消费者造成损失和麻烦，因此织物在出厂前，应预先回缩，使之获得稳定的形状。当织物通过预缩机时，水分能有效地蒸发，同时，织物在机器内为波曲状进行，大大消除了其张力，达到预缩的目的。

10）抓毛、磨毛

是使用抓毛机及磨毛机，借助于机械的方法使织物产生绒面的整理方法，所起绒毛细、密、短、匀，使织物具有厚度增加，手感柔软、平滑和舒适的感觉。在此过程中会产生一定量的纤维飘尘，因此抓毛机和磨毛机应有配套的集尘装置。

11）剖幅

将布料进行平整，根据要求的尺码或重量进行剖幅。

12）定型

将烘干的布料送入定型机内作定型处理，以保证产品的规格和尺寸。

5.3.2 用水节点及水质水量分析

棉纺织印染工艺目前主要还是以湿法加工工艺为主，水作为媒介参与了生产的全过程。水质的优劣也直接影响到产品的质量，因此，不同的工序对水质的要求也不同，有些工序要求水质软化，有的工序要求使用普通水，有些高档棉纺织品的生产过程用水几乎全部需用软化水。因此了解棉纺织印染生产过程中的各用水节点及其对水质水量的要求，是有针对性地采取节水措施，降低生产过程耗水量的首要条件。

由图5-3、图5-4和图5-5可以看出，棉纺产品生产过程中的用水节点包括：

（1）纺纱工段用水

此工段的用水主要是为保证纺纱质量而用于调节室内温度和湿度的空调用水。在夏季，对水温的要求为16～17℃，在冬季，对水温的要求是32～33℃。此类水对水质的要求不太高，一般清水即可，但要求水温较低，以便提高空调的制冷效果。

（2）织造工段用水

此工段中的主要用水点为浆纱用水、喷织用水与空调用水。在浆纱过程，水的作用一是用于化浆和调浆，使其满足浆纱的要求，另一是作为蒸汽用于烘干烘桶内的湿浆纱。在喷织过程中，如果采用气力喷织机，则没有水的消耗；如果采用水力喷织机，水的作用是为送线提供动力。空调水是用来调节室内温度和湿度的用水。

（3）染整工段用水

染整是纺织工业中用水量较大的行业，各类纺织品的前处理、染色、印花等过程都必须以水作为媒介才能实现，水的作用主要为化料用水、烧毛用水、退浆用水、煮练用水、漂洗用水、丝光用水、染色用水及整理用水。印染各工序的用水量见表 5 - 1。

表 5 - 1　印染各工序的用水量与排水量比较　t/d

工　序	水耗占总量，%	用水量	排水量
退　浆	5 - 10	50	32
煮　练	5 - 10	44	32
漂　白	30 - 46	182	168
丝　光	2 - 5	22	18
染　色	8	44	37
印　花	7	38	32
水　洗	25 - 30	165	138
整　理	1	5	5
合　计		550	462

各类纺织印染产品，由于使用的纤维原料不同、织物的幅宽和厚薄不同，单位产品的用水量也不同，但是单位产品的用水量除了与产品有直接关系外，还与企业的生产工艺水平、管理水平、企业的生产规模有关。表 5 - 2 为国家经贸委于 2005 年制定的各类纺织印染产品的用水定额。

表 5 - 2　2005 年各类纺织品的用水定额

产品名称	棉纺印染产品/(t/hm)	毛精纺染整产品/(t/hm)	毛粗纺染整产品/(t/hm)
用水定额	2.4	13.0	21.0

注：1. 棉纺印染产品按布幅 914mm、布重为 10.0 ~ 12.0kg/hm 的印染产品作为标准品，其他类产品均按此折算。

2. 毛精纺染整产品按布重为 42.0 ~ 43.0kg/hm 的薄型毛料作为标准品，其余按此折算。

3. 毛粗纺染整产品按布重为 74.0 ~ 75.0kg/hm 的毛呢作为标准品，其余按此折算。

4. 表中的用水定额均为新鲜水用量。2005 年，棉纺印染产品的水重复利用率为 20%；毛精纺染整产品和毛粗纺染整产品的水重复利用率为 30%。

由于水的作用不同，因此对水质的要求也不相同。一般而言，染整用水对色度、浊度、硬度、铁盐及 pH 值要求较严，一般是无色、无味、透明、含盐类少，特别是钙、镁、铁盐等物质的含量不能超标。如果使用不符合要求的水进行染整加工，就很难保证产品的质量，如在纯棉织物煮练加工中使用含钙、镁离子的硬水，煮练后棉织物的吸水性较差，水中的钙、镁盐还会与肥皂等洗涤剂作用生成钙皂、镁皂等沉淀在织物上，影响织物的手感、光泽，同时还增加了肥皂的耗用量；在漂白过程中若水中含有较多的铁、锰等离子，不仅影响织物的白度，还可能在漂白时起催化作用，影响织物的强度；在漂洗时，对水的色度和纯净度要求也较高，否则漂洗后织物易泛黄。此外，含有钙、镁离子的水，也能与染料生成沉淀，影响染色的鲜艳度和色牢度。可见，水质的优劣直接影响到产品的质量。

为保证印染产品的质量，印染用水的基本要求如表 5 -3 所示。

表 5 -3 印染用水的基本要求

总硬度/(mg/L)	铁/(mg/L)	锰/(mg/L)	pH 值	色度	高锰酸钾需氧量(OC)/(mg/L)
0 ~ 25	<0.1	<0.02	7 ~ 8	<10	<10

以某棉纺印染企业为例，生产过程中的各用水节点及其对水质水量的要求如表 5 -4 所示。

表 5 -4 某纺织印染企业的水消耗系统分析结果

<table>
<tr><th>用水节点</th><th>用 途</th><th>进水水质</th><th>消耗量/(t/d)</th><th>出水量/(t/d)</th><th>出 水 水 质</th></tr>
<tr><td rowspan="2">水处理站</td><td rowspan="2">制生产用水</td><td rowspan="2">要求不高</td><td rowspan="2">20000</td><td>11000</td><td>符合生产用水的要求，常温</td></tr>
<tr><td>9000</td><td>杂质含量高，成分复杂，常温</td></tr>
<tr><td rowspan="2">锅炉</td><td rowspan="2">锅炉用水</td><td rowspan="2">要求高，
需要软化</td><td rowspan="2">1500</td><td>14000</td><td>出水为蒸汽，温度和质量高</td></tr>
<tr><td>27</td><td>排污和损耗</td></tr>
<tr><td>纺纱厂</td><td>空调用水</td><td>要求高</td><td></td><td></td><td>水质不变，水温升高</td></tr>
<tr><td rowspan="3">织布厂</td><td>浆纱用水</td><td>要求高</td><td></td><td></td><td>杂质含量高，成分复杂，并伴有损耗</td></tr>
<tr><td>喷织用水</td><td>要求高</td><td></td><td></td><td>杂质多，并伴有损耗</td></tr>
<tr><td>空调用水</td><td>要求高</td><td></td><td></td><td>水质不变，水温升高</td></tr>
<tr><td rowspan="5">染色厂、
染纱厂</td><td>冷却水</td><td>低温</td><td>4300</td><td>4300</td><td>水质不变，水温升高</td></tr>
<tr><td rowspan="2">染色机进水</td><td rowspan="2">要求高</td><td rowspan="2">14500</td><td>12900</td><td>水质差，水温高</td></tr>
<tr><td>230</td><td>蒸发与损耗</td></tr>
<tr><td>设备洗涤水</td><td>要求较高</td><td>1600</td><td rowspan="2">1800</td><td rowspan="2">杂质多，低温，排水分散，并伴有损耗</td></tr>
<tr><td>场地洗涤水</td><td>要求不高</td><td>200</td></tr>
<tr><td rowspan="3">整理厂、
织布厂</td><td>定形用水</td><td>要求高</td><td rowspan="2">200</td><td rowspan="3">300</td><td rowspan="3">杂质多，低温，用水规律性不强，排水不连续、分散，并伴有损耗</td></tr>
<tr><td>设备洗涤水</td><td>要求较高</td></tr>
<tr><td>场地洗涤水</td><td>要求不高</td><td>100</td></tr>
</table>

由表 5 -4 可知，纺织印染企业，特别是其染整加工过程的用水量一般都非常大，是用水大户，因此，针对各用水节点对水质水量的要求，分别采用相应的措施实施节水改造，对于缓解水的供需矛盾，减少废水的排放量与处理费用，降低企业的生产成本具有重要的意义。

5.3.3 废水的排放与处理

(1) 废水来源

棉纺织品生产过程中的废水产生情况如图 5 -6 所示。

由图 5 -6 可知，棉纺织品的纺纱和织造过程基本不产生废水，废水主要来源于染整加工过程的退浆、煮练、漂白、丝光、染色、印花、整理等生产工序。据估算，每生产 100m 织物大约产生 2.5t 废水，这些废水因加工过程不同而各有特征。

(2) 棉纺织印染行业各工序使用的化学品

棉纺织印染行业各工序使用的化学品如表 5 -5 所示。

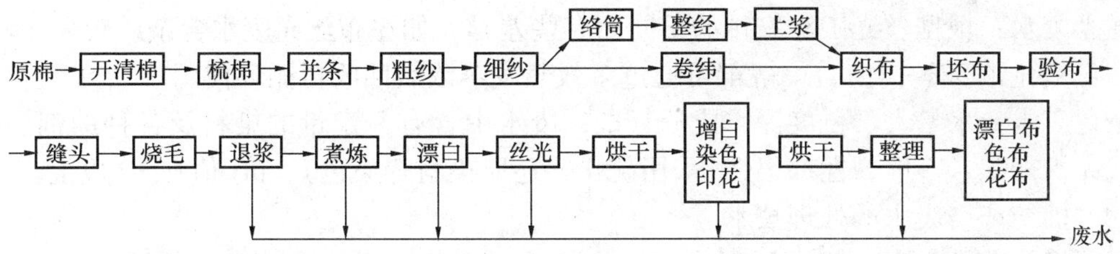

图5-6 棉纺织印染生产的废水来源

表5-5 棉纺织印染行业各工序使用的化学品

工序	使用的化学品
上浆	可溶性淀粉，或合成龙胶，或海藻酸钠，或羧甲基纤维素(CMC)，或聚乙烯醇(PVA)
退浆	淀粉分解酶、NaOH、$NaBrO_2$、H_2O_2
煮炼	Na_2CO_3、NaOH、$NaHCO_3$、多聚磷酸钠
漂白	NaClO、$NaClO_2$、H_2O_2、过醋酸、$NaBO_3\cdot 4H_2O$、K_4MnO_4、$Na_2S_2O_3$、$NaHSO_3$、乙酸、甲酸、草酸、H_2SO_4
丝光	NaOH、H_2SO_4、醋酸
印染	①直接染料、Na_2CO_3、Na_2SO_4、NaCl、表面活性剂 ②还原染料、NaOH、$Na_2S_2O_4$、Na_2SO_4、$K_2Cr_2O_7$、H_2O_2、乙酸、红油、平平加 ③纳夫妥染料、乙醇、NaOH、Na_2CO_3、NaCl、HCl、醋酸钠、$NaNO_2$、表面活性剂 ④硫化染料、Na_2S、Na_2CO_3、NaHS、NaCl、Na_2SO_4、$K_2Cr_2O_7$、H_2O_2 ⑤活性染料、NaOH、Na_3PO_4、Na_2CO_3、$NaHCO_3$、Na_2SO_4、尿素、表面活性剂 ⑥酸性染料、Na_2SO_4、$(NH_4)_2SO_4$、醋酸铵、H_2SO_4、醋酸钠、丹宁酸、酒石酸氧锑钾、苯酚、间苯二酚、表面活性剂 ⑦酸性媒染染料、醋酸、Na_2SO_4、$K_2Cr_2O_7$、Na_2CO_3、丹宁酸、表面活性剂 ⑧分散染料、Na_2SO_4、各种载体(有机物)、表面活性剂 注：后四种常用于毛纺织品
整理	甘油、$(NH_4)_2HPO_4$、硼砂、H_3BO_3、尿素、甲醛、石蜡、淀粉、树脂

（3）棉纺织印染废水的特征

由于在棉纺织印染加工的各工序中使用了表5-5所示的化学品，因此各工序产生的废水的成分各不相同。一般而言，棉纺织印染废水的排放量为0.2～0.35m^3/m织物，其中退浆废水占15%，污染物占50%，可处理性随浆料品种而异；煮炼丝光废水占20%，pH=10～14，呈褐色；印染废水占50%～60%，污染物难生物降解。

退浆废水：经纱的上浆率一般为4%～8%，浆液中还需加入适量的防腐剂、柔软剂、吸湿剂等，因此，退浆废水中含有大量的浆料、浆料的分解物、纤维屑、酶及碱类等污染物。废水的污染程度随着所用浆料的种类而异，目前棉混纺织物所用的浆料多为聚乙烯醇(PVA)，据测定，PVA的COD值为10000mg/L，而BOD_5仅为20～30mg/L，是较难生物降解的物质。

煮练废水：其特点是碱度高，pH值一般在11～13，主要的污染物为从纤维上脱落的果胶、棉蜡、棉籽壳及碱性物质、表面活性剂和硅酸钠、亚硫酸氢钠和净洗剂等，煮练残液一般呈黑褐色，pH值高，有机污染物浓度高。

漂白废水：常用的漂白剂有次氯酸钠、双氧水和亚氯酸钠。双氧水作漂白剂时，由于双氧水在漂白废水中几乎能被完全分解，所以对废水的污染程度很轻，还可以提高废水中溶解氧浓度。含氯漂白剂虽在漂白时能大部分分解，但废水中还残留着含氯漂白剂，需脱氯处理。但总体而言，漂白废水的污染物含量及色度都较低。

丝光废水：根据丝光工序安排的不同而有些差异，如坯布丝光废水含杂质较多。丝光废水中含氢氧化钠3%～5%，一般都可通过多效蒸发蒸浓后回收再循环使用。

染色废水：水量大、色度深，成分复杂，废水中含有一定量的染料及各种助剂、油剂、酸碱及无机盐等，一般碱性都很强（采用硫化、还原染料等染色），pH值在10以上。

（4）棉纺印染废水的处理技术

目前棉纺印染废水一般采用生化、物化的治理工艺进行综合治理，其设备排水可达到《纺织染整工业污染物排放标准》GB 4287—92中的一级排放标准。

生物处理工艺主要为好氧法，为提高废水的可生化性，缺氧、厌氧工艺在印染废水处理中应用较多。

1）活性污泥法

活性污泥法是目前使用最多的一种方法，有推流式活性污泥法、表面曝气池等。活性污泥法具有投资相对较低、处理效果较好等优点，其中，表面曝气池因存在易发生短流、充氧量与回流量调节不方便、表面活性剂较多时产生泡沫覆盖水面影响充氧效果等弊端，近年已较少采用。推流式活性污泥法在一些规模较大的工业废水处理站仍得到广泛应用。污泥负荷通常为0.3～0.4kg(BOD_5)/kg(MLSS)·d，其BOD_5的去除率大于90%，COD的去除率大于70%。据印染行业的经验表明，当污泥负荷小于0.2kg(BOD_5)/kg(MLSS)·d时，BOD_5的去除率可达90%以上，COD的去除率为60%～80%。

2）生物接触氧化法

生物接触氧化法具有容积负荷高、占地小、污泥少、不产生丝状菌膨胀、无需污泥回流、管理方便、填料上易保存降解特殊有机物的专性微生物等特点，因而近年来在印染废水处理中被广泛采用。生物接触氧化法停止进行后，重新运行启动快，对企业因节假日和设备检修停止生产无废水排放对生物处理效果的影响较小。因此，尽管生物接触氧化法投资相对较高，但因能适应企业废水处理管理水平较低、用地较紧张等情况，应用越来越广泛，特别适用于中小水量的印染废水处理，通常，容积负荷为0.6～0.7kg(BOD_5)/kg(MLSS)·d时，BOD_5的去除率一般大于90%，COD的去除率为60%～80%。

3）缺氧水解好氧生物处理工艺

缺氧段的作用是使部分结构复杂的、难降解的高分子有机物在兼性微生物的作用下转化为小分子有机物，提高其可生化性，并达到较好的处理效果。缺氧段的水力停留时间一般是根据进水COD浓度来确定的。当缺氧段采用填料法时，通常按每100mg/L的COD需水力停留时间11h累计取值。好氧段负荷限值有两种方法：一是不计缺氧段去除率，此时好氧段负荷的限值略高于一般负荷值；另一计算法是按缺氧段BOD_5去除率为20%～30%计，而好氧段的负荷按一般负荷值计算。经这一工艺处理后，BOD_5的去除率在90%以上，COD的去除率一般大于70%，色度去除率比单一的好氧法也有明显提高。

4）生物转盘、塔式滤池

生物转盘、塔式滤池等工艺在印染废水的处理中也曾采用，取得了较好的效果，有的厂家目前仍在运行。但由于这些工艺占地较大，对环境的影响因素较多，处理效果相对其他工艺低，目前已很少采用。

5）厌氧处理

对浓度高、可生化性较差的印染废水，采用厌氧处理方法能较大幅度地提高有机物的去除率。厌氧处理在实验室研究、中试中已取得了一系列成果，是有发展前途的新工艺，但其生产运行管理要求较高，在厌氧处理后面还需好氧处理才能达到出水水质要求。

6）超临界水氧化法

这是一种新兴的废水处理方法，主要适用于高浓度难降解、可生化性较差、含盐量较高的废水的处理，出水水质能一次性达到直接排放标准或回用要求。目前已在实验室研究、中试中取得了一系列的成果，是非常有发展前途的新工艺。

（5）棉纺印染废水的处理工艺

1）棉机织产品染整废水处理

由于棉混纺织数量的增加，在棉机织产品的染整废水中存在一定数量的化学浆料和剩余染料等难生物降解物质，单独采用好氧生物处理工艺难以将其氧化分解，现常采用厌氧－好氧生物治理工艺，其中的厌氧法主要是利用厌氧过程的产酸阶段（即水解产酸阶段）提高废水的可生物降解性能。为了加快其处理过程，应投加一定量的经过培养的菌种，使难以降解的大分子量有机污染物变成较易降解的小分子量有机污染物。这些水解酸化菌对染料、浆料和表面活性剂都有较明显的破坏和降解作用，为后续的好氧生物处理提供了较为有利的条件，使废水治理系统得以正常运行，从而减少化学处理单元的负担。典型流程如图 5－7 所示。

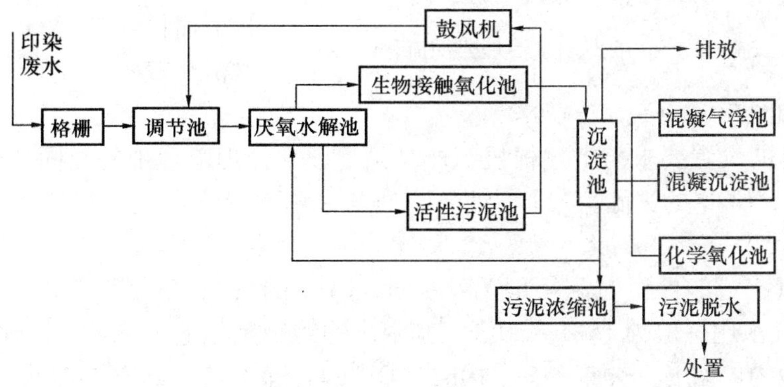

图 5－7　棉机织产品废水治理典型流程

流程中格栅一般设置两道，通常第一道为固定栅条式格栅，第二道为自动回转式格栅。调节池的调节时间一般为 6～8h，COD 的去除率一般平均为 8%左右。调节池一般设有预曝气设备，气水比为 3∶1～5∶1，预曝气一方面为防止沉淀进行搅拌，另外兼有去除部分有机污染物的作用。厌氧水解酸化池根据废水中污染物状况，停留时间为 4～10h，COD 的去除率一般为 15%～30%，色度去除率可达 40%～70%，对泡沫的消除也有明显的效果。

生物接触氧化池的停留时间一般为 5～7h，COD 的去除率约为 55%～60%，色度去除率约为 50%，气水比一般为 20∶1～25∶1。生物接触氧化池通常设计为两段，两段池可以相同，也可以第一段比第二段大。第一段的气水比为 25∶1～28∶1，第二段的为 15∶1～18∶1。活性污泥法中曝气池的停留时间一般为 9～12h，COD 的去除率约为 60%～70%，色度去除率约为 50%。

沉淀池的沉淀时间通常为 1.5～2h，目前，沉淀池主要采用竖流式沉淀池形式，处理水量较大时多采用辐流式沉淀池形式。污泥沉淀通常采用重力或机械搅拌排泥方法排入浓缩池，然后进行机械脱水或污泥自然干化。在厌氧水解池运行初期，为了提高池中污泥含量，也可采用部分沉淀池污泥回流方式，其余部分剩余污泥则进行脱水处理。

混凝沉淀或混凝气浮工艺都采用化学投药方法，投药品种多为无机聚合铝或无机与有机复合聚合物，产生的污泥排入污泥浓缩池与生物污泥一并处理，COD 的去除率约为 40% ~55%，色度去除率约为 40% ~60%。混凝沉淀池或混凝气浮池中投加的药剂采用水力混合或机械搅拌。当好氧生物处理后沉淀池出水略高于排放标准时，也可在沉淀池前投药，利用水力搅拌。

当废水 pH 值较高时，在调节池前应考虑加酸中和，但当企业设有三效蒸发丝光淡碱回收装置并严格控制生产过程中碱用量时，一般可不考虑中和装置。在流程中，根据排放标准要求不同和处理后水质状况不同，可在沉淀池后或混凝沉淀池后的不同部位进行排放。

化学氧化法主要以去除色度和剩余有机污染物为主，其脱色效果优于混凝沉淀或混凝气浮工艺。尤其是超临界水氧化法，可使 COD 的去除率达到 99.9%，特别适用于高浓度降解难印染废水的处理。

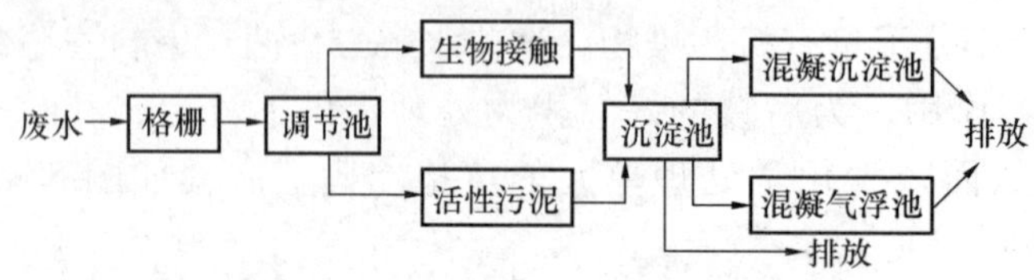

图 5-8 棉针织产品染整废水治理典型流程

2）棉针织产品染整废水治理

由于棉针织产品在纤维织造时不需要上浆，其废水中不含浆料成分，因此废水中的有机污染物含量低于棉机织产品印染废水，治理流程相对较短，设计和运行参数也较低。典型流程如图 5-8 所示。

流程中格栅的设置要求与上述棉机织产品染整废水处理流程中的相同。调节池的停留时间一般为 6~8h，COD 的去除率平均为 8%，通常采用预曝气形式进行搅拌，防止产生沉淀并保证去除率。

生物接触氧化池的停留时间一般为 4~6h，COD 的去除率约为 55% ~60%，色度去除率约为 50%，气水比一般为 15:1 ~20:1，其中生物接触氧化池可采用一段法或二段法。

活性污泥池的停留时间一般为 8~10h，COD 的去除率约为 60% ~70%，色度去除率约为 50%。沉淀池的沉淀时间通常为 1.5~2h。末端的混凝沉淀池或混凝气浮池的 COD 去除率约为 30% ~55%，色度去除率约为 40% ~60%。

由于棉混及化纤织物废水的生化效果较差，可在好氧生化设施前增加水解酸化池。在曝气池中加入适量的铝盐、$Fe(OH)_3$和粉末活性炭，并逐步驯化形成具特殊结构的生物污泥，SS 可达 7g/L，COD 的去除率比普通活性污泥法高 10% ~20%。

5.3.4 节水案例剖析

纺织印染企业，尤其是以印染为主的纺织印染企业不仅是用水大户，也是排水大户，因此，如何减少企业生产过程中的新水取用量和废水排放量是降低企业运行成本，增强企业的市场竞争力，实现可持续发展的一个重要因素。为此，不同企业在节水降耗方面做了一系列的技术改造，也取得了明显的节水效果。

（1）节水案例一：筒纱染色代替绞纱染色

由于不同纱线的物理性质不同、客户对颜色的要求不同，因此不同批次的产品在工艺上都会有所区别，其结果是单位产品水耗、能耗会存在不同。一般而言，绞纱染色单位产品的用水量为 160~250t 水/t 纱，而筒纱染色的单位产品用水量为 100~150t 水/t 纱。取其平均值，同样染 1t 纱，筒纱染色比绞纱染色节省用水约 80t。

绞纱染色单位产品的蒸汽用量为15～23t蒸汽，筒纱染色单位产品的用汽量为10～14t蒸汽。同样染1t纱，筒纱染色比绞纱染色节省蒸汽约7t。

（2）节水案例二：棉布前处理冷轧堆一步法工艺

棉布前处理冷轧堆一步法工艺是采用烧碱、双氧水同浴，可一次性达到煮炼、漂白的效果。用其代替传统煮练后漂白的工艺，可降低蒸汽的使用量和污水的排放量。

某棉纺印染企业采用该工艺有效提高了灯芯绒产品的布面质量，产品的单位生产成本有明显的下降，特别是节约水、电、蒸汽较明显，每万米布少用蒸汽10.5t，水30t。

江苏常州地区的某棉纺印染企业采用高效炼漂助剂及碱氧一步法工艺，使传统前处理工艺退浆、煮炼、漂白三个工序合并成浸轧堆置水洗一道工序，成品质量达到三道工序的质量水平。采用该工艺后，每万米布少用蒸汽6t，水19.5t。

（3）节水案例三：生物酶前处理技术

传统的棉精练是在热碱液中进行的，效果非常明显，缺点是要用大量的水冲洗或是用酸来中和。一方面造成纤维损伤，活力下降，另一方面耗用大量的化学品和水资源，造成废液中的BOD_5、COD_{Cr}值和盐含量高。酶精练可在温和的温度和pH值下进行，且对纤维的结构和强力没有损伤。如棉织物练漂工艺中，用生物酶代替传统的烧碱，可使前处理从退浆、煮练、漂白缩短为冷轧堆置加蒸洗的短流程，能达到简化工艺，缩短流程，减少工时，具有能耗低、耗水少、生物酶无毒性、易生物降解等特点，可提高退浆率，减少后道工序的处理难度，提高前处理织物的品质和经济效益，符合印染行业清洁生产的发展要求。

江苏常州地区的某棉纺印染企业利用高效淀粉酶代替烧碱去除织物上的淀粉浆料，用果酸酶去除棉表面的不溶性甲酸。采用该工艺后，每万米布少用水21t，少用蒸汽6.35t。

（4）节水案例四：烧毛机冷却水的回用

烧毛是除去暴露在纱线表面的纤维末端，令布面光洁滑爽，提高染色色泽的鲜艳度和干湿摩擦牢度，减轻退浆、精练的负荷。烧毛机火口在长时间高温条件下工作，易过热变形，需用大量的冷水进行冷却，此部分用水即为烧毛用水，每天生产需用冷却水400t左右。

由于烧毛用水在使用后仅温度稍有升高，其他水质没有变化，江苏常州地区某纺织印染企业通过安装管道、阀门，首先将烧毛机冷却水接到氧漂机和染缸加以充分利用，使水的温度进一步升高后，作为洗涤水使用，通过串级使用而实现一水多用，大大节约了用水量。改造前，这些用于冷却的水都流入下水道。目前，公司自制贮水箱，用水泵经管道将用于冷却后的清水重新输回公司用水的下游管道，供其他设备使用，大大节约了生产用水。按300个工作日、烧毛机每天工作16h、每小时排出冷却水2t计算，每年可回用水9600t。

（5）节水案例五：前处理废水的分级、串级循环利用

江苏常州地区某印染公司在煮漂机后氧漂段、丝光机水洗段增设储水箱，收集氧漂段水洗后的废水和丝光机水洗段的排放废水，通过铺设管道、安装输水泵，将氧漂段水洗后的废水用于煮漂机前段煮练后的水洗，将丝光机水洗段的排放废水用于退浆机、煮漂机进布段水洗，这样可以节约煮漂机用水的1/3，退浆机用水的1/5，每年可节约用水10万t，同时还节约了热能。

（6）节水案例六：采用小浴比煮练及冷轧堆染色

传统的煮练均在常压条件下进行，江苏常州地区某纺织印染公司采用加压煮练，通过提高煮练过程的压力而提高煮练温度与煮练锅内的填充密度，实现小浴比煮练，大大节省了煮练工段的用水量。同时采用冷轧堆染色工艺，大大减少了染色工段的用水量，取得了明显的

节水效果。

(7) 节水案例七：连续轧染无盐工艺

在棉织物活性染料传统工艺中，需加入大量的食盐来促进染料的上染。盐的加入会导致水质恶化，破坏生态环境，也给污水处理过程增加负担。无盐工艺的使用，减少了传统工艺中先浸轧→预烘→烘干→固色前的烘干部分。

江苏常州地区某印染企业采用该工艺，每万米布少用蒸汽5t，少用水2t。

(8) 节水案例八：织物变性涂料染色工艺

江苏常州地区某纺织企业以外购棉坯布为原料，生产各类染色面料。采用湿法染整工艺时，水是进行染整加工的唯一媒介，无论进行怎样的技术改造，都无法消除水的使用。为此，该企业自行开发了一种用水较少的涂料染色工艺，采用增深技术，使纤维表面呈阳离子化，提高了涂料利用率及染深性。由图5-9所示的传统湿法染色工艺与新型涂料染色工艺的对比可以看出，采用新型的涂料染色工艺既可缩短工艺流程，减少设备的投资与运行费用，又可大幅减少水的消耗。该企业的生产实践表明，采用涂料染色工艺省去了常规黏合剂涂料染色工艺染后还需要的高温焙烘工艺，使生产效率提高了30%以上，同时可减少用水90.8%，节省蒸汽64.3%、助剂50.5%、烧碱10%、盐100%、染色涂料28.2%，污染物排放基本为零，并还可节能39.5%。

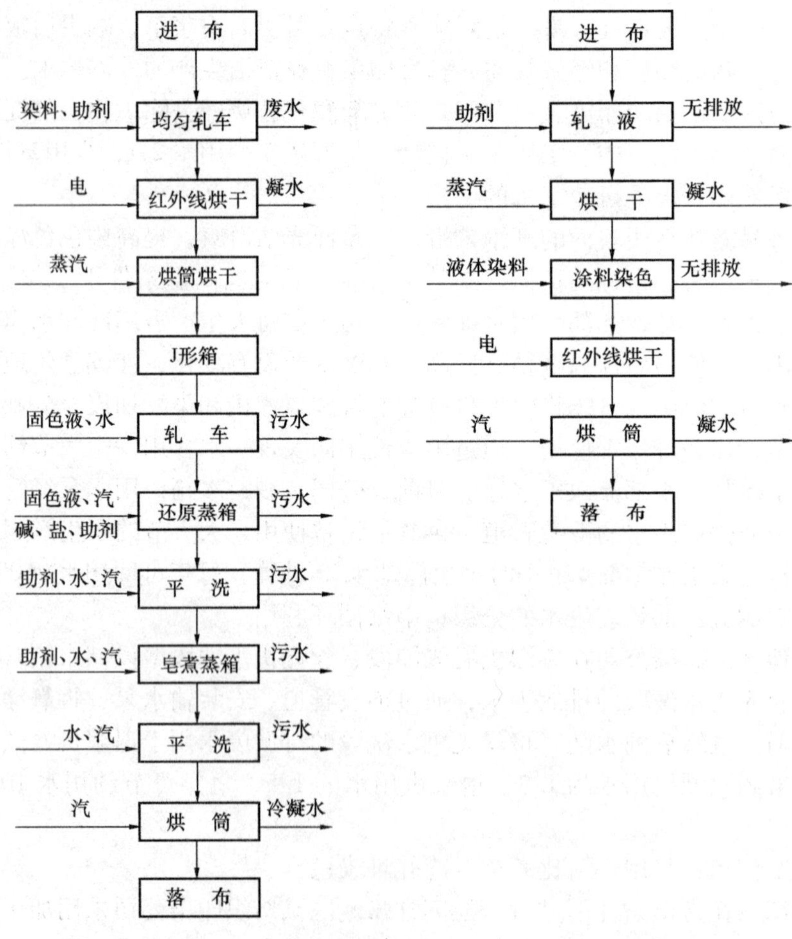

图5-9　传统湿法染色工艺与涂料染色清洁生产工艺的比较

（9）节水案例九：采用逆流漂洗技术

在纺织印染的生产过程中，漂洗工段是用水量最大的一道工序。某纺织印染公司将平洗机水槽按先后顺序逐渐抬高，用管道将原本不相连的水槽连接起来，使新水从最后一槽逐槽向前流动至第一槽，而织物则从第一槽送进，由最后一槽洗净取出，实现逆流漂洗。水在逆流时，因织物带有污物，所以水的颜色逐渐变混浊，水质逐渐变坏，颜色最混浊的水就在第一槽里排出，而带杂质最多又尚未水洗的织物则与这种污染最重的水相遇，逐渐趋于洗净的织物则与水质较好的水相遇，最后排出水洗机，既提高了织物的洗涤效果，又节约了用水量。

江苏常州地区某甲公司没改进前，每格都要清水清洗，水的作用没有充分发挥，浪费较大，改进后生产用水从最后一道平洗槽与织物行走的方向相反，逐格倒流，用脏水洗更脏的布，最后清水洗较干净的布，实行水的串联利用，达到节水目的。改进前染色万米布平均用水 180m^3，改进后染色万米布用水 130m^3。

江苏常州地区某乙公司的氧漂机、退浆机、煮漂机、丝光机、水洗机、轧染机的水洗设备在生产过程中需耗用大量清水对布面进行清洗，是印染厂的主要耗水机台。根据工艺要求和各段水洗对水质的不同要求，通过平洗箱的前后联通，实现逐格回流，充分利用后段水进行漂洗来达到节约用水的目的，经测算每年可节约用水 12 万 t 左右。

（10）节水案例十：冷轧堆染色工艺

冷轧堆染色是将染料和固色剂混合在一起给织物上色，打卷存放 4～10h，使染料和固色剂在这段时间内充分吸收到织物中，得到很好的上染率和固色率，浮色很少，也就容易水洗了，明显节约了用水。

冷轧堆染色不仅节省水、电、汽，由于没有了中间烘燥，不存在色差泳移，工艺一次准确性提高了，一等品率提高了，亦相应将取水量降低了。采用活性染料染纯棉织物时，连续染色法的生产费用随批量的增加而减少，冷轧堆染色工艺的单位成本不受批量大小影响，适合小批量多品种的生产，生产灵活性大，化学品药剂支配了全部费用，不用蒸汽，水、电皆比连续法节省许多。

（11）节水案例十一：冷堆染色工艺

冷堆染色，即指织物在低温下通过浸轧染液和碱液，利用轧辊压轧使染液吸附在纯棉织物纤维表面，然后进行打卷堆置，在室温下堆置一定时间（键合时间）并缓慢转动，使之完成染料的吸附、扩散和固色过程，最后水洗完成上染的染色方式。

冷轧堆染色工艺流程短，设备简单，对环境污染小，因不经烘干和汽蒸，从而节约能源，具有浴比小、上色率高（固色率比常规轧蒸法提高 15%～25%），不存在染料泳移弊病等特点，特别适合对张力敏感及染不透等多品种、小批量的生产。

冷堆染色工艺在国外已得到较快的推广，先进国家棉布染色的企业，冷堆染色加工约占 50% 的比重；而国内冷堆染色工艺主要在灯芯绒印染企业得到推广应用。这是因为在灯芯绒染色中冷堆染色工艺发挥出其它染色工艺无法与之相比的质量与节能方面的优势，保证灯芯绒色泽格外丰满，绒毛和绒底的色泽较一致。

江苏常州地区某纺织印染企业采用该工艺，每万米布少用蒸汽 6t，少用水 35t。

（12）节水案例十二：空调水的串级使用

江苏南通地区某棉纺企业以外购棉花为原料生产棉坯布，生产过程分为纺纱和织造两个工段。用于调节室内的温度和湿度，以保证纺纱质量的空调用水在全厂总用水中占有较大的比重，因此，该企业一方面通过提高空调的效率实现节水，另一方面，由于空调水不与原料和产品接触，水质比较洁净，通过将其重复利用而实现节水。

喷淋式空调直接以冷水作为冷源带走空气中的热量，同时进行湿度的调节，因此用水量较大。针对这种情况，该企业首先采用“冬灌夏用”的办法，通过降低水的温度提高空调的制冷效果，同时通过“串级使用”，提高了节水效果。具体措施为：通过 6 眼深井开发地下水量的 430m^3/h，水温约 23℃，补充进蓄水池，然后蓄水池以 100m^3/h 的水量供纺部空调用水，同时，蓄水池将其余 330m^3/h 的水送到冷冻机制成冰冷水后再供给纺部空调，此时纺部空调的用水量为 430m^3/h，水温为 15.5℃。由于温度降低，空调的制冷效果得到了加强。经过一次、二次喷淋(一、二次喷淋之间以每 1877m^3/h 的水量进行小循环)，纺部空调消耗少部分水，剩下 380m^3/h，水温约 21℃的水供给织部空调使用。织部空调用水在一次喷淋与二次喷淋之间又以约 1305m^3/h 的回水能力进行水循环，余下水温约 25℃的水进入回水池。回水池的水送入快滤池，然后经冷却池、冷冻机、冷却塔制冷，冷冻机的水经液氧消毒后送入清水池，供生产与生活区使用。

为了进一步减少喷淋的用水量，该企业在纺纱车间还采用先进的超声雾化器代替传统的喷淋装置，减少了水的消耗量，取得了较好的节水效果。

(13) 节水案例十三：冷凝水直接利用

印染企业的烘燥机是重点用能部位，高温蒸汽在烘筒内放出 80% 的热量后便形成液态凝结水，推广使用蒸汽冷凝水的闭式回收设备和装置，可以提高蒸汽冷凝水的回收再利用率。根据实验，每台烘燥机每小时耗用蒸汽 380kg，其冷凝水必须及时排出烘筒，否则将影响热交换效率。

大多数染整企业用于染布的水温需从 20℃加热到 70℃，一般采用蒸汽通入染缸夹套进行间接加热，产生的蒸汽冷却水直接排入废水处理站；染色后将冷水通入染缸夹套降温冷却，产生的冷却水也直接排入废水处理站。以棉纱、化纤丝为原料，集针织坯布、印染面料于一体，专业生产中高档服装与家用纺织品的江苏无锡地区某纺织品有限公司通过铺设管道，修建集水池，将染缸夹套蒸汽加热产生的冷凝水和夹套冷却产生的冷却水收集，得到温度 60 ~ 70℃的热水直接用于染色，既可回收热能，又可节约用水，减少蒸汽加热时间，提高生产效率 10%。正常生产每天可节约蒸汽 9.6t，回收蒸汽冷凝水和冷却水 125t。

(14) 节水案例十四：蒸汽冷凝水回收再利用

纺织印染企业在生产过程中需要使用大量的锡林，原锡林冷凝水全部进入污水管道，增加了污水的处理量，又浪费蒸汽，如果利用高效疏水器和管道把冷凝水回用到平洗槽内，可减少蒸汽的消耗和水的用量，达到节约用水的目的。

江苏常州地区某纺织印染企业利用高效疏水器的提升能力，送到机台平洗槽进行回用，每万米布可节约蒸汽 0.1t，节约用水 29t。全年能节约蒸汽 270t，减少用水量 7.83 万 t。

(15) 节水案例十五：冷凝水回用

江苏常州地区某纺织印染公司在各道生产过程中，织物都是在湿式状态下进行，织物在完成每道工序后都要进行烘干，烘干的热媒是蒸汽，蒸汽在烘干织物的同时，滋生的热量也在下降，当蒸汽温度下降到 100℃以下时变成了冷凝水，一台烘燥机有 30 只烘筒，每只烘筒每小时消耗蒸汽 30kg，整台消耗蒸汽 0.9m^3，也就产生小于 0.9m^3 温度在 98℃左右的冷凝水，原来是排入下水道，这样既浪费水，也浪费热能。通过改造，将原分别排放入下水道的管道并接在一根总管上引到水洗箱，用来洗布，实施水的重复利用。

高温高压染色机在生产过程中的升温和降温都是通过热交换器进行的。在升温过程中，要将常温(0～30℃)染液(3.5～4.5 t/缸织物)加热到130～135℃高温状态，需消耗大量的蒸汽。这些蒸汽在热交换器中冷凝后从交换器的排水口排出，其温度高达90～98℃。当工艺保温完成后，又要用大量的冷水通过热交换器对染缸内135℃的染液降温，直至降到80℃以下才能打开染缸盖，在此降温过程中又会产生大量的冷却水，其温度仍保持40～50℃。采用间歇式高温高压染色机的染色工艺，蒸汽、电、水的消耗颇大，约占生产成本的30%～45%。某公司将这些冷凝水和冷却水收集后，用于染色、碱减量、漂洗。改造后单位产量的蒸汽消耗从35.44t/万m下降到27.79t/万m，每年节约蒸汽4.5万t；每天回用冷却水约3000t，冷凝水约350t，全年至少节约水资源费用6.6万元；每缸布可缩短生产时间15～25min，提高了生产效率。每40～50台染缸(400kg载容)可建造一只80～120m^{3}地下封闭型的集水池。

(16) 节水案例十六：染色后浅色中水再次利用

江苏常州地区某染织有限公司的高温高压染色锅染色时根据客户需求，染成浅(白、黄等色)、中(湖蓝、浅蓝等色)、深(深蓝、黑等色)成品，因此染色锅中的水样也是深浅不同。传统工艺是染色后打开染锅阀门全部当污水排掉，该公司有大小不同的染色锅20多套，每天满负荷生产时的用水量在1200～1500m^3，将染色后的浅色水回收用于加工煮染深色成品，不但降低了生产成本，而且节约了大量水资源。

(17) 节水案例十七：水幕除尘水的循环利用

为净化燃煤(油)锅炉烟尘的排放，必须设置水幕除尘装置，利用水幕将排放废气中的烟尘予以净化。江苏常州地区某纺织染整有限公司通过改造，将水过滤后重复循环利用于水幕，达到了节水的目的。据测算，每年可以节约用水1.5万t，节水效果明显。

(18) 节水案例十八：废水处理及中水回用

江苏无锡地区某纺织印染公司将染色废水通过染色机上微电脑清污分流程控装置，实现高浓度染色废水和低浓度染色废水分质收集。采用生化处理工艺对产生的生活污水和高浓度印染废水进行预处理，降低污染物的排放浓度，确保废水达到接管要求；对低浓度印染废水先经生化处理再经气浮净水装置和活性炭过滤器净化后作为车间冲地、导热油炉水沫除尘、消防及部分深色面料染色用水回用。年回用中水45万t，取得显著的节水效果。

5.3.5　节水技术集成

(1) 节水技术集成

由上述的节水案例分析可以看出，在棉纺织印染企业的生产过程中，如果能在全工艺流程中采用如下的节水集成技术，可以取得非常显著的节水效果。

1) 循环水利用

① 空调水的循环利用：一方面可通过降低冷水的温度，提高空调的效果而减少用水量，另一方面，可根据实际情况，实现一水多用；还可在纺纱车间采用先进的超声雾化器代替传统的喷淋装置，减少水的消耗量。

② 凝结水的回用：凝结水的水质较好，可利用部分水和热量，送回锅炉间作锅炉给水，或就地利用。也可通过热交换器利用凝结水中的热量，还可通过扩容式闪蒸方式产生二次蒸汽，利用二次蒸汽的热量，供给需要用低压汽的用热设备使用。如回收的凝结水量多并需送到供汽车间，可采用闭式系统；如就地使用或回收的凝结水量仅为4～6t/h，则采用开式

系统。

③ 洗水的循环利用：水洗后的水含杂质较少，可直接或经过简单处理后再用于前工序的水洗或皂洗。

2）工艺节水

① 烧毛水的串级使用：先将烧毛水用于部分设备的冷却，使水的温度进一步升高后，作为洗涤水使用。通过串级使用而实现一水多用，大大节约了用水量。

② 采用小浴比煮练及小浴比染色技术：采用加压煮炼可比传统的常压煮练提高煮练温度与煮练锅内的填充密度，实现小浴比煮练，大大节省煮练工段的用水量。采用小浴比染色工艺，可大大减少染色工段的用水量，取得明显的节水效果。

③ 采用逆流漂洗技术：采用逆流漂洗技术，既可提高织物的洗涤效果，又可节约用水。

④ 回收利用染缸夹套凝汽冷凝水及冷却水：将染缸夹套蒸汽加热产生的冷凝水和夹套冷却产生的冷却水收集，可得到60～70℃的热水，直接用于染色，既可回收热能，又可节约用水，减少蒸汽加热时间，提高生产效率。

⑤ 采用新型生产工艺：采用新型涂料染色工艺既可缩短工艺流程，减少设备的投资与运行费用，又可大幅减少水的消耗。

3）再生水回用

纺织印染行业的用水量大，产生的废水量也很大，因此对产生的废水进行适当处理后回用，既对节水具有重要的现实意义，又具有重大的环保意义。

纺织印染工业在各种加工操作中会消耗大量的水，产生大量的废水，其中的污染物主要来自各种纤维材料和加工时所用的染化料两个方面，使污水色泽深，BOD 和 COD 值很高，有些还含有各种有毒有害物质，对人类影响很大，因此必须对其进行深度处理，尽可能实现回用。

通过清污分流，实现高浓度染色废水和低浓度染色废水分质收集。采用生化处理工艺对产生的生活污水和高浓度印染废水进行预处理，降低污染物的排放浓度，确保废水达到接管要求；对低浓度印染废水先经生化处理再经气浮净化装置和活性炭过滤器净化后作为车间冲地、导热油炉水沫除尘、消防及部分深色面料染色用水回用。

（2）集成后节水效益分析

对于年生产能力为 1500 万 m 的某棉纺印染企业，如采用上述节水集成技术进行改造后，每万米染色棉布的新水耗用量可降至 148m^3左右，不仅可满足国家的用水定额，也能满足偏于严格的江苏省用水定额（2010 年修订，棉印染精加工色织布的用水定额为 175m^3/万 m），工业水的重复利用率达 64% 以上，工艺水的回用率达 86.8%，冷凝水的回用率达 92%，既能取得明显的节水效果，又能大幅减少废水治理的费用，具有明显的经济效益、环境效益和社会效益。

5.4 毛纺印染行业的节水技术集成

根据毛纺产品的用途，毛纺工业可用不同原料、不同加工工艺生产出多种多样的产品，有的轻薄毛纺产品的纱线线密度达 5.8tex 以下，有的厚重毛纺产品的纱线线密度达 292tex。毛纺工业根据产品要求和加工工艺的不同，分为精梳毛纺和粗梳毛纺两大系统。

5.4.1 典型生产流程

（1）羊毛的练漂

原毛含有大量的天然杂质和附加杂质两类。天然杂质主要为羊身上的分泌物——羊脂和羊汗。羊脂是由羊的脂肪腺分泌出来的产物，主要成分是由高级脂肪酸和高级脂肪醇结合而成的比较复杂的酯类，同时还含有少量游离状态的醇类和脂肪酸。羊脂不溶于水，但可溶于乙醚、苯、四氯化碳等有机溶剂中。羊汗是羊腺中分泌出来的物质，主要是由含脂肪酸的钾、钠盐及无机酸的钾、钠盐所组成，可溶于水。附加杂质主要为草屑、草籽及沙土等，故原毛必先经过包括洗毛、炭化、漂白等工序的练漂才能用于纺织。

1）洗毛

去除羊汗和头脂。洗毛的主要方法为乳化法，是利用肥皂或合成洗涤剂的乳化、润湿、渗透、增溶、净洗作用，将羊脂从羊毛纤维上洗除。乳化法洗毛又分为皂碱洗毛和合成洗涤剂纯碱洗毛等方法。

2）炭化

炭化的目的是去除植物性杂质，如草屑、草籽等，这些杂质的存在不但影响纺纱加工，而且影响毛纱的质量，在染色中还易形成染色疵病，因此，必须经过炭化工序加以去除。炭化是利用羊毛纤维和植物性杂质对无机酸抵抗力的不同，使植物性杂质被破坏以达到除杂目的。植物性杂质的主要成分是纤维素。纤维素遇酸脱水炭化，强度降低，再经机械压榨、揉搓，即可将已脆化的植物性杂质从羊毛中除去，而在适宜的工艺条件下，羊毛纤维本身不会受到明显的损伤。

3）漂白

羊毛具有天然的淡黄色，所以一般都要进行漂白。漂白的方法有氧化漂白、还原漂白、氧化与还原相结合的漂白。氧化漂白的特点是漂白效果好，白度持久，不易泛黄。还原漂白对羊毛的损伤小，但漂白后易受氧化作用而泛黄。

（2）毛纺工艺

1）精梳毛纺工艺

经过精梳去除短纤维，条子用牵伸法抽长拉细。原料用较长的纤维，长度、细度均要求均匀，一般使用新羊毛。精梳毛纱内纤维基本伸直平行，故其条干均匀、表面光洁，单纱强力较大。精纺织物表面光洁，有光泽，织纹清晰，一般较轻薄，手感坚、挺、爽。

精梳毛纺产品对纱线的条干均匀度要求较高，因此对原料要求也较高，所经过的工序也较多，其工艺流程为：

毛条制造→前纺工程→后纺工程→织造

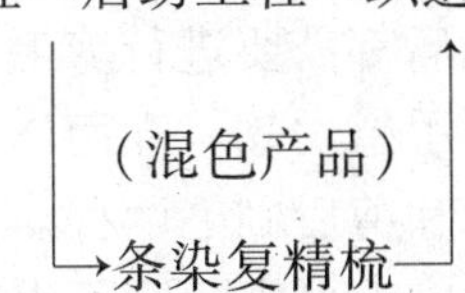

对做精纺毛织品用的低特纱，特别是混色纱，在毛条制造和前纺工程之间还需增加条染及复精梳工序。

① 毛条制造流程：

梳毛→头道针梳→二道针梳→三道针梳→精梳→条筒针梳→末道针梳

② 条染复精梳流程：

松球→染色→脱水→复洗→2 ~4 道混条→针梳→精梳→条筒针梳→末道针梳

③ 前纺工程：

混条 → 头道针梳 → 二道针梳 → 三道针梳 → 四道针梳

有捻粗纱 ← 有捻度

二道无捻粗纱 ← 头道无捻粗纱 ← 无捻度

④ 后纺工程：

细纱→并线→捻线→蒸纱→络筒

2）粗梳毛纺系统

粗梳毛纺在工艺上不经过精梳，毛网用分割法变细。原料用较短的纤维，长度、细度的均匀性无严格要求，可以利用精梳下脚毛、回毛、再生毛。毛纱中的纤维排列杂乱，故其条干均匀度低、表面有毛茸，单纱强力较低，但织物经整理后强度并不差。粗纺织物表面有茸毛，一般织纹不明显，比较厚实，手感柔软而有弹性。其工艺流程为：

配毛及和毛加油→梳毛→细纱→络筒

（3）毛织物的染整工艺

1）精纺毛织物的染整加工工艺

精纺毛织物的组织较紧密结实，纱支细，通过整理后要求呢面平整光洁，织纹清晰，手感丰满而柔软，并具有良好的自然光泽。精纺毛织物整理主要工序有烧毛、煮呢、洗呢。

烧毛：就是使平幅织物迅速通过高温火焰，以烧掉织物表面上的短绒毛，从而使织物呢面光洁，织纹清晰。烧毛主要用于精纺毛织物，特别是轻薄的、要求织纹纹路清晰的品种。

煮呢：煮呢的目的是使毛织物在一定的温度、湿度、张力、时间和压力条件下，消除织物内部的不平衡张力，产生定形效果，使织物呢面平整挺括，尺寸稳定，并且手感柔软、丰满且富有弹性。

洗呢：洗呢的目的一是洗除存在于呢坯中的污物杂质，使呢面洁净，色泽鲜亮；二是充分发挥毛纤维固有的弹性、光泽等优良特征，使织物的手感丰满、光泽柔和。

2）粗纺毛织物的染整加工工艺

粗纺毛织物纹路较粗，整理前织物组织稀松，整理后织物具有呢面丰满、质地紧密、手感厚实，织物表面有整齐的绒毛。粗纺毛织物整理的主要工序有缩呢、洗呢、剪毛及蒸呢等。

缩呢：毛织物在缩呢剂、温度和压力作用下发挥羊毛缩绒性能，使织物紧密、手感丰厚柔软，表面具有绒毛。

剪毛：毛织物经过起毛后都需要进行剪毛。剪毛的目的是将起毛后呢面上长短不一的绒毛剪齐，使织物表面平整、手感柔软、呢面洁净，获得良好的外观。

刷毛：刷毛分剪前刷毛和剪后刷毛两种。剪前刷毛的目的是去除呢面上的杂物，并使绒毛竖起，有利于剪毛；剪后刷毛可去除呢面上剪下的短绒毛，使呢面光洁。

蒸呢：就是使织物在张力、压力的条件下经过汽蒸加工，使呢面平整、形态稳定、手感柔软、光泽润目且富有弹性。

（4）毛织物的染色

用于毛织物染色的染料主要有酸性染料、酸性媒染染料和酸性含媒染料，对于毛混纺织物，可根据其混纺的化学纤维和种类不同而选择相应的染料，如分散染料、阳离子染料等。

5.4.2　用水节点及水质水量分析

毛纺行业是用水大户，主要的用水环节是在染整工艺和后整理工艺。由上述的工艺流程可知，在以动物原毛为原料生产毛纺产品的生产过程中，主要的用水节点有：

（1）洗毛用水

主要用于洗除原毛中夹带的羊毛脂、汗、砂土、草刺和羊粪等杂质，使羊毛变得洁白、松散、柔软、富有弹性，以保证后工序的顺利进行。其需水量较大。

水质的软硬程度不仅影响洗涤剂的用量，还影响洗后毛的质量，所以洗毛用水应尽量使用软水，一般要求洗毛用水的硬度控制在 4 德度以下。

洗毛温度越高，去除油脂和土杂的效果就越好，但洗毛温度不能过高，一般用 48 ~ 60℃的水进行高温洗涤。

（2）炭化用水

炭化是利用羊毛较耐酸、而植物性杂质不耐酸的特点，将含草净毛在酸液中通过，然后经烘干和烘焙，使草杂变为易碎的杂质而将其去除，水的作用是配制酸液，对水质的要求较低，一般的常温水即可。

（3）复洗用水

复洗是制条过程中的一个重要工序，一般原色细毛条需经过复洗。复洗通常分为三槽，第一、二槽加洗剂(通常为纯碱)，第三槽为清水槽。

水的作用是作为洗涤媒介，一般要求为 45 ~ 55℃的清水。

（4）纺纱、织造用水

纺纱就是将毛条纺成纱线，为织造准备原料；织造就是将纺成的纱线织成需要的织物。

与棉纺工艺相同，纺纱、织造过程的用水主要是空调用水。

（5）染色用水

染色是将毛织物染成需要的颜色，毛织物的染色可分为散毛染色、毛条染色和匹染三种。不论何种染色，水的作用是配制染液。一般要求软水，而且用水量很大。

（6）烧毛用水

在烧毛过程中，为了防止毛织物的损坏，必须用大量的水对其进行冷却，这部分冷却用水即为烧毛用水。烧毛用水对水质的要求不高，并且在使用前后仅有温度升高，水质没有变化，因此可将其进行串级使用。

（7）煮呢用水

煮呢是将毛织物在一定的张力和压力作用下，用热水浴处理一定的时间，使毛织物获得稳定的形态、耐久的光泽，柔软丰满的手感，并富有弹性，提高织物对染料的吸附能力，是一种湿定形工序。可以单独热水煮呢或汽蒸，也可以热水煮呢和汽蒸结合进行。煮呢结束后，用水冷水内外循环冷却或抽气冷却后出机。

水的作用是：作为热水煮呢和汽蒸的媒介；用于冷却。

（8）洗呢用水

洗呢的作用是用洗涤液洗去毛织物上的油剂和污物，使之洁净，获得柔软、丰满的手感，保证染色等后续加工的顺利进行。

水的作用是配制洗液和洗涤，需水量较大，一般要求为软水。

5.4.3 废水来源及处理方法

（1）废水的来源及特征

根据来源不同，毛纺厂排放的废水可分为练漂废水和染整加工废水。

练漂废水主要来自原毛洗涤、炭化、漂白等加工工段。各工段产生的废水分别称为洗毛废水、炭化废水、复洗废水。洗毛废水中羊脂、羊汗和泥沙为主要污染物，羊毛脂是组成废水中 COD 和 BOD 的主要成分，外表呈棕色或浅棕色，表面覆盖一层含各种有机物、细小悬浮物以及各种溶解性有机物的含脂浮渣，水量大，浓度高，污染严重，是毛纺厂废水的主要污染源。

原毛经过洗毛和炭化后进行染色，不论散毛染色、毛条染色还是匹染，均产生大量深色废水，其 BOD_5较高，主要来自于染整加工的各工段，产生的废水分别称为烧毛废水、煮呢废水、洗呢废水、染色废水、缩呢废水等。煮呢、洗呢排放含有少量净洗剂和渗透剂的废水；缩呢中产生的废水量较少；染色过程中排放大量的染色残液与漂洗废水。

各工段产生的废水水质特征如表 5－6 所示。

表 5－6　毛纺废水的水质特征

废水种类	水　质　特　征
洗毛废水	外观常呈棕色，浑浊，表面含脂浮渣的 BOD 较高，可回收羊毛脂
炭化废水	pH＝6，较清洁
复洗废水	含纯碱、洗涤剂等，制条后复洗水较清洁，条染后复洗水较污浊
染色废水	含染料、H_2SO_4、醋酸、红矾、Na_2SO_4、平平加、拉开粉、$CuSO_4$等，pH＝1.8～7，水温 90℃
洗呢废水	含少量 Na_2CO_3，氨水，肥皂，洗涤剂等，水温 55℃，pH＝8
煮呢废水	pH＝6～8，水温 95℃
染呢废水	基本上同棉纺的染色废水

毛纺工业废水的水质如表 5－7 所示，废水量的大小取决于生产规模和品种。

表 5－7　毛纺工业废水的水质水量

废水种类	COD/(mg/L)	BOD_5/(mg/L)	SS/(mg/L)	pH	色度/倍	废水量
洗毛废水	15000～2000	400～12000	高	8～11		25～35m^3/t 毛
毛粗纺染色	250～450	80～150	150～500	6～7	80～150	0.2～0.3m^3/m
毛精纺染色	150～300	30～80	40～80	6～7	50～80	0.3m^3/m
毛线染色	200～350	50～100	100～150	6～7	80～150	0.3m^3/kg

（2）洗毛废水的处理

毛纺产品主要是羊毛纤维加工成的纯毛纺织产品或由羊毛纤维与化学纤维按不同比例加工而成的毛混纺产品。在毛混纺产品中，一般羊毛占较大的比例，而化学纤维所占比例较小。

羊毛属天然蛋白质纤维，从羊身上取下的原毛中除主要为羊毛纤维外，还含有羊汗、羊脂及固体杂物等杂质。为使纤维具有可纺性及染色均匀，必须将羊毛纤维中的这些杂质除去，这就是洗毛过程。洗毛过程中以水为媒体，另外还需投加一定量的纯碱、洗涤剂等表面活性剂，通过洗毛联合机的机械洗涤作用和各种洗涤物质的物理化学作用，达到洗净羊毛的目的。排放的洗毛废水中含有一定量的固体杂物（主要为砂、土等）及羊毛脂和羊汗等有机物，其废水中有机污染物含量高，COD、BOD 的浓度均达到 10000mg/L 以上，羊毛脂和羊汗的浓度依原毛产地的不同而不同。国产细羊毛含羊脂 10% ~19%，含羊汗 7% ~10%，可采用高速油脂分离机回收废水中的羊毛脂，用作高级润滑剂。

洗毛废水经过沉淀及提取羊毛脂后，其有机污染物的 COD 浓度约为 10000 ~20000mg/L，BOD 的浓度为 8000 ~10000mg/L，这种废水属可生物降解性较好的有机性废水，单独处理时，治理流程较长，主要采用完全厌氧处理工艺或兼氧工艺，去除相当量的有机污染物后，再进行好氧生物处理。为了实现达标排放，可能还需进行混凝沉淀或混凝气浮等化学处理工艺。其典型工艺流程如图 5 -10 所示。

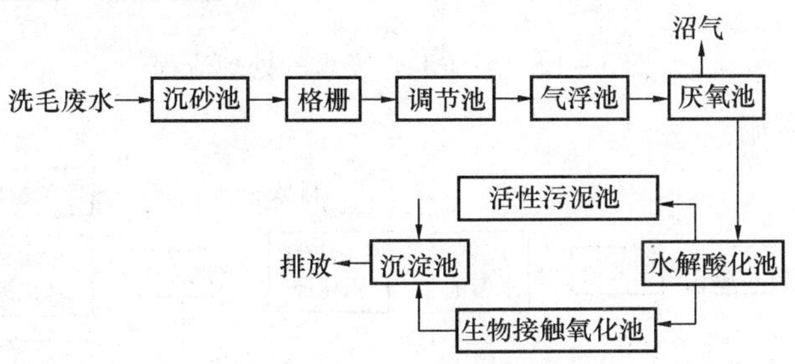

图 5 -10　洗毛废水治理典型流程

在流程中，洗毛废水是指经过提取羊毛脂后二、三槽废水和一槽的浸洗废水的混合废水。沉砂池的停留时间为 1.5 ~2h。格栅设置三道，一道为粗格栅，一道为自动固液分离机，最后一道为过滤筛板。调节池内的停留时间为 8 ~10h，增加预曝气后 COD 的去除率可达 30% 左右。气浮池主要去除废水中残存的羊毛脂等，投药后 COD 的去除率为 40% ~60%。水解酸化池实际上是在微氧条件下，主要以厌氧水解酸化菌为主，停留时间为 4 ~6h，COD 的去除率为 20% 左右。活性污泥池或生物接触氧化池内的停留时间一般为 10 ~12h，COD 的去除率一般为 50% ~60%。

如果企业设有洗毛车间和染色车间时，可将洗毛废水经过提取羊毛脂和厌氧处理后，再与排放的染色废水混合进行好氧处理，这样可以改善混合废水的可生物降解性，提高治理效果。其工艺流程如图 5 -11 所示。

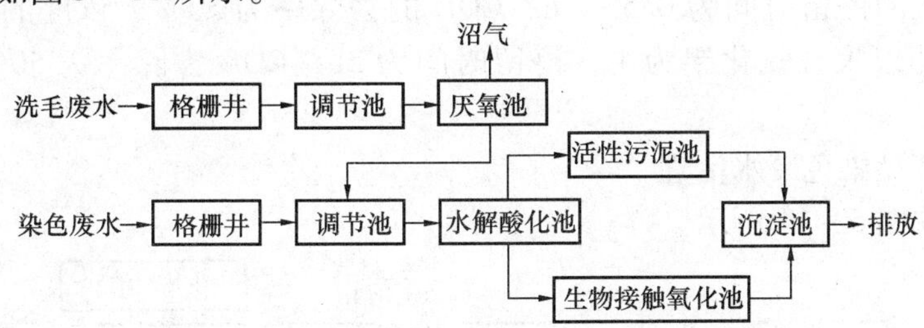

图 5 -11　洗毛废水与染色废水混合治理典型流程

当毛纺混合废水量较大时，多采用活性污泥法或接触氧化法。塔滤由于水力停留时间较短，只适用于毛精纺染色废水或作一级生化处理，生物转盘适用于废水量较少的毛线厂。典型的工艺流程如图 5 -12 所示。

（3）毛粗纺产品染色废水治理

其典型流程如图 5 -13 所示。流程中格栅一般设置两道：一道采用固定式格栅，另一道

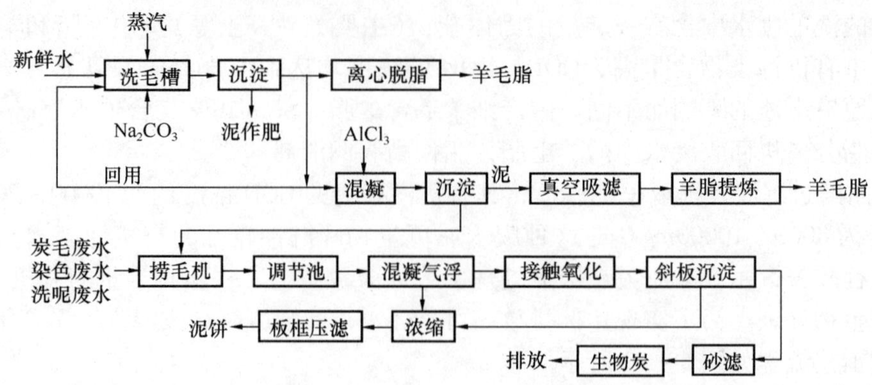

图 5－12　毛纺混合废水的处理流程

采用自动清理回转式格栅。

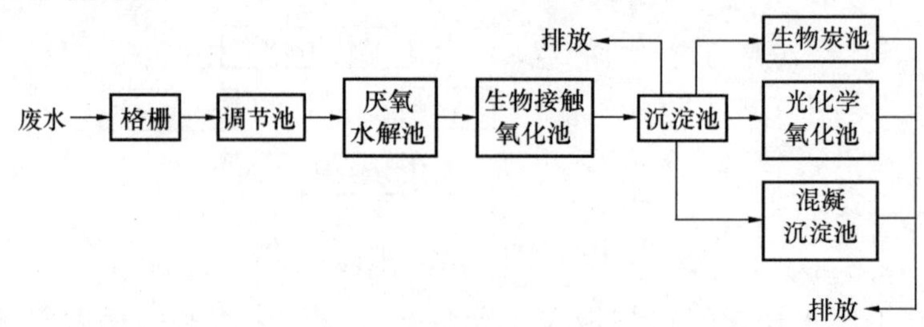

图 5－13　毛粗纺产品染色废水治理典型流程

废水在调节池内的停留时间为 6～8h，COD 的去除率为 8%～10%，一般多采用预曝气方式。厌氧水解酸化池的停留时间 4～6h，池体的 1/3～2/3 装设填料，COD 的去除率为 20%～30%。

生物接触氧化池停留时间为 4～6h，可以采用二段法或一段法，内置半软型填料。气水比为15∶1～20∶1，COD 的去除率为 50%～60%。生物炭池的停留时间为 0.5～1h，气水比为 5∶1～8∶1，COD 的去除率为 50%～60%，色度去除率为 70%～80%，但生物炭池需设有反冲洗设备。

光化学氧化池的停留时间为 0.5～1h，COD 的去除率为 50%，色度的去除率为 80%。混凝沉淀池的投药以聚合氯化铝为主，停留时间为 2h，COD 去除率为 50%，色度去除率为 50%。

（4）毛精纺产品染色废水治理

其典型流程如图 5－14 所示。

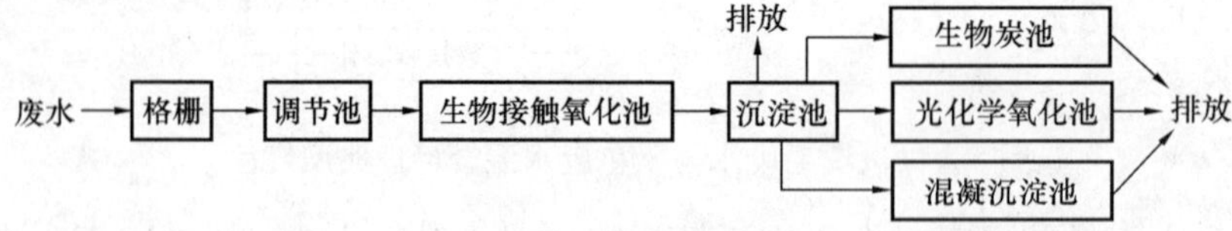

图 5－14　毛精纺产品染色废水治理典型流程

流程中设两道格栅：一道人工清理格栅，一道采用自动回转机械格栅。调节池停留时间为 6～8h，生物接触氧化池停留时间为 3～5h，气水比为 15∶1～18∶1，沉淀池沉淀时间为 1.5～2h。

（5）绒线产品染色废水治理

绒线产品排放废水中的有机污染物含量高于毛精纺产品废水中污染物的含量，但废水量一般较小，其典型流程如图 5－15 所示。

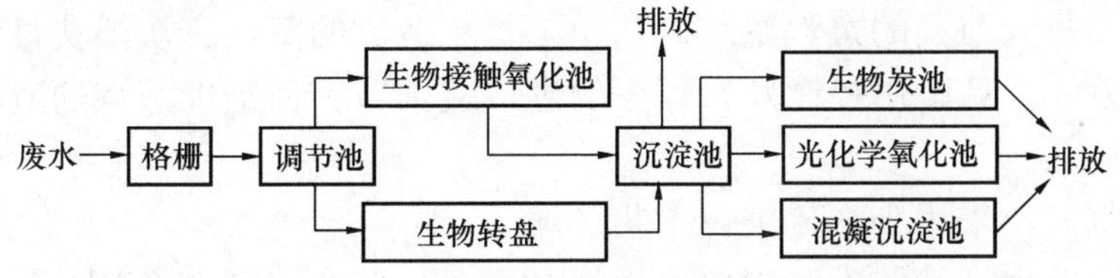

图 5－15　绒线产品染色废水治理典型流程

由于毛线染色的废水中含纤维较多，因此设两道格栅，一道人工清理格栅，一道自动清理格栅。流程中调节池停留时间为 6～8h，生物接触氧化池停留时间为 3～5h，气水比为 15∶1～20∶1。沉淀池的沉淀时间为 1.5～2h。

一般来说，绒线产品废水的处理单元与毛粗纺产品废水的处理单元基本相同，但有时也可采用厌氧水解酸化串接生物接触氧化工艺，即采用全生物治理流程。

由于毛纺织产品染色废水的可生物降解性能较好，故其生物处理单元运行较稳定，去除效率也较高，采用上述流程均可获得满意的效果。

5.4.4　节水案例剖析

（1）节水案例一：工艺节水

某纺织染整有限公司以外购炭化毛为原料，主要产品为精纺毛织品，生产过程包括毛条染色、纺纱、织造及后整理等工序，其用水点包括：毛条染色 10000t/月，水温为 100℃；纺纱与织造工段的空调用水及后整理用水。用水量较大，因此该公司采取了如下的节水措施：

1）采用高压蒸煮

该公司将传统的常压蒸煮锅改为压力蒸煮锅，将购入的炭化毛捆成卷后装入蒸煮锅，利用过热蒸汽对其进行蒸煮，在保证相同蒸煮效果的同时，与常压蒸煮相比，高压蒸煮因为实现了小浴比蒸煮，大大减少了水的消耗。

2）采用气雾洗涤

蒸煮后的炭化毛需进行洗涤。采用传统水洗工艺时耗水量很大。该公司将水洗过程改为气雾洗涤，既提高了毛的清洗效果，又节省了用水量。

3）采用冷轧堆染色工艺

与传统的轧染相比，采用冷轧堆染色工艺既节约了用水量，也减少了染料的用量。

4）提高空调的效率，对空调水实现回收再用

纺纱和织造车间需对温度和湿度进行调节，以保证成纱的质量和减少织造过程中的断线率。空调一般采用喷淋式空调，所用水除了温度升高外，水质没受污染。该公司建立空调冷却水回用系统，将喷淋水循环使用，重复循环利用率达 95% 以上，节水效果明显。

（2）节水案例二：采用节水型设备

某毛纺染整公司年生产毛纱 1250t，其中 750t 用于后整理加工精纺呢 150 万 m，外售毛纱 500t。该公司原来使用的是国产绳状低速洗呢机，这种洗呢机生产过程中耗水量大，生产效率不高而且产品易生褶皱。后来将这种洗呢机更新为意大利进口的洗缩联合机，生产效率

提高了4倍，并且用水量仅为原来用水量的一半。

纺织企业在生产过程中使用的蒸汽主要用于给坯布加热用。蒸汽在输送到各个车间时需要通过疏水器不定期控制。某毛纺公司原先使用国产的旧式疏水器，控制效果较差，漏汽现象比较明显，平均每天泄漏的蒸汽量约为0.5t，每年造成的蒸汽资源浪费量约为150t，造成的经济损失近3万元。后改用控制效果较好的进口疏水器，杜绝了蒸汽的泄漏，为企业节省了大量的蒸汽资源。

（3）节水案例三：采用小浴比染色工艺

某毛纺公司主要生产精纺呢绒、出口纱线和毛条，年生产毛纺织品53万m。为了节约用水，该公司将原来浴比为1∶15～1∶20的染缸更新为新型染缸，浴比为1∶8。改造后，全年可节省用水7500t，节省蒸汽800t。与此同时，该公司还将使用多年的烧毛机进行了更新，同样也达到了节约水资源的目的。

（4）节水案例四：冷却水和冷凝水循环使用

某毛纺公司主要生产高档面料，年生产能力达13709t。该公司对生产过程中使用的冷却水和冷凝水进行了循环使用，通过修建蓄水池将冷却水储存在水池中，然后循环利用，使水的循环利用率达到50%，节水效果十分明显。另一方面，由于循环用水量增加后，新鲜水的用量也就随之降低，排放的废水量也降低，减少了企业处理生产废水的经济负担，达到了环境效益与经济效益的双赢。

对于冷凝水的使用，该企业将带有温度的冷凝水通过管道直接打到染整环节或后整理环节中需要温水的生产工艺中，既节省了水资源，又有效利用了热能。

（5）节水案例五：废水处理回用

某毛纺有限公司是集纺纱、染线、毛毯生产于一体的集团公司，日产废水2000m^3，其中包括毛毯废水1500m^3和染厂废水500m^3，废水中含有大量难于沉降的毛纤维，同时色度较大。该公司采用生物流化床－生物接触氧化工艺处理毛纺印染废水，通过提高反应器的负荷，有效净化了毛纺印染废水中的污染物，对废水的COD和BOD的去除率高达95%以上，出水稳定达标，运行费用省。

5.4.5 节水技术集成

（1）节水技术集成

对于毛纺织企业，由于其生产过程的各个工序均需大量用水，因此，采用相关的节水技术，减少生产过程的用水量和废水排放量，不仅可以有效缓解水资源的紧缺矛盾，还能降低企业的运行成本。

1）循环水利用

① 空调水的循环利用：一方面可通过降低冷水的温度，提高空调的效果而减少用水量，另一方面，可根据实际情况，实现一水多用。还可在纺纱车间采用先进的超声雾化器代替传统的喷淋装置，减少水的消耗量。

② 凝结水的回用：凝结水的水质较好，可利用部分水和热量，送回锅炉间作锅炉给水，或就地利用。也可通过热交换器利用凝结水中的热量，还可通过扩容式闪蒸方式产生二次蒸汽，利用二次蒸汽的热量，供给需要用低压汽的用热设备使用。如回收的凝结水量多并需送到供汽车间，可采用闭式系统；如就地使用或回收的凝结水量仅为4～6t/h，则采用开式系统。

③ 洗水循环利用：可将水洗水直接或经过简单处理后再用于前工序的水洗或皂洗。

2）工艺节水

① 烧毛水的串级使用：先将烧毛水用于部分设备的冷却，使水的温度进一步升高后，作为洗涤水使用。通过串级使用而实现一水多用，可大大节约用水量。

② 采用小浴比煮练及小浴比染色技术：采用小浴比染色工艺，可大大减少染色工段的用水量，取得明显的节水效果。

③ 采用逆流漂洗技术：采用逆流漂洗技术，既可提高织物的洗涤效果，又可节约用水。

3）再生水回用

毛纺印染工业在加工过程中需消耗大量的水，同时产生大量的废水，其中的污染物主要来自洗毛和染整工段的洗毛废水及染整废水。洗毛废水的可生物降解性较好，而染整废水的生化性较差，可通过清污分流，实现染色废水和洗毛废水分质收集，分别采用好氧生物处理和厌氧水解酸化处理方法对洗毛废水和染色废水进行处理后回用，可节约大量的新水。

（2）集成后节水效益分析

毛纺印染企业采用上述节水集成技术进行改造后，新水取用量和废水排放量都会大幅降低，能取得较好的节水减排效果。经测算，对于年生产能力为 250 万 m 精纺呢绒的某毛纺印染企业，每百米毛精纺呢绒的新水耗用量可降至 9. 8m^3，不仅可满足国家的定额，也能满足江苏省的用水定额(2010 年修订，毛纺织和染整精加工中毛精纺呢绒的用水定额为 11m^3/百 m)；对于年生产能力为 250 万 m 毛粗纺呢绒的某毛纺印染企业，每百米毛粗纺呢绒的新水耗用量可降至 17m^3，不仅可满足国家的定额，也能满足江苏省的用水定额(2010 年修订，毛纺织和染整精加工中毛粗纺呢绒的用水定额为 20m^3/百 m)，工业水的重复利用率达 70%以上，工艺水的回用率达 86%，冷凝水的回用率达 92%，既能取得明显的节水效果，又能大幅减少废水治理的费用，具有明显的经济效益、环境效益和社会效益。

5. 5　麻纺印染行业的节水技术集成

麻纺产品生产用的原料有苎麻和亚麻。麻纺织品的生产工艺分为脱胶、梳麻、纺纱、织布、印染等五个工段，其中后三个工段与棉纺织品的生产流程相同。

5. 5. 1　苎麻纺织的典型生产流程

（1）脱胶

苎麻一般含有 25% ~35% 的胶质，不能直接用来纺纱，在纺纱之前必须将原麻中的胶质去除，并使苎麻单纤维相互分离，这一过程就称为“脱胶”。苎麻通常采用化学方法进行全脱胶，其基本原理是利用苎麻原麻中纤维素和胶质等各种成分对水、无机酸、碱和氧化剂等化学药品作用的稳定性不同，采用碱液煮练为主的工艺，并辅以一定的机械物理作用，达到脱胶的目的，实质上就是提取苎麻纤维的过程，脱胶后的制成品称为精干麻。

为了提高精干麻的质量，不管采用何种工艺脱胶，都需在煮练前后分别另加处理。一般将碱煮前的工艺称为预处理工艺，碱煮后的工艺称为后处理工艺。

苎麻脱胶的基本流程为：原麻→扎把→浸酸→煮练→打纤→漂白→酸洗→水洗→脱水→精炼→水洗→脱水→给油→烘燥→梳麻

1）煮练

在原麻剥制正常的情况下，煮练用碱量一般为原麻含胶率的40%～45%。正常情况下，大多数厂的第二次煮练烧碱用量在10%左右，第二次煮练的废液可供下一锅的第一次煮练使用。

按煮练加压情况的不同，煮练又可分为常压和加压两种方法。由于加压煮练的精干麻脱胶均匀，能耗少，经济效益好，所以国内大多数厂采用加压煮练，但压力过高，能源消耗大，精干麻强度下降，机械性能恶化，色泽加深，制成率降低，影响经济效益。

煮练时间的长短直接影响精干麻的产量和质量。在产量能够达到要求的前提下，适当延长煮练时间对提高精干麻的质量有好处。在普通二煮法的脱胶工艺中，头煮时间为1～2h，二煮时间为4～5h。

煮锅中原麻质量与溶液质量之比称为浴比。浴比大，煮练质量好、脱胶均匀、纤维松散、色泽较好，但浴比大，碱液量大，产量低。不同形式的煮锅采用的浴比有差异，一般常压煮练浴比为1∶15左右，加压煮练浴比为1∶10左右。在能够满足产量要求的前提下，浴比大一些为好。

2）打纤

是利用机械的槌击和水力的喷洗作用将已被碱液破坏的胶质从纤维表面清除掉，使纤维松散、洁白。

3）漂白

是对用于纺制细特纱或化纤混纺的苎麻纤维进行漂白处理。苎麻纤维的漂白可以使用次氯酸盐漂白和双氧水漂白两种。双氧水漂白的成本较高。在用次氯酸盐漂白后，需用水冲洗，防止残留的次氯酸盐和游离氯破坏纤维。

4）酸洗、水洗

酸洗是在打纤或漂白后进行的后处理工序，生产中一般采用将麻纤维放在酸浴中漂洗，以中和纤维上残留的碱液，并除去纤维吸附的有色物质，使纤维色泽洁白、松散。另外，在漂白后的酸洗还有去氯作用。由于苎麻纤维酸洗时已经过煮练和打纤等工序处理，纤维表层的胶质绝大部分已经去除，酸洗时要注意防止纤维素受酸水解而破坏，因此酸洗均为常温处理，而且酸洗后应立即进行水洗，用清水或高压水洗去纤维上的残酸和部分残留的胶质，使麻纤维的pH值达到6～7为止。

5）脱水

麻纤维经水洗后含水率较高，不利于后道加工，必须把水分尽量除去。通常采用离心脱水机进行脱水，经过脱水后麻纤维的含水率一般在50%～55%。

6）精练

是苎麻脱胶后处理工艺中为提高纤维白度和进一步去除胶质的常用方法。通常是将脱过胶的麻纤维放在稀碱液中焖煮2～6h。精练后需用水冲洗，以除去表面残留的碱液。

7）给油

将麻纤维浸于乳化液中一定的时间，使油分子吸附在纤维表面形成一层薄膜，以阻止纤维在干燥过程中相互并结。给油后，纤维表面性能得以改善，柔软和松散程度都得到了提高。

8）烘燥

苎麻纤维经给油后虽通过脱水或挤压去除了大部分水分，但纤维的含水率仍在50%左右，因此，要通过干燥的方法进一步去除水分，常用的有自然干燥和蒸汽干燥两种方法。自然干燥包括阴干及日晒，蒸汽干燥包括烘房和烘燥机干燥。自然干燥纤维的品质较好，但不适于工业化大生产，目前工厂多采用热风式烘燥机进行蒸汽干燥。

（2）苎麻长纤纺

苎麻纤维长度较长，在天然纤维中属于较长的纤维，对苎麻纤维直接进行纺纱加工的称为长纤纺系统。对长纤纺精梳加工过程中产生的落短麻、苎麻切断麻进行的纺纱加工称为短纤纺系统。苎麻长纤纺工艺流程包括梳理前的准备、梳理、针梳、粗纱、细纱等工艺。

1）梳理前的准备

苎麻脱胶后的精干麻，除残留一定量的胶质外，还含有少量的杂质，所以纤维显得板结，手感粗糙。如用这样的原料进行纺纱加工时，会出现纤维易于断裂、麻结增多、成品质量恶化等问题，故在苎麻梳纺加工之前必须经过一定的准备工作，包括软麻、给湿加油、分磅、堆仓等工序。

软麻是采用机械方法通过对纤维进行搓揉，改善苎麻纤维的柔软度和松散度。

给湿主要是使精干麻达到一定的回潮率（12% ~16%），减少梳纺时的静电现象。加油的目的是增加纤维的柔软度和润滑性，在一定范围内减少纤维间的摩擦系统，改善纤维表面性能。给湿加油一般采用油和水制成的乳化液，在软麻机的输出端喷注入精干麻中。

分磅主要是把已给湿加油的精干麻分成一定重量的麻把，以便使开松机或大切机进行定量喂入。精干麻经给湿加油后，油水在麻把的各部还不能完全均匀分布，一般外层的油水比内层多，因此还必须使油水均匀分布。此外，精干麻在软麻时产生的内应力也需要有一定时间使之逐渐消除。

2）梳理

精干麻经软麻、给湿加油、堆仓处理后，柔软度、回潮率均有所提高，但纤维过长，松散度不够，还不适应纺纱要求。如果直接到梳麻机上进行粗梳，强烈的梳理势必使机件和纤维受到较大的损伤，造成短纤维和麻粒增加。在实际生产中，一般把精干麻先进行开松，拉断超长纤维，并制成适合于梳麻机喂入的麻卷，为下一步的梳麻做好准备。

3）针梳、粗纱、细纱

与毛纺工艺相同。

（3）苎麻短纤纺

苎麻短纤纺所用原料一般是苎麻长纤维纺纱时的精梳落麻，或者根据需要将苎麻长纤维切断，然后用棉纺设备与棉纤维进行混纺。苎麻与棉混纺的比例一般为麻 55%（苎麻纤维含量允许范围为 52.5% ~57.5%），棉 45% 左右。苎麻短纤维纺纱，目前一般采用棉纺工艺流程和设备，并在开清棉前利用角钉和锯齿机械对麻纤维进行预开松，进一步松解、除杂，提高可纺性。一般在纺细特纱时，采用棉纺的精梳工艺流程。

1）棉纺普梳工艺流程

大多以苎麻精梳落麻或切断麻与棉纤维混纺，其流程是：短麻→预开松→给油加湿→开清→梳棉→并条→粗纱→细纱。

2）棉纺精梳工艺流程

以苎麻精梳落麻或切断麻与棉纤维混纺，其工艺流程为：短麻→预开松→给油加湿→开清→梳棉→精梳前准备→精梳→并条→粗纱→细纱。

3）绢丝纺（或粗梳毛纺）工艺流程

以精梳落麻或切断麻纯纺，或与棉纤维或其他纤维混纺，其工艺流程为：短麻→预开松→给油加湿→开清→梳理（两联式）→细纱。

苎麻精梳落麻和切断麻的纺纱性能和其混纺的原料基本上接近，且采用的纺纱设备也是棉纺、丝纺（或粗梳毛纺）设备，所以苎麻短纤维纺纱工艺与棉纺、丝纺（或粗梳毛纺）基本上相同。

（4）织造

与棉纺基本相同。

（5）染整

与棉纺基本相同。

5.5.2 亚麻纺织的典型生产流程

根据所用原料不同，亚麻纺织可分为长麻系统和短麻系统，短麻系统又可分为普梳系统和精梳系统，以细纱的品种来划分又可分为湿法纺纱系统和干法纺纱系统。

（1）湿法纺纱的工艺流程

打成麻出库→加湿养生→手工分束→打捆→栉梳→梳成长麻（或梳成短麻）→手工分号→打捆→入库保管。

1）梳成长麻湿纺纱过程

梳成长麻→加湿养生→出库→配麻→手工成条→成条→长麻预并（或混条机）→1～4道并条→长麻粗纱→粗纱煮漂→湿纺细纱→干燥→络筒。

2）短麻湿纺纱

梳成短麻→分号→配麻→混麻加湿→梳麻→针梳（或再割）→再割（或针梳）→针梳→精梳→针梳（4道）→短麻粗纱→粗纱煮漂→湿纺细纱→干燥→络筒。

（2）干法纺纱

1）长麻干法纺纱

梳成长麻→手工成条→三或四道并条→粗纱→干纺细纱→络筒。

2）短麻干法纺纱

混麻加湿→梳麻→二或三道针梳→粗纱→干纺细纱→络筒。

（3）亚麻长纤纺

1）配麻与混麻

亚麻纺纱生产一般不采用单一批次的亚麻原料纺纱，而是把几种不同品质性状的亚麻原料进行搭配使用。这种合理搭配使用亚麻原料的专门技术称为配麻。混麻的主要目的是用较好的原料与较低的原料混配，以提高低级原料的使用价值，提高亚麻纤维的可纺性，改善亚麻纱的使用特性及增加亚麻纱的新品种。混麻常用的方法有麻堆混麻法、麻包混麻法和麻条混麻法。

2）初加工

经过加工以后的打成麻，纤维之间的松解度和分离度得到了提高，杂质含量也有所减少，但是纤维的回潮率和可挠度低，不能直接进行纺纱，一般在打成麻表面均匀地喷洒适量的乳化液进行加湿养生，以提高纤维的回潮率，使纤维变得柔软。同时油剂的加入还可降低摩擦力，减少加工中的静电和纤维损伤，称之为打成麻的加湿养生。然后将打成麻分成一定粗细、一定质量的小麻束。粗特麻纤维强力高，麻束可重些；细特麻纤维强力低，麻束可偏轻。在分束时，除保证麻束的规定质量外，还应把不符合品质要求的杂质如死麻团含量较多的次麻等挑出来。

3）成条

成条工序是梳成长麻纺制成细纱准备系统的第一道工序，经成条机的加工，梳成长麻被加工成连续的、一定粗细的定长、定重的长麻条，粗纤维被分劈成细纤维，麻条变细，均匀度得到改善，为下道工序的加工做好准备。

4）并条

通过并条机的牵伸机构对麻条进行多道牵伸、并合，使麻条的均匀度得到改善，纤维伸直度提高，成为适合纺制细纱要求的熟条。长麻纺并条工序一般采用 4 ~ 5 道并条加工。

5）粗纱

将熟条进一步伸长拉细，同时加上适当的捻度，使其具有一定的强度和紧密度，并利用针排上较密集的梳针进一步分劈和梳理纤维，最后将纺制成的粗纱制成一定的卷装形式，便于搬运、储存及后续加工。

6）煮练

主要目的是通过加碱等化学药品煮练的方法除去亚麻纤维中的部分伴生物（木质素、半纤维素、灰分等），提高亚麻纤维的分裂度、白度等，为使亚麻纤维能够加工出中、高档纱线做好准备。

7）细纱

按纺纱形式分为干法纺纱和湿法纺纱两种。干法纺纱的原料比较粗糙，一般用作织造亚麻帆布、包装布等粗织物。湿法纺纱是将粗纱退绕后先在浸水槽中浸泡后，使果胶膨化，通过细纱机牵伸使亚麻纤维分裂成更细的纤维和纤维束。

（4）织造

与棉纺基本相同。

（5）染整

与棉纺基本相同。

5.5.3　用水节点及水质水量分析

由上述的工艺流程可以看出，在以苎麻为原料的麻纺产品生产过程中，需要用水的工艺节点较多，特别是脱胶工序，更是需要消耗大量的水，是麻纺生产过程中的主要用水。其用水节点的分布及对水质水量的要求分别为：

（1）浸酸用水

水的用途是配制酸液。浸酸浓度和温度是影响脱胶麻质量的最主要因素，一般要求温度为 60℃以下。对水质无特殊要求，一般清水即可。

（2）煮练用水

水的作用是配制碱液。水质的优劣对碱液的消耗、煮练的时间和精干麻的品质都有一定的影响。水质一般要求清澈、无色、硬度低，Ca^{2+}、Mg^{2+}、Fe^{3+} 的含量要低于一定的标准。

（3）打纤用水

水的作用是对苎麻纤维进行水力冲洗，使被碱液破坏的胶质从纤维表面清除掉，使纤维松散、洁白。此工段的用水量较大，但对水质无特殊要求，一般清水即可。

(4) 漂白用水

水的作用有二，一是配制漂白液，二是对漂白后的纤维进行冲洗。此工段对水质的要求不高，一般清水即可。

(5) 酸洗用水

水的作用有二，一是配制酸液，二是对酸洗后的纤维进行冲洗。此工段对水质的要求不高，一般清水即可。

(6) 精练用水

水的作用有二，一是配制稀碱液，二是对精练后的纤维进行冲洗。此工段对水质的要求不高，一般清水即可。

(7) 给油用水

水的作用是配制乳化液。此工段对水质的要求较高，一般要求软水。

(8) 烘燥用水

水的作用主要是作为热载体(蒸汽)对苎麻纤维进行干燥。

(9) 给湿加油用水

水的作用是配制油水乳化液。在苎麻纺纱过程中，因要求的回湿量大大超过给油量，所以采用“水包油”型乳化液，即油以颗粒状形式稳定分散在水中，水的质量浓度一般为80%以上。此工段对水质的要求不高，一般清水即可。

(10) 染整用水

水的作用是配制染料。此工段的用水量较大，对水质的要求也较高，一般要求为软水。

(11) 水洗用水

水的作用是洗去织物表面的油污等，此工段的用水量较大，但对水质的要求不高，一般清水即可。

5.5.4 废水的处理

麻纺织品生产过程中的废水主要来自于脱胶过程和染整过程。

(1) 麻脱胶废水的治理

麻脱胶过程中的废水主要来自于煮炼工段及其后续的拷麻、漂白酸洗等过程，相应的废水称为煮炼废水和中段废水。煮炼废水含脂蜡物质、果胶、半纤维素、木质素、碱等，呈黑色，有臭味。中段废水主要来自拷麻机、漂酸洗联合机、甩干机，废水中常夹带成束的麻纤维，需回收。一般煮炼废水占20%，中段水占40%～50%，漂洗水占50%～60%。生产用水量约534m^3/t麻。

由于中段废水中含有麻纤维，因此其处理主要是回收麻纤维，一般用圆钢格栅或旋转圆盘筛。麻脱胶废水治理的典型流程如图5-16所示。

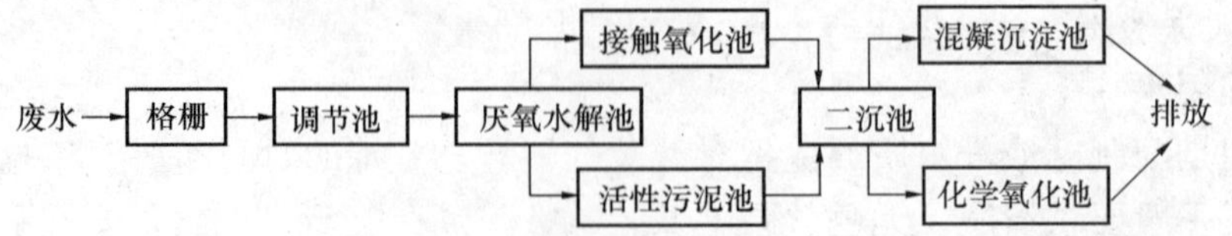

图5-16 麻脱胶废水治理典型流程

流程中格栅设置二道，调节池的调节时间为8～12h，COD的去除率约为10%。厌氧水解池的停留时间为8～10h，COD的去除率为25%～35%。生物接触氧化池的停留时间为

6～8h，COD 的去除率为 60%。活性污泥池的停留时间为 8～12h，COD 的去除率为 60%～65%。二沉池的沉淀时间为 1.5～2h。

化学氧化法中目前应用较好的为光化学氧化法，其 COD 的去除率为 50%～60%，且脱色效果较好。

（2）麻纺产品染整废水的治理

在麻纺产品染整废水处理中，当含有脱胶废水时，一般采用脱胶废水与染整废水进行混合处理，大多采用以生化处理为主的工艺，其典型流程如图 5－17 所示。

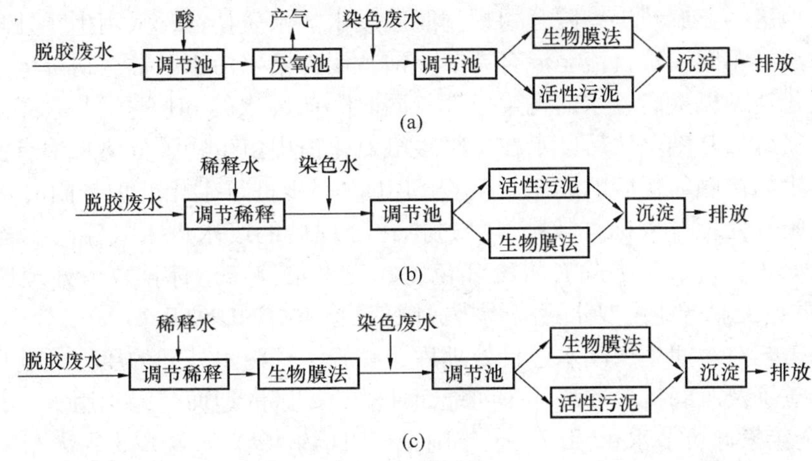

图 5－17　麻脱胶及染色废水处理流程

脱胶废水和染整废水混合后的废水水质根据脱胶废水和染整废水水量的比例确定。当麻纺厂只有染色和印花工艺时，麻纺印染产品的废水水质与棉纺产品染整废水水质基本相近，使用的染料和助剂也基本相同，只是织物颜色较浅，此时可参照棉织物染整废水的治理流程。

5.5.5　节水案例剖析

（1）节水案例一：脱水工艺的水回收再用

麻纤维经水洗后含水率较高，不利于后道加工，必须把水分尽量除去。通常采用离心脱水机进行脱水，经过脱水后麻纤维的含水率一般在 50%～55%。由于脱水产生的水与水洗用水的水质非常接近，因此可将脱下的水收集后经简单处理或直接回用至上游工段，如作为脱胶水、煮练水、漂白水等，可节约大量的新水。

（2）节水案例二：蒸汽冷凝水的回用

麻纤维经给油后虽通过脱水或挤压去除了大部分水分，但纤维的含水率仍在 50% 左右，还需通过干燥的方法进一步去除水分。目前工厂多采用由蒸汽与空气间接换热后产生的热风进行干燥。蒸汽与用作干燥介质的空气换热后即冷凝为水，但由于蒸汽与空气不接触，水质优良，因此可将其回收重新送入锅炉产生蒸汽，从而节约大量新水。

（3）节水案例三：逆流漂洗

逆流漂洗是指生产用水从最后一道平洗槽加入，水的流向与织物行走的方向相反，逐格倒流，用脏水洗更脏的布，最后用清水洗较干净的布，实现水的串联重复利用，达到节水的目的。某纺织染整有限公司在进行逆流漂洗改造前，每格都用清水清洗，洗后排放，水的作用没有充分发挥，浪费较大。改造前，前处理万米布平均用水 80t，染色万米布平均用水 180t。改造后，前处理万米布平均用水 60t，染色万米布平均用水 150t。按年产量 1550 万 m 计算，可节约用水 7.6 万 t。

（4）节水案例四：脱胶废水的处理与回用

亚麻脱胶是亚麻加工的重要工序，目前广泛采用化学脱胶法，脱胶过程中产生的脱胶废水具有浓度高、碱度高、色度高的特点，而且成分复杂，并含有难降解的有机物，如不妥善处理，会对环境造成严重危害。

江苏无锡地区某亚麻纺织有限公司根据脱胶废水的水质特征，采用生化处理辅以物化处理相结合的方法：车间废水自流至混合调节水池，用无堵塞污水泵抽至初沉池进行预处理后自流至水解酸化池，以提高废水的可生化性，同时降低废水的 pH 值，去除部分有机物，为后续处理打下良好的基础。然后废水在生物接触氧化池内由生物膜分离水中有机物，去除大部分污染物。生物接触氧化后的废水自流至 SBR 进一步进行生化处理，同时进行生物脱氮脱磷。由于该废水处理排放标准较高，经过生化处理后的废水进入气浮净水器进行物化处理，同时投加 PAC，进一步去除有机物和色度，使出水稳定达标排放。处理后的出水可达到《太湖地区重点工业行业主要水污染物排放限值》标准（COD≤60mg/L）。

采用上述工艺对车间生产废水进行处理后，减轻了厂污水处理的压力，处理后的中水可重新用于生产煮练及车间机台冲洗、车间地面冲洗、厂区的地面、绿化用水。每天可节约水资源 1270t，全年累计可节水 42 万 t，全年削减 COD 约 46t、氨氮 8.5t，大量节约了宝贵的水资源，减少了废水的排放量，使区域内的水资源有了明显改善，美化了环境。与此同时，实行中水回用可节能减排，降低了生产成本。该公司每年可节省取水费用约 105 万元，取得了较好的经济效益。

（5）节水案例五：印染废水的处理与回用

亚麻生产废水排放量大，且具有 COD 浓度高，水质、水量变化幅度大，含有纤维素、半纤维素等难生物降解物质等特点，处理难度大。某亚麻纺织集团公司亚麻纺织厂主要生产亚麻纺织品，亚麻废水中含有纺织废水和印染废水。该厂以溶气气浮/水解酸化/接触氧化工艺为主体工艺，将纺织废水与生活污水混合为纺织综合废水并与印染废水分别进行预处理，然后进入水解酸化池进行统一处理，具有运行稳定、处理效果好、费用低、管理方便等特点。处理后的水可以回用生产煮练及车间机台冲洗、车间地面冲洗、厂区地面、绿化用水，从而节约了大量的新水。

5.5.6 节水技术集成

（1）节水技术集成

由上述的节水案例分析可以看出，在麻纺印染企业的生产过程中，如果能在全工艺流程中采用如下的节水集成技术，可以取得非常显著的节水效果。

1）循环水利用

① 空调水的循环利用：纺织企业的空调用水是用来调节室内温度和湿度的。在纺织企业用水中，空调用水占有较大的比重，其特点是不与原料和产品接触，水质比较洁净，比较容易实现重复利用。

喷淋式空调直接以冷水作为冷源带走空气中的热量，同时进行湿度的调节，因此用水量较大。对此，一方面可通过降低冷水的温度，提高空调的效果而减少用水量，另一方面，可根据实际情况，实现一水多用。

为了进一步减少喷淋水的用量，还可在纺纱车间采用先进的超声雾化器代替传统的喷淋装置，减少水的消耗量。

② 凝结水的回用：染整企业是高耗能单位，织物前处理工艺过程的漂洗、退浆、蒸煮；染色过程的预烘、固色、皂洗；印花过程的烘干、蒸化、水洗；后整理中大量的烘干、焙烘、拉幅定形等加工均需耗用大量蒸汽。一些辅助设施如淡碱浓缩回收及生产车间的空调加热也要消耗大量蒸汽。因此少用蒸汽、回收凝结水和饱和水的显热，对染整企业降低生产成本尤为重要。

凝结水的水质较好，可利用部分水和热量，送回锅炉间作锅炉给水，或就地利用。也可通过热交换器利用凝结水中的热量，还可通过扩容式闪蒸方式产生二次蒸汽，利用二次蒸汽的热量，供给需要用低压汽的用热设备使用。如回收的凝结水量多并需送到供汽车间，可采用闭式系统；如就地使用或回收的凝结水量仅为4～6t/h，则采用开式系统。

③ 脱水工艺水的重复利用：麻纤维经水洗后含水率较高，不利于后道加工，必须把水分尽量除去。通常采用离心脱水机进行脱水，经过脱水后麻纤维的含水率一般在50%～55%。由于脱水产生的水与水洗用水的水质非常接近，因此可将脱下的水收集后回用至上游工段，如作为脱胶水、煮练水、漂白水等，达到节约用水的目的。

④ 洗水的循环利用：水洗后的水含杂质较少，可直接或经过简单处理后再用于前工序的水洗或皂洗。

2）工艺节水

① 采用小浴比煮练及小浴比染色技术：采用加压煮练可比传统的常压煮练提高煮练温度与煮练锅内的填充密度，实现小浴比煮练，大大节省煮练工段的用水量。采用小浴比染色工艺，可大大减少染色工段的用水量，取得明显的节水效果。

② 采用逆流漂洗技术：在纺织印染的漂洗工段采用逆流漂洗技术，既可提高织物的洗涤效果，又可节约用水。

3）再生水回用

麻纺印染工业在各种加工操作中会消耗大量的水，产生大量的废水，其中的污染物主要来自脱胶过程产生的脱胶废水和染整加工过程产生的染色废水。脱胶废水具有浓度高、碱度高、色度高等特点，而且成分复杂，并含有难降解有机物，如不妥善处理，会对环境造成严重危害。染色废水的色泽深，BOD和COD值很高，有些还含有各种有毒有害物质，对人类影响很大，因此必须对其进行深度处理，尽可能实现回用。

根据不同废水的具体特性，采用合适的方法进行处理后，中水可回用于生产煮练及车间机台冲洗、车间地面冲洗、厂区的地面、绿化用水，从而减少新水的用量，降低污染物的排放，具有明显的节水效益、环境效益和社会效益。

（2）集成后节水效益分析

对于年产1500万m亚麻布的某麻纺企业，采用上述节水集成技术进行改造后，每生产万米亚麻布的新水耗用量可降至430t左右，不仅可满足国家的定额，也能满足江苏省新修订的用水定额（2010年修订，麻纺织中亚麻布的用水定额为530m^3/万m），工业水的重复利用率达77%以上，工艺水的回用率达85%，冷凝水的回用率达92%，既能取得明显的节水效果，又能大幅减少废水治理的费用，具有明显的经济效益、环境效益和社会效益。

5.6 丝绢纺织印染行业的节水技术集成

丝绢纺织工业所用原料的种类较多，本节主要讨论以蚕丝为原料的纺织印染工艺。

5.6.1 典型生产流程

一般地，以蚕茧为原料的丝织印染生产过程主要包括选茧、煮茧精练、缫丝、织造、煮练、漂白和染色(印花)等工序，其工艺流程如图5-18所示。

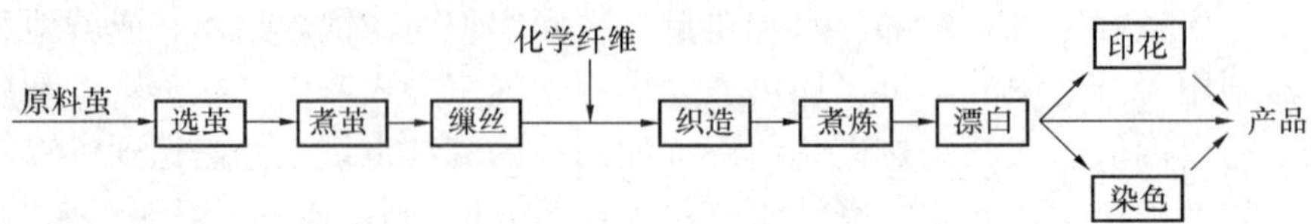

图5-18 丝织印染的生产工艺流程

(1) 选茧

将蚕茧按茧层厚薄、色泽优劣、霉烂变质程度、含杂多少及手扯强力好坏进行分档。此工序一般为手工作业，在选茧同时兼有除杂等任务。

(2) 煮茧精练

煮茧工序是将选剥好的茧装车，倒入真空桶中密封，并通过真空泵抽除桶内空气，让茧充分浸渍，茧壳充分吸水，经高温加热煮熟后，使丝胶易于离解，便于缫丝。煮茧精练的目的是去除丝胶，随着丝胶的去除，附着在丝胶上的杂质也一并除去，因此丝织物的精练又称为脱胶。常用的脱胶方法有皂碱法、酶法，皂碱法使用的化学药品主要有肥皂、纯碱、泡花碱、保险粉。

煮茧精练后的原料，表面残留有许多杂质和练液，必须进行清洗、脱水和烘干，制成精干品。首先用温水洗涤1~2次，然后用冷水冲洗干净。切勿用冷水立即冲洗，因原料上练液含有丝胶、肥皂、脂肪酸等杂质，遇冷后会凝结并附于纤维表面，不易去除，影响后步加工。

洗涤后的原料带有大量水分，必须进行脱水，以提高烘干效率。脱水后的原料仍很湿润，必须进行干燥处理，便于保存和后部加工。烘干后丝纤维的回潮率一般控制在6%~8%，并要求烘干均匀，不损伤丝质。通常采用的干燥设备有干燥室(烘房)和热风式烘干机，后者干燥效果好，因此广泛采用。经烘干机干燥的精干绵，只保留6%~9%的回潮率，并由精干品选别工段拣选分级，剔出其中的疵品，拣除杂质。

(3) 缫丝

缫丝工序是将上道工序送来的熟茧送到自动缫丝机组并经再次脱水混合加热后，理出丝头完成抽丝。其工艺过程包括煮熟茧的索绪、理绪、茧丝的集绪、拈鞘、缫解、部分茧子的茧丝缫完或中途断头时的添绪和接绪、生丝的卷绕和干燥。

(4) 织造

是采用织机将缫出的蚕丝织成要求的坯绸，工艺过程与棉纺织造大致相同。

(5) 煮练

煮练是在一定的温度条件下使丝织物进一步完全脱胶。

(6) 漂白

丝织物的色素绝大部分存在于丝胶中，脱胶后一般不需要漂白，但对白度要求高的产品还需要进行漂白，常采用双氧水漂白。

(7) 染色

目前，蚕丝染色多为织物染色或绞丝染色，以织物染色为主。主要采用弱酸性染料、活性染料等以及与其相应的助剂。

(8) 印花

是指采用印花设备在丝织物上印出要求的图案。丝织物印花后，在印花机上已经过烘燥，但还必须经过蒸化，使染料及各种化学助剂在一定温度、湿度、压力下发生作用，使染料与纤维发生固着作用。然后采用水洗方法，洗去织物表面残存的染料与助剂。

5.6.2　用水节点及水质水量分析

由前述的工艺流程可以看出，蚕丝的纺织印染过程中的用水节点很多，其节点分布及各节点对水质水量的要求分别为：

(1) 煮茧用水

主要用于配制煮茧液。其用水量较大，但对水质的要求较低，一般清水即可。

(2) 煮茧后洗涤用水

主要用于清洗脱胶后蚕茧表面的丝胶、肥皂和脂肪酸等杂质。其用水量较大，但对水质的要求较低，一般清水即可。

(3) 缫丝用水

主要用于索绪、缫解等工艺用水。索绪工段的用水量不大，除温度外，对水质的要求也不高。索绪要求的水温为90℃，缫解要求的水温为40℃。

(4) 煮练用水

主要用于脱胶，水的用途一是配制脱胶碱液，二是作为热载体——蒸汽使用。此工段对水质的要求较低，一般清水即可。

(5) 织造用水

主要是作为调节室内温度和湿度用的空调用水，其对水质的要求不高，一般清水即可。

(6) 漂白用水

漂白工序的用水主要是作为冲洗水，用于洗净织物表面残存的漂白剂。此工段对水质的要求较低，一般清水即可。

(7) 染色用水

水的作用一是溶解染料及助剂，二是用于清洗以除去表面残留的染料。此工段的用水量较大，但对水质的要求较低，一般清水即可。

(8) 印花用水

水的作用一是作为热载体用于蒸化，一是作为清洗水以除去表面的残留染料。作为热载体的蒸汽要求使用软水，而清洗水对水质的要求不高，一般清水即可。

5.6.3　废水的排放与处理

(1) 废水的排放

丝绸废水包括制丝过程排出的脱胶废水和染整过程排出的染色废水两种。

1）脱胶废水

真丝脱胶废水为来自煮茧（脱胶）和缫丝工段的高浓度有机废水，偏碱性，有机物的浓度较高（含丝胶），可生物降解性较好。一般浓脱胶废水的COD浓度为5000～10000mg/L，BOD浓度为2500～5000mg/L，pH值为9.0～9.5。一般脱胶高浓度废水的量较小，而脱胶冲洗水量较大，水质浓度较低，其COD浓度为500～1000mg/L，BOD浓度为300～500mg/L。

2）染整加工废水

蚕丝织物染整加工废水的特征是：蚕丝织物染整废水为有机性废水，所使用的染料由于上染率较高，故废水色度、有机物浓度较低，废水的可生物降解性较好。

（2）废水的处理

1）真丝脱胶废水治理

真丝脱胶废水一般采用分质处理后再混合处理，或全部废水直接混合后再进行处理。其处理流程如图5－19所示。

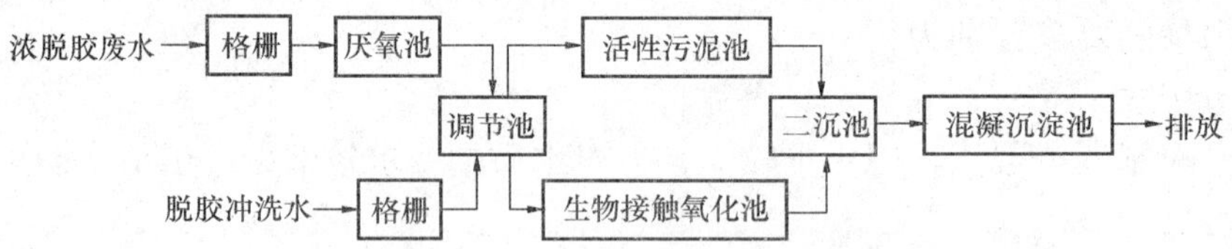

图5－19 真丝脱胶废水治理典型流程

流程中格栅设置两道，厌氧池采用UASB形式，停留时间为6～12h，采用常温厌氧发酵，COD的去除率达80%～85%。调节池的停留时间为6～8h。生物接触氧化池的停留时间为4～6h，气水比为18:1～20:1，一般采用二段法，COD去除率为60%左右。活性污泥池的停留时间为8～10h，COD的去除率为60%～65%。二沉池的沉淀时间为1.5～2h，通常采用竖流式。

2）真丝绸印染废水治理

天然真丝绸指以天然蚕丝为原料的各类产品，其废水中除了天然丝绸上所含的蜡质及浆料外，主要为染料和助剂。通常采用的治理流程如图5－20所示。

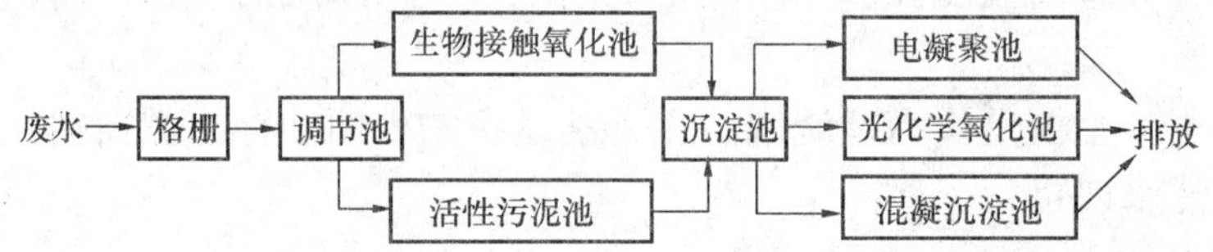

图5－20 真丝绸印染产品废水治理典型流程

流程中格栅设置两道。调节池的停留时间为6～8h。生物接触氧化池的停留时间为4～6h，气水比为15:1～20:1，COD去除率为60%，色度去除率为50%。活性污泥池的停留时间为9～10h，COD去除率为60%～65%，色度去除率为50%。沉淀池多采用竖流式，沉淀时间为1.5～2h。

3）化纤仿真丝绸印染产品废水治理

化纤仿真丝绸产品加工过程中产生的废水主要是碱减量废水和印染废水，其中碱减量废水是难降解的高浓度有机废水，一般先采用降温和加酸中和的办法降低其pH值，再与其他废水混合处理。当碱减量废水水量较小时，也可与染整废水混合在一起进行统一处理，其工艺流程如图 5 - 21 所示。

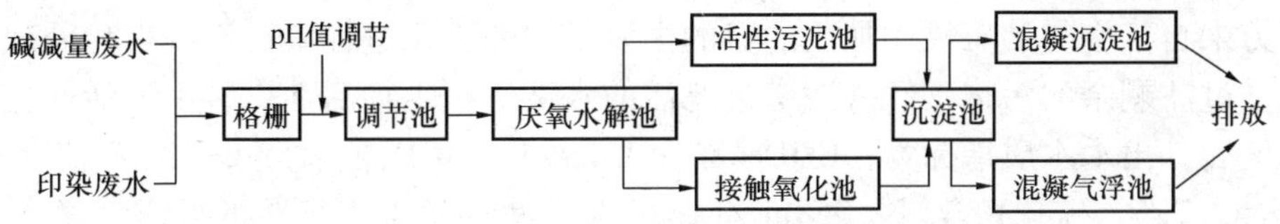

图 5 - 21　化纤纺真丝绸印染产品废水治理典型流程

流程中格栅设置两道，其中一道为固定式格栅，另一道为自动回转式格栅。

为了使处理的废水水质和水量均匀，增加混合条件，调节池的停留时间为 8h，当废水碱性较高时，需加酸中和至 pH 值为 9 ~ 10 左右，以利后续生物处理单元正常运行。

厌氧水解酸化池的停留时间为 18 ~ 24h，COD 的去除率为 15% ~ 20%。生物接触氧化池的停留时间为 15 ~ 25h，COD 的去除率为 55% ~ 60%。活性污泥池的停留时间为 20 ~ 30h，COD 的去除率为 60% ~ 65%。

为了提高生物接触氧化池和活性污泥池中曝气池的去除效果，发挥不同微生物菌种的特性，通常将其设计为二段或三段。沉淀池的沉淀时间为 1.5 ~ 2h。混凝沉淀和化学氧化的投药量应根据实际情况确定。

5.6.4　节水案例剖析

(1) 节水案例一：废水处理回用

某制丝有限公司年产白厂丝 340 余吨，耗水 50 万 t，耗用蒸汽 13947t，单位产品的耗水量为 1300m^3左右，排放的污水含有较高的丝胶粗蛋白等污染物，其中 COD 等污染物超出排放标准数倍。企业用水主要集中在煮茧、缫丝、复摇等生产环节，并具有以下特点：

1) 工艺用水重复利用率低，排放量大

缫丝生产主要以工艺用水为主，尤以煮茧和缫丝工序用水量最大，约占全部缫丝生产用水 80% 以上。煮茧工序是将选剥好的茧装车，倒入真空桶中密封，并通过真空泵抽取桶内空气，让茧充分浸渍，茧壳充分吸水，经高温加热煮熟后，使丝胶易于离解，便于缫丝。缫丝工序是将上道工序送来的熟茧送到自动缫丝机组并经再次脱水混合加热后，理出丝头完成抽丝。为保证缫丝的白厂丝光泽亮，手感好，无色差，上述二工序均为流水型作业，丝槽内含丝胶及浑浊度较高的工艺水即用即排，未经深度处理的工艺水基本不能重复使用。

2) 排放水污染成分单一、易于收集

制丝污水主要产生于缫丝过程中蚕茧蛹体与蛹的分离过程，生产中会产生大量丝胶、粗蛋白和破碎的蛹体混于水体中，要求及时排放以保证缫丝质量。但由于污染成分单一，主要以丝胶和粗蛋白为主，属高浓度有机污染，而无其他复杂化学成分，只要采用现有生物分解净化处理技术，即可变废为宝，将大量排放的污水恢复到使用前的水质状况而重复用于缫丝生产中，以达到节水和重复利用的目的。其次，缫丝生产为流水型作业，全部生产过程主要在自动缫丝机组生产线上进行，新水的补充与废水排放均通过管道沟槽供给，易于收集处理。

基于上述原因，该企业采用如图 5 - 22 所示的工艺流程对煮茧、缫丝工序产生的制丝污水进行收集净化处理，首先是将制丝污水收集至污水池，污水在进入污水池之前通过格栅将污水中所含的蚕蛹及碎蛹、丝头等过滤掉。进入污水池的污水经过初步沉淀后流入生化调节池，污水在生化调节池内经过一段时间预处理后，用污水泵抽取送至加压生化塔。加压生化塔内的压力来自于空气加压机，加压的目的主要是加速生化过程。污水经生化处理后，被送至砂滤塔，过滤剩余的污物，经砂滤塔过滤后的水被送至生物活性塔，水经活性炭处理脱除气味和色度后，出水水质指标为：CODcr 值 <15mg/L，BOD_5值 <5mg/L，SS 值 <1.5mg/L，pH 值为 6.5 ~7.5，硫化物含量 <0.8mg/L，可满足桑蚕丝生产工艺的要求，送入蓄水池储备，并用清水泵提升至水塔供生产使用。

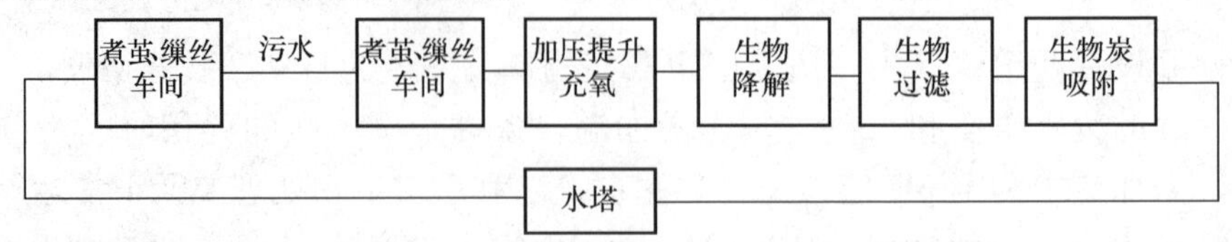

图 5 -22　某制丝企业的废水处理工艺流程

净化处理水的回用如图 5 -23 所示，生产过程给排水系统全部采用封闭式管道运行，缫丝生产污水全部循环净化使用，基本达到零排放要求。每年可节约用水 62 万 t，减少 COD 排放 78800t。同时由于制丝生产所用水需由蒸汽加热到一定温度才能缫丝，而该项目循环用水的温度要比原水高 10 ~20℃，因此可减少蒸汽用量，折合标煤为 450t，达到节水节能和减排的效果。与此同时，将生物过滤（一般 1 ~3 个工作日需作一次反冲洗，反冲洗水量约 $45m^3$/次）的反冲洗水收集沉淀后引入调节池进行净化处理，每年可回收水量约 2 万 m^3。按照国家《企业水平衡测试通则》（GB/T 12452—2008）、《节水型企业评价导则》（GB/T 7119—2006）标准，该企业的万元产值耗水量、单位综合产品耗水量全部低于《江苏省工业和城市生活用水定额》规定的 66.1m^3/t 标准，节水及能耗指标均处于同行业较高水平。

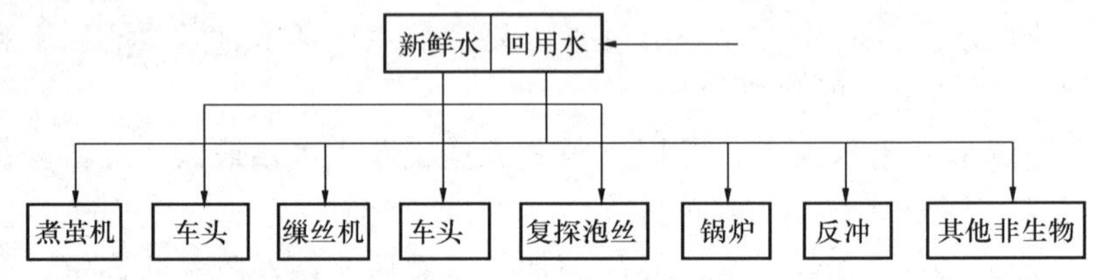

图 5 -23　回用水流程

（2）节水案例二：废水处理回用

江苏常州地区某公司是一家专业从事生产桑蚕绢丝的企业，其生产废水的排放量为 1100m^3/d，COD 浓度为 500mg/L，氨氮浓度为 35mg/L。根据江苏省污水综合排放标准分级准则及环保部门的规划要求，其废水经厂区处理后必须达到江苏省地方标准 DB 32 1072—2007 的要求，即 COD 的浓度为 60mg/L ，氨氮浓度为 5mg/L，总氮浓度为 15mg/L。

该公司原来采用混凝沉淀 + 生化法处理废水中各类污染物，调节池的停留时间为 12h，有预曝系统。混凝沉淀投加 PAC，生成的絮体粒子小，不易沉淀；好氧池的停留时间为 16h。由于生化停留时间不足，且没有反硝化池等因素，导致处理系统的出水不能达标排放。

针对这种情况，该公司对废水处理系统进行了改造：①将原有的调节池分隔成脱氨池，将废水的 pH 值调整到 11 以上，利用原有调节池内装有的预曝装置，将废水中的游离氨吹脱。吹脱池内的停留时间为 15h。通过脱氨池的吹脱，废水中的氨氮浓度下降到 40mg/L，同时去除 H_2O_2，有利于后续的生化处理。②将原有的好氧池和一个沉淀池改造成水解酸化池，另一个沉淀池改造成调节池。将碱性废水回调至 pH =7 左右，在调节池中用泵提升至水解酸化池，运用污水厌氧生物处理工艺中的第一、第二阶段即水解、酸化阶段处理污水。废水中难以生化的有机物在常温下经厌氧菌胞外酶的作用，将大分子有机物水解酸化成小分子，将大部分不溶性有机物降解为溶解性物质，变成可生化的底物，为好氧处理创造条件。③将后续沉淀池改造成 A/O 池，通过在池内设置组合填料，经培菌挂膜，生成大量的微生物菌胶团，利用其优良的网捕、吸附功能，对污水中的有机物进行彻底的降解，从而净化水质。④将第四个后续沉淀池的一半改造成沉淀池，利用气提装置将污泥回流至 A 池。废水经沉淀后提升至过滤器，经二次过滤后的中水排入中水回用池。

经过上述改造，该厂的废水提标后全部回用，大大节约了水资源；每年可减少 COD 排放 36t，对保护当地水资源和水生态环境，促进人民物质和精神文明的同步发展具有重要意义。

5.6.5　节水技术集成

（1）节水技术集成

由上述的节水案例分析可以看出，在丝绢纺织印染企业的生产过程中，如果能在全工艺流程中采用如下的节水集成技术，可以取得非常显著的节水效果。

1）循环水利用

① 空调水的循环利用：一方面可通过降低冷水的温度，提高空调的效果而减少用水量，另一方面，可根据实际情况，实现一水多用。

② 凝结水的回用：凝结水的水质较好，可利用部分水和热量，送回锅炉间作锅炉给水，或就地利用。也可通过热交换器利用凝结水中的热量，还可通过扩容式闪蒸方式产生二次蒸汽，利用二次蒸汽的热量，供给需要用低压汽的用热设备使用。如回收的凝结水量多并需送到供汽车间，可采用闭式系统；如就地使用或回收的凝结水量仅为 4 ~ 6t/h，则采用开式系统。

③ 洗水的循环利用：水洗后的水含杂质较少，可直接或经过简单处理后再用于前工序的水洗或皂洗。

2）工艺节水

① 采用逆流漂洗技术：采用逆流漂洗技术，既可提高织物的洗涤效果，又可节约用水。

② 物料换热节水技术：由于制丝生产所用的水需用蒸汽加热到一定温度才能缫丝，可将煮茧废水与缫丝用水进行换热，充分利用煮茧废水的热量将缫丝废水进行预热，以减少蒸汽用量，达到节水节能和减排的效果。

③ 重复用水：在丝绸纺织印染生产过程中，煮茧与缫丝工序的用水量最大，可将其产生的制丝污水收集至污水池，污水在进入污水池之前通过格栅将污水中所含的蚕蛹及碎蛹、丝头等过滤掉，再经过初步沉淀后流入生化调节池，采用生化处理使水质满足蚕丝生产工艺的要求后，送入蓄水池，并用清水泵提升至水塔供生产使用。

3）再生水回用

丝绢纺织印染工业在各种加工操作中会消耗大量的水，产生大量的废水，其中的污染物主要为煮茧工段产生的脱胶废水和染整加工过程中产生的染色废水，但其可生化性较好，可采用生化法对其进行处理后回用，以减少新水的取用量，达到节水减排的目的。

（2）集成后节水效益分析

对于年产 500t 白厂丝的某制丝有限公司，采用上述节水集成技术进行改造后，每生产一吨白厂丝的新水耗用量可降至 630t，不仅可满足国家的定额，也能满足江苏省新修订的用水定额(2010年修订，丝绢纺织及精加工类缫丝加工中白厂丝的用水定额为850m^3/t)，工业水的重复利用率达97%以上，工艺水的回用率达98.8%，冷凝水的回用率达98.2%；对于年产绢丝500t的某丝织有限公司，采用上述节水集成技术进行改造后，每生产一吨桑蚕绢丝的新水耗用量可降至377t左右，不仅可满足国家的定额，也能满足江苏省新修订的用水定额(2010年修订，丝绢纺织及精加工类缫丝加工中绢丝的用水定额为500m^3/t)，工业水的重复利用率达95%以上，工艺水的回用率达97.2%，冷凝水的回用率达96.6%。

由此可以看出，对于丝绢纺织印染企业，采用节水集成技术，既能取得明显的节水效果，又能大幅减少废水治理的费用，具有明显的经济效益、环境效益和社会效益。

5.7 超临界流体技术在印染行业节水中的应用

几千年以来，印染行业一直都是用水作溶剂，在助剂的配合下完成各类织物的印染，同时排放大量的废液和废水。由于废水加入了多种染色剂、助剂和沉淀剂，进行治理的成本很高。随着国家环保标准的提高和对健康保护的增强，环保成为染整行业中迫切需要解决的问题之一。我国的染整业一直是纺织业的瓶颈，无论和世界先进水平相比，还是和我国面料、服装的研发水平相比，都处于比较落后的状态。

超临界二氧化碳流体染色技术是近年提出的一种以超临界二氧化碳流体代替水作为染色介质的新工艺，可以部分实现无水染色。另一方面，超临界水氧化技术可对印染过程产生的高浓度废水实现深度处理后回用。

5.7.1 超临界二氧化碳流体技术在染色中的应用

尽管许多物质都可作超临界流体使用，但二氧化碳的应用最广泛。超临界二氧化碳流体作为染色介质，对分散染料的溶解能力比水高得多。在超临界二氧化碳中，分散染料一般处于单分子状态，因此无需加入大量的离子型分散剂。染料溶解度高，不仅可提高上染速率，还可提高匀染性，避免分散染料在水中由于分散稳定性降低所引起的各种问题。

(1) 超临界二氧化碳流体染色技术的基本原理

超临界二氧化碳的物理化学性质与在非临界状态的液体和气体有很大的不同。由于密度是溶解能力、黏度是流体阻力、扩散系数是传质速率高低的主要参数，因此超临界二氧化碳的特殊性质决定了超临界二氧化碳流体具有一系列的重要特点。超临界二氧化碳流体的黏度是液体的百分之一，自扩散系数是液体的100倍，因而具有良好的传质特性，可大大缩短相平衡所需时间，是高效传质的理想介质；具有比液体快得多的溶解溶质的速率，有比气体大得多的对固体物质的溶解和携带能力；在临界点附近，压力和温度的微小变化会引起二氧化碳的密度发生很大的变化，所以可通过简单地变化体系的温度或压力来调节二氧化碳的溶解能力；通过降低体系的压力来分离二氧化碳和所溶解的产品，省去消除溶剂的工序。

超临界二氧化碳流体染色技术的核心是以超临界二氧化碳流体代替水作为过程溶剂，理论基础是超临界流体的良好溶解和扩散性能。其工艺就是利用染料在超临界二氧化碳中的溶解度随着流体密度的提高而提高的原理，提高温度后降低流体的密度和染料在溶液中的数量，促进染料在纤维上的扩散。因此，这种新方法能够大大地节省印染操作时间。

(2) 超临界二氧化碳流体染色的特点

超临界二氧化碳流体具有许多特殊的性能，它不同于水，也不同于有机溶剂。作为染色介质，特别适合于极性低的分散染料染疏水性的合成纤维。

分散染料是一类难溶于水、在水中主要呈悬浮体存在的非离子性染料，在水中要依靠大量的分散剂等助剂保持分散状态。它除了大部分是以细小的晶粒成悬浮体分散于水中外，同时也有很少部分呈分子溶解状，还有部分则存在于分散剂等助剂的胶团中，并相互保持动态平衡。染色时，只有分子状态的染料可以上染纤维，随着分子状态染料上染纤维，胶团和晶粒中的染料分子会不断溶解到水中，直到上染结束；由于染料溶解度低，因此在低温时大大限制了上染速率。又由于大部分染料以悬浮体存在，因此，染液的分散稳定性不高，容易发生晶粒的凝聚、晶型的转变和晶粒的增长，严重时还会出现沉淀，引起染色困难或不匀。分散剂的存在虽然提高了染料悬浮体的分散稳定性，但是它的存在不仅增加了生产成本，也会污染水质，有的还会降低染料的平衡上染量。

由于二氧化碳分子黏度低，它与染料分子间作用力又小，染料在超临界二氧化碳流体中扩散较快，加上在这种流体中纤维表面附近的扩散边界层很薄，所以染料可很快吸附到纤维表面。还由于它对纤维有较强的增塑作用，所以上染速度快，匀染性和染透性均很好。

采用超临界二氧化碳流体染色是印染行业的重大突破，解决了多年难以解决的污染问题，具有以下的优点：

①不用水、无废水污染，属于环保型的染整工艺；②染色结束后降低压力，二氧化碳迅速气化，因而不需要进行染后烘干，既缩短了工艺流程，又节省了烘燥所需的能源；③上染速度快，匀染和透染性能好，染料的重现性极佳；④二氧化碳本身无毒、无味、不燃，可重复使用；⑤染料可重复利用，染色时无需添加分散剂、匀染剂、缓染剂等助剂，不仅降低了生产成本，提高了染料利用率，还减少了污染，有利于环境保护；⑥适用纤维品种较广，一些难染的合成纤维(如丙纶、芳纶等)也可进行正常染色。此外，该系统还可用于羊毛脱脂，以取代全氯乙烯而利于环保，解决了传统染色加工中的环境污染问题。

5.7.2　超临界水氧化技术在染整废水治理中的应用

纺织印染行业是用水大户，其中的印染用水占 80%。印染行业排放的废水成分复杂，其特点是：①水量大，有机污染物含量高、色度深、pH 值变化大、水质变化剧烈，增加了处理难度；②废水中的 pH 值、COD_{Cr}、BOD_5、颜色各不相同，可生化性差；③由于 PVA 浆料和新型助剂的使用，使难生化降解的有机物在废水中含量大大增加。对于这些生物难降解的毒性有机废水，应用多种氧化技术在较短的氧化时间内将难降解毒性有机物完全无害化、不产生二次污染，已成为环保界研究的热点。近年来，较快地发展了以生成氧化自由基为主体的深度氧化技术，利用高活性的自由基引发自由基链式氧化反应，进攻大分子有机物并与之反应，由于氧化自由基的介入，明显降低了氧化反应的活化能，极大地提高了氧化反应的速率，从而迅速破坏有机物分子结构，达到氧化去除有机物的目的，实现高效深度氧化治理。超临界水氧化法是近年来发展起来的一种高效深度氧化治理工艺。

(1) 超临界水氧化的工艺处理流程

超临界水氧化所用的氧化剂可以是纯氧气、空气(含 21% 的氧气)或过氧化氢等。在实际运行过程中发现，使用纯氧气可大大减少反应器的体积，降低设备投资，但氧化剂成本提高；使用空气作为氧化剂，虽然运行成本降低，但反应器等设备的体积加大，相应增加设备的投资，并且由于电力需求过大，不适于工业化应用。使用过氧化氢作氧化剂，虽然反应器等设备体积有所减少，但氧化剂成本有所提高。因氧气易于工业化操作，用电少，整体运转费用低，便于工业化运行，其工艺流程如图 5 - 24 所示。

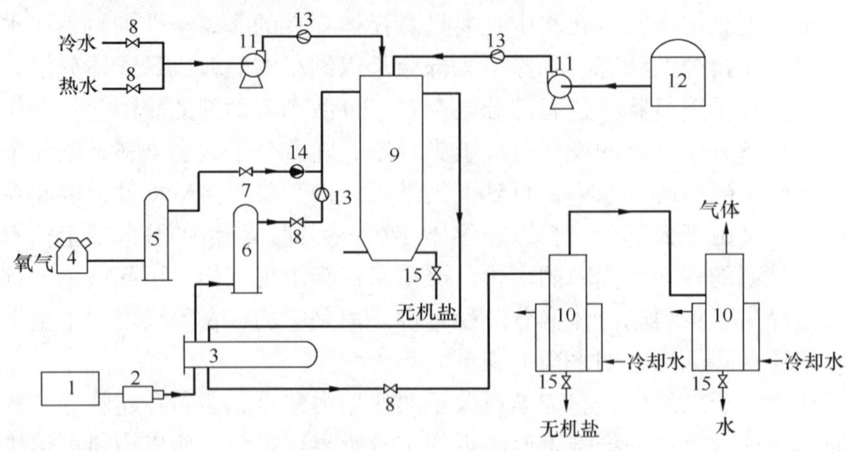

图 5 - 24　超临界水氧化工艺流程

1—污水池；2—高压柱塞泵；3—内浮头式换热器；4—氧气压缩机；5—氧气缓冲罐；6—液体缓冲罐；7—气体调节阀；8—液体调节阀；9—超临界水氧化反应器；10—分离器；11—高压柱塞泵；12—燃油贮罐；13—液体单向阀；14—气体单向阀；15—防堵阀门

将废水放置于污水池中，用高压柱塞泵将废水打入热交换器，废水从换热器内管束中通过，之后进入缓冲罐内，同时启动氧气压缩机，将氧气打入氧气缓冲罐内。废水与氧气在管道内混合之后进入反应器，在高温高压条件下，使水达到超临界状态，废水中的有机污染物被氧化分解成无害的二氧化碳、水，含氮化合物被分解成氮气等无害气体，硫、氯等元素则生成无机盐。由于气体在超临界水中溶解度极高，因此在反应器中成为均一相，从反应器顶部排出，无机盐等固体颗粒由于在超临界水中溶解度极低而沉淀于反应器底部，超临界水与气体混合的流体通过热交换器冷却后进入分离器，为使分离更加彻底，往往再串联一级气液分离器。分离器的下半部分安装有水冷套管，使超临界流体进一步降温，水蒸气冷凝。

（2）超临界水氧化反应的特点

与其他氧化反应相比，超临界水氧化法具有如下明显的优越性：

① 氧化效率高，处理彻底，水溶液中有机物的去除率可达 99.9% 以上；

② 水溶液中有机物浓度达到 3% 以上时，有机物氧化释放出的反应热可以维持反应所需的热量，在正常运行中无需外界供热，实现自运行；

③ 反应在密闭容器中进行，密封条件极好，有利于有毒、有害物质的氧化处理，不会对环境带来二次污染；

④ 不产生二次污染，处理后的排水可以完全回用，节约了资源和能源；

⑤ 应用范围广，几乎对所有有机污染物均可以进行氧化分解；

⑥ 由于均相反应停留时间短，反应器结构简单，使用较小体积的反应器就可以处理较大流量的有机污染物，有利于工业实际运行；

⑦ 从经济上来考虑，有资料显示，与坑填法和焚烧法相比，超临界水氧化法处理废水的操作维修费用较低，单位成本较低，具有一定的工业应用价值。

（3）应用实例

美国 EWT 公司于 1994 年在美国得克萨斯 Austin 为 Huntsman 公司建成并投产了一套 SCWO工业装置，这是世界上第一套有较大处理废物能力的工业化装置。所处理的废物中含有长链有机物和胶，总有机碳（TOC）超过50g/L。此装置使用管式反应器，长200m，操作温度540～600℃，压力25～28MPa，进料量为1100kg/h，反应后排水中TOC去除率为99.988%以上，排出气体中NO_x为0.6×10^{-6}，CO为60×10^{-6}，CH_4为200×10^{-6}，SO_2为0.12×10^{-6}，氨低于1×10^{-6}，均符合当地直接排放标准。该装置处理废物的成本仅为原来该公司使用焚烧法处理费用的1/3。

（4）超临界水氧化存在的问题及改进措施

1）腐蚀问题及其改进

超临界水氧化操作条件苛刻，高温、高压和废水中存在的酸、碱、无机离子等都能加速容器的腐蚀。在300℃水溶液中，由于水的介电常数和无机盐的溶解度均较大，主要以电化学腐蚀为主；在400℃超临界水状态下，水的介电常数和盐的溶解度迅速下降，金属腐蚀以化学腐蚀为主。为解决腐蚀问题，需要对反应器进行改进。在反应器的材质方面，需要用钛－镍合金等特殊材料制造反应设备。对于连续式反应器，由于废水中含有P、Cl、S的有机物，经超临界水氧化处理后产生的酸会对冷却器壁造成严重的腐蚀，对此可以在物料经反应区进入冷却段时向其中加入一定量的碱性溶液进行中和，以减少其对容器的腐蚀。

2）堵塞问题及其改进

在超临界水氧化过程中，废水中的有害有机物均溶解在超临界水中，被空气或氧气迅速氧化，废物中的C、H元素转化为CO_2、H_2O、CO等无毒的物质，Cl、P、S和金属元素化合成盐析出。由于无机盐在超临界水中的溶解度很小，所以在超临界水氧化过程中会有盐沉淀析出。这些盐的黏度很大，会导致换热效率降低，系统压降增加，严重时将造成反应器的堵塞，因此需要定期用酸进行清洗。为防止无机盐的沉淀堵塞，可向流体中加入Na_2PO_4来干扰Ca^{2+}、Al^{3+}、Mg^{2+}。

3）热量传递

因为超临界水氧化反应前后，水的物理、化学性质变化很大，在超临界水氧化过程中也必须考虑临界点附近的热量传递问题。水在超临界状态下的运动黏度很低，温度升高时对流增强，因此反应器中主要以对流传热为主，若有良好的传热条件，可促进反应的进行，提高反应的效率。

4）成本控制

超临界水氧化过程需在高温高压下进行，因此设备的一次性投资及运行费用均较大。国外的研究表明，要获得500～600℃的高反应温度，废水的理论热值应大于3400kJ/kg，即如果废水的COD值达到30000mg/L以上，则反应可以自进行，不再需外界供给热量，此时可大大降低SCWO过程的运行成本。

参 考 文 献

[1] 吴立．染整工艺设备[M]．北京：中国纺织出版社，2010.
[2] 赵涛．染整工艺与原理(上)[M]．北京：中国纺织出版社，2009.
[3] 赵涛．染整工艺与原理(下)[M]．北京：中国纺织出版社，2009.
[4] 蔡再生．纤维化学与物理[M]．北京：中国纺织出版社，2009.
[5] 严立三，陈建华．纺织厂空调与除尘[M]．北京：中国纺织出版社，2009.
[6] 张荣华，刘华，樊理山．纺织实用技术[M]．北京：中国纺织出版社，2009.

[7] 张喜昌，王秋霞，朱洪英．纺纱工艺与质量控制[M]．北京：中国纺织出版社，2008.
[8] 胡学英．纺织厂空调节能措施与节能管理的探讨[J]．纺织建筑设计，2007，(4)：45～48.
[9] 平建明，范尧明，蒋少军．毛纺工程[M]．北京：中国纺织出版社，2007.
[10] 韩文泉，王树英．织造设备与工艺[M]．北京：中国纺织出版社，2009.
[11] 董敬贵，李意贤，高娜．色织工艺学[M]．北京：中国纺织出版社，2008.
[12] 李志伟，杨爱民．纺织印染企业的用水计量[J]．染整技术，2009，31(7)：27～31.
[13] 王淑荣，杨蕴敏．染整废水处理[M]．北京：中国纺织出版社，2008.
[14] 廖选亭，夏冬．染整设备[M]．北京：中国纺织出版社，2009.
[15] 杨东洁，章长征．纤维纺织工艺与质量控制(上)[M]．北京：中国纺织出版社，2008.
[16] 杨东洁，章长征．纤维纺织工艺与质量控制(下)[M]．北京：中国纺织出版社，2008.
[17] 陈立秋．染整工业节能减排技术指南[M]．北京：化学工业出版社，2009.
[18] 廖传华，褚旅云，方向，等．超临界水氧化法在高浓度难降解印染废水治理中的应用[J]．印染助剂，2008，25(12)：22～26.
[19] 褚旅云，廖传华，方向．超临界水氧化法处理印染废水的研究[J]．水处理技术，2009，38(8)：84～86.
[20] 叶良平．印染厂生产废水处理工程实例[J]．水处理技术，2010，36(6)：123～125.
[21] 廖传华．超临界水氧化过程的应用研究[D]．南京：南京工业大学，2009.
[22] 廖传华，朱跃钊，李永生．超临界水氧化反应器的研究进展[J]．环境工程，2010，28(2)：7～12.
[23] 廖传华．一种印染废水的处理系统和方法[P]．ZL 200810024677.3，2010－11－21.
[24] 张娇．毛纺印染综合废水处理工程[J]．水处理技术，2010，36(4)：127～129.
[25] 李红亮，韩洪军，姜丹，等．溶气气浮/水解酸化/接触氧化工艺处理亚麻生产废水[J]．中国给水排水，2008，24(2)：52～54.
[26] 马汉泽，谢可蓉，黄天岳，等．涤纶仿真丝印染废水治理技术的研究及其应用[J]．环境工程，1994，17(2)：22～24.

第6章　造纸行业的节水技术集成

造纸生产分为制浆和造纸两个基本过程。制浆就是用机械法、化学法或者两者相结合的化学机械法把植物纤维原料离解变成本色纸浆或漂白纸浆。造纸则是把悬浮在水中的纸浆纤维，经过各种加工结合成合乎各种要求的纸页。无论采用何种植物原料，采用化学法、机械法或化学机械法制浆造纸，都不可缺少水作为介质，水在制浆造纸生产的备料、制浆、筛选、漂白、抄纸的整个过程中起着重要作用，同时在各个车间和工段都有废液和废水的产生和排放。我国是世界上严重缺水的国家之一，水资源的短缺已成为制约我国经济和社会发展的重要因素，如何节约用水已成为造纸工业发展的一个重要环节。造纸工业节水不但可以大大减少新鲜水的用量，而且可以减少废水的排放，同时还能带来节能降耗的效益，使受损环境得到恢复，使人类排除当今世界水资源危机和环境污染的困扰，走上可持续发展的道路。由于资源和环境的双重压力，近年来造纸业正为实现系统封闭废水“零”排放而进行不懈的努力。

6.1　制浆造纸行业的用水现状

造纸工业是水资源消耗大户，我国造纸工业的用水量约占全国工业用水总量的4.35%，排在火电、纺织之后，占全国工业取水量的第3位。

目前，我国制浆造纸工业的吨浆纸取水量，先进工艺和设备的化学浆生产线需60~80m^3，中上水平技术装备的企业需100~200m^3，许多中小型浆厂，仍沿用传统的制浆工艺，设备装备水平较低，节水管理落后，生产吨浆纸的取水量一般在200~300m^3。一般的废纸浆厂或废纸脱墨浆厂，除少数先进企业外，吨浆纸的耗水也在50m^3。与此同时，造纸工业的万元产值废水排放量达228m^3，是全国万元工业总产值平均排水量的2.54倍。由此可见，我国造纸工业不但是用水大户，而且是浪费型的用水大户，还是排污大户。目前我国的纸品总消费量仅次于美国，居世界第二位，纸浆和纸品则是仅次于石油、钢材之后我国进口用汇的第三大类产品。大量的需求必将带动国内造纸行业的发展，但由于我国水资源短缺，作为高耗水、重污染的造纸行业，如不节水减污，推进清洁生产，提高水的利用效率，其发展必将受到水资源短缺和水环境恶化的制约，并危及到某些造纸企业的生存。国内外的生产实践表明，只要加大节水和治污的力度，造纸工业可以实现产品产量增加，而用水量和排污量减少。

6.1.1　制浆造纸行业的排水

水作为一种介质，生产过程中使用后绝大部分都要排放到自然水系之中。

造纸行业排放的废水不仅污染负荷高，而且排放量十分巨大，因此对造纸废水的排放很早就提出了限制。自1983年制订第一个“造纸工业水污染物排放标准”以来，其后的20多年内又多次进行了修订补充。表6-1列出了历次造纸工业水污染物排放标准中关于排水量的不断变化。

表6－1　历次造纸工业污染物排放标准中关于排水量的比较　　m^3/t浆

编号	规模/(t/d)	现有						新、扩、改					
		木浆		非木浆		造纸		木浆		非木浆		造纸	
		本色	漂白	本色	漂白	木	非木	本色	漂白	本色	漂白	木	非木
GB 3544—83	≥100	110	200	130	220	50	70	90	180	110	200	40	60
	100～30	130	220	150	240								
	<30	150	240	170	260								
GB 8978—88	≥100	190	280	230	330	70	70	150	240	190	290	60	60
	<100	220	320	270	370	80	80						
GB 3544—92	≥100	190	280	230	330	70	70	150	240	190	290	60	60
	<100	220	320	270	370	80	80						
GWPB 2—1999								150	220	100	300	60	60
GB 3544—2001								150	220	100	300	60	60

6.1.2　制浆造纸行业的取水

制浆造纸生产的取水量略大于排水量，因为在生产过程中，每干燥1吨产品，约有1.5吨的水蒸发成水蒸气排放到大气中；另外，在生产过程中排放的固体废弃物也会带走一部分水分。但相对于整个生产过程的用水量而言，这部分由蒸发和固体废弃物带走的水分量较少。

在重视环保与节约自然资源的社会压力和政府的法规制约下，制浆造纸工业的用水在一些发达国家有了极大的下降，如瑞典部分造纸厂的当前取水量分别为：新闻纸3～15m^3/t，不含磨木浆的高级纸5～10m^3/t，超压纸10～15m^3/t，轻量涂布纸10～20m^3/t，薄页纸5～15m^3/t，箱纸板和瓦楞原纸2～8m^3/t。国外最新设计的商品漂白硫酸盐浆厂的取水量是：制浆纸10.6m^3/t，抄浆机0.4m^3/t，碱回收及动力系统1.2m^3/t，总取水量12.2m^3/t。目前世界先进水平的吨浆纸综合水耗为35～50m^3/t，其中吨纸水耗为10～20m^3/t。

我国具有国际和国内先进技术装备的企业和生产线的产量约占全国纸和纸板产量的1/3，多数企业仍然是技术装备落后。以草类纤维和废纸原料为主的中小型企业或生产线，单位产品的取水量和先进企业相比差距很大，企业的用水效率较低，浪费现象非常严重。目前我国造纸工业单位产品的取水量现状是：先进制浆企业60～80m^3/t产品；中上水平技术装备的企业需100～200m^3，许多中小型浆厂仍沿用传统的制浆工艺，设备装备水平较低，节水管理落后，生产吨浆纸的取水量一般在200～300m^3，而国外每吨浆纸的水耗仅为30～50m^3。国内一般抄纸生产线的水耗为50～100m^3/t产品，废纸浆厂或废纸脱墨浆厂，除少数先进企业外，吨浆纸的耗水也在50m^3以上。

国家标准（GB/T 18916.5—2004）的造纸产品取水定额于2005年1月1日起正式实施。与目前正在执行的《造纸工业水污染物排放标准》（GB 3544—2001）相比，造纸产品取水定额（GB/T 18916.5—2004）要严格得多，即便对于1998年1月1日前建成投产的老企业，其取水定额也远低于《造纸工业水污染物排放标准》（GB 3544—2001）的排水指标。

6.1.3　制浆造纸行业的节水潜力分析

与国外同类行业的用水量相比，我国造纸企业具有较大的节水潜力。在制浆耗水方面，以漂白化学浆为例，国外先进企业的吨浆用水量一般为35～60m^3，而我国企业即使按最新公布的取水定额标准，也在90～150m^{3}之间；在造纸耗水方面，以书写印刷纸为例，国外先进企业的吨纸用水一般为5～10m^3，而我国用水则为35～60m^3。国内企业的生产用水是国外企业生产用水量的3～6倍，而且在实际生产过程中，我国很多企业还达不到国家规定的取水定额标准，其原因虽与相对老化的技术和落后的生产线有关，但并非是全部，企业没有认真考虑过可利用水资源的短缺会成为企业发展的瓶颈，没有实施生产环节上的全过程控制，没有充分认识到节水减污对企业效益和可持续发展所带来的巨大潜力，则是问题的关键所在。

通常情况下，企业的节水效益，对企业内部来讲主要反映在以下三个方面：一是可持续用水的效益。企业通过节水，可以避免、减少或者推迟未来用水成本的增长。二是提高用水效率和效益。企业节水后，可以降低自身用水、预处理、水泵及输水系统维护的耗费，同时可避免由于水源不足等限制因素所导致的生产瓶颈。三是减少排污量的效益。通过节水，企业可减少排污量，从而降低污水处理设施的建设规模，节省投资；水力负荷的减轻还可以增加污水处理设施在减污增效（动力及药品使用）方面的效益，还可避免由于污水处理设施能力不足对企业生产规模的制约。对企业外部来讲，可避免或延缓供水公司开发新水源、取水、输水、预处理、供水等方面的支出，同时也可缓解企业所在地区的水环境治理压力，降低水污染的治理成本，为所在地区乃至流域带来较大的经济效益、社会效益和环境效益。

由此可见，造纸工业必须把节约用水作为实现可持续发展的一项重要任务，采取切实措施减少单位产品的清水用量。然而，至目前为止，由于水价低廉、立法滞后、用水定额过于宽松以及信息闭塞等原因，绝大多数造纸企业的节水工作还没取得应有的成效。

6.2 制浆过程的节水技术集成

制浆是指利用化学方法、机械方法，或者化学与机械相结合的方法，使植物纤维原料离解变成本色纸浆或漂白纸浆的过程。

6.2.1 制浆过程的工艺流程

制浆的原料主要有两种：一种是含纤维的植物，一种是回收的废纸。

以含纤维的植物为原料的制浆工艺如图6－1所示，将植物切碎后，加入高浓度碱水进行高温蒸煮，再经过CX筛、高频振动筛、洗浆机、压滤机等机械去除原浆中含有的碱水，经漂白洗涤后加水配成浆液就可以造纸了。其制浆方法主要有化学制浆法、机械制浆法和化学机械法三大类。

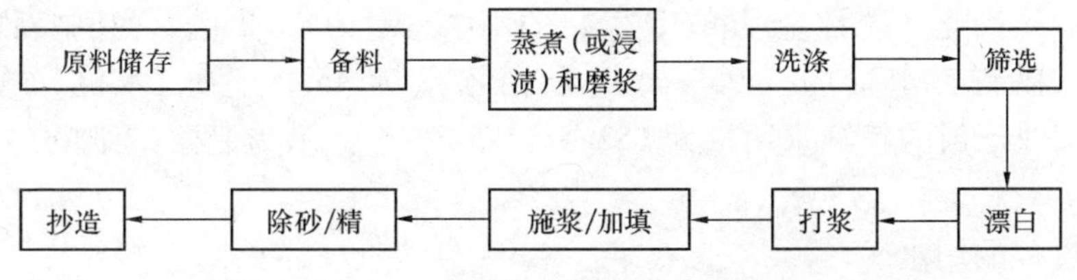

图6－1 制浆造纸工艺流程图

化学制浆过程主要向纤维原料中加入化学药剂，通过高温蒸煮溶出原料中的木素而得到纸浆，纸浆得率不足50%，意味着原料中有超过50%的物质以废弃物的形式进入蒸煮废水或成为浆渣等。根据所用化学药剂的不同，可分为碱法制浆和亚硫酸盐法制浆两种工艺。其基本工艺流程如图6－2所示。

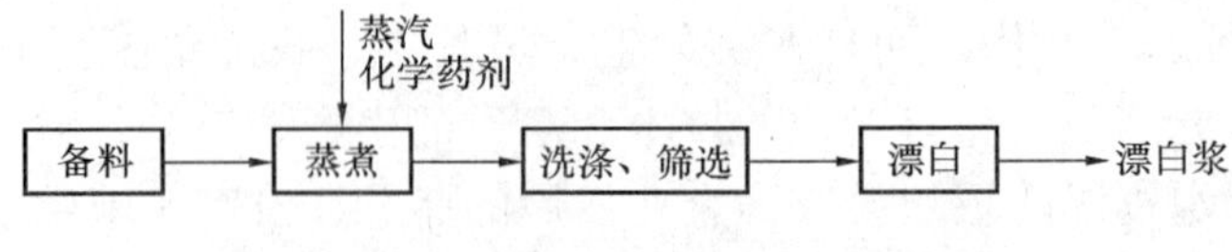

图6－2　化学法制浆基本工艺流程

木材或非木材原料经备料处理后，进入蒸煮装置，同时加入化学药剂，通入蒸汽进行蒸煮，脱除原料中的木质素等成分，得到纤维，再通过筛选、洗涤，去除杂质和残存于纤维间的化学药剂，这时就可以得到未漂白的纸浆，再经漂白后即可得到漂白纸浆。

机械制浆主要是通过磨浆机将纤维原料磨成纸浆，除部分水溶出物之外，大部分原料（纤维素、半纤维素、木质素等）均进入浆料，纸浆得率高，又称高得率制浆。高得率制浆工艺包括机械磨木浆、化学机械浆等，由于机械磨木浆的能耗太高，目前基本被化学机械制浆取代。化学机械浆的工艺流程如图6－3所示。

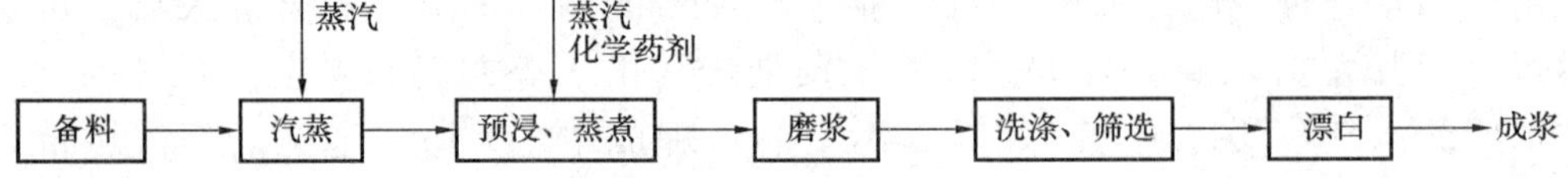

图6－3　高得率化学机械制浆基本工艺流程

木材或非木材原料经备料处理后，进行蒸汽汽蒸，然后加入化学药剂进行预浸，通入蒸汽进行蒸煮，脱除原料中的部分木质素等成分，使原料变软。最后采用机械磨浆，再通过筛选、洗涤，去除杂质和残存于纤维间的化学药剂，这时就可以得到未漂白的纸浆，再经漂白后即可得到漂白纸浆。高得率化学机械制浆加入的化学药剂要比化学法少，蒸煮时间也比较短，浆的得率远高于化学制浆。

以回收的废纸为原料的制浆工艺比较简单，将废纸、工业双氧水、脱墨剂、碱、水按一定比例配好，用水力碎浆机打一定的时间，用跳筛筛去杂质就可以造纸了。其工艺流程如图6－4所示。

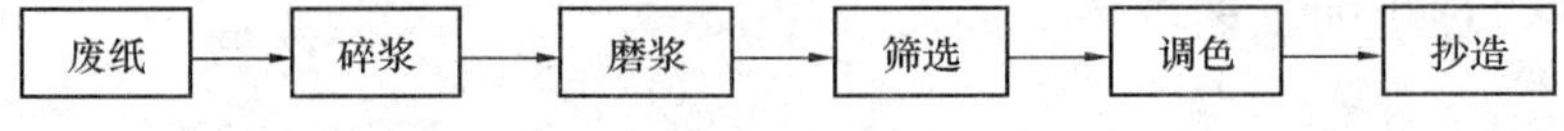

图6－4　再生纸制浆工艺流程图

6.2.2　用水节点及其对水质水量的要求

整个制浆造纸的生产流程中都要用到水。根据国家环境保护部门的统计，2007年全国制浆造纸及纸制品产业（统计企业4035家）的用水总量为89.2亿t，其中新鲜水量为44.0亿t，占工业总耗新鲜水量的6.96%。重复用水量为45.2亿t，水的重复利用率仅为50.7%。万元工业产值的新鲜水用量为152.5t。图6－5所示为制浆造纸的工艺流程及用水节点。

（1）备料过程的用水

1）原木备料过程的用水量及其对水质的要求

该过程包括原木树皮的剥除、洗涤、切片、筛选等。原木的机械化剥皮多在剥皮鼓中进行，分为干法和湿法。在回转的剥皮鼓中依靠原木之间或原木与剥皮鼓之间的摩擦，将树皮剥落，或者利用水力剥皮。

在湿法剥皮系统中，水的作用是提供剥皮所需的水力，因此对所用水的水质几乎没有要求。根据用水方式，湿法剥皮系统又可分为开放系统和封闭系统。开放系统是指剥皮过程产生的废水不再循环利用的系统，其用水量为 5～30m^3/m^3 木材；封闭系统是尽量使备料系统的废水在处理之后实现回用的剥皮系统，其用水量一般为 1～5m^3/m^3 木材。

干法剥皮系统是依靠原木之间或原木与剥皮鼓之间的摩擦而实现剥皮的，因此不需或仅需少量用水。与湿法剥皮相比，采用干法剥皮可以大大减少水的用量。一般干法剥皮的用水量为 0～2m^3/m^3 木材。

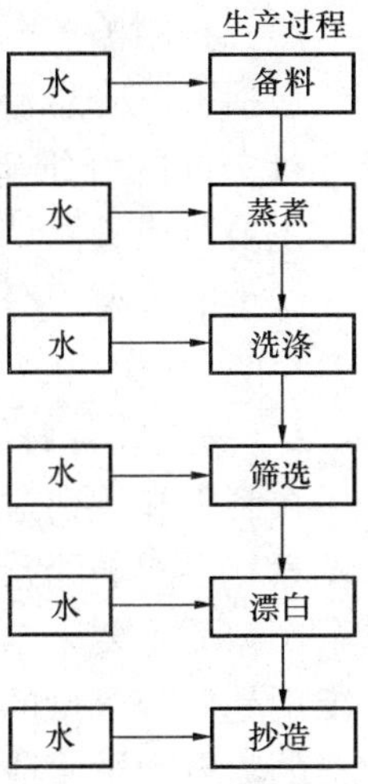

生产过程

水	→	备料
水	→	蒸煮
水	→	洗涤
水	→	筛选
水	→	漂白
水	→	抄造

图 6－5　制浆造纸的工艺流程及用水节点

2）非木材原料备料过程的用水

该过程包括草类原料的除尘、除杂等。草类原料的备料多采用干法备料过程。为了防止大量尘土和草屑飞扬造成大气污染，同时改善工作条件，多数工厂在集尘和除尘设备中增设对排风的喷淋装置，以达到降尘的目的。当草类原料含有大量杂质和泥土时，采用干湿法相结合的备料工艺可改进成浆质量，其用水量决定于水的回用程度，一般在 2～50m^3/m^3 绝干草之间。竹子的备料与木材相似，其用水量一般为 2～30m^3/m^3 实积竹。

（2）制浆蒸煮工序的用水

水的作用是配制一定浓度的化学药剂溶液，以便与原料按一定比率混合进行蒸煮。其用水量约为 10～20m^3/t 浆，对所用水质没有特殊要求。

在三种制浆方法中，机械制浆法的用水量最小，化学制浆法的用水量最大。因此，改革现有的制浆工艺将产生较大的节水效益。

（3）洗涤筛选工序的用水

水的作用是用于洗净蒸煮后的粗浆和提取黑液，主要用水节点是网笼和毛毯的冲洗。此工序需要大量的水，但对水质的要求不高。

（4）漂白工序的用水

水的作用是配制漂白液，将残余木素从未漂浆中分离出来。此工序需用大量的水，但对水质的要求不高。

6.2.3　制浆过程的废水排放与处理回用

据统计，制浆造纸工业的废水排放量占全国工业废水总排放量的 17.98%，排放废水中的化学需氧量物质（COD）为 155.3 万 t，占全国工业 COD 总排放量的 33.6%；万元工业产值的 COD 排放强度为 54kg，高居工业污染榜首。

（1）废水的排放

在整个制浆造纸生产流程中都会有废水产生，但废水的产量和性质各异。一方面，制浆造纸工业废水的水量和治理难易程度等随原料种类、生产工艺以及产品品种的不同存在极大的差异；另一方面，相同工艺各个工序产生的废水成分与浓度不同，相同工艺不同规模企业的技术和管理水平不一样，废水的排放量及其中的污染物含量都会存在很大差异，但总的包括以下几类：

1）悬浮物

包括可沉降悬浮物和不沉降悬浮物两种，主要是尘土、泥沙、物料碎屑、纤维和纤维细料（即破碎的纤维碎片和杂细胞）。尘土、泥砂、物料碎屑来源于备料过程，多为可沉降物，主要造成管路堵塞和影响水的回用。纤维和纤维残渣是造纸废水中悬浮物的主要成分。构成纤维的主要成分是纤维素，它的性能非常稳定，是造纸的主要原料，未抽提过的木材中含有 40% ~50% 的纤维素。

2）易生物降解的有机物

在制浆和漂白过程中溶出的原料组分，一般为易于生物降解的物质，包括低分子量的半纤维素、甲醇、醋酸、蚁酸、糖类等，是构成水体 BOD 的主要来源，其中低分子量的半纤维素、糖类主要来自于植物细胞成分，甲醇、醋酸、蚁酸等小分子物质来自于蒸煮过程。半纤维素是低分子量的聚糖类，它和纤维素一起产生在植物组织之中，可以从原来的或脱去木质素的物料中被水或碱水溶液抽提而分离出来。这些物质容易生化降解，是引起废水腐败恶臭的主要原因。

3）难生物降解的有机物

主要包括来源于原料中的木质素和大分子碳水化合物等，通常带有颜色，是废水 COD 的主要来源。

木质素主要存在于植物的细胞壁和细胞间组织中，是构成植物体的重要成分，未抽提过的木材中含有 20% ~35% 的木质素。木质素的结构非常稳定，在化学制浆蒸煮条件下，木质素被化学品所降解，形成各类木质素衍生物，溶解在蒸煮液中。

溶解在蒸煮液中的木质素数量巨大、性质稳定、可生化降解性很差，如果不经处理，则会造成严重的环境污染。碱法制浆工艺所得碱性木质素最经济环保的利用价值是在蒸煮黑液回收工艺中充当热质，燃烧产能，且完全氧化成二氧化碳和水。酸法制浆工艺所得的酸性木质素，可以回收，综合利用生产黏合剂等工业产品。

4）毒性物质

主要包括制浆黑液中含有的松香酸和不饱和脂肪酸；污冷凝液中含有的硫化氢、甲基硫、甲硫醚；漂白碱抽提废水中的多种氯代有机化合物，其中剧毒的二噁英等已引起广泛注意。

5）酸碱物质

由于制浆工艺需用强酸或强碱溶解细胞成分，因此在黑液和制浆废水中有很强的酸碱极性物质。这些物质由于在蒸煮黑液中含量大，不仅其高极性可以明显改变接受水体的 pH 值，同时因其含量大，若转移到生产物质流外，则会对环境增加大量的 COD 而造成严重污染。

碱法制浆废水的 pH 值为 9 ~12；漂白废水的 pH 值变化很大，可低于 2，可高于 12；酸法制浆废水的 pH 值为 1. 2 ~2. 0。

6）有色物质

由于原料在高温和极性条件下蒸煮，褐变反应产生难降解的有色物质，包括褐色物质和高度带色木质素。这些有色物质极难降解，因而造成严重的环境污染。

制浆造纸过程废水中的污染物主要来源于湿法和干湿法备料、蒸煮制浆、漂白和抄造等工段中的原料浸提、溶解、分解等物质和工艺添加物。一般地，制浆造纸生产过程的主要污染产生源是制浆黑液、纸浆洗筛废水和漂白废水。

（2）制浆废水的治理与回用

在制浆工业形成的废水污染中，黑液的污染最为严重，因此制浆工业的水污染防治应首先解决黑液的源头治理，且黑液提取率的高低直接影响后续洗选废水和漂白废水的污染负荷。

制浆原料蒸煮废液总的特点是强碱或强酸性、颜色深、有臭味、含有相当数量的固形物、产生量大、污染负荷高、碱法制浆原料中50%～60%的成分进入制浆蒸煮废液，是制浆过程中污染浓度最高、色度最深的废水，呈棕黑色，所以称为黑液。它几乎集中了制浆造纸过程90%的污染物，其中含有大量木质素和半纤维素等降解产物、色素、戊糖类、残碱及其他溶出物。每生产1t纸浆约排黑液10m^3，其特征是pH值为11～13，BOD_5为（3.45～4.25）$\times 10^4$mg/L，COD_{Cr}为（1.06～1.57）$\times 10^5$mg/L，SS为（2.35～2.78）$\times 10^4$mg/L。亚硫酸盐法制浆废液呈褐红色，因此又称为红液，它也集中了制浆造纸过程90%的污染物，其中含有大量的木质素磺酸盐、半纤维素降解产物、色素、戊糖类及其他溶出物。每生产1t纸浆约排红液10m^3，其特征是pH值在5以下，BOD_5为170～345kg/t浆，COD_{Cr}为1106～1555kg/t浆。

1）碱法化学制浆黑液的治理

黑液治理的最佳技术是碱回收，可以回收碱和热能供企业自用。

大型硫酸盐木浆厂对蒸煮黑液进行回收，其提取率可达到98.5%，碱回收率可达98%，碱的自给率为100%。这类以木材为原料的大厂已不存在水污染问题。芦苇浆、蔗渣浆及麦草浆碱回收单条生产线规模超过100t/d，黑液提取率分别可达92%、90%及89%，对应碱回收率分别为90%、87%和80%，达到此规模的非木浆厂的水污染问题基本解决。

配备碱回收设施的碱法麦草化学浆仅为碱法麦草浆总量的50%～60%左右，生产规模小于75t/d的草浆碱回收系统在技术上和经济上都存在许多问题，难以推广。占碱法麦草浆50%、规模不超过75t/d的企业，无法投建碱回收设施，其制浆（包括亚铵法浆）产生废液的COD排放量约占造纸行业COD总排放量的70%，是造纸行业的首要污染来源。可见，目前小规模麦草浆企业的黑液治理仍然是我国造纸行业水污染防治的重点。

限于碱回收工程投资大，小厂无力实施，为了控制制浆黑液的污染，国内外广泛开展了黑液的综合利用研究。将制浆黑液本身加以直接综合利用的技术包括：硫酸盐法制浆黑液制有机复合肥、草浆黑液用作石油降黏剂等。将制浆黑液中的木质素回收后加以综合利用的技术包括：工业改性木质素、肥料、土壤改良剂、饲料添加剂、培养食用菌、水泥外加剂、化学灌浆材料、电木粉、阳离子交换树脂、合成胶黏剂、颗粒活性炭、农药缓释剂等。但所有这些技术都受到销量、成本、不良副作用等因素的限制而影响推广应用。

2）半化学浆废液的治理

这部分废液包括：亚铵法、亚钠法、低碱法、石灰法等半化学制浆废水，其COD负荷在350～700kg/t浆，废水的COD浓度高达60000～130000mg/L，如果直接排放，会造成严重的水污染。由于半化学浆蒸煮用药少，得率高（65%～70%），提取废液的固形物浓度低，吨浆固形物发热量少，一般不能直接用燃烧法回收热量和消减废液的污染。对这一类黑液的治理途径有：①浓缩后生产黏合剂（木素磺酸钠产品）、香兰素等，但副产物成本高；②酵母发酵生产酒精和回收酵母；③与碱法化学浆黑液混合蒸浓，进行碱回收即交叉回收法治理，但这种方法一方面受碱回收规模的限制，另一方面半化学浆废液会影响原有碱法化学浆黑液碱回收系统的运行性能，使这种方法的应用受到限制；④此类废水采用厌氧－好氧两级或三级处理，有可能达标排放，但投资和运行费用较高，现有企业暂时无法承受。

绝大多数半化学浆企业生产的产品档次低、利润少，企业无法承担减排或废水治理工程，因此这类废水目前大都直接排放，其对制浆造纸行业 COD 排放量的贡献率仅次于碱法化学浆废水的贡献率，为我国制浆造纸行业的第二大水污染源。

以南京工业大学为代表的一批高等院校和科研院所的研究结果表明，采用超临界水氧化法能对制浆废水（包括半化学浆废水和碱法化学浆废水）进行有效的处理并实现水的回用，其中所含的化学耗氧量物质因被氧化而放出热量，由于这类废水的 COD 浓度较高，放出的热量很多，不仅能维持反应过程的自运行，而且可进行热量的回收利用，既节省了废水处理的运行费用，还可降低生产蒸汽的成本。

3）化学机械浆废水的治理

包括预热机械浆（TMP，thermo - mechnical pulp）、化学机械浆（CMP，chem - mechanical pulp）、磺化化学机械浆（SCMP，sulfanated chem-machanical pulp）、化学预热机械浆（CTMP，chem-thermomechanical pulp）、碱性过氧化氢化学机械浆（APMP，alkaline peroxide mechanical pulp）等的化机浆废水，由于此类制浆设备较化学制浆简单，投资省，建厂规模较小，必须排出或进入污水处理系统的污染物相对于化学浆较少，污染负荷较轻；制浆得率高，不用或少用化学药品，生产成本低，所以是近年来发展最快的浆种。这类制浆废水的 BOD/COD 比值较高，可生化性较好，废水采用生物处理法能达标排放，特别是采用先厌氧后好氧处理技术，既可产生沼气等生物质能，又能消除 COD 和 H_2S 等臭气。

（3）混合（中段）废水的污染治理

混合（中段）废水是排放到生产过程以外需要厂外专门治理的废水，包括整个生产过程中外排、不能重复使用的各种水。

1）纸浆的洗涤、筛选废水：是纸浆洗涤、筛选过程中产生的，一部分性质如黑液或红液，另一部分性质如漂白废水。这部分废水的显著特点是产生量大，有一定量的细小悬浮纤维。筛选系统用水的封闭是提高洗涤效率、减少废水排放量的有效措施。筛选后的浓缩排水及尾浆净化排水一般称为“中段废水”。开放式浆料筛选系统和封闭式浆料筛选系统排放废水的水量相差较大，一般而言，采用封闭系统可减少 70% 左右的废水排放量。

2）漂白废水：由漂白浆时产生。化学法制浆过程的本质是脱木质素，而漂白是将残余木质素从未漂浆中分离出去。传统漂白工艺由氯化（C）、碱抽提（E）、次氯酸盐漂（H）等几段组成，这部分废水最大的特点是因漂白工艺的不同而有可吸附有机卤化物（AOX）产生；现代漂白工艺着眼于减少氯代有机物的形成。

漂白废水可以分为传统漂白废水（元素氯的用量占总用氯量的 10% 以上）、无元素氯漂白（ECF）废水和完全无氯漂白（TCF）废水。TCF 漂白废水中基本上检测不到 AOX 的存在，这部分废水量不大，但因其中含有有毒物质，而且生化降解性较差，因此处理比较困难。漂白废水的基本特性是有色度，TCF 纸浆漂白废水中 COD 的负荷为 30 ~ 50kg/t 浆，BOD 的负荷为 12 ~ 39kg/t 浆。各不同漂白段废水的 pH 值因有不同的要求波动很大，传统漂白氯化段废水的 pH 值很低，呈很强的酸性，而碱处理段废水的 pH 值很高，呈很强的碱性。

3）混合中段废水处理：这部分废水的 COD 来源于备料废水、洗筛废水、蒸煮和蒸发车间污冷凝水、漂白废水、纸机白水和工艺过程中各种跑冒滴漏的废水，需经生产流程外治理，其水量、水质、浓度等随原料、工艺、管理水平等的不同而存在非常大的差异。

造纸工业的废水处理流程基本上是物化处理 - 生化处理 - 深度处理相结合，生化处理更多是采用厌氧与好氧结合的方法，深度处理采用混凝沉淀、膜分离、高级氧化等技术对二级出水进行三级处理。然而，混合废水的 COD 负荷一般都很大，单靠末端治理很难达标，采用三段生化加两段物化处理，不仅处理难度大，而且运行费用也很高。

(4) 废水处理应用案例

1）活性污泥法处理漂白化学浆废水

我国某大型漂白硫酸盐桉木浆厂以桉木和掺混少量的相思木作为主要制浆原料，采用无元素氯漂白技术生产高品质化学浆。该企业采用三级污水处理技术，即物理化学沉淀、活性污泥生物处理、混凝沉淀。

正常生产条件下，全厂日用清水量为 75000t，排水量为 52000t，工艺吨产品的耗水量为 22.1t，排水量为 16.5t。全厂的废水排放源主要是：备料车间、制浆车间、抄浆车间、碱回收、化学品制备、循环冷却水系统等以及厂区内的生活污水，所有废水均进废水处理厂处理，处理达标后进行深海排放，其污水处理工艺流程如图 6 - 6 所示。

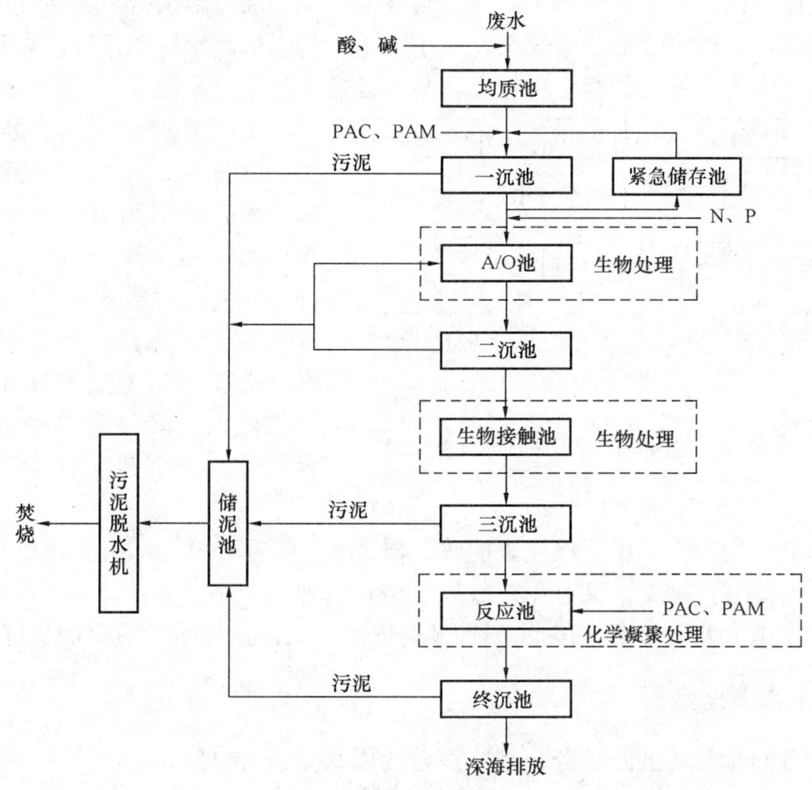

图 6 - 6　污水处理工艺流程

全厂废水首先进入均质池，进行水质和水量的调节，然后进入初次沉淀池，沉淀悬浮物后的污水由废水泵提升进入冷却塔降温后进入 A/O 池内的 A 池内（生物选择器），同时向 A 池回流污泥和添加不足的氮、磷营养盐，A 池的出水靠重力流入曝气池进行好氧生物处理，在此去除大部分可生化降解的溶解性有机污染物。曝气池的出水在二次沉淀池进行泥水分离，沉淀处理后进入生物接触氧化池进行二次生物处理。生物接触氧化池的出水经三沉池后进入化学絮凝沉淀池处理，进一步去除废水中的COD_{Cr}和色度，絮凝剂采用聚合氯化铝（PAC）和聚丙烯酰胺（PAM），出水经终沉池沉淀后排放。该处理系统的进水COD_{Cr}浓度为2200mg/L，总体COD_{Cr}去除效率为95%左右，效率相对较高，但是吨水处理成本较高。

该处理系统的关键处理部分是A/O曝气和化学絮凝，目前A/O系统为推流式系统，分为并行的两套系统，总共为10小格处理单元，单格尺寸为90m(L)×9.5m(D)×6.5m(H，有效水深)，其中8格为好氧段，2格为缺氧段，总的水力停留时间为19h，其中厌氧段的停留时间为3.9h。厌氧段水力停留时间过长，COD水解产生过多的有机酸存在于水体中会造成系统中存在过多的丝状菌，影响A/O池的处理效率。生物处理段对废水的COD去除效率不高，只有50%~60%，后段的化学絮凝沉淀对COD的去除起到关键作用，一般需加入大量的PAC。

然而，由于进水水质会产生较大的波动，容易对后段的A/O生物处理系统产生冲击负荷，一定程度上影响了A/O池的处理效率，导致系统的总体稳定度不高，而且生物接触段的处理效果较低，COD_{Cr}的去除率仅为0~22.7%，且不稳定。

2）氧化沟技术处理漂白麦草浆废水

某厂以碱法漂白麦草浆生产为主，麦草浆在洗、选、漂过程中排放大量的废水，虽然污染物浓度较黑液低，但成分却非常复杂，属于较难生物降解废水。该厂废水处理主要工艺是以卡鲁塞尔氧化沟为主体的二级生物处理，具体处理工艺流程如图6-7所示。

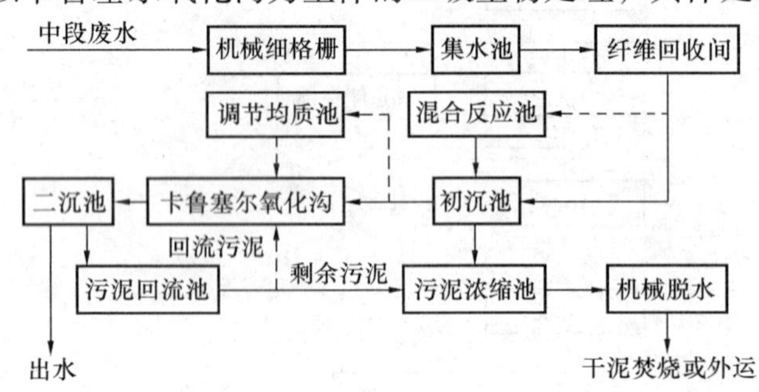

图6-7 卡鲁塞尔氧化沟处理麦草浆废水工艺流程

中段废水由厂区排水沟汇合流入污水处理厂，经过机械细格栅进入集水池后，由潜污泵一次提升至高位斜筛，回收细小短纤维后出水自流入初沉池，去除大部分SS和部分有机物后，进入生物氧化沟，通过低速倒伞充氧曝气机在好氧微生物作用下进行生物氧化代谢，降解废水中的有机物，混合液进入二沉池实现泥水分离，澄清后达标排放。

卡鲁塞尔氧化沟由于采用了慢速表面曝气器，水深可达4.0~4.5m，而且多沟联建后比其他类型的曝气池整齐紧凑，又可免建鼓风机房，占地面积小。另外，由于存在厌氧或缺氧区，使中段废水中COD、BOD的去除率有显著提高，从而使出水品质更加良好。

6.2.4 节水案例剖析

造纸生产分制浆和造纸两部分，制浆部分的用水量约占总用水量的一半以上，因此制浆造纸企业具有很大的节水潜力。

（1）节水案例一：备料洗涤水的循环利用

虽然干法剥皮的耗水量要大大低于湿法剥皮，但其剥皮能力较湿法剥皮下降了50%左右，因此一些制浆造纸厂还是选用湿法剥皮。湿法备料洗涤水中的污染物主要是重力沉降性能良好的泥砂及原料的水抽出物。这部分洗涤水通过一般沉淀，去除泥砂及过滤去除漂浮物后，即可循环使用。循环洗涤水的补充水可使用蒸发工段的污冷凝水、纸机白水或生产系统中多余的温水，不使用新鲜水，以提高水的回用率。采用洗涤水循环工艺及设备，可使备料洗涤用水量由 5～10m^3/t 浆降至 0.4～1.1m^3/t 浆。

图 6－8 所示为某制浆造纸企业采用的增加一段气浮和真空过滤的湿法剥皮系统。取剥皮鼓出水的 50%，经粗筛去除树皮后回用至剥皮鼓，剩余的水在分级筛内处理，最后经气浮池，可能除去更多的悬浮物。分级筛和气浮池分离的残渣在真空过滤机上脱水。树皮经压榨系统后作燃料用，过滤机和压榨排水均回用至系统中。该系统的封闭程度高。

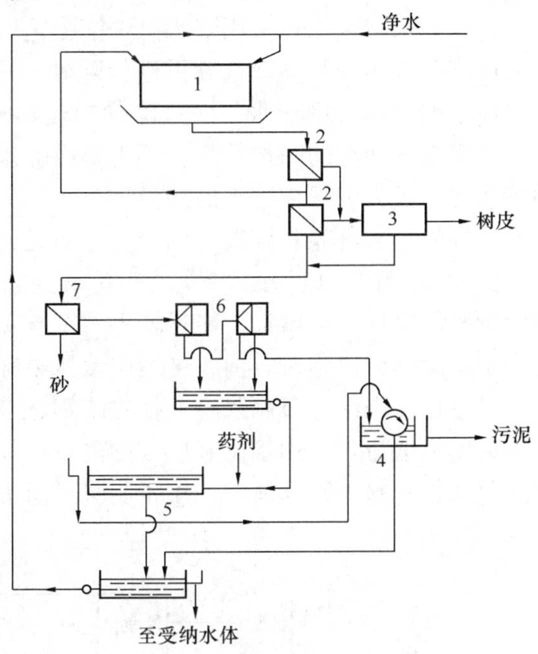

图 6－8　亚硫酸法制浆封闭的湿法剥皮流程

1—剥皮鼓；2—粗筛；3—树皮压榨；4—真空过滤机；5—气浮；6—分级筛；7—沉砂池

尽可能采用干法剥皮系统或湿法封闭剥皮系统，或利用造纸系统的多余白水作为调木作业或湿法剥皮用水，都可以减少水的用量，并使污水的产生和排放量大为减少，达到节水减排的目的。

非木纤维原料的干湿法备料是在普通干法备料的后面增加湿法备料设备，如用于麦草湿法备料的水力碎草机、斜螺旋脱水机；用于竹片洗涤的竹片洗涤机等。湿法备料洗涤水中的固体物主要是泥砂及叶、穗等杂物，可通过筛网和沉淀除去后循环使用。图 6－9 为某草浆造纸企业采用的麦（稻）草全封闭干湿法备料系统，由密封式切草机、水力碎解机、圆盘疏解机、网带洗草机、螺旋压榨机和超滤器组成，用于实现麦（稻）草备料过程的高效、低耗、清洁生产。

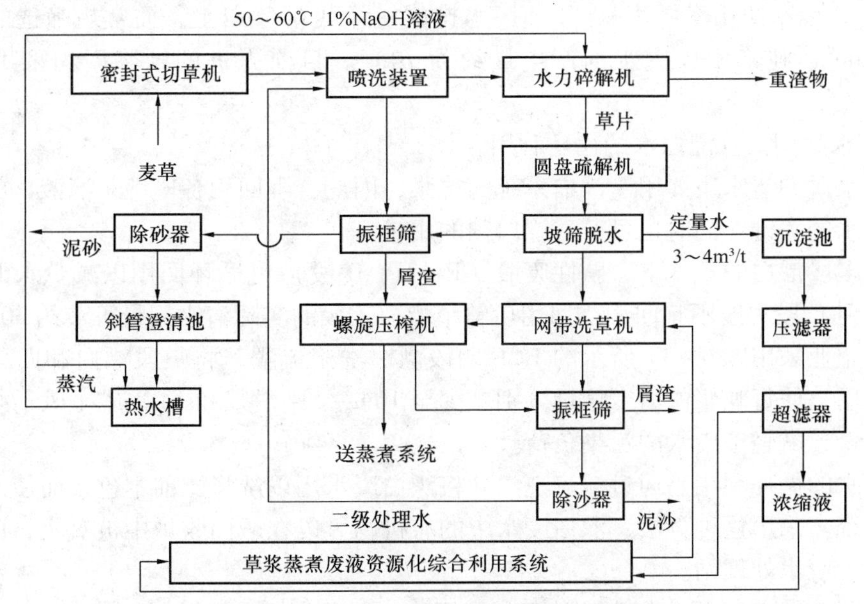

图 6－9　麦（稻）草全封闭干湿法备料技术

该方法由于在备料系统中采用网带洗草－草料喷洗－草片碎解三段洗涤用水系统，在使水得到充分利用的基础上，应用膜工程技术实现了备料生产用水的全封闭。

（2）节水案例二：采用节水型洗筛工艺

传统筛选系统都是筛选后再进行除砂，这种除砂净化须将浆料浓度稀释到0.5%左右，不仅要增加使用大量清水，而且除砂净化器最后一段排出的尾渣若排入地沟，污染负荷很大。如果采用新型的筛选系统，不需再设除砂净化段，全部在纸机、纸板机和浆板机前进行除砂净化，可大大减少清水的用量。

传统的粗浆洗涤和筛选是两个独立单元，清水分别加入各自系统。筛浆机是低浓度常压筛，例如CX筛，进行开式筛选。低浓开式筛选，其用水量及废水量均较大，不但费水，而且使废水的处理负荷增加，能耗增大。图6－10所示是把两者结合在一起的新洗筛流程，筛选置于最后一台洗浆机之前，采用中浓压力筛进行封闭式热筛选，清水从最后一台洗浆机加入，进行逆流洗涤。有制浆企业把封闭筛选与挤压提取黑液及扩散洗涤组合，建立挤压－扩散－封闭筛选流程，用于制浆黑液的高效提取；还有制浆厂把鼓式洗涤机与封闭筛选组合，建立鼓式机－封闭筛选流程，用于制浆黑液提取，均达到理想的效果。

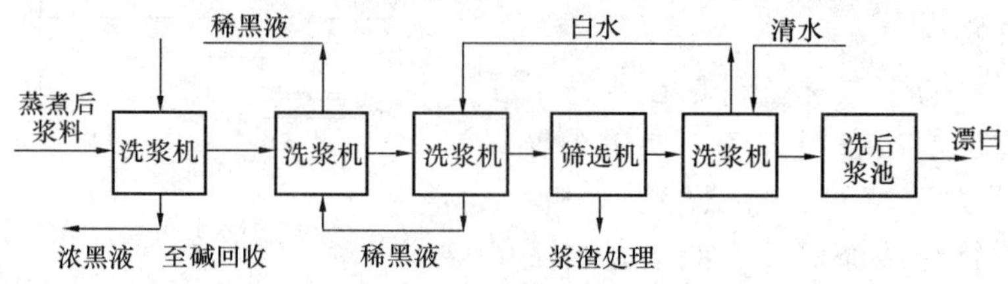

图6－10 新的洗筛流程

开放筛浆系统的排水量可达50～100m^3/t浆，如洗涤系统也基本是开放的，耗水量可高达200～300m^3/t浆。采用先进的封闭筛选技术，不仅纸浆质量好，可以减少纤维流失，而且节水、节电、废水量小。封闭筛选较之常规筛选，可节水节电各50%，吨浆的耗水量只有30～40m^3，废水回用率可达100%，废水排放量降低60%以上。而常规筛选的吨浆清水耗量约为80m^3，吨浆中段废水的产生量约为70m^3。目前先进的纸浆厂均采用封闭筛选技术。

（3）节水案例三：漂白水的循环利用

现代纸浆厂的清水主要用于漂白系统的洗浆，因此合理回用各段洗浆滤液，将其逆流使用是浆厂节水的关键，同时也可节省漂白剂的用量。

在采用多段漂白的条件下，碱性废液（E、H、D段）可循环回用以减少水的使用量并减少污染，但C段一般不宜回用。回用后整个漂白工段的实际清水用量可节约30%以上。

某制浆企业采用图6－11所示的ECF四段漂白洗浆流程，将三段漂白和四段漂白的漂白液逆流使用，使每吨浆的清水用量分别减少至16m^3/t风干浆和14.1m^3/t风干浆，显著节约了清水用量，减轻了废水的污染负荷。

漂白废水的循环利用是通过逆流洗涤并将漂白废水用以洗涤漂前本色浆而使漂白废水进入碱回收系统。采用这种方法，漂白废水中的有机物可以在碱回收炉中被氧化，而不是以稀溶液形式排入废水处理站。

（4）节水案例四：污冷凝水的处理与回用

在造纸企业内，多效蒸发工段产生的冷凝水在污冷凝水中约占85%，因此改善多效黑液蒸发站冷凝水系统的合理配置，对节水减污有着重要的意义。

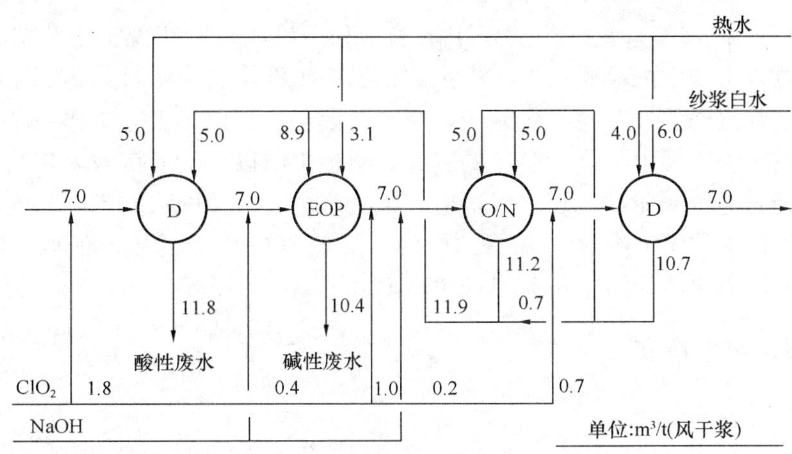

图 6 – 11　ECF 四段漂白的洗浆流程

污冷凝水的处理方式有两种：一是封闭循环的工艺生产系统内部回用，一是工艺生产系统外的处理回用。工艺生产系统内部的处理回用主要是污冷凝水通过蒸汽汽提除去大分子有机物（主要是甲醇和毒性物质），然后用于洗浆。工艺生产系统外部的处理与其他废水混合进行处理。

某制浆造纸企业采用图 6 – 12 所示的五效黑液蒸发站污冷凝水分流工艺，针对多效蒸发器冷凝水的性质，分别实现处理回用，大大节约了清水的用量。多效蒸发污冷凝水的主要污染物存在于进料效的后一效的污冷凝水中，即 I 效蒸发器从黑液初次蒸发的二次蒸汽中，因此 I 效蒸发器的新蒸汽冷凝水可回用于碱回收炉给水；Ⅱ、Ⅲ效蒸发器产生的二次蒸汽冷凝水比较清洁，可直接回用于生产系统，如用于制浆的粗浆洗涤、洗涤机用水和压榨喷淋管用水、未漂浆料的洗涤、筛选和氧漂后的洗涤。后几效蒸发器和表面冷凝器的加热元件应设计成自汽提结构，将产生的二次蒸汽冷凝水分为两部分，其中 80% ~90% 为轻污染冷凝水，其余 10% ~20% 为重污染冷凝水，这部分重污染冷凝水通过蒸发站的汽提后与轻污水混合用于苛化工段的渣滤器和白泥过滤机洗涤、白泥槽和消化器喷淋水、其他各种喷淋水和稀释用水。这样从黑液中蒸发出来的冷凝水可全部回用。

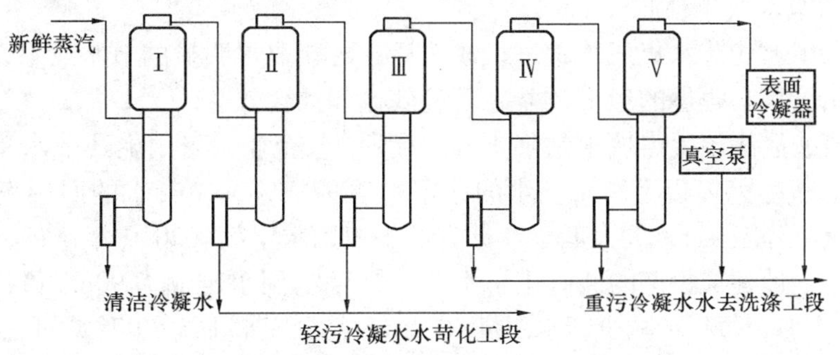

图 6 – 12　五效黑液蒸发站污冷凝水分流示意图

(5) 节水案例五：采用中浓技术

中浓技术包括中浓洗浆、中浓筛选、中浓混合、中浓输送等。随着浆厂（包括二次纤维浆、机械浆）规模的扩大和中浓氧脱木素、中浓漂白等技术的采用，传统的浆料低浓（1% ~6%）处理、输送贮存已不适应要求，必须采用中浓（8% ~15%）技术。中浓技术

（主要指浓度为 9% ~13%）最核心的是中浓输送和中浓混合。实现了中浓输送、中浓混合之后，进而就可以实现中浓氧脱木素、中浓漂白、中浓洗涤、中浓打浆等工艺操作。

随着中浓纸浆流态化技术向浆料输送、精选、混合、漂白等工艺操作领域发展，已有可能在全部制浆系统中实现中浓化。多年的实践表明，中浓操作的经济效果相当显著，尤其是节水、节能、降污的效果非常显著。据报道，某制浆企业采用中浓技术生产同种产品，其单位纸浆可比采用低浓技术节约 50% 左右的电能，降低 30% 以上的热能消耗，用水量也降低一半，并使漂白段排出液的污染负荷降低 40% 以上。

6.2.5 节水技术集成

（1）节水技术集成

根据上述对节水案例的剖析可以看出，在制浆造纸企业的生产过程中，可采用如下的节水集成技术以降低过程的耗水量。

① 改变备料方式：尽可能采用干法备料，以减少备料用水；如果采用湿法备料，则应采用湿法封闭剥皮系统，利用造纸系统的多余白水作为调木作业或湿法剥皮用水，减少水的用量，并使污水的产生和排放量大大减少，达到节水减排的目的。

② 改变制浆工艺：采用高得率制浆工艺，通过提高浆的产率而减少用水量。

③ 改造节水型洗筛工艺：采用封闭循环的洗筛系统，将粗浆洗涤与筛选结合在一起，采用中浓压力筛进行封闭式热筛选，进行逆流洗涤，提高水的使用效率，减少新鲜水的用量。

④ 强化脱除木素，尽量减少进入漂白浆料的木素含量，以减少漂白阶段的用水量。

⑤ 漂白水循环利用：采用多段漂白工艺，合理回用各段洗浆滤液，将其逆流使用，实现循环利用。

⑥ 污冷凝水的处理与回用：直接回收利用碱回收工段多效蒸发器第Ⅰ、Ⅱ、Ⅲ效蒸发器的冷凝水，将后几效蒸发器的冷凝水处理后回用。

⑦ 冷却水循环利用：将电站冷却水系统改为闭式循环冷却，可节约大量的新水。

⑧ 采用中浓技术：减少用水量，降低污染负荷的排放量。

（2）集成后节水效果预测

制浆企业采用上述节水集成技术进行改造后，既能取得明显的节水效果，又能大幅减少废水治理的费用，具有明显的经济效益、环境效益和社会效益。

对于采用硫酸盐法年生产桉木制浆 4 万 t 的某制浆企业，采用上述节水集成技术后，工业水的重复利用率达 95% 以上，工艺水的回用率达 97.8%，冷凝水的回用率达 98.2%，单位产品的耗水量可降至 47t，大大低于江苏省的工业用水定额（2010 年修订，纸浆制造类中 1998 年后新、扩、改建成投产的漂白化学木（竹）浆的用水定额为 90m^3/t）；单位产品的排水量可降至 35t 左右，每年可减少新水用量 40 万 t，减少废水排放 30 万 t。取水费按 2 元/t计，全年可节约取水费约 80 万元；废水的处理费用按 2.5 元/t 计，全年可降低水处理运行成本 75 万元。对于采用回收的废纸年生产脱墨废纸浆 10 万 t 的某制浆企业，采用上述节水集成技术后，工业水的重复利用率达 98% 以上，工艺水的回用率达 99.4%，冷凝水的回用率达 99.2%，单位产品的耗水量可降至 22t 左右，大大低于江苏省的工业用水定额（2010 年修订，纸浆制造类中 1998 年后新、扩、改建成投产的脱墨废纸浆的用水定额为 30m^3/t）；单位产品的排水量可降至 5t 左右。

6.2.6 制浆企业节水技术的发展趋势

目前制浆造纸企业耗水量大的原因主要是：①企业规模小，资金薄弱，技术装备陈旧，纸机台生产能力小；②化学法制浆的原料结构中60%以上是草类原料，使用水量大，且其中段废水的治理难度大。而那些以商品浆和废纸为原料的大型纸企，废水容易处理，一般都能达标排放；③工艺设备落后。目前我国大部分制浆造纸企业还沿用落后的制浆工艺和设备，如间歇蒸煮、开式洗涤、低浓操作和落后的黑液提取工艺，没有使用多段漂白工艺，大部分节水设备依靠进口，严重制约了节水的发展；④管理工作薄弱，水费偏低，致使节水观念淡薄；⑤信息闭塞，无法及时了解当前先进的节水技术。

针对于此，制浆企业今后应在以下几个方面采取相应的对策。

(1) 研究开发高得率浆制浆过程

高得率浆是一种得率比其他制浆方法高的纸浆，这种纸浆的木素和半纤维素含量要比化学浆高。近年来，高得率浆技术以其得率高、污染少得到了迅速发展。

高得率浆一般包括半化学浆、化学机械浆和机械浆，各种浆的得率分别为：半化学浆65%～80%，预热机械浆90%，化学机械浆85%～90%，盘磨机械浆90%～95%，化学预热机械浆85%～90%，磨石磨木浆90%～95%。

1) 盘磨机械制浆

盘磨机械制浆（rotated-mechanical pulp，RMP）是用盘磨机把木片直接磨制成浆的制浆方法，其单位用水量约为20～50m^3/t，与目前化学制浆的单位用水量200～300m^3/t相比，要小得多。此外还具有纸浆得率高、省料、成本低、原料适用性广和污染轻等优点。根据使用过程的不同，盘磨机械制浆又可分为普通木片磨木浆、热磨木片磨木浆和化学机械制浆等。典型的普通木片磨木浆生产流程如图6-13所示。抄纸时应用盘磨机械浆可减少化学浆的配比，相应减少造纸生产的总用水量。

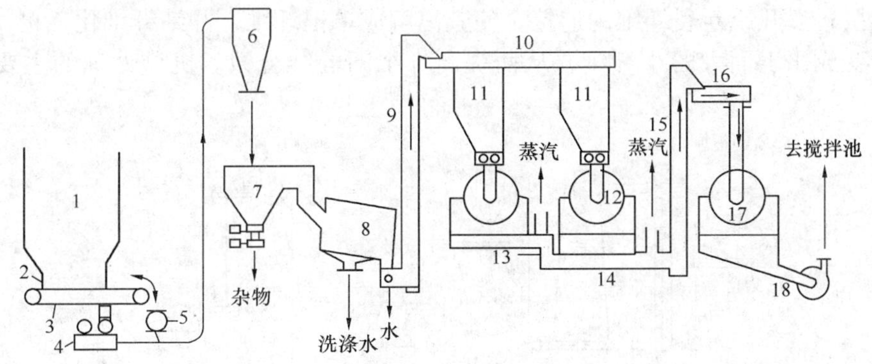

图6-13 木片磨木浆工艺流程

1—木片仓；2—卸料装置；3—皮带运输机；4—鼓风机；5—旋转阀；6—旋风分离器；7—石头和金属捕集器；8—脱水机；9、15—垂直螺旋运输机；10—分配输送机；11—振动木片仓；12—第一段磨浆机；13、14—浆料运输机；16—进料螺旋；17—第二段磨浆机；18—浆泵

2) 预热机械制浆

为了提高盘磨机械浆的强度，减少浆中纤维束和碎片的含量，在木片进盘磨机之前先经短时间汽蒸使之软化，于是发展为预热机械制浆（thermo-mechanical pulp，TMP），其工艺流程如图6-14所示。

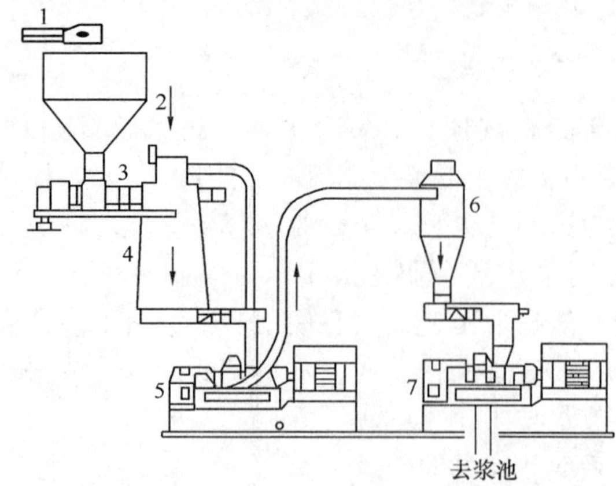

图6－14　热磨木片磨浆的工艺流程

1—从木片洗涤器来的木片；2—木片仓；3—螺旋给料器；4—预热器；5—压力盘磨机；6—浆汽分离器；7—第二段盘磨机

预热机械浆的出现代表着盘磨机械浆的重大进步，增加的预热工序可以提高木浆的质量，减少生产过程的电耗。它是盘磨机械制浆的主要生产方法，制得的纸浆含长纤维组分高，强度优于盘磨机械浆，用于生产新闻纸时可大大降低化学浆的配比，因此现有许多工厂用100%的TMP生产新闻纸。

然而，预热机械浆的白度低，又难以漂白，因此，其主要用途仍局限在新闻纸方面。由于预热机械浆是在磨浆前将木片预汽蒸，而且第一段磨浆是在高温和压力下进行的，第二段可以是常压，或在压力下磨浆，所以得到的成浆需要在消潜池中消潜，使纤维的扭结、压缩、卷曲松弛变直，使纸张强度提高。

3）半化学制浆和化学机械制浆

半化学制浆（semi-chemical pulp，SCP）和化学机械制浆（chem-mechanical pulp，CMP）在制浆时既用化学处理，也用机械方法来生产纸浆。按化学处理程度的不同，半化学制浆的得率可达65%～85%，化学机械制浆可高达85%～90%。图6－15为带有中间洗涤段的普通CMP系统。化学处理的目的是在保证提高纸浆得率的基础上，获得能满足某些产品性能的高得率浆，并降低生产成本，不用或少用价高的长纤维原料，拓宽制浆原料的来源，充分利用其他制浆方法不太适宜或较少使用的原料，同时通过化学处理软化纤维，减少磨浆碎片，提高纸浆质量，并节约磨浆能耗。常用的化学药品是氢氧化钠或亚硫酸钠。机械处理的作用是利用相互摩擦产生的热量来加热和软化经化学处理过的木片或草片，进一步削弱纤维的连接；裂开或断裂纤维的连接，使其离解成单根纤维，并细纤维化，也就是将完全的纤维部分变成比表面大的小纤维，从而提高纤维间的结合力。机械处理的主要设备是盘磨机。

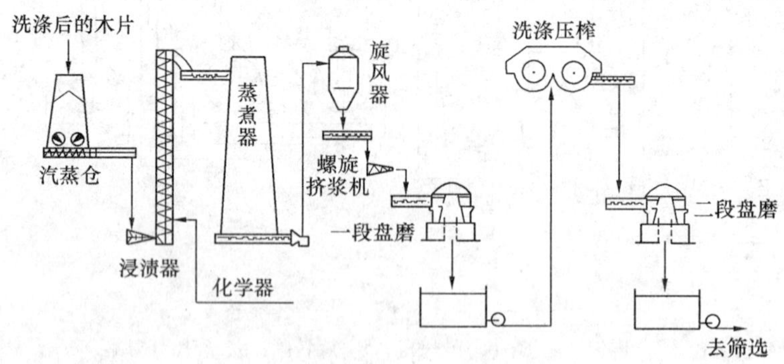

图6－15　带有中间洗涤段的普通CMP系统

4）化学预热机械制浆

化学预热机械制浆（chem-thermo-mechanical pulp，CTMP）是预热机械制浆方法的强化，是在化学处理和预热的同时引进盘磨机械浆而得到的一种新制浆方法，可克服预热机械浆生产过程能耗高的缺点，同时使纸浆的质量得到进一步的改善。因为可采用不同的化学药品，通过各种处理方式，可适应不同原料制取用途广泛的纸浆，因此得到了很大的发展。与预热机械制浆方法相比，可使浆的质量得到很大的提高。图 6－16 为典型的化学预热机械制浆系统。

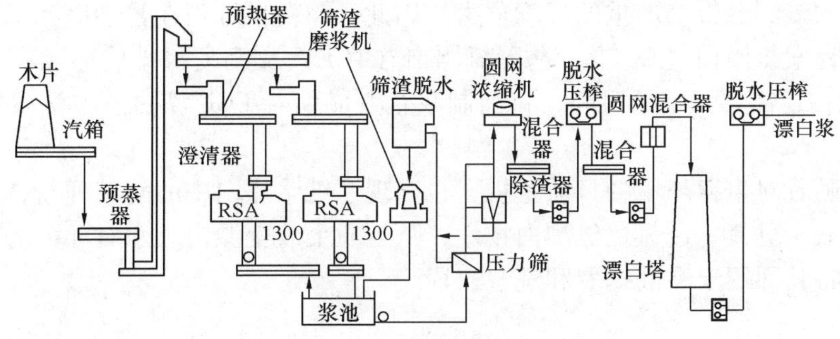

图 6－16　化学预热机械制浆系统

5）碱性过氧化氢化学机械制浆

碱性过氧化氢化学机械制浆（alkaline peroxide mechanical pulp，APMP）是在漂白化学预热机械浆的基础上开发的一种新制浆方法，由于其能耗低于化学预热机械制浆系统，又把制浆与漂白结合起来同时完成，而且废液处理负荷较低，所以受到广泛重视。图 6－17 为碱性过氧化氢化学机械制浆的生产流程。

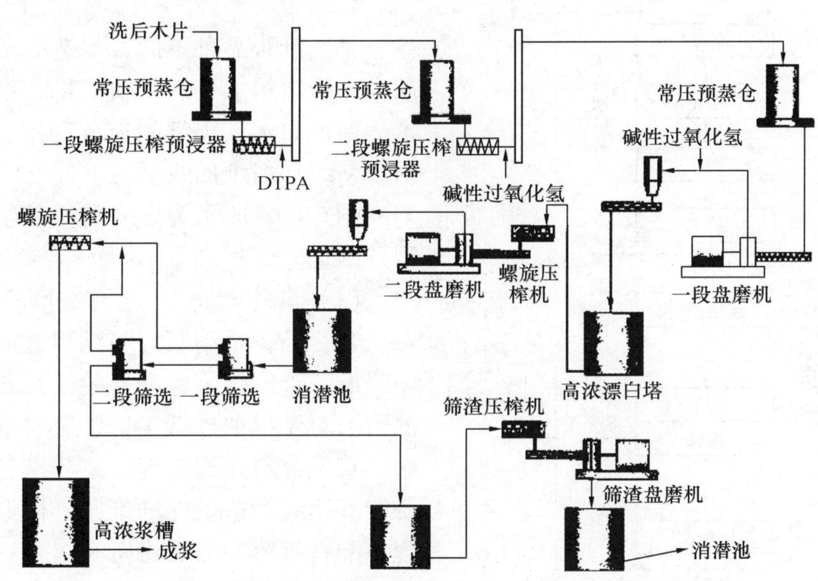

图 6－17　碱性过氧化氢化学机械浆生产流程

（2）高效黑液提取

双链网挤浆机、双螺旋挤浆机等可以提高粗浆的洗净度和黑液的提取率与黑液浓度等问题，同时在洗浆系统减少了污染物的流失，降低纸浆进入漂白系统时污染物的夹带，在碱回收系统提高了蒸发系统的热效率，可大幅节约蒸汽，降低能耗。

（3）低卡伯值蒸煮

制浆生产中的蒸煮是继备料之后的第一个生产工序，其效率的高低直接影响后续过程，因此应选用最佳的工艺条件，如用碱量、蒸煮时间和温度等，使浆料在蒸煮阶段尽可能多的脱除原料中的木素，以减少漂白损失、洗涤用水量及化学品的消耗，使制浆脱木素产生的大部分有机污染物进入碱回收系统。

（4）无氯漂白

由于传统的氯漂会带来严重的环境危害，因此，漂白系统正在告别以元素氯为主的漂白方法，走向无元素氯漂白（ECF）、全无氯漂白（TCF）及无废水排放的漂白技术。在我国要实现 TCF 漂白还需要一定的时间，目前制浆企业应朝着 ECF 漂白的方法发展，逐步过渡到 TCF 漂白。

近年来，随着对生存环境的日益重视，也出现了纸浆漂白中的酶处理新技术。有人提出采用无污染的氧－臭氧－过氧化氢漂白技术，从本质上改变漂白废水对环境的污染，消除废水的毒性，并将其回用于黑液提取和洗浆工段。

6.3 造纸过程的节水技术集成

如前所述，由于制浆过程不仅用水量大，而且废水的排放量也大，污染负荷高，达标处理比较困难，而造纸工艺的特点是生产工艺流程比较单一，产生的污染物负荷较小，因此大多造纸企业不生产纸浆，而是采用外购商品浆作为造纸原料，即单独抄纸工厂。

6.3.1 造纸生产的工艺过程

虽然纸张品种不同，但造纸工艺都类似，基本分为浆料准备、纸机湿部、纸机干燥，通常为保证白水和损纸的充分利用，还包括白水回收系统和损纸回收系统。

图 6－18 所示为以外购商品浆为原料的典型造纸工艺流程。

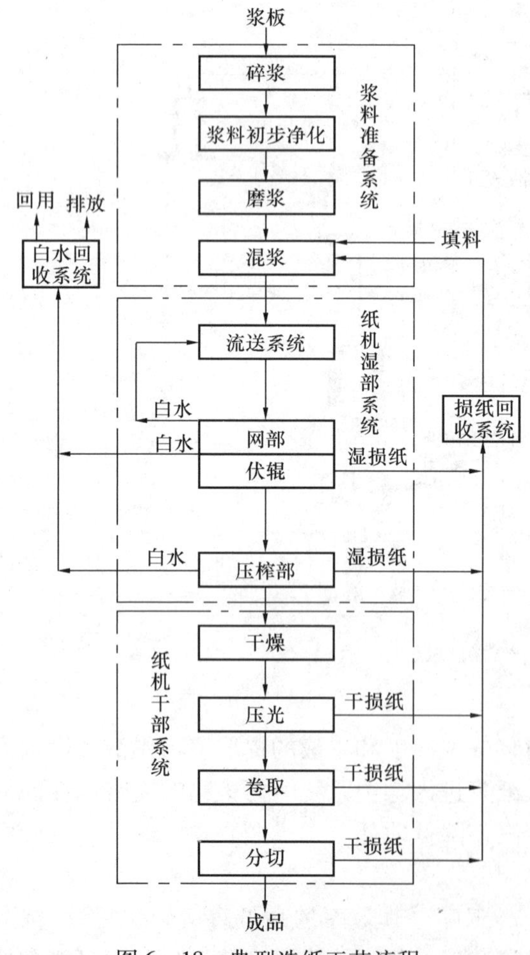

图 6－18 典型造纸工艺流程

（1）浆料准备

浆料准备是制浆厂与纸机之间的分界。对于浆纸联合厂，浆料准备始于浓浆稀释，终于混浆。对于单独抄纸工厂，浆料准备从碎浆开始，直至浆料流送系统。浆料准备的目的是制备能够达到抄造条件的纸浆，因此需要预先处理各配料组分，然后将所有组分连续均一地混合。浆料准备通常分为碎浆、磨浆、浆料净化和混浆。

1）碎浆

通常使用水力碎浆机将成品浆（如浆板）分散在水中形成泥浆或悬浮浆。

2）浆料净化

去除浆料中的重质杂质和轻质杂质。

3）磨浆

通过回转刀片的机械作用改变纸浆的纤维

状态，使其达到抄纸配料所需的最佳状态，使用的设备通常是盘磨。不同的纸浆以不同的方式与一定的磨浆处理相对应。

4）混浆

混浆的目的是为了得到连续均一稳定的浆料，保持后续流送系统的稳定。

（2）纸机湿部

1）上浆系统

专指冲浆循环回路。在此系统内进行计量、稀释，混入助剂，并在网前对浆料进行筛选、净化、脱气，进入流浆箱，其范围指从纸机储浆槽至流浆箱，该系统中冲浆泵是动力源，它混合浆料和白水，使浆料经过筛浆机去除粗大杂质、大块纤维，再用除砂器去除细小物质后，进行脱气，经压力筛后进入流浆箱。

2）流浆箱

流浆箱的作用是接受冲浆泵送来的浆料，将管道浆流转换成与纸机匀称的宽度，并在纸机纵向形成均一流速的矩形浆流。其基本原理都是利用纸浆的重力或施加的压力，通过堰板控制流量，将流浆均一匀速地流送到网部。

3）网部

网部是纸页成形部位，其原理是通过逐步增大的真空脱水作用，使流浆在网部成形。根据纸张不同，成形网可分为单网、双网、三网，其中单网是常用的成形部。根据其形状不同，又可分为长网和圆网。

4）压榨部

纸机压榨部的主要目的是从纸页脱水并使纸幅固结，其他目的包括提供表面平滑度、降低松厚度和使湿纸页有更高的强度，可看作是从网部开始脱水过程的延伸。其流程是纸幅从成形部传递，并在毛毯上受压脱水，使纸幅固定。

（3）纸机干部

纸机干部包括干燥、压光、卷取等工序，其中干燥是通过热蒸发脱去残余水分，湿纸幅经过一系列旋转的蒸汽烘缸，水分被蒸发掉并通过排风被带走；压光是指用辊子进行碾压，目的是为了获得光滑的印刷表面；卷取是指将成品集卷成规定的纸卷。通常在压光过程中可以同时进行涂布。

（4）白水回收系统

白水回收系统主要是指为回收稀白水而建立的系统。网部产生的浓白水通常直接经短循环至冲浆泵，而网部洗网白水、压榨部脱水和洗毯白水以及少量浓白水仓溢流水等一般进入白水回收装置，经过处理后将清滤液、超清滤液用于不同工序。

（5）损纸系统

损纸系统通常包括湿损纸系统和干损纸系统。湿损纸主要来源于纸机伏辊和压榨部，干损纸主要来源于压光、卷取、分切。这两部分损纸经过损纸处理系统后，可再次进入混浆池。

（6）化学品制备

大型造纸厂通常还设有化学品制备系统，制备的化学品包括淀粉、碳酸钙、施胶剂以及涂料等。

6.3.2 用水节点和水质水量要求

造纸过程的全过程都需用水，水是造纸生产的重要载体。

一般地，可将造纸生产系统根据功能分为辅助系统与生产系统两部分，生产系统和辅助系统的各个环节都要用水。图6－19是典型造纸生产过程的给排水系统示意图。

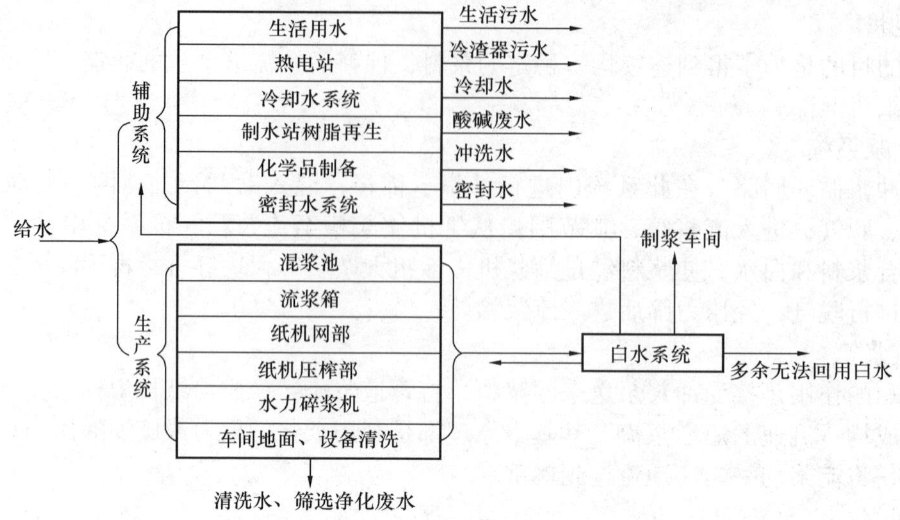

图6－19　造纸厂生产水系统

辅助系统的用水包括生活用水、热电站用水、（空气压缩站、润滑油系统、液压系统及表面施胶站的）冷却用水、制水站树脂再生用水、化学品制备用水及机泵等的密封用水。生产系统的用水点包括混浆池、流浆箱、纸机网部、纸机压榨部、水力碎浆机、车间地面和设备的清洗，水的主要作用分别是纸机湿部浆料稀释、网部洗涤剥浆喷淋水、真空辊密封润滑水、水针喷水、拦边喷水、毛毯洗涤喷水、真空箱润滑喷水、干网洗涤喷水、损纸稀释、车间空调用水、各处冷却用水、化学品制备用水、设备密封水、水环真空泵工作密封水、槽池设备地面刷洗水等，一般情况下各工段对水质的要求如表6－2所示。

表6－2　造纸生产各工段对水质的要求

工段名称	用水水质最低要求	工段名称	用水水质最低要求
热电站	清水/去离子水	流浆箱	白水
冷却水	清水/密封水	纸机压榨部	净化后白水
制水站	清水	纸机网部	净化后白水
化学品制备	清水	水力碎浆机	白水
密封水系统	清水/超清白水	纸机高压清洗水	清水
混浆池	白水	化学品清洗	清滤液（净化后白水）

造纸生产过程不仅用水节点多，而且用水量也较大。根据对欧盟各主要成员国造纸企业的调查，欧洲典型造纸厂用清水主要分为以下几个部分：①纸机清水，包括纸机稀释水和清洗水，用水量为5～20m^3/t；②密封水，包括密封箱、吸水箱、真空系统，用水量为1～6m^3/t；③填料和化学品稀释水，用水量为1.5～3m^3/t；④设备冷却水，用水量为3～10m^3/t，此部分水通常循环使用或回用于过程；⑤热电厂用水，用量为2～3m^3/t。其水系统如图6－20所示。

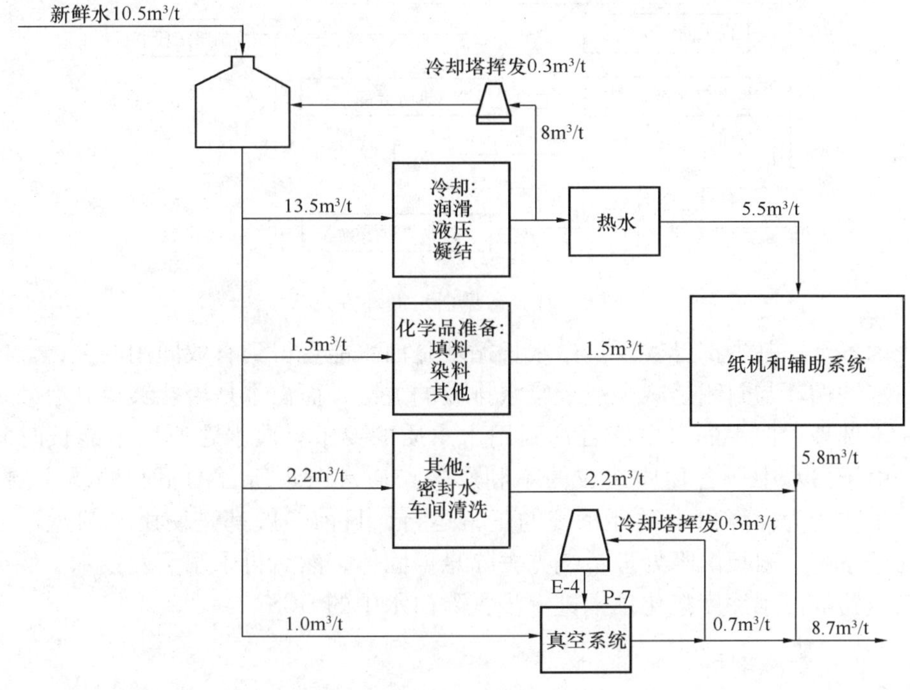

图6-20 欧洲典型造纸厂水系统

6.3.3 废水排放与处理回用

造纸厂产生的废水可分为造纸系统排放废水和造纸辅助系统排放废水，造纸系统排放废水又包括重污水、轻污水、临时性（事故性）排放废水。重污水主要是来自压力筛和除砂器等浆料净化系统的排渣，而轻污水主要是来自白水回收系统的多余白水，临时性（事故性）排放废水主要是指系统不平衡时，浆槽、白水槽、水封槽等的溢流水以及控制失灵导致的事故性排放和地面冲洗水。通常白水系统产生的废水占废水总量的80%以上。对于涂布纸生产，回收涂料会带出部分废水，这部分废水通常COD浓度较高。除此之外，各纸种造纸厂其他部分废水的水量不大，污染负荷也不高。

白水（湿纸页成型过程中在造纸机网部和压榨部从浆料中脱出的含有细小纤维、填料、溶解性物质和胶体质等的水）是造纸过程的主要废水，其水质取决于纸种和纸机。从纸机不同部位排出的白水按照悬浮物含量的不同可分为浓白水和稀白水。以长网纸机为例，其网下白水的悬浮物浓度最高，所含纤维中的细小纤维为上网浆料的1.5~2.0倍；真空部位脱出的白水悬浮物浓度次之，所含纤维中的细小纤维组分含量约为上网浆料中含量的3倍；伏辊部分脱出的白水悬浮物浓度更小。由此可见，网部白水的浓度随着纸页的成形而逐渐降低。

对于不同浓度的白水有不同的处理和回收方法。通常网下浓白水可不经处理，直接循环至混浆箱，称作短循环或一级循环。而洗网和压榨部等排出的白水，进入白水塔后通常以溢流的方式进入白水回收装置，处理后回用于纸机或其他工段，称之为二级循环。二级循环系统来的废水与抄纸车间其他部位的废水混合在一起，经处理后部分白水回用于车间，称为三级循环。通常也可将二级循环和三级循环都称为长循环。

常见的白水循环方式如图6-21所示。白水短循环通常不需要对浓白水进行处理，易于

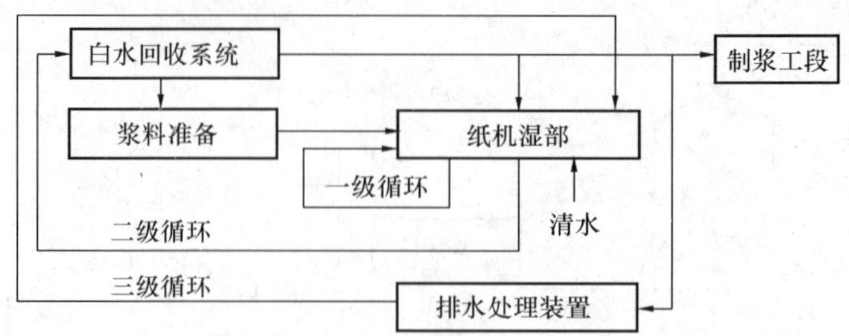

图6－21　常见白水循环方式

实现，在我国各纸厂基本都已实现。白水长循环是白水能否得到有效回用的关键。

造纸白水的循环与封闭是减少造纸废水排放的关键，而白水是否能够得到有效循环与封闭，关键在于处理后白水的水质能否达到用水水质的要求。白水之所以不能长时间封闭循环，主要是由于白水中所含物质造成的不利影响。通常白水所含的不利物质主要是SS和DCS以及微生物。为保障白水循环系统的正常运行，目前一般都是使用多圆盘过滤机、气浮式白水处理系统、斜板沉降处理系统先去除悬浮固体，然后再采用蒸发技术、膜分离技术与膜生物反应器等白水深度净化技术进一步去除白水中的DCS。

6.3.4　节水案例剖析

造纸行业既是用水大户，也是污染排放大户，因此造纸企业积极开展节水减排工作，对于节约用水、减少废水的排放、降低企业的运行成本、实现可持续发展非常重要。国内较多大型造纸企业进行了一系列的节水改造，取得了较为明显的节水效果。

（1）节水案例一：纸机封闭循环用水

国内某大型造纸厂采用商品硫酸盐漂白木浆生产双胶纸、复印纸、亚光纸。生产部分由浆料准备、抄造系统和切纸系统组成，公用工程由热电站、供水处理厂、废水处理厂和码头组成。用水包括造纸联合厂房用水、热电站用水和生活用水，其中造纸用清水主要包括：生产用水（喷头用水、白水系统补充水、化学品制备用水）、冷却水补充水和泵/搅拌器的轴封水等。热电站用清水主要包括制水间补充水和冷却水系统补充水。

该厂浓白水直接回用供冲浆泵稀释用，稀白水储存供各部分浆料使用，多余白水经多圆盘过滤机过滤，超清过滤水和清过滤水能够供各喷头和碎浆使用。密封水回流到冷却系统，减少冷却水补水。该造纸厂在国内处于先进水平，工艺清水用量为$11m^3/t$，排水量为$10.6m^3/t$，白水的回用率达88.7%以上，全厂建有一座生物处理的废水处理厂，最终排水的COD浓度在一般情况下小于50mg/L，BOD的浓度小于10mg/L。

造纸过程的纸机生产线喷淋部分的用水量较大，该企业原先的低压喷淋以白水为主，高压喷淋全部为清水，通过安装白水超滤系统，将用新水进行喷淋的部位全部以超滤白水代替，既可减少新水的取用量，又可回收白水中的热量而减少蒸汽的消耗量，年节水66万t，年节省蒸汽14520t，具有显著的节水效益和经济效益。

（2）节水案例二：白水回用

在现代造纸企业中，白水系统充分考虑回收白水的纤维，采用多圆盘过滤机等纤维回收装置进行纤维的回收利用，再根据水质不同将处理后的白水用于不同工段，经过处理后的清滤液及超清滤液可用于以下工段：①制浆系统浆料的洗涤、碎浆段，包括水力碎浆机稀释水、再碎机稀释水、圆筒筛清洗水、重渣槽等；②筛选、净化段，包括高、中、低浓除渣器的稀释水和反冲水，振框筛的喷淋水、各道立筛所排渣浆中的稀释水，尾筛中的清洗水等；③浓缩段浆料的调浓水，圆网冲洗水（当发生糊网时）等；④碱回收蒸发冷却水和苛化洗涤水；⑤超清滤液可用作毛毯保洁清洗水。

某新闻纸厂采用图6－22所示的纸机白水系统流程，经过严格控制，将浓白水用于稀释浆料、调节浓度，多余白水经多圆盘过滤机回收，其中的纤维送回生产系统，产生的滤液用作纸机各部喷淋水，耗水量仅为10.5m^3/t，达到了国际先进水平。

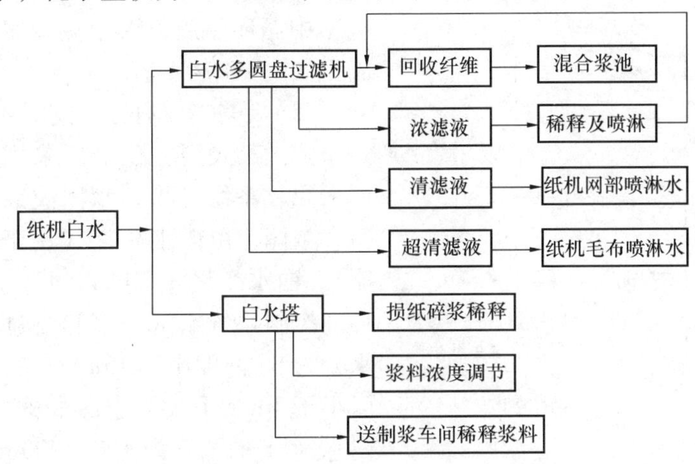

图6－22 某新闻纸厂白水系统

（3）节水案例三：白水回收

某大型卫生纸厂全部采用100%木浆生产过程中产生的大量白水，该厂采用图6－23所示的白水回收流程，采用气浮装置进行回收后，将白水送到澄清水池中储存，大部分用来碎解浆板，另一部分用多圆盘过滤机进一步分离纤维，使用160目的聚酯网作为过滤网，将细小纤维分离出来，处理后的白水作为毛毯保洁喷淋用水，大大减少了清水的用量，有效降低了生产成本。

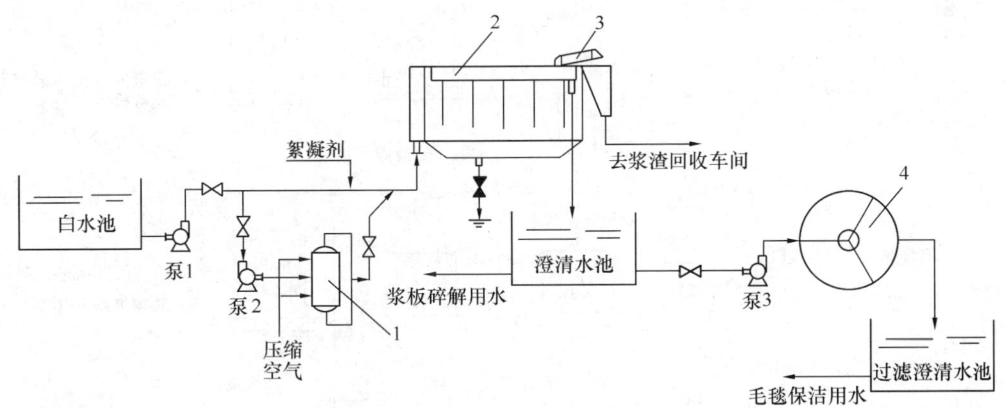

图6－23 某大型卫生纸厂白水回收流程

1—压力溶气罐；2—气浮装置（DAF）；3—刮料器；4—圆网过滤机

（4）节水案例四：白水直接回用

某纸业公司是生产卫生纸的大型企业，拥有1万t/a全木浆高档卫生纸生产线、5万t/a废纸脱墨抄造卫生纸生产线和7万t/年瓦楞纸生产线。全木浆高档卫生纸生产线采用外购商

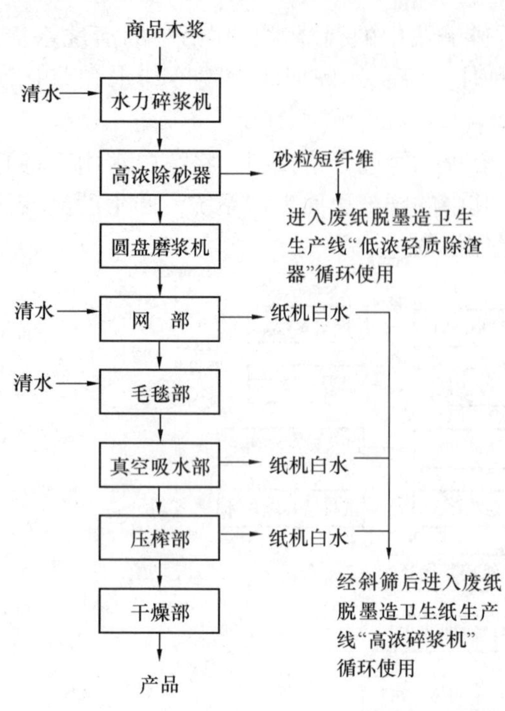

图 6－24　高档卫生纸生产白水利用示意图

品浆作为造纸原料。为节约用水，该公司充分利用生产过程中产生的白水，高浓除砂器产生的白水进入废纸脱墨造卫生纸生产线“低浓轻质除渣器”循环使用，由网部、真空吸水部和压榨部产生的纸机白水经斜筛回收悬浮纤维后直接进入废纸脱墨造卫生纸生产线“高浓碎浆机”中循环使用，用于调节浆料浓度。其工艺流程如图 6－24 所示。

（5）节水案例五：白水利用

国内某大型文化纸厂采用图 6－25 所示的白水回收系统，将白水回收系统与造纸机形成一个整体，由白水储存（用于缓冲防止白水溢流）、白水净化（多圆盘过滤机）、白水分配及自动控制系统组成。多圆盘过滤机处理后的白水分为 SS 浓度小于 15mg/L 的超净白水、SS 浓度小于 50mg/L 的清净白水及过滤初期产生的污白水（SS 的浓度为 100～400mg/L）。超净白水用于制造温热水供网部喷头使用，清净白水部分用于多圆盘过滤头的喷头，大部分送清净白水塔储存供原纸浆和损纸碎浆使用，污白水送回多圆盘过滤机使用。在正常情况下，吨文化纸的废水排放量小于 10t，如果该系统再配套先进的白水膜分离系统，将净化后的水回用于化学品稀释，则吨文化纸的排水量将小于 5t。

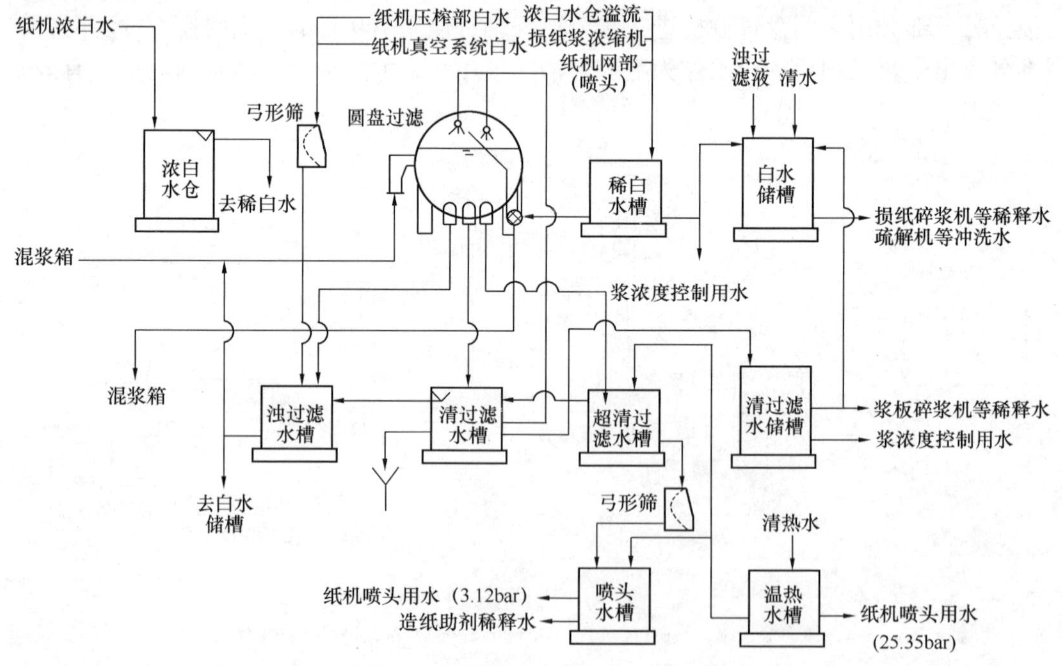

图 6－25　国内某大型文化纸厂白水回收系统（1bar＝0.1MPa）

（6）节水案例六：工艺节水

某大型造纸企业年生产 128～300g 的铜版纸 24 万 t，年产值 11 亿元，用水量非常大。

为了节水，该企业采取了一系列的节水改造。

蒸汽凝结水回收：对造纸、涂布车间和暖通系统的蒸汽冷凝水管道及回收设备进行更新改造，使冷凝水的回收率从 29.7% 上升到了 85%。

中水回用：造纸企业废水站的固体污泥压滤工艺中需要大量的喷淋清洗用水，该企业根据对废水站二沉池水质的评估，对原来的管道进行了改造，利用二沉池的废水代替原来的清水，既节约了大量的清水，又减少了废水的排放。同时采用膜法进行中水深度处理（处理系统主要包括药剂软化 + 臭氧活性炭过滤 + 超滤），并将处理水用于电厂或纸机生产线，可节约用水 92.4 万 t/a。

清滤液的超滤回用：造纸过程中会产生大量的清滤液排放，根据清滤液的水质状况，采用先进的过滤设备，将原来需要大量排放的清滤液中一部分经深度过滤后回用于造纸过程中的喷淋和化工品稀释用水，每年可减少 80 万 t 左右的清水消耗。

废水超滤回收涂料：利用超滤设备对涂布车间产生的废水进行过滤，过滤回收的涂料直接回用于生产工艺，过滤作用的固含量去除率可以高达 99.9%，所以产生的滤液可以直接应用到造纸生产过程中，不仅减少了污染排放，同时也节约了水耗。

锅炉蒸汽蓄热：由于锅炉配备的原因，在纸机生产线断纸时，为保证系统的安全性，需调节锅炉的负荷，从而出现蒸汽排空的现象。该企业在锅炉上安装了蒸汽蓄热器，通过蒸汽蓄热器缓冲调节锅炉负荷的突发需求，既避免了蒸汽排空的现象，又稳定或改善了锅炉的运行负荷曲线，可节约新水 8200t/a。

加强管理：运用科学的管理方法，加强密封水的管理，提高水的重复利用率，采用过程集成分析法和夹点技术分析法等先进科学的用水管理方法促进节水，每年可节水 16 万 t。

利用雨水：将雨水回收用于绿化浇灌、地面冲洗等，可节约新水 7.8 万 t/a。

改变循环方式：将电站的冷却水系统由原先的开式冷却改为闭式循环冷却，使冷却水经冷却塔进行冷却后循环利用，可节水 25 万 m^3/a。

（7）节水案例七：废水处理回用

某厂使用各种外购浆（CTMP、TCF 与 ECF 化学浆）生产高质量未涂布印刷纸，年产量约 17 万 t，因为邻近一条对环境要求很严的河流，所以该厂对水的循环封闭极为重视，采用图 6－26 所示的超滤处理系统对排放的废水进行处理。通过超滤膜过滤后，废水中去除了悬浮固形物和细菌，悬浮物的去除效率超过 98%，因此能将过滤产生的水直接回用到生产中。膜过滤法不需要絮凝用化学药品，悬浮物的去除效率一般都比较高且稳定。

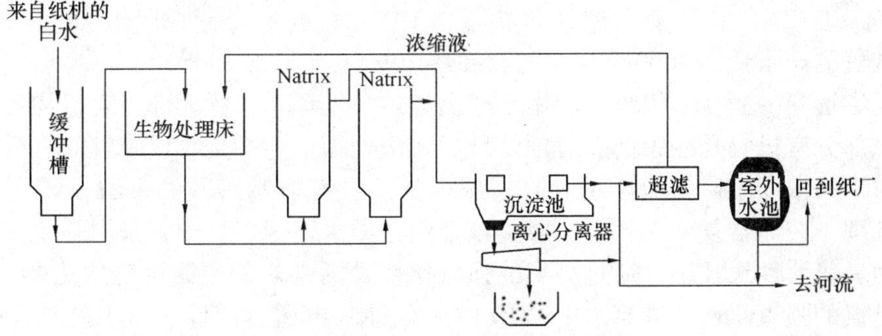

图 6－26　某纸厂废水的超滤处理系统

(8) 节水案例八：废水处理回用

某铜版纸厂利用商品漂白木浆生产铜版纸，产生的废水主要是造纸白水及涂布废水，废水排放量为7350m^3/d。该厂采用带好氧生物选择器的活性污泥技术对废水进行处理，废水处理系统由聚合氯化铝化学絮凝沉淀和活性污泥生物处理组成，其工艺流程如图6－27所示。

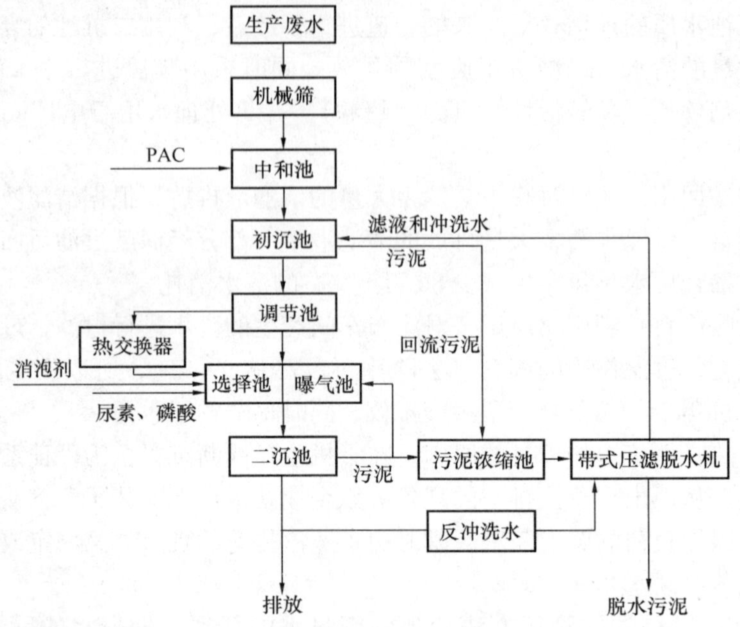

图6－27　废水处理工艺流程

生物处理系统由生物选择器、曝气池和二沉池组成。生物选择器能有效防止生化处理系统发生丝状菌大量繁殖导致污泥膨胀。造纸废水中的SS在初沉池中大部分被去除，COD_{Cr}的去除率达70%。废水处理系统的处理效果如图6－28所示。

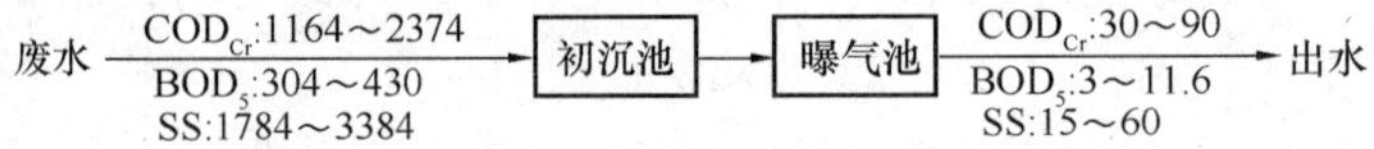

废水 —— COD_{Cr}:1164～2374，BOD_5:304～430，SS:1784～3384 → 初沉池 → 曝气池 —— COD_{Cr}:30～90，BOD_5:3～11.6，SS:15～60 → 出水

图6－28　废水处理效果（单位：mg/L）

(9) 节水案例九：废水回用

某纸业有限公司是专业生产无碳复写纸、双面胶纸、铜版纸和办公用纸的大型纸业公司，每天排放废水19000t。为了充分利用废水，该公司根据待处理废水的水质特点，采用“纤维转盘滤池＋药剂软化＋臭氧活性炭过滤＋超滤（UF）主机＋反渗透（RO）主机”的处理工艺，通过自动化程度高的“超滤（UF）＋反渗透（RO）”处理工艺，使出水水质达到回用标准，回用于工厂生产用水。超滤（UF）主机的产水量为10000m^3/d，反渗透（RO）膜主机的产水量为7000m^3/d，回收率约70%。

由于反渗透膜的脱盐率很高，回用水经反渗透膜处理后，绝大部分有机物含量汇集于浓水中，且该部分有机物是经膜前多道预处理后无法处理，大都是难以降解的有机物。在技术层面上，对于高浓度难降解废水的处理，国内外还没有非常有效的方法，要么处理成本昂贵，要么处理工艺非常复杂而效果一般。该企业在中水回用工程中，采用强化预处理，在预处理中采用臭氧活性炭技术，通过臭氧的强氧化性及活性炭的吸附降低水中的有机物含量，同时通过臭氧的强氧化性，提高水中COD的生化性，再通过活性炭床中的悬浮微生物进行生物降解，形成生物膜活性炭，更好地去除水中的COD含量。

通过臭氧活性炭预处理，一方面大大降低了进入反渗透膜时水中的 COD 含量，更好地延长和降低了反渗透膜的污染程度，延长了反渗透膜的使用寿命，另一方面也降低了浓水的 COD 含量，以便能使浓水在经过臭氧尾气处理后和企业生产废水混合一起排放。

6.3.5　节水技术集成

(1) 节水技术集成

根据前述对节水案例进行剖析归纳，为了最大程度地节约用水，造纸企业可采用如下的节水集成技术。

1) 冷却水的回用

纸机液压和润滑系统、空气压缩机等需要用冷却水，在用水量不大的小企业里，可将这部分水收集起来用于毛毯的洗涤喷水系统中。在大型纸机生产线上，由于配备了较多的液压润滑装置和空压机，需要大量的冷却水，因此应单独设置循环冷却水系统。

纸机冷缸、纸机干燥部蒸汽冷凝水系统中的冷凝器以及热回收系统中的换热器使用过的冷却水有一定的温度，但水质较好，可用在压榨部毛毯洗涤，也可以设置循环冷却系统。在水质较硬的地区，循环水可采用软水以防止冷却器表面结垢。在纸机蒸汽冷凝冷却水循环系统中还要考虑断纸时水需求量突然增大。

热回收系统的汽水换热器使用的冷却水可从清水池取水经过加热送至温水池作为洗涤毛毯之用。汽水换热器使用的洗涤水应收集起来送到白水系统中，不送回锅炉房的蒸汽冷凝水要集中起来，尽可能使用。

2) 白水回用

纸机湿部的浆料稀释及喷水是造纸车间用水量最大的地方，用白水代替清水用于浆料准备与损纸处理系统是造纸车间节水的主要途径。根据不同工段对水质的要求，可使用不同净化程度的白水。纸幅在网部脱水除了流到网下接水盘的浓白水进入机外白水槽作上网纸浆稀释之外，其余部分白水和洗网喷水不经处理可直接用于纸浆调浓、稀释上网浆料和压力筛尾浆稀释、除渣器排渣冲稀、损纸的稀释等，剩余白水需进一步处理再利用。处理后的白水分为清滤液（浓度在 50mg/L 以下）和超清滤液（浓度在 30mg/L 以下）。超清滤液水质较好，可直接用于网部的中低压喷水，或者再经过一道过滤器进一步提高水质用于网部高压喷水。清滤液可用于网部切边和断纸的纸幅喷除，经过滤后也可用于网部低压喷水。对使用后的剩余白水应设置白水塔贮存起来，用于完成干损纸和纸机断纸时的损纸稀释及前面车间的浆料稀释和洗涤等。压榨部的脱水和洗涤水也要尽可能地收集起来，但因这部分水中含有一些非纤维，因此在有些纸种中不能直接使用，必须先进行过滤或筛选除掉杂纤维再送到白水回收系统中处理。

3) 蒸汽凝结水回收

对造纸、涂布车间和暖通系统的蒸汽冷凝水管道及回收设备进行更新改造，提高冷凝水的回收率，可取得明显的节水效果。

4) 清滤液超滤回用

将造纸过程中产生的清滤液中的一部分经深度过滤后回用于造纸过程中的喷淋和化工品稀释，每年可减少大量的清水消耗。

5) 废水超滤回用涂料

利用超滤设备对涂布生产车间产生的废水进行过滤，过滤回收的涂料直接回用于生产工艺，产生的滤液直接应用到造纸生产过程，不仅可大大减少污染物的排放，而且可节约用水。

6）锅炉蒸汽蓄热

通过在锅炉上安装蒸汽蓄热器，通过蒸汽蓄热器缓冲调节锅炉负荷的突发需求，既可避免蒸汽排空的现象，又可稳定或改善锅炉的运行负荷曲线，可节约新水。

7）废水处理回用

针对废水的性质，选用合适的处理技术，将废水处理后实现回用。

8）雨水的收集利用

将雨水收集后回用于绿化浇灌、地面冲洗等，可取得大量的新水。

9）管理节水

运用科学的管理方法，加强密封水的管理，提高水的重复利用率，采用过程集成分析方法和夹点技术分析法等先进科学的用水管理方法促进节水，可取得明显的节水效果。

（2）集成后节水效果预测

某大型造纸企业年生产128～300g的铜版纸24万t，用水量非常大。采用上述集成技术进行节水改造后，使冷却水的循环利用率达到97%以上，冷凝水的回收率达到95%左右，废水中涂料的回收率达到99.9%，单位产品的新水耗用量降为14t，大大低于江苏省的工业用水定额（2010年修订，造纸类机制纸及纸板制造中1998年后新、扩、改建成投产的印刷书写纸的用水定额为35m^3/t），废水的排放量降为8吨左右。每年可节约新水近80万t，减少污染物排放约10t，取得了良好的经济效益、环境效益和社会效益。

6.4 二次纤维原料制浆的节水技术集成

造纸工业的最大优点是其产品经使用废弃后，可以回收并经处理后仍用作造纸纤维原料，通常称为二次纤维原料，也可叫做再生纤维——废纸。废纸的回收利用替代原生纤维（木材等），带来资源节约与污染物减排以及造纸成本降低和良好的经济效益，越来越受到世界各国的重视，采取了许多相应的措施甚至确立了一系列法律法规加以完善废纸的收集系统以提高废纸的回收利用率，并在废纸回收利用的生产规模、工艺技术和设备研究与开发方面都做了大量的工作，并取得了有目共睹的进展。

我国政府十分重视废纸的收集与再利用工作，并颁布了相关法规与政策。最大限度地回收利用废纸是我国造纸工业实现清洁生产，走持续发展的战略要求。有关资料表明，我国以废纸生产的纸浆产量占总纸浆产量的比重已达到45%以上，废纸浆已成为我国造纸工业的主要浆种。

废纸制浆造纸工艺因受废纸种类、来源、质量、废纸浆配比及用途不同而差异很大，废纸在制浆造纸领域的应用主要有以下几个方面：

（1）废纸制浆生产纸板

利用旧报纸、旧杂志、旧瓦楞纸板等废纸经脱墨处理生产各种纸板；进口的废纸为木纤维二次原料，经处理加工可改善纸板的强度，提高其不透明度、松厚度和吸油性等性能。

（2）废纸制浆抄造纸袋纸

利用家居废纸、旧瓦楞纸箱、废纸袋、纸盒以及废报刊杂志、画报等混合处理制浆抄造各种纸袋。

(3) 废纸生产生活用纸

废纸经脱墨处理并配以不同浆料，可生产出不同档次与质量的生活用纸。

(4) 废纸制浆生产文化用纸

随着现代脱墨技术和造纸装备的进步以及各种化学助剂的开发利用，可回收利用废纸花、废书刊、白纸边和纸板分别用于配抄不同档次的凸版纸、有光纸等高级文化用纸。

(5) 废纸生产新闻纸

我国已引进多条利用废纸生产新闻纸的生产线，可利用100%的进口废报纸、旧杂志等，经脱墨并去除其他杂质后生产出高质量、低定量的彩印新闻纸。

6.4.1 二次纤维制浆的工艺流程

二次纤维制浆可分为两类：一类是脱墨浆，主要用于生产新闻纸、印刷书写纸、杂志纸和涂布纸板等；另一类是非脱墨浆，主要用于生产包装纸、瓦楞纸和箱纸板等。

目前使用的二次纤维制浆工艺很多，但基本流程都是一样的，即充分除去杂质，以使二次纤维适于制造出合乎技术要求的成品纸。所用的主要工序为碎浆、筛选、除渣、脱墨、浓缩、分散和漂白。

(1) 碎浆

是为了疏解回收废纸的纤维和打散废纸浆中的碎纸片，促进油墨和其他污染物与纤维的分离，使油墨颗粒能分裂成理想的颗粒大小以便为下道工序所除去。同时，污染物颗粒应尽可能保持原状以便于在随后的筛选和除渣中除去。碎浆时还加入化学药剂，如氢氧化钠、硅酸钠等，所以碎浆是一个化学加机械的作用过程，此阶段使用的水都为后面工段收集的回用水或纸机白水。

(2) 筛选和除渣（净化）

筛选是指从废纸浆中去除杂质碎片和固体污染物，并尽量减少处理过程中的纤维流失。废纸制浆生产中的筛选一般分为粗筛选和精筛选，粗筛选在高浓（3.5%～5%）和低浓（<2.0%）条件下都可进行，筛板多选孔形，筛分直径为1.3～2.0mm，主要用来除去一些较大的杂质，如碎纸片、塑料片等；精筛选的浓度为1%左右，筛板多采用缝形，筛缝宽度为0.15～0.70mm（根据所生产的纸种和筛选的位置而定）。

除渣是指利用杂质与水的密度不同从而去除渣粒、金属、树脂、塑料等杂质的过程。

(3) 脱墨

是根据油墨特性，通过化学药品、机械外力和加热等作用，产生润湿、渗透、乳化、分散等多种作用，将印刷油墨粒子与纤维分离，并从纸浆中分离出去的工艺过程。

废纸在碎浆机中进行离解，在机械作用和适当的温度条件下，纸面润胀，在碎浆机强烈的剪切作用下，废纸被疏解成纤维，使成片的油墨粒子分散开，为均匀脱墨创造了条件；在碎浆过程中加入化学药品，通过其中皂化剂的作用将油墨皂化，从纤维上分离出来；游离出来的油墨粒子通过洗涤、浮选或其他方法除去。

(4) 浓缩脱水

废纸浆经净化和精筛选后，需要在高浓的情况下进行热分散和漂白等工艺流程，因此需要对废纸浆进行浓缩。

（5）分散

分散分为热分散和冷分散，目前绝大多数企业均使用热分散，主要过程是浓缩后的废纸浆先进入预热器内，用饱和蒸汽将浆料加热至90～120℃，然后进入热分散机，在热分散机转子上齿片的作用下，高浓纤维之间产生强烈的摩擦，使浆料中的热熔性胶黏物从纤维上剥离，并被分散成微小颗粒，分散到浆料中，可降低抄造时对产品质量的危害。

（6）漂白

为了满足市场对纸产品白度的要求，就必须进行漂白。

脱墨废纸浆的漂白是在漂白塔里进行的，漂白剂有氧、臭氧、过氧化氢，还有连二亚硫酸钠和甲脒亚磺酸。其中过氧化氢漂剂对含有磨木浆的废纸浆的漂白效果较好。漂白后的纸浆被送入储浆塔。

在实际的废纸造纸生产过程中，由于所用原料和要求的产品不同，其具体流程也不同。典型的工艺流程主要有如下几种：

1）包装纸和纸板废纸浆工艺流程

图6－29所示为高强瓦楞原纸的工艺流程。碎浆系统将废纸分散成纤维悬浮液，除去废纸中的固体污染物如砂、石、金属等重杂质及绳索、破布条、玻璃纸、塑料薄膜等体积大的杂质；然后进入高浓除渣器进一步去除密度较大的粗重杂质如石块、铁丝等；接着进入粗筛系统将纤维悬浮液中的杂质进一步降低；进入分级筛选将纤维分为长纤维和短纤维，对于长纤维要通过低浓除渣、精筛、浓缩、热分散等步骤进行处理以符合后面造纸的需要，而短纤维只进行低浓除渣、浓缩就可以了。

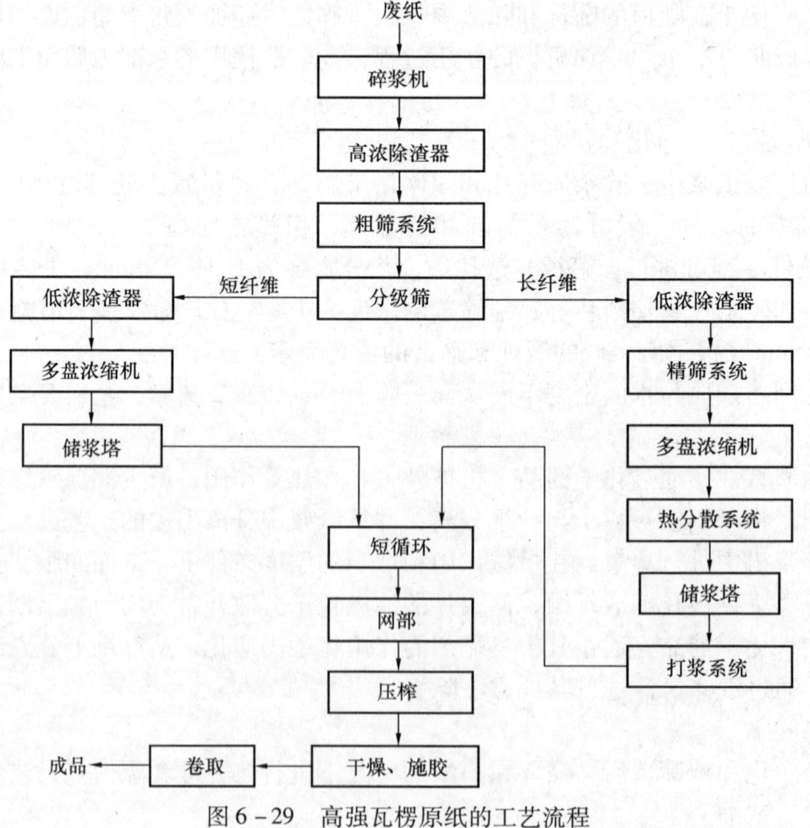

图6－29　高强瓦楞原纸的工艺流程

2）新闻纸废纸脱墨制浆工艺流程

图 6－30 为新闻纸生产的一个工艺流程，其原料为旧报纸和旧杂志，比例为 1∶1，这个流程的特点是包括两道浮选，一级浮选后有一道热分散，每道浮选后都有一道漂白。

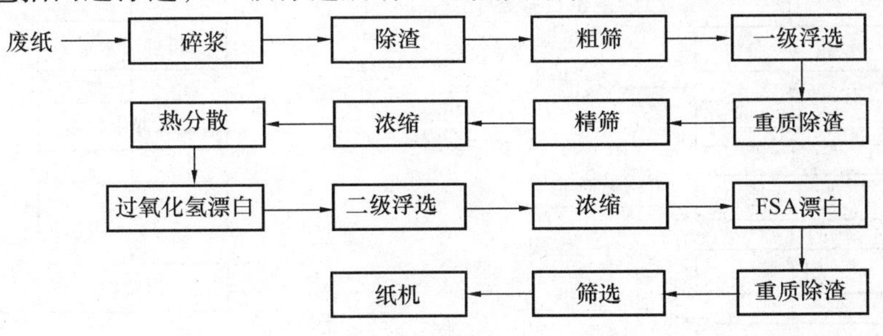

图 6－30　新闻纸工艺流程

3）废纸脱墨造卫生纸工艺流程

图 6－31 所示为废纸脱墨造卫生纸的工艺流程，其生产工艺相对较为复杂。

4）废纸制瓦楞纸

以废纸为原料制瓦楞纸的生产可分为制浆与造纸两部分。制浆即以混合废纸为原料，生产纸浆的过程，其工艺流程如图 6－32 所示。

以上述工艺生产的纸浆生产瓦楞纸的部分称为造纸，其工艺流程如图 6－33 所示。

5）混合办公废纸脱墨制浆工艺流程

混合办公废纸脱墨制浆的工艺流程如图 6－34 所示，其工艺要比新闻纸脱墨复杂，一般需要两道揉搓或分散，一道或两道氧化漂白和一道还原漂白，两道浮选，纸浆得率较新闻纸低。

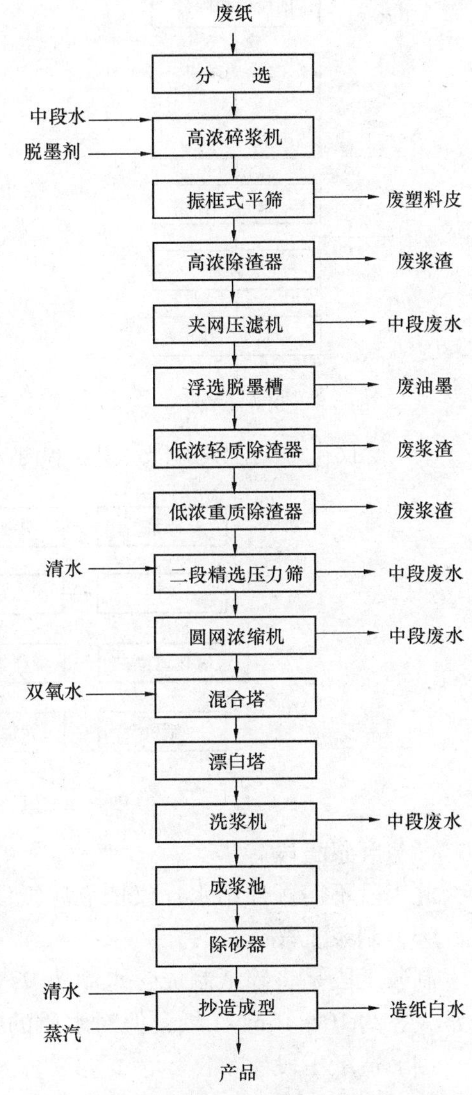

图 6－31　废纸脱墨造卫生纸工艺流程图

6.4.2　用水节点及其对水质水量的要求

废纸造纸过程中的用水节点很多，包括制浆系统的碎纸工段、磨浆工段、制浆工段、造纸工段等。从工艺用水的角度看，制浆和造纸两部分的联系是非常密切的，所以在考虑水的使用时，必须把制浆和造纸两部分联系在一起考虑。

(1) 碎纸浸泡工段

碎纸浸泡工段是将回收的废纸用水浸泡，使其软化并将废纸中的塑料等杂物清除出来，再通过转鼓碎浆机将软化后的废纸碎解，制成含水率为 12% 的半成品。在此工序中，水的作用就是对废纸进行浸泡，使其软化，因此用水量很大，一般为 20 ~ 30m^3/t 纸，但对水质的要求不高，一般都可使用后段工序收集的回用水或白水。

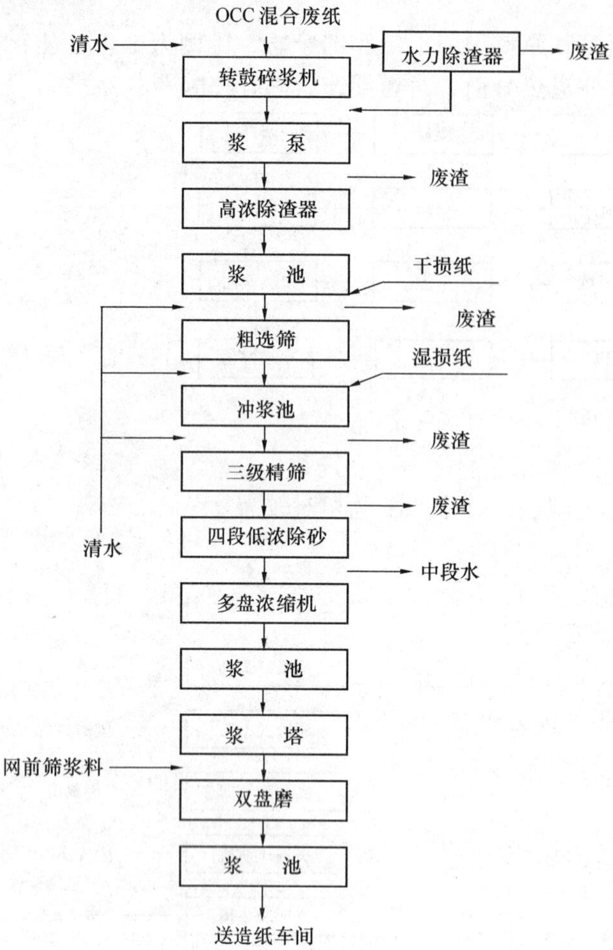

OCC混合废纸
清水
转鼓碎浆机
水力除渣器
废渣
浆 泵
废渣
高浓除渣器
浆 池
干损纸
粗选筛
废渣
湿损纸
冲浆池
废渣
三级精筛
废渣
四段低浓除砂
中段水
清水
多盘浓缩机
浆 池
浆 塔
网前筛浆料
双盘磨
浆 池
送造纸车间

图6－32 瓦楞纸制浆工艺流程图

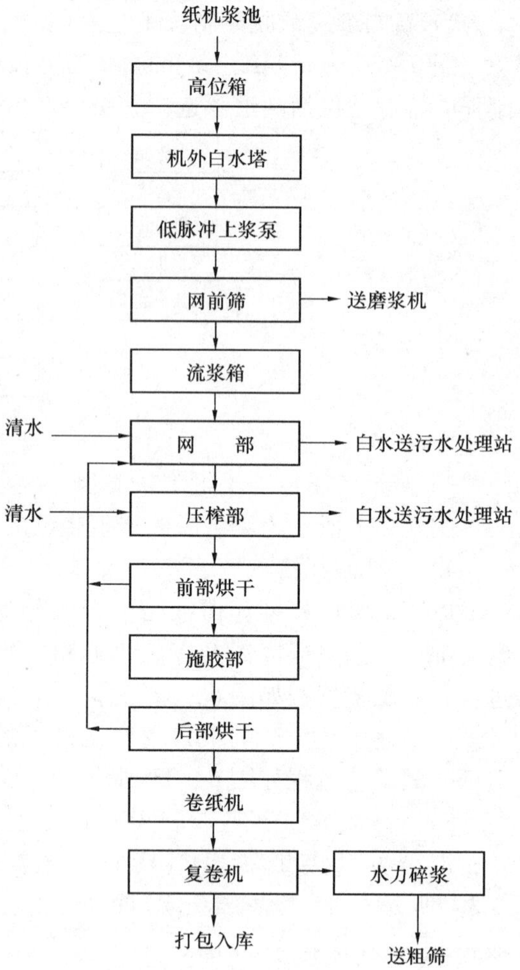

纸机浆池
高位箱
机外白水塔
低脉冲上浆泵
网前筛
送磨浆机
流浆箱
清水
网 部
白水送污水处理站
清水
压榨部
白水送污水处理站
前部烘干
施胶部
后部烘干
卷纸机
复卷机
水力碎浆
打包入库
送粗筛

图6－33 瓦楞纸造纸工艺流程图

废纸
碎浆
浸泡塔
高浓除渣
粗筛选
精筛
揉搓
脱水压榨
重力脱水
正向除渣
一级浮选
过氧化氢漂白
稀释浆塔
脱水压榨
热分散
FSA漂白
纸机
储浆塔
重力脱水
精筛
二级浮选

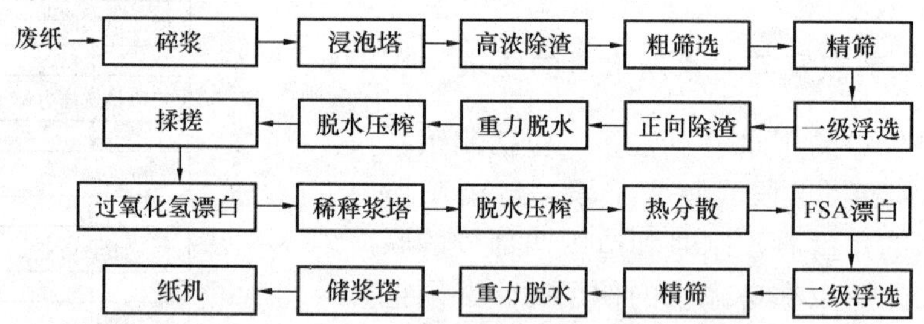

图6－34 混合办公废纸工艺流程

（2）磨浆工段

此工段不需额外用水，仅依靠碎纸浸泡工段产品带入的水量即可完成。

（3）制浆工段

制浆工段是将碎纸制成含水率为97%的浆料，为造纸工序提供原料。此工段的用水量非常大，约10～15m^3/t纸，但对水质的要求不高。

（4）造纸工段

此工段的耗用水量约为10～15m^3/t纸，主要用于浆的筛选与网箱冲洗等，但对水质的要求不高，一般清水即可。

（5）烘干工序

烘干工序是通入蒸汽对纸进行压榨、烘干后卷取，形成成品纸。蒸汽由锅炉房提供，其消耗量为0.5m^3/t 纸左右。为了防止锅炉结垢，此部分对水质的要求较高，一般要求为软水。

6.4.3 废水的排放与处理

（1）废水的排放

脱墨和非脱墨废纸造纸过程的废水处理因水中污染物和回用的水质要求不同而有区别。

废纸制浆过程中的废水主要产生于洗涤工序，但由于品种的不同，工艺水主要在洗涤、脱墨和纤维回收时被污染。因此废纸制浆废水的主要来源是：筛选和除渣时排渣排出的废水，洗涤、浓缩和污泥处理时的滤液及系统中的多余白水。废水的产生量主要与生产纸的品种、废纸原料的质量和生产过程中所采取的节水技术有关，而使用的添加剂、工厂的日常管理及用水管理、生产设备的运行状态也会影响废水的产生。

废纸制浆废水中的污染物主要分为：①固体悬浮物：包括细小纤维、无机填料、涂料、油墨微粒及微量的胶体和塑料等；②可生化降解有机物：主要是纤维素或半纤维素的降解物，或是淀粉等碳水化合物及蛋白质、胶黏剂等，形成废水中的BOD；③还原性物质：包括木素及衍生物和一些无机盐等，形成废水中的COD；④有色物质：由油墨、染料及木素等化合物形成废水的色度。虽然实现废水的循环利用可以减少新鲜水的用量，达到节水减排的目的，但随着废水的不断循环使用，废水中各类有机杂质、微小颗粒、金属离子、胶体物质的含量等都会随纤维回用次数的增加而增加，浓度会随着新水补充量的减少而增加。

废水的污染负荷根据回收废纸的不同，其各级组成比例会改变。生产废纸浆因用途和处理工艺的不同，其废水的污染负荷也不同。一般来说，废纸脱墨车间排出废水的色度、悬浮物含量高，含有重金属及印刷油墨中溶出的胶体性物质，但相比原浆造纸，废纸脱墨制浆产生的COD负荷较低，如排放标准按总量控制，此类废水采用二级生化处理即可实现达标排放。全国大中型废纸造纸厂都装有配套的废水处理设施，大部分废水都能达标排放。非脱墨废纸造纸的污染负荷较脱墨制浆低，小型废纸造纸厂由于其水循环利用率低，用水量高，所以废水中污染物的浓度较低，而大型废纸造纸厂由于用水量低，其废水中污染物的浓度较高，处理达标要困难一些。

非脱墨制浆工艺的废纸生产过程，其产生的废水量及废水中COD、BOD等污染负荷比脱墨制浆工艺的废纸生产过程产生废水的污染负荷低得多。洗涤法脱墨的用水量远高于浮选脱墨，但其污染物浓度较低，而污染负荷比浮选法高一些；对于都有脱墨工艺，其产品不高的废水而言，用于生产薄页纸等高档用纸的脱墨浆的废水，其SS、COD、BOD以及溶解性胶体物质等污染物排放量要比生产新闻纸的高。

（2）废水处理案例

1）SBR法处理纸板厂废水

某造纸厂以国产废纸箱和进口OCC为原料，生产B级C级挂面牛皮纸，年产量3.2万t，废水的产生量为5000～7000m^3/d，生产废水经地沟收集后全部进入处理系统。

该厂的废水处理工艺流程如图6－35所示。主要采用化学混凝气浮与SBR生物旁路处理相结合的工艺对原有废水处理工艺进行改造。

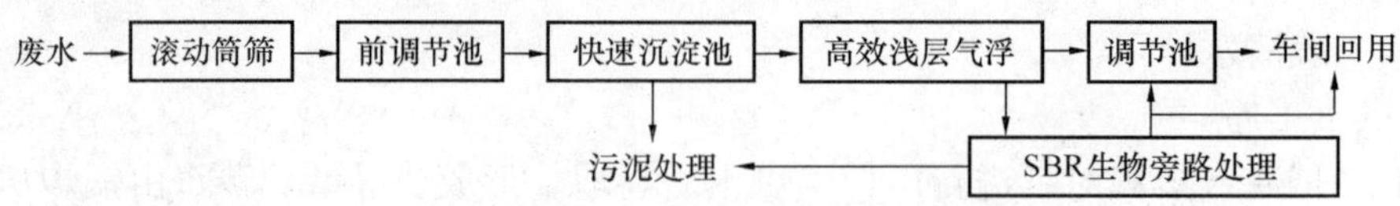

图 6－35　废水处理工艺流程

2）IC 厌氧反应器

某造纸厂的主要产品为新闻纸，生产规模为 30 万 t/d，其中包括废纸脱墨浆（DIP）、热磨机械木浆（TMP）、漂白硫酸盐木浆（BKP）和新闻纸机。该厂采用厌氧＋好氧工艺处理各种制浆污水。污水厂具有高浓系统（厌氧）和低浓系统（好氧），高浓系统的进水主要包括 TMP（热磨机械木浆）、DIP（废纸脱墨浆）制浆污水，低浓系统的进水主要是化浆碱回收车间、浆板工段等污水。高浓度有机废水先进入厌氧污水处理系统，再进入好氧污水处理系统处理；低浓度有机废水直接进入好氧污水处理系统处理。图 6－36 为该污水处理工艺流程主体构筑物的污染物去除情况。

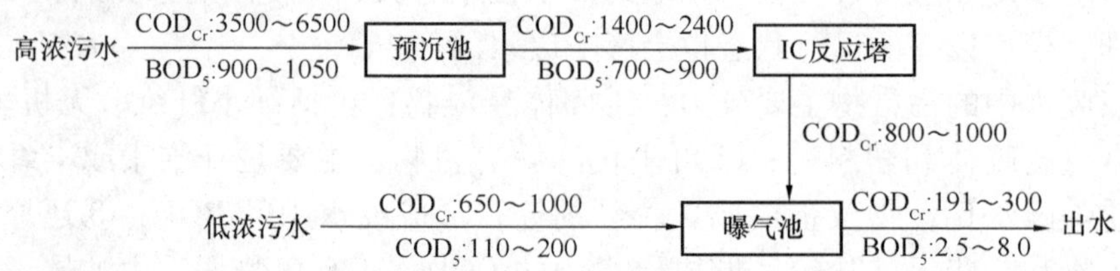

图 6－36　某污水处理厂各构筑物进出水情况（单位：mg/L）

DIP、TMP 产生的高浓废水采用厌氧＋耗氧工艺处理。进水经过预沉处理后，进入 IC 厌氧反应塔，然后出水进入活性污泥处理系统。预沉池中 COD 的去除率为 60% 以上，IC 塔中 COD 的去除率为 50% ～60% 。

化浆、碱回收、浆板工段等低浓污水，与高浓厌氧系统出水汇合后进入活性污泥处理系统。该段的 COD_{Cr} 去除率在 58% 以上。

3）ANAMET 接触厌氧反应

某制浆造纸厂的废水主要来源于废纸脱墨制浆和 BCTMP 杨木制浆两大部分，总处理量为 60000m³/d，通过工艺改造，在原有好氧系统前、后分别增设 ANAMET 厌氧处理和三级处理，新建 ANAMET 厌氧系统采用厌氧反应器并设有沼气收集装置，将系统产生的沼气输送至相邻的燃烧炉进行回收利用。改造后的废水处理工艺流程如图 6－37 所示。

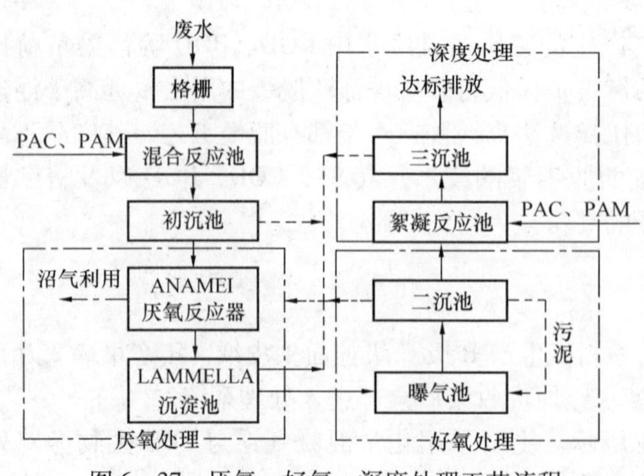

图 6－37　厌氧＋好氧＋深度处理工艺流程

高浓有机废水经格栅、斜网捞浆、初沉池去除悬浮物后，自流入均衡调节池，为了提高厌氧的去除效率，挖掘现有设施的潜力，该池作为水解酸化池运行，并将好氧段产生的剩余活性污泥排至该池，通过充分混合，使有机固体在胞外酶的作用下水解生成溶解态的有机物，为后段的厌氧反应奠定良好的基础；厌氧反应器溢流排出的混合液经脱气塔脱出其中的过饱和气体，进入斜板沉淀池的生物絮凝反应区，在絮凝搅拌器的搅拌过程中过饱和气体进一步析出，同时厌氧污泥的絮体长大为后续的固液分离打好基础；经脱气塔脱出的过饱和气体及斜板沉淀池生物絮凝反应区析出的气体中含有硫化氢和芳香族挥发气体，有恶臭，为了不造成二次污染，采用罗茨风机将此气体抽吸后加压输送至曝气池的底部曝气器被氧化和吸收。经沉淀池澄清后的水经过溢流堰和集水系统流入沉淀池的出水池，再自流至曝气系统进行好氧处理；厌氧反应器产生的沼气通过管道收集后输送至热电燃烧炉实现回收利用。

厌氧段排放的废水进入好氧生物处理段，采用射流曝气完全混合式活性污泥工艺，二级生化处理后的污水进入三级处理部分，三级处理的工艺为化学絮凝沉淀。药液和污水采用管式扩散混合器充分混合后，进入絮凝反应池形成絮体后，自流进入沉淀池进行泥水分离，为加强絮凝效果，可在絮凝反应池中投加助凝剂如PAM，即采用“双聚合物系统”。

4）絮凝沉淀加氧化塘法深度处理技术

某制浆造纸厂采用自制漂白化学浆、自制脱墨废纸浆和部分商品纸浆造纸。该厂采用“一级物化＋二级生化＋三级物化”处理该厂的废水，其中三级物化处理主要的方法为：先对二沉出水进行絮凝沉淀，再将出水引入氧化塘中处理。该废水处理工艺流程如图6－38所示。其中氧化塘由厌氧塘、兼性塘、好氧塘、植物塘和储存塘五部分构成，每个塘底都铺设一定厚度的负荷土方膜防渗，防止污水污染地下水。好氧塘中设置表面曝气机，以提高水中的溶解氧浓度。氧化塘的总体水力停留时间为45天，该段的COD_{Cr}去除效率为10%～15%。

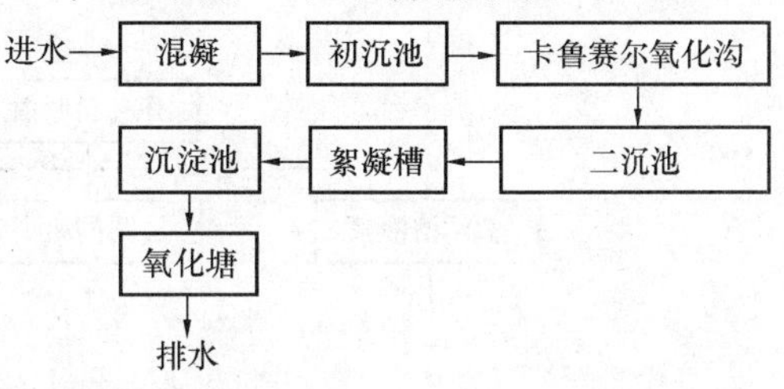

图6－38　制浆造纸厂废水处理工艺流程

6.4.4　节水案例剖析

（1）节水案例一：循环用水

在废纸浆生产中，废纸通常是以85%左右的干度进入，经一系列的处理后，最后以3.5%～4%的浓度离开。在这个过程中有一系列的稀释、浓缩过程，通过对废纸浆生产中工艺水的分级循环利用，可减少清水的用量。其制浆生产的典型流程是浊滤液用于废纸的稀释和碎解，清滤液或流程后部的滤液经过汽浮处理后用于系统的喷淋洗涤和稀释，这属于制浆系统的内部循环。在制浆系统和造纸机之间的外循环是指纸机产生的白水应用于制浆系统。

图6－39所示为某新闻造纸厂脱墨车间水循环使用流程。对于脱墨制浆来说，生产过程用水的合理安排与设备及稳定高效的废水处理系统是减少清水用量的关键。流程中采取的措施有：碎浆、粗筛和浮选用水完全使用多圆盘纤维回收机的浊滤液，不足部分由清滤液补充；清滤液用于脱墨浆的精筛选，补给水全部使用纸机白水，脱墨污泥滤液经处理后再加以利用；纸浆双网压滤机的滤液用于双网机前浆料的稀释，其余废水再送气浮池；气浮池的澄清水用于喷淋系统及纸浆漂白后的稀释与多圆盘纤维回收机滤液的补充。精筛选后的尾渣与气浮污泥一起进行脱水，其滤液送污水处理厂，不再进入系统循环。这样在脱墨制浆过程中就可不使用清水，产生的废水量为$8m^3/t$产品。

（2）节水案例二：白水回用

图6－40所示为国外某造纸企业制浆系统和造纸机组成的外循环，脱墨制浆工序和打浆

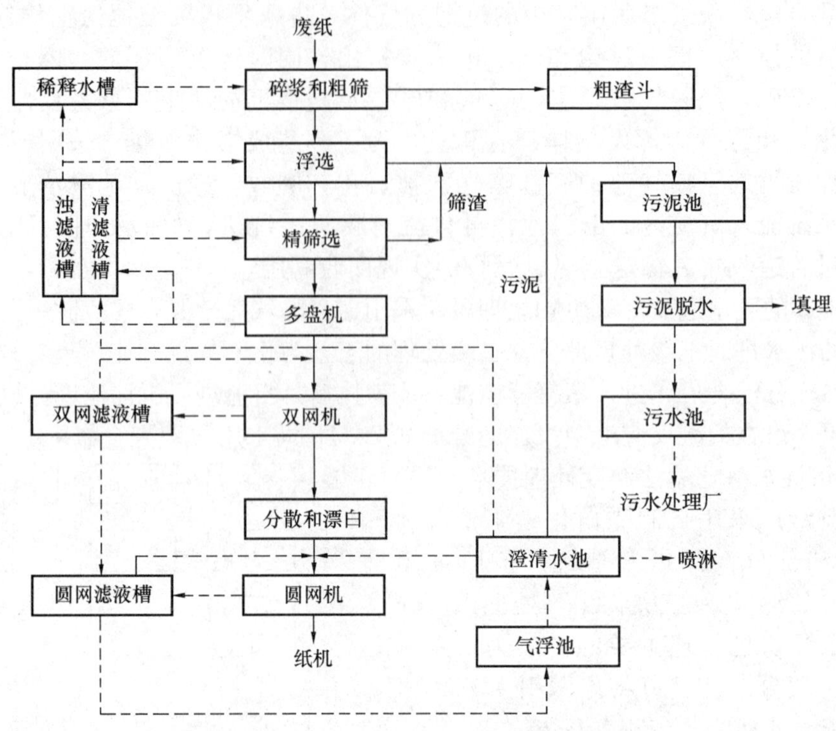

图6－39　某新闻纸厂脱墨车间水循环使用流程

工序都不使用清水，而是使用白水回收系统的白水。该厂的用水量为 $12m^3/t$，而废水的排放量为 $10.5m^3/t$。

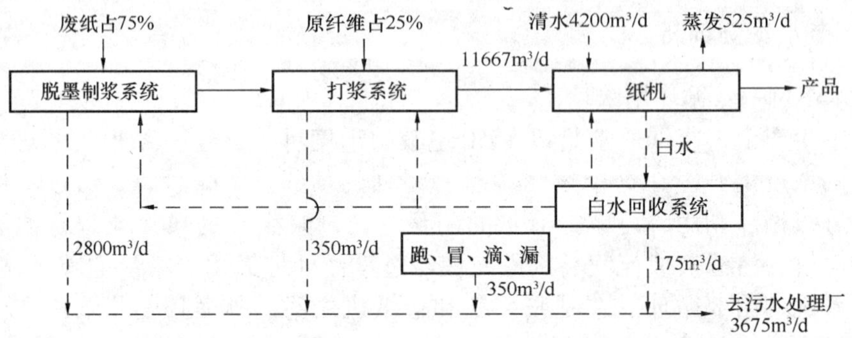

图6－40　国外某造纸厂有脱墨制浆生产的水循环使用流程

（3）节水案例三：分级用水

图6－41所示为某大型废纸造纸厂的车间水平衡图。该企业的主要产品为高强瓦楞原纸，生产规模为40万t/a。通过对水的分级使用，其废水的排放量减少到 $14m^3/t$，白水的回用率达到90%。

（4）节水案例四：废水回用

江苏淮安地区某造纸厂是以OCC（废箱纸板）为原料，专业生产再生包装—高强瓦楞原纸的企业，年生产能力为15万t再生包装纸，主要用水部门有：碎浆与制浆车间的浸泡工段和制浆工段、造纸车间、辅助生产的锅炉车间、附属生产的办公、食堂、生活和绿化等。总用水量为 $35438m^3/d$。为了节水，该厂先后投入巨资进行了如下改造：

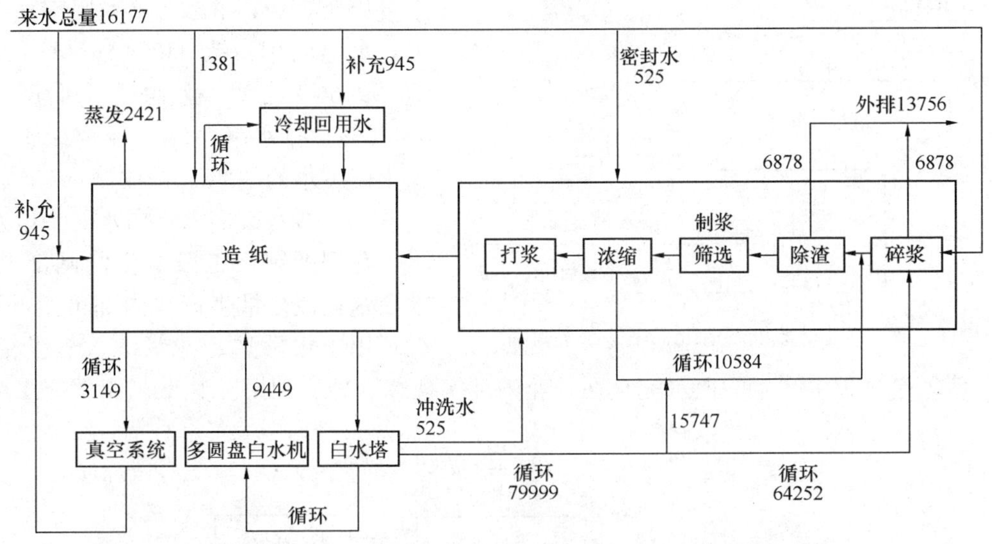

图 6－41　某废纸造纸厂高强瓦楞纸车间水平衡图（单位：t/d）

① 加强管理：制定取水、用水管理制度，规范企业生产、生活用水的行为。

② 清除废纸中的杂质，如不充分清除，将影响纸品质量，还会增加制浆中的浓缩和洗涤的用水量。清除废纸中的杂质主要是清除废纸中的包装物、泥沙、石子、铁钉、玻璃碎片等杂质外，还包括木片、沥青、树脂、塑料及热熔胶等杂轻质。

③ 废水处理回用：随着废纸制浆生产用水密封程度的提高，车间软管冲洗废水的用量已成为水耗中相当重要的一个部分，主要是用于冲洗高浓度除渣器尾渣用水、除渣器尾浆冲洗水、压力筛的冲洗水，这些用水点对水质的要求不高，可将处理后的水用作冲洗水，减少新鲜水的用量。该厂将这些废水进行综合处理后，达到水全部回用，短纤维回收利用，污泥改良改性后回用。

图 6－42 为该厂碎浆与制浆工段的水平衡图。由于制浆工序的用水量很大，但其对水质要求不高，因此将污水处理站处理后的水回用至浸泡工段，可减少用水量 10608m^3/d；将造纸工段产生的废水回用于制浆工段，使用水量减少了 6115m^3/d。

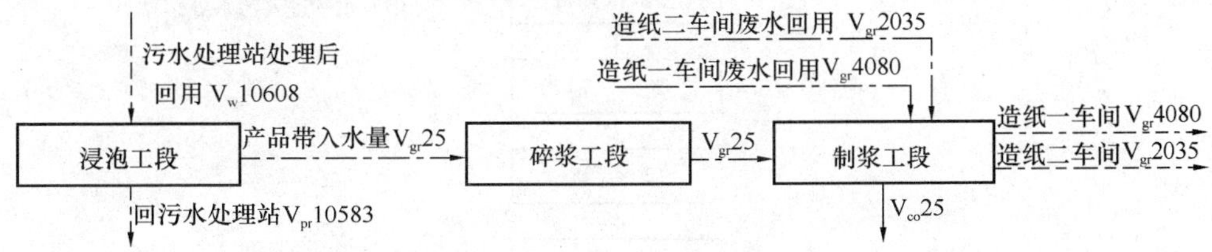

图 6－42　某瓦楞原纸造纸厂碎浆与制浆工段的水平衡图

（5）节水案例五：废水循环利用

造纸工序的主要用水为冲洗网部的冲网水和成品纸烘干时所用的蒸汽。该厂将使用后的冲网水通过浆泵回至制浆工段重复使用，回用量为 4080m^3/d；蒸汽用于成品纸烘干后产生的蒸汽冷凝水大部分回收至锅炉房再用，蒸汽冷凝水的回用量为 157m^3/d。图 6－43 为该厂造纸工序的水平衡图。

采取上述节水措施后，该厂的新水取用量降为 709m^3/d，耗水量为 673m^3/d，重复利用

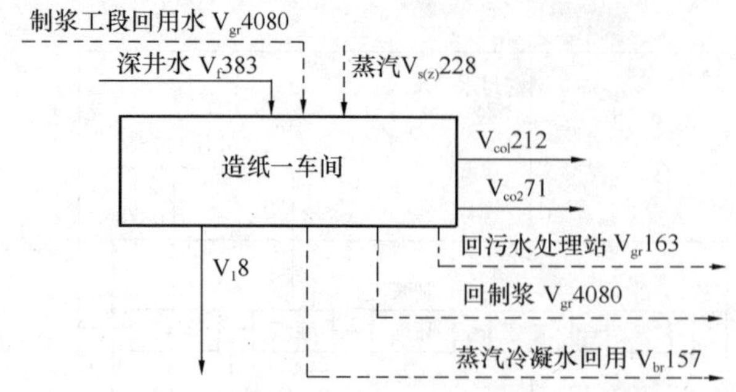

图 6－43　某瓦楞原纸厂造纸工序的水平衡图

水量为 34729m^3/d，重复利用率达 98%，工艺水的回用量为 34264 m^3/d，回用率达 99.66%，冷凝水的回用率达 69.36%，排水率仅为 3.24%，基本实现了生产废水的"零"排放。

（6）节水案例六：白水及中段水利用

瓦楞纸制浆工段产生的网部及压榨部白水在瓦楞纸生产线内部可全部套用，循环用于粗筛选、冲浆池、三级精筛等工序，使生产过程中产生的白水完全在企业内部实现综合循环利用。其工艺流程如图 6－44 所示。

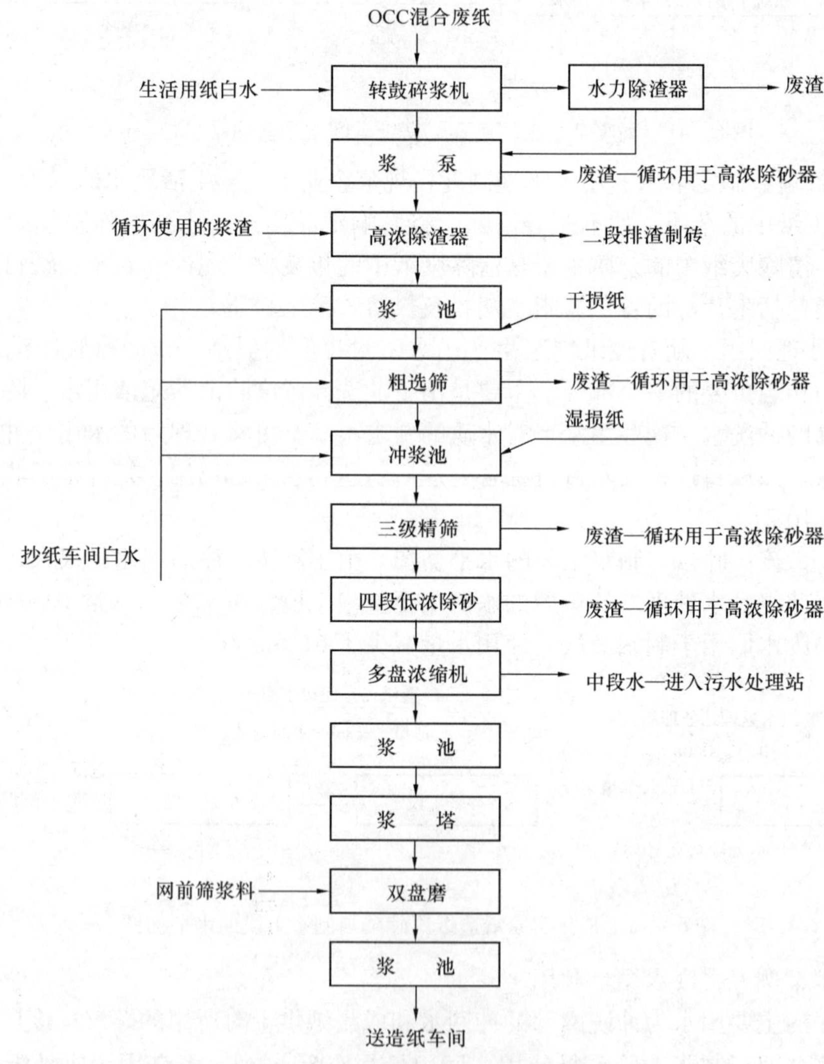

图 6－44　瓦楞纸生产白水及中段水利用示意图（制浆车间）

瓦楞纸造纸工段产生的部分白水与中段水的循环利用如图 6－45 所示。白水和中段水先经过斜滤网或无轴锥筛等纤维回收装置，拦截较粗大的悬浮物后进入原水池中。原水用泵送入超效浅层气浮器时，在泵前加入絮凝剂（聚合氧化铝），在泵后加入助凝剂（聚丙烯酰胺），原水经絮凝混合并加入溶气水后进入气浮器中。溶气水先经释放器通入处理（原）水管道经减压释放形成无数微小气泡，与原水通过转动布水管均匀分布在气浮器槽底部。微小气泡的吸附和上浮作用带动纸浆纤维等一同上浮到水的表面，形成的浆层由安装在支架上的转动螺旋漏斗流出，通过漏斗中心排浆管排放而经收浆斗进入浆池，浆料用浆泵定期送回造纸车间利用；气浮槽内水中的粗重杂物沉到槽底，由滑动胶皮刮板刮到排渣口定期排出；处理后的澄清白水先进入气浮槽中心位置的澄清池内，大部分排至清水池中，被清水泵送回生产车间使用，小部分通过溶气泵再送回溶气装置中循环使用。

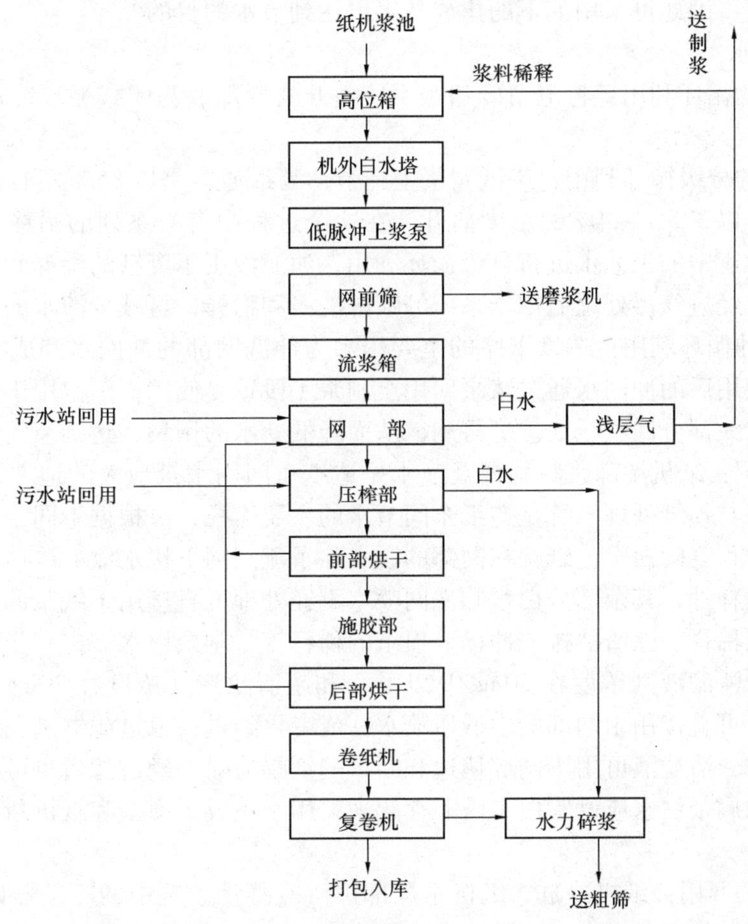

图6-45 瓦楞纸生产白水及中段水利用示意图（造纸车间）

（7）节水案例七：废水处理与回用

江苏江阴地区某纸业有限公司主要产品为瓦楞纸，原材料主要是旧报纸、废纸等，公司生产产生的废水主要有脱墨制浆废水、抄造废水以及生活污水，产生量为6000m^3/d。废水中除一般废水含有的SS、COD、BOD外，还含有少量油脂、色素等。为了加强水资源的循环利用，降低生产成本，该公司采用生活污水与生产污水混合处理的方式，以增加污水的生化性能。根据造纸不同工段的不同水质要求，将处理工艺分段设计，前段物化的处理水量为6000m^3/d，出水5000m^3/d回用于制浆等工艺段，其余1000m^3/d进后续生化工艺段，处理后可生产回用或达标排放。

生产污水先采用机械格栅机去除漂浮杂物，然后通过沉砂沟去除砂石，由斜筛网回收短纤维，回收短纤维后的污水通过加药沉淀去除木质素和其它溶解性有机物，出水进入生化处理系统进行深度处理。沉淀污泥流入污泥浓缩池浓缩调理，并投加 PAM 后进行带式压滤机压滤。压滤后的干泥外运填埋处理。

6.4.5 节水技术集成

（1）节水技术集成

对于以废纸为原料的二次纤维制浆造纸企业，其用水节点很多，用水量也很大，但对水质的要求都不高，因此可采用如下的集成技术以达到节水的目的。

1）循环用水

① 冷却水的循环利用：将电站冷却水系统由开式冷却改为闭式循环冷却，可节约大量的新水。

② 制浆水的分级循环利用：废纸制浆生产中，废纸通常是以 85% 左右的干度进入，经一系列处理后，以 3.5% ~4% 的浓度离开。在这个过程中有一系列的稀释、浓缩过程，通过对废纸制浆生产中的工艺水进行分级循环利用，浊滤液用于废纸的稀释和碎解，清滤液或流程后部的滤液经过气浮处理后用于系统的喷淋洗涤和稀释，可减少清水的用量。

③ 造纸水的循环利用：造纸工序的主要用水为冲洗网部的冲网水和成品纸烘干时所用的蒸汽。可将使用后的冲网水通过浆泵回用至制浆工段重复使用；蒸汽用于成品纸烘干后产生的蒸汽冷凝水大部分回收至锅炉房再用，从而降低新水的用量，达到节约用水的目的。

④ 白水回用：纸机湿部浆料稀释及喷水是造纸车间用水量最大的地方，用白水代替清水用于浆料准备与损纸处理系统是造纸车间节水的主要途径，可根据不同工段对水质的要求而使用不同净化程度的白水。纸幅在网部的脱水除了流到网下接水盘的浓白水进入机外白水槽作上网纸浆稀释外，其余部分白水和洗网喷水不经处理可直接用于纸浆调浓、稀释上网浆料和压力筛尾浆稀释、除渣器排渣冲稀、损纸的稀释等，剩余白水需进一步处理再利用。处理后的白水分为清滤液（浓度在 50mg/L 以下）和超清滤液（浓度在 30mg/L 以下）。超清滤液水质较好，可直接用于网部的中低压喷水，或者再经过一道过滤器进一步提高水质后用于网部高压喷水。清滤液可用于网部切边和断纸的纸幅喷除，经过滤后也可用于网部低压喷水。对使用后的剩余白水应设置白水塔贮存起来，用于完成干损纸和纸机断纸时的损纸及浆料稀释和洗涤等。

⑤ 冷却水的回用：纸机冷缸、纸机干燥部蒸汽冷凝水系统中的冷凝器以及热回收系统中的换热器使用过的冷却水有一定的温度，但水质较好，可将其回用于压榨部毛毯洗涤，也可以设置循环冷却系统。在纸机蒸汽冷凝冷却水循环系统中还要考虑断纸时水需求量突然增大。

热回收系统的气水换热器使用的冷却水可从清水池取水经过加热送至温水池作为洗涤毛毯之用。

2）工艺节水

① 减少水封用水：用于设备水封的水，由于水中不仅含有悬浮物，还含有石油类，如果将收集后的水封水进行处理后再回用，从经济角度讲，不太经济，最佳的途径是尽可能减少水封水的用量。一是利用机械密封或气密封代替原来的水封，可以把密封部分的用水节省下来；二是在密封供水线上安装自动控制系统，可以在设备需要密封时才使用。

② 降低冷却水用量：用于变速器、制动器等设备的冷却水，可以通过改变冷却方式节约这部分用水。一是合理加入润滑剂，使机械设备处于良好的运行状态，减少设备运转摩擦生成的热量，从而减少冷却水用量；二是采用空气冷却方式，使设备处于正常温度，节约冷却水的使用；三是冷却水中主要成分为石油类，通过油水分离后的冷却水作清水回用于生产。

③ 蒸汽凝结水的回用：对造纸车间和暖通车间的蒸汽冷凝水管道及回收设备进行更新改造，提高冷凝水的回收率，可减少新水的用量。

④ 清滤液的超滤回用：造纸过程中会产生大量的清滤液排放，根据清滤液的水质状况，采用先进的过滤设备，将原来需要大量排放的清滤液中的一部分经深度过滤后回用于造纸过程中的喷淋和化工品稀释，大大减少清水的消耗。

⑤ 锅炉蒸汽蓄热：由于锅炉配备的原因，在纸机生产线断纸时，为保证系统的安全性，需调节锅炉的负荷，从而出现蒸汽排空的现象。可在锅炉上安装蒸汽蓄热器，通过蒸汽蓄热器缓冲调节锅炉负荷的突出需求，既避免蒸汽排空的现象，又稳定或改善锅炉的运行负荷曲线，从而节约用水。

⑥ 采用先进设备。新设备的不断出现，不仅使更多种类的废纸能作为纤维原料，用废纸生产出更多种类的纸产品，也减少了废纸制浆生产过程中的能源消耗和水资源的消耗。其中对节水具有重要意义的当数多圆盘浓缩机。多圆盘浓缩机一般均设置有真空腿以提高浓缩后纸浆的浓度，排出的滤液按清、浊程度分别排出，并部分回用于制浆系统。该机的特点是：低速、低能耗，操作简单；表面积大，占地面积小，通常用于低浓度纸浆的浓缩，可通过增加盘数来增加生产能力，比较灵活；固形物损失低；浊滤液和清滤液的水腿可分开，有利于工艺水的循环利用。

3）再生水回用

① 制浆水回用：由于制浆工序的用水量较大，但对水质的要求不高，可将由污水处理站处理后的水回用至浸泡工段，将造纸工段产生的废水回用至制浆工段，减少新鲜水的用量。

② 冲洗废水的回用：随着废纸制浆生产用水密封程度的提高，车间软管冲洗水的用量已成为水耗中相当重要的一个部分，主要是用于冲洗高浓度除渣器尾渣用水、除渣器尾浆冲洗水、压力筛的冲洗水，这些用水点对水质的要求不高，可将处理后的水用作冲洗废水，实现水的全部回用，从而节省新水的用量。

③ 喷淋清洗废水的回用：造纸企业废水站的固体污泥压滤工艺中需要大量的喷淋清洗用水，可利用二沉池的废水代替原来的清水，既可节约大量的清水，又减少了废水的排放。

④ 雨水的收集利用：将雨水收集后回收用于绿化浇灌、地面冲洗等，可节约新水。

（2）集成后节水效果预测

对年生产能力为 15 万 t，以 OCC（废箱纸板）为原料生产高强度瓦楞原纸的废纸造纸企业，采用上述集成技术进行节水改造后，可将单位产品的新水取用量降为 0.53m^3/d，大大低于江苏省的工业用水定额（2010 年修订，造纸类机制纸及纸板制造中 1998 年后新、扩、改建成投产的瓦楞原纸的用水定额为 25m^3/t），水的重复利用率达到 99% 以上，工艺水的回用率达 98.8%，冷凝水的回用率达 99%，排水率仅为 1%，完全实现生产废水的“零”排放。既能取得良好的节水效益，又能大幅减少废水治理的费用，具有明显的经济效益、环境效益和社会效益。

6.5 造纸行业废水的“零”排放

所谓“零”排放，是指无限地减少污染物直至零的活动。“零”排放，就其内容而言，一是要控制生产过程中不得已产生的能源和资源排放，将其减少到零；一是将那些不得已排放出的能源、资源充分利用，最终消灭不可再生资源和能源的存在。造纸厂的废水“零”排放，根据美国环保署的定义是指在不损害产品质量的前提下，纸厂所用新鲜水和随原料带进的水的总量等于通过蒸发/汽化而排出系统的水、最终产品所含的水、筛选筛渣及污泥等所含水的总量，也就是没有废水的排放。

6.5.1 “零”排放的发展趋势

目前可以真正实现“零”排放的造纸企业主要是废纸造纸企业和化机浆企业。

利用废纸生产高定量纸板的工厂实现了“零”排放，是因为其湿部化学比较简单，对产品外观要求不高，产品质量和纸机的转动对可溶性胶体有机物和无机物的存在不像一些高级纸种那样敏感，在某种程度上意味着产品质量与湿部的封闭无关，产品质量几乎不受积累物的影响。这些纸板厂可以使用较简单的废水循环和处理方式，达到“零”排放，清水的补充量大约和干燥部的蒸发量相当，每吨纸只需要补充 1.0 ~ 1.5m^3 的清水，主要用于真空泵的水封，铜网、毛布的喷水管，某些纸机的喷水管及涂布制备系统。制浆系统其他所有用水的地方，均使用回水。

非脱墨再生纸厂和纸板厂的废水治理相对容易，将排水适当处理即可回用于生产。国外对此类废水的排放要求非常严格，不少欧美国家的非脱墨再生造纸企业已经实现“零”排放。相对非脱墨再生纸，脱墨再生纸厂由于生产过程中需要多加入大量化学品，包括氢氧化钠、氯化钙、硅酸钠、分散剂、次氯酸钠等，造成含钠化学品增加，若封闭程度过高，过程水循环的次数过高，会对系统产生高度的腐蚀作用，使生产无法正常进行。因此目前所能实现的“零”排放，仍以非脱墨再生纸为主，但脱墨再生纸厂正在努力实现“零”排放。

对于本色纸生产企业，其标准废水量为 4m^3/t，机械浆的标准废水量为 10m^3/t，达到这个标准就可视为“零”排放。为了达到这个标准，首先应尽可能使用回用水，避免使用清水。

实现“零”排放的工厂有两个因素可以利用，也就是说，尽管“零”排放仍有一定数量的污染物和水从废纸处理系统分离出来，一是某些化学物质，如 Ba^{2+}、Al^{3+}、Fe^{3+} 等离子有较低净电荷密度和较大的粒度，对纤维和填料有一定的亲和力，它们会吸附在湿纸页上并随同纸页抄成产品；二是根据废水回收工厂的特点，总会有 8% ~20% 的塑料、蜡、木块等外来物质和纤维、填料等作为废弃物被排出废纸处理系统之外，这些废弃物的水分含量一般都在 50% 以上。也就是说，一个 100t/d 的废纸加工厂，纤维得率以 80% 计，每天要有 20t 的水随同废弃物一同排出，焚烧或填埋。生产中可以充分利用这两个因素来控制胶体物质在废水回收系统中的积聚，努力实现废水的“零”排放。

6.5.2 废纸造纸“零”排放技术实施的重要性

实施废纸造纸“零”排放技术具有重要意义，具体体现在以下几个方面：

（1）零排放是资源循环利用的有效方式

1）节水

实施零排放技术，废水全部循环回用，大大减少了新水的用量，达到了节约用水的目的。

2）节约原材料

实施零排放技术，纤维和填料等也可回用，原料流失减少，节省了原材料的消耗。

3）节约能源

清水在造纸过程中升温后不再外排，节约了能源。水温升高后，由于黏度下降，脱水速率增加，干燥蒸汽消耗降低，纸机速度增加，因此，对于零排放技术，生产率具有提高4%~6%的潜力。能源的节约还表现在循环水处理过程中会产生甲烷，甲烷燃烧产生的高温气体可用于纸张的干燥。

（2）环境效益

废纸造纸实施零排放后，废水不再排放，污染得到了有效控制。

（3）经济效益

废纸造纸实施零排放后，通过水资源的节约、原料消耗的降低、能源的回收、排污费的节省，降低了企业的运行成本。

6.5.3　制浆造纸企业废水“零”排放的实施途径

（1）不同企业实施的可行性

封闭循环操作的可行性及其费用与工厂的具体流程和产品有密切关系，封闭循环的经济技术可行性根据工厂情况不同而不同。对于有高速纸机并生产高强低定量纸板的工厂，过程水需要深度处理，实行封闭循环的费用明显要高。

从企业内部来看，对于大部分设备和管道都是不锈钢的工厂更利于实行封闭循环。对于经常变换产品颜色的纸厂，封闭循环系统缺乏吸引力。另外，如果工厂要连续运行二级处理设施，则实行封闭循环的操作成本优势将大大降低。

从企业的外部环境看，降低废水的处理费用，提高新鲜水的供水费用对企业大力推动节水技术改造，实行封闭循环有较大的促进。

（2）制浆造纸企业实施“零”排放的途径

1）加强水务管理

加强水务管理是指通过管理的手段减少用水量，提高水的循环利用率，包括控制溢流和泄漏，改进制浆、洗涤工艺，减少非工艺用清水量，稳定生产。

泄漏和溢流主是通过加强监视，合理控制操作液位来实现；对于制浆洗涤工艺，可以通过选择合理高效的洗涤设备和工艺来降低清水的用量和废液的排放量，如加拿大某制浆厂通过6段逆流洗涤流程，即清水进入最后的双网纤维洗涤压榨机，之后依次按洗涤、筛选、净化，最后至木片洗涤的流程，最大程度地减少了生产中清水的用量，相应降低了废水的排放量。

对于非工艺用水，如清洗水可通过使用经处理后的废水来部分替代，密封水可通过净化和热交换后进行封闭循环使用。

2）使用先进的废水处理技术

通过先进的废水处理技术去除水中对实现封闭循环有害的物质，提高水的循环利用率。

6.5.4 "零"排放存在的问题

纸厂废水"零"排放固然可以达到节水、节能甚至节约纤维原料的目的，但是由于系统高度封闭，也会产生诸多问题。

纸厂废水有悬浮物如纤维、细小纤维、填料、胶体颗粒，以及各种具有中等相对分子质量到大相对分子质量的溶解物质，其中一些来自化学制浆和机械制浆以及废纸回用过程，它们包括木素、单宁、多酚、木素磺酸盐等；而另一些如胡敏酸和金属离子则来自新鲜水。对于一个开放的白水系统，这些物质通过废水可以连续地迅速排出，而当纸厂的水系统封闭时，那些可以附在纤维、细小纤维和填料表面的物质主要随纸产品排出，但是许多溶解物质及离子对纤维和填料的亲和性很小，它们会留在循环水中，其浓度随系统的封闭程度而增加。当单位产品的废水排放量很小，或实行水系统封闭时，过程水的COD浓度呈指数快速增加。当系统高度封闭时，由于有机物和无机物浓度的增加和系统温度上升，会给系统的运行和产品质量带来一系列的问题：

① 微生物生长问题，会导致腐浆的存在，造成纸面的空洞、透明点等纸病；

② 盐的积累和腐蚀问题，会影响纸机操作，产生纸病和断头，白水封闭中的腐蚀作用和白水的电导率成正比，而且每升高10℃，腐蚀速率就会增加1倍；

③ 二次胶黏物会沉积于设备表面，危害造纸过程；

④ 阴离子垃圾，会导致造纸湿部添加剂的用量增加或车速的下降；

⑤ 助留剂等化学药品的用量增加，由于溶解的胶体物呈高度负电性，在细小纤维和填料絮聚发生之前必须添加助留剂中和电荷，由于白水系统是封闭的，所需助留剂要增加，或者添加其他药品达到中和的目的；

⑥ 纸厂废水排放会使过程水温升高，流浆箱温度升高会在纸机周围产生雾气，这在冬季寒冷天气尤为严重；

⑦ 废纸厂内随废纸进入系统的碳酸钙等的沉淀会导致喷嘴堵塞，也会在管道、网部、毛布和压榨辊上沉淀。

上述有害因素限制了"零"排放的实现。因此，对于欲实施"零"排放的工厂，需要采取相应的措施克服这些障碍。可以通过两种方法来降低有害因素：一是通过原辅材料的限制，一是使用深度处理技术来消除这些不良影响。具体的措施有：

① 进入废纸处理系统的材料要比较清洁，含杂质比较少，应使用经挑选过的旧瓦楞纸箱（OCC）、新瓦楞纸切边（DLK）等。

② 生产的最终产品对外观质量没有特别严格的要求，诸如瓦楞芯纸、箱纸板、油毡纸等。

③ 抄纸过程施用的化学品要精确控制，以使化学品、杂质和细小纤维等能一次性地留在纸页中，尽量使它们不在回水中积聚。

④ 抄纸过程的施胶剂，为避免胶料在回水中积聚，大多使用松香胶而不用烷基烯酮二聚体（AKD）和烯基琥珀酸酐（ASA）等易于水解的合成胶。有的只在纸机干燥部进行表面施胶；

⑤ 在全封闭系统中不用淀粉，因为它会水解并留在水中，从而滋生细菌，形成黏腐性物质。

⑥ 尽量不用含氯含硫的药品，以减少腐蚀。

⑦ 采用厌氧处理、膜分离、蒸发、化学沉淀及湿部化学技术等对废水进行深度处理。

6.5.5　“零”排放案例

制浆造纸工业废水实现“零”排放已有很多范例。在世界各地，实现废水“零”排放的有美国、加拿大和澳大利亚的机械浆生产厂，欧洲的废纸脱墨商品浆厂，俄罗斯的本色硫酸盐浆综合厂等等。

(1) 废纸造纸案例

1) 德国工厂案例

位于德国科隆附近的 Zulpich 纸厂以废纸为原料生产挂面箱纸板，年产 41 万 t。在 1975 ~ 1995 年间已实现废水“零”排放，但没有安装净化设备。因为腐蚀和气味问题，在 20 世纪 90 年代初期工厂决定投资建一个厂内白水处理车间，以减少溶解有机物和 COD 的负荷。废水的处理流程如图 6 – 46 所示。

由于该厂的水系统全封闭，循环白水中杂质积累浓度很高，COD 甚至高于 30000mg/L，因此在第一段生物处理端采用 UASB 反应器作厌氧水处理，然后在第二段用两个好氧装置处理。采用该工艺后，废水中的有机物去除率在 90% 以上，其中 75% 的 COD 在厌氧段除去，好氧段除去其余的 15%。在节约电耗的同时，全部过程产生的剩余污泥仅相当于活性污泥法的 1/10，污泥量与同期的纸产量相比，仅为其 0.1%，因此把这些剩余污泥直接混入芯浆中用于造纸，既节约了污泥处理的费用，又降低了纸浆的消耗量。生产中每吨产品补充清水 $1m^3$，完全没有废水排放，改造后全厂的水系统如图 6 – 47 所示。

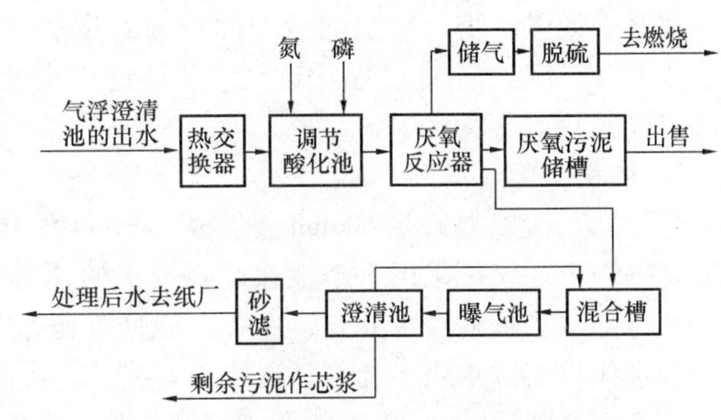

图 6 – 46　废水处理流程

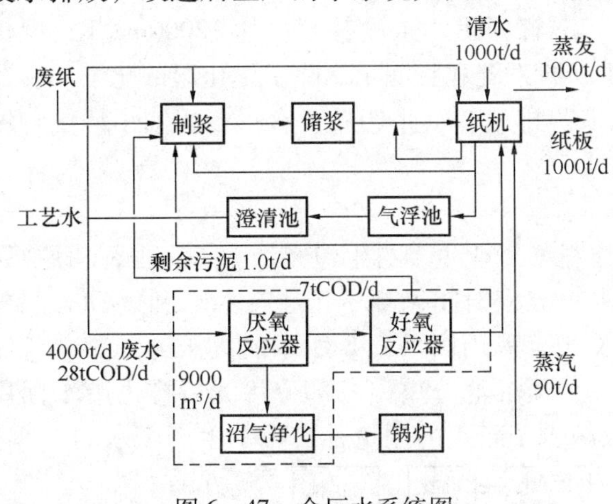

图 6 – 47　全厂水系统图

工艺水 COD、BOD 浓度大幅降低的同时，水的 pH 值由原来的 6.25 上升到 7.25，极大地减少了溶解 $CaCO_3$ 的量，这反映在水的硬度大大减小和剩余污泥灰分的增加，设备结垢的现象也因此大为减轻。

工艺水中的 VFA 比以前减少了 73% ~ 80%，环境和产品的臭味完全消失，以上系统运行后，纸的产量增加了 3%，这是因为水的有机物浓度下降引起的黏度降低和腐浆的减少，黏度降低使纸机的脱水速率增加，腐浆的减少大大减少了纸机的断头。与此同时，杀菌剂的用量也减少了 30%。

尽管将好氧剩余污泥作为芯浆使用，但由于水的质量提高，纸张的强度未受到影响，经测定，对于瓦楞纸和纸板最重要的几个指标（平均强度、环压强度和耐破度）均不受影响。

整个生物废水处理系统的总投资是1200万马克。运行成本包括化学药品、材料、沼气利用前的脱硫净化、能源、人工和维修费用，由于沼气的回收利用抵消了部分费用，总的运行费用是每吨产品纸4马克，合每处理1m^3工艺水1马克。

2）芬兰工厂案例

芬兰Myllykoski公司的莱茵造纸厂年产新闻纸28万t。该厂全部用废纸为原料，绝大部分为旧新闻纸，也用一部分旧杂志纸及办公废纸。设有一条日产900t脱墨废纸浆DIP处理系统，其关键设备是两级气浮脱墨装置，去除胶黏污物的效率很高，使处理后的浆料无需漂白。造纸机的网宽8.9m，抄宽8.1m，设计车速2200m/min，生产42.5g/m^2及45g/m^2新闻纸的运行车速在1800m/min左右。

生产过程用水在循环回用后排出的废水先经厂内自设的两级处理系统预处理，达到一定的指标后，再输送到附近一家专业厂进行处理，达标后排放。厂内的废水处理设施包括1台气浮装置，2台流化床曝气生物反应器，曝气池中设有几百万个微生物载体（筒形塑料环），漂浮在水中使微生物与废水的接触面积大大增加，从而提高了处理效率。废水通过此系统4h后，COD降低了一半，然后送至专业厂进一步处理。目前该厂每吨新闻纸的清水用量为10m^3，其长期目标为7m^3。

3）加拿大工厂案例

位于加拿大魁北克省Matane的St. Laurent纸板厂以OCC（废箱纸板）为原料，日产400t瓦楞原纸。该厂采用3个步骤达到废水的“零”排放。第一步的重点是减少新鲜水用量，把冷却水和过程废水分开，这一阶段使新鲜水的取水量每天减少了2600m^3；第二步是用过程水代替新鲜水用于真空泵密封，安装了非接触冷却装置冷却循环用的真空泵密封水；第三步主要是安装一个2000m^3的贮存槽，其贮水能力等于高浓浆池的水、损纸浆池的水和过程水贮存槽的水的总和。工厂的废水先经过初级澄清，沉淀池上层清液送到过程用水贮存槽，下层的沉淀物被泵送去OCC碎浆机。在前两步回用水中的溶解固形物逐渐积累，当新鲜水的补充量为7000m^3/d时，溶解固形物浓度为1400mg/L；当新鲜水的补充量为3500m^3/d时，固形物浓度为2400mg/L，最后当系统全封闭达到“零”排放量，溶解固形物浓度呈指数上升，达到7000mg/L，经过几个月运行后，溶解固形物浓度甚至高达12000mg/L，但仍比同类型的工厂低，这主要是采用了微粒助留助滤系统和膨润土。除了优化湿部化学外，还采用喷网技术，完全消除了胶黏物的积累。“零”排放使纸张产品含有更多的细小纤维和填料，OCC的得率由85%增加到92%，还可节能5%。

4）中国工厂案例一

江苏淮安地区某纸业有限公司以OCC为原料，专业生产再生包装纸——高强瓦楞原纸，年生产能力为15万t。该公司采用《造纸污水短流程封闭循环零排放技术》和《动态双零排放造纸处理方法》相结合的造纸污水处理工艺，采用图6-48所示的废水处理工艺，厂区各类废水汇入集水池，经洗筛分离出纤维，经预沉池分离出一部分污泥后排入废水回用池，达到水全部回用，短纤维回收利用，大大减少了新水的用量，实现了生产废水的“零”

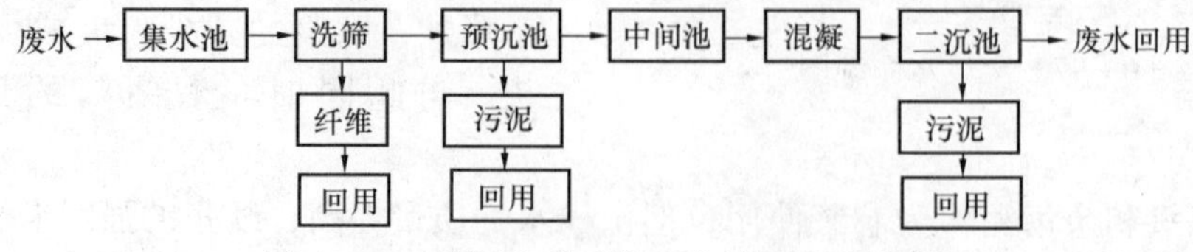

图6-48　某纸业公司的废水处理工艺流程

排放。

沉淀池的污泥打入污泥回用池，采用图6-49所示的污泥回用流程，污泥经改良改性后回用于造纸，实现了生产固体废弃物的“零”排放。

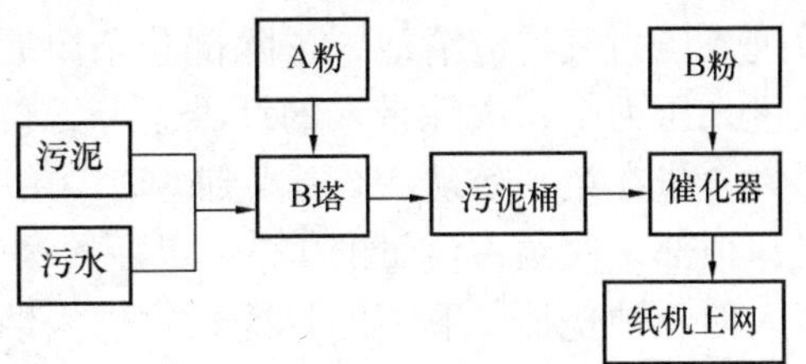

图6-49　某纸业公司的污泥回用流程

通过上述的技术改造，实现封闭循环后，企业工艺水的回用率达99.66%，重复利用率达98%，单位产品的取水量降为4.25m^3/t，每年可增加利税500多万元。

5）中国工厂案例二

江苏江阴地区某纸业有限公司以旧纸板、废纸等为原料，主要产品为瓦楞纸。该公司对企业产生的生产废水采用物化分离、生化处理工艺处理后，100%回用，产生的污泥经添加助剂改良性能后全部回用于生产。

零排放前，按生产1t纸计算，制浆部经斜网过滤后的10.5t废水回用于碎浆，同时纸机长网部和压滤部产生的废水经简单沉淀后25.3t废水回用于碎浆，其余15.5t生产废水排放至综合污水处理厂进行处理，污水处理中产生的污泥经压滤后外运委托处理。零排放后，按生产1t纸计算，制浆部经斜网过滤后的10.5t废水回用于碎浆，同时纸机长网部和压滤部产生的废水经简单沉淀后25.3t废水回用于碎浆，其余15.5t生产废水进入生化池进行深度处理，进一步去除废水中的胶黏物后进集水池再回用到冲网冲毛毯。

该公司采用污泥改良回用技术，将沉淀池和物化池及生化池的污泥（除砂石）抽入处理装置（SKL催化器）与一种淀粉类沉降速率快的物质混合，使污泥在电化学作用下反应成优质浆料，再上网造纸。由此，废水污泥实现了“双零排放”。

实施零排放后，吨纸耗水下降了15.5t，其平均用水量降至1.5m^3，吨废纸原料节约0.11t；纸张强度基本不变，纸的品质（环压）略有上升；原有污水处理设施负荷降低后节省了电耗，可省电30kW·h/t纸，节省蒸汽0.1t/t纸，减排废水77.5万t/a，减排COD891.25t/a，减排氨氮0.992t/a，具有显著的经济效益、环境效益和社会效益。

（2）化机浆案例

对于化机浆企业，“零”排放的实现与废纸造纸有所不同，关键是合适的废水处理技术，目前已成功应用的是机械蒸汽再压缩技术（MVR，mechanical vapor recompression）。

图6-50是加拿大某BCTMP浆厂的MVR“零”排放技术示意。污水经旋翼筛初级筛选

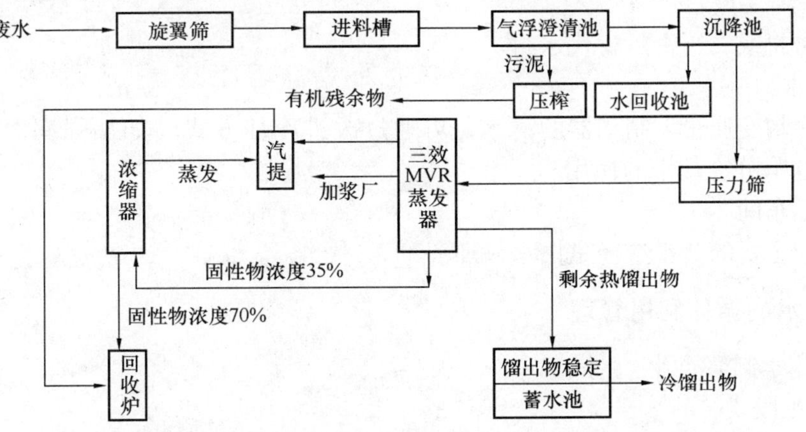

图6-50　机械蒸汽再压缩法的“零”排放技术

后进入压力气浮澄清池，去除部分杂质后进入沉降池，沉降池溢流废水进入水回收池，澄清水进入压力筛，去除带入的纤维组分，再进入三效 MVR 蒸发器。蒸发器属于串联操作，固形物含量在第一效从2%提高到7%，在后两效提高到35%。再压缩蒸汽在蒸发器内分为两股，顶部一股约占流量的1/3，最后冷凝，含有较多的有机组分，经汽提器分离出有机物后送入回收炉烧掉。剩下的热馏出物送入馏出物平衡池冷却，用生物法处理降解留在水中的低分子有机物，之后再进入蓄水池贮存，供浆厂回用。中部的一股占总流量的2/3，仅含有少量有机物，平均 COD 为100mg/L，可不经处理直接以65℃的热水回到浆厂供洗涤用。

底部经浓缩至35%固形物的部分再进入两个浓缩器，使用蒸汽为蒸发提供能量。液体和蒸汽沿管子向下流动，在底部分开，蒸汽继续向前为汽提系统提供能量，液体以70%固形物浓度去回收炉。固形物在回收炉中燃烧后，融化的熔融物通过一个溜槽从底部排出，熔融物含85%～90%的 Na_2CO_3，可再经苛化后回到浆厂。

6.6 造纸行业的水务管理

制浆造纸企业作为用水大户，水务管理是十分重要的。要实现节水，企业必须建立完整的水务管理体系，包括节水管理、水循环回用管理、水质参数检测管理等。

6.6.1 节水管理

（1）制浆车间

1）备料工段

采用干法机械剥皮，采用喷射蒸汽的转鼓剥皮机，采用传送带、链条替换原来的水槽输送，均可收到显著的收水效果。

2）蒸煮和洗涤工段

采用闪急蒸木片预汽蒸，换用新型的喷头、喷嘴，防止生产用水的泄漏。采用现代压力除节器和筛选系统，可避免黑液中有机物、药品的损失，减少洗涤过程的用水量。

3）漂白工段

提高洗浆机出水的排放浓度，改善喷淋水的喷淋效果，对喷淋水实现流量控制，将二氧化氯/氯化段低浓改为高浓，提高洗涤机的真空度，严格控制进入漂白第一段浆料的洁净度，均可减少漂白和洗涤工序的用水量。

4）密封水

用机械密封或气压密封替代水封。

5）冷却水

对用于冷却变速箱、制动器的清水，可通过改进冷却方式（如加强润滑，使用空气冷却）来减少这部分冷却水的使用。

（2）造纸车间

造纸车间主要的节水途径是白水循环。

6.6.2 水的循环利用管理

（1）　化学制浆企业

1）备料工段

草浆湿法备料会排放大量废水，该类废水主要含有悬浮物，经过简单处理后可回用于本系统。

2）碱回收冷凝水的回用

在浆厂设计中，一般将蒸发冷凝水分为两部分：较清洁的冷凝水和来自其余各效的污染物含量更高的混合冷凝水。一般较清洁的冷凝水可考虑用于辅助苛化，污染物含量高的混合冷凝水回用到未漂浆车间，可用于未漂浆料的洗涤、筛选和氧漂后的洗涤，剩余的混合冷凝水可送至苛化工段的热水罐中，用作渣滤器和白泥过滤洗涤、白泥槽和消化器喷淋水、其他各种喷淋和稀释用水。

纸浆厂实行封闭循环的最大障碍是废水中含有AOX，采用氧脱木素与TCF和ECF漂白方法，可减少废水中的AOX含量，且由于TCF漂白废水中无AOX，故可循环使用，使用水量大大减少；如果在漂白之前使用一段开式洗涤，所得滤液可回用到未漂浆车间，可有效提高进入漂白车间浆料的洗涤效率；也可考虑将滤液用于高浓浆料的稀释或是返回到未漂浆筛选工段使用。

国内中小型浆厂在处理多段漂白废水上多有较成功的例子，如将碱性废水送去锅炉车间，作为中和液喷入烟气洗涤塔，起到烟气脱硫的作用；脱硫后的废水还可用于锅炉冲灰渣。

3）筛选浆渣、中段水的回收利用

可将浆渣和中段水回收用于纤维抄造瓦楞纸。洗涤工段废水还可用于备料工段。

4）化学品制备

在二氧化氯制备系统的启动与停运时，循环二氧化氯吸收水。

5）蒸煮和未漂浆系统

蒸煮器喷放产生的蒸汽冷凝液含有有机硫化物、甲醇和其他有机杂质。冷凝液经过汽提处理后，可用于未漂浆料的洗涤，从而减少废水中BOD的含量，降低补充热水的用量。

6）浆板机

可建大容量的白水池，采用白水替代浆板机部分新鲜水、整个浆板机生产线所有的浓度控制和浆料的稀释、成形网部回转辊的喷淋洗涤和湿损纸的清除、湿损纸冲洗清洗、筛选系统的冲洗。

把所有来自水力和润滑单元、冷却系统的冷却水及泵的密封水收集起来，经过热交换及进一步处理，用于毛毯等高压喷淋洗涤，剩余水回到漂白车间，直接代替新鲜水使用。

（2）机械浆企业

1）压滤水和过滤水的回用

将木片脱水器的压滤水用于木片洗涤机；将PSF压榨水回用于片式洗涤机、上游浸渍器、PSF清洗喷淋管；将段间洗涤过滤水用于洗涤机进料的稀释。

2）清白水的回用

清白水的浓度通常在0.01%～0.03%，其典型用途有：浆料洗涤过滤机的浆料稀释和喷淋水；盘磨机的浆料稀释用水；筛选、净化后浆料的稀释；用于纤维回收及浆料稀释；经处理后用于化学品的配制。

只要有多余的清白水，就可用于喷淋管，但在很多场合，要求先将白水过滤处理。对于废纸浆和抄纸系统的循环水系统，主要是白水回收。

3）浊白水的回用

浊白水的浓度通常为0.04%～0.08%，通常可用于浆料稀释以及冲浆前浆料筛选、净化水的稀释。

6.6.3 水质控制管理

水质控制是造纸企业水务管理中能否将水有效回用，能否实现“零”排放的关键手段，只有通过有效的水质控制，掌控生产给排水水质，按照各工段的水质要求将各工段水进行调节使用，才能保证水的回用。

生产不同的纸种，需要的水质不同，因此对给水和生产过程用水的相应水质参数需要达到一定的要求，才能不破坏湿部化学和产品质量。但在实际生产中，由于众多不同的水质参数往往可通过某几个水质参数表征出来，因此造纸企业对水质参数的要求有所侧重。研究表明，在造纸企业中，只需界定电导率、阳离子需求量、COD 和 UV 吸收值等几个关键的水质参数，即可控制全厂给排水、过程水循环中的水质。

参考文献

[1] 陈远生，苏人琼. 我国造纸工业发展的水资源问题[J]. 中国造纸，2005，24(3)：54~57.
[2] 刘秉钺. 造纸工业的排水、取水和节水[J]. 中华纸业，2006，27(9)：80~85.
[3] 颜凡尘，李浩. 制浆造纸行业的节水潜力与对策措施[J]. 吉林水利，2006，6：27~31.
[4] 周喜燕，谢益民. 制浆造纸过程节水技术[J]. 华东纸业，2010，41(3)；57~61.
[5] 张运展. 现代废纸制浆技术问答[M]. 北京：化学工业出版社，2009.
[6] 张瑞霞，陈夫山，胡惠仁，等. 国内外制浆造纸废水处理研究进展以及制浆造纸工业节水技术[J]. 上海造纸，2007，38(3)：56~63.
[7] 钱学仁，安显慧. 纸浆绿色漂白技术[M]. 北京：化学工业出版社，2008.
[8] 曹邦威. 制浆造纸工业的环境治理[M]. 北京：中国轻工业出版社，2008.
[9] 廖传华，褚旅云，方向，等. 超临界水氧化法在造纸黑液治理中的应用[J]. 中国造纸，2008，27(9)：51~55.
[10] 廖传华，李永生，朱跃钊. 制浆黑液超临界水氧化过程的动力学研究[J]. 中华纸业，2010，31(5)：63~66.
[11] 廖传华，李永生，朱跃钊. 造纸黑液超临界水氧化过程的能流分析与经济评价[J]. 中国造纸学报，2010，25(3)：58~63.
[12] 吴福骞. 谈造纸工业循环经济七——节约用水[J]. 中华纸业，2006，27(1)：17~21.
[13] 徐明，曹春昱. 造纸过程中水的循环回用[J]. 黑龙江造纸，2008，(1)：35~37.
[14] 何北海，胡功，赵丽红. 造纸过程的胶体与界面化学[M]. 北京：化学工业出版社，2009.
[15] 徐雁金，傅柳松，邱理均. 造纸工业节水技术[J]. 环境污染治理技术与设备，2007，5(7)：52~55.
[16] 潘桂华，陈金山，文飚. 造纸企业的节水管理与技术[J]. 纸和造纸，2009，28(10)：39~41.
[17] 张挥. 造纸车间的节约用水与合理用水[J]. 纸和造纸，2004(S0)：54~55.
[18] 危志斌，张瑞杰. 降低大型纸机清水水耗的措施[J]. 纸和造纸，2010，29(6)：47~49.
[19] 杜永，周伟. 造纸企业生产用水的回收与利用[J]. 中华纸业，1009，30(14)：80~82.
[20] 邝仕均. 造纸工业节水及纸厂废水“零”排放[J]. 中国造纸，2007，26(8)：45~51.
[21] 瞿森然，万继伟. 再生纸的清洁生产技术[J]. 现代农业科技，2008，10：235~236.
[22] 汪苹，宋云. 造纸工业节能减排技术指南[M]. 北京：化学工业出版社，2010.
[23] 王金泉，王艳，马邕文. 造纸工业安全生产[M]. 北京：中国轻工业出版社，2010.

第7章　钢铁行业的节水技术集成

我国钢铁工业的高速发展，有力支撑了我国城市化建设和工业化进程，成绩卓著。我国已成为世界瞩目的钢铁大国，粗钢产量稳居世界首位，但钢铁行业是污染重、能耗大的行业，尤其是国内钢铁行业受经济因素的限制，技术基础、装备水平、生产管理水平较低，选用的生产工艺水平较低，使其生产过程中产生的污染和物耗能耗水平与国际先进水平相比差距明显，面临技术升级和结构调整的压力。

单纯的污染治理不仅成本高、效益差、受经济条件的制约，而且污染问题难以根本解决。因此采用污染小、能耗低的清洁生产工艺已经成为钢铁行业生存和发展的必由之路。推行清洁生产及循环经济既是实现对生产全过程控制，使生产过程中资源和能源得到最大限度的利用，产生的废物量最小，对环境的危害也最小，也要求产品从原料开始到成品的最终消化，在发挥其本身价值的同时对环境无害。因此开展清洁生产及循环经济是实现可持续发展战略的需要，是控制环境污染的有效手段，可大大减轻末端治理的负担，是提高企业市场竞争力的最佳途径。

7.1　钢铁行业的生产流程和用水现状

钢铁工业是基础产业，对国民经济的发展有着举足轻重的作用。近十几年来，由于技术进步与结构调整，我国钢铁工业处于高速发展阶段，钢产量在1996年突破1亿t后，连续十多年居世界第一，年钢产量的增幅在18%左右。

7.1.1　钢铁行业的生产流程

钢铁工业的生产工艺相当复杂。目前，有两种工艺路线支配全球钢铁工业，这两路工艺路线是“联合”法和电弧炉（EAF）法。前者常称为“长流程”，后者有时是指“短流程”，但两者之间的主要差异是它们所使用的含铁原料的种类不同。“联合”钢铁厂（或称为联合钢铁企业）主要使用铁矿石以及少量废钢，其生产工艺流程如图7－1所示，而电弧炉钢厂（或称电炉炼钢厂）则主要使用废钢，或越来越多地使用其他来源的金属铁，如直接还原铁（DRI），其生产工艺流程如图7－2所示。

联合钢铁企业首先必须炼铁，随后将铁炼成钢。钢铁生产的第一阶段是在高炉中用还原性气体把铁矿石还原成生铁或是在低于熔化温度之下将铁矿石还原成海绵铁（也称直接还原铁）。粗钢的炼制过程主要是以高炉炼成的生铁和直接还原炼铁法炼成的海绵铁以及废钢为原料，用不同的方法炼钢。生铁在平炉或转炉中以铁水用于炼制粗钢，在平炉和转炉中铁水的最适比例分别为70%～90%和30%～60%，其他成分有废钢、石灰石和氧气。转炉炼钢的能源消耗较少，因为这种炼钢法使用的氧化剂是氧气。把空气鼓入熔融的生铁里，使硅、锰等杂质氧化。在氧化的过程中放出大量的热量（含1%的硅可使生铁的温度升高200℃），可使炉内达到足够高的温度而不需要另外使用燃料。而平炉炼钢是以煤气或重油为燃料，在燃烧火焰直接加热的状态下，将生铁和废钢等原料熔化并炼成钢液。这种炼钢方

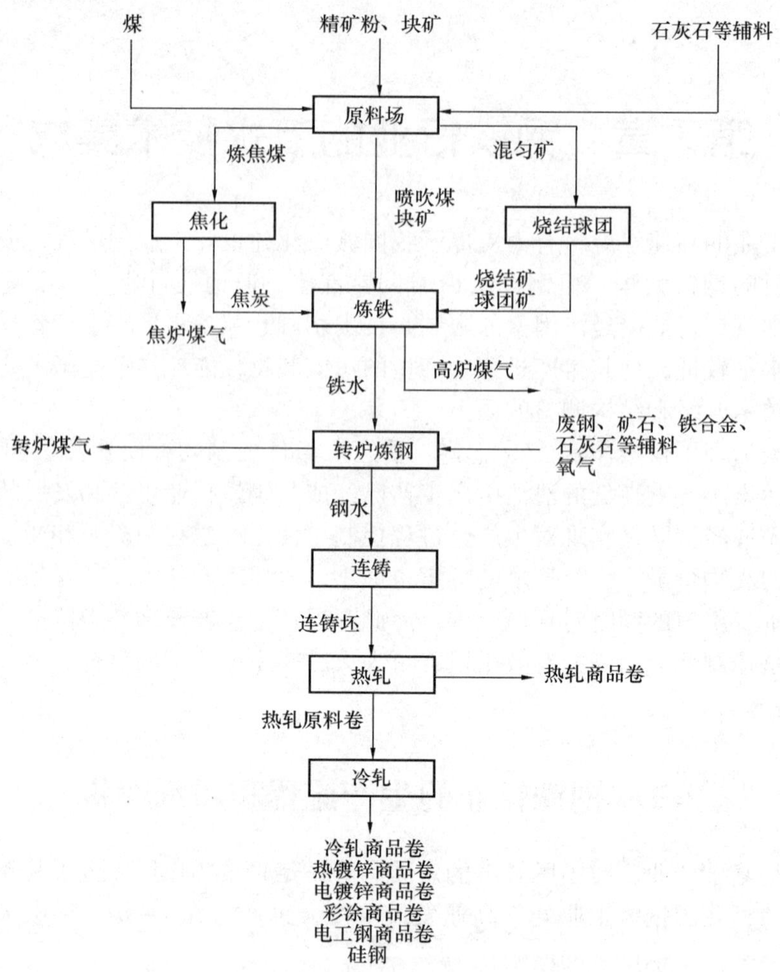

图 7－1　现代大型联合钢铁企业的主要生产工艺流程

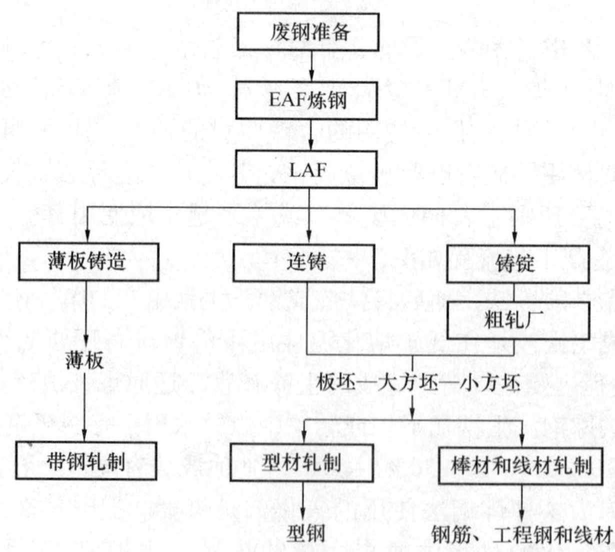

图 7－2　电弧炉钢厂生产工艺流程

法需要从外部供给热量，这是由于平炉炉体庞大，冶炼时间长，炉墙散热损失和高温废气带走的热量大，除钢铁原料中各元素氧化产生热量外，必须从外部供给燃料和使用预热空气燃烧燃料，才能保证炼钢时需要的热量。用平炉或转炉炼制得到的粗钢，使其在电炉中进行精炼，该过程是使钢液在真空、惰性气体或还原性气氛的容器中进行脱气、脱氧、脱硫，去除夹杂物和进行成分微调，从而得到纯度良好的粗钢。

得到粗钢后，将熔化的金属倒入永久的或可以重复使用的铸模中，待钢水凝固之后，这些钢锭用轧机进行压力加工，获得需要的形状规格和性能。如果采用连铸工艺，由于简化了炼钢铸锭及轧钢开坯加工工序，可以节约能源并减少材料的损失。然后再以板坯为原料，经加热后由粗轧及精轧机组制成带钢。最后通过酸洗、冷轧、退火和回火等过程，得到更薄的板材和线材。

与联合钢铁企业所采用的复杂炼铁工艺相比，电弧炉法炼钢厂的生产工艺相对比较简单，在电弧炉内熔炼回收的废钢铁，并通过在功率较小的钢包炉（LAF）中添加合金元素调节金属的化学成分。用于熔炼的能源主要是电力，但目前的趋势是以直接喷入电弧炉的氧气、煤和其他矿物燃料来代替或补充电能。

联合钢铁企业的占地面通常都较大，其生产能力一般为300万t/a以上。电弧炉钢铁企业的占地面积相对较小。

7.1.2　钢铁行业的用水现状与节水潜力

在工业领域中，钢铁工业是用水大户，约居第五位。我国是水资源短缺的国家，水资源短缺已成为我国部分地区钢铁企业生存和发展的制约因素。

钢铁工业生产过程中水的作用主要有：设备和产品的冷却，热力供蒸汽，除尘洗涤和工艺用水（如轧钢除鳞等）。冶金长流程生产工艺过程，每生产1t钢材，约要用水160m^3。目前，国外钢铁企业吨钢耗新水的先进值是：日本鹿岛为2.1m^3/t，阿萨洛为2.4m^3/t，德国蒂森克虏伯为2.6m^3/t。我国钢铁企业在节水方面取得了显著的成绩，全国重点钢铁企业的水重复利用率达96%，部分企业的吨钢新水用量指标已经达到了国际先进水平，如：国丰2.55m^3/t，日照2.66m^3/t，天钢3.26m^3/t，莱钢3.20m^3/t，津西3.25m^3/t，石钢3.32m^3/t，济钢3.36m^3/t，青钢3.40m^3/t，首钢3.63m^3/t，承钢3.70m^3/t等。与此同时，大型高炉采用先进工艺技术装备也取得显著的节水效益，如2007年四季度攀钢2000m^3高炉耗新水为0.12m^3/t，首钢2560m^3高炉为0.276m^3/t，太钢4350m^3/t高炉为0.35m^3/t，宝钢4706m^3高炉为0.56m^3/t，天钢3200m^3高炉为0.49m^3/t，邯钢2000m^3高炉为0.58m^3/t，马钢4000m^3高炉为0.63m^3/t，鞍钢7号3200m^3高炉为0.65m^3/t等。

虽然我国钢铁行业中的大中型企业的用水水平已达到了一个新的高度，但从吨钢取水量和重复利用率这两个指标进行分析，无论从国内企业之间比较，还是与国外企业之间比较，均存在着较大的差距。根据近年来的钢铁企业用水指标分析，年产钢量大于500万t的企业，吨钢取水量最低值为5.31m^3，上下值相差约6倍多；年钢产量400万~500万t的企业，吨钢取水量最低值为10.07m^3，上下值相差2.5倍；年钢产量200万~400万t的企业，吨钢取水量取低值为4.54m^3，上下值相差6.2倍；年钢产量100万~200万t的企业，吨钢取水量最低值为4.68m^3，上下值相差7.2倍；年钢产量小于100万t的企业，吨钢取水量最低值为4.29m^3，上下值相差达11倍之多。吨钢取水量接近高限的企业基本上位于丰水地区，各企业的水重复利用率最低为65%，在缺水地区的企业基本上均大于90%，这说明我国钢铁工业节水潜力还有较大空间，同时加强节水意识教育与节水统一管理是非常重要的。

对于老企业占相当比重的我国钢铁行业而言，其用水存在如下主要问题：

(1) 直流供水系统仍存在，循环系统不完善

由于我国钢铁企业老企业所占的比例较大，而老企业的直流系统居多，改造任务重。特别是在水资源相对丰富地区的企业，仍使用原有的简单处理设施，使含有污染物的生产废水经过处理与其他废水汇流后达标排放，不仅造成水资源的浪费，而且对环境造成污染。此外，许多企业的循环水系统和设施由于建成很早，存在不完善和老化的问题，造成水循环利用率低，处理水质差，漏水严重等。

(2) 循环水系统浓缩倍数低，补水量大，排水量大

我国钢铁企业水处理运行的浓缩倍数偏低（大多数低于2.0），像宝钢这样用水先进的企业也仅仅达到2.5左右。浓缩倍数是衡量节水的一个重要技术经济指标，浓缩倍数越高，所需补充的水量就越少，外排废水量也会越少，净环水中的药剂流失也会减少，节水效果也越好，因此在已颁布的《中国节水技术大纲》中提出："在敞开式循环冷却系统中，推广浓缩倍数大于4.0的水处理运行技术，2006年淘汰浓缩倍数小于3.0的水处理运行技术"，因而钢铁企业提高循环水的浓缩倍数势在必行。

(3) 生产工艺用水量大

生产工艺用水量大，循环水量就大，从而造成补水量大，这是企业存在的共性问题。如高炉冲渣水，目前多采用水冲渣法，1t渣约需10m^3水；绝大多数大中型高炉煤气湿法净化、转炉烟气湿法除尘、连铸传统的水冷等都要消耗并污染大量的水资源。

(4) 供排水管网老化，跑冒滴漏现象严重

我国大部分钢铁企业的供排水管网都已经有几十年的历史，年久失修，老化严重，跑冒滴漏现象日益严重。

(5) 没有充分与周边社会结合起来

在钢铁企业中有许多工序对水质的要求并不高，如烧结、冲渣、煤气洗涤、转炉烟气除尘等等。如果能充分利用社会上的中水，不仅可以满足自身生产的需求，回用大量处理后的水资源，降低企业的生产成本，还能够为社会做贡献，为企业赢得社会效益。

(6) 缺乏科学的管理

目前我国绝大部分钢铁企业用水量的计量和水质监测不完善，一般一级计量基本可以达到100%，而二、三级计量严重不足。丰水地区的冶金企业节水意识较差，企业仅仅考虑自身的经济效益，而忽视了社会效益和本身的节水义务。缺乏健全的节水管理机构，无法从整体上协调用水、节水，不能及时纠正企业内部常见的浪费水资源的做法。

7.1.3 钢铁工业废水的处理原则与方法

钢铁工业的废水主要来源于生产工艺过程用水、设备与产品冷却水，设备与场地清洗水等，其中70%以上的废水来源于冷却水，生产工艺过程排出的只占较小的一部分。废水含有随水流失的生产用原料、中间产物和产品以及生产过程中产生的污染物。

因生产工艺和生产方式的不同，钢铁工业排放废水的水质差异较大。即使采用同一种工艺，水质也会有很大的变化，如氧气顶吹转炉除尘废水，在同一炉钢不同吹炼期，废水的pH值可在4~14之间，悬浮物可在250~2500mg/L之间变化。间接冷却水在使用过程中仅

受热污染，经冷却常可回用。直接冷却水因与产品物料等直接接触，含有同原料、燃料、产品等成分有关的多种物质。钢铁工业废水造成的污染主要有无机悬浮物、重金属、油与油脂、酸性废水、有机需氧污染物。这些物质的危害性与致癌性非常严重，必须妥善处理才可外排。

目前，钢铁工业的多数废水经适当处理后都可回用，常用的处理方法有物理法、化学法、物理化学法和生物法。但要大幅提高企业的重复用水率仍不是件易事，需要解决一系列比较复杂的技术问题与管理问题。为从根据上解决钢铁生产过程对水环境的污染与破坏，必须采用循环用水技术，将生产过程中排出的废水及其污染物作为有用资源加以回收利用，并实行高度循环或闭路循环，包括水和污染物的循环，减少外排水量。

7.1.4　钢铁工业节水的基本原则

我国钢铁工业的用水量大，用水循环率低，废水资源回用效果较差，因此必须从节约用水与废水资源回用技术上进行技术集成。废水资源回用技术是实现节水的重要技术手段，而节约用水又为废水的资源回用提供了有效保证。

（1）因地制宜制定合理用水标准

我国钢铁企业在区域上的布局与水资源分布很不协调，华东、华南等丰水地区的钢产量约占全国钢总产量的40%，但新水用量约占总用水量的50%以上；华北、东北、西南和西北四个地区的钢产量约占总量的50%以上，而新水用量仅占总用量的40%。这种南方用水高于北方用水的形成原因，就是因为吨钢用水量大的企业在丰水地区居多，到目前为止，仍有不少企业还用直供直排系统，因此需合理控制。

（2）完善循环供水设施，消除直流或半直流供水系统，提高用水循环率

循环系统设施不完善、不配套是钢铁企业供、排水系统的通病；直供和半直供系统是丰水地区钢铁企业的弊病，是造成企业用水量大、补充水量多的直接原因。这些供水系统如不改造和完善，很难提高全行业的用水循环率，节水规划就难以实现。

（3）提高用水质量，强化串级用水与一水多用

现代化的钢铁工业对水质的要求越来越严，实现多系统串接排污，最终实现无水排放的供排水系统，是实现高水循环倍率的有力措施。

（4）寻求新水源，缓解水危机

钢铁企业是用水大户，水资源已成为制约钢铁企业发展的瓶颈，仅靠节水难以保证钢铁企业的发展用水，必须从调整和改善钢铁工业布局和寻求新的水源上找出路。

（5）加强节水技术与工艺设备的研发

应根据生产发展与节水规划等的规定和要求，制定钢铁行业的节水目标，按钢铁企业生产规模确定用水指标与用水指导计划。对节水型先进技术、工艺与设备，应加强开发、完善、配套与研究，如干熄焦技术、干式除尘技术、焦化废水处理与回用技术、含油（泥）废水回用技术、高效空气冷却器、节水型冷却塔、串级供水技术、环保型水稳药剂与自动监控等。

调研表明，钢铁生产过程中，工序的吨钢耗水量顺序为：炼铁 > 炼钢 > 轧钢 > 焦化 > 烧结，工序排放 COD 量顺序为：焦化 > 炼铁 > 轧钢 > 炼钢 > 烧结。因此，对炼钢生产过程中的各工序的用水节点与排污状况进行分析，在此基础上确定节水技术和废水处理技术的合理采用，提高企业的水重复利用率，解决钢铁工业水资源短缺具有重要意义。

7.2 烧结工序的节水技术集成

7.2.1 烧结工序的工艺流程

烧结工艺流程从燃料、熔剂、混匀料的接收开始至成品烧结矿出厂为止，包括燃料粗破、细破、熔剂破碎、筛分、配料、混合与制粒、烧结、冷却、整粒、筛分及成品烧结矿取样检验等。其生产过程的工艺流程如图7-3所示。含铁原料与辅助料熔剂、燃料经配料、混合后，由皮带机送往烧结机。烧结机布料采用厚料层（可厚达600mm）。烧结机上的混合料经点火后，在烧结抽风机负压作用下进行抽风烧结。烧成的烧结矿经冷却、破碎、筛分，合格的成品烧结矿送炼铁作为原料，筛下的烧结矿返回烧结机作为烧结原料使用。

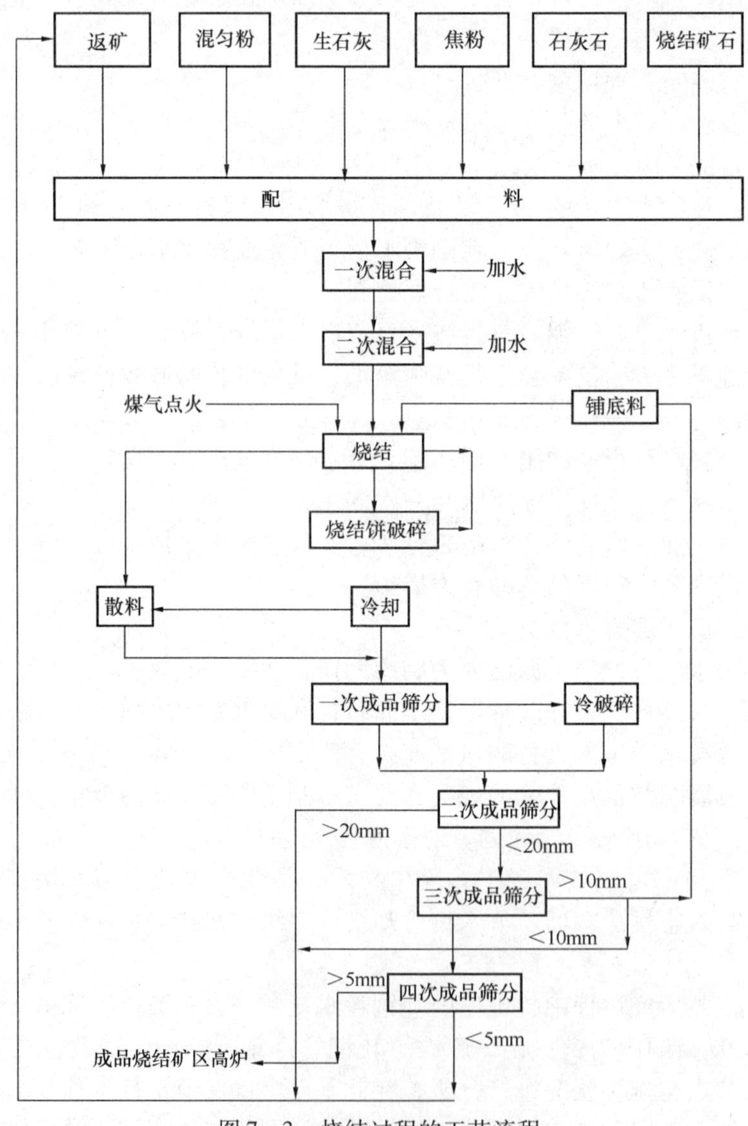

图7-3　烧结过程的工艺流程

7.2.2　用水节点及水质水量分析

由图7-3所示的工艺流程可知，烧结过程的用水节点很多，用水量也很大。一般来说，根据水在烧结生产过程中的用途不同，烧结用水可分为工艺用水、工艺设备冷却用水、余热回收装置用水、湿式除尘用水、清扫用水和生活用水。

（1）工艺用水

烧结工艺用水主要用于混合工艺。当以细磨精矿为主要原料时，采用二次混合工艺（简称二次混合）；当以富矿粉为主要原料时，可采用一次混合工艺（简称一次混合），目前大多数采用二次混合工艺。一次混合加水主要是润湿混合料，二次混合加水是为了造球。

（2）工艺设备冷却用水

工艺设备冷却用水包括烧结机冷却用水、抽风机室设备冷却用水、烧结矿冷却设备用水、烧结矿破碎设备冷却用水和烧结机机尾监控设备冷却用水。

1）烧结机冷却用水

烧结机的主要冷却用水点为点火器、水冷隔热板、弹性滑道、箱式水幕等，而目前新式烧结机只有水冷隔热板冷却用水。

水冷隔热板：为保持经布料器分布在烧结机上的混合料的温度和湿度，防止水分蒸发，在点火器和布料器之间设水冷隔热板。水冷隔热板为一空心钢板，中间充满水，通过水的流动将点火器散发的热量带走。

2）抽风机室设备冷却用水

抽风机室冷却用水点为电动机空气冷却器和抽风机油冷却器。

电动机空气冷却器为密闭自循环空气冷却器。为保证循环空气能及时地将电动机散发的热量带走，需要向空气冷却器中送入水以冷却空气。电动机空气冷却器对不间断给水要求严格，为防止停水烧坏电动机需设置停水警报信号和电动机温控信号，一旦断水或电动机温度高于50℃时，立即发出报警信号，并自动跳闸，停止运转。

抽风机的轴承润滑采用稀油并设稀油循环系统，稀油在使用过程中被升温，为此需用水对稀油进行冷却。冷却水在冷却器中的群管内流过，而油在群管外与水逆流进行热交换，使油中的热量被水带走。供给用户的油温，应在43～47℃之间，出口油温不应超过55℃。

3）烧结矿冷却设备用水

由烧结机卸出的烧结矿温度高达750℃左右，应及时冷却，需设置热矿筛及冷却设备，将烧结矿冷却至100℃左右，以确保输送皮带的正常运行。冷却设备一般采用环式冷却机或带式冷却机进行机械通风冷却。

环式或带式冷却机设备冷却用水点为风机和稀油站润滑冷却用水。

4）烧结矿破碎设备冷却用水

单辊破碎机是热烧结矿的破碎设备。由于烧结矿温度较高，为减少高温影响，破碎机的主轴轴芯需通水冷却。

5）烧结机机尾监控摄像机冷却用水

在烧结机的机尾一般设有监控烧结矿的摄像机，该摄像机需要冷却用水。

（3）余热回收装置用水

余热回收装置是用于烧结工序中进行余热回收利用的设备，该设备需以水为媒介，回收烧结工序的热量。

（4）湿式除尘用水

湿式除尘设备是用水作为净化介质，在设备内利用水滴、水膜或水面捕获或吸收气体中的粉尘，使空气得到净化，排出泥浆状的含尘废水。

1）水膜除尘器

CLS 水膜除尘器：除尘器中设有喷嘴，利用喷嘴喷水，在除尘器内壁形成水膜，空气中尘粒因离心力作用在内壁被水膜吸附，使空气净化。

2）泡沫除尘器

泡沫除尘器的上部设有带孔筛板，含尘气体穿过筛板上的水层形成沸腾状的泡沫层，使气、水的接触面积扩大，筛板上的水层靠设在筛板上带孔的环管向下喷水来形成，空气中的尘粒被水吸收后使空气净化。

3）卧式旋风水膜除尘器

卧式旋风水膜除尘器按脱水方式分檐板脱水和旋风脱水两种。除尘器外壳内壁形成水膜是除尘器获得较好除尘效率的关键。空气中的尘粒在离心力作用下被水膜吸收后，使空气得到净化。

（5）冲洗、清扫地坪用水

1）冲洗、清扫地坪

水力冲洗地坪（或平台）的目的是防止二次扬尘，减轻工人体力劳动，改善劳动条件，但由此而产生废水。为了减少生产废水，建议尽可能减少或取消水力冲洗地坪。

洒水清扫地坪（或平台）也是为防止二次扬尘，改善劳动条件，但是人工洒水清扫工人劳动强度大，优点是不产生废水。

车间地坪、平台均用水力冲洗，产生大量的废水，给废水收集输送和处理带来困难。若全部采取洒水清扫，对局部灰尘较多的场所又达不到理想的效果。因此，目前一般在配料、混合和烧结等车间采用水力冲洗地坪；而在转运站、筛分等其他车间采用洒水清扫地坪。

2）泵坑冲洗用水

泵坑中设置冲洗管，目的是冲搅矿泥、稀释瞬时浓度过高的矿浆和清洗设备及管道等。冲洗管径 *DN*40mm，水压大于等于 0.2MPa，水质无特别要求，为提高冲搅效果，给水管道的出水口布置在泵坑底部，并应做成鸭嘴形扁管。

（6）生活用水

生活用水包括职工浴室内用水和办公楼用水。

以南京地区某钢铁联合企业烧结厂年生产烧结矿 225 万 t 的 180m^2 烧结机为例，其水平衡如图 7－4 所示，工业水的用量分布为：单辊冷却用水量为 1045t/d，主抽风机的冷却用水量为 1642t/d，环境除尘风机的冷却用水量为 68t/d，一混减速机的冷却用水量为 83t/d，二混减速机的冷却用水量为 171t/d，清洗机械过滤器所需的水量为 63t/d，消化生石灰所需的水量为 96t/d，一次混合添加所需的水量为 240t/d，二次混合添加所需的水量为 120t/d，除尘灰加湿所需的水量为 144t/d，清洗煤气管路排水器所需的水量为 24t/d，清扫地坪所需的水量为 90t/d；余热装置所需的水量为 249t/d，其中由余热装置蒸发的水量为 240t/d，余热装置排污水量为 9t/d。生活用水点的用水量分布为：职工浴室内的用水量为 150t/d，办公楼的用水量为 10t/d。

在上述用水节点中，由于水的用途不同，其对水质的要求也各不相同。

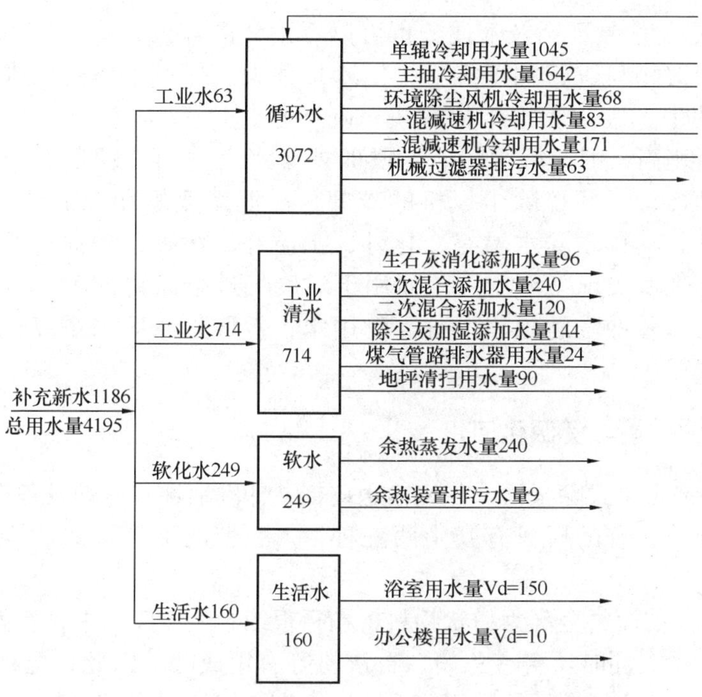

图 7－4　某钢铁企业烧结过程的水平衡图（单位：t/d）

（1）工艺用水

混合工艺加水要求水量均匀，水应直接喷洒在料面上，加水水压要求稳定且不易过高。加水水温无特殊要求，但为提高温度，缩短点火时间，水温以偏高为佳，可直接利用烧结机隔热板冷却用水，其水温以 50～80℃为宜。加水水质要求水中杂质颗粒粒径不大于 1mm，以防堵塞喷嘴孔；水中悬浮物含量要求不能对原矿成分产生影响。一次混合可加部分矿浆废水，二次混合可采用设备冷却水，即工艺设备一般冷却水的排水串级使用。

（2）工艺设备低温冷却用水

工艺设备低温冷却用水，包括电动机、抽风机、热返矿圆盘等冷却器及热振筛油冷却器和环冷机冷却用水等。要求供水水质较高，悬浮物不大于 25mg/L，水温不大于 25℃。这类水使用后其水质无大变化，但温度升高，可经冷却后循环回用或供用户串级使用。

（3）工艺设备一般冷却用水

工艺设备一般冷却用水包括点火器、隔热板、箱式水幕、固定筛横梁冷却、单辊破碎机、震动冷却机用水等，通常要求供水水质悬浮物不大于 50mg/L，水温不大于 40℃，因此从水质要求看完全可以串级使用上述低温冷却用水的排水。

（4）余热回收装置用水

对用于余热回收的余热装置而言，为了防止余热装置内结垢，对所用水的水质要求较高，需要用软化水。

（5）各类湿式除尘设备用水

各类湿式除尘设备用水、胶带机冲洗水与冲洗地坪用水，这类用水水质要求不高，且用过之后，悬浮物含量明显增高，需经净化处理后循环。

（6）生活用水

用于职工浴室和办公楼的生活用水需用经处理后的地表水。

由图7-4所示的水量平衡及上述分析可以看出，混合机和造球机内物料加湿搅拌过程的用水主要用于对物料进行加湿搅拌，用水量很大，但对水质的要求不高，一般应优先采用经处理后的生产废水。用于抽风机、环冷机、热筛等设备冷却所需的水量很大，对水质的要求相对稍高，因此可对其他工段的外排水经适当处理后实现循环利用。特别是单辊冷却、主抽冷却、环境除尘风机的冷却、一混减速机和二混减速机的冷却用水，由于采用间接冷却，其排水除水温有变化外，水质并未污染，常称为净用水系统，因此可对其进行降温处理后实现循环利用。而用于对废气进行净化的湿式空气净化器或烟气除尘旋风洗涤器，以及冲洗地板、设备等的用水，常称为浊用水系统，可根据具体情况进行适当处理后回用。

7.2.3　废水的排放与资源化回用

烧结废水主要来自湿式除尘器、冲洗输送皮带、冲洗地坪和冷却设备产生的废水。有的烧结厂上述四种兼有，有的厂只有其中两三种，一般情况下有湿式除尘、冲洗地坪两种废水。

烧结系统所采用的原料全部为粉状物料，粒径很细，生产废水中含有大量的粉尘，粉尘含铁量约为40%以上，同时还含有焦粉、石灰粉等有用成分，因此，烧结系统设备废水处理设施应从废水资源与原料资源的回用着手，以产生良好的环境、经济与社会效益。

(1) 废水回用的技术途径与措施

烧结废水的处理原则是既循环使用处理后的水，又回收废水中的固体矿泥，因此应根据废水来源及用水要求选择合理的废水处理工艺，通过工艺和设备的改革，消除污染源；采用先进的处理技术，减少外排废水量；提高水的循环利用率与串级使用率，减少废水量。

1）改革工艺设备，消除和减少污染源

① 取消热振筛设备，改善工作环境。设置热振筛设备，其目的一是给混合配料增加热返矿，以提高混合料的温度，借以提高烧结机的利用系数；二是减轻环冷风机的热负荷，提高冷却效果。但由于热返矿进入混合机时产生蒸汽，并带出很多粉尘，使混合机周围的环境和工作的操作条件恶化，同时需采用湿式除尘器以除去这种含尘的“白气”，而湿式除尘器的排水又带来废水处理的问题。实际上，仅靠加入热返矿以达到提高烧结机利用系数的目的是远远不够的，因此有些钢铁企业的烧结厂在工艺设计中取消了热振筛设备。这一工艺改革措施既改善了混合机周围的环境和工作的操作条件，也消除了该处由于采用湿式除尘而带来的废水处理问题，消除了污染源。

② 改进设备消除污染源。湿式除尘易产生废水问题，有时由于废水处理效果不佳，往往造成对环境的二次污染。如采用干式除尘设施，就可避免湿式除尘器的废水处理问题。

③ 无冲洗地坪排水，减少污染源。烧结厂的废水主要来源于湿式除尘和地坪冲洗。如果采用洒水清扫，则不会排出废水，减少了废水源。

2）采用先进处理技术，减少外排废水量

烧结系统的设备冷却用水量较大，在循环使用过程中，由于蒸发损失（一般为循环水量的1.5%），使循环水中的盐分不断浓缩；在空气和水进行热交换时，空气中的氧不断溶于水中，水中的二氧化碳不断逸散到大气中，而使水中的溶解氧常处于饱和状态及水中成垢盐类的平衡反应向结晶析出的方向移动。此外，循环水系统的环境极适于微生物和藻类的繁生，这些因素使得循环水系统存在结垢、腐蚀和泥垢三大问题。虽然采用直流系统或通过大量排污和补充新水可平衡水中的盐分，但一方面浪费了用水，另一方面由于大量排污，对环境也有一定的热污染，而且不能从根本上解决腐蚀与结垢问题。采用水质稳定剂处理，既提高了水的循环利用率，减少了排污，同时也减少了对环境的影响。

为减少废水的排放量，冷却用水的排水可经过冷却处理后循环使用，用于工艺设备低温冷却用水。除尘、冲地坪废水在进行相应的净化处理（增加二次浓缩或沉淀处理，投加适量的絮凝剂以及必要的过滤净化，可使其达到烧结厂的工艺设备冷却用水和除尘器用水的水质要求），可提高循环用水率，直至近于"零"排放。也可在适当处理的基础上，与烧结厂外的其他用水户进行厂际的水量平衡。

在烧结厂生产工艺过程中，由于物料添加水与污泥带水等损耗，必需一定的新水补充循环水系统，以维持循环水质稳定。

3）合理串接循环水，基本实现"零"排放

根据烧结厂的用水特点，为了减少外排水量，应尽量提高水的串级使用率，即增加串级用水量。进入烧结厂的新水首先应满足工艺设备低温冷却用水量，其排水可作为工艺设备的一般冷却用水，而工艺设备一般冷却水的排水可作为物料添加用水（包括喷洒用水），从而尽可能地减少外排水量。

综上所述，烧结系统为了防止水污染，除应强化水处理措施外，更应从烧结工艺的总体设计上采用对环境保护有利而又不影响生产效率和产品质量的工艺过程与设备，尽量减少以至消除各生产过程中排出的废水。因此，烧结废水的资源回用必须遵循两项原则，即废水的处理后循环利用与固体废物（矿泥）的回收利用。

（2）废水的资源化回用技术

烧结系统废水处理的重点在于节水与提高废水的重复利用率。系统浊循环废水是指来自湿式除尘器排水、胶带机冲洗水和清洗地坪时的排水等，该废水经沉淀后的污泥含铁品位较高，但粒径很细，且含石灰粉较高，黏度较大，脱水比较困难，因此，其处理目标是去除悬浮物，技术难度主要在于污泥脱水环节。只要能解决这一环节，就能圆满实现烧结废水的回用和污泥的综合利用，取得显著的经济效益。

1）浓缩池－浓泥斗处理与回用工艺

是目前中小型烧结厂较常用的工艺，其工艺流程如图7－5所示。该工艺是将废水集中后由浓缩池处理以保证浊环水的水质，用浓泥斗（或双浓泥斗）来提高矿泥的浓度，然后将矿泥排到返矿皮带上进行回收。经浓缩池浓缩后的污泥送到浓泥斗内进行沉淀。当浓泥斗中泥面上升到一定高度时，便停止进料，并将泥面上的澄清水放空，然后进行排泥。为排泥方便，常将泥斗架空，以便将矿泥即时排到返矿皮带。经浓泥斗浓缩的污泥一般以静置沉淀3～6d为宜。如果时间过长，会使污泥压实，造成排泥困难；时间过短，污泥沉淀效果不佳。排泥时采用螺旋推泥机将污泥排放到返矿皮带，该污泥的含水率为30%～40%，澄清水中悬浮物的质量浓度为500mg/L。浓缩泥斗应不少于3个，1个斗工作，2个斗排泥，浓泥斗的沉淀效率可达80%以上。主要

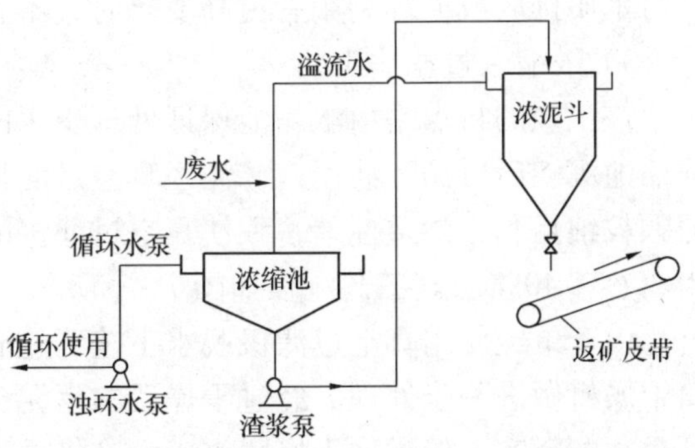

图7－5 浓缩池－浓泥斗处理工艺流程

弊病是浓泥斗的排泥不畅，排泥浓度不均，有时失控。

2）浓缩池－水封拉链机处理与回用工艺

该工艺的特点是由浓缩池保证处理出水的水质，由水封拉链机（有时也与烧结机大烟道的水封拉链机合用）保证沉淀矿泥及时排出。该工艺由拉链机连续排泥，可解决浓缩池－浓泥斗工艺的间断排泥的缺点，其工艺流程如图7－6所示。烧结系统各车间废水分别送往浓缩池，经浓缩池处理后的溢流水可供循环使用，浓缩后的底部污泥排往拉链机中，沉淀的污泥由拉链机传送到返矿皮带上，最终送往混合配料，拉链机的溢流水再返回到浓缩池中。处理后的矿泥含水率可达到20%～30%。

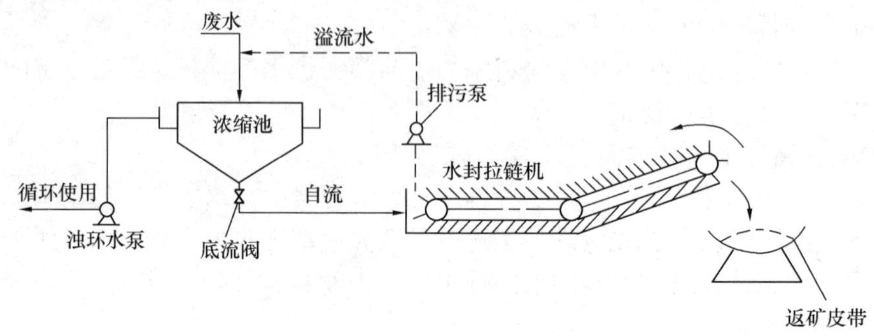

图7－6 浓缩池－水封拉链机工艺流程

采用拉链机排泥可以实现连续化工作，并能使排泥连续定量地加到返矿皮带上，在一定程度上改善了混合机对添加水量的控制问题，但沉泥的含水率仍在20%以上，不易直接送往配料室，而需送往混合室参加混合配料，这样仍然存在对混合料添加水进行控制等一系列问题。由于拉链机的溢流水质中悬浮物含量较高，必须返回浓缩池处理。为了避免产生细粒级的悬浮物在系统中富集的趋势，浓缩池应有相应数量的外排废水。溢流水的水质可达到500mg/L以下，如果对水质有更高的要求，则需进一步处理。

此工艺具有处理系统简单，管理环节少，运行费用低等优点，但由于从水封拉链机排出的矿泥浓度较高，含水量较多，容易在返矿皮带上产生溢流，影响其回收效果，因此当烧结厂对水质排放或循环利用有更高要求时，不宜采用本工艺。

3）浓缩－过滤法工艺

该工艺的特点是由浓缩池保证处理出水的水质，由过滤机保证沉淀矿泥的脱水，废水经浓缩池沉淀后可循环使用，矿泥经真空过滤机脱水后，最终输往原料场。由于烧结系统的污泥颗粒细且黏，渗透性差，致使真空过滤机的过滤速度慢，脱水率低，脱水后的矿泥含水率为30%～40%。其工艺流程如图7－7所示。

由于单纯使用真空过滤机脱水工艺不能满足污泥含水率的要求，可在真空过滤机后加转筒干燥机做进一步处理。经过干燥后的污泥含水率可按所需的配料含水率要求进行控制，产品送往配料室，但增加干燥脱水工序必将导致处理费用和能耗的增加。为此，可采用投加药剂的方法以增加过滤机的脱水效率，其工艺流程如图7－8所示。

4）串级－循环工艺

该工艺的特点是按质供水，串级用水，分流净化，重复利用，减少排放。

烧结系统设备低温冷却水用过之后，水质变化不大，仅有温升，经冷却后即可循环回用，补充的新水仅用于弥补蒸发等损失。对于温升大且部分被污染的设备冷却水，如点火

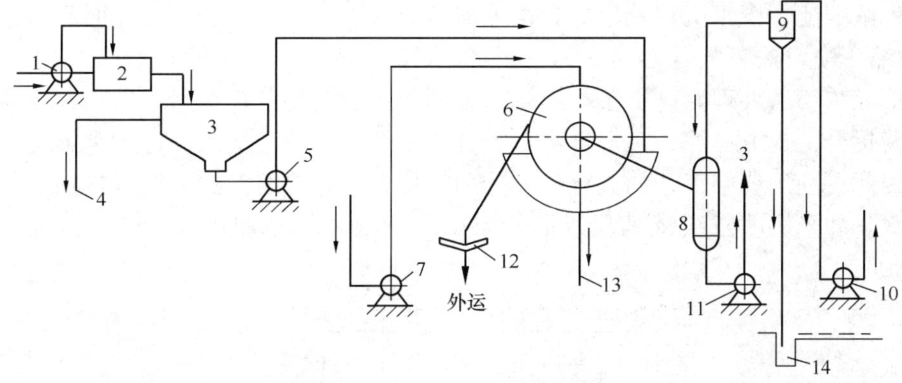

图 7－7　浓缩－过滤工艺流程

1—污水泵；2—矿浆分配箱；3—浓缩池；4—循环水（或外排水）；5—污浆泵；6—真空过滤机（外滤式）；7—空压机；8—滤液罐；9—气水分离器；10—真空泵；11—滤液泵；12—皮带机；13—浓缩池；14—水封槽

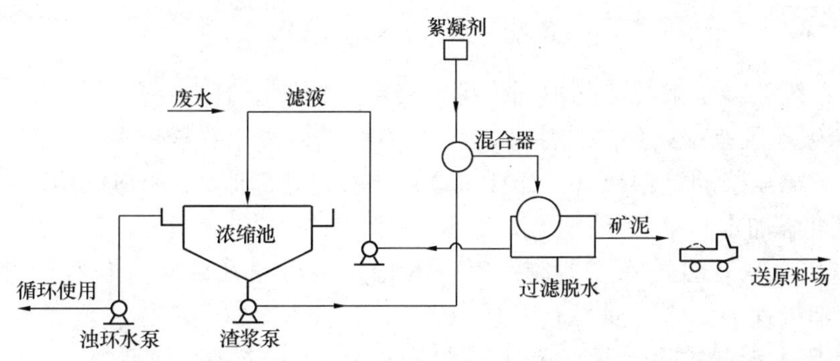

图 7－8　浓缩池－过滤脱水工艺流程

器、隔热板等可不冷却直接供给一、二次混合室和配料室以及除尘与冲洗地坪废水，做到串级用水，减少排水。由于除尘废水不易沉淀，可将除尘室与冲洗地坪分开处理，如图 7－9 所示。

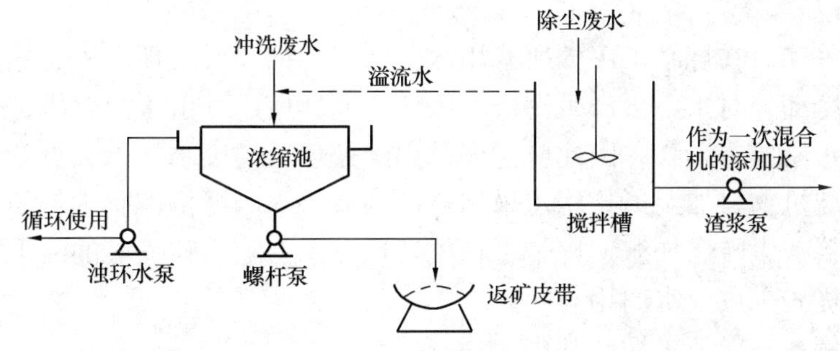

图 7－9　串级－循环综合处理工艺流程

除尘废水流量较均匀，浓度变化不大，且为粉状颗粒，故经搅拌槽后可直接作为一次混合机添加水（浓度不大于 10%）。冲洗地坪水经浓缩池后，底流采用螺杆泵送至返矿皮带回收。螺杆泵可输送高浓度（70% 左右）、低流量的矿泥，解决了浓缩池排泥不畅和矿泥太稀，影响返矿皮带的问题。浓缩池的溢流水可再循环到除尘器和地坪冲洗用水。由于没有除尘废水进入浓缩池，废水沉淀效果好，浓缩池溢流水质稳定，可达到良好循环的目的。

5）浓缩－喷浆法工艺

采用沉淀浓缩法处理时，由于污泥输送和回用等主要环节存在严重缺陷，如采用水封拉链机或螺旋提升机提取矿泥，污泥含水量大，造成返矿皮带黏结矿泥，严重影响烧结矿的水分控制，因此可利用烧结工艺的混合环节的用水特点，将浓缩池的底泥直接送至一次混合机作为添加水，即采用喷浆法将其喷入混合料中作为混合料添加水。其工艺流程如图7－10所示。

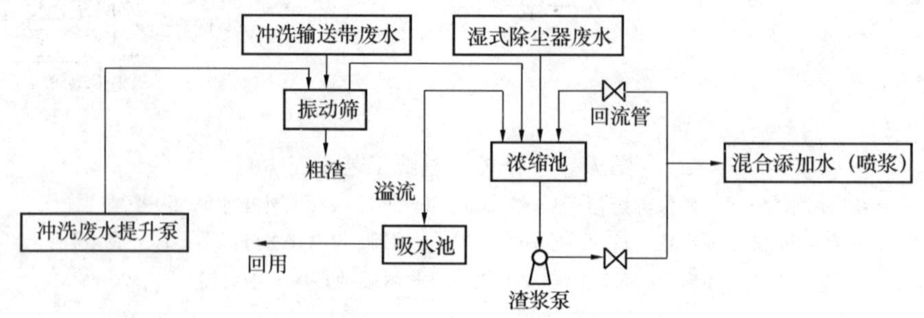

图7－10　浓缩－喷浆法处理工艺

由于烧结系统的废水来源情况不同，可形成不同的处理工艺组合：

① 当生产废水既有湿式除尘器废水，又有冲洗地坪废水，或三种废水兼有时，其特点是废水中含有影响喷浆的粗颗粒（大于1mm），此时的处理流程为：振动筛→浓缩池→渣浆泵→喷浆（混合添加水）。

② 当生产废水只有湿式除尘器废水时，其特点是污泥（矿浆）粒径较细，无粗颗粒。此时的废水处理流程为：浓缩池→渣浆泵→喷浆。

③ 当生产废水无湿式除尘器废水时，其特点是污泥（矿浆）颗粒较大，易沉淀。此时的处理流程为：振动筛→浓缩池→渣浆泵→喷浆。同时，浓缩池溢流水均可回用。

采用喷浆法处理烧结废水时，无废水外排，无二次污染，环境效果好，而且工艺流程简单，管理方便，运行安全可靠。

7.2.4　节水案例剖析

由上述分析可知，在烧结工序的所有用水节点中，抽风机、环冷机、热筛等设备用的冷却水由于是间接冷却，对水不会产生污染，因此应循环使用。由于混合机、造球机、物料加湿搅拌等工段对水质要求不高，因此应优先采用经处理后的废水，以减少新鲜水的用量。同时对混合机、造球机物料加湿搅拌用水采用自动调节供水阀严格控制水料的比例，以节约用水量。干式除尘器灰尘转运加湿、皮带输送机转运点水力除尘喷嘴等的除尘对用水的水质要求也不同，也可优先采用废水回用。

（1）节水案例一：净环水循环利用

烧结厂中用于间接冷却各种设备，如轴承、抽风机、烟道、点火器、真空泵等的冷却用水，这种水使用后只有温度升高，水质并未受到污染，常称为净用水系统。为了节水，某钢铁联合企业烧结厂将烧结机系统的净用水采用管道使设备的冷却水自流入热水池，由泵送入冷却塔冷却，冷却水流入冷水池，经循环泵加压，分普压和低压两个给水系统供各用水点循环使用。用于净用水循环的系统称为净环水系统。经改造后，用量相当大的设备冷却水已全部实现循环利用，循环率达 97.95%，水的重复利用率达到 90.61%，取得了较好的节水效果。

（2）节水案例二：汽化冷却和余热发电技术

在冷却烧结矿的过程中，空气与热矿接触吸收了大量的废热。废气温度如果直接排入大气，不仅污染环境，而且造成能源浪费，不符合节能减排循环经济的政策。某钢铁公司通过设置余热锅炉及汽轮发电机组，以回收这部分废热产生蒸汽用于发电，达到节能减排的目的。

（3）节水案例三：干法除尘技术

某钢铁公司烧结厂的除尘系统采用干法除尘。含尘气体经脉冲袋式除尘器净化后，由除尘主风机经烟囱排入大气，烟尘排放浓度小于 $30mg/Nm^3$。

（4）节水案例四：不采用水冲洗地坪

为了节约用水，某钢铁公司烧结厂的各生产车间地坪采用洒水，人工清扫方式，不采用水冲洗地坪。

（5）节水案例五：水的重复利用

某钢铁公司采用再利用水为烧结机一次、二次混合添加水，水量为 $25m^3/h$。为节约生产用水，降低生产成本，将炼钢等其他车间的生产废水收集起来，汇入污水中转站，经泥浆泵加压送一次、二次混合机加湿综合利用。

（6）节水案例六：水质稳定，提高浓缩倍数

某钢铁公司为保证各循环系统的水质稳定，委托专业的水处理公司根据实地取样、分析、试验的结果，确定需投加的水质稳定剂的种类及投加量，在此基础上提高了循环水的浓缩倍数，减少了新水的用量。

（7）节水案例七：浊环水的处理回用

在烧结生产过程较易产生粉尘，因此需对产生的废气及通风的空气进行净化，一般常采用湿式空气净化器或烟气除尘旋风洗涤器，以及冲洗地板、设备等的用水，称为浊用水系统。浊用水在经使用后，悬浮物含量大大增加（可达 4000mg/L 甚至更高），其中含铁粉约 40% ~45%，含焦粉石灰料约 14% ~40%。某钢铁联合企业烧结厂采用两级沉淀池串联处理工艺，使水中悬浮物降至 150mg/L 以下后，作为生石灰消化、一次混合添加水、二次混合添加水，生产过程无生产废水排放。

（8）节水案例八：浓缩 - 喷浆法废水处理与回用

某烧结厂采用洒水清扫和干法除尘工艺，无冲洗地坪废水和湿式除尘废水，主要废水为清洗胶带的冲洗水。原设计流程如图 7 - 11 所示。冲洗胶带废水一部分自流，另一部分用泵加压送入沉淀池。沉淀池一侧设有隔板式混合槽子，污水与高分子混凝剂混合后进入沉淀池，沉淀池溢流水流入加压泵站的吸水井，由泵加压后返回循环使用。沉渣经螺旋输送机送入沉渣槽（漏斗），定期用汽车运至原料场回收利用。

该系统投产后使用效果较差，沉淀的含水量较大，汽车运输困难，而且溢流水的水质差，导致胶带冲洗不干净，达不到胶带冲洗的效果，对周围环境造成了污染，同时沉渣也比较困难，不利于回收利用，浪费了资源。后改为用罐车冲水稀释沉渣，再由罐车吸引装车后送至渣场。但由于污泥颗粒较细，含水量大，沉淀污泥呈泥浆状，大部分从螺旋机的叶片与槽壁的间隙中回流至沉淀隔水层，无法实现螺旋提升污泥的作用，因此需要对工艺进行改造。

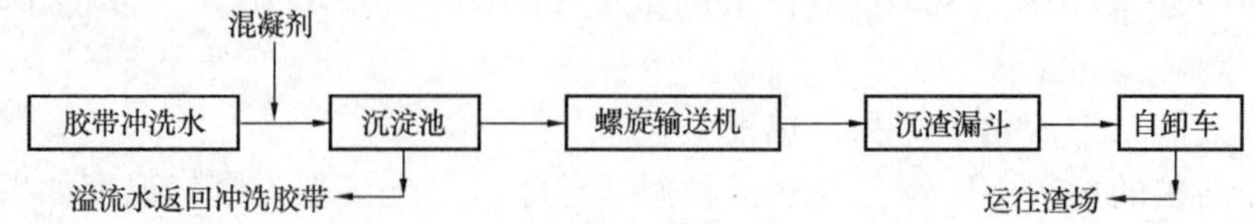

图 7－11　烧结机胶带水处理工艺

采用浓缩－喷浆法工艺对其进行改造，将冲洗胶带的废水一部分自流入中继槽，由泵送入搅拌槽，另一部分自流入搅拌槽，再用渣浆泵送至隔渣筛（振动筛）。筛下废水自流至浓缩池，其底部污泥经渣浆泵送至小球车间浓缩池，进入小球浓缩喷浆系统。筛上粗渣落入粗渣斗，定期由汽车送至小球粉尘库。其工艺流程如图 7－12 所示。

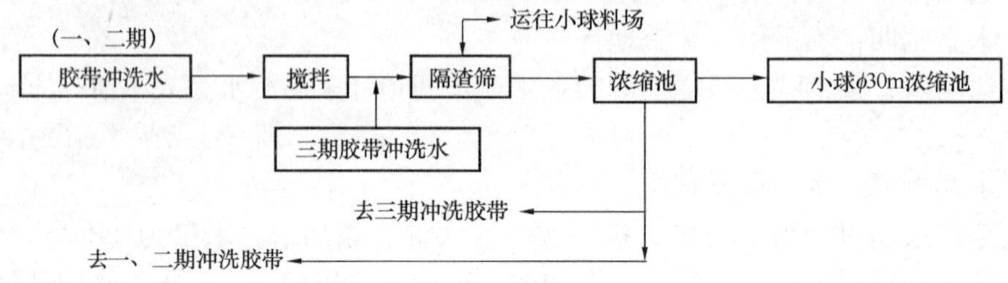

图 7－12　改造后的处理工艺流程

采用 PVC 自流槽，将三期烧结胶带冲洗废水汇流至厂区生产废水处理站，再用两台液下泵经输送管送至烧结小球区废水处理站的隔渣筛，与一、二期的胶带废水相汇合而共同处理。使用隔渣筛的目的是将废水中粒径大于 1mm 的粗矿物隔除，以保证喷浆的正常进行。经汇合并经隔渣筛的废水流入浓缩池，澄清溢流水流入浊环水泵站的吸水池，用泵加压供给一、二期烧结冲洗胶带用水。其废水处理工艺流程如图 7－13 所示。该工艺实现闭路循环，实现废水与矿泥全部回用，处理过程无药剂加入并实现集中控制。

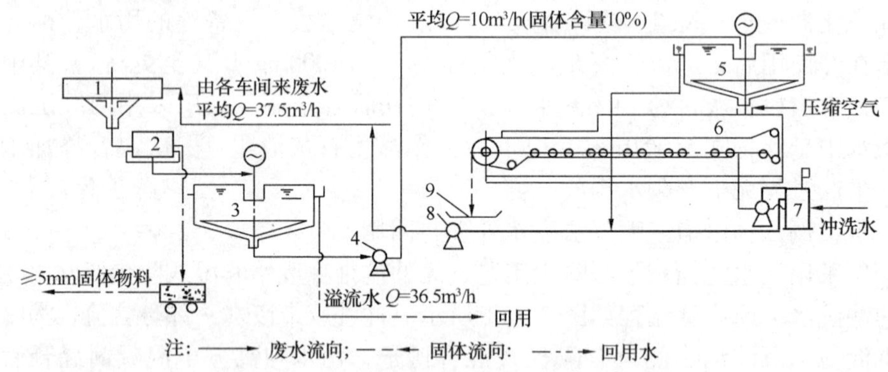

图 7－13　废水处理与泥渣脱水工艺流程

1—旋流调节池；2—粗颗粒分离转动筛；3—加斜板辐射沉淀池；
4—50BL 泥渣泵；5—二次浓缩池；6—水平带式真空过滤机；
7—SZ－4 真空泵；8—3PNL 排污水泵；9—烧结配料皮带机

（9）节水案例九：沉淀法废水处理与回用

某钢铁公司烧结厂废水由各车间提升至高架式中心传动辐射式沉淀池，沉淀池底流矿浆用泵送至浓缩锥（浓泥斗），经静沉后由锥底螺旋阀直接排至烧结机配料主皮带上，返回作烧结原料。由于系统不能解决因废水变化幅度大影响沉淀效果以及浓缩锥排泥的时稠时稀、排料操作繁杂和操作环境差等问题，对烧结矿配料质量影响较大。

由于烧结废水中含有冲洗地坪而带入的大颗粒矿渣，因此首先需采用旋转筛分粒机将不小于5mm的粗颗粒分离，把沉淀池底流泥浆用泥浆泵送往泥渣脱水间的中心传动浓缩池，控制底流排泥浆质量分数在30%～35%。由中心传动浓缩池排出的矿浆进入水平带式真空过滤机进行脱水，经脱水的泥浆直接落到烧结配料主皮带输送机的皮带上，作为原料进入烧结机。废水处理与泥渣脱水的工艺流程如图7－14所示。

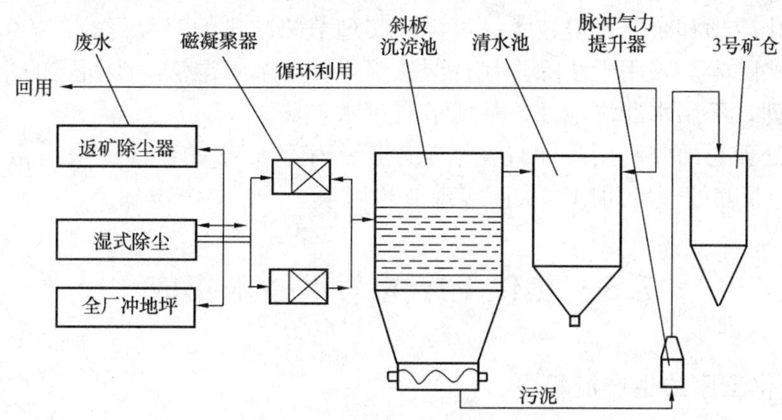

图7－14 废水处理工艺流程

（10）节水案例十：磁化－沉淀法处理与回用

某烧结厂废水主要来源于湿式除尘废水、地坪冲洗水与返矿除尘废水等，废水中悬浮物的质量浓度为1720mg/L，矿浆中总铁为36.6%～47%，pH值为10～13，并含有碳、钙、镁、硅、硫等成分，矿浆密度为1.5～2.6t/m^3。由于烧结废水中矿浆的含铁量很高，属铁磁质，因此可采用磁化法。处理后，废水中悬浮物经磁场作用会产生磁感应，而离开磁场后还会有弱磁性，在废水沉淀时，微细颗粒相互吸引而凝聚成链条状聚合体，加速与提高沉淀效果，并可降低矿泥的含水率。同时，经磁场处理过的水有抑制水垢形成的作用。所以采用磁化处理既具有凝聚悬浮物、加速沉降速率的作用，又具有防垢、除垢的功能。经磁化处理过程的矿浆加入混合料，可改善混合料的成球性能，提高烧结料层的透气性。

采用磁化－沉淀法处理与回用方法，其工艺流程如图7－15所示。废水经收集从集流箱流入磁凝聚器，经磁化处理后再流入斜板沉淀池进行沉淀净化处理。经沉淀净化后上清液流入清水池后再循环回用，斜板沉淀池底部的污泥（矿泥）经螺旋输泥机推出后，由脉冲气力提升器送至矿仓后配料回用。

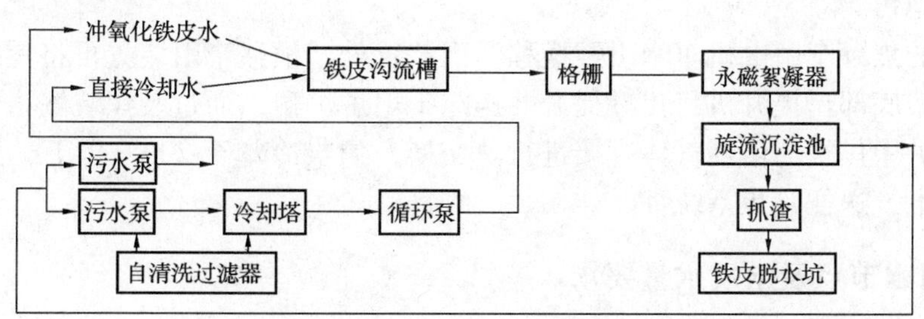

图7－15 磁化－沉淀法处理与回用工艺流程

7.2.5 节水技术集成

由上述案例剖析可知，钢铁企业烧结工序可采用如下的节水集成技术以提高节水效果：

① 冷却水的循环利用。通过设置冷却塔，实现冷却水的循环利用，同时通过投入适当的药剂，稳定水质，提高循环倍数，从而达到节约用水的目的。

② 重复用水。可将钢铁企业其他工段的排水收集后重复用于烧结工序，减少烧结工序的新水用量，从而实现节约用水。

③ 采用汽化冷却和余热发电技术。可同时实现节热减排的双赢目的。

④ 采用干法除尘。采用干法除尘代替湿法除尘，可节省湿法除尘所需的水量。

⑤ 加强管理，不用水冲洗地坪，从而节省用水。

⑥ 废水的处理与回收利用。针对烧结工序所产生的废水的特性，采用相应的废水处理技术，对其进行深度处理后回用，从而实现节约用水。

7.3 焦化工序的节水技术集成

7.3.1 焦化工序的生产流程

焦化工序包括炼焦、煤气净化与干熄焦三个工段，是先将洗精煤经卸煤装置进入贮煤场，由皮带机运至配煤槽配煤，然后进行粉碎。粉碎后合格煤料送入煤塔，经装煤车装入焦炉炭化室进行高温干馏，生成焦炭及荒煤气。炽热焦炭由推焦机推入拦焦车至熄焦车，运至熄焦塔内被水冷却。焦炭送至筛焦楼，经筛分后成为合格冶金焦。炼焦过程中产生的荒煤气，经焦炉上升管进入集气总管，经气液分离器分离部分焦油和冷却氨水后，通过初冷器、电捕焦油器、鼓风机、脱硫装置、脱氨装置、终冷塔、脱苯装置等工序加工处理后，获得焦炉煤气、焦油、粗苯、硫酸铵等副产品。其工艺流程如图 7－16 所示。

（1）炼焦

由备煤车间送来的配合煤装入煤塔。装煤车按作业计划从煤塔取煤，并经计量后装入炭化室内。装煤时产生的烟尘通过装煤除尘车被吸入集尘干管送至装煤除尘地面站，经除尘净化后排入大气。煤在炭化室内经过一个结焦周期的高温干馏炼制成焦炭和荒煤气。

（2）煤气净化

来自炼焦车间的荒煤气在横管式初冷器中冷却后，经电捕焦油器除去焦油雾，由煤气鼓风机送去脱硫，脱硫的焦炉煤气经硫铵和终冷洗苯工段分别除氨和苯后，供焦炉、粗苯和制冷机加热外，剩余的焦炉煤气送至各用户。

（3）干法熄焦

装满红焦的焦罐车由电机车牵引至横移牵引装置处，横移牵引装置再将焦罐及焦罐台车牵引至提升井架底部。提升机将焦罐提升并送至干熄炉炉顶，通过装焦装置将焦炭装入干熄炉内。在干熄炉中焦炭与惰性气体直接进行热交换，焦炭冷却至 200℃以下，经排焦装置卸到带式输送机上，送往筛焦系统。

7.3.2 用水节点及水质水量要求

在图 7－16 所示的焦化工艺流程中，用水节点主要包括：备煤、炼焦（含熄焦）、焦处

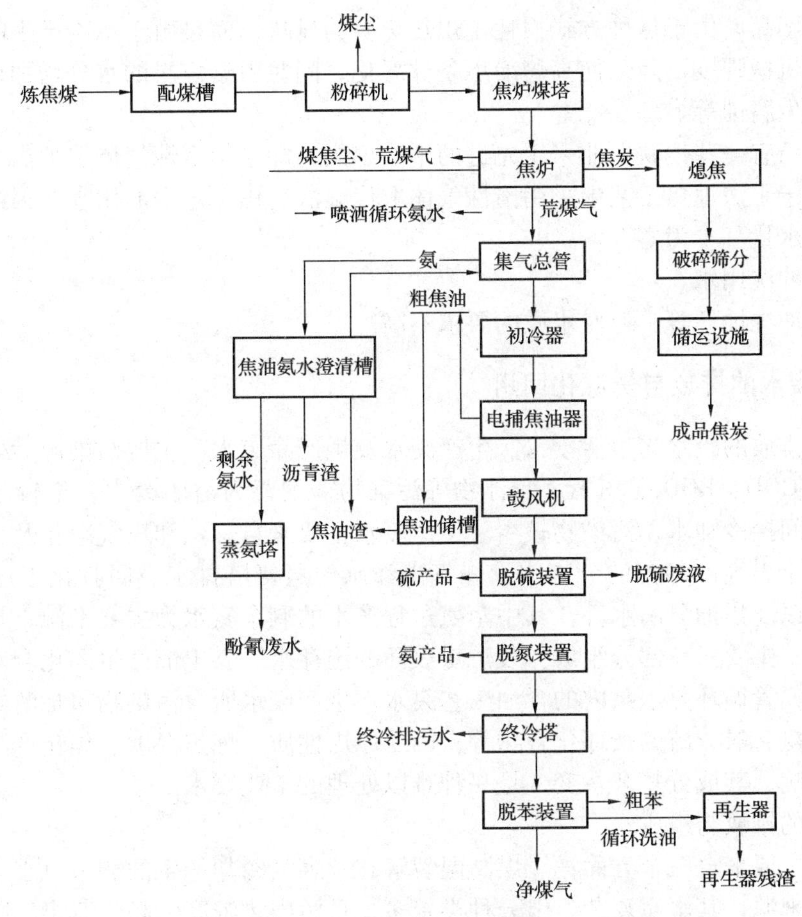

图7－16 焦化生产的工艺流程图

理、煤气净化、除尘、清洁卫生等。根据水在各节点的用途，其用水可分为备煤工艺用水、设备冷却用水、煤气洗涤用水、熄焦用水和除尘冲洗用水。

(1) 备煤用水

备煤系统主要是用水对煤进行加湿处理，以消除煤料在贮运、粉碎过程中产生的粉尘。备煤用水对水质的要求非常低，因此往往可利用钢铁企业其他工序排放的废水。

(2) 设备冷却用水

炼焦系统中需要进行冷却的设备主要包括：炼焦炉、装焦车、熄焦塔等，水的主要作用是对设备进行间接冷却。

间接冷却用水对水质的要求相对较高，但在使用前后仅有温度的变化，可通过设置冷却塔对其进行冷却处理后循环利用。

(3) 烟气净化用水

炼焦炉烟气净化主要是装煤、炼焦、推焦和熄焦等工序，水的作用是用于洗涤烟气，以除去烟气中的粉尘等杂质，并回收烟气的余热。

(4) 熄焦用水

熄焦是使炽热焦炭熄灭的过程。传统的熄焦工艺采用湿法熄焦，炽热的焦炭出炉后由装焦车运至熄焦塔内，由上部的喷淋装置喷洒冷却水，冷至200℃左右运至晾焦台，经筛分处理后送至高炉冶炼铁水。采用湿法熄焦工艺时，水是直接喷洒至炽热的焦炭，用水量较大，但对水的要求不高。由于这种方式损耗了炽热焦炭的显热，而且由于急冷产生的热应力造成了焦炭破裂，机械强度下降，使高炉冶炼条件恶化，同时由于焦炭的水分增加，水分中含有的硫化物易产生腐蚀等。

目前国内已有一些钢铁企业采用先进的干法熄焦，即采用惰性气体熄灭焦炭，并将余热回收发电。由于干法熄焦工艺中采用惰性气体取代湿法熄焦工艺中的用水，因此相对湿法熄焦而言，其用水量基本为零。

(5) 除尘冲洗用水

主要用于冲洗地坪等。但对水质的要求不高。

7.3.3 废水的排放与资源化回用

焦化工序排放的废水为生活废水、生产废水及生产净废水，主要污染源为生产废水。生活废水一般含 COD、BOD_5、氨氮、悬浮物等污染物，主要为浴厕废水，量较小。生产净废水主要来源为间接冷却水，污染物较少。生产废水主要来自炼焦和煤气净化及化工产品的精制过程，如用于煤气冷却时的分离水、煤气洗涤水、蒸氨塔排水、回收化工产品的车间排水、熄焦废水以及焦油分离水等，其中蒸氨过程产生的剩余氨水为主要来源，是焦化厂最主要的酚氰废水，主要由三部分组成：装炉煤表面的湿存水、煤干馏产生的化合水和添加到吸煤气管道与集气管循环氨水泵内的含油工艺废水。生产废水所含污染物包括酚类、多环芳香族化合物及含氮、氧、硫的杂环化合物等，因受原煤性质、炼焦温度、焦化产品回收工艺等多种因素的影响，其成分复杂多变，是一种难以处理的工业废水。

(1) 废水的排放与组成

焦化废水主要来自三个方面：①煤高温裂解和荒煤气冷却产生的剩余氢水废液，这是焦化废水的主要来源，其水质复杂，组分种类繁多，且污染物浓度较高。②煤气净化过程中煤气终冷器和粗苯分离槽排水等，此种来源废水所含污染物浓度相对较低。③煤焦油的分馏、苯的精制及其它工艺过程的排水，废水量较小，污染物浓度较低。

焦化废水中的无机物质一般以氨盐的形式存在，包括$(NH_4)_2CO_3$、NH_4HCO_3、NH_4CN、NH_4SCN、$NH_4(COD)NH_4$、$(NH_4)_2S$、$NH_4Fe(CN)_3$ 等。有机物以酚类化合物为主，其质量分数占总有机物的85%左右，主要成分有苯酚、邻甲酚、对甲酚、二甲酚、邻苯二酚及其同系物等；杂环类化合物包括二氮杂苯、氮杂联苯、吡啶、喹啉、咔唑、吲哚等；多环类有机物包括萘、蒽、菲、芘等。

焦化废水中的 NH_3—N 是一种不稳定物质，在微生物作用下发生硝化反应，生成的 NO_3^-、NO_2^-。NO_2^-是一种致癌物质，并可引起胎儿畸形；NO_3^-会破坏血液结合氧的能力，饮用 NO_3^-含量超过 10mg/L 的水会引起高铁血红蛋白症，甚至发生窒息现象。大量氨氮排入水体会造成水体富营养化，其中一些藻类蛋白质毒素可富集在水产生物体内，并通过食物链使人中毒。

焦化废水中的酚类物质会引起蛋白质变性沉淀，对生物细胞直接产生毒害作用，使生物细胞失去活力，蛋白质凝固，引起深部组织损失、坏死。多环与杂环类化合物多数也可致癌。因此，降低焦化废水中的有机物和氨氮的含量对减轻焦化废水对环境的危害具有重要意义。

(2) 焦化废水的处理方法

目前焦化废水的处理方法大致有生物法、化学法、物化法三类。

1）生物处理法

生物处理法是利用微生物氧化分解废水中有机物的方法，常作为焦化废水处理系统中的二级处理。目前，活性污泥法是一种应用最广泛的焦化废水好氧生物处理技术，这种方法是让生物絮凝体及活性污泥与废水中的有机物充分接触，溶解性的有机物被细胞所吸收和吸附，并最终氧化为最终产物（主要是CO_2）。非溶解性有机物先被转化为溶解性有机物，然后被代谢和利用。但这种方法对NH_3—N污染物几乎没有降解作用。近年来，人们从微生物、反应器及工艺流程等方面着手，研究开发了生物强化技术、生物流化床、固定化生物处理技术及生物脱氮技术等，使得大多数有机物实现了生物降解处理，出水水质得到了很大的改善，使得生物处理技术成为一项很有发展前景的废水处理技术。

总体看来，生物法具有废水处理量大、处理范围广、运行费用低等优点，改进后的新技术使焦化废水处理达到了工程应用要求，从而使得该技术在国内外广泛采用。但是生物降解法的稀释水用量大，处理设施规模大，停留时间长，投资费用较高，对废水的水质条件要求严格，废水的pH值、温度、营养、有毒物质浓度、进水有机物浓度、溶解氧量等多种因素都会影响到细菌的生长和出水水质，这就对操作管理提出了较高的要求。

2）化学处理法

① 催化湿式氧化技术：是在高温、高压条件下，在催化剂的作用下，用空气中的氧将溶于水或在水中悬浮的有机物氧化，最终转化为无害物质N_2和CO_2排放。我国鞍山焦炭院与中科院大连物化所合作，成功研究出双组分的高活性催化剂，对高浓度的含氨氮和有机物的焦化废水具有极佳的处理效果。

湿式催化氧化法具有适用范围广、氧化速度快、处理效率高、二次污染低、可回收能量和有用物料等优点，但催化剂价格昂贵，处理成本高，且在高温高压条件下运行，对工艺设备要求严格，投资费用高，国内很少将该法用于废水处理。

② 焚烧法：是将废水呈雾状喷入高温燃烧炉中，使水雾完全汽化，让废水中的有机物在炉内氧化，分解成为完全燃烧产物CO_2和H_2O及少许无机物灰分。

焦化废水中含有大量NH_3—N物质，由于NH_3在非催化条件下燃烧的主要生成物是N_2，不会产生高浓度NO造成二次污染，因此焚烧处理工艺可用于处理焦化厂高浓度废水，但昂贵的处理费用（约为1200元/t）使得多数企业望而却步，在我国应用较少。

③ 臭氧氧化法：是利用臭氧的强氧化性将废水中的污染物快速、有效地除去，而且臭氧在水中很快分解为氧，不会造成二次污染，操作管理简单方便，但存在投资高、电耗大、处理成本高等缺点，同时若操作不当，臭氧会对周围生物造成危害，因此，目前臭氧氧化法还主要应用于废水的深度处理，在美国已开始应用臭氧氧化法处理焦化废水。

④ 光催化氧化法：是由光能引起电子和空穴之间的反应，产生具有较强反应活性的电子（空穴对），这些电子（空穴对）迁移到颗粒表面，便可参与和加速氧化还原反应的进行。光催化氧化法对水中酚类物质及其他有机物都有较高的去除率。在焦化废水中加入催化剂粉末，在紫外光照射下鼓入空气，能将焦化废水中的所有有机毒物和颜色有效去除。

这种水处理方法能有效去除废水中的污染物且能耗低，有着很大的发展潜力，但有时也会产生一些有害的化学产物，造成二次污染。由于光催化降解是基于体系对光能的吸收，因此，要求体系具有良好的透光性，所以该方法适用于低浊度、透光性好的体系，可用于焦化废水的深度处理。

⑤ 化学混凝和絮凝：化学混凝和絮凝是用来处理废水中自然沉淀法难以沉淀去除的细

小悬浮物及胶体微粒，以降低废水的浊度和色度，但对可溶性有机物无效，常用于焦化废水的深度处理。该法处理费用低，既可以间歇使用也可以连续使用。

混凝法的关键在于混凝剂，目前一般采用聚合硫酸铁作混凝剂，对COD的去除效果较好，但对色度、F^-的去除效果较差。絮凝剂在废水中与有机胶质微粒进行迅速的混凝、吸附与附聚，可以使焦化废水深度处理取得更好的效果。

3）物理化学法

① 吸附法：就是采用吸附剂除去污染物的方法。

活性炭具有良好的吸附性能和稳定的化学性质，是最常用的一种吸附剂。活性炭吸附法适用于废水的深度处理，但由于活性炭再生系统操作难度大，安装运行费用高，在焦化废水处理中未得到推广使用。

利用锅炉粉煤灰处理来自生化的焦化废水，生化出口废水经过粉煤灰吸附处理后，污染物的平均去除率为54.7%，处理后的出水，除氨氮外，其它污染物指标均达到国家一级焦化新厂标准。该方法系统投资费、运行费都比较低，以废治废，具有良好的经济效益和环境效益，但同时存在处理后的出水氨氮未能达标和废渣难处理的缺点。

② 利用烟道气处理焦化废水：是将焦化剩余氨水去除焦油和SS后，输入烟道废水中进行充分的物理化学反应，利用烟道气的热量使剩余氨水中的水分全部汽化，氨气与烟道气中的SO_2反应生成硫铵，既实现了废水的零排放，又确保了烟气达标排放，排入大气中的氨、酚类、氰化物等主要污染物占剩余氨水中污染物总量的1.0%～4.7%。该法以废治废，投资省，占地少，运行费用低，处理效果好，环境效益十分显著，但要求焦化的氨量必须与烟道气所需氨量保持平衡，因此在一定程度上限制了该方法的应用范围。

7.3.4 节水案例剖析

焦厂工序的用水点很多，用水量很大。为了节约用水，国内许多焦化企业采取了一系列的节水措施，并取得了明显的节水效果。

（1）节水案例一：管理节水

1）杜绝“跑、冒、滴、漏”和长流水现象

在全厂范围内进行了水平衡测算，对管网进行彻底的排查和检修，对密封点和长流水进行核实和统计，责任到人，加强管理与设备点检。

2）强化生产用水管理

规定洗澡时间，减少长流水现象，采用干扫或干拖把清扫地坪，减少生活水的消耗；可节水1%。

（2）节水案例二：工艺节水

某钢铁联合公司焦化厂的给水包括消防给水系统、低温水系统、净循环水系统、除尘地面站循环水系统、生活给水系统、冷却循环水系统，焦炉在生产过程中的用水量为554.14t/h。为了节约用水，该厂采取了如下节水措施：

1）冷却水循环利用

焦化生产过程中，许多设备需要用水进行间接冷却，使用后的水仅温度有所升高，其他水质未受污染，因此可将使用后的间冷水集中收集，进行冷却后循环使用。

某钢铁公司在焦化生产系统中，中、低温水通过晾水塔和制冷机完全实现了各自的闭路循环，吨焦耗新水由闭路前的11.27m^3下降到闭路后的1.23m^3，取得了明显的节水效果。

2）采用干法熄焦工艺

焦炭成熟推出炭化室时，每吨焦含显热1600MJ。湿法熄焦采用水喷淋冷却，不仅使红焦显热损失，而且每吨焦炭还耗水0.5m^3，并使大量带尘、H_2S等有害物质的水蒸气排入大气污染环境。采用干法熄焦可消除水熄焦产生大量含焦尘和酚、氰等有害气体的水雾，以及熄焦废水对环境产生的污染。干熄焦装置可以减少约60%因采用普通湿法熄焦而排放到大气中的酚氰有害物质及粉尘。此外，由于干熄焦装置回收了赤热焦炭的显热，生产的蒸汽用于发电，取代了相应规模的燃煤锅炉房。因而，干熄焦装置环境效益显著。

实践证明，采用干法熄焦可回收红焦显热的80%，吨焦节约熄焦水0.5m^3，还有利于减少焦炭水分，提高焦炭质量，使焦炭块度均匀、焦末含量少、含水量低，这些因素可使炼铁入炉焦比下降2%，高炉生产能力提高1%。

3）煤气初冷器的改造

根据焦化生产工艺的要求，煤气冷却器使用一段时间后，如煤气冷却温度和煤气阻力超标，必须停下来进行清洗，因此冷却器必须有备用。但由于投入使用时间较长，初冷器本身内漏严重，煤气净化能力差，阻力上升快，尤其夏天冷却后煤气温度仍高达34～38℃，立管式初冷器加小横管煤气阻力一个月就达到3000Pa，已远远满足不了安全生产需要。通过对煤气管、循环冷却水和冷煤水接点进行改造，使初冷煤气的集合温度由原来的25～26℃降至20℃，而且制冷机组只需开一台机组，蒸汽和制冷水用量大大降低，横管阻力稳定在700Pa，使用效果非常显著。

4）蒸氨塔工艺改造

蒸氨塔是用于将剩余氨水中的氨汽提出来循环利用。原先的蒸氨塔采用外供蒸汽对剩余氨水进行汽提，蒸汽的消耗量为20t/h，蒸汽使用后冷凝进入蒸氨废水，同时使蒸氨废水的量增加20t/h，既浪费了新水（蒸汽），又增加了后续废水处理系统的负荷。对蒸氨塔进行改造，将汽提用热源由原来的外供蒸汽改为蒸氨废水再热闪蒸产蒸汽。仅此一项，既可减少新水用量20t/h，又可减少废水的排放量20t/h。

（3）节水案例三：废水的处理回用

1）废水收集管网

焦炉生产厂区的下水管网采取清污分流的原则，以减少污水的处理量。

煤气净化装置区（含焦油、粗苯贮罐区）设有围堰，围堰内的初期雨水（即下雨15min内所集雨水）自动引入酚氰污水处理站的调节池。焦化企业的熄焦水均在粉焦沉淀池沉淀后循环使用，由于熄焦过程中水量损失较大，需不断用水补充。煤气净化工序生产的蒸氨废水、终冷废水及生活污水均由管道送至酚氰污水处理站进行处理，处理后的水质达到污水的二级排放标准，送往熄焦塔熄焦（干熄焦维修或事故时）和高炉冲渣补充水。

2）生产废水的处理回用

生产废水和生活污水（65.0m^3/h）送到酚氰废水处理站处理。

废水处理采用A-A/O生物脱氮脱酚工艺。污水经除油、浮选、调节、稀释等一系列预处理过程后，送至生物处理系统，去除污水中所含的酚、氰化物、COD、油类、氨氮等污染物，最后再经混凝沉淀处理，以进一步去除污水中的COD和悬浮物。

预处理部分由除油池、浮选池、调节池等组成，在预处理部分去除废水中的油类和SS。生化处理由厌氧消化池（含缺氧池）、初次沉淀池、好氧池（即充氧曝气池）组成。经预处理后的废水，首先进入厌氧池，在厌氧池中，通过厌氧酸化作用，提高了污水的可生化性。在缺氧池中，微生物通过反硝化反应将污水中的 NO_2^- 和 NO_3^- 转化为 N_2；厌氧池出水再进入好氧池进行充氧曝气，在好氧池中，通过微生物的降解去除水中的酚、氰及其它有害物质，好氧池出水进入接触氧化池再次进行生物氧化，接触氧化池出水进入二次沉淀池进行泥水分离，达标后作为熄焦补充水和高炉冲渣水，无生产废水排放。剩余污泥和混凝沉淀池排出的污泥由污泥泵送往污泥浓缩池进行处理，浓缩后的污泥由污泥泵送污泥压滤机进一步脱水。污泥浓缩池上清液流回处理系统进行处理，泥饼送煤场掺入炼焦煤中。

废水处理工艺的先进性表现在以下两方面：

① 具有脱氮功能，焦化污水中含有大量的氨氮，普通活性污泥法无法去除它。采用 A－A/O生物脱氮工艺可使氨氮的去除率达到95%以上。污水中的氨氮在好氧段转化为硝酸盐并被回流水带至缺氧段，在此硝态氮转化为氮气排至大气。

② 厌氧段和缺氧段相结合，提高了污水的可生化性。由于焦化废水中含有大量难生物降解的有机物，采用单一的好氧生物处理法难以满足排放要求。采用 A－A/O 生物脱氮工艺，设置厌氧段和缺氧段使焦化污水中难生物降解的大分子有机物在生物酶的催化作用下酸化水解并转化为可生物降解的小分子有机物，从而使污水的 BOD/COD 值提高，提高了好氧段的污染物去除率。

3）焦化废水的处理回用

将高浓度的焦化废水脱酚，净化除去固体沉淀和轻质焦油后，送往焦炉熄焦，实现酚水闭路循环，从而减少了排污，降低了运行等费用。但这种方法会对熄焦、筛焦系统造成腐蚀，影响生产过程的正常进行，同时污染物转移问题也值得考虑。

某钢铁联合企业焦化车间的生产废水包括煤气净化工序排放的终冷废水、蒸氨废水、初期雨水等，废水中含有 COD、挥发酚、氰化物、氨氮等污染物，这些废水送入废水处理站处理后作为熄焦补充水和高炉冲渣水，不外排。

酚氰废水处理站的进、出水水质见表 7－1，酚氰废水处理站的处理工艺流程见图7－17。

表7－1　酚氰废水处理站的进、出水水质表

污染物	废水量/(m^3/a)	处理前最大浓度/(mg/L)	处理方法	去除效率	处理后浓度/(mg/L)	排放去向
COD	575498	450	① 隔油 ② 气浮 ③ 生物氧化 ④ 沉淀	>94%	150	熄焦补充水和高炉冲渣水
氨氮		200		>90%	25	
挥发酚		120		>99%	0.5	
氰化物		10		>95%	0.5	
石油类		20		>95%	10	
SS		110		>80%	50	

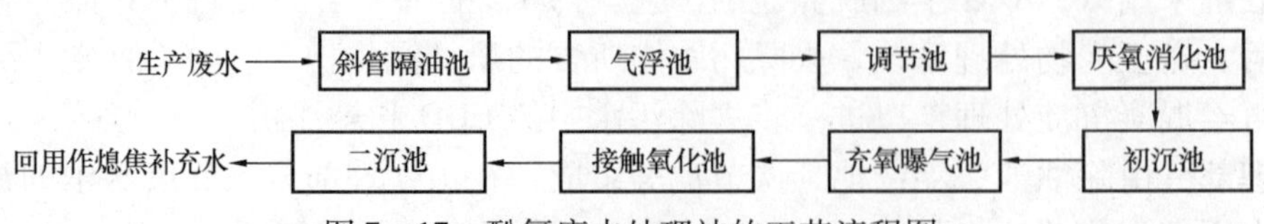

图7－17　酚氰废水处理站的工艺流程图

从表 7－1 可知，废水经处理后，出水水质可达到《污水综合排放标准》中的二级标准。

7.3.5　节水技术集成

由上述的节水案例剖析可以看出，在钢铁联合企业的焦化工段可采用如下的节水集成技术，以达到节约新水用量的目的。

① 冷却水的循环利用：由于冷却水在使用前后仅有温度的升高，水质没有变化，因此可将其循环利用。

② 采用干熄焦工艺：采用先进的干熄焦工艺，不仅可减少熄焦水的使用量和废水的产生量，而且可回收热量。

③ 进行蒸氨塔改造：将蒸氨废水再热后作为蒸氨塔的热源，既可减少新蒸汽的使用量，又可降低污水的排放。

④ 煤气初冷器的改造：通过改造降低煤气初冷器的集合温度，可大幅减少蒸汽和制冷水的用量。

⑤ 生活废水的回用：由于生活废水的成分相对简单，可采用合适的方法进行处理后回用，可节约新水的用量。

⑥ 焦化废水的回用：焦化废水的水质比较复杂，采用适当的方法对其进行处理后，不仅可节省新水的用量，还可减少对环境的危害，具有明显的环境效益和社会效益。

某钢铁联合企业焦化厂采用上述节水措施后，冷却水系统的水循环利用率为 96.9%，吨焦用新鲜用水量为 2.8t，生产过程无废水产生。

7.4　炼铁过程的节水技术集成

7.4.1　生产工艺流程

高炉炼铁的主要原料为烧结矿和球团矿，以石灰石作为熔剂，焦炭作为燃料，这些原料、辅料和燃料经配料、混匀后由皮带机运送至加料仓，再由斜桥料车从高炉炉顶加入高炉内进行冶炼。冶炼过程中经热风炉向高炉炉缸鼓入热风助焦炭燃烧，同时向炉内吹氧和喷吹煤粉。焦炭燃烧后生成煤气，炽热的煤气在上升过程中先后发生传热、还原、熔化、渗碳等过程使铁矿还原生成铁水；同时烧结矿等原料中的杂质与加入炉内的熔剂相结合而生成炉渣。高炉炼铁是连续生产，生成的铁水和炉渣不断地积存在炉缸底部，到一定时间后打开高炉出铁口，出铁、出渣。从出铁口出来的铁水通过高炉出铁场的铁钩、撇渣器、摆动流嘴等送下道用户或送铸铁机浇注冷却成铸铁块。高炉渣由出铁场渣沟流出，生成的高炉水渣外售。高炉冶炼时产生的高炉煤气为炼铁厂的副产品，经除尘净化后供联网用户作为燃料使用。其生产工艺流程如图 7－18 所示。

7.4.2　用水节点分析

高炉炼铁系统是用水大户，生产过程中的用水节点主要包括高炉、热风炉、炉渣粒化、煤气清洗、铸铁机、鼓风机站等。各用水节点及其用水量要求如表 7－2 所示。

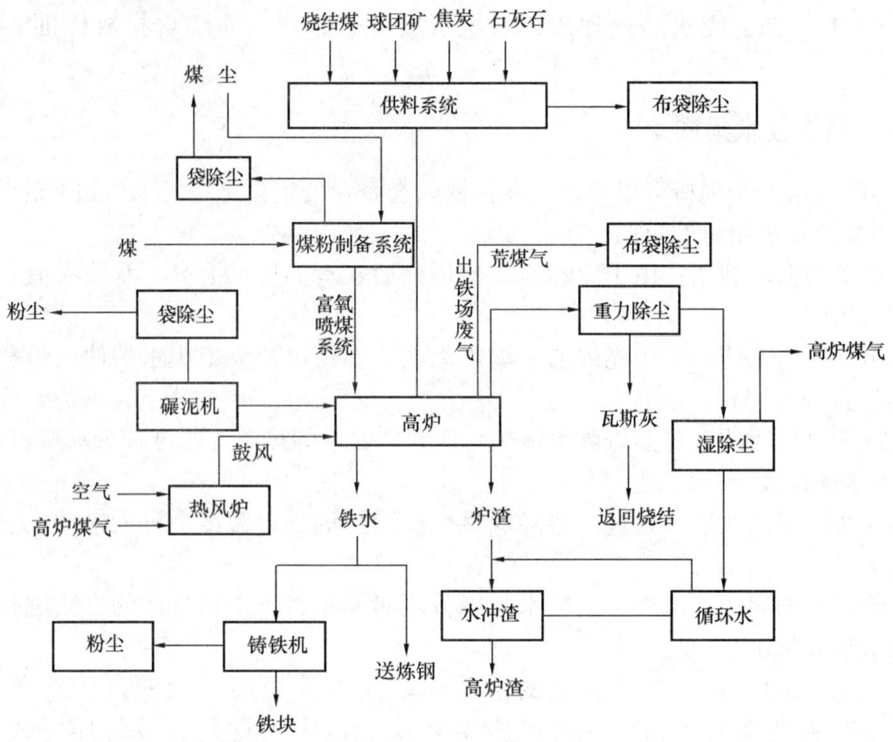

图 7－18　高炉炼铁过程的生产工艺流程

表 7－2　炼铁厂用水指标

项目名称		单　位	用水量	取水量	备　注
高炉炉体、热风炉冷却	密闭系统	m^3/m^3 炉容	2～3	0.004～0.006	不含二次冷却水
	敞开系统	m^3/m^3 炉容	2～3	0.04～0.06	
煤气清洗系统		m^3/m^3 炉容	0.3～0.4	0.03～0.04	
冲渣系统	转鼓法	m^3/t 渣	6～8	0.6～0.8	
	轮法	m^3/t 渣	2～4	0.4	
	底滤法	m^3/t 渣	6～8	0.6～0.8	
鼓风机系统	鼓风机	$m^3/10^4m^3$	6～8	0.12～0.16	
	除湿设备	$m^3/10^4m^3$	55～60	1～1.05	
	汽轮机	m^3/t 蒸汽	60～70	1.5～2	
铸铁机系统		m^3/t 铁	0.8～1.0	0.08～0.1	

炼铁工序的用水根据其使用过程和条件大致可分为设备间接冷却水、设备和产品的直接冷却水、生产工艺过程用水等。

（1）设备间接冷却用水

高炉的炉腹、炉身、出铁口、风口、风口大套、风口周围冷却板及其他不与产品或物料直接接触的冷却水都属于设备间接冷却水，水质要求较高，通常采用工业过滤水开路循环和高质水（软水或纯水）闭路循环。

（2）设备和产品的直接冷却用水

设备的直接冷却水主要是指高炉炉缸的喷水冷却、高炉在生产后期的炉皮喷水冷却以及铸铁机的喷水冷却是水与产品或设备直接接触。产品的直接冷却主要指铸铁块的喷水冷却。

设备和产品的直接冷却水水质要求取决于喷嘴特性，水处理工艺相对简单。

(3) 生产工艺过程用水

炼铁厂生产工艺过程用水以高炉煤气洗涤和炉渣粒化为代表。水与物料直接接触。

高炉煤气洗涤用水对浊度要求不高，但因与成分复杂的高温烟气直接接触，结垢问题特别突出，水质稳定要求较高。冲渣用水通常要求不高。

水在炼铁生产过程中的使用目的不同，其对水质水量的要求也不同。一般地，冷却水对水质的要求较低，一般清水即可；烟气洗涤水对水质的要求也较低；用于炉渣粒化的高炉冲渣水对水质的要求更低，可直接采用其他工段的外排水。

以南京地区某钢铁联合企业的炼铁新厂为例。该高炉的有效容积为2000m^3，为串罐式无料钟高炉。年平均利用系数2.2t/(m^3·d)，年产铁水154万吨，风温1082℃，入炉干焦比为394kg/t铁，煤比为112kg/t铁，富氧率为0.31%。由图7-19所示的水量平衡图可以

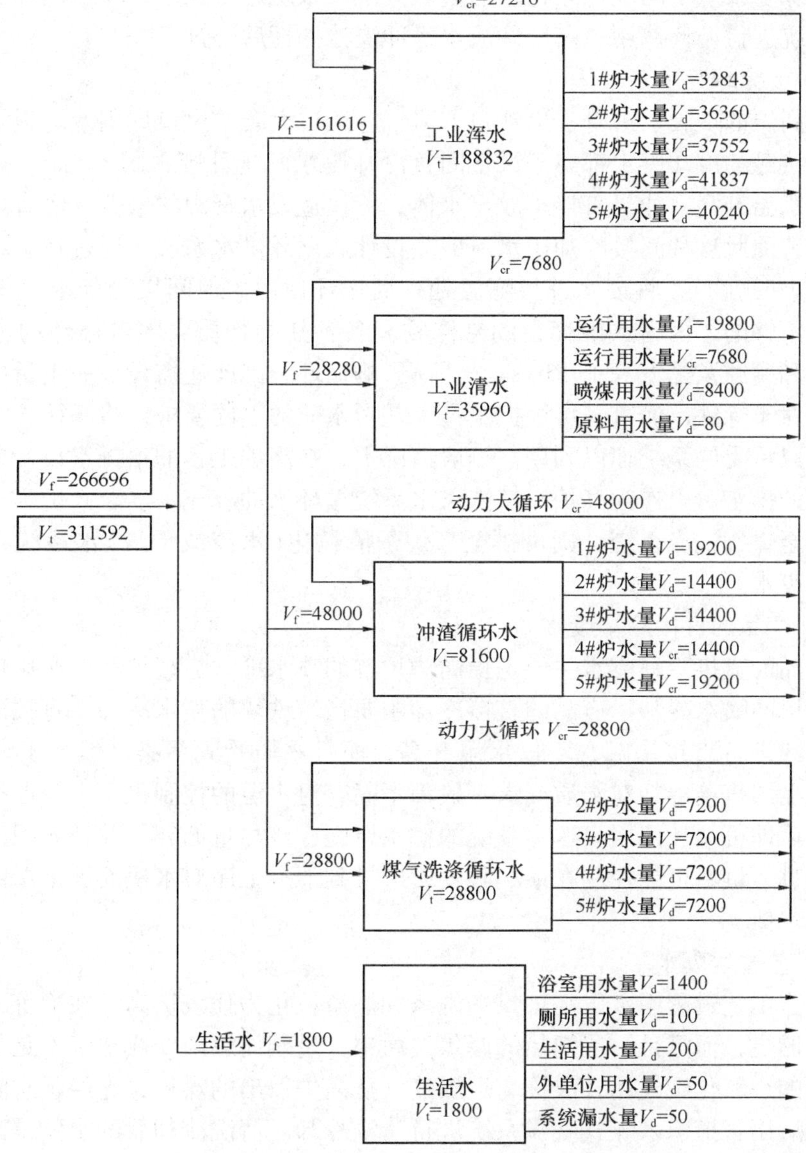

图7-19 炼铁厂的水量平衡图(t/d)

看出，用于设备直接冷却的水量为188832t/d，但对水质的要求较低，可直接采用其他工段外排的工业浑水，同时考虑水的蒸发损失，需补充部分新水；用于设备间接冷却的水量为39960t/d；用于煤气洗涤的水量为28800t/d；用于对高温渣降温的冲渣水量为81600t/h，但对水质的要求较低，可直接采用其他工段的外排水，但由于水与高温炉渣直接接触，水的蒸发损失较大，因此除部分使用其他工段的外排水外，还需补充部分新水；用于生活的水量为1800t/d，对水质的要求较高，需对取用的地表水按生活用水的标准进行处理。

7.4.3 废水的排放与资源化回用

（1）废水排放

炼铁系统的废水分为煤气洗涤水，净循环冷却水，软水循环水和冲渣水。循环冷却水用于高炉、鼓风机、热风炉的设备冷却，在高炉净循环水系统中进行循环使用；煤气洗涤水用于高炉煤气在除尘系统中的洗涤净化，通过煤气洗涤系统进行处理；软水循环水通过高炉软水密闭循环系统进行循环使用；高炉冲渣水经冲渣池处理后外排。

1）设备间接冷却废水

用于冷却高炉的炉腹、炉身、出铁口、风口、风口大套、风口周围冷却板及其他不与产品或物料直接接触的冷却废水都属于设备间接冷却废水。这种废水因不与产品或物料接触，使用过后只是水温升高，如果直接排放至水体，不仅造成水资源的浪费，还有可能造成一定范围的热污染，因此这种间接冷却用水一般多设计成循环供水系统，通过在系统中设置冷却塔(或其他冷却建筑物)，将废水进行降温处理后循环使用。但间接冷却水仅仅靠冷却塔实现循环供水是不够的，因为水中存在的悬浮物和各种盐类物质会随着循环的进行而得到浓缩，带来结垢和腐蚀及黏泥等水质障碍，从而影响循环，因此还需设计一定量的排污并补充定量的新水。对于炼铁厂而言，可根据生产工艺对水质的不同要求，将间接冷却系统的排污水排至其他可以承受的系统加以利用。一般情况下，在高炉工程的给排水设计中，高炉、热风炉冷却系统的排水可以作为高炉煤气洗涤水系统循环水的补充水。若高炉为干式除尘或别的原因不能排至煤气洗涤系统，则可排至高炉炉渣粒化(水渣或干渣)水系统，因此，通常不向环境外排废水。

2）设备和产品的直接冷却废水

设备和产品的直接冷却废水主要是指高炉炉缸的喷水冷却、高炉在生产后期的炉皮喷水冷却以及铸铁机的喷水冷却。产品的直接冷却主要指铸铁块的喷水冷却。直接冷却废水的特点是水与产品或设备直接接触，不仅水温升高，而且水质受到污染。但由于设备的直接冷却，尤其是产品的直接冷却对水质要求一般都不高，对水温的控制也不十分严格，所以一般经沉淀、冷却后即可循环使用。这类系统的供水原则应该尽量循环，并补充因循环过程中损失的水量，其排污量尽可能控制在最小限度，应排到下一工序对水质要求不严的系统中，不宜排至环境或水体。

3）生产工艺过程废水

炼铁厂生产工艺过程用水以高炉煤气洗涤和炉渣粒化为代表。高炉在冶炼过程中，由于焦炭在炉缸内燃烧，而且是一层炽热的厚焦炭由空气过剩而逐渐变成空气不足的燃烧，结果产生了一定量的一氧化碳气体，故称高炉煤气。从高炉引出的煤气，先经干式除尘器除掉大颗粒灰尘，然后用管道引入煤气洗涤系统进行清洗冷却。清洗冷却后的水就是高炉煤气洗涤废水。这种废水的水温在60℃以上，含有大量的由铁矿粉、焦炭粉等所组成的悬浮物以及酚、氰、硫化物和锌等，水中悬浮物杂质为600～3000mg/L。由于该废水水量大、污染重，必须进行处理，然后尽量循环利用。在高炉炼铁生产过程中还会产生大量的炉渣，一般每炼1t生铁产生300～900kg的高炉渣，其主要成分是硅酸钙或铝酸钙等。炉渣的处理方法通常是将炉渣制成水渣或炉前干渣，或者两者兼而有之。目前高炉渣粒化采用多种形式的水冲渣方式以及泡渣、热泼渣等方式。冲制水渣就是用水将炽热的炉渣急冷水淬，粒化为水渣。粒化后的炉渣可用作水泥、渣砖和建筑材料。粒化后的渣与水的混合物需要脱水，脱水后的渣即成为成品水渣，水则可循环使用。

由此可知，炼铁厂的各种废水，如果不加处理任意排放，既会造成水资源与原料资源的浪费，还会对环境造成很大的危害。与此同时，炼铁厂的用水量很大，对用水水质的要求有明显的差别，因此有利于串级用水，保证各类水循环中浓缩倍数不必太高，有定量的“排污”至下一道用水系统中，全厂可达到无废水排放的水平，如图7－20所示。

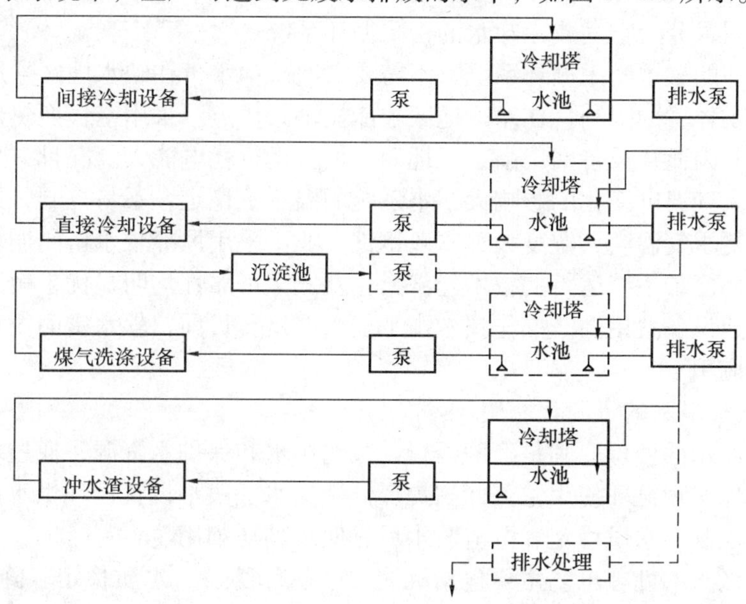

图7－20　炼铁系统废水资源化回用处理的一般工艺流程

（图中虚线表示经技术经济比较后才可能增设的设施）

（2）废水的资源化回用

1）高炉净循环水处理技术

设备间接冷却水系统分为一般工业用水开路循环和高质水（软水或纯水）闭路循环。采用何种循环系统应根据高炉各不同冷却部位对水量、水质、水压、水温的不同要求并在本企业或当地的供水条件等基础上通过技术经济比较后再确定。

工业开路循环系统中，由于水中不仅存在悬浮物，而且存在各种盐类物质，随着循环的进行，悬浮物和溶于水中的盐类物质因水的蒸发而得到了浓缩，周而复始，浓缩的结果就会带来结垢和腐蚀以及黏泥等水质障碍，从而影响循环，所以在冷却的同时，需投加防垢、防腐药剂，并定量排污，定量补充新水，定期投加杀菌、灭藻、防止微生物的药剂。

采用优质水（软水或纯水）进行高炉炉体冷却时，使用过后的水同其他间接冷却用水一样只是被加热，一般采用水－水（或水－气）热交换器经间接冷却，将优质水的温度降下来。由于优质水中存在溶解氧，与设备和管道的铁离子发生电化学反应，故容易发生腐蚀倾向，因此在系统中还须投加一定的防腐剂、杀藻剂以保护设备和管道。

① 直流供水冷却系统：直流供水冷却系统通常直取地表水，经沉淀后再用泵加压供高炉冷却使用，使用后的热水又排入水体。

20 世纪 80 年代前我国钢铁企业大量使用直流供水冷却系统，其缺点是不仅浪费水资源、增加用水费用，污染环境，更重要的是设备堵塞现象严重，高炉冷却系统易被烧坏，严重影响生产。目前，国内很少有企业在使用。

② 工业过滤水开路循环冷却系统：为了克服直流供水冷却方式的弊病，节约用水，改善水质，提高冷却效果，目前，我国钢铁企业多数已将直流供水冷却系统改为工业过滤水的开路循环冷却系统。

③ 软水密闭循环冷却系统：软水密闭循环冷却系统是 20 世纪 80 年代发展起来的，水在循环使用中不与大气接触，受热的水通过空气或二次冷却水冷却以实现密闭循环使用。根据冷却介质的不同，分为空气或冷却水的密闭循环系统。

采用空气冷却的软水密闭循环系统，不需要二次冷却水，在缺水地区采用意义更大。但该冷却方式受气候环境的限制，在寒冷地区才能显示其优点。采用空气换热器与水换热器相比其传热系数小，因而，设备费用高、占地面积大且运行耗电能大。况且，采用风冷的水系统温度因季节随大气温度变化的影响大，水系统的温度不稳定，不易控制，这对高炉的运行操作不利。南方夏季气温高，湿度大，一般钢铁企业不采用风冷软水密闭循环冷却系统。

软水密闭循环冷却系统运行的技术经济指标及安全可靠性均明显优于敞开式系统。其唯一不足之处是基建设备费用高，操作技术水平要求严格。目前，软水密闭循环冷却系统在大型高炉中已广泛应用。

2）高炉煤气洗涤水的资源化回用

高炉煤气洗涤水的处理原则是经济运行、节约用水和保护水资源，通过对废水进行适当处理，最大限度地实现循环使用。因此高炉煤气洗涤水一般都设置循环供水系统，废水经悬浮物去除、温度控制、水质稳定和沉渣脱水后，实现循环利用。

高炉煤气洗涤水的处理工艺主要包括沉淀（或混凝沉淀）、水质稳定、降温（有炉顶发电设施的可不降温）、污泥处理四个部分。对于高炉煤气洗涤水中的悬浮物，主要利用沉淀法去除，并根据水质情况，采用自然沉淀或投加絮凝剂进行混凝沉淀。澄清水经冷却后即可循环使用。

影响高炉煤气洗涤系统运行的最大障碍是结垢。防止高炉煤气洗涤系统结垢的废水处理方法主要有软化法、酸化法、化学药剂法及其组合工艺。虽然这些方法可使高炉煤气洗涤水系统的结垢得到缓解，但仍存在煤气洗涤水在正常循环使用后还需要排污的问题。

① 石灰软化—炭化法工艺流程：高炉煤气洗涤后的废水经辐射式沉淀池加药混凝沉淀后出水的 80% 送往降温设备（冷却塔），其余 20% 送往加速澄清池进行软化，软化水和冷却水混合流入加烟井，进行炭化处理，然后用泵送回煤气洗涤设备循环使用。从沉淀池底部排出的泥浆送至浓缩池进行二次浓缩，然后送真空过滤机脱水。浓缩池溢流水回沉淀池，或直接去吸水井供循环使用。瓦斯送入贮泥仓，供烧结作原料。其工艺流程如图 7－21 所示。

② 酸化法工艺流程：从煤气洗涤塔排出的废水经辐射式沉淀池自然沉淀（或混凝沉淀），上层清水送至冷却塔降温，然后由塔下集水池输送到循环系统，在输送管道上设置加酸口，废酸池内的废硫酸通过胶管适量均匀加入水中。沉泥经脱水后送烧结利用。其工艺流程如图 7－22 所示。

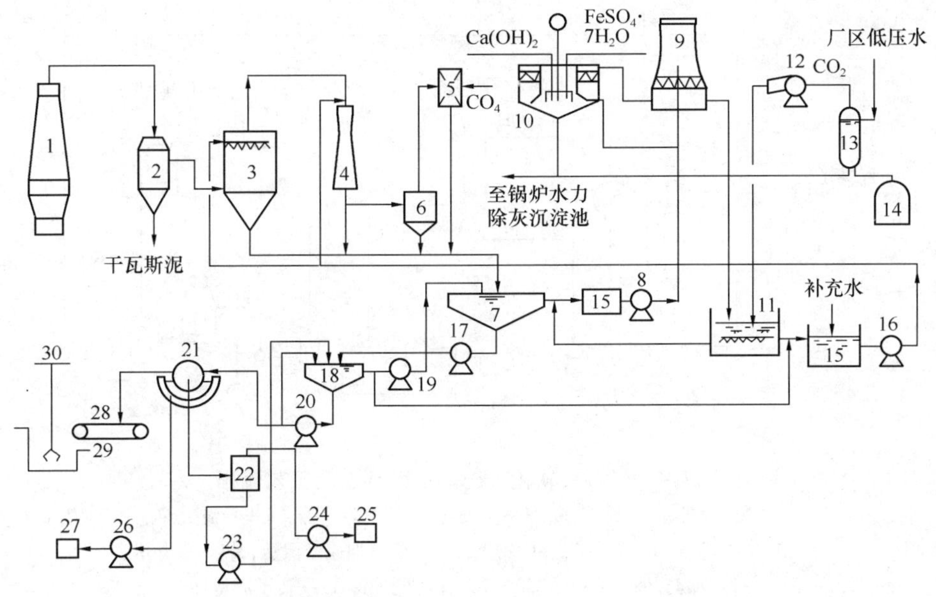

图7-21 石灰软化—炭化法循环系统工艺流程示意

1—高炉；2—干式除尘器；3—洗涤塔；4—文氏管；5—蝶阀组；6—脱水器；7—ϕ30m辐射沉淀池；8—上塔泵；9—冷却塔；10—机械加速澄清池；11—加烟井；12—抽烟机；13—泡沫塔；14—烟道；15—吸水井；16—供水泵；17—泥浆泵；18—ϕ12m浓缩池；19—提升泵；20，23—砂泵；21—真空过滤机；22—滤液缸；24—真空泵；25，27—循环水箱；26—压缩机；28—皮带机；29—贮泥仓；30—天车抓斗

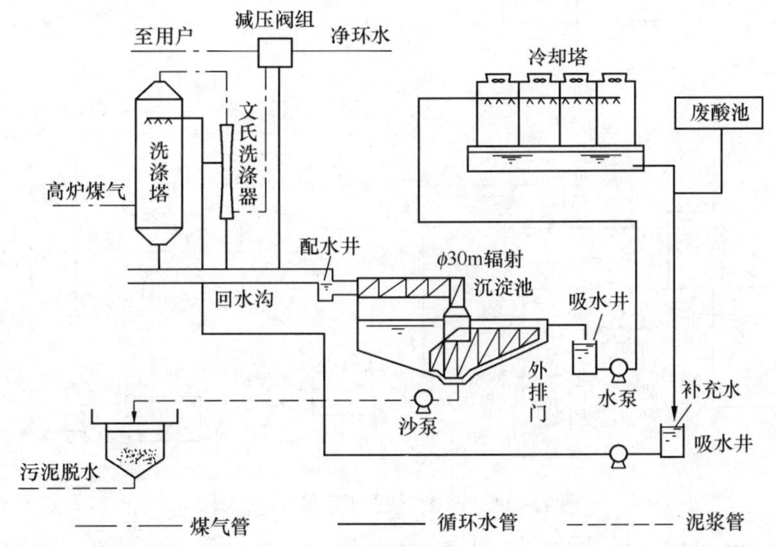

图7-22 酸化法循环系统工艺流程

③ 石灰软化—药剂法工艺流程：该工艺采用石灰软化20%～30%的清水和加药阻垢联合处理。由于选用不同水质稳定剂进行组合配方，达到协同效应，增强了水质稳定效果，其工艺流程如图7-23所示。

④ 药剂法工艺流程：高炉煤气洗涤后的废水经沉淀池进行混凝沉淀，在沉淀池出口的管道上投加阻垢剂，阻止碳酸钙结垢，同时防止氧化铁、二氧化硅、氢氧化锌等结合生成水

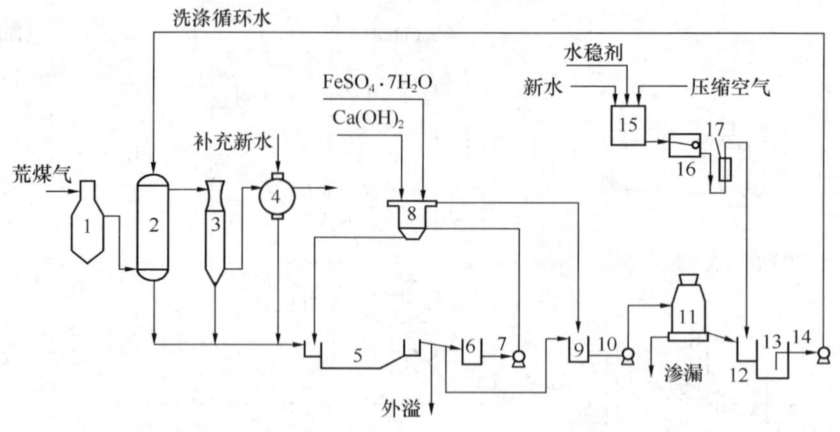

图 7-23 石灰软化—药剂法循环系统工艺流程

1—重力除尘器；2—洗涤塔；3—文氏管；4—电除尘器；5—平流沉淀池；6，9，13—吸水井；7，10，14—水泵；8—机械加速澄清池；11—冷却塔；12—加药井；15—配药箱；16—恒位水箱；17—转子流量计

垢，在使用药剂时就调节 pH 值。为了保证水质在一定的浓缩倍数下循环，定期向系统外排污，不断补充新水，使水质保持稳定。其工艺流程如图 7-24 所示。

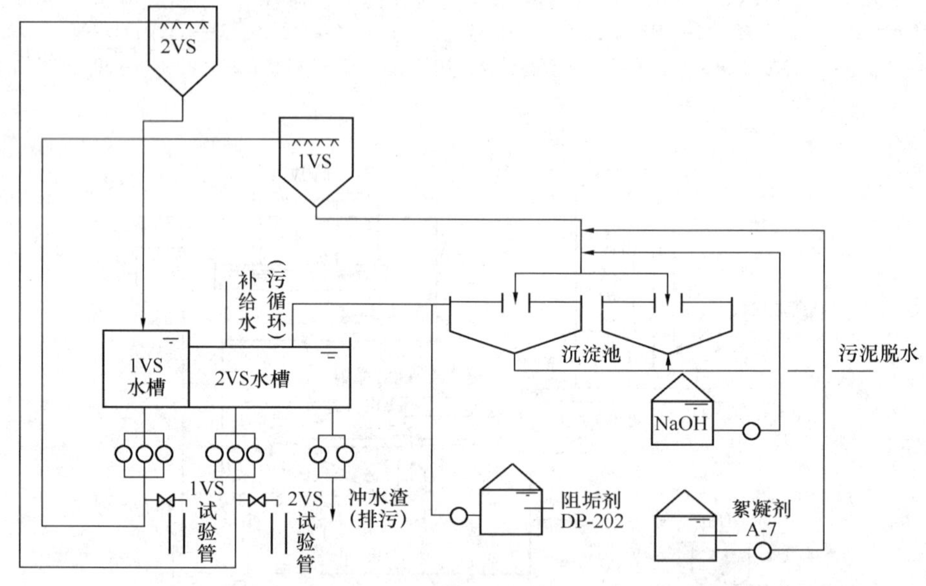

图 7-24 药剂法循环系统工艺流程

⑤ 比肖夫清洗工艺流程：比肖夫洗涤器是一个由并流洗涤塔和几个砣式可调环缝洗涤元件组合在一起的洗涤装置，比肖夫煤气清洗系统的工艺流程如图 7-25 所示。

⑥ 塔文系统清洗工艺流程：采用塔文系统的煤气洗涤水处理流程如图 7-26 所示，煤气洗涤污水经高架排水槽流入沉淀池，经沉淀后的水由泵加压送冷却塔冷却，再用泵送至车间洗涤设备循环使用。沉淀池下部泥浆用泥浆泵送至污泥处理间进行脱水。在系统中设有加药间，向水系统中投加混凝剂和水质稳定剂。

⑦ 双文系统清洗工艺流程：双文系统清洗工艺采用两级可调文氏管串联系统，从高炉

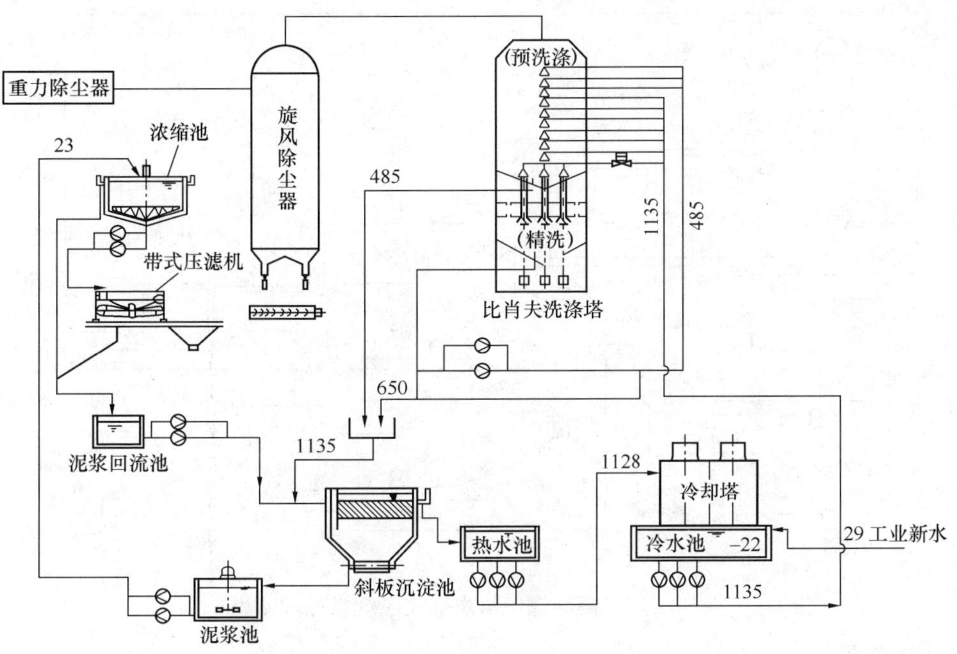

图 7-25 比肖夫煤气清洗系统工艺流程

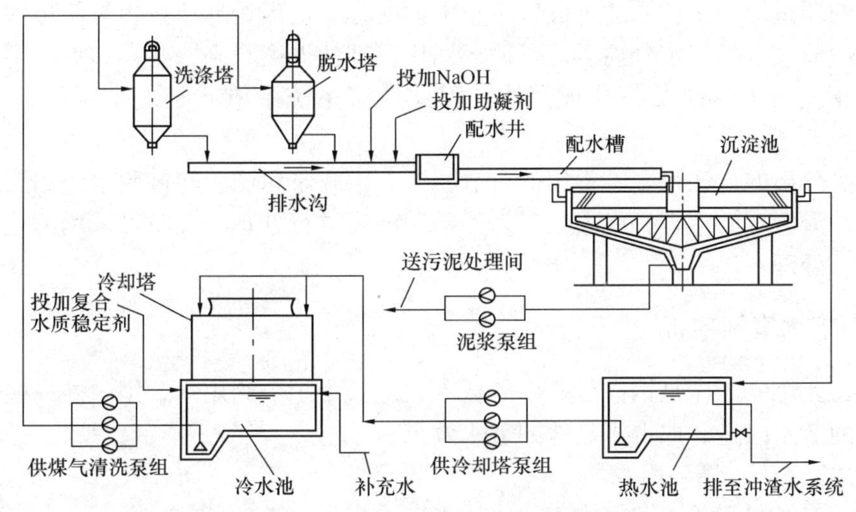

图 7-26 塔文系统煤气洗涤水处理流程

发生的煤气先进入重力式除尘器，然后进入煤气清洗设施一级文氏管(简称一文)与二级文氏管(简称二文)，再经调压阀组、消音器，最后送至煤气总管，送给各设备使用。其工艺流程如图 7-27 所示。

采用双文串联供水系统可减少煤气洗涤用水量，相应的水处理构筑物减少，二文出来的煤气还要去透平余压发电，所以省掉了冷却塔设备。

3）高炉冲渣废水的资源化回用

高炉渣是炼铁时排出的废渣，其主要成分为硅酸钙或铝酸钙等，一般每炼 1t 铁会产生 300～900kg 的高炉渣。高炉矿渣的处理方法分为急冷处理(水淬和风淬)、慢冷处理(空气中自然冷却)和慢急处理(加入少量水并在机械设备作用下冷却)。高炉冲渣废水是指采用水淬

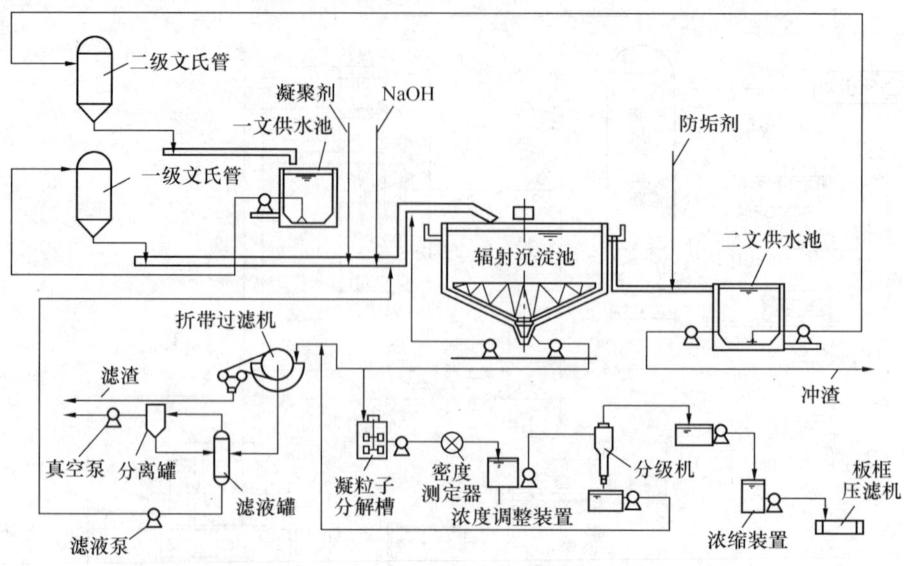

图 7-27　高炉煤气清洗双文系统水处理流程

方法所产生的废水。

大量的水急剧熄灭熔渣时，首先使废水的温度急剧上升，甚至可以达到接近 100℃，其次是受到渣的严重污染，使水的组成发生很大的变化。但因为冲渣过程对循环水的水质要求不高，所以冲渣废水经渣水分离后即可循环回用，即使温度升高一些，影响也不大。但由于冲渣时温度很高，大量水被汽化成蒸汽，因此冲渣系统中应有补充水系统，但无需排污系统。

实现渣水分离的方法很多，常用的有渣滤法、槽式泵送法、转鼓脱水法和图拉法。实现渣水分离后冲渣废水的治理，主要是对悬浮物和温度进行处理，此时可采用前述的沉淀和冷却的方法进行处理。

7.4.4　节水案例剖析

如前所述，炼铁工序是钢铁行业中的耗水大户。为了节约用水，国内外一些钢铁企业先后采用不同的节水改造，取得了显著的节水效果。

(1) 节水案例一：循环用水

南京地区某钢铁联合企业炼铁厂现有 2000m^3 高炉和 2550m^3 高炉各一座。该厂采用的节水减污措施为：串接供水，并采取清浊分流、合理串接“排污”、一水多用、循环使用、水质稳定等。

炼铁工序是钢铁生产中的耗水大户，但其中很多用水节点对水质的要求不高，因此可对另外某些用水点的排水进行适当处理后循环使用。为保证循环水系统的水质稳定，净循环水系统设有旁通过滤设施；各循环水系统设有完善的加药设施。设备间接冷却水采用工业清水间接冷却，使用后的水仅水温升高，水质未受污染，经冷却塔冷却后返回循环使用。为保证系统水质稳定，经冷却塔冷却后的部分水送旁通过滤器过滤，整个清循环水系统还设有加药设施。

(2) 节水案例二：节能型喷雾推进通风冷却塔的应用

某钢铁企业目前共有 3 座高炉，2000m^3 高炉 2 座，2560m^3 高炉 1 座。该厂采用节能型喷雾推进通风冷却塔替代原有的填料式冷却塔，选用带有旋转雾状喷头的喷射装置。为了达到生产工艺要求，在结构设计上采用喷雾推进雾化装置旋转产生的超离心重力场，对水流离心增压，喷出后水流高度雾化，形成分散的细小的水滴，加大水与空气的接触面积，水滴自由降落速度减少，延长了冷却时间，塔内布置的重力回水二次喷射系统使水得到了二次冷却，减少了一次喷射水的引风量。采用该冷却塔后，不仅可减少冷却水的用量，而且可停开一台 160kW 的电机，节能效果明显。

(3)节水案例三：高炉煤气全干法除尘技术的应用

高炉煤气净化系统原采用塔文除尘工艺，虽然除尘效果良好，但耗水量大，需冷却水 400～600t/h，即使循环使用，每年补充水量仍需 30 万 t，而且需要配套水处理和污染处理系统，投资大、运行成本高。

高炉煤气全干法除尘技术包括布袋除尘技术和电除尘技术。高炉煤气全干法除尘工艺除尘效率高、节能、节水，而且煤气温度降低值小，出口煤气的含尘量可以稳定控制在 10～50mg/m^3 甚至更低，其中长袋低压脉冲除尘器节能且运行成本低廉。

由于全干法除尘技术省却了湿法除尘的洗涤塔和沉降池等投资，占地少，节省征地费用，总投资约为湿法工艺投资的 70%，且建设速度快。全干法除尘工艺在除尘过程中不需要使用水洗和冷却，只是在灰尘的输送过程中加湿时使用极少量的水，因此节水效果显著。

某钢铁股份有限公司采用全干法布袋除尘技术，并在煤气调温这一关键技术环节上取得重大突破，每吨节约循环水 7～9t，其中节约新水 0.2t，并省掉了湿法除尘所需的大型水洗塔和沉淀池，既有较好的节水效果，又有明显的经济效益。

(4)节水案例四：串接用水

由于钢铁企业废水种类多，分布广且分散，即使各个废水生产部位都配备了水处理设施，由于各种原因，其设备完好率、处理率也不高。各部位水处理设施的溢流以及事故排放较多，造成钢铁企业总外排水量较高，且部分水质较差的污水仍在循环，而外排水水质并不是太差的不合理现象。因此，必须通过对外排水进行综合治理并有效回用，才能较好解决这些问题。

上海宝山钢铁公司根据炼铁工序对水质要求的不高，将高炉炉体间接冷却水循环系统、炉底喷淋冷却水循环系统、高炉煤气洗涤水循环系统的“排污”水依次串接使用，作为补充水。而高炉煤气洗涤循环系统的“排污”水作为高炉冲渣水循环系统的补充水。水冲渣循环系统则密闭不“排污”。这种多系统串接排污，排污水实际上并不外排，既将水的功能用足，使用水循环率达到 100%，又尽可能将废水中的污染物消除在生产过程中。

(5)节水案例五：冲渣水循环利用

某钢铁公司的炉渣处理采用冷水转鼓法，在两个出铁场各设一套冲渣水循环系统。每套冲渣水循环系统流程如下：

冷水池存水经粒化供水泵加压后送至冲渣箱冲渣，渣水混合物经水渣沟汇集到水渣槽，再经水渣槽下部出口装置及水渣分配器进入转鼓过滤器进行渣水分离，滤后的水进入转鼓下方的集水槽并溢流至热水池。集水槽底部设二台底流泵，将沉于集水槽底部的渣再送到水渣槽。热水池里的水由粒化回水泵提升进入冷却塔冷却，冷却后的水进入冷水池循环使用。冲渣水量的最大值为 2400m^3/h，正常值为 1600m^3/h。

系统中蒸发、泄漏等损失的水量，根据冷水池水位自动(也可手动)补充，补充水由净环排污水供给，不足的由全厂生产－消防给水管网供水。

(6)节水案例六：高炉渣粒化工艺与钢渣滚筒法液态处理工艺

目前国内高炉渣的处理基本上都是水冲渣法(即水淬法)，处理1t渣约需$10m^3$水。若用转鼓粒化装置，处理1t渣只需$1m^3$水。上海宝山钢铁有限公司采用不用水的滚筒法液态渣处理装置，具有流程短、环境好、渣粒均匀并可直接使用，取得了显著的经济效益。

(7)节水案例七：煤气洗涤水的处理回用

南京地区某钢铁联合企业炼铁厂$2000m^3$高炉的煤气采用先进的比肖夫清洗系统，其下部清洗的排水和上部清洗水串接使用，煤气洗涤水设煤气清洗循环水处理系统，产生的废水送辐射式沉淀池经沉淀、冷却和加药进行水质稳定处理后循环使用，沉淀池底部的泥浆水先进入浓缩池浓缩，再进入脱水机脱水，浓缩池和脱水机排污水返回沉淀池处理；水渣系统采用底滤法冲水渣，冲渣水经密闭的水渣沟流入渣滤池，分离出水渣，过滤水经沉淀池和冷却塔后循环使用；铸铁机系统浊废水经沉淀处理后循环使用；TRT系统煤气冷凝水、除尘水等废水不外排，送煤气清洗水处理系统；焦炉煤气管道产生含酚冷凝废水，间接排出，用坑收集后送焦化厂集中进行处理；生活污水经生化处理后达标排放。

(8)节水案例八：煤气洗涤废水的资源化回用

某钢铁公司的最大煤气发生量为$7\times10^5m^3/h$，炉顶最大压力为0.25MPa，吨铁产灰量为15kg。高炉煤气洗涤工艺条件如图7-28所示，从高炉产生的煤气经重力干式除尘器除尘后进入一级文氏管和二级文氏管进行煤气洗涤。经洗净后的煤气通过余压透平发电机进入高炉煤气系统。

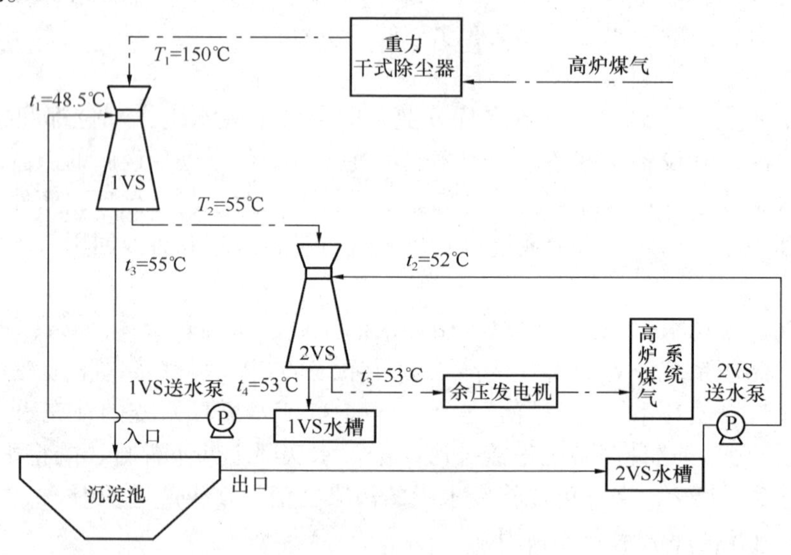

图7-28　高炉煤气洗涤工艺条件

煤气洗涤水与高炉煤气直接接触，煤气中所含的阴离子与灰尘中所含的阳离子盐类成分溶解于水中，增加了煤气洗涤水的硬度成分，而作为补充的污循环水也含有相当数量的钙镁离子，它们不可能在沉淀池中全部沉淀，必有相当一部分被带入系统中。为了保证循环水的水质，在沉淀池入口投加一定浓度的弱阴离子型高分子助凝剂，对无机系统废水进行除浊和浓缩，使得沉淀池入口悬浮物浓度降低。为保证水道设备不发生结垢，在沉淀池出口管道上投加阻垢剂。为了保证水质，还要进行循环水浓缩倍数的管理，采用图7-24所示的投加药剂循环系统流程，定期向循环系统不断补充新水并排污，使水质达到相对稳定。

7.4.5　节水技术集成

根据上述的节水案例剖析可知，为实现钢铁生产炼铁工序的节约用水，可以采用串接供水，并采取清浊分流、合理串接“排污”、一水多用、循环使用、水质稳定、废水回用的节水集成技术：

① 循环用水：炼铁工序是钢铁生产中的耗水大户，但设备间接冷却水在使用后仅水温升高，水质未受污染，可经冷却塔冷却后返回循环使用。为保证系统水质稳定，经冷却塔冷却后的部分水送旁通过滤器过滤，整个清循环水系统还设有加药设施。

② 采用节能型喷雾推进通风冷却塔：不仅可减少冷却水的用量，而且节能效果明显。

③ 高炉煤气全干法除尘技术的应用：采用全干法布袋除尘技术，每吨节约循环水 7 ~ 9t，其中节约新水 0.2t，并可省掉湿法除尘所需的大型水洗塔和沉淀池，既有较好的节水效果，又有明显的经济效益。

④ 串接用水：将高炉炉体间接冷却水循环系统、炉底喷淋冷却水循环系统、高炉煤气洗涤水循环系统的“排污”水依次串接使用，作为补充水。而高炉煤气洗涤循环系统的“排污”水作为高炉冲渣水循环系统的补充水。水冲渣循环系统则密闭不“排污”。这种多系统串接排污，排污水实际上并不外排，既将水的功能用足，使水的循环利用率达到 100%，又尽可能将废水中的污染物消除在生产过程中。

⑤ 冲渣水循环利用：将冲渣水收集并经适当处理后循环利用，可节约大量新水。

⑥ 高炉渣粒化工艺与钢渣滚筒法液态处理工艺：与水冲渣法（即水淬法）相比，处理 1t 渣约可节水 90m^3 水，而且渣粒均匀并可直接使用，取得了显著的经济效益。

⑦ 煤气洗涤废水的处理回用：将高炉煤气洗涤水采用适当技术进行处理后循环使用。

南京某钢铁联合企业炼铁厂采用上述集成技术，2550m^3 高炉的给排水系统设高炉软水密闭循环系统、净环水系统、炉顶无料钟循环水系统、高炉煤气清洗循环水系统、冲渣水循环系统、高炉区域生产 - 消防给水系统、生产 - 雨水排水系统及生活水系统，系统的循环率为 97.6%。无生产废水排放。图 7 - 29 所示为其水量平衡图。

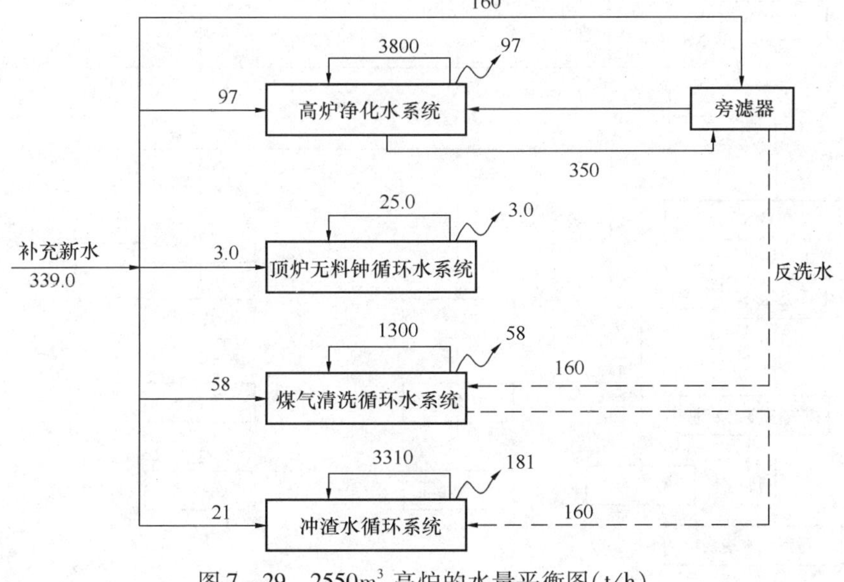

图 7 - 29　2550m^3 高炉的水量平衡图（t/h）

7.5 炼钢与连铸过程的节水技术集成

炼钢是将生铁中含量较高的碳、硅、磷、锰等元素降低到允许范围内的工艺过程。由于炼钢工艺的发展以及冶炼钢种的需要，炉外精炼技术与设备的完善，形成了"炼钢－炉外精炼－连铸"三位一体的炼钢工艺流程。

7.5.1 炼钢连铸过程的工艺流程

(1)炼钢系统的工艺流程

炼钢系统的主要生产车间有氧气转炉车间、电炉炼钢车间和连续铸锭车间等。炼钢系统的主要设施有：供水站、氧气站、空压站、锅炉房、水处理设施和机电、配电系统。

高炉铁水通过倒罐站进入铁水预处理脱硫装置进行脱硫处理，扒渣后用起重机吊往转炉处兑入转炉。通过高位料仓向转炉中加入少量活性石灰和白云石，通过料槽加入一定量的废钢后，将炉体摇至垂直，降下吹氧管供氧吹炼，这时铁水中的碳被迅速氧化成 CO，熔剂在炉内与某些元素发生化学反应生成钢渣。待钢水温度及成分合格后，停止吹氧，转炉出钢运至 LF 炉精炼。钢水在精炼炉内根据炉况和所需钢号种类，加入铁合金和熔剂等散状料，经加热、合金化、造渣脱硫、成分和温度均匀化、去除杂质等工序后成为合格钢水，送连铸机连铸。特殊钢种经 RH 装置脱除钢中有害气体后，送连铸机连铸，转炉煤气净化后作燃料使用。其生产过程的工艺流程如图 7－30 所示。

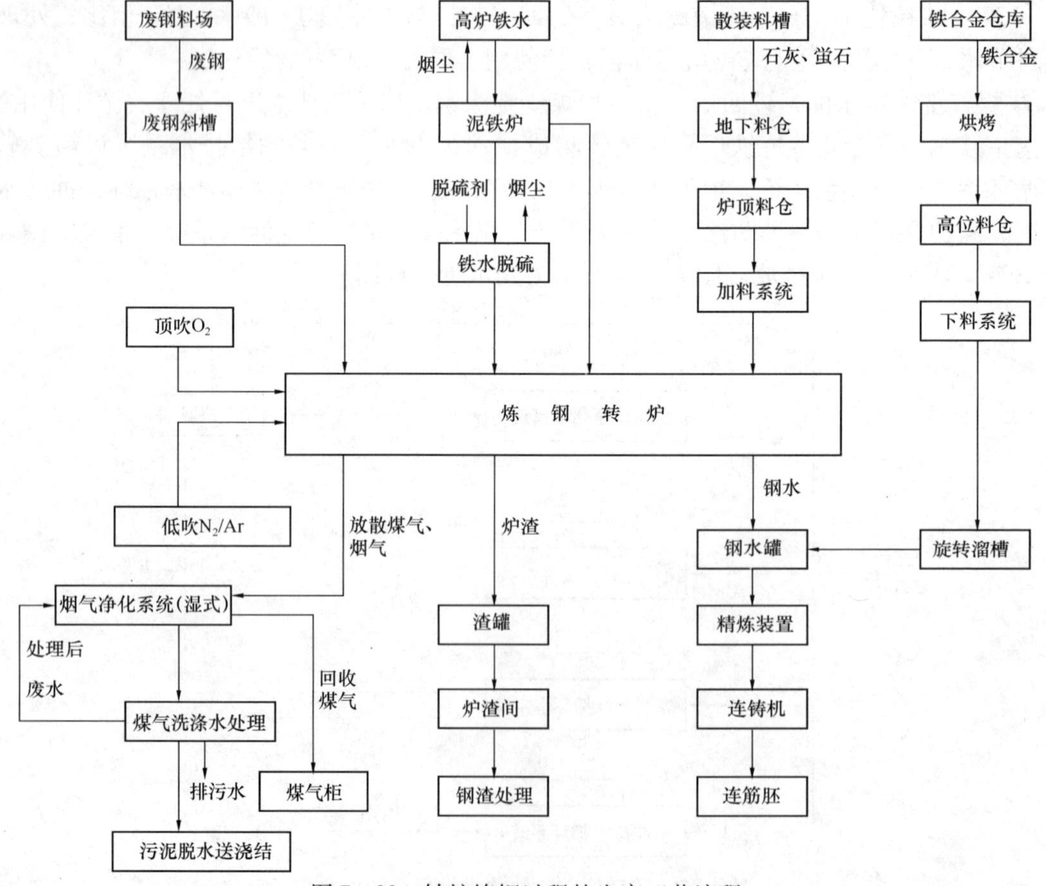

图 7－30 转炉炼钢过程的生产工艺流程

合格的钢水用吊车运至钢水包回转台。回转台将钢水包转至中间罐上方，打开钢水包滑动水口，钢水流入中间罐。当中间罐内钢水深度达到浇注要求后，开启中间罐滑动水口，钢水流入结晶器，在结晶器内结成凝壳。具有一定坯壳厚度的铸坯拉出结晶器后，铸坯沿着支撑导向段和扇形段并经二冷喷淋冷却前进，坯壳厚度不断增加。铸坯经过矫直扇形段矫直后，通过中间辊道到一次火焰切割机，将铸坯切成倍尺，然后通过辊道送至二次切割辊道。二次切割机将倍尺坯切成定尺，经打印机打号后送入推钢机/垛板台辊道。

（2）连铸工艺流程

传统的生产工艺是炼出的钢水浇注在钢锭模内，一经冷却、脱模后，送初轧车间进行开坯，最后才送至各种成品轧机加工成具有各种用途的钢材。

连铸机的作用在于省去模铸和初轧开坯的工序，钢水直接浇入连铸机的结晶器，使液态金属急剧冷却并形成钢坯硬壳，从结晶器尾部用拉钢机连续地将结成硬壳的钢坯拉出并进入二次冷却区。二次冷却区由辊道和喷水冷却设备构成。钢坯在二次冷却区受到各方面喷淋水的冷却或汽水冷却，逐渐完成整个截面上的结晶硬化过程。钢坯从二次冷却区被拉出以后，用机械切断机或火焰切断机切割成所需的尺寸，堆放或直接送至成品轧机进行加工。结晶器是个可根据需要装成任意断面形状的活动铸模，因此进入结晶器的钢液，在离开结晶器时就变成所需要的钢坯形状。由于连铸工艺的实施，简化了加工钢材的程序，不但能大量节省基建投资和运行费用，而且减少金属、能源消耗，增加金属回收率。连铸机的使用，是钢铁工业的一次重大工艺改革。其生产过程的工艺流程如图 7－31 所示。

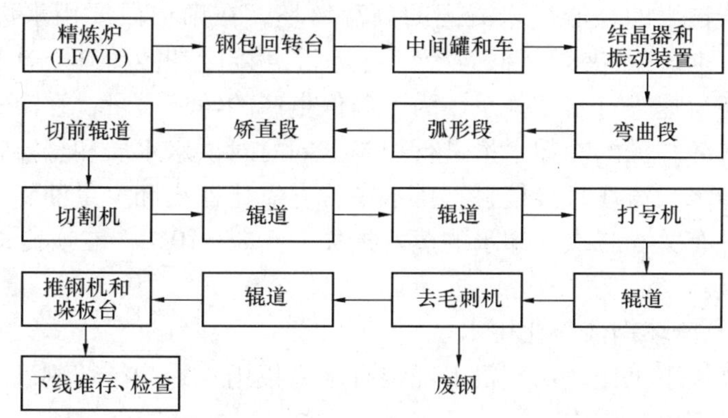

图 7－31　板坯连铸过程的生产工艺流程

7.5.2　用水节点及水质水量要求

（1）转炉炼钢系统的用水节点及水质水量要求

炼钢和轧钢都需要用到大量的水，其用水点的分布很复杂。根据水的使用途径和目的，可将用水的种类分为以下几种：一是冷却炼钢平炉、转炉的间接冷却水；二是冷却设备和产品的直接冷却水，如轧钢机轧辊和辊冷却水、铸锭冷却水等，因与产品接触，使用后不仅温度升高，水中还含有油、氧化铁皮和其他杂质；三是洗涤平炉、转炉烟气的气体洗涤水；四是用于电磁站的空调用水。

氧气转炉炼钢车间的主要用水户包括转炉本体、烟气净化、铁水预处理、炉渣处理与炉外精炼、连铸机等。转炉本体的水冷部件有吹氧管、烟罩、炉帽、炉口、挡板、托圈、扎套、溜槽、耳轴、水封、液压设备油冷却器等，随转炉大小以及其设备设计制造厂的不同，其用水量和用水条件差别较大。

比较典型的氧气转炉炼钢供水分为：烟道采用汽化冷却系统，水质为纯水；罩群及烟罩冷却采用闭路系统，水质为纯水；氧枪等高压供水采用开路系统，水质为软水；设备低压供水采用开路系统，水质为软水；烟气净化为浊环水系统。

(2) 连铸系统的用水节点及水质水量要求

连铸系统的主要用水节点有：结晶器冷却、设备间接冷却、二次喷淋冷却和设备直接冷却、火焰切割机及铸坯钢渣粒化用水等。

在连铸过程中，供水水质起着重要作用，为了提高钢坯的质量，对连铸用水水质的要求越来越高，水的冷却效果好坏直接影响钢坯的质量和结晶器的使用寿命。

1）结晶器冷却

钢制结晶器外面为冷却水套，形成封闭式冷却，冷却水在结晶器水套内以较大的流速通过，把高温钢水的大量热量带走，使其凝固形成坯壳。结晶器对冷却水的要求十分严格，一般用软水(或除盐水)。由于浇注时温度极高，为保证结晶器的安全生产，需设置事故停电时的安全供水设施。有的连铸根据浇铸钢水品种需要，往往设置电磁搅拌装置，与结晶器合体或单独设置，用水要求水质较严，一般用软水(或除盐水)。

2）设备间接冷却

主要包括连铸扇形段上、下辊子内通水冷却、液压系统油冷却等。

3）二次喷淋冷却和设备直接冷却

从连铸机结晶器拉出的坯心尚未凝固的高温铸坯，在扇形段要用水进行强制喷淋冷却(或气水喷雾冷却)，同时对夹辊、框架等设备进行直接冷却。铸坯二次冷却水量与钢种、铸坯断面规格及铸坯拉速等有密切关系，为了确保生产的铸坯质量，在冷却过程中，要按最佳冷却特性，对二次冷却区的冷却水量进行控制。同时对供水水质和悬浮物最大粒径有较严格的限制。由于冷却水与铸坯直接接触，排水中含有氧化铁皮和少量油脂，含油量与设备漏油以及维修管理水平有关。二次冷却水的蒸发损失为5% ~10%。二次冷却水要设置事故停电时的安全供水设施。

4）火焰切割机及铸坯钢渣粒化用水

火焰切割机在高温下工作，切割机下部装有水冷板用水冷却。切割下来的铸坯钢渣用压力水喷射进行粒化后流入铁皮沟。

5）其他用水户

大型连铸机有的还设有快速水冷装置及火焰清理机，用水直接冷却，排水中含氧化铁皮和粒化钢渣。

伴随着连铸工艺的不断发展，连铸机的供水系统安全性、稳定性、可靠性亦不断提高，从最初的开路净循环水系统，向软水开路循环水系统、软水半闭路循环水系统、软水闭路循环水系统发展。由二冷水、冲铁皮水两个各自独立的浊循环水系统，向合并成一浊循环水系统发展。

炼钢系统的用水量，由于其车间组成、炼钢工艺、给水条件不同而有差异。目前我国转炉除尘有干法和湿法两种，但多数仍以湿法为主，电炉和少数平炉炼钢企业基本为干法除尘，所以用水构成也不相同。一般地，炼钢厂的设备用水指标如表7－4所示，大体为：每吨转炉钢为69 ~70m^3，其中炉体冷却水为20 ~25m^3，烟气净化水为5 ~6m^3，连铸用水为6 ~7m^3,其他为35m^3；每吨电炉钢为84m^3，其中炉体冷却水约为49m^3，其他用水约为

35m³；每吨平炉钢约为 90m³，其中设备冷却水约为 60m³，其他用水为 30m³。

以南京地区某钢铁联合企业转炉炼钢厂为例，该钢厂年产量 250 万吨，图 7－32 所示为该转炉炼钢厂的水量平衡图。由图可看出，在炼钢工段，用于设备除尘和地坪清扫的水量为 773t/h，但其对水质的要求较差，因此可直接使用其他工段的排放水；用于转炉间接冷却的水量为 1350t/h，其对水质的要求不太高，只需普遍的循环水即可满足要求。另外，由于间接冷却水在使用过程中除了温度升高外，其他水质指标没有变化，因此可对其进行循环利用；电磁站空调水的用量为 10t/h，脱硫站冷却水的用量为 127t/h，混铁炉冷却水的用量为 102t/h，因其使用途径与转炉冷却水相同，因此对水质的要求与转炉冷却水相同。

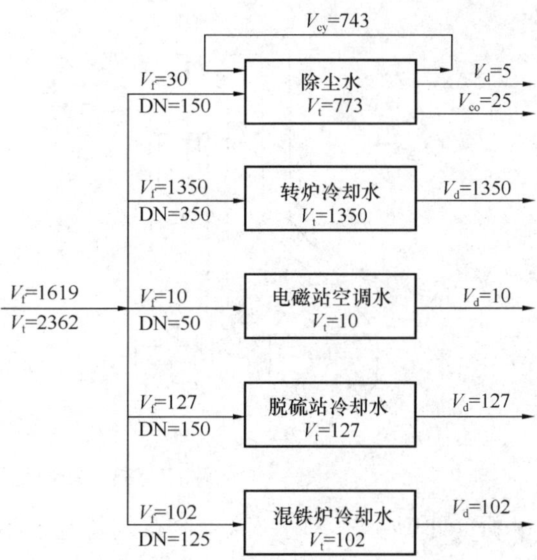

图 7－32　转炉炼钢厂的水量平衡图(t/h)

表 7－4　炼钢设备用水指标

项目名称		单位	用水量	取水量
转炉	≤150t	m³/t 钢水	15	0.75
	200～300t	m³/t 钢水	6.5～10	0.33～0.5
电炉	竖炉与 Consteel 炉	m³/t 钢水	15	0.75
	其他电炉	m³/t 钢水	10	0.5
LF 钢包炉		m³/t 钢水	3～5	0.15～0.25
真空精炼(VD、VOD、RH)		m³/t 钢水	5～7	0.25～0.35
连铸	方坯	m³/t 坯	8～12	0.4～0.6
	板坯	m³/t 坯	10～15	0.5～0.75

7.5.3　废水的排放与资源化回用

(1) 废水的排放

当前炼钢系统以纯氧顶吹转炉烟气净化废水量最大。由于目前炼钢厂的连铸比一般在 94% 以上，连铸生产废水的处理与回用已成为炼钢工序的重要技术问题。

1) 转炉除尘废水

转炉除尘废水是指纯氧顶吹的高温烟气洗涤废水。纯氧顶吹转炉在冶炼过程中，由于吹氧的缘故，含有浓重烟尘的大量高温气体经过炉口冒出来，通过烟罩进入烟道，经余热锅炉回收烟气的部分热量后，进入如图 7－33 所示的设有两级文氏管的湿式除尘系统，依次对烟气进行清洗。第一级文氏管一般做成喉口处带有溢流堰并设喷嘴的结构，溢流的水沿文氏管壁流下，可以保护洗涤设备不致被高温气流和烟气中的尘粒损失。第二级文氏管的喉口处设有一个可以调节喉口大小的装置，通过调节喉口的大小，可控制气流通过喉口的速率，提高除尘和降温的效果。供两级文氏管进行除尘和降温的水，使用过后通过脱水器排出，即为转炉废水，其性质与除尘设备、除尘工艺紧密相关。

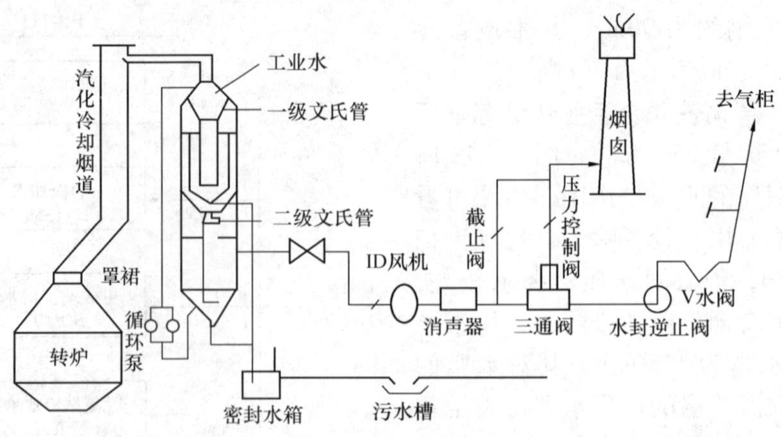

图 7－33　转炉烟气湿式除尘工艺流程

炉气处理工艺不同，除尘废水的特性也不同。采用未燃法炉气处理工艺，除尘废水的悬浮物以 FeO 为主，废水呈黑灰色，悬浮物颗粒较大，废水的 pH 值多在 7 以上，甚至可达 10 以上。采用燃烧法炉气处理工艺，除尘废水中的悬浮物以 Fe_2O_3 为主，且颗粒较大，废水多为红色，呈酸性，但当混入大量石灰粉尘时，燃烧法废水则呈碱性。

2）连铸废水

连铸机生产中产生的废水主要是连铸机设备的间接冷却废水、设备和产品的直接冷却废水和火焰清理机的除尘废水。设备间接冷却废水主要指结晶器和其他设备的间接冷却废水，其耗水量一般为 5～20m^3/t 钢。设备和产品的直接冷却废水是二次冷却区产生的废水，单位耗水量一般为 0.5～0.8m^3/t 钢，主要含有氧化铁皮、油脂及硅钙合金、萤石、石墨等，水温较高。火焰清理机产生的废水有三种：一是水力冲洗格内和给料辊道上的氧化铁皮，二是冷却火焰清理机的设备和给料辊道，三是清洗在钢坯火焰清理时所产生的煤气，废水主要含有呈金属粉末状的分散性杂质，悬浮物的质量浓度约为 400～1500mg/L。

由此可见，连铸废水主要含有氧化铁皮和油，因此连铸废水的治理目的是去除悬浮物与油类后回用，处理方法一般采用沉淀、除油、过滤、冷却和水质稳定等措施，但由于条件和用水系统的差异，外排废水水质成分不同，处理的侧重点也不同。

（2）废水的资源化回用

炼钢系统由于在生产过程中有 40% 的生产用水直接与高温含尘烟气和钢渣接触，不仅水温升高，水质污染，还夹有大量含铁固体颗粒物质，因此，炼钢系统用水必须根据不同用户、不同水质要求，区别对待处理。对于一些间接冷却，水质要求高的洁净用水对象，由于在冷却过程中仅水温升高，水质未受污染，则采用闭路循环。受热的水有的经空冷式热交换器间接冷却，有的经冷却塔直接冷却循环使用。对一些用水对象在使用过程中水温升高、水质受到污染的，则采用有效的先进处理设施和投加药剂进行物理和化学处理，使污水澄清，水质得到稳定，以保证水的循环利用。

1）转炉除尘废水的资源化处理技术

转炉除尘废水的处理目的是循环回用，最终达到闭路循环，处理的关键在于去除悬浮物、稳定水质并实现污泥的脱水回用。

对于转炉除尘废水中的悬浮物，采用自然沉淀的效果较差，因此需采用强化沉降，较理想的是使除尘废水进入水力旋流器，利用重力分离的原理将大悬浮颗粒除去，以减轻沉淀池的负荷，再加入絮凝剂，使出水的悬浮物含量降低到循环使用的要求。另外，由于在生产过程中投加石灰，除尘废水中的 Ca^{2+} 含量相当多，硬度较高，因此需要加入水质稳定剂。

目前，常用的转炉除尘废水处理与回用工艺流程主要有如下几种：

① 混凝沉淀－水稳药剂流程：该处理与回用工艺流程如图 7－34 所示，从一级文氏管排出的除尘废水经明渠流入粗粒分离槽，在粗粒分离槽中将含量约为 15% 的、粒径大于 60μm 的粗颗粒杂质通过分离机予以分离，被分离的沉渣送烧结厂回收利用；剩下的含细颗粒的废水流入沉淀池，加入絮凝剂进行混凝沉淀处理，沉淀池出水由循环水泵送二级文氏管使用。二级文氏管的排水经水泵加压，再送一级文氏管串联使用，在循环水泵的出水管内注入防垢剂(水质稳定剂)，以防止设备和管道结垢。沉淀池下部沉泥经脱水后送往烧结厂造球回用。

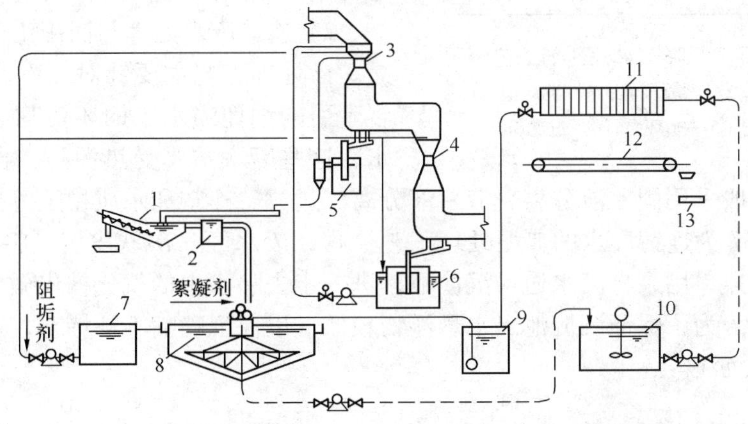

图 7－34　转炉除尘废水混凝沉淀—水稳药剂处理流程

1—粗颗粒分离槽及分离机；2—分配槽；3— 一级文氏管；4—二级文氏管；
5— 一级文氏管排水水封槽及排水斗；6—二级文氏管排水水封槽；7—澄清水吸水池；
8—浓缩池；9—滤液槽；10—原液槽；11—压力式过滤脱水机；12—皮带运输机；13—料罐

② 药剂混凝沉淀—永磁除垢处理与回用工艺流程：其工艺流程如图 7－35 所示。转炉除尘废水经明渠进入水力旋流器进行粗细颗粒分离，粗铁泥经二次浓缩后，送往烧结厂利

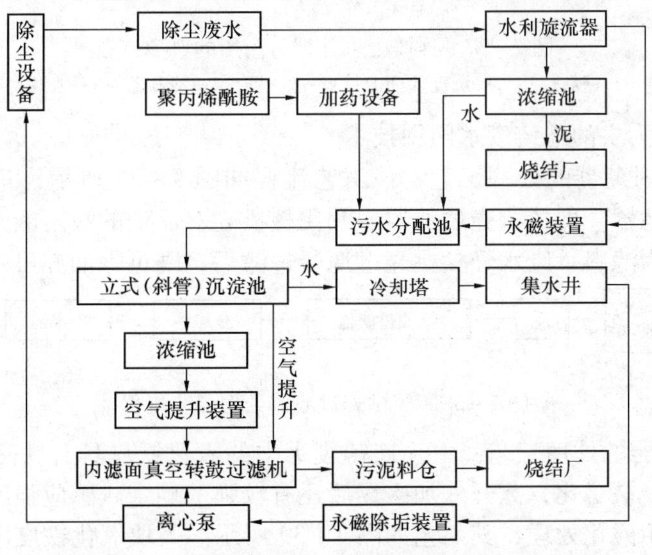

图 7－35　药剂混凝沉淀—永磁除垢处理工艺流程

用；旋流器上部溢流水经永磁场处理后进入污水分配池与聚丙烯酰胺溶液混合，随后分流到斜管沉淀池沉降，其出水经冷却塔降温后进入集水池，清水通过永磁除垢装置后加压循环使用。沉淀池泥浆用泥浆泵提升至浓缩池，污泥浓缩后经真空过滤机脱水，污泥的含水率约为40% ~50%，送烧结配料使用。

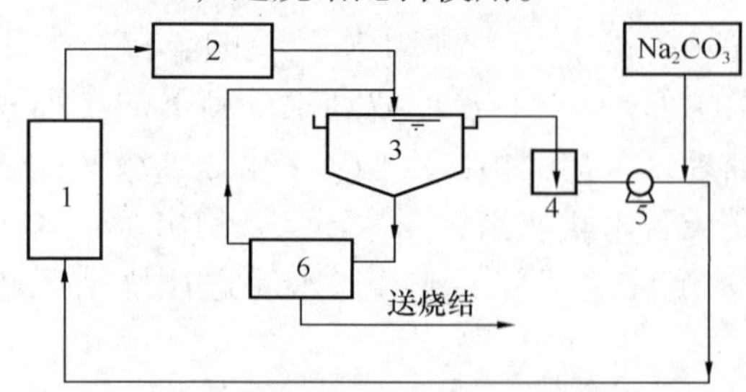

图7－36　磁凝聚沉降—水稳药剂工艺流程

1—洗涤器；2—磁凝聚器；3—沉淀池；4—积水槽；5—循环泵；6—过滤机

③ 磁凝聚沉淀—水稳药剂处理与回用工艺流程：如图7－36所示，转炉除尘废水经磁凝聚器磁化后流入沉淀池，沉淀池出水中投加碳酸钠解决水质稳定问题后循环回用。沉淀池的沉泥经厢式压滤机压滤脱水，泥饼含水率较低，送烧结厂回用。

2）连铸废水处理与回用工艺

该处理工艺主要针对二次冷却区喷嘴向拉辊牵引的钢坯喷水、钢坯切割与火焰清理等废水，这些废水主要受热污染，含氧化铁皮与油脂，处理方法一般采用固－液分离、液－液分离、过滤、冷却和水质稳定等措施，以实现循环利用。图7－37为连铸废水的典型处理工艺流程，废水经一次铁皮坑，将粒径大于50μm的氧化铁皮清除掉，用泵将废水送入沉淀池，进一步去除水中的氧化铁皮微粒，同时利用上浮原理将油除去。为了保证沉淀池出水悬浮物较低，以保证喷嘴不被堵塞，通常采用投药混凝的方法以加速沉淀。

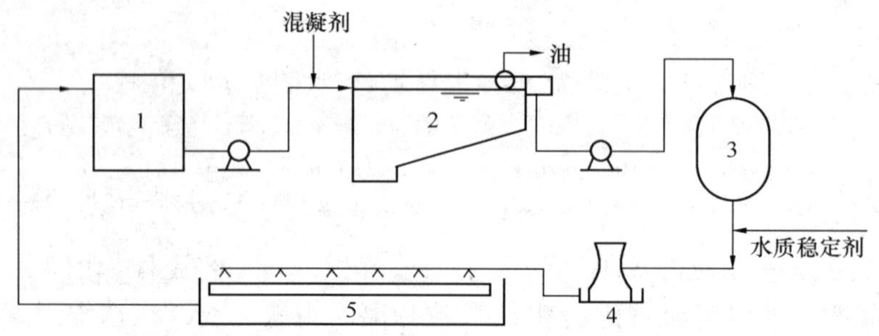

图7－37　连铸废水处理与回用的典型流程

1—铁皮坑；2—沉淀除油池；3—过滤器；4—冷却器；5—喷淋

3）物理法除油为主的连铸废水回用技术

① 采用核桃壳过滤器的处理工艺：该工艺流程如图7－38所示，其核心是除油，处理核心设备是除油过滤器，即核桃壳过滤器。利用核桃壳对浮油的吸附能力，将经加工后的核桃壳装入过滤器作为滤料，废水经核桃壳过滤器过滤后，既可除油亦可去除部分悬浮物。

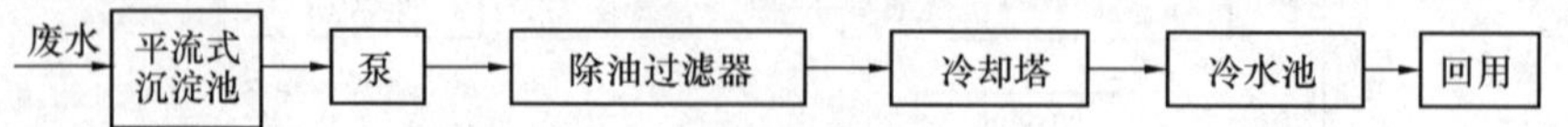

图7－38　核桃壳过滤器处理工艺流程

② 采用磁絮凝器的处理工艺：由于连铸废水中的氧化铁皮具有铁磁性，在外加一定的磁场强度的作用下能被磁化，离开外加磁场后还有较强的剩余磁感应强度，利用这种特性可以在连铸废水中采用磁化处理，其工艺如图7－39所示。大块氧化铁皮用细格栅拦截，微细颗粒在磁处理器中被磁化，具有一定磁力的铁磁性物质相互絮凝成大颗粒，在旋流沉淀池中

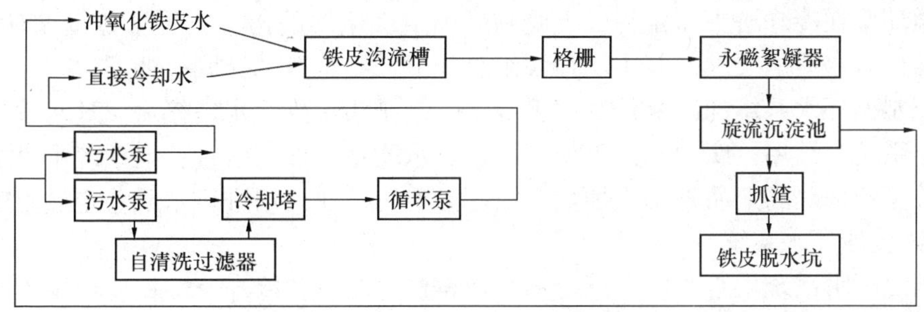

图 7－39　采用永磁絮凝器处理工艺流程

被除去。与此同时，磁处理还可改变水溶液的物理化学性能(如电导率、黏度、表面张力等)、离子的水合缔合度和盐类的结晶结构。如使含钙离子所形成的晶体由方解石变为纹石，并随水流带走，可减少对设备和管道内壁的结垢，对浊环水系统水质的稳定有一定的作用。

4）化学法除油为主的连铸废水与回用技术

化学除油是以投加化学药剂，经混合反应后使水中的油类、氧化铁皮等悬浮物通过絮凝作用沉降分离出来，达到净化水质的目的，其工艺流程如图 7－40 所示。

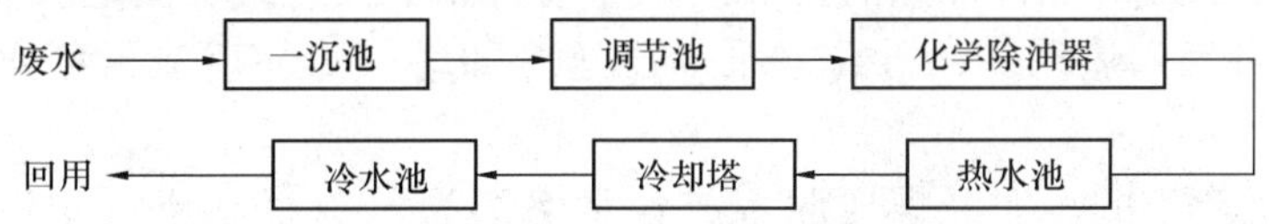

图 7－40　化学除油器处理工艺流程

化学除油器分为反应区和沉淀区，反应区主要有两级机械搅拌反应或一级水力搅拌，沉淀区为斜管沉淀部分。经投药并通过第一、第二混合室混合后的污水进入后部反应室和斜管沉淀室，水中油类(浮油和乳化油)和悬浮物经过药剂的絮凝作用形成大颗粒絮花沉降在下部排泥斗中，上部清水经溢流堰出水管排出，下部污泥可排至旋流池(或一次铁皮沉淀池)渣坑和粗颗粒铁皮一起运出，也可单独浓缩处理后运出。

7.5.4　节水案例剖析

(1)节水案例一：循环用水

某钢铁联合企业炼钢厂现有一台 2#120t 转炉及 2500mm 板坯连铸机，为了节约用水，该厂在生产过程中采取了“串联供水、以新补净、以净补浊、循环使用”的措施。

1）软水闭路循环水系统

该系统供板坯连铸机结晶器及闭路设备间接冷却用水，水质为软水，回水水质未受污染，经板式换热器冷却后，由泵加压供用户循环使用。循环补充水为软水，硬度为 2mg/L ($CaCO_3$)，由氮压罐调节系统的压力，并根据罐内水位高低自动向各系统补水。

2）炼钢净环水系统

炼钢净环水系统供给转炉本体以及辅助设施、炼钢系统各风机、液力偶合器、转炉煤气除尘设施、连铸机、LF 炉、冷媒水等设施的净环冷却用水，其循环水量为 3899m^3/h。该系统为开路循环系统，用户使用后回水仅水温升高，藉余压直接送冷却塔冷却，一部分无压或压力较低的回水自流至循环水泵站热水井，经水泵加压至冷却塔。冷却塔降温后回水流入循环水泵站冷水井，再根据不同的用水制度、不同的压力分五组水泵供车间各用户循环使用。

由于循环水在冷却塔中一定程度上受到周围空气尘埃的污染，为了控制循环水的水质，同时满足工艺对水质的要求，其中两组泵组总管上加装全自动无阀过滤器。

为了控制循环水系统的浓缩倍数，需少量强制排污，排污水串接供浊环水系统作为补充水。为防止系统中结垢、腐蚀和藻类繁殖，设有水质稳定加药装置，向系统中投加阻垢、防腐和杀菌灭藻药剂。药剂品种和投加量需由厂方委托专业公司进行水质稳定试验确定。

3）连铸机浊环水系统

连铸机浊环水系统供给二次喷淋冷却、连铸机开路设备冷却及冲铁皮用水。采用开路循环水系统，上述用户均为直接冷却，排水含氧化铁皮和少量油，采用的流程为：各用户排水流入铁皮沟，自流至一次池，经初步沉淀，除去大块铁皮，一部分加压送车间冲铁皮，另一部分由水泵加压送化学除油器进一步去除细小铁皮和油，其出水加压送至高速过滤器过滤，利用余压上冷却塔冷却后回到冷水井，经水泵加压供用户使用。设备冷却水泵组的出水总管上设 200μm 管道过滤器。

4）转炉煤气除尘浊环水系统

转炉煤气除尘浊环水系统主要供一文、二文风机及三通阀等定期冲洗直接冷却用水，采用开路循环水系统，排水含大量的悬浮物。采用的流程为：一文、二文排水经水槽自流至粗颗粒分离机，去除较大的颗粒，然后再经高架水槽自流入辐射式沉淀池沉淀，出水悬浮物≤70mg/L。经水槽自流入热水井，再经水泵加压送冷却塔，冷却后流入冷水井，经水泵供用户循环使用。

粗颗粒分离机产生的污泥经螺压脱水成含水率约为 30% 的污泥，定期外运。辐射池下泥浆送入泥浆处理系统，池底沉淀的污泥用泵加压送至浓缩池，浓缩池底泥经泵加压到折带式过滤机，脱水处理后的污泥进入料仓，用汽车运去综合利用。浓缩池上清液与过滤机滤液一同用泵送至辐射式沉淀池回用。

5）空压站净环水系统

主要供空压机冷却用水，净环水采用开路循环水系统。用户使用后仅水温升高，利用余压送冷却塔，经冷却降温后回水至泵房冷水井，再由水泵加压供空压机等设备循环使用。

为改善水质，防止系统中结垢、腐蚀和藻类繁殖，设有水质稳定加药装置，向系统中投加阻垢、防腐和杀菌灭藻药剂，并在供水总管上设悬浮颗粒≤200μm 全自动管道过滤器一台。

6）废水的处理与回用

转炉及板坯连铸机的生产废水主要来自连铸浊环水系统排水、转炉煤气除尘浊环排水、空压站净环水系统排水。该净环水排入工业回水综合净水站处理后，供全厂生产用水补充。

（2）节水案例二：工艺节水

某钢铁公司在炼钢生产系统中，将自力式喷雾推进通风冷却塔技术移植到转炉软水闭路循环系统，充分利用氧枪回水压力推动喷嘴旋转进行冷却，无需用电，节约新水 105m^3/h，同时氧枪供水水质发生了根本的变化，不易结垢、不易堵塞喷头，枪体换热效率提高，延长了氧枪使用寿命，改善了工艺操作条件。

该钢厂采用连铸机低过热度浇注技术和二冷配水模型，解决了夏季二冷水温高造成浊环大量补水、外排的难题，有效控制了连铸机二冷水的浊环水外排。

（3）节水案例三：干法转炉煤气回收工艺

干法转炉烟气处理、煤气回收及压块技术（简称为“LT”），是由德国鲁奇公司和蒂森公钢厂联合开发的。烟气经过冷却烟道后，烟气温度就由 1450℃左右降至 380～1000℃之间，烟气随后进入净化系统。烟气净化系统由蒸发冷却器和圆筒型电除尘器组成，烟气通过蒸发冷却使其温度继续降至 180～200℃，同时通过调质处理，使烟尘的比电阻降低并收集部分粉尘。经过初步处理的烟气再进入圆筒型电除尘器进行进一步的净化，使其含尘浓度降至 $10mg/m^3$ 以下，以获得较佳的除尘效果。由电除尘器和蒸发冷却器收集的粉尘经输送机送至压块站，在回转窑中将粉尘加热到 500～600℃，然后用压块机将粉尘压制成块。

该技术的功能是，回收转炉冶炼过程产生的煤气，并对烟气进行净化，将含尘浓度由 $150 \sim 200mg/m^3$ 降至 $10mg/m^3$，因此可大幅降低转炉炼钢工序的能耗；系统阻损小，煤气发热值高；全部采用干法处理，节约水资源，有利于保护环境。

某钢铁有限公司采用干法除尘技术后，不仅大大降低了水的用量，而且使外排粉尘含量稳定控制在 $6.6mg/m^3$。

（4）节水案例四：转炉烟气除尘废水的处理循环回用

某钢铁企业采用图 7－35 所示的工艺流程处理转炉烟气除尘废水实现循环给水和串接给水，一级文氏管除尘排水进入浓缩池，沉淀后供二级文氏管及溢流水封等用户使用，二级文氏管排水直接提升供一级文氏管使用。水在一级文氏管除尘设备中，由于水和高温烟气直接接触，水质受到污染，不仅 pH 值和温度升高，而且含有铁等机械杂质。为此污水经水封槽排入架空明沟，自流到粗颗粒分离槽，先除去粒径大于 60 微米的粗颗粒，然后进入分配槽分别向浓缩池进水。为了加速悬浮颗粒的沉降和调整污水的 pH 值，在分配槽内投加高分子助凝聚剂和硫酸或废碱液等 pH 值调整剂。除尘废水在浓缩池内沉淀，澄清后，清水进入吸水池，用离心水泵提升向二级文氏管和一级文氏管溢流水封及二级文氏管排水封槽补水。考虑到在循环水系统中必须进行水质稳定，在吸水池澄清水进口投加 pH 值调整剂和提升泵吸水口投加分散剂。在二级文氏管除尘设备中，由于水在一级文氏管中，大部分机械杂质，特别是粗颗粒已清除。二级文氏管排水 pH 值一般接近中性，可以直接提升供一级文氏管作熄火降温粗除尘使用。浓缩池底部沉降污泥由泥浆泵抽送到泥浆调节槽，再送到压力过滤机进行脱水，脱水后过滤液返回浓缩池沉淀，污泥和粗颗粒送到烧结厂实现回收利用。

某钢铁企业的转炉废水，由于尘泥处理效果不好，造成废水大量超标外排，污泥堆积等环保问题。该企业采用图 7－41 所示的废水处理工艺流程进行改造，转炉烟气除尘废水经提升泵进入钢制流槽，通过磁凝聚器磁化后，自流入斜板沉淀池。沉淀池出水自流入吸水井，经冷却塔冷却后送往转炉除尘系统循环使用。沉淀池底部泥浆经螺旋输泥机推出，用泥浆提升泵送至污泥脱水间的泥浆储罐，再用压缩空气输送至板框压滤机经脱水后，由卸料斗装车运至烧结厂作为原料回收利用。运行结果表明，采用磁凝聚器－斜板沉淀池－板框压滤机的

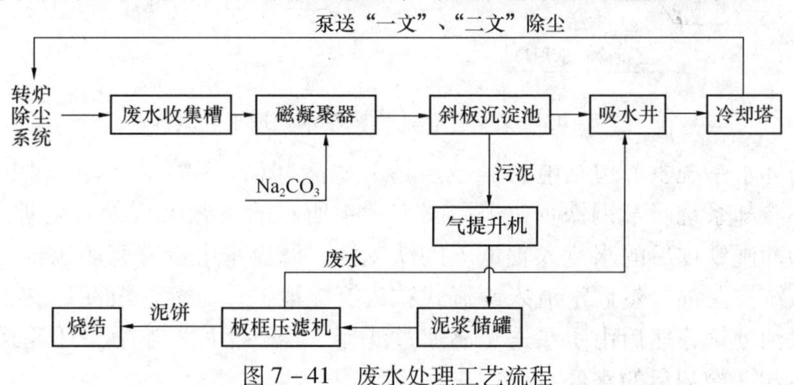

图 7－41　废水处理工艺流程

工艺处理转炉烟气除尘废水，不仅可以降低悬浮物，回收利用尘泥，保持水质稳定，减排废水，而且可降低成本。

(5) 节水案例五：连铸废水的处理与回用

某钢铁企业采用图7-42所示的工艺流程进行连铸废水的处理。喷淋冷却水及直接冷却的回水由铁皮沟进入圆形铁皮坑，较大的氧化铁皮在铁皮坑内沉降，并堆集在底部，用门式抓斗吊车将其抓出，并在脱水池脱水后，运至烧结厂作为原料回用。水中的含油在铁皮坑外环分离上浮至水面，由挡油板和撇油机撇除。净化除油水经泵提升，一部分供直接冷却使用，另一部分送往高速过滤器，进一步净化除油。

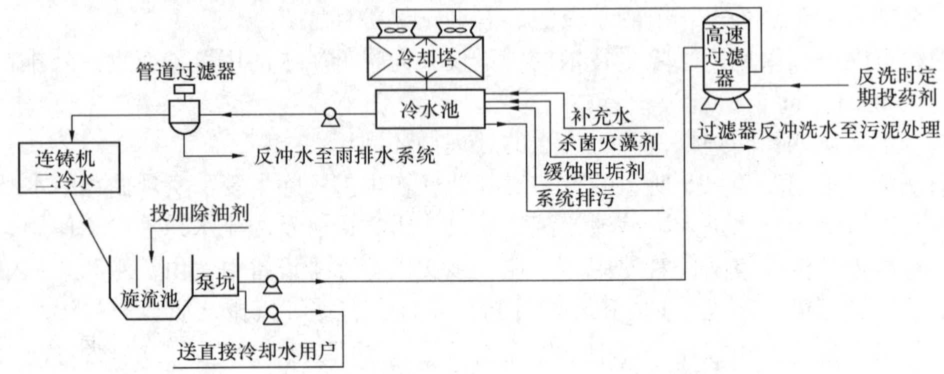

图7-42 某钢铁企业连铸废水处理工艺流程

为了解决过滤器滤料板结问题，根据水质情况，在旋流沉淀池投加除油剂，并在过滤器反冲洗时定期加药，以确保过滤器反冲洗的效果。

在上述工艺流程的基础上，增设二次平流沉淀池，可使连铸二冷水更有效去除悬浮物和浮油，提高水的处理效果。改进后的工艺流程如图7-43所示。

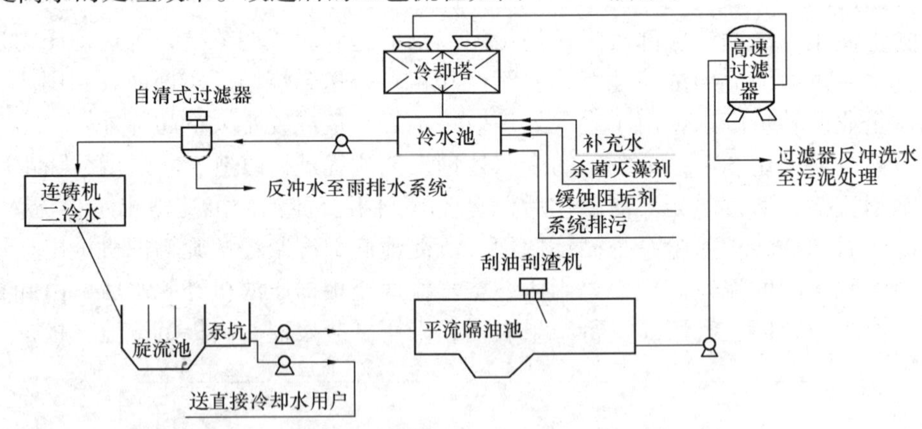

图7-43 某钢铁企业连铸废水处理工艺流程

电炉浊循环水系统主要包括电炉区域连铸二次冷却（气雾喷淋冷却）和电炉真空脱气冷凝两个浊循环冷却系统。某钢铁企业采用图7-44所示的工艺流程处理电炉管坯连铸废水。经气雾冷却和冲洗铁皮后的水流入辊道下的铁皮沟，回流水中带有铸坯拉辊及轴承润滑油的油珠和液压系统渗漏油，然后汇流入旋流式铁皮沉淀池进行沉淀，沉淀后的水通过毗连的小矩形池进行除油处理，然后由水泵送至高速过滤器，经过滤后的水靠余压输送至逆流式机械抽风冷却塔冷却，冷却后的水经泵供用户循环使用。

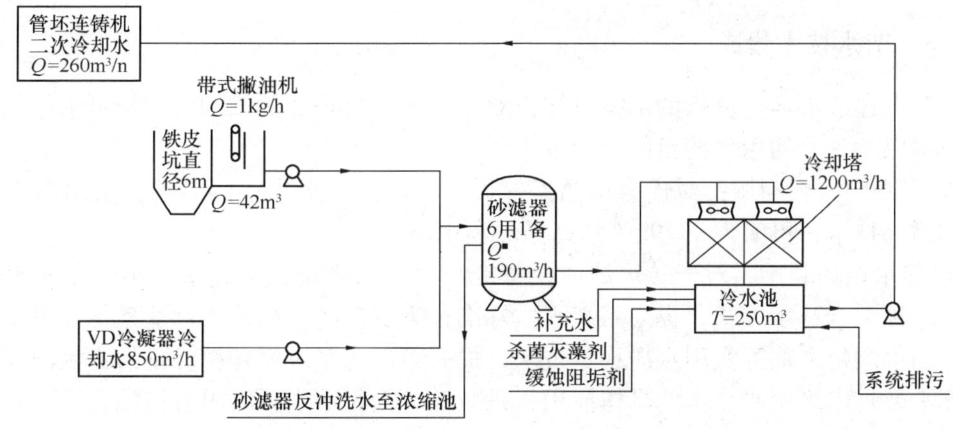

图7-44　电炉管坯连铸废水处理工艺流程

上述三种连铸废水处理工艺均以物理方法为主，依靠浮油和氧化铁皮在水中的自然性质进行升降，结合过滤器去除浮油及悬浮物。运行实践证明，一沉池(旋流沉淀池与立式沉淀池)的运行效果较好，但由于除油机的除油效果差、水位落差大，除油效果不理想。而且由于过滤技术的局限性，在含油浓度较高时的处理效果和调节能力更差，且运行时反冲洗周期频繁，反冲洗废水量大。

某钢铁企业采用稀土磁盘及气浮技术对传统的浊环水系统进行改造，实现了零排放的封闭循环，其工艺流程如图7-45所示，主要的改造内容是增建稀土磁盘净化工艺以解决废水中悬浮物的铁磁性物质，增设油脂气浮工艺以解决废水中油脂过高的问题，并将原隔油池布袋式撇油机改为钢带式撇油机。采用上述工艺处理后的水由于水质较好，除循环回用外，还可替代机械生产区的净循环用水，并减少浊环水的处理量。通过回收浊环溢流水，将各池溢流水引入旋流池，使溢流水得到回用，可减少补充水量；用浊环水替代新水进行压力过滤器的反冲洗，可减少浊环水量；用浊环水代替新水进行绿化、冲洗地坪等，使浊环水实现“零”排放，具有明显的节水与经济效益。

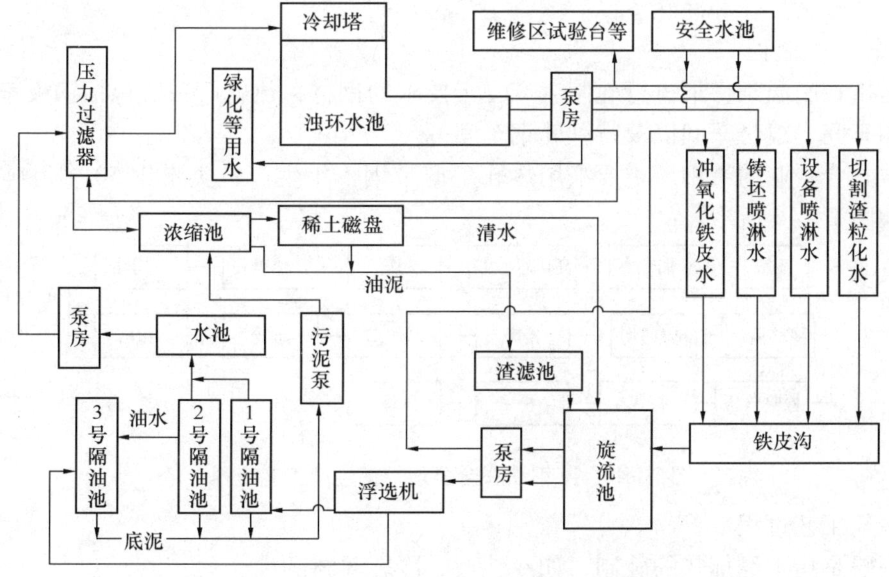

图7-45　改造后浊环水系统处理流程

7.5.5 节水技术集成

通过对上述节水案例进行的剖析可知，对于钢铁联合企业的炼钢系统，可采用如下的节水集成技术以达到节约用水的目的。

① 软水密闭循环利用：对连铸结晶器等设备，根据其对水质的要求，采用高效节水的软水密闭循环技术，可实现99.93%的高循环利用率；

② 冷却水循环利用：对于转炉炉体设备冷却净环水系统，补充水采用工业净水加兑部分软化水这种混合补水方式，提高系统水质标准，为实现高浓缩倍数创造条件。采用旁通过滤设施、加水质稳定剂等实用水质稳定技术，提高净环水系统循环率。排污水供浊环水系统作为补充水，是串级用水技术的具体应用，是减低吨钢新水水耗的重要措施。

③ 煤气洗涤废水的处理与回用：转炉煤气洗涤采用的是OG法除尘，二级文氏管排水通过水封槽收集，直接泵送一级文氏管使用。是串级用水技术在该案例中的又一具体应用。

④ 采用干法除尘：采用全干式煤气除尘系统取代湿式煤气洗涤系统，可完全省去洗涤用水，从而实现节约用水的目的。

⑤ 连铸废水的处理与回用：连铸浊循环水系统采用以化学除油器为主要处理单元的含油废水处理技术，除油效率高，出水水质稳定。目前，化学除油器已广泛应用于连铸废水处理工艺和轧钢废水处理工艺中。

南京地区某钢铁联合企业采用上述集成技术后，转炉及板坯连铸机生产用水的绝大部分都是采用循环水，循环水的利用率为99.2%，取得了明显的节水效果与经济效益。

7.6 轧钢过程的节水技术集成

7.6.1 生产工艺流程

轧钢生产分为热轧和冷轧。

(1)热轧工艺流程

热轧是指在高温条件下进行轧制生产一定要求的钢材，热轧厂一般包括钢板车间、钢管车间、型钢车间、线材车间以及特种轧钢车间等。

某钢铁联合企业的带钢厂主要采用热轧生产带钢，年生产各类带钢50多万吨，其生产工艺流程如图7-46所示。

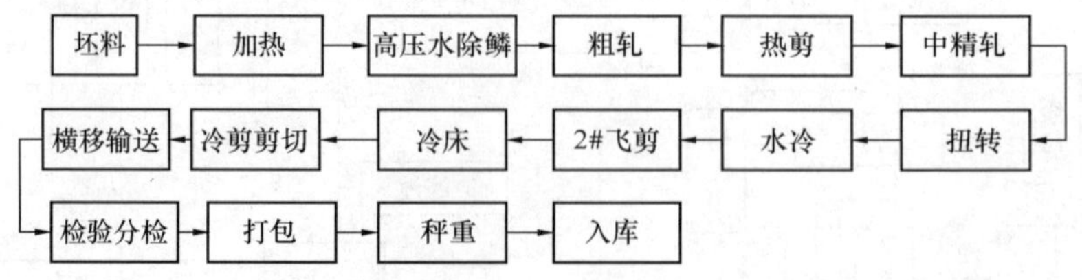

图7-46 某钢铁联合公司带钢生产工艺流程

(2) 冷轧工艺过程

冷轧一般是指不经加热的轧制，如冷轧板、冷轧卷材的生产。

7.6.2　用水节点及其对水质水量的要求

(1) 热轧过程的用水节点及其对水质水量的要求

热轧生产时，轧机的轧辊、轴承，输送高温轧件的各类辊道，初轧机的剪机、打印机，宽厚板轧机的热剪、热切机，中板轧机的矫直机，带钢连轧机的卷取机，大、中型轧机的热锯、热剪机，钢管轧机的穿孔、均整、定径、矫直机等部位均需直接喷水冷却。

钢锭或钢坯在炉内加热时，表面将形成较厚的氧化铁皮，这层氧化铁皮脱落后，高温轧件在空气作用下将再次生成氧化铁皮。通常在轧前，有时也在轧后，需要用 10 ~ 15MPa 的高压水除鳞，在中厚板轧机、宽热连轧机、大型轧机及钢管轧机上常被采用。

含有大量氧化铁皮和润滑油的直接冷却水通过沿轧制线布置的氧化铁皮沟收集并进入处理构筑物。为了顺利输送氧化铁皮，在氧化铁皮沟的起点就要加入一定数量的冲铁皮水，以满足氧化铁皮水力输送所需的流速和水深。

某些轧后产品，特别是初轧中厚板、宽热连轧带钢及大型型钢产品，一般均需喷水冷却，其排水量大，水温较高并含有少量细颗粒氧化铁皮和油类。

带钢热轧机的精轧机组、钢管连轧机等现代轧机在高速轧制时，以及初轧机的热火焰清理机，均会产生大量氧化铁粉尘，通常采用电除尘器净化。电除尘器需要用水定时冲洗。

(2) 冷轧过程的用水节点及其对水质水量的要求

冷轧生产过程的用水节点主要包括：退火炉、镀后冷却、合金化炉、液压及稀油润滑站、湿平整系统、乳化液站、主电机、破鳞机、酸洗、漂洗段等。

为了保持冷轧材的表面质量，防止轧辊损伤，热轧钢材必须清除表面的氧化铁皮后才能进行冷轧，此时需采用酸洗方法清除氧化铁皮，再采用喷洗、漂洗，因此需要用水。

为消除带钢冷轧时产生的变形热，需用乳化液或棕榈油进行冷却和润滑，因此需要用水。

冷连轧带钢厂除生产普通冷轧板、卷外，有时还生产带有金属镀层或非金属镀层的品种，这时，为了获得良好的覆盖表面，一般采用化学清洗，需要用水配制碱液或酸液。一般采用脱盐水。

(3) 轧钢厂的用水指标

轧钢厂主要设备用水指标如表 7 - 6 所示。

表 7 - 6　轧钢厂系统用水指标　　m^3/t

项　目		用水量	取水量	备　注
线材		24 ~ 60	0.72 ~ 1.8	
中厚板		50 ~ 55	1.5 ~ 1.8	
薄板坯热连轧(CSP)		45 ~ 55	1.35 ~ 1.65	
热轧带钢		45 ~ 55	1.4 ~ 1.8	
冷轧带钢	“连退”产品	30 ~ 50	1.35 ~ 2.10	指采用酸洗—轧机联合机组和连续退火机组生产的产品
	“罩式炉”产品	20 ~ 35	0.80 ~ 1.25	指采用酸洗—轧机联合机组和罩式炉、平整机生产的产品
	“可逆轧机”产品	25 ~ 45	1.00 ~ 1.55	指采用可逆轧机和罩式炉、平整机生产的产品

续表

项目		用水量	取水量	备注
冷轧带钢	“热镀锌”产品	30~50	1.30~1.90	指采用酸洗—轧机联合机组和连续热镀锌机组生产的产品
	“电镀锌”产品	55~65	1.80~2.20	指采用酸洗—轧机联合机组和连续退火机组、连续电镀锌机组生产的产品
	“电镀锡”产品	40~50	2.50~3.10	指采用酸洗—轧机联合机组和连续退火机组、连续电镀锡机组生产的产品
	“彩涂”产品	24~33	1.48~1.90	指采用酸洗—轧机联合机组和热镀锌机组、彩涂机组生产的产品

带钢生产过程中的用水分为工业用水和生活用水，其中工业水主要用于设备（包括加热炉、热处理炉、主电机、液压润滑站）和产品的冷却、轧后产品的高压水除鳞、排水系统的冲氧化铁皮等。其用水量分布为：用于加热炉汽化冷却所需的水量为8.5m^3/h，用于轧机冷却的水量为395m^3/h，高压水除鳞所需的水量为30.5m^3/h，用于拉料机、出钢机冷却所需的水量为0.4m^3/h，用于煤气加压站所需的水量为0.7m^3/h，用于空压机冷却所需的水量为0.4m^3/h。生活用水主要用于职工浴室和日常生活用水与卫生，其中职工浴室的用水量为10.8m^3/h，日常生活、冲地等的用水量为0.5m^3/h。如果按产品的生产量折算，带钢生产过程的用水量一般为50~55m^3/t钢，取水量的定额为1.5~1.8m^3/t钢。

在生产用水中，虽然冷却设备耗用的水量较大，但其对水质的要求不高，一般水质即可，因此可将其他工段的外排水经适当处理后作为冷却水。与此同时，由于采用间接冷却，排放的冷却水仅仅温度升高，其他水质指标基本不变，因此可对其进行冷却降温处理后进一步回用。用于高压除鳞和冲氧化皮的水对水质的要求更低，可直接采用其他工段的外排水。在生活用水中，用于职工浴室与日常生活的水对水质的要求较高，一般采用经适当处理后的地表水或地下水。用于冲地和冲厕等方面的卫生用水对水质的要求相对较低，可采用其他工段的外排水经适当处理后循环使用。

7.6.3 废水的排放与资源化回用

（1）热轧废水的资源化回用

热轧废水来自轧机、轧辊及辊道的冷却及冲洗水，冲铁皮、方坯及板坯的冷却水，以及火焰清理机的除尘废水。废水量的大小取决于轧机及产品的规模。对于大型轧钢厂，热轧循环每吨钢锭废水量为36m^3，其中用于轧机、轧辊、辊道等的直接冷却循环废水量为3.8m^3，用于板坯及方坯的直接冷却循环废水量为26.4m^3，用于冲铁皮的循环废水量为3.01m^3，用于火焰清理机、高压冲洗溶液的循环废水量为2.61m^3，用于火焰清理机除尘器的循环废水量为0.188m^3。废水中含氧化铁皮为每升几百至数千毫克，粒径从几厘米到几微米不等，含油浓度为20~50mg/L，温度为40~60℃。

1）热轧废水的资源化回用技术

热轧废水治理应主要解决两方面的问题，一是通过多级净化和冷却，提高循环水的水质，以满足生产上对水质的要求，同时减少排污和新水补充量，使水的循环利用率得到提高。另一方面是回收已从废水中分离的氧化铁皮和油类，以减少其对环境的污染。因此，完整的热轧废水处理系统还应包括废油回收和对二次铁皮沉淀池和过滤器分离的氧化铁皮的浓缩与分离，重点是废油处理与回用、细颗粒含油氧化铁皮的浓缩与脱水等。

热轧系统的排水包括净循环水和浊循环水两个系统。含氧化铁皮的浊循环水是主体废水，主要技术问题是固液分离、油水分离和氧化铁皮沉淀的处理。在确定治理方案时，应根据用户对水质的不同要求，分别采取粗处理和精处理不同的浊环水系统，常用的浊环水系统有一次沉淀系统、二次沉淀系统、二次沉淀冷却系统、二次旋流压力过滤冷却系统、旋流压力过滤冷却系统等，可根据处理的需要采用不同的组合，常用的工艺流程有：

① 一次沉淀工艺流程：仅用一个旋流沉淀池来完成净化水质，既去除氧化铁皮又有除油效果，是应用较多的流程，如图7－47所示。该工艺具有占地面积小，运行管理方便等优点，但由于处理水质较差，现已由多种工艺组合所代替。

图7－47 一次沉淀工艺流程

② 二次沉淀工艺流程：如图7－48所示，可根据生产对水温的要求而设置冷却塔，以保证循环用水的水温。

③ 沉淀－混凝沉淀－冷却工艺流程：这是相对比较完整的工艺流程，如图7－49所示。由于采用加药混凝沉淀，可将水进一步净化，使循环水中的悬浮物含量小于50mg/L。

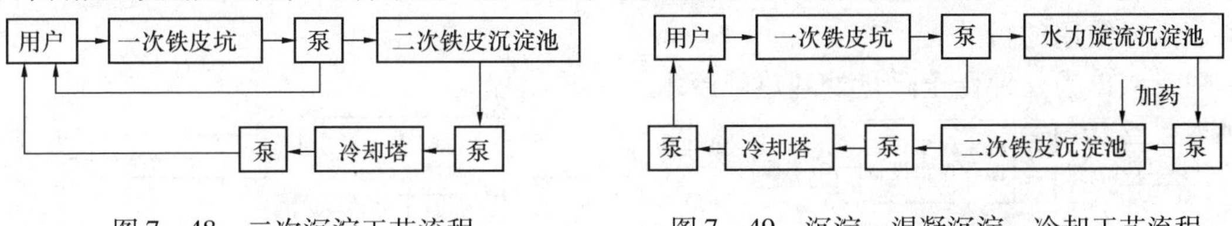

图7－48 二次沉淀工艺流程

图7－49 沉淀－混凝沉淀－冷却工艺流程

④ 沉淀－过滤－冷却工艺流程：为了提高循环水质，热轧系统废水经沉淀处理后，往往再用单层和双层滤料的压力过滤器进行最终净化，使出水悬浮物达10mg/L，含油量达5mg/L左右。净化后的废水通过冷却塔保持循环供水温度不超过35～40℃。其工艺流程如图7－50所示。

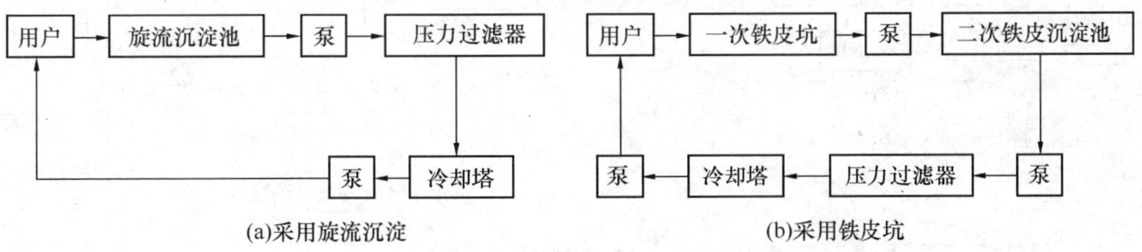

图7－50 沉淀－过滤－冷却工艺流程

⑤ 沉淀－除油－冷却工艺流程：图7－51所示为采用沉淀－除油－冷却工艺流程去除热轧废水中含油的工艺流程，首先采用隔油池、带式除油机、油毛毡等除去浮油，再向水中投加破乳助凝剂，使水中乳化油的双电层、胶粒的动电位降低，使水中的乳化油脱稳破乳。然后投加絮凝剂，通过吸附、桥连、压缩双电层等作用，使破乳后浊环水中的悬浮物吸附后迅速下沉，最终形成密实、粗大的絮团而沉淀，达到除油和净化水质的目的。

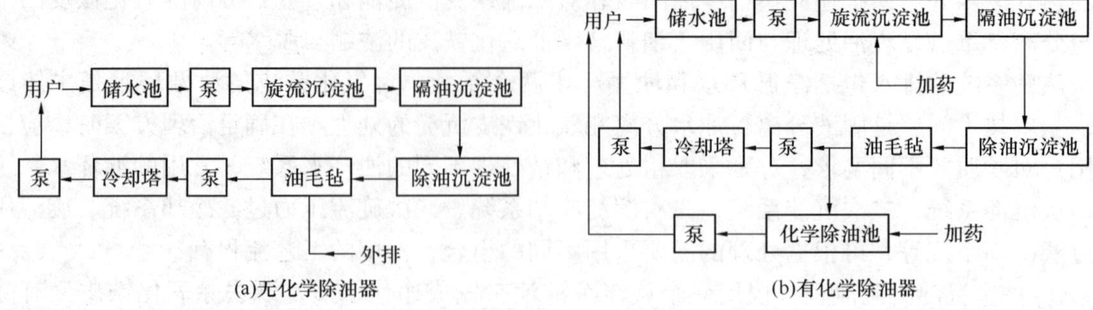

图 7－51　沉淀－除油－冷却工艺流程

⑥ 稀土磁盘处理热轧废水工艺：轧钢废水中悬浮物的 80% ~90% 为氧化铁皮，可以直接通过磁力作用去除。对于非磁性物质和油污，采用絮凝技术、预磁技术，使其与磁性物质结合在一起，也可采用磁力吸附去除，所以利用磁力分离净化技术可以有效处理这类废水。当流体流经磁盘之间的流道时，流体中所含的磁性悬浮絮团除受流体阻力、絮团重力等机械力的作用之外，还受到强磁场力的作用。当磁场力大于机械合力的反方向分量时，悬浮于流体中的絮团将逐渐从流体中分离出来，吸附在磁盘上。磁盘以一定的速度旋转，让悬浮物脱去水分，运转到刮泥板时，形成隔磁卸渣带，渣被螺旋输送机输入渣池。被刮去渣的磁盘旋转重新进入流体，从而形成周而复始的稀土磁盘分离净化废水全过程，达到净化废水、废物回用、循环使用的目的。

图 7－52 为几种稀土磁盘处理热轧废水的工艺流程。

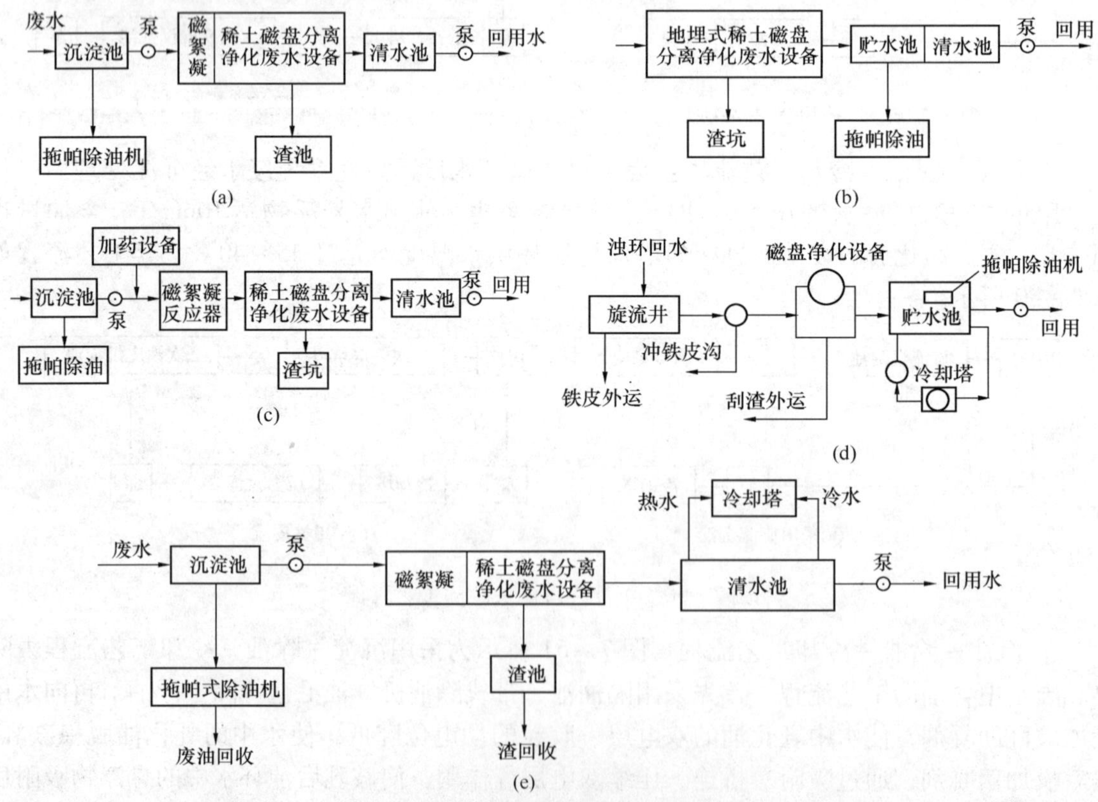

图 7－52　稀土磁盘处理热轧废水工艺流程

2）热轧废水处理与循环回用案例

某钢铁企业中板轧钢浊环水中的主要污染物是悬浮物和油分，悬浮物的主要成分 98% 是氧化铁，主要来自于物料表面氧化铁皮的冲洗。油分在水中以渣油、浮油和乳化油的形式存在，主要来自于设备润滑系统的泄漏。由于轧制钢板的品种多样，多级反复轧制，设备选用的润滑油的种类也较多，废水具有颗粒超细、颜色发红等特点。原先的浊环水处理系统采用传统的斜板沉淀和平流池除油处理方法，如图 7－53 所示。

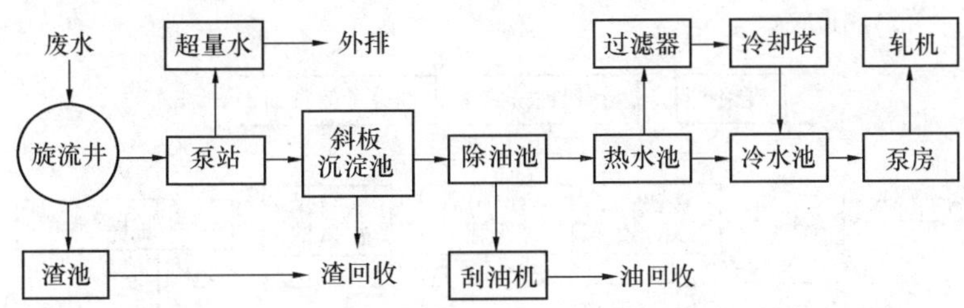

图 7－53　某中板厂原设计浊环水处理系统工艺流程

由于产量增加和粗轧机增设，水量大幅增加，浊循环水从 $1000m^3/h$ 急增到 $2000m^3/h$，水质严重恶化。为提高回用水质、节约投资和占地、保护环境、降低生产成本，该厂采用图 7－54 所示的稀土磁盘分离净化技术（主要回收处理悬浮物）＋高效叶轮气浮技术（主要回收处理废水）的组合工艺进行废水处理，结合回收辅助剂方法，同时回收氧化铁皮和废油，达到了废水的循环净化与资源化回用的目的。

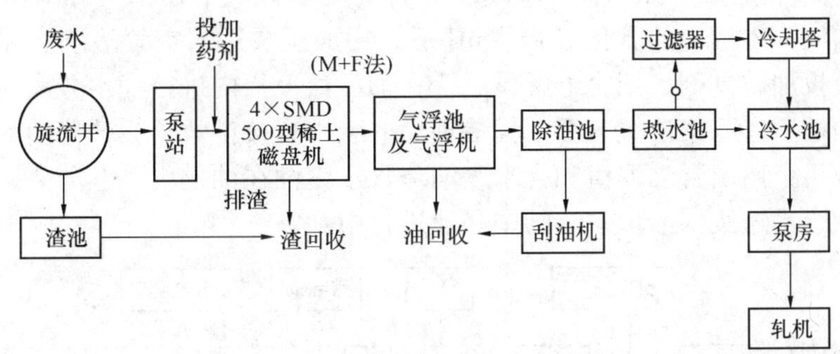

图 7－54　某中板厂改造后浊环水处理系统工艺流程

（2）冷轧废水的资源化回用

冷轧废水的基本组成是酸性废水，含油及乳化液废水和碱性含油废水。

1）冷轧含油和乳化液废水的资源化回用技术

热轧产品经过酸洗才能作为冷轧生产的原料，冷轧生产过程中需要用乳化液、棕榈油作润滑、冷却剂，因此，冷轧生产过程中将产生废酸、酸性废水、含乳化液废水。冷轧带钢在松卷退火及表面处理时，还将产生酸性、碱性、油类和含铬等废水及其他重金属废水，如铜、铅、镍类废水等。

冷轧废水的成分比较复杂，种类繁多，用水及废水量差别也大，废水中主要含有悬浮物 60～200mg/L，矿物油约 1000mg/L，乳化液 20000～100000mg/L，COD 20000～50000mg/L。

乳化液废水的治理方法有化学法、物理法、加热法和机械法等，以物理法分离、化学法去除、生物法降解。化学法治理时，一般对废水进行加热，用破乳剂破乳后，采用含油废水的治理方法使油、水分离。化学破乳的效果在很大程度上取决于乳化剂的性质，应通过试验确定破乳剂的类型并选用适当的治理流程。目前用化学法治理废乳化液的流程有：

① 混凝浮油处理：如图7－55所示，含油和乳化液的废水先集中于贮槽，用泵打入一级混凝槽，加入絮凝剂、pH值调整剂和高分子絮凝剂后，进入一级加压浮油槽。经一级浮油处理，再经二级混凝、二级加压浮油处理。贮槽及一、二级加压浮油池内设有刮油装置，从加压浮油槽内排出的浮渣与从废水处理系统浓缩池的排泥混合，加入高分子絮凝剂后，用真空过滤机脱水。经二级浮油处理后的悬浮物约20mg/L，含铁量小于5mg/L，一部分作加压浮油用水，其余部分排放。

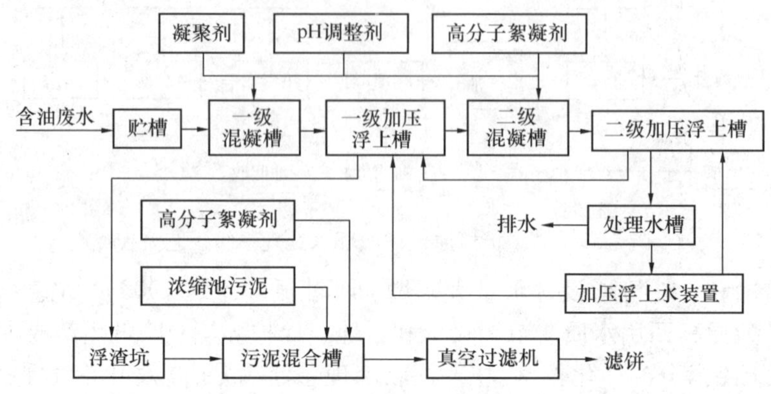

图7－55 混凝浮油处理流程

② 混凝浮油回收处理：如图7－56所示，含油废水进入集贮槽，分离出的浮油及浮渣加酸后排入集油坑。贮槽内的乳化液调整pH后，用加压泵送入空气溶解器并溶入空气。带有空气的乳化液投加破乳剂、聚合电解质后，在加压浮上槽内进行油水分离。浮油及浮渣用刮油机分离，加酸后进入集油坑。浮上槽治理后的废水直接排放。集油坑内的油、渣混合物用预膜真空过滤机分离出含油泥渣和含水废油。含水废油在油槽内静置分离，上部的废油回收，下部的酸性废水送废水治理系统的中和池进行中和。

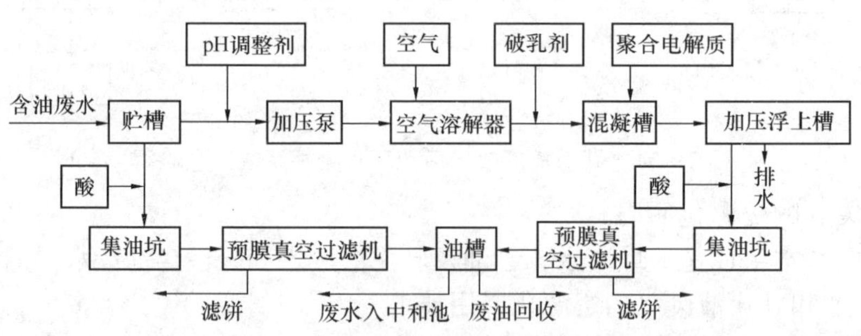

图7－56 混凝浮油回收处理流程

③ 加酸加热回收处理：如图7－57所示，含油及乳化液的废水先进入贮槽，用泵分别打入三个反应槽，通蒸汽加热并投加硫酸，经搅拌后再分离。先将反应槽底部的废水排出，废水排尽后，将上部废油排入水洗槽，加入蒸汽、水，经搅拌后静置分离。水洗槽底部的废水与反应槽排水一起送中和池，上部的油用泵送入离心分离机，分离出水、油和油泥。分离的水流入贮槽，油泥送焚烧炉，油进入油槽，加入硅藻土后送入板框压滤机，滤液即回收油并利用。

(3)冷轧含铬废水处理与资源化回用技术

从冷轧系统排出的含铬废水有两种，一种是高浓度的，另一种是低浓度漂洗水。目前的

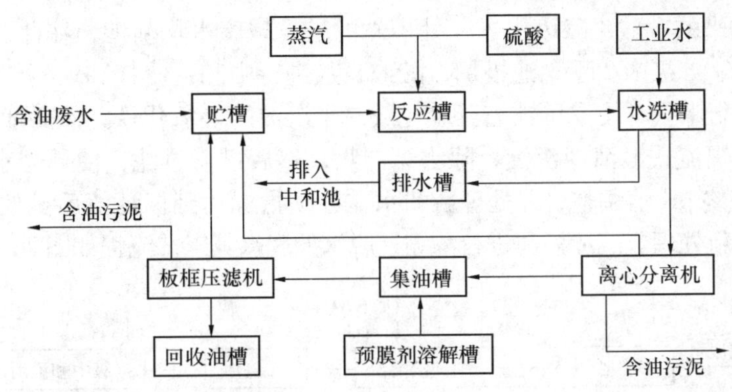

图 7－57　加酸加热回收处理流程

处理技术主要有硫酸亚铁法、亚硫酸氢钠法、二氧化硫法和废酸还原法，其中最常用的是还原中和法。图 7－58 所示为采用还原法处理含铬废水的工艺流程。为了使反应充分完全，化学反应槽采用两级，并在每级槽中设置还原电位计和 pH 计，以控制投药量。为保证含铬废水处理合格，在第二级还原槽排出口设有 Cr^{6+} 测定仪，以控制排出水中 Cr^{6+} 的浓度，保证含铬污泥不污染环境。

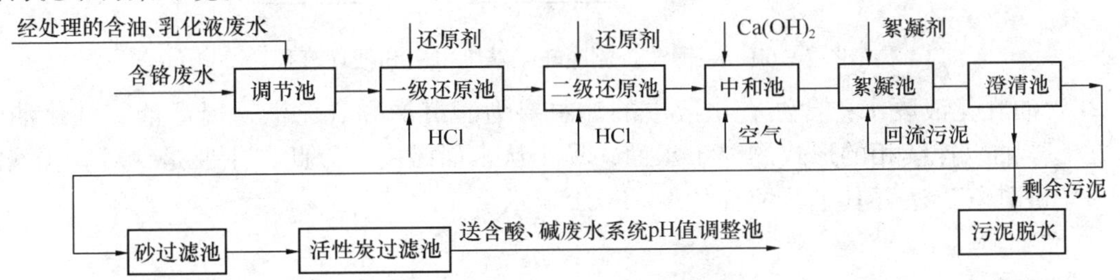

图 7－58　含铬废水处理工艺流程

1）冷轧酸碱性废水处理技术

含酸碱污水的处理一般采用中和沉淀法进行处理，其典型工艺流程如图 7－59 所示。由于冷轧厂各机组排出的废水水量和水质均变化较大，因此从各机组排出的含酸、碱废水首先进入处理站的酸、碱废水调节池，在此进行水量调节和均衡，然后再流入下一组构筑物进行中和处理，一般采用两级中和。

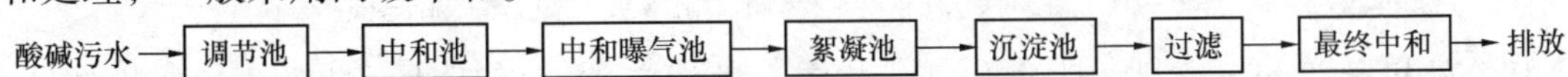

图 7－59　酸碱污水处理系统典型工艺流程

为了提高废水的沉淀效果，经曝气处理的废水流入沉淀池进行沉淀处理除去氢氧化物和其他悬浮物。

2）冷轧废水处理案例

某冷轧带钢厂的废水主要有来自酸洗机组的盐酸废水、冷轧机的乳化液废水、退火机组的碱液废水和含油废水、热镀锌机组的碱液废水、铬酸废水和含油、含锌废水；电镀锌机组的碱液废水、酸液废水、铬酸废水和含油、含铬废水；电工钢退火涂层机组的碱液废水、铬酸废水和含油废水等。

① 含酸碱废水：由于其浓度低，流量大，因此采用中和沉淀法处理。对于酸洗机组高浓度酸洗废液，采用盐酸再生法回收利用技术。

从各机组排放来的含酸、碱废水进入处理站的酸、碱废水均衡池，在此进行水量调节和均衡，并用泵送至一、二级中和曝气池投加盐酸或石灰进行中和，使其 pH 值控制在 9～9.5 之间，并鼓入压缩空气进行曝气，使二价铁充分氧化成易于沉淀的氢氧化铁，然后加入高分子絮凝剂，经絮凝后废水流入辐流式澄清池沉淀，除去悬浮物，然后进行过滤，使处理水中的悬浮物小于 50mg/L，并进行最终 pH 值调整，经处理后的水在各项指标达到保证值后排放。否则，送回酸、碱废水均衡池中重新处理。沉淀污泥进行浓缩、脱水处理。其工艺流程如图 7－60 所示。

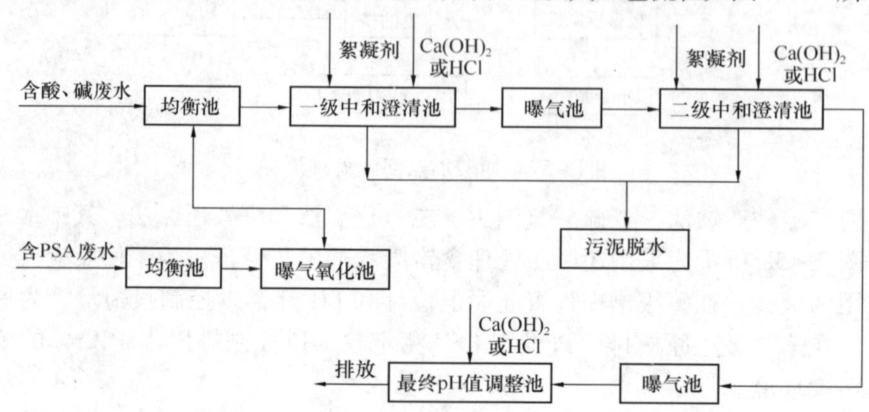

图 7－60　某钢铁企业冷轧酸碱废水中和处理流程

② 含油乳化液废水：含油乳化液中的油主要为润滑油和乳化液，以浮油和乳化油的状态存在。浮油以连续相的形式漂浮于水面，易于从水面撇去，因此，主要是针对乳化液的处理。采用破乳气浮法，其工艺流程如图 7－61 所示。

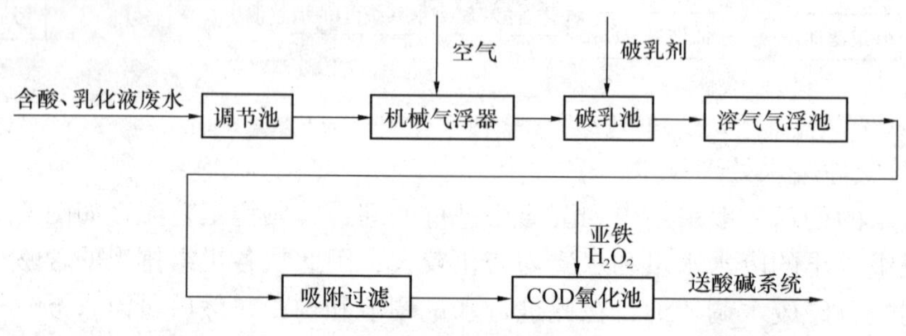

图 7－61　某钢铁企业冷轧含油乳化液废水处理工艺流程

从冷轧机乳化液系统排放的含油乳化液废水进入废水处理站的含油乳化液废水调节池，其中大部分浮油可在此撇去，废水用泵送至曝气气浮器中，大量的微小气泡吸附悬浮于废水中的浮油（粒径较小的）浮于水面撇去。剩余的含乳化液废水进入破乳池进行破乳，破乳的废水经投加絮凝剂后送入溶气气浮器，使废水中的油浮于水面去除。为了进一步降低废水中的含油量，将破乳气浮后的废水进行吸附过滤，利用亲油性滤料吸附废水中的剩余油，经此处理，废水中的含油量降至 10mg/L 以下，但废水中含有其他有机物，其 COD 仍很高，需进行 COD 处理。在废水中，有机物在 Fe^{2+} 催化剂的作用下，通过氧化剂可将其降解成短链的有机物和水，从而降低废水中的 COD，使最终的 COD 达到 100mg/L 以下。

③ 含铬废水：冷轧含铬废水来自热镀锌机组、电镀锌机组、电工钢机组，但浓度不高，因此采用化学还原沉淀法。为避免产生二次污染，含铬系统的中和沉淀污泥单独脱水，集中处理。其工艺流程如图 7－62 所示。

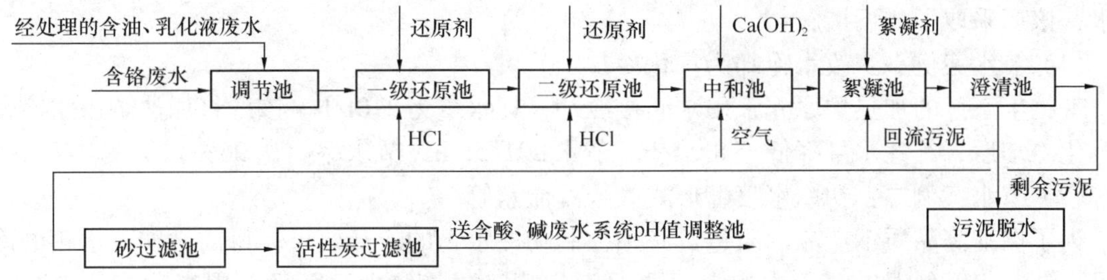

图 7－62 某钢铁企业冷轧含铬废水处理工艺流程

从各机组排放的含铬废水进入处理站的含铬废水调节池，废水用泵送至一、二级化学还原反应槽，投加盐酸和废酸，使还原池中的 pH 值控制在 2 左右，使氧化还原电位控制在 250mV 左右，使 Cr^{6+} 充分还原成 Cr^{3+}，然后废水流入两级中和池并投加石灰中和，控制 pH 值为 8～9。在二级中和池中鼓入压缩空气，使二价铁充分氧化成易于沉淀的氢氧化铁。然后加入高分子絮凝剂，经絮凝后废水流入辐流式澄清池沉淀，去除悬浮物，然后进行过滤，使处理水中的悬浮物小于 50mg/L，并进行最终 pH 值调整，经处理后的水在各项指标达到保证值后排放。

④ 冷轧混合废水的处理：某钢铁企业将三种冷轧废水处理统一考虑，即将含油、乳化液废水处理后（由 COD 氧化池排出的废水）送酸碱处理系统调节池；将含铬废水处理后（由过滤池排出的废水）送酸碱处理系统最终 pH 值调节池，其工艺流程如图 7－63 所示。

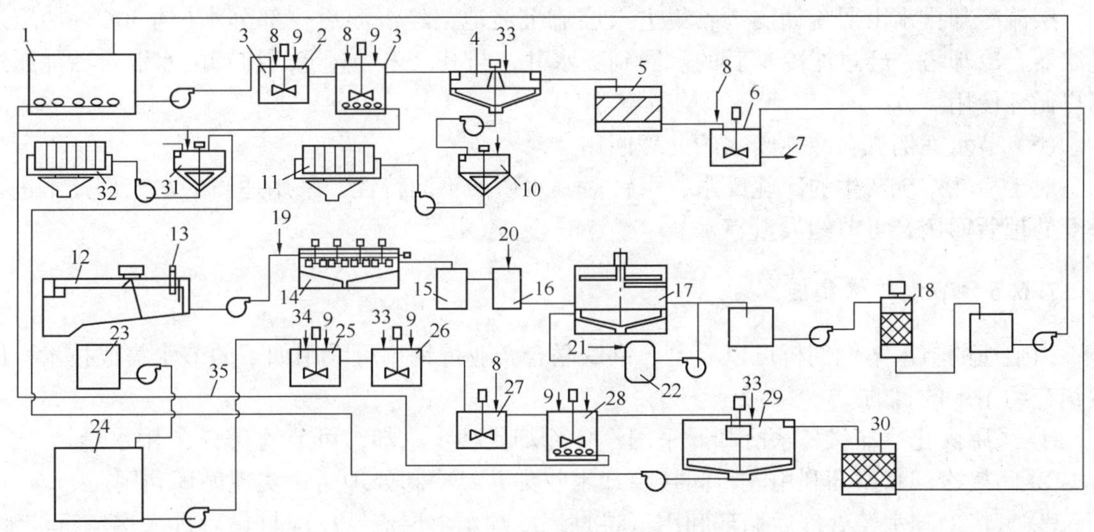

图 7－63 某钢铁企业冷轧混合废水处理工艺流程

1—酸碱废水调节池；2—中和池；3—中和曝气池；4—澄清池；5—过滤池；6—最终中和池；7—排放管；8—石灰乳；9—盐酸；10—酸碱污泥浓缩池；11—酸碱污泥板框压滤机；12—含油废水调节池；13—除油机；14—导气气浮池；15—油分离池；16—絮凝池；17—溶气气浮池；18—核桃壳过滤器；19—破乳剂；20—絮凝剂；21—压缩空气；22—溶气罐；23—浓铬酸调节池；24—稀铬酸调节池；25—铬第一还原池；26—铬第二还原池；27—第一中和池；28—第二中和池；29—铬污水澄清池；30—过滤池；31—铬污泥浓缩池；32—铬污泥压滤机；34—絮凝剂；34—废酸；35—空气管

7.6.4 节水案例剖析

某钢铁联合企业带钢厂的生产能力为 60 万 t/a，其总用水量为 877.5t/h。为了实现节约用水，该厂采取了如下措施：

（1）节水案例一：改水冷却为汽化冷却

带钢生产厂的加热炉原先采用水间接冷却，耗水量为210t/h。该厂将加热炉由水冷却改为汽化冷却后，其耗水量降低至8.5t/h，节水201.5t/h，节水率高达96%。

（2）节水案例二：初冷水喷嘴形式改为湍流水管

为了保证高品质钢产品的质量，必须控制初冷水箱的冷却效果。目前，初冷水箱的冷却效果不佳，仅降低温度40℃左右，主要原因是喷嘴数量较少，而且采用直喷式，冷却水与红钢接触面小，为了保证产品质量，需要冷却效果降温80℃，按常规需要增加水冷喷嘴，增加冷却水消耗量一倍。将喷嘴形式改为湍流水管后，利用湍流原理增大冷却能力，在不增加水流量及水压的基础上提高冷却效果，可以达到降温80℃左右的效果。

（3）节水案例三：间接冷却水循环利用

将间接冷却用的冷却水收集并经冷却后循环使用，循环水的用量为630t/h，循环水的利用率为95.2%，补充的新鲜水量为37t/h（全部用于轧机及剪切精整生产线浊循环水系统）。

（4）节水案例四：热轧废水的处理回用

热轧系统的废水主要来自设备冷却水，净水循环中排出的水补充到浊水循环中使用；浊水循环中的冷却水中含有氧化铁皮、油脂，经沉淀处理后，可循环使用，有少部分排放到污水处理站，经处理后再次供浊水循环使用，不外排。

层流冷却排水由层流铁皮沟收集进入层流沉淀池，经沉淀后一部分水（约30%）加压送过滤器、冷却塔，经过滤冷却后的水回到吸水井，与其余未经过滤、冷却的水混合后加压送用户循环使用。

（5）节水案例五：冷轧废水的处理回用

对于冷轧系统产生的冷轧废水，可针对其水质的不同特性，采用适当的水处理技术进行深度处理后回用，可节约大量新水。

7.6.5 节水技术集成

由上述的节水案例剖析可以看出，钢铁联合企业炼钢厂可采用如下的节水集成技术，以达到节约用水的目的。

① 采用汽化冷却代替水冷却。采用汽化冷却代替水冷却，可节约95%的用水量。

② 间接冷却水循环利用。将间接冷却水收集并经冷却处理后，实现循环利用。

③ 直接冷却水经处理后循环利用。将直流冷却水由层流铁皮沟收集后进入层流沉淀池，经沉淀后一部分经进一步处理后回用。

④ 改变初冷水的喷嘴形式，增强冷却效果。

⑤ 废水处理回用。分别对热轧废水和冷轧废水进行深度处理后回用，可节约大量新水。

某钢铁企业带钢厂采用上述集成技术对用水系统进行了改造，轧钢系统各分厂都有比较完备的水处理循环系统，工业循环水的利用率在94%～99%之间，高于清洁生产评价基准值93%的要求，具有较为明显的节水效果；废水的产生量在0.54～2.42m^3/t材之间，远远低于一级清洁生产指标25m^3/t材的要求。

7.7　钢铁行业的节水技术集成

我国的钢铁企业大多建厂较早，受原有规模、工艺的限制，用水结构不尽合理。工业废水的重复利用率、吨钢耗水指标与发达国家相比有较大的差距。我国是一个严重缺水的国家，水资源的短缺是制约钢铁工业实现可持续发展的重大瓶颈，但钢铁企业可采取如下的节水技术和节水工艺，通过提高水的循环利用率来降低吨钢用水指标，做到增产不增水。

7.7.1　节水技术

节水技术的核心是提高水的利用效率。钢铁企业用水要节流与开源并重，节流优先，治污为本，取消直排水，提高用水效率，实现多级、串级用水，提高水的循环利用率。

（1）干熄焦技术

在炼焦过程中，采用湿法熄焦工艺不仅用水量大，同时还会产生废气、废水，污染环境。采用干法熄焦时，装满红焦炭的焦罐车由电机车牵引至提升井架底部，由提升机将焦罐提升并横移至干熄炉顶，通过带布料料钟的装入装置将焦炭装入干熄炉。在干熄炉中焦炭与惰性气体直接进行热交换，焦炭冷却至210℃以下，经排焦装置卸到胶带输送机并送到筛焦系统。

冷却焦炭的惰性气体由循环风机通过干熄炉底的供气装置鼓入干熄炉，与红焦炭进行换热，出干熄炉的热惰性气体温度约为900～980℃。热的惰性气体经一次除尘器除尘后进入干熄焦锅炉换热，温度降至160～180℃。由锅炉出来的冷循环气体经二次除尘器除尘后，由循环风机加压，再经给水预热器冷却至130℃后进入干熄炉循环使用。

余热锅炉产生的450℃、3.9MPa的中压蒸汽，可并入蒸汽管网或送发电机组发电。

一次及二次除尘器分离出的焦粉，由专门的输送设备将其收集在贮槽内，以备外运。

干熄焦的装入、排焦、预存室及风机后等处的烟尘均进入干熄焦地面站除尘装置，进行除尘后放空。

干熄焦工艺技术的特点如下。

① 回收焦化显热、降低焦化工序能源消耗，平均每干熄1吨焦可回收450℃、3.9MPa的蒸汽0.45t以上；扣除干熄焦工艺的自身电耗，可净发电20～30kW·h/t焦。

② 干熄焦在密闭系统内完成熄焦过程，可基本消除酚、HCN、H_2S、NH_3的排放，同时可避免等量蒸汽锅炉对大气造成的污染，即吨焦对大气可减少80～120kg动力煤燃烧的排放CO_2、SO_2污染物量并增加环保效益和经济效益。

③ 节水，干熄焦工艺节水效果显而易见，节约熄焦水0.5t/t焦。

④ 改善焦炭质量，降低高炉焦比，提高高炉产量。经干熄焦工艺生产的焦炭，焦炭粒度均匀、焦末含量少、含水量低，有利于降低高炉焦比，提高高炉产量，使高炉生产能力提高（大于1%）。另外，在保持原焦炭质量的条件下，采用干熄焦工艺后，可降低强黏结性焦的煤配比，多用10%～20%的弱黏结性煤，有利于保护资源和降低炼焦成本。

⑤ 干熄焦工艺投资额度较大，一般在250元/t左右；但其节能、改善环境、改善焦炭质量和节水等方面的效果完全可以在3～5年内收回其投资成本。干熄焦带来的资源效益、环境效益和经济效益足以抵消其投资高和本身能耗高的不足，特别是在国家对环保要求越来越严格、能源价格越来越高、能源供应越来越紧张的环境下，干熄焦的优点就越显著。

（2）转炉干法收尘净化技术

净化过程中烟气完全不与水相遇的除尘系统，叫全干法烟气净化系统。布袋除尘、静电除尘为全干法除尘系统。全干法净化可以得到干烟尘，不需设置污水、泥浆处理设备。

LT（Lurgi – Thyssen）转炉煤气静电除尘是由鲁奇公司和蒂森公司合作共同开发的转炉煤气净化与回收的新方法，具有节水、节电、除尘效率高、降低生产成本的优点，煤气回收量为95 ~ 100mg/m^3 以上，煤气热值为8360kJ/m^3 左右，可以实现煤气含尘量小于10mg/m^3，排放废气含尘量可小于20mg/m^3，炼钢的工序能耗为10kg/t，收集的除尘灰干燥，可以加热后直接压制成块体回转炉得到更好的利用，是今后转炉一次烟气净化发展的方向；其缺点是系统相对复杂，运行和维护要求高。

对于120t转炉，每套干法系统较湿法系统仅在节省运行费用和多回收的煤气方面，效益之和为1060万元，该除尘技术在经济上也是可行的。因此，新、改、扩建项目，转炉必须同步配套煤气回收装置，并优先采用干式煤气净化。

（3）高炉煤气干式除尘技术

高炉煤气及氧气顶吹转炉的烟气湿法除尘不仅消耗水量，还会带来水体污染。干法除尘技术省却了湿法除尘的洗涤塔和沉降池，具有除尘效率高、基建费用低、无污水排放、节水省电煤气显热高、可增加TRT（高炉炉顶煤气余压发电）发电量等优点，是集多重效益为一体的钢铁企业节水减排新技术。

干法除尘的优点为：节省大量水资源，按大型高炉年产铁能力3亿t估算，全国大中型高炉普遍采用干法除尘技术后，每年可节约新水0.81亿m^3、循环水16.2亿m^3；省去泥浆处理，解决了二次水污染及污泥的处理问题，从而简化了工艺系统，建筑费用较低；而且可以提高余压透平发电系统入口煤气的温度和压力，提高能量的回收率；可合理利用煤气显热，提高煤气燃烧热效率，高炉煤气温度按180℃计，每吨铁可回收煤气约3×10^5kJ的显热，相当于10kg标准煤。一座2500m^3级高炉每年可多回收相当于2112万t标准煤的煤气热量。同时可提高煤气热值126 ~ 129kJ/m^3，提高热风炉或锅炉的效率，而且可增加发电量。

目前，我国高炉煤气采用的干法除尘技术主要有高压静电除尘和布袋除尘两种。布袋除尘效果较好，运行成本较低，在钢铁企业中应用比较普遍。布袋除尘的原理是高炉煤气经重力除尘器除尘后，进入布袋除尘器本体，经过滤袋的过滤，煤气中较细尘粒被粘附在滤袋表面形成灰膜，当除尘器工作一段时间后，滤袋吸附的灰层厚度增加，阻力增大，此时对滤袋进行清灰，使除尘器又可以恢复正常工作。

（4）空气冷却器

钢铁企业的冷却水用量约占全部用水量的80%，其中高炉、炼钢、连铸工艺部分设备的间接冷却水在高热负荷强度下运行，水质为软水或除盐水，以密闭循环冷却水系统运行，其水温的下降要依靠空气冷却器的散热片，把热量传递至空气中。与常规使用的冷却塔降温设施相比，节水约4% ~7%。这一节水技术已在唐山钢铁公司、包头钢铁公司、邯郸钢铁公司、太原钢铁公司的高炉炉体冷却部分、连铸结晶器及马鞍山钢铁公司的连铸结晶器等使用。仅以上述全部高炉的炉体冷却水为例，其总用水量约为35300m^3/h，采用密闭循环水系统空冷器降温节水技术之后，年节水量平均约达1200万m^3。以邯郸钢铁公司的两座高炉炉体冷却为例，年节水量约350万m^3，相当于增产24万t钢的用水量，效果是十分明显的。但是，密闭循环水系统及空冷器节水技术的采用需与工艺设备的相关技术要求结合。一是设备的供水温度一定要高于当地最热季节的空气干球温度15℃，二是整个循环水系统有密闭运行条件。

（5）耐高温无水冷却装置

鉴于在工业生产中用以冷却各种高温生产设备的冷却水量很大，如果这些生产设备的有关部件采用无需冷却的耐高温材料制造，则可不用冷却水。如某钢厂在加热炉中用无水冷滑轨取代传统的水冷滑轨，节省了原装置的全部冷却用水。该无水冷滑轨是用碳化硅刚玉加工而成，轨基用矾土水泥混凝土预制块砌筑，可耐1250～1300℃的高温。此外，还提高了加热炉的热效率，可节省燃料30%；某厂将加热炉盖改用耐高温材料砌筑，取代了原先的水冷炉盖，节省了冷却用水。

（6）高性能的缓蚀阻垢水稳药剂

目前大型循环水系统均投加水稳药剂，使其在确定的水质条件下，将整个循环水系统的缓蚀阻垢的指标有效地控制在标准之下，使水系统得以长期稳定运行，以确保工艺的正常生产。同时高性能的水稳药剂可在水质相当条件下，提高循环水的浓缩倍数，使循环系统的补充水量减少，以达到节水效果。

（7）采用节水型的冷却塔

冷却塔在循环水系统中几乎是必用的设施，是确保水系统在最热季节中所需要的水温，以满足工艺生产要求的设备。冷却塔的设计和合理选用，对节水能起到积极的作用。冶金行业的降温幅度一般均在8～25℃之间，基本上均采用强制抽风的逆流和横流式钢筋混凝土冷却塔。在确保冷却降温条件下，风吹飘损水量的多少是考核冷却塔优劣的条件之一。如果风吹飘损率下降0.1%，则冶金工业每年可节省新水量达2000万m^3左右。

7.7.2　节水工艺

按循环经济“减量化、再利用、资源化”的原则，钢铁企业的节水，首先是采用不用水的生产工艺和技术装备，其次是少用水的生产工艺和技术装备。

（1）实行逐级供水，一水多用

钢铁联合企业工序多，排列紧凑，其布局有阶梯式的、平排式的。对于阶梯式布局，地理位置高的工序的部分排放水（所有间接冷却水及部分生产废水）往往可不经任何处理直接输送到下一级台阶的工序继续使用，而且因有自然的落差，输送过程中不需要额外的动力消耗。这种逐级用水、一水多用可从根本上减少新水用量及工业废水的外排量。对工序平排式布局，工序间水的输送也不需要太大的投资。

掌握各工序废水的特点，对整体研究钢铁联合企业的节水及废水治理、以废治废大有益处。例如利用不同工序的酸性废水和碱性废水调节混合，中和为中性后，不仅可满足环保上对废水pH值的要求，而且可消除废水复用时对管道的腐蚀，提高废水循环复用的实际可能性。另外，利用有些废水混合后反应产生沉淀物及产生的沉淀物的吸附性能，降低废水中悬浮物及其他有害物质的含量，不仅可提高废水水质，而且可使本不能复用的废水能够复用，减轻废水的外排压力。

通过整体考虑对不同工序废水的调节使用，以废治废，提高废水的循环复用率，这种方式不需要额外的化学试剂消耗，不需要进行大的环保设施投资，仅需在现有废水处理设施不作任何改动或稍作改动的基础上，对各工序原有的废水排放系统作部分改动或工序间短距离连接。

（2）闭路循环冷却技术

钢铁企业循环用水以循环冷却用水为主，通常可分为密闭式循环冷却水系统、敞开式净循环冷却水系统和敞开式浊循环冷却水系统等。其中，密闭式循环冷却水系统内循环水基本与外界隔绝，常用于高炉、转炉等关键设备的间接冷却；敞开式净循环冷却水系统内循环水是通过冷却器（热交换设备）间接地冷却物料、工艺介质或装置，循环水除水温升高外水质几乎不受污染，故不必另设净水设备；敞开式浊循环冷却水系统中循环水直接同被冷却物料、工艺介质或装置接触，因而使循环水中夹带大量杂质和污垢，如轧钢厂浊循环冷却水中含有大量的氧化铁、油、污垢等。循环水除需进行降温冷却处理外，还需视具体情况进行除浊除油之类的处理。循环冷却水系统与直流冷却水系统相比，不仅节约了大量的冷却水，而且减少了排污量，更有利于保护环境。因此从节水、经济和环保等方面综合考虑，应限制直流冷却水系统的使用，推广使用循环冷却水系统。

闭路冷却循环系统补水量为其循环水量的0.1%～0.5%，而开路冷却循环水系统的补水量（按一般温升10℃、浓缩倍数为3计）为2.6%。开路循环水系统即使采用更高的浓缩倍数、补充高质量新水或者循环水水质为软化水，其补水量也不会低于2%的极限值。可见，循环水系统节水的出路是采用闭路循环水系统，闭路循环水系统采用空冷器冷却降温是节水的关键技术，尤其是干式空冷器节水效益明显。空冷器取代板式换热器的空冷技术在高炉设备、转炉设备等应用较广、技术成熟，在连铸结晶器、加热炉等设备冷却中应进一步推广应用。

（3）提高循环冷却水的浓缩倍数

浓缩倍数是衡量循环冷却水系统循环利用的一个重要技术指标。随着浓缩倍数的不断增加，系统需要的补充水量迅速下降，当浓缩倍数达到2～3以后，补充水量的降低逐渐缓慢，当浓缩倍数增至无穷大时，补充水全部从冷却塔顶部汽化逸出，系统此时的排污量为零。因此，提高循环冷却水的浓缩倍数对节约用水具有非常重要的意义。

目前，我国冶金行业循环冷却水的浓缩倍数普遍比较低，一般在1～1.8之间，而国际水平为2～3，甚至达到4，可见我国冶金企业和国际水平还存在着较大的差距，提高浓缩倍数，减小排污量，进一步提高水的重复利用率仍有很大的潜力。

提高循环冷却水浓缩倍数的措施有以下几种：

减少系统的无回水损失。将那些因没有回水装置而流失的冷却水进行回收或改用其他系统的水源，这样可以使系统的非蒸发水量减小，浓缩倍数提高。另外，减少系统循环时的飞洒水量、法兰连接处的泄漏水量等措施，也有利于提高系统的浓缩倍数。

增加热负荷，提高冷却塔的热效率。冷却塔的热效率越高，其蒸发水量就越大，所以冷却塔热效率的高低直接影响清循环水系统的浓缩倍数。根据理论计算分析可知，适当提高冷却板或冷却壁的出水温度（即提高冷却塔的回水温度），可提高清循环水冷却系统的浓缩倍数。

降低循环流量，增加单位循环水的热负荷量，提高冷却塔的进水温度，可以增加蒸发量，从而有效提高该系统的浓缩倍数，这是最现实的、最简单易行和迅速见效的方法。

增加旁滤处理装置。选择适当的工艺进行旁流处理，除去系统中不断增多的有害成分，相当于将排污水经再生处理后作为补充水回用到循环冷却水系统中，有利于提高循环水的浓缩倍数。

水质稳定技术是提高浓缩倍数的有力保障。随着循环冷却水浓缩倍数的逐渐提高，水中各种盐离子的浓度也会逐渐加大，结垢和腐蚀倾向随之加重。因此，筛选出优质有效的水稳剂是保证循环冷却水系统正常运转的基本条件。

循环水系统中采用的水处理设施及设备，应是技术成熟可靠，参数科学合理，符合使用条件的新技术和新产品，不应把生产作试验场合，否则一旦某一环节出现问题，会导致整个循环水系统不能正常运行，甚至瘫痪，如水温冷却效果差、沉淀池排泥不畅等问题出现后，被迫用大量新水替代等。

安装水处理药剂投加自动控制装置和水质在线监测技术，消除由于人为控制造成的水处理药剂分布不均甚至流失，系统浓缩倍数控制混乱，排污水量大等现象，从而进一步控制水质，提高浓缩倍数。

(4) 浊环水处理回用，提高复用率

钢铁工业的浊环水主要包括高炉煤气洗涤水和转炉烟气除尘水。其中转炉烟气除尘水主要是悬浮物含量高，如投加一定的絮凝剂和助凝剂，可改善沉淀效果，将悬浮物的含量降到满足回用的标准。再加入一定量的阻垢缓蚀剂，解决盐离子含量高引起的结垢和腐蚀问题，实现水的闭路循环或将其作为其他环节的补充水，争取实现零排放，从而可大大节省水资源。

焦化含酚废水经过相关物理化学或生物联合处理后的污水，可用于其他冷却水系统的补充水，如烧结矿润湿、原料场喷洒消烟除尘等。将污水进一步资源化，减少外排，将达到零排放作为最终目标。

另外，一些新的水处理技术如纳滤膜水处理技术、生物絮凝新技术、反渗透设备技术等应用到废水处理中，对进一步改善絮凝效果，减少二次污染、降低成本都有很大的作用。

(5) 汽化冷却

主要是将高炉、平炉、转炉、电炉、加热炉等炉体的水冷却系统采用汽化冷却工艺，一般可节水 96% 左右，而且可以把部分热量变成蒸汽回收利用，具有较高的经济效益。

1) 烟道汽化冷却

烟道汽化冷却烟道是用无缝钢管围成的筒状结构，其断面为方形或圆形。钢管的排列有水管式、隔板管式和密排管式。汽化冷却用水是经过软化处理和除氧处理的。

汽化冷却系统可自然循环，也可强制循环。汽化冷却烟道内由于汽化产生的蒸汽形成汽水混合物，经上升管进入汽包，使汽与水分离，所以汽包也称分离器；汽水分离后，热水从下降管经循环泵，又送入汽化冷却烟道继续使用。若取消循环泵，为自然循环系统，其效果也很好。当汽包内蒸汽压力升高到$(6.87 \sim 7.85) \times 10^5$Pa 时，气动薄膜调节阀自动打开，使蒸汽进入蓄热器供用户使用。

当蓄热器的蒸汽压力超过一定值时，蓄热器上部的气动薄膜调节阀自动打开放空。当汽包需要补充软水时，由软水泵送入。

汽化冷却系统的汽包布置应高于烟道顶面。一座转炉设有一个汽包，汽包不宜合用，也不宜串联。汽化冷却烟道受热时会向两端膨胀伸长，上端热伸长量在一文(一级文氏管)水封中得到补偿；下端热伸长量在烟道的水封中得到缓冲。汽化冷却烟道也称汽化冷却器，可以冷却烟气并把产生的蒸汽回收再利用。也可称它是余热回收锅炉。

余热回收锅炉无论是未燃法还是燃烧法都采用汽化冷却烟道。只不过燃烧法的余热锅炉在汽化冷却烟道后面增加对流段，进一步回收烟气的余热，以产生更多的蒸汽。对流段通常是在烟道中装设蛇形管，蛇形管内冷却水的流向与烟气流向相反，通过烟气加热蛇形管内的冷却水，再为汽化冷却烟道补充水源，进一步利用了烟气的余热，也增加了再回收蒸汽量。

2）加热炉汽化冷却

加热炉汽化冷却系统主要由汽包、炉底管道、上升管和下降管等部分组成。汽包内有汽水分离装置和自动调节装置，汽包的作用是通过给水管接受外界的给水，同时将汽水分离装置分离出来的蒸汽输出，从而维持汽化冷却系统内的压力平衡和物质平衡；上升管和下降管将汽包和炉底管道连接起来使整个系统形成一个封闭的回路，上升管的作用是将炉底管道中流出的介质送回到汽包，下降管的作用是将从汽包流出的介质输送到炉底管道。加热炉汽化冷却系统具有提高炉底管使用寿命、节省工业用水用电、回收余热、提高轧材质量等优点，特别是自然循环汽化冷却方式显示出良好的经济效益。

（6）喷雾节水技术

所谓喷雾技术，通常包括喷嘴及其附件、喷雾控制系统、喷雾系统成套工程与设备、喷雾分析与诊断四个部分。

钢铁工业是喷雾技术最主要和最能发挥作用的应用领域，因为它不仅直接影响产品的质量和档次，如连铸坯内部质量、钢板表面质量和钢材等级，还直接影响主体工艺、设备的选择和正常运行，比如转炉、高炉采用全干法冷却；原料、渣处理中采用直接喷雾除尘技术，在除尘的同时还可以处理外排废水。喷雾技术在钢铁工业节水中的应用主要表现在两方面：一是通过选择更先进的喷嘴、控制系统及相关的工艺和设备，减少新水和循环水的用量；二是通过喷雾技术进步，解决了喷嘴堵塞问题，从而可以利用中水和外排废水。

1）干式煤气柜前的蒸发冷却节水

高炉采用布袋除尘器干法除尘时，出口煤气的温度波动在 110～200℃，煤气可以直接利用；而如果要进煤气柜储存，就必须进一步冷却到 70℃（或 50℃）。近年来我国越来越多的用户成功采用了蒸发冷却系统替代原来的饱和冷却，可以节约新水约 0.5t 水/t 铁，不需要循环水。

2）干式炉顶打水节水

高炉炉顶打水的目的主要是在高炉炉顶温度高时保护炉顶密封设备。采用高压回流喷嘴冷却时容易堵塞；而用水喷嘴则降温慢耗水量多、煤气含机械水，会引起布袋烧损或板结，有的高炉被迫采用并联的金属管式换热器间接冷却煤气。近几年国内开始采用氮气雾化喷枪蒸发冷却改进炉顶打水，冷却特别快（仅几秒）、节水 90%、煤气可以直接进布袋，既不烧损，也不板结。这种喷枪还可以开发兼做烧嘴升温功能，在高炉煤气低时可以进行燃烧升温后进布袋从而避免荒煤气的放空而污染环镜、浪费能源。

3）水冲渣蒸汽冷凝回收热水

众所周知，水蒸发成蒸汽要大量吸热（2257kJ/kg）、体积要膨胀约 1200 倍；反之通过向高温蒸汽喷水雾实现蒸发吸热，就会将蒸汽冷凝为水。如连铸二次冷却、高炉水冲渣、转炉汽化冷却富余蒸汽都可以通过蒸发冷凝成水，这样不仅节水，对西部、北方钢厂冬季二冷蒸汽量大排不净时，可以很容易地解决蒸汽影响操作问题。

4）低水熄焦

焦炭采用干熄焦、引进的低水熄焦技术都取得了很好的节水等效果，但因为改造量大、投资多，推广采用难度大。国内的 30 多座焦炉成功采用了喷雾低水熄焦技术，由于喷嘴打击力使水蒸气在焦车周围循环，不仅起到隔绝空气、快速低水熄焦、提高焦炭强度、减少焦粉排放等效果，还具有节水约 50%（0.25t 水/t 焦碳）的节水效果。

5）无水直接喷雾除尘

无水直接喷雾除尘技术，是指没有机械水，但喷的仍然是水，形成的是雾，不会弄湿原料、设备，引起安全问题，在原料场、装卸车、皮带转运点、渣处理、中包翻包、热轧、转炉、高炉、电炉、焦炉的二次除尘方面均有成功的应用示例。需要特别强调的是喷雾除尘可以用于处理焦化废水、含油、含酸等难处理或处理成本高的废水，实现以废治废，将废水喷到入炉的矿粉、焦炭、烧结/球团矿用高温处理，最终实现零排放。

（7）串级用水技术

串级用水是指废水不回到原来的生产过程中使用，而是转送到可以接受的生产过程或系统中使用。串级用水过程中不需要对废水进行深度处理甚至不处理就能用于其他生产工序，实现了水的串级使用，也就实现了在更大范围内水的间接循环使用，可以减少水处理构筑物、节省占地、节能节水甚至可以达到废水的“零排放”，是水处理中最简洁、最经济、最科学的一项技术。钢铁企业中常见的串级用水模式有：

① 焦化厂冷却器用水－冷却塔用水－制冷机用水－湿熄焦用水或高炉冲水渣用水；

② 高炉冷却水－高炉除尘用水－高炉冲水渣用水；

③ 转炉冷却用水－转炉除尘用水等。

以宝钢为例，铁厂高炉炉体间接冷却水循环系统、炉底喷淋冷却水循环系统、高炉煤气洗涤水循环系统的排水，作为补充水依次串接使用。高炉煤气洗涤循环系统的排水作为高炉冲渣水循环系统的补充水。冲渣水循环系统则密闭不排污。这种多系统串接用水最终可使炼铁、炼钢、连铸、轧钢、原料和成材等工序的废水和冷却水高效利用，基本实现无外排废水。

（8）开发利用各种可利用的水资源

① 污水资源化既节约用水又保护水资源环境。当前世界各国都在发展废水资源化，把它作为第二水源。许多发达国家城市的60%～80%的污水废水已经处理加以利用。据统计，工业用水的实际消耗量仅为15%～25%，其余均作为污水废水排放。一般来说，排放的污水中，约有40%～50%为冷却水，水质较好，只需要降温处理就可循环使用；还有20%左右为洗涤水和冷凝水，也可回收利用。这些水可用于冷却、除渣、灭尘、绿化等。济南钢铁公司轧钢系统的工业废水经处理后，已实现全部回用。实践证明，污水废水处理工程在技术上是可行的，经济上是合理的。各冶金企业也应该充分利用水质较差的浅层地下水，用于清扫、冲洗及工业生产的间接冷却水。

② 充分利用海水资源。沿海工业在淡水供应严重不足的情况下，可使用大功率提水设备，在采用防止设备和管道腐蚀及海洋生物和泥水堵塞技术后，利用海水资源，成本仅为自来水的15%左右。据预测，当输送距离超过400km时，处理成本不超过4.0元/t时，可将海水淡化厂作为供水水源。有条件的地方应开发利用海水淡化技术，减少淡水资源用量。将管道经过特殊处理后，还可直接使用海水进行设备冷却。

③ 雨水利用。钢铁企业开展集雨工程的潜力很大，因为一个大型的钢铁联合企业厂区的面积往往可达10～20km^{2}甚至更多。即使不搞集雨工程，所建的雨排水工程同样也要花费巨大的财力物力人力，有的企业还兴建了排水管网、围厂河和雨水提升泵站等设施，以便当外河水位高时，采用水泵强排。其实只要将厂区的雨水收集和利用，就可以化害为利、一举两得。所收集的雨水经过蓄调和简单处理，就可以达到杂用水的水质标准，可直接用于钢铁企业原料场的洒水、绿化及道路洒水、水景补充水、车间地坪洒水、汽车清洗、厕所冲洗

以及对水质无严格要求的用户。这样不仅可以缓解企业水资源紧缺的矛盾，而且由于雨水的利用，减少了企业的雨排水工程。

在我国缺水地区的钢铁企业，该项工程更具有重要意义。

④ 矿井水应用。如果钢铁企业附近有矿业公司，使用矿井水替代地下水，可减少地下水的开采量，保护自然环境，可使钢铁企业与矿业公司达到双赢，既降低成本，又可节省污水处理费用，具有显著的经济效益。

(9) 应用水夹点技术，优化供水网络

水夹点技术是进行工业水回用、废水量最小化和废水处理系统设计、改造的一种重要方法，是实现工业水回用和废水量最小化的最佳策略。该技术的内容包括：水夹点分析，预先识别在用水操作中最小新鲜水消耗量和最小废水生产量目标；水夹点综合，设计一个用水网络，通过水回用、再生和循环以达到上述目标；水夹点改造，通过有效的工艺改变，改造现有的用水网络以达到最大限度地回用水和最小程度地产生废水。采用水夹点技术能大幅节约水资源，而且效果明显优于只采用传统的水回用措施。对一个现有用水操作，新技术能预测一个最小的新鲜用水量，并且在用水网络设计和改造中，提供切实可行的指导以达到新鲜水流量最小的目标，从而达到工业节约用水的目的。

(10) 采用少用或不用水的新工艺

钢厂在加热炉上采用无水冷滑轨新工艺，采用高耐火材料做成加热炉滑轨，墙基用矾土水泥砼预制块砌筑，可抗热1250～1300℃，因此可取消炉内水冷件，完全不用冷却水。采用转炉炼钢工艺可比平炉炼钢工艺减少90%的用水量。在轧钢生产中采用中性电解除磷法，使钢材表面的氧化铁皮在电流作用下经反复氧化还原逐渐溶解、消除，不仅可实现节约用水，还可消除因酸洗产生酸雾和酸水而造成对环境的污染。

7.7.3 集成后节水效果预测

以某钢铁联合企业为例，目前的吨钢新水用量为7.18m^3，如果按照“清浊分流、串联供水、以新补净、以净补浊、循环使用、一水多用”的原则，采用上述节水集成技术对炼钢生产过程中各工段的生产流程及相应的用水系统进行改造，全面提高水的重复利用率与废水回用率，其吨钢新水用量可降至4.43m^3，取得了良好的节水效果与巨大的经济效益。

参 考 文 献

[1] 陈龙宫，黄伟．冷轧薄钢板精整生产技术[M]．北京：冶金工业出版社，2009.

[2] 张景进．板带冷轧生产[M]．北京：冶金工业出版社，2008.

[3] 冯捷，史学红．连续铸钢生产[M]．北京：冶金工业出版社，2010.

[4] 田乃媛．薄板坯连铸连轧[M]．北京：冶金工业出版社，2007.

[5] 贺毓章．轧制工程学[M]．北京：化学工业出版社，2010.

[6] 潘立慧，魏松波．干熄焦技术[M]．北京：冶金工业出版社，2005.

[7] 李光强，朱诚意．钢铁冶金的环保与节能[M]．北京：冶金工业出版社，2006.

[8] 胡洵璞，吕岳辉，王建丽．高炉炼铁设计原理[M]．北京：化学工业出版社，2010.

[9] 郑文华，尹君贤，张一红．焦化废水零排放处理[J]．中国冶金，2006，16(3)：4～7.

[10] 温燕明，朱玉廷，陈昌华．实施焦化清洁生产，促进钢铁企业可持续发展[J]．山东冶金，2005，27(4)：1～4.

[11] 邵瑰玮，李劲，王万林，等. 脉冲电晕放电下用焦化废水脱硫的研究[J]. 环境工程，2004，22(2)：43～44.

[12] 成泽伟，张广彬，苍大强，等. 焦化废水逆向喷淋进行烧结烟气脱硫试验研究[J]. 钢铁，2008，43(10)：82～85.

[13] 周梅. 攀钢煤化工厂废水处理系统优化改造[J]. 工业安全与环保，2009，35(7)：13～14.

[14] 胡钰贤，郭亚兵. 焦化废水及其处理技术[J]. 机械工程与自动化，2004，(5)：97～100.

[15] 栗忠浩. 焦化废水处理技术的应用与研究[J]. 本钢技术，2009，(4)：23～30.

[16] 王维兴. 钢铁工业用水和节水技术[J]. 金属世界，2008，(5)：1～3.

[17] 刘建，刘双程，于挺. 未来钢铁企业水系统集成探索研究[J]. 冶金管理，2007，(9)：15～16.

[18] 李新创，程继军. 强化钢铁节水，实现可持续发展[J]. 冶金经济与管理，2007，(4)：4～6.

[19] 严晔楠，李素芹，苍大强. 冶金行业节水新技术和建议[J]. 中国冶金，2005，15(2)：37～40.

[20] 国家冶金规划研究院. 冶金行业重点推广应用的节水技术和节水工艺[J]. 冶金管理，2001，(10)：47～49.

[21] 居勤章，杨倩宇. 高炉循环水浓缩倍数的研究及对策[J]. 宝钢技术，2002，(6)：49～51.

[22] 王绍文，杨景玲，赵锐锐，等. 冶金工业节能减排技术指南[M]. 北京：化学工业出版社，2009.

[23] 王绍文，钱雷，邹元龙，等. 钢铁工业废水资源回用技术与应用[M]. 北京：冶金工业出版社，2008.

[24] 王绍文，邹元龙，杨晓莉. 冶金工业废水处理技术与工程实例[M]. 北京：化学工业出版社，2009.

[25] 孙爱军. 工业用水效率分析[M]. 北京：中国社会科学出版社，2009.

[26] 黎松强，涂常青. 水污染控制与资源化工程[M]. 武汉：武汉理工大学出版社，2009.

第8章　化工行业的节水技术集成

化学工业又称化学加工工业，泛指生产过程中化学方法占主要地位，利用化学反应改变物质结构、成分、形态等生产化学品的过程工业。化学工业具有如下特点：

① 生产技术具有多样性、复杂性和综合性。化工产品品种繁多，每一种产品的生产不仅需要一种至几种特定的技术，而且原料来源多种多样，工艺流程也各不相同；就是生产同一种化工产品，也有多种原料来源和多种工艺流程。由于化工生产技术的多样性和复杂性，任何一个大型化工企业的生产过程要能正常进行，都需要有多种技术的综合运用。

② 具有综合利用原料的特性。化学工业的生产是化学反应，在大量生产一种产品的同时，往往会生产出许多联产品和副产品，而这些联产品和副产品大部分又是化学工业的重要原料，可以再加工和深加工。因此，化工行业是最能开辟原料来源、综合利用物质资源的一个行业。

③ 生产过程要求有严格的比例性和连续性。一般化工产品的生产，对各种物料都有一定的比例要求，在生产过程中，上下工序之间，各车间、各工段之间，往往需要有严格的比例，否则，不仅会影响产量，造成浪费，甚至可能中断生产。化工生产主要是装置性生产，从原材料到产品加工的各环节，都是通过管道输送，采取自动控制进行调节，形成一个首尾连贯、各环节紧密衔接的生产系统。这样的生产装置，客观上要求生产长周期运转，连续进行。任何一个环节发生故障，都有可能使生产过程中断。

④ 化工生产具有耗能高的特性。大多化工产品的生产都需要在高温或低温条件下进行，无论高温还是低温都需要消耗大量能源。

8.1　化工行业的分类及用水节水现状

8.1.1　化工行业的分类

化工行业的分类比较复杂。根据所用原料和产品的种类，化工行业可分为无机化工、有机化工和精细化工三类。

（1）无机化工

无机化工是无机化学工业的简称，是以生产无机化工产品为目标的化工过程的总称，其基本特征是以无机矿物为原料，生产的产品也均为无机物。

无机化工行业包括硫酸工业、纯碱工业、氯碱工业、合成氨工业、化肥工业和无机盐工业，广义上也包括无机非金属材料和精细无机化学品如陶瓷、无机颜料等的生产。无机化工产品的主要原料是含硫、钠、磷、钾、钙等化学矿物和煤、石油、天然气以及空气、水等。

（2）基本有机化工

以生产基本有机产品为目标的化工过程的总称。

煤、空气和水是重要的基本化工原料。除了空气和水以外，煤在自然界中的藏量十分丰富，以煤为原料，除了可制得众多的基本化工产品外，还可制得石油化工生产中难以得到的萘、苯酚、喹啉、吡啶、咔唑等化学产品。

一些农副产品，如稻秆、麦秆、甘蔗渣、向日葵和桐子壳等，含有纤维素、半纤维素和钾盐，纤维素是多缩己糖，水解可得单糖，单糖发酵可制得酒精。半纤维素中的多缩戊糖脱水后可以转化为糠醛，后者是有机化工的重要原料之一，可用于生产树脂和纤维等化工产品。农副产品中的钾盐主要为碳酸钾、氯化钾和硫酸钾，是提取钾盐的理想原料。

（3）精细化工

精细化工实质上也是有机化工的一种，其生产是以基本化工原料、有机合成材料和高分子化工材料为基础，做进一步的深加工，以制得具有某些特殊性能或专门功能的化学品。

精细化工主要包括合成树脂与塑料工业、橡胶工业、化学纤维工业、制药化学工业、日用化学工业、化学添加剂工业、涂料和染料工业、信息材料工业和农产品化学工业等其他化学工业，生产的产品具有品种多、产量小、纯度高、加工技术特殊、商品性强、更新快等特点，在国民经济各部门和人民物质文化生活中得到了广泛的应用。

8.1.2　化工行业的用水节水现状

化工生产具有高温、高压、易燃、易爆等特点，用水量大，用水保证率要求高。据有关资料统计，其行业用水中，间接冷却水约占88%，工艺水约占7%，其他约占5%，用水量大，节水潜力也很大。与此同时，化工行业也是污水排放大户。在工业各部门中，化工排放的废水量和 COD 均居第一位。

（1）化工行业的用水节水现状

化工行业根据“节约用水，分质供水，综合利用，开源节流”的用水节水方针，在创建清洁文明工厂和推行清洁生产过程中，推广应用先进生产工艺、技术和装备，积极推行节水技术改造，新建项目从设计到投产均把节水作为一项重要的考核指标。

间接冷却水经水质稳定处理后循环回用技术已在化工行业普遍采用，全国大中型化工企业间接冷却水的循环利用率已达80%以上。化肥企业采用“两水闭路循环”节水技术已取得年节水10亿m^3的显著成效。目前，化工行业用水状况与国际先进水平相比还存在着很大差距，尚有很大节水潜力。据报道，美国、加拿大和墨西哥三国的化工单位产值耗水量为316.9m^3/万美元，而我国为1106.7m^3/万美元。

从化工行业自身特点来看，间接冷却水在总用水量中所占比重最大，特别是氮肥、基本化工原料等行业。而间接冷却水使用后，除温度稍高外，一般水质清洁，无污染，只要进行水质稳定处理后即可循环回用。因此，循环利用是化工节水的根本途径。

化工行业用水大户之一是中小化肥厂，特别是小化肥。全国现有化肥厂约600多个，其中小化肥厂500多个。小化肥厂推广应用冷却水循环及污水闭路循环技术数年，已取得很大成效。但在水资源丰富的地区，有些企业仍采用直流水，浪费很大。以年产2万t合成氨的小化肥为例，如能改用两水循环技术，年节水可达500万m^3，节水效果十分明显。因此中小化肥节水潜力较大。另外，一些老企业的凉水塔换热效率还不太高，如能对其进行改造，取水量也将会大大减少。

（2）化工行业用水存在的问题

一是处于水资源较为丰富地区的企业，节水意识尚需进一步加强；二是某些老化工装置的水循环利用率较低，节水技改投入不够；三是由于水价原因，利用循环装置反而会出现经济效益倒挂现象；四是水计量装置不够完善；五是由于生产工艺的限制，难以进一步提高水资源利用效率，研究开发节水型生产工艺已成当务之急；六是回用水在循环冷却系统中易腐蚀设备，需采用有效防腐蚀的措施。

(3) 解决的对策和建议

化工行业要实现节约用水，必须采取如下措施：

① 完善节水组织；

② 完善管理制度并制定考核办法。

③ 大力推广先进节水技术。可对原系统中的老旧设备进行改造，如新建和改造冷却塔、采用节水型冷却器和换热器；反渗透脱盐水系统采用超滤代替介质过滤器，减少反洗用水；回用水工程采用生物陶粒接触氧化的新技术。

④ 实现废水再生利用。氮肥生产企业对尿素生产装置增加水解装置，回收氨和二氧化碳，水解水作锅炉用水，合成车间的工艺冷凝液回收后作为锅炉水再次使用；建污水处理装置，使用生物方式处理造气污水，达标后部分回用，代替冲洗用水。

8.2 无机化工行业的节水技术集成

无机化工是化学工业中发展较早的部门，为单元操作的形成和发展奠定了基础，主要生产基础原料-材料工业产品，用途广、需求量大。其用途涉及到造纸、橡胶、塑料、农药、饲料添加剂、微量元素肥料、空间技术、采矿、采油、航海、高新技术领域中的信息产业、电子工业以及各种材料工业，又与日常生活中人们的衣、食、住、行以及轻工、环保、交通等息息相关。

8.2.1 合成氨工业的节水技术集成

氨是化肥工业和基本有机化工的主要原料。除氨本身可用作化肥外，还可以加工成各种氮肥和含氮复合肥，如氨与二氧化碳合成尿素，与无机酸反应制得硫酸铵、氯化铵、硝酸铵、磷酸铵等。氨还可以用来制造硝酸、聚氨酯、聚丙烯腈、丁腈橡胶、磺胺类药物以及含氮的无机和有机化合物。另外，液氨也用作制冷剂。

(1) 典型工艺流程

在合成氨的生产中，根据合成气制备的原料和方法不同，其生产工艺流程也不相同，但都包括以下三个步骤：

1) 原料气制备

氨是由氢气和氮气按3∶1（体积）的比例在一定条件下合成的，制取氢和氮的原料气是合成氨生产的第一步。各种原料生产合成氨原料气的流程如图8-1所示。

2) 原料气净化

采用煤和天然气等原料制得的氢、氮原料气中都含有硫化物、一氧化碳、二氧化碳，这些杂质都是氨合成催化剂的毒物，因此在氨合成之前必须将其脱除。

3) 氨的合成

将净化后的氢、氮混合气压缩至高压，在催化剂与高温条件下合成为氨。

当采用天然气为原料时，代表性的工艺流程如图8-2所示。天然气原料经压缩和预热后进入脱硫工序，当硫含量达到要求后进入转化工段，通过化学反应而生成氢、氮原料气。然后将原料气分别经CO变换、CO_2脱除和甲烷化反应，除去其中所含的杂质后，即进入氨

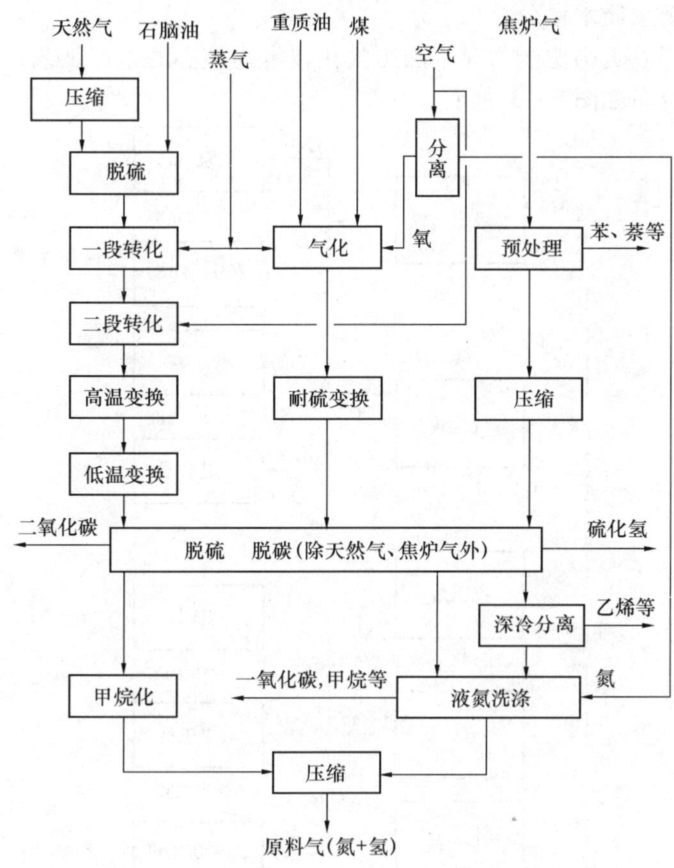

图8-1 各种原料生产合成氨原料气的典型过程

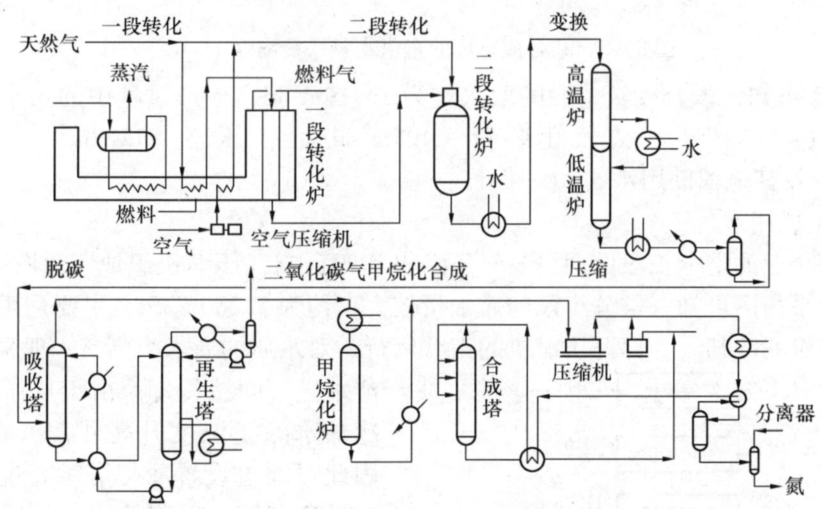

图8-2 天然气蒸汽转化、热法净化制氨工艺流程

合成塔发生化学反应生成氨。氨的合成反应是一个可逆反应，其生成率为10%～15%，因此需采用液化的方法使生成的氨与未反应的气体分离，并将未反应的氢、氮气循环使用。

本流程中设置了许多换热器及废热锅炉，以副产大量的高压蒸汽，因此可充分利用废热。另外还采用蒸汽驱动的离心压缩机，合成压力为15MPa，是采用回收的高压蒸汽作为动力的。

(2) 用水节点及水质水量分析

某合成氨厂采用以美国德士古煤浆加压气化技术为核心的生产工艺，以清江水作为供水源，其直供水量的分布如图 8－3 所示。

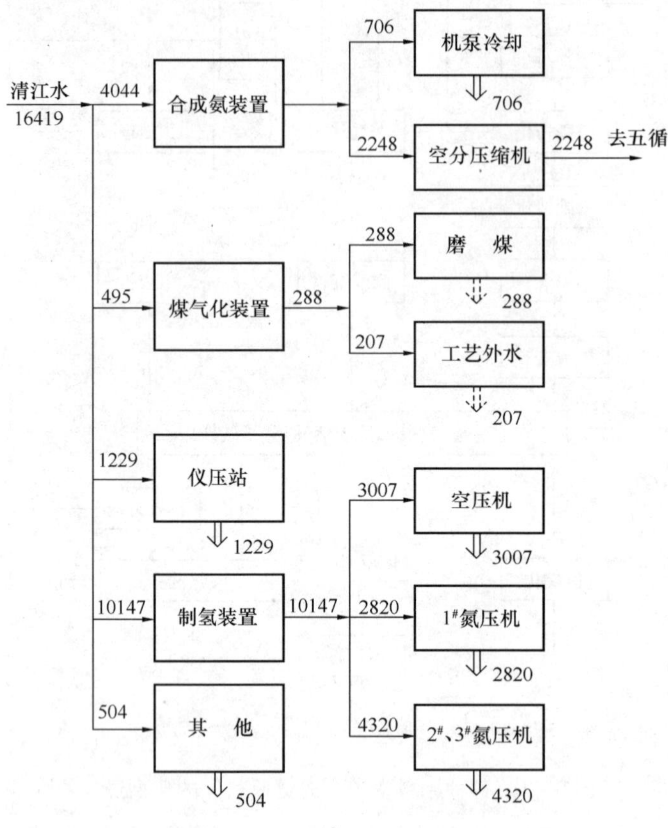

图 8－3　某合成氨厂的直供水量平衡图（m^3/d）

由图 8－3 可知，该合成氨企业的取水量为 16419m^3/d，生产过程中的用水节点主要有合成氨装置（4040m^3/d）、煤气化装置（495m^3/d）、仪压站（1229m^3/d）、制氢装置（10147m^3/d）及其他辅助用水（504m^3/d）。

1）空分工段用水

该合成氨企业的空分工段由两台氮气压缩机和四台空气压缩机组成。由图 8－4 所示的装置循环水量平衡图可知，空分工段的需水量较大，约为 53280m^3/d，主要是用于氮气压缩机和空气压缩机的冷却。为保证压缩机的正常运行，对水质的要求很高，一般采用净化后的清水进行间接冷却。由于从压缩机出来的冷却水除了温度升高外，水质没有变化，因此可通过设置冷却塔对其进行冷却处理后循环利用，以节约用水，同时节省净化水所需的费用。

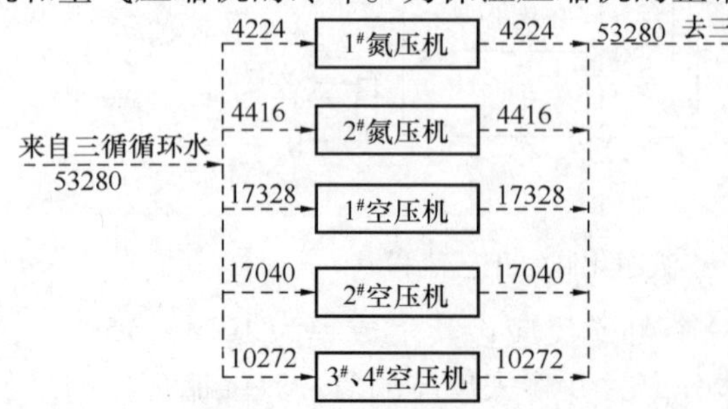

图 8－4　某合成氨企业空分装置循环水量平衡图（m^3/d）

2）气化工段用水

该合成氨企业的煤气化工段由六台气化炉和两台高压泵组成。由图 8－5 所示的装置循环水量平衡图可知，与空分工段相比，煤气化工段的需水量更大，约为 98038m^3/d，水的作用是作为气化炉和高压泵的冷却用水。此部分的用水量较大，但对水质的要求不高，一般清水经净化后即可。由于采用间接冷却，冷却水在使用前后仅有温度升高，其他水质没有变化，因此可通过设置冷却塔，通过对冷却水进行冷却处理后循环利用，以节约用水。

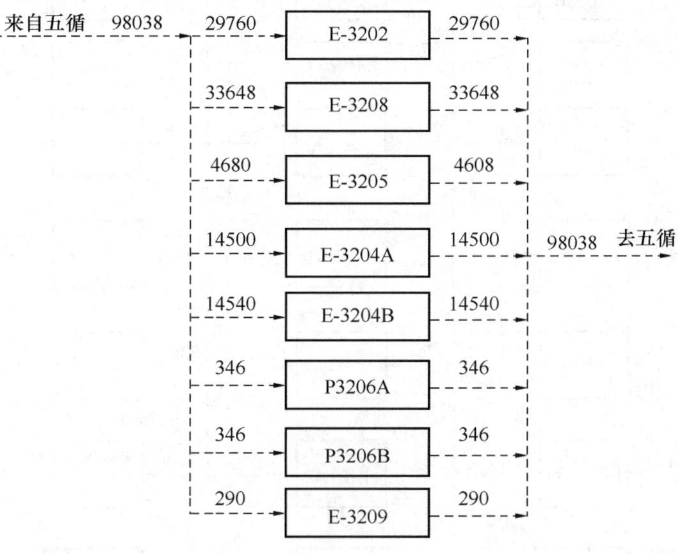

图 8－5　某合成氨企业煤气化装置循环水量平衡图（m^3/d）

3）合成工段用水

该合成氨企业的合成工段主要由一系列换热器、压缩机等组成，目的是为合成氨的生产创造条件并生产合成氨，其装置的循环水量平衡如图 8－6 所示。

由图 8－6 可知，在合成工段，水的需求量是非常大的，达 481848m^3/d，主要用作换热器的热（冷）载体和压缩机的冷却冷凝。为了防止设备结垢，保证生产装置的正常运行，此工段对水质的要求非常高，一般要求为软化水。

由于采用间接冷却方式，冷却水在使用前后只有温度升高，其他水质没有变化，因此可通过设置冷却塔，对其进行冷却处理后循环利用，以节约用水。

在生产过程中，起冷却作用的水在对装置进行冷却时，会产生大量的蒸汽。为了回收蒸汽所含的能量，并节约用水，该企业在合成工段设置了利用蒸汽驱动的压缩机透平，将蒸汽的压力能和热能转化为机械能，实现能量的回收利用。做功后的蒸汽冷凝液基本回收。

（3）节水案例剖析

合成氨是重要的大宗化工产品，合成氨工业是用水大户，因此节约用水既具有良好的经济效益，又具有重要的环境效益。

1）节水案例一：工艺节水

某合成氨企业采用德士古工艺路线，以煤为原料，年产合成氨 30 万 t，其用水总量为 665561m^3/d，其中合成氨装置的用水量为 500789m^3/d，煤气化装置的用水量为 98533m^3/d，制氢装置的用水量为 63427m^3/d，其他装置的用水量为 2812m^3/d。为了节约用水，该企业采用了如下的节水措施：

① 冷却水循环利用：合成氨生产过程中需要大量的冷却水对反应装置和机泵进行间接冷却，但出水除了温度升高外，水质基本没有变化，因此该企业采用循环用水的方法，通过

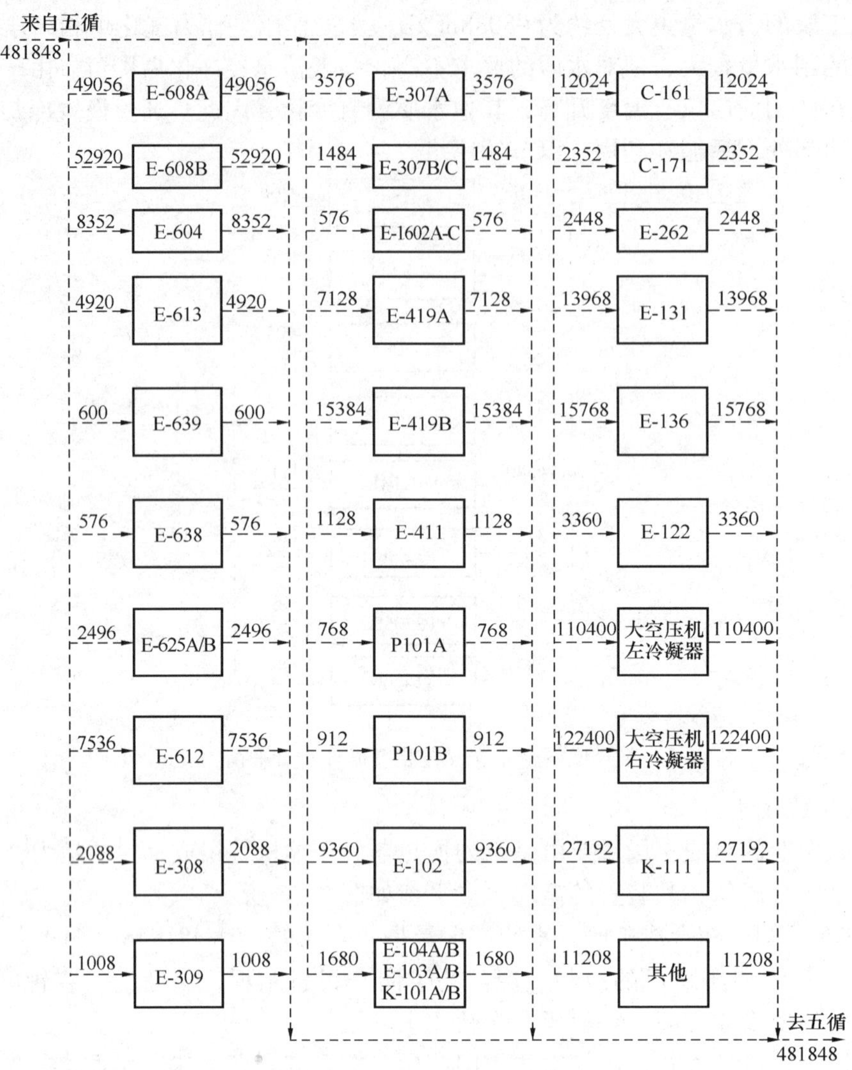

图 8-6　某合成氨企业合成氨装置循环水量平衡图（m^3/d）

设置冷却塔对其进行冷却后循环利用，使冷却水的循环利用率达 95% 以上。

② 造气洗涤水的循环利用：为了回收利用造气洗气塔的洗涤废水，并减少废水对环境的危害，该企业采取了如下措施：将造气洗气塔的废水经除灰池除去粗灰后送到沉降灰池，入池的水由于流速降低，细灰得到沉降，然后用泵将沉降后的清水抽上自然通风冷却塔，使水同空气充分接触，降低水温并使水中的大部分酚和氰化物等有害物质从水中析出，达到凉水、除害的双重作用。冷却后的水，再用泵送回造气车间，形成造气供水的闭路循环用水系统。经测定，年最高气温月份的冷却水温度可降低 5～7℃，基本上能满足生产工艺的要求，年节水约 270 万 t，取得了较好的节水效果。

2）节水案例二：废水处理再生回用

某合成氨企业原料车间的新鲜水用量为 3t/h、蒸汽的用量为 3t/h，循环水的用量为 275t/h；公用工程系统的新鲜水用量为 222t/h，其中生活用水 180t/h，消防用水 40t/h 以及用于密封放空燃烧气体的水 2t/h。另外消耗 10t/h 低压蒸汽，主要用于生产装置的蒸汽伴热和供暖系统；动力车间共使用新鲜水 169t/h，蒸汽冷凝液 225t/h，循环水 980t/h，蒸汽 42t/

h；气化车间使用新鲜水96t/h，蒸汽冷凝液65t/h，蒸汽18t/h，循环水2095t/h；合成车间主要使用297t/h蒸汽、52t/h蒸汽冷凝液以及27945t/h循环水；尿素车间不使用新鲜水，在尿素合成工段中产生22t/h的反应生成水，循环水的用量为6950t/h，蒸汽的用量为4.0MPa管网蒸汽76t/h。该企业根据排放废水的水质情况，采用适当方法对废水进行处理后实现回用，既可起到明显的节水效益，又能有效减少污染物的排放，具有明显的环保效益。

图8-7和图8-8分别为该企业考虑废水再生循环前后的用水网络图。对比图8-7和图8-8可以看出，实现废水的再生循环回用具有明显的节水效益。

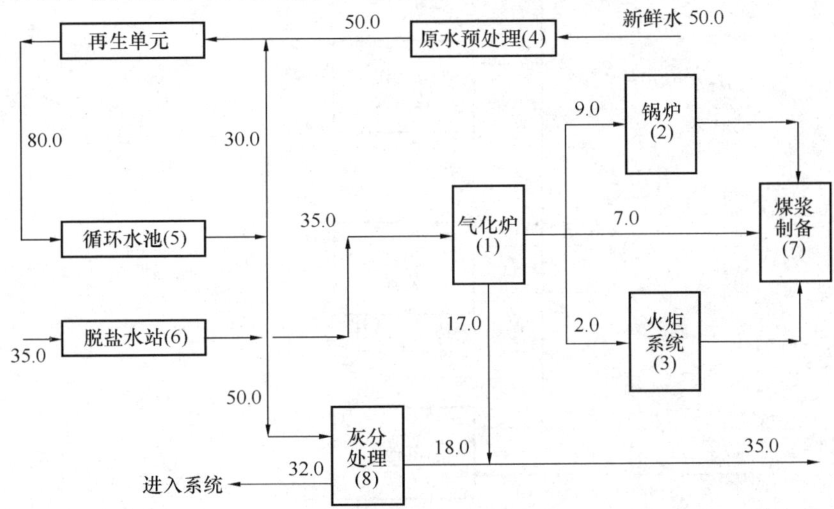

图8-7　考虑废水再生循环调整前的水平衡图（t/h）

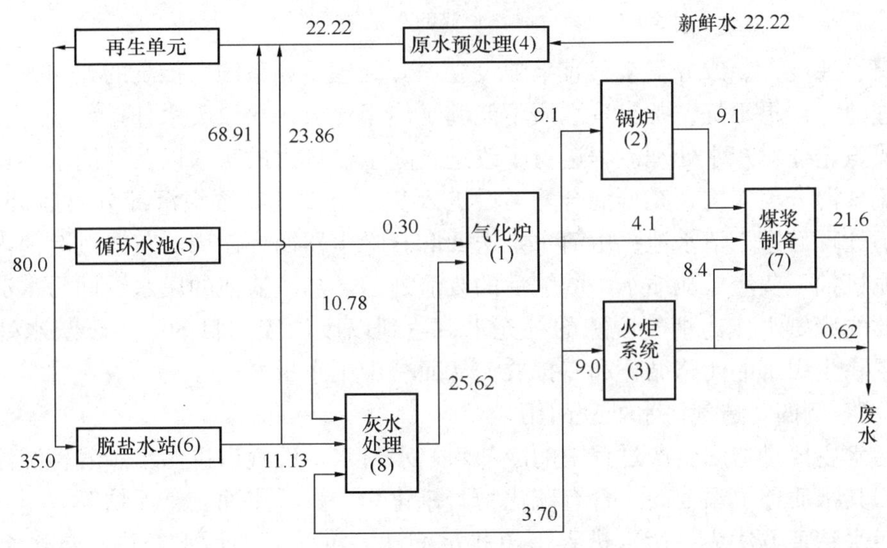

图8-8　考虑废水再生循环调整后的水平衡图（t/h）

图8-9所示为某合成氨企业部分采用上述节水技术后的总水量平衡图。可以看出，采用上述节水技术后，该合成氨厂大部分采用循环水和再生水，新水的取用量仅为16419m^3/d，工业水的重复利用率已达到了90%。

3）节水案例三：锅炉冲渣、除尘系统灰水的处理回用

合成氨企业的蒸汽锅炉大多配套麻石水膜除尘器进行消烟除尘，产生的灰水中因含固量

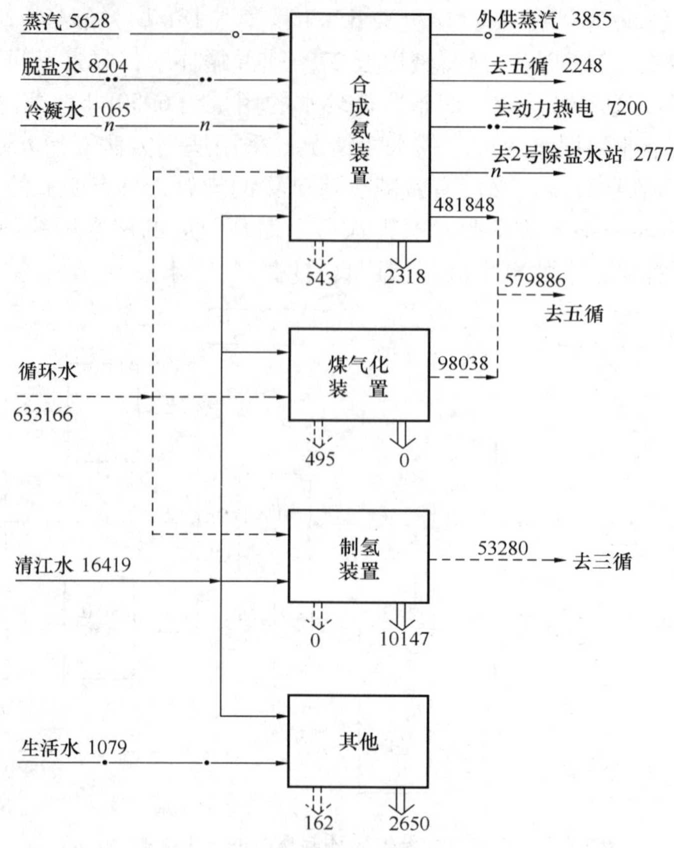

图 8-9　某合成氨企业的水量平衡图（m^3/d）

高、温度高、浊度大、成分复杂，宜单独设立一套处理循环系统。传统的处理方法为一级平流沉淀处理池，效果不好，常出现水质不能满足使用要求，导致废水外排。

某合成氨企业对灰水处理流程进行了改进：除尘器排出的灰水以及冲渣水等首先与补充水进入折流式混合反应沟，充分混合均匀后进入灰渣沉淀池，逐级沉淀分离后进入污水池，经过滤澄清处理后进入清水池；由清水泵送回麻石除尘器循环使用。灰渣沉淀池内的废渣由行车式吸泥机抽至灰渣滤池缩水，浓缩后的废渣外运。灰渣滤池的废水返回污水池。将合成氨系统排放的废氨水作为烟气脱硫的补充水，达到以废治废的目的。由于灰水处理效果提高，可实现除尘用水的闭路循环和零排放，从而减少用水量。

4）节水案例四：造气污水处理回用

造气污水主要是造气生产过程中的冷却水、水封水、洗气塔排污水、气柜溢流水、脱硫冷却水等，其水质差、温度高，含有硫化物、氰化物、氨、焦油、悬浮物等。

传统污水治理方法为：污水进入平流式沉淀池，沉淀后的污水经热水泵送至冷却塔冷却，然后流入冷却池，再由冷却水泵加压送至造气等用水系统。为降低循环水中悬浮物，加速灰渣沉淀，加入碱性氯化铝或硫酸亚铁作絮凝剂，但处理后循环水中悬浮物仍然偏高，水的颜色发黑。由于水质差、温度高，冷却效果不好，导致造气污水不能实现完全闭路循环，各类污染物也随置换水外排。

某合成氨企业针对传统工艺流程的缺点，在处理流程中增加微涡流澄清器，将流程改为造气污水经平流沉淀池初步沉淀后进入热水池，由热水泵送入微涡流澄清器，絮凝剂从泵进口加入，在絮凝剂的作用下，澄清器内的悬浮物利用微涡流原理凝聚成大颗粒，与水分离沉淀，使水质变清，然后流入玻璃钢冷却塔，冷却后的水经冷水泵送至造气系统循环使用。该工艺可实现稳定造气工艺、深度净化水质、强化水质冷却、完善水质调整、控制水平衡，使悬浮物的浓度降至 50mg/L 以下，使造气污水经处理后完全闭路循环，实现零排放。

5）节水案例五：生产工艺的改进

传统的合成氨精炼工段采用铜洗工艺，铜氨液回收铜时产生大量的稀氨水，既增加氨耗，而且产生的稀氨水外排得不到回收利用，会造成水环境的污染。某合成氨企业通过对生产工艺进行技术改造，采用醇烃化双甲工艺代替铜洗工艺后，不再产生因铜氨液回收铜产生的稀氨水和精炼再生气净氨产生的稀氨水，大大减少了稀氨水的产生量，减轻了稀氨水处理装置的负荷，同时节省了运行费用。

6）节水案例六：提高循环水的浓缩倍数

循环冷却水系统在合成氨生产中占据了重要地位，直接影响生产装置的安全、平稳运行及其能耗。循环水在保证冷换设备换热效率的同时，还要力争做到节约用水，最关键的就是提高循环水质量，提高浓缩倍数，降低补充水，减少排污量。

循环水的浓缩倍数越高，补充水量越少，排污水量也越少，因此应尽量提高冷却水循环系统的浓缩倍数。但浓缩倍数的增大会使水中溶解盐的浓度相应增加，在敞开式循环水系统中，由于蒸发，系统中水会越来越少，而水中的溶解盐浓度会越来越大，为了使含盐量维持在需要的浓度，就要补进新鲜水，排出部分浓缩水。为了节约用水，江苏无锡地区年生产 30 万 t 合成氨的某化工有限公司运用冷却塔闭路循环工艺，对化肥生产中冷却设备后水温升高的冷却水通过冷却后继续循环使用，并且采用反渗透工艺，提高循环冷却水的浓缩倍数，减少因循环浓缩后的排放量，排放的这极少部分水又作为生产环节中水煤浆的制浆用水，真正达到了节水减排的目的。该项目的循环水量达 50000t/h，与开式循环（直接向河道排放）相比，每年可减少取水量 39600 万 t。

7）节水案例七：清污分流与分级使用

某合成氨企业在企业内设有事故废水池和一般废水池，其中事故废水池主要收集生产系统跑、冒、滴、漏产生的高浓度氨氮废水、设备地坪冲洗水以及非正常工况排放的稀氨水，优先用泵逐步送往锅炉灰水循环池和造气污水循环系统作为补充水；一般废水池主要收集冷却水循环系统的置换水，在事故池废水不足情况下作为锅炉灰水池和造气污水循环系统的补充水，多余部分送入终端废水处理系统处理，经澄清、过滤除去悬浮物等污染物后，返回作为冷却循环水系统的补充水，形成分级循环利用网络，减少外排废水量，从而实现节约用水。

8）节水案例八：综合废水的深度处理与回用

为了进一步节约用水，该公司实施了综合废水的处理与回用改造。由车间排出的含氨氮污水及其它污水首先进入污水调节池进行均质、均量；均化后的污水入气浮池进行气浮处理，夏季或来水水温过高时先经冷却塔进行降温后再进入气浮池。之后进入初曝池，初曝池为一好氧曝气池（也可根据运行需要进行兼氧运行），其目的主要是去除污水中抑制脱氮菌属的有毒有害物质。由于高效微生物剩余污泥量远低于普通微生物，为了降低后段污泥处理系统的负荷，同时确保污水处理效果，初曝池投加高效微生物；初曝池出水自流至初沉池进行泥水分离，污泥回流至初曝池。

初沉池出水自流至生化段即脱碳、脱氮处理单元。该单元由兼氧池、好氧池、二沉池组成，其生化处理工艺是针对污水有机物浓度高、氨氮含量高，依据同类污水处理运行结果而设置的，池中投加高效微生物制剂，通过调整其生存环境，发挥其在缺氧和好氧环境下表现出不同特性均有较好处理能力的性质，完成硝化、反硝化的脱氮过程，同时进一步完成脱碳任务。生化处理后污水进入絮凝反应池经加药反应，进一步沉淀后回用或达标排放。

（4）节水技术集成

由上述分析可知，合成氨企业的用水量非常大，如能实现节水减排，不仅具有明显的经济效益和环境效益，而且能有效缓解当地水资源的供需矛盾，具有巨大的社会效益。

合成氨企业可根据所用的工艺路线，在了解用水节点对水质水量要求的基础上，采用如下节水技术：

① 冷却水循环利用：合成氨生产过程中需要大量的冷却水对反应装置和机泵进行间接冷却，但出水除水温升高外，水质基本没有变化，因此可采用循环用水的方法，通过设置冷却塔对其进行冷却后循环利用，使冷却水的循环利用率达到95%以上。

② 造气洗涤水的循环利用：为了回收利用造气洗水塔的水，并减少废水对环境的危害，可将造气洗气塔的废水经除灰池除去粗灰后送到沉灰池，细灰得到沉降后，用泵将沉降后的清水抽入自然通风冷却塔，使水同空气充分接触，降低水温并使水中的大部分有害物质从水中析出，达到凉水、除害的双重作用。冷却后的水再用泵送回造气车间，形成造气供水的闭路循环用水系统，能取得较好的节水效果。

③ 蒸汽冷凝水的回收利用。合成氨企业是蒸汽消耗大户，蒸汽冷凝液的就地排放是对低位热能及水资源的极大浪费，可将除盐水换热后与煤气直接接触，以提高煤气的饱和度，降低变换蒸汽的消耗量。冷凝液送入变换系统后，系统就可以停用除盐水，节约了除盐水的购买成本。将脱硫工序栲胶溶液加热器产生的蒸汽冷凝液、净化工序铜液再生器产生的蒸汽冷凝液排入变换冷凝液槽，实现回收利用，可取得较好的节水效果。

④ 零排放：采用闭路循环技术，减少洗涤冷却水的使用量，建立造气脱硫污水、锅炉烟气洗涤水、冷却水三水独立的闭路循环系统，在循环中对污水中的有害物质进行处理，实现含氰、酚污水和含煤污水的零排放。

⑤ 水的串级处理。不同用水户对水质的要求不同，因此可依据不同用户对水质的要求而实现水的串级使用，如将水处理后的排水作为水煤浆的制浆用水，既能减少水资源的消耗，又能减少废水的排放，从而降低企业的运行成本。

⑥ 甲烷化取代铜洗：将甲烷化技术引入合成氨系统，醇洗分离器的醇后气进入甲烷化换热器，与出催化剂床层的气体换热后出塔，再经汽包加热器加热后进入甲烷化炉。出炉气体经塔前预热器加热和冷排冷却分离水后，送入压缩机六段入口，分离水进入甲醇循环水回收系统。来自发电系统的高压蒸汽进入汽气加热器加热入塔气体，出加热器的蒸汽经降温减压后并入蒸汽管网，作为生产用汽。由此省去铜洗再生工序，就不存在稀氨水的产生。

⑦ 造气循环不涨水：传统的锅炉造气过程中的水既是洗涤水，又要起到冷却的作用，过剩的蒸汽冷凝进入到含油、硫、氢化物、甲醇的污水中，造成涨水。将锅炉、造气、脱硫循环水形成一个综合系统，锅炉烟气洗涤水从清水送入各锅炉水膜除尘器，污水经沉淀后送入清水池。造气循环水分为二级循环，半水煤气中的饱和水在除尘段不冷凝，造气循环水实现不涨水，始终处于亏水状态，由其他工段补入污水，取走部分清水，实现系统的零排放。

⑧ 淘汰氨水脱硫工艺：用栲胶脱硫替代氨水液相催化脱硫，采用连续溶硫工艺，实现含硫污水的零排放。

⑨ 废水的深度处理与回用：对不同工段排放的废水进行收集处理后，实现达标排放或回用，既能大大节约水资源，又可降低对环境的污染。

（5）集成后节水效果预测

对于年产 30 万 t 合成氨的某化工企业，采用上述节水集成技术后，单位产品的新水取用量可降至 $16m^3$，大大低于江苏省的工业用水定额（2010 年修订本，以煤为原料，用水定额为 $35m^3/t$ 氨），工业水的重复利用率达 97% 以上，工艺水的回用率达 98.7% 以上，冷凝水的回用率达 95% 以上。如果实现氮肥生产污水超低排放，生产每吨合成氨的排水量可以从目前的 $10 \sim 50m^3$ 降低到 $2m^3$ 以下，排水率不到 5%。既能取得明显的节水效果，又能大幅减少废水治理的费用，具有明显的经济效益、环境效益和社会效益。如在全行业有条件的企业推广这种污水排放技术，每年节约的冷却水用量可以达到 10 亿 m^3。

8.2.2 硫酸工业的节水技术集成

硫酸是三氧化硫和水的化合物，是一种无色透明的油状液体，具有强烈的腐蚀性。硫酸的用途十分广泛，在国民经济中占有重要地位。硫酸主要应用于化肥工业，用以制造磷酸、过磷酸钙及硫酸铵，其消耗量占硫酸产量的 50% ~60%；硫酸可用于钢铁工业的酸洗，以除去钢铁表面的氧化铁皮；用于有色冶金工业中的湿法冶炼过程，提取铜等有色金属；在炸药制造中，用作硝化工序中的脱水剂；用于石油工业中，以精炼汽油、润滑油等产品；此外，在合成纤维、塑料、造纸、电镀、医药、农药、合成洗涤剂等方面均需要应用硫酸。

（1）典型工艺流程

生产硫酸的原料主要有硫磺、硫铁矿和有色金属火法冶炼的烟气，此外，有些国家还利用天然石膏、磷石膏、硫化氢、废硫酸、硫酸亚铁等作为原料。

以硫铁矿为原料的制酸过程中，两次转化两次吸收流程是硫酸厂典型的转化工艺流程，如图 8－10 所示。原料气经湿法净化系统后降温至 40℃左右，因此在进入转化器之前，必须通过换热器，以转化反应后的热气体间接加热至反应所需的温度，即钒催化剂的起燃温度（通常略高于 400℃），再进入转化器。二氧化硫经氧化反应放出热量，使催化剂层的温度升

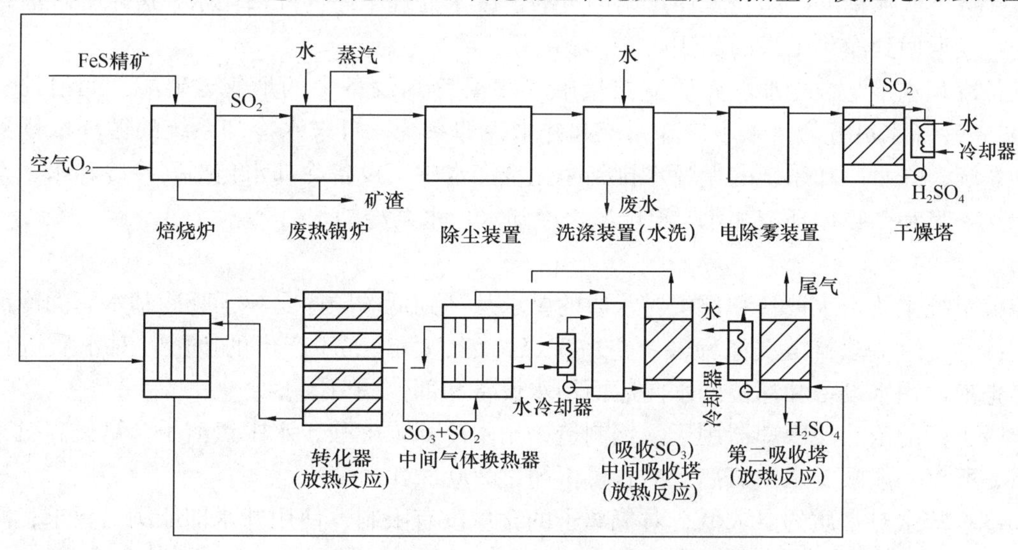

图 8－10　以硫铁矿为原料生产硫酸采用的两转两吸酸洗工艺流程

高，二氧化硫的平衡转化率随之降低，如温度超过650℃，将使催化剂损坏。为此，将转化器分成3～5层，层间进行间接或直接冷却，使每一催化剂层保持适宜的反应温度，以同时获得较高的转化率和较快的反应速率。

两转两吸流程的优点是转化率提高，催化剂用量减少，可采用较高二氧化硫浓度的炉气，减少了尾气污染。但采用两转两吸的关键是保持热量平衡，为了使第一次吸收后的温度由100℃左右升到转化温度420℃，就需要较多的换热面积，才能满足热平衡的要求。

图8－11为硫磺制酸的两转两吸流程。与硫铁矿制酸过程相比，转化与吸收工序是相同的，但由于没有净化工序，所以过程简单。另外，在以硫铁矿为原料生产硫酸的过程中，需采用焙烧炉进行硫铁矿的焙烧，会产生大量的污染。因此，目前以硫铁矿为原料生产硫酸的工艺已逐步淘汰，硫磺制酸流程得到了普遍的应用。

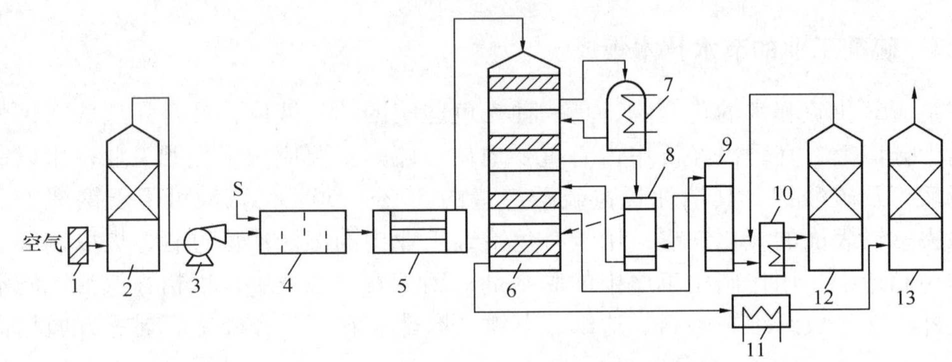

图8－11　硫磺制酸3＋1两次转化流程

1—空气过滤器；2—干燥塔；3—鼓风机；4—焚硫炉；5—废热锅炉；6—转化器；7—蒸汽过热器；8，9—换热器；10，11—省煤器；12—第一吸收塔；13—最终吸收塔

（2）用水节点及水质水量分析

硫酸生产系统的用水可分为净化洗涤水和设备冷却水。

净化洗涤水与烟气直接接触，其中杂质含量高。净化洗涤水包括间冷冲洗水、填料塔洗涤稀酸、空塔洗涤稀酸、净化工序产出的废酸、废水处理工序的配液用水、废水处理后达标排放的水或返回到净化工序的回用水。

设备冷却水不与被冷却的介质直接接触（主要冷却设备中的烟气、硫酸、润滑油、轴承）。设备冷却水可分为自来水冷却系统和井水冷却系统。自来水冷却系统的循环水排到井水冷却系统，井水冷却系统的循环水排到净化洗涤水中。设备冷却水包括间冷冷却水、干吸冷却水、一吸和二吸循环槽加水、SO_2风机冷却水、水泵冷却水。

1）水质的要求

硫酸系统主要用水设备和部位对水质的要求从高到低的顺序是：干吸冷却水、间冷冷却水、间冷冲洗水、填料塔洗涤稀酸、空塔洗涤稀酸、净化工序产出的废酸。对水质进行调节，是把前面用水设备和部位的水向后面用水设备和部位调节。

干吸工序的浓硫酸冷却器用不锈钢制造，用水冷却浓硫酸，水中氯离子含量偏高对其腐蚀严重，所以一般限定水中氯离子的含量不超过200mg/L。

间冷冷却水对水质的要求低，对氯离子的含量没有限制，使用井水即能满足要求；间冷冷却水循环使用，一部分水蒸发掉，需要补充。

2）水温的要求

SO_2风机油站冷却水的水温是根据油温的要求确定，要求不超过32℃；间冷冷却水的水温是根据转化进口烟气的SO_2浓度、转化率和吸收率、当地大气压等确定；净化工序出口烟气的含水量要保证干吸工序水平衡，不出稀硫酸；间冷冷却水夏季要求水温不超过32℃，春、秋季不超过33℃，冬季不超过34℃；干吸冷却水的水温根据上塔酸温度的要求来确定，干吸冷却水夏季要求水温不超过32℃，春、秋季不超过36℃，冬季不超过40℃。

3）水量的要求

净化洗涤水的用量约为$1m^3/t$硫酸；冷却水的用量约为$60m^3/t$硫酸。

（3）节水案例剖析

1）节水案例一：工艺节水

某化学工业公司硫酸厂采用三转两吸工艺流程，以硫磺为原料生产硫酸，年产量为80万t，总用水量为$145874m^3/d$。为了节水，该公司采取了一系列的节水措施：

① 冷却水的循环使用：由于采用间接冷却过程，冷却水在使用后仅温度升高，但水质没有变化，因此，将冷却水经冷却塔冷却后循环使用，可大大节约用水。由图8－12所示的该厂硫酸装置的水量平衡图可以看出，冷却水的循环利用量为$143663m^3/h$，循环利用率达98.5%。

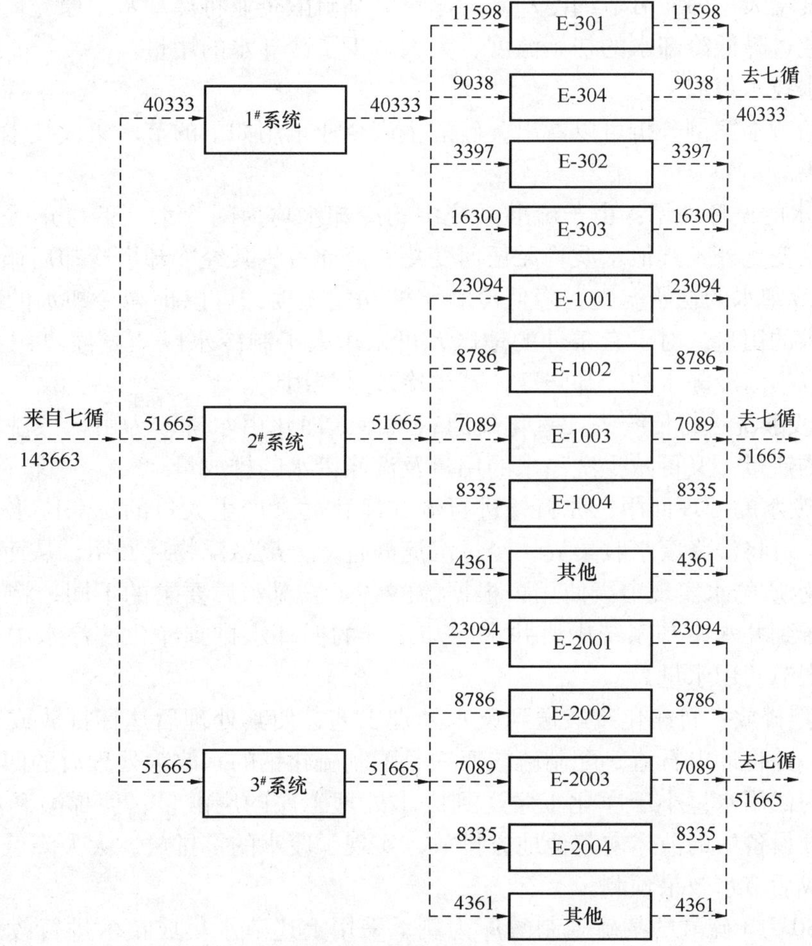

图8－12　某硫酸装置的水量平衡图（m^3/d）

② 洗涤废水的处理回用：原料气进行湿式净化时会产生大量的洗涤废水，其中含有大量的悬浮物，该厂将洗涤废水收集后，经过沉淀静置，分离悬浮物后回用，节约了用水。

③ 水洗改酸洗：二氧化硫原料气的湿式净化是用新水进行二氧化硫气体的除尘，并使其温度由300℃降到40℃，这个工序用水多，浪费大。该厂对此水洗流程进行技术改造，把原来的水洗改为用30%～60%的硫酸洗涤、冷却，并进行循环利用，可节水30%左右。

2）节水案例二：串级用水

由于硫酸系统中各工段对水质的要求不同，某铜业有限公司的硫酸系统对水实现梯级利用，自来水冷却系统的循环水排到井水冷却系统中，井水冷却系统的循环水排到净化洗涤水中，对水进行综合利用，取得了明显的节水效果，单位产品的水耗仅为1.23m^3/t。

3）节水案例三：废水处理回用

某硫酸生产企业将净化废酸送到废水处理工序，使其处理后达标排放或返回到净化工序循环使用，并将原来冲电石渣、配制硫酸亚铁、配制硫化钠的水改为处理后的回用水，使返回到净化工序的回用水量小于净化工序送到废水处理工序的废酸量，使稀酸和回用水量不增加，避免储液设备中的液体向其他地方排放，实现了废水的零排放，大大降低了水耗。

4）节水案例四：降低冷却水的温度

冷却水的作用是使热介质冷却，如将其初始温度降低，则冷热介质之间的热传递速率加快，冷却强度增大，因而可节约冷却水的用量。某硫酸企业将冷却水由原先使用的自来水改为制冷水，通过降低冷却水的初始温度，大大减少了冷却水的用量。

（4）节水技术集成

由上述的节水案例分析可以看出，硫酸生产企业采用如下的节水集成技术，可以取得明显的节水效果。

① 冷却水的循环使用：由于硫酸系统中的冷却水均为间冷水，不与介质直接接触，使用前后除水温变化外，其他水质均无任何变化，因此可将其经冷却塔冷却后循环使用。

② 降低冷却水的初始温度：降低冷却水的初始温度，可以提高冷却水的冷却强度，从而减少冷却水的用量。对于有条件的地区，可采用人工制冷水或“冬灌夏用井水”作为冷却水水源，以提高冷却水的冷却强度，减少冷却水的用量。

③ 水洗改酸洗：将传统的二氧化硫原料气湿式净化由水洗改为由稀酸洗涤、冷却，既可增加硫酸的产量，又可减少洗涤水的用量及洗涤废水的排放量。

④ 洗涤废水的处理回用：原料气进行湿式净化时会产生大量的洗涤废水，其中含有大量的悬浮物，可将洗涤废水收集后，经过沉淀静置，分离悬浮物后回用，从而节约用水。

⑤ 不同水质的水实现串级使用：根据硫酸各工段对水质要求的不同，将自来水冷却系统的循环水排到井水冷却系统中，井水冷却系统的循环水排到净化洗涤水中，实现串级用水，可以大大节约用水量。

⑥ 废水零排放：将净化废酸送到废水处理工艺，使其处理后达标排放或返回到净化工序循环使用，并将冲电石渣、配制硫酸亚铁、配制硫化钠的水改为处理后的回用水，使返回到净化工序的回用水量小于净化工序送到废水处理工序的废酸量，使稀酸和回用水量不增加，避免储液设备中的液体向其他地方排放，实现了废水的零排放，大大降低了水耗。

（5）集成后节水效果预测

以年产80万t硫酸的某硫磺制酸厂为例，采用上述节水集成技术进行改造后，单位产品的新水取用量可降至0.92m^3，大大低于江苏省工业用水定额（2010年修订本，硫磺制硫

酸的用水定额为 $5m^3/t$ 产品）。工业水的重复利用率达 98% 以上，工艺水的回用率达 99.7%，冷凝水的回用率达 93%，基本实现了废水的零排放。既能取得明显的节水效果，又能大幅减少废水治理的费用，具有明显的经济效益、环境效益和社会效益。

8.2.3　纯碱工业的节水技术集成

纯碱即碳酸钠（Na_2CO_3），也称苏打或碱灰，是重要的化工原料，主要用于生产玻璃，如平板玻璃、光学玻璃等；在化学工业中，用于制取钠盐、金属碳酸盐、漂白粉、填料、催化剂及染料；在冶金工业中用于选矿等；在陶瓷工业中用于制取耐火材料和釉。此外，工业气体脱硫、工业水处理、金属去脂、纤维素和纸的生产、肥皂制造等也需要纯碱。

纯碱工业的生产过程为重工业性质，产量规模大，生产流程长，化工单元多，为我国化学工业的耗能耗水大户。

（1）典型工艺流程

目前，世界上纯碱生产方法有三种：氨碱法（索维尔法）、联合制碱法和天然碱加工法。

氨碱法生产已有 100 多年历史，该法因技术成熟、原料易得而遍及世界各地。但由于每生产 1 吨纯碱约排放 8～$10m^3$ 废液，无法从根本上解决废液、废渣的排放问题，因此限制了氨碱法的进一步发展。20 世纪 80 年代，美国最后一家 80～90 万 t/a 氨碱厂被关闭，宣告氨碱行业在经济发达的欧美国家的终结。我国 1400 万 t 纯碱生产能力有约 51% 是由氨碱法生产的，国内年产 10～20 万 t 纯碱的中型氨碱企业因污水排放治理成本高等问题已很难继续生存。

联合制碱法是我国自主开发的制碱工艺，具有流程短、能耗低、原材料利用率高等特点，已成为世界纯碱生产的主流工艺。图 8－13 是联碱法（冷法）的生产工艺流程。

原料盐（氯化钠）在洗盐机内用饱和氯化钠水溶液（卤水）洗涤，除去其中大部分钙、镁杂质，再经粉碎机粉碎，立洗桶分级、稠厚、滤盐机分离，制成符合规定纯度、粒度的洗盐（盐的粒度为 70% 通过 40 目筛）。洗盐送至盐析结晶器，洗涤液（俗称脏卤水）循环使用，当其中含杂质较高时，则回收处理。母液Ⅱ进入喷射吸氨器吸氨，由于以合成氨厂等纯氨为原料，几乎没有尾气，所以吸氨后不设置气液分离器。吸氨后贮存在氨母液Ⅱ桶中，然后用泵送入清洗塔中进行预碳酸化，再进入制碱塔制碱。预碳化塔和制碱塔顶部出来的尾气，经气液分离器回收夹带的氨盐水，进入洗涤塔，用淡液吸收其中的微量氨后放空。回收的氨盐水返回制碱塔，而淡液吸氨后作真空过滤机的洗水。

制碱塔出来的重碱浆液自压进入出碱槽，然后在真空过滤机中过滤，得到粗重碱送去煅烧。重碱母液与真空气体经气液分离器分离后，母液流至母液Ⅰ桶，用泵送至第二过程（制铵过程）。真空气体经除氨后，由真空泵放空。氨母液Ⅰ经喷射吸氨器吸氨后，温度由 30～35℃升高到 40～45℃，称为热氨母液Ⅰ，进入热氨母液Ⅰ桶，用泵送入母液换热器。母液换热器，第一台为水冷却器，其余 4 台串联与冷母液Ⅱ换热。冷却后的氨母液Ⅰ的温度接近结晶临界点，进入冷氨母液Ⅰ桶，然后由泵送入氯化铵结晶器进行结晶。

冷氨母液先进入冷析结晶器中，与自外冷器（液氨蒸发制冷）回来进入的循环母液一起流入冷析结晶器的中央循环管，下行至器底，再折回向上穿过悬浆层，使晶体生成，而溶液中的氯化铵过饱和度也随之消失。结晶经晶浆取出管取出，在第二增稠器中增稠。在冷析结晶器中冷析后的母液称为半母液Ⅱ，依靠位差流入盐析结晶器的中心循环管顶部入口处，

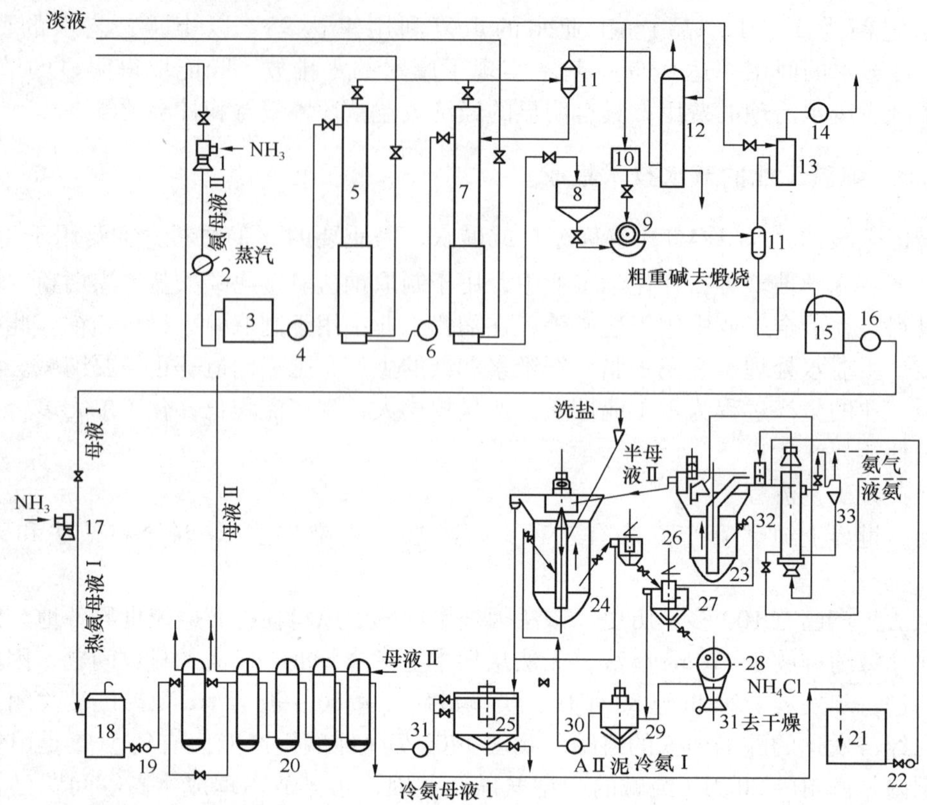

图 8-13　两次吸氨一次碳酸化的联合生产流程

1—喷射吸氨器；2—预热器；3—氨母液Ⅱ桶；4—氨母液Ⅱ泵；5—清洗塔；6—倒塔泵；7—制碱塔；8—出碱塔；9—真空过滤机；10—洗水桶；11—气液分离器；12—尾气洗涤塔；13—过滤净氨塔；14—真空泵；15—母液Ⅰ桶；16—母液Ⅰ泵；17—喷射吸氨器；18—热氨母液Ⅰ桶；19—热氨母液Ⅰ泵；20—母液换热器；21—冷氨母液Ⅰ桶；22—冷氨母液Ⅰ泵；23—冷析结晶器；24—盐析结晶器；25—母液Ⅰ桶；26—第一增稠器；27—第二增稠器；28—离心分离机；29—滤液桶；30—滤液泵；31—外冷器；32—气液分离器；33—运铵皮带

借轴流泵的驱动在中心循环管内往下流动，原盐及氯化铵滤液在中心循环管的中部加入中心管中，晶浆在中心循环管底部流出，经过悬浮的晶浆段和澄清段，又进入循环管的顶部入口，如此溶液一边循环，氯化钠一边溶解，氯化铵一边结晶。晶浆经取出管流入第一增稠器，盐析结晶器与第一增稠器溢流的清液即为母液Ⅱ，进入母液桶中，经母液换热器返回第一过程。第一增稠器底流出的为氯化铵浓浆，流入第二增稠器，与冷析结晶器的出口晶浆一起增稠。然后用离心机过滤，滤饼送去干燥。第二增稠器的溢流液与离心机的滤液返回盐析结晶器。

（2）用水节点及水质水量分析

根据上述的工艺流程可以看出，纯碱的生产过程离不开水。联碱企业中，耗水量小的企业，其吨产品的耗水量为3t，耗水量大的企业，吨产品的耗水量为40t。以年产90万t纯碱的生产过程为例，其用水节点及对水质水量的要求分别如下：

电站锅炉用水：用水量为360t/h，对水质的要求较高，一般由河水经软化除盐后使用。

湿式除尘（即水沫除尘）用水：用水量为250t/h，但对水质的要求较低，可直接采用其他工段外排的废浆水和污水。

化盐用水：用于溶解配制氯化钠溶液，用水量为 2050t/h，对水质的要求较高，一般需软化水。

石灰化灰用水：用于配制石灰水，用水量较大，但对水质的要求不高，一般清水即可。

洗涤用水：用于洗涤尾气，耗水量较大，但对水质的要求不高，一般清水即可。

冷却用水：用于给煅烧、重碱、压缩等工段提供冷却水，此部分的耗水量较大，但由于采用间接冷却，对水质的要求不高，一般清水即可。

（3）节水案例剖析

1）节水案例一：工艺节水

江苏连云港地区某碱厂以氯化钠为原料，采用氨碱法，设计年产纯碱 60 万 t，其中重质纯碱 40 万 t，轻质纯碱 20 万 t，目前年产量已达 90 万 t。针对纯碱生产过程用水量大的特点，该厂通过采取下列措施进行了节水改造：

① 将锅炉的湿法除尘（水沫除尘器）改为干式除尘（布袋除尘器），可节水 250t/h。

② 改变原料：由全部用氯化钠改为由部分卤水（500 万 t）代替，年节水 640 万 t。

③ 蒸汽冷凝水的回收利用：将关键设备如煅烧设备等的蒸汽冷凝水收集后回用至蒸馏塔，以节约用水。另外，将原先的低压蒸汽供暖改为热水供暖，减少蒸汽冷凝产生的损耗。

④ 冷却水循环系统。将原先的冷却水系统由开路循环改为闭路循环，同时通过添加适当的药剂，将循环倍数由原来的 3.5 ~ 4.5 提高至 6.0，大大减少了用水量。同时改变管路材质，大大延长管道的更换周期。

⑤ 除盐水软化排污水的回用：对除盐水进行软化处理时，需定期进行排污。该厂将排污水送入压滤机压滤，压滤后的清液进一步回用，浊液外排。由此可节水 30t/h。

⑥ 压缩机冷却水的回用：仪表用空气需由压缩机加压，而压缩机在压缩过程中所需的冷却水基本上直接排放。将压缩机的冷却水系统由直排改为闭路循环，可节水 10t/h。

⑦ 废淡液水回用：蒸馏装置的用水量很大，它在蒸馏后需要外排大量的废淡液水，这些淡液水含有较多的碱和杂质，一般不能回收利用。该厂采取在淡液塔中加入适量的滤过母液，使滤过母液中的氯化氨与淡液中的碱发生化学反应，从而将废淡液中的 Na_2CO_3 消耗掉，生成少量的 NaCl，留在废淡液中的 NH_3、CO_2 绝大部分被蒸馏出来，这样既可回收利用废淡液水，还能提高产品质量。

⑧ 串级用水：根据各工段用水点对水质的不同要求，实现串级用水，可取得明显的节水效果。如某年产 90 万 t 纯碱的碱厂，其设计用水量为 12t 水/t 产品，进氨冷器后的循环水离开系统后，其中 5.6t 水/t 产品用于石灰除尘，4t 水/t 产品用于化盐，剩余的 2.4 水 t/t 产品在冷却塔内换热蒸发到大气里。

通过采用上述节水技术进行改造后，该厂可节约用水 1180t/h，既明显的降低了企业的运行成本，又减少了外排废水量。

2）节水案例二：冷凝水回收利用

纯碱生产中，蒸汽煅烧炉及氯化铵干燥炉均是间接加热物料和空气，蒸汽在加热设备内释放出汽化潜热后，会产生大量的冷凝水。刚产生的冷凝水不仅具有较高的温度和压力，而且过冷度极小，接近饱和，水质接近脱盐水，且没有溶解氧和二氧化碳等不凝性气体，冷凝水不会产生二次污染。如果能全部回收并加以有效利用，既能节约用水，又能节省能源，具有重要的经济意义和社会意义。

某化工有限公司是化肥与纯碱联合生产企业，由于其合成氨系统有多台软水加热器和废热锅炉，需要提高脱盐软水压力回收热量，副产蒸汽，而纯碱系统煅烧炉等用汽设备排出较高温度及压力的冷凝水，要降低压力回收热量，造成能源浪费。因此，该公司进行了蒸汽冷凝水回收的技术改造，将1#轻质纯碱煅烧炉产生的冷凝水（3.2MPa、238℃）通过管道直接输送至合成氨的中压废热锅炉副产饱和蒸汽（3.0MPa），供2#轻质纯碱煅烧炉煅烧重碱。产生的冷凝水（2.4MPa、220℃）经管道直接输送至富氧造气第一废热锅炉，副产1.2～1.3MPa的饱和蒸汽经管道直接输送至氯化铵干燥炉使用。干燥炉产生的冷凝水（1.1MPa）经管道直接输送至间歇造气废热锅炉和富氧造气第二废热锅炉，副产饱和蒸汽（0.4MPa）并入管网。

通过上述技术改造，形成一个封闭的蒸汽冷凝水循环利用系统。重碱煅烧炉排出的冷凝水通过合成氨废热锅炉副产3.1MPa蒸汽复用于另一台重碱煅烧炉，可节约3.3MPa、300℃蒸汽17.5t/h，全年节约1400万元；其冷凝水再通过另一台合成氨废热锅炉副产2.5MPa蒸汽复用于重质碱煅烧炉，可节约1.3MPa、280℃蒸汽17.5t/h，全年节约1400万元；重质碱煅烧炉排出的冷凝水再通过富氧造气一废热锅炉副产1.2MPa蒸汽复用于氯化铵沸腾干燥炉。冷凝水多次利用，直至消耗殆尽，可节约6.0MPa、95℃脱氧软水100t/h，全年节约400万元。

由于废热锅炉给水温度提高，增加了副产蒸汽的能力，相应减少了锅炉蒸汽的用量。锅炉负荷降低，燃煤量减少，污染排放降低，系统生产稳定。整个封闭循环系统中除了部分热量多次有效利用于生产外，未完全利用的余热和全部的软水都得到有效的重复利用，提高了能源的有效利用率，节省燃料和水电消耗，节约软水费用，取得了明显的经济效益。

3）节水案例三：废淡液的回收利用

联碱生产每制取1t纯碱将产生1.55～1.85m^{3}废淡液，产生的来源主要是有：

① 联碱综合回收塔产生的废液：一般情况下，每制1t纯碱产生的含氨废水为0.5～0.65m^3。

② 重碱煅烧炉气冷凝塔产生的废液：每生产1t纯碱产生的含氨废水约为0.5～0.55m^3。

③ 重碱煅烧炉气洗涤塔产生的废液：在回收煅烧炉炉气制碱的情况下，洗涤塔产生的废液量一般为0.45～0.55m^3。

④ 真空过滤系统净氨塔产生的废液：在采用不锈钢规整填料的前提下，每制1t纯碱产生的废液量约为0.1m^3。

⑤ 氨Ⅱ泥板框冲洗水：在原料制碱，且盐质较差的情况下，基本可控制在0.05m^3/t碱。

⑥ 设备清洗水：按生产管理一般的企业进行估算，制碱塔2个月水洗1次，冷、盐析结晶器5个月水洗1次，产生的废水量应为0.05m^3/t碱。

⑦ 循环水浓缩排放废水：其排放量一般为0.02424～0.03666m^3/t碱。

⑧ 机泵填料冷却水的排放：一般情况下，此排放量为0.065m^3/t碱。

⑨ 制碱塔进塔原料气分离器的排放：一般情况下，每制1t碱从分离器中排出的废水量约为0.00825m^3。

目前，联碱行业的淡液蒸馏后的废淡液一般补入循环水系统或外排。某碱业有限公司通过节水技术改造，将淡液蒸馏废液进一步换热、氨冷后重新补入综合回收塔及煅烧炉气洗涤塔净氨，实现淡液蒸馏系统封闭循环，用蒸汽冷凝水补充蒸氨塔顶部气氨夹带的水蒸气损失，联碱综合回收塔、煅烧炉气洗涤塔基本不再补充工艺软水，仅过滤机洗水及过滤系统净氨塔补入部分工艺软水，不仅减少了工艺水的消耗量，还实现了联碱淡液蒸馏系统的零排放。

（4）节水技术集成

根据上述对节水案例进行的剖析，纯碱生产企业可采取如下的节水集成技术，减少生产过程中水的消耗量。

① 改变除尘方式：用干法除尘（布袋除尘器）代替原先采用的锅炉湿法除尘（水沫除尘器），可以取消除尘水的消耗，从而节约大量的除尘用水。

② 蒸汽冷凝水的回收再用：将生产过程中产生的蒸汽冷凝水收集后回用至蒸馏塔，可以节约用水；将低压蒸汽供暖改为热水供暖，可减少蒸汽冷凝产生的消耗。

③ 冷却水循环利用：将冷却水系统由开路循环改为闭路循环，同时通过添加适当的水稳药剂，提高冷却水系统的浓缩倍数，可以大大减少用水量。

④ 除盐软化排污水的回用：将除盐水软化处理产生的排污水送入压滤机压滤，清液进一步回用，浊液外排，可节约用水。

⑤ 压缩机冷却水的回用：将压缩机的冷却水系统由直排改为闭路循环，可节约用水。

⑥ 废淡液的回用：向废淡液中加入适量的滤过母液，使滤过母液中的氯化氨与淡液中的碱发生反应，从而将废淡液中的 Na_2CO_3 消耗掉，生成少量的 NaCl，留在废淡液中的 NH_3、CO_2 绝大部分被蒸馏出来，这样既可回收利用废淡液水，还能提高产品质量。

⑦ 淡液蒸馏系统的封闭循环：将淡液蒸馏废液进一步换热、氨冷后重新补入综合回收塔及煅烧炉气洗涤塔净氨，实现淡液蒸馏系统封闭循环，用蒸汽冷凝水补充蒸氨塔顶部气氨夹带的水蒸气损失，联碱综合回收塔、煅烧炉气洗涤塔基本不再补充工艺软水，仅过滤机洗水及过滤系统净氨塔补入部分工艺软水，不仅减少了工艺水的消耗量，还实现了联碱淡液蒸馏系统的零排放。

（5）集成后节水效果预测

对于以氯化钠为原料，年产 90 万 t 纯碱的某碱厂，采用上述节水集成技术进行改造后，单位产品的新水取用量可降至 $7.6m^3/t$，大大低于江苏省的工业用水定额（2010 年修订，以氯化钠为原料，用水定额为 $10m^3/t$），工业水的重复利用率达 97% 以上，工艺水的回用率达 98.7%，冷凝水的回用率达 98%。如果实现纯碱生产废淡液的超低排放，生产每吨纯碱的排水量可以从目前的 $1.55 \sim 1.85m^3$ 降低到 $0.6m^3$ 以下，既能取得明显的节水效果，又能大幅减少废水治理的费用，具有明显的经济效益、环境效益和社会效益。

8.2.4　氯碱工业的节水技术集成

氯碱工业是我国的基础化工工业。

（1）典型生产流程

氯碱工业是利用电解饱和食盐水溶液制取烧碱（氢氧化钠）和氯气并副产氢气的工业过程，其工艺流程如图 8－14 所示。过程包括盐水精制、电解和产品精制等工序，其中主要工序是电解。工业上采用隔膜（金属阳极）电解法、水银电解法和离子膜电解法生产氯碱，各法所用的电解槽结构不同，因而其具体工艺流程和产品规格也有所不同。

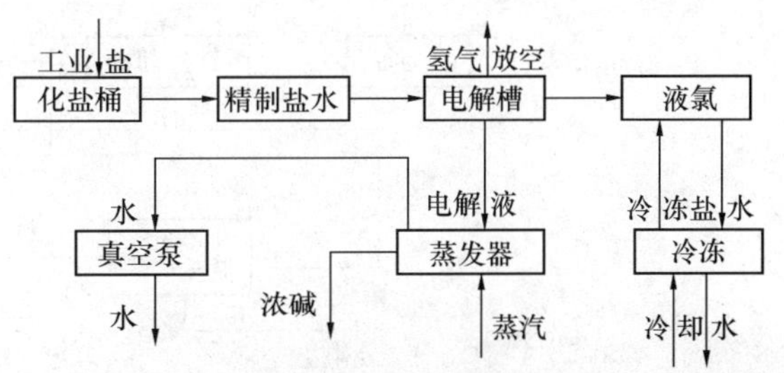

图 8－14　氯碱生产的工艺流程

（2）用水节点及水质水量分析

氯碱企业用水的装置大致有化盐、洗

氢、制取去离子水、循环水系统、乙炔发生和各类冷却设备。以年产90000t氯碱生产为例，其用水情况如表8－1所示。

表8－1 氯碱生产用水情况一览表

项 目	化盐	洗氢	钛冷却水	氯气泵酸冷却水	冷冻机冷却水	蒸发冷碱水	蒸发喷射泵用水	锅炉及其它
用量/（m^3/h）	60	50	50	100	180	100	800	150
进水温度		常温	常温	常温	常温	常温		
出水温度		40	40	38	33	40	50	
能否再用	物料用水	能再用	能再用	能再用	能再用	能再用	能再用	
能否用循环水	能	能		能			能	能

1）化盐用水

主要用于溶解配制氯化钠溶液，此部分的用水量较大，对水质的要求也较高，一般要求为去离子软化水，以免影响后续工艺的正常运行。

2）设备冷却水

主要用于设备的冷却。此部分的用水量较大，但由于采用间接冷却，对水质的要求不高，一般清水即可。

3）洗氢水

主要用于对副产品氢气进行洗涤，此部分的用水量不大，但对水质的要求较高，一般需用去离子软水。

4）锅炉用水

主要用于生产蒸汽，这部分的用水量不大，但对水质的要求较高，一般要求为软水。

5）蒸汽喷射泵用水

主要以蒸汽的形式用于发生真空。这部分的用水量不大，但对水质的要求较高，一般要求为软水。

由表8－1可以看出，在氯碱生产中的冷却水能再用的基本上可以循环使用，关键是要把循环水的温度降至各工序用水所要求的温度，去除由于冲刷而带入的悬浮物。

（3）节水案例剖析

1）节水案例一：重复用水

某电化有限责任公司年生产90000t氯碱，采用隔膜法生产。该公司采用图8－15所示的流程，将冷冻机冷却水用于氯气泵酸冷却和洗氢，其余部分同洗氢水、钛冷却水、氯气泵

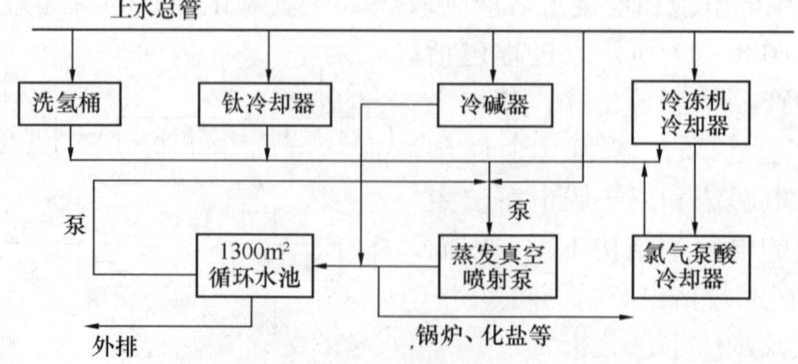

图8－15 隔膜法氯碱生产工艺流程

酸冷却水补充至蒸发喷射泵用水，经蒸发喷射泵使用后的水一部分送锅炉（100m^3/h）使用和化盐（60m^3/h），一部分通过循环水池冷却后再循环使用，多余部分外排。

蒸发真空喷射泵的出水温度为50℃，考虑维修、疏通方便，采用明渠（盖板）引至循环水池，并加入少量的氯水，经冷却至35℃再送至蒸发使用。整个系统包括一座泵站和一套喷泉系统。当气温在28～35℃之间时，运行喷泉系统加速冷却，当气温超过35℃时，循环水池停止使用。大面积循环水池与凉水塔相比，一方面可节约动力用电，另一方面可在开停车时起到缓冲贮备作用。

经过上述节水改造后，该企业的重复用水率达到70%，不仅节约了大量的水资源，有效减少了废水的排放量，并且使企业的取水成本由原来的0.219 元/t 降至0.17 元/t，大大降低了企业的运行成本，取得了明显的社会效益、环境效益和经济效益。

2）节水案例二：冷却水重复利用

某化工股份有限公司是生产氯碱和有机中间体的大型化工企业，在生产过程中需要大量的水，是一个用水大户，因此水成为制约生产的一个重要因素。为了节约用水，该公司在生产过程中根据各个岗位的生产工艺条件，不同的水质、水温的要求，采取不同的方式进行节约用水。主要采取梯度串联用水、循环用水、综合用水的方法，使工业水一次、二次、三次重复利用或变成产品出售。其运行方式可分为两类：

① 使设备冷却水跨车间、跨工段、跨岗位串联重复使用。如：供电整流柜的冷却水串到烧碱车间氯气泵使用，烧碱车间蒸发工段的蒸汽冷凝水回收送到供汽车间作锅炉用水，既回收了热水，又利用了热能，供汽车间多台动力设备的冷却水串联使用，生化车间原来排掉的废水改为三次水送往供汽车间作除尘用水和冲洗灰渣用水，大大减少了废水的排放量，使废水既得到重复利用，又实现了节水与环保的双重作用。

② 用水量大的车间冷却水闭路循环。如：自备电站循环水、蒸发循环水、苯胺循环水、空分循环水、固碱循环水、盐酸循环水、液氯循环水等。以上几个岗位的用水都是自我循环，操作方便，水质、水温控制好，节水效果显著。尤其是空分苯胺、盐酸循环水，由于存在严重的浪费现象，设备的冷却水用量大，用后是一次性排放。通过提高水的重复利用率，收到了很好的节水效果，年节水量达60 万 t 之多。

该企业通过上述节水改造后，万元产值的耗水量由原来的441t 下降至178t，年节水65万 t 左右，创造经济效益100 多万元。

3）节水案例三：工艺节水

某化工集团有限公司采用隔膜电解法生产氯碱，年产量约50000t。为了节约用水，该公司采取了一系列的节水措施，主要有：

① 蒸发冷凝水的利用：该公司电解工序使用隔膜电解槽，电解液质量分数在10%～12%，蒸发工序为三效顺流蒸发器，生产1t 碱需耗蒸汽约3.5t。通过研究和分析，将加热室蒸汽冷凝水和效体冷凝水分别回收利用。蒸发器加热室的蒸汽冷凝水通过增加循环水和冷冻盐水换热，降低冷凝水的温度后送至去离子水站作为聚合用水；蒸发器Ⅲ、Ⅳ效碱液蒸发冷凝水通过增加蓄水池，收集冷凝水后在蒸发工序循环使用，多余的冷凝水送往盐水工序化盐。如此，氯碱系统的用水基本处于平衡状态，日用水量降至200m^3，且不外排水。

② 废次氯酸钠溶液的合理利用：该公司的氯氢装置在运行过程中产生质量分数为3%的次氯酸钠溶液，因无法回收利用而直接排放，每天大约可产生10m^3，造成很大的浪费，且对环境造成一定的污染，而乙炔工序每天却需要配制700m^3 质量分数为0.07%～0.10%的

新鲜次氯酸钠溶液用于生产。为回收利用氯氢处理系统产生的这部分次氯酸钠溶液，同时减少废水排放，该公司增加一套次氯酸钠配制系统，将氯氢处理系统产生的废次氯酸钠送至乙炔工序配制成质量分数为10%的浓次氯酸钠溶液，一部分作为成品销售，剩余部分根据工艺要求稀释为合格的乙炔清净液。通过改造，大大降低了乙炔工序氯气、碱、水的消耗。

③ 淡氯水经真空解吸，降低能耗：该公司电解工序和氯氢处理工序生产过程中可产生2t/h的氯水，这部分氯水如果排掉，不仅浪费资源，同时又对环境造成较大的污染。因此，该公司通过增加氯水脱氯装置，将氯水中的氯气脱吸出来再利用，脱氯后的达标废水经酸碱中和处理后送至盐水工序化盐，既减轻了氯水排放造成的环境污染，又节约了能源和水资源。

④ 乙炔发生器出口加设冷却器、压滤水增设凉水塔，实现乙炔工序零用新鲜水：乙炔工序是用水大户，每天要使用约2000m^{3}的自来水，主要用于冷却塔及发生器。为了降低水消耗，减少排污，可从两个方面降低乙炔工序的用水量：

对电石泥压滤水进行处理，并回用至乙炔发生器：乙炔工序每天可产生大量的电石泥压滤水，为了缓解污水的排放压力，同时回收此压滤水，该公司将压滤水通过管道送至水泥厂用于生产水泥，实现企业之间的资源循环利用。但由于水泥厂的用水量较少，仍有大量压滤水，因此又在压滤岗位增加2台凉水塔，将压滤水的温度由70℃降至35℃后，送至乙炔发生器代替自来水用于水解电石，从而使发生器的自来水用量降为零。

增设冷却器，降低乙炔冷却塔的负荷，从而降低冷却用水量：乙炔冷却塔是用来将发生器产生乙炔气的温度由80℃左右降至35℃左右，其冷却原理是使用自来水与乙炔气逆向接触，降低乙炔气的温度，冷却负荷较大，使用的自来水量较多。为降低乙炔冷却塔的用水量，在冷却塔前增加3台列管式换热器，利用循环水对乙炔气进行预降温处理后再输送至清净系统，降低冷却塔的冷却负荷，从而减少冷却塔的自来水用量。冷却器节能、节水效果显著，原清净系统的冷却塔用水量为2000t/d，现减少到零用水，节约新鲜水约70万t/a。

通过以上两项措施的实施，乙炔工序的新鲜水使用达到了零用水，大大降低了水资源的消耗，减少了排污量。

4）节水案例四：废水处理与回用

氯碱生产中的废水主要是来源于蒸发、固碱、盐酸、氯氢处理、电解等工序的酸性、碱性和含盐废水，大致可分为隔膜电解淡氯水、氯氢处理工序产生的废次氯酸钠、乙炔电石泥压滤水、聚合离心母液水、蒸发产生的冷凝水及制取去离子水时产生的含钙镁离子的高硬度水。混合后的废水偏酸性，水温约35℃左右，其中氯离子含量为0.7～0.8g/L、盐含量为1.0～1.2g/L，并含有Ca^{2+}、Mg^{2+}等阳离子、悬浮物和由泵漏入的少量机油。废水排入水体后，不但会使水的渗透压增高，而且对淡水中的水生生物也有不良影响。钙、镁离子会使水的硬度增高，给工业和生活带来不利因素。强酸或强碱流入水体后，会使水体的pH值发生变化，对水生生物产生毒害作用，因此pH值是水质最重要的指标之一。水的pH值较低对金属及混凝土设施具有腐蚀性，较高时会发生水垢的沉积，况且pH值对水中其他杂质的存在形态和各种水质的控制过程都有广泛的影响。水体中的油类主要来自泵漏油和生活污水，漂浮于水面的油会影响空气和水体界面间的氧交换，分散于水中的油可被微生物氧化分解，因此油类不仅降低复氧速率，而且消耗水中的溶解氧而使水质恶化。悬浮物主要为飞灰、爆尘、泥砂、胶体颗粒，会使水产生浑浊。颗粒大于0.1mm的悬浮物在水中可自行下沉，而颗粒较小的悬浮物和胶体杂质会因沉降效果较差而需投加混凝剂来加速澄清。

某氯碱电化厂将收集的废水通过废水集水管进入配水槽进行初次沉降除砂，经油水分离器除油后流入调节池内，废水在调节池内进行充分混合发生酸碱中和反应，反应完全后进入隔板反应池进行絮凝反应，再进入两级斜管沉淀池，沉淀后的水经滤池过滤。如果废水的含盐浓度低（未超标）时，则滤池的出水不经脱盐处理直接进入清水池；如废水的含盐浓度高，则滤池的出水再经过电渗析除盐处理。处理后的淡水进入清水池，由水泵送回车间循环利用；浓盐水进入盐水池，再经耐腐蚀泵送化盐工序回收利用。清水的回用率可达 80% 以上。

5）节水案例五：废水零排放

某工业有限公司是一个典型的氯碱企业，有氯酸、盐水电解、蒸发、固碱四个生产车间，主要产品有液体烧碱、固体烧碱、盐酸和液氯等。该厂原先的水系统为：采用深井水作为一次水系统供各车间用水及循环水系统补水；蒸发循环水系统专供蒸发器喷射冷凝器用水；氯酸车间循环水系统供氯酸车间部分设备用水；冷冻系统专供钛管冷却器用水；杂水系统由厂区水沟和两个沉降池组成。该水系统存在如下问题：

① 合成盐酸用水、氢气喷淋塔用水、整流系统电器冷却水、固碱生产冷却水等使用的是一次水，使用后排入厂区水沟，没有回收利用；

② 循环水系统中间开口多，到处使用循环水，而循环补水全是一次水，设备结垢严重，造成蒸发喷射冷凝器喷嘴堵塞，不能抽真空，检修次数多，蒸汽消耗大；造成盐酸合成温度高，生产能力降低，操作不稳定，水流泵下水含酸，事故多，损失严重；

③ 由于氯气冷凝水与杂水混合，化盐工段使用此水后，造成电解槽副反应大，因此废水不能回收利用；

④ 废水中和池经常充满盐泥等杂质，不便清理，废水难于中和，不能回收利用；

⑤ 潜水泵工作时间长，供水量大。

为了解决上述问题，实现节约用水，该企业进行了如下技术改造：

① 新增两台凉水塔，一台供盐酸合成炉冷却用水，另一台供固碱车间冷却用水，将两个循环水系统变成四个循环水系统，即合成炉循环冷却水系统、氯酸车间其他用水与电器设备冷却水组成的循环水系统、固碱循环水系统、蒸发循环水系统，能使用循环水的全部使用了循环水，不仅节约了用水，而且还降低了企业的运行成本；

② 为了防止循环水泄漏，对循环水上、回水管路进行了全面整修，堵塞管道中间所有开口，消除渗漏，减少流失，不经批准，外部不得使用循环水，确保循环水量；

③ 采用蒸发Ⅱ、Ⅲ效冷凝水作为补充水，解决补水不补钙的问题，从根源上解决设备结垢的问题；

④ 对所有一次水出口都安装水表，对车间用水进行总量控制，超罚节奖；

⑤ 整修厂区水沟，防止渗漏，在进入大池之前，加三个小沉降池，前两个小池为沉淀池，便于清泥，后一个是中和池。前两个小池应经常清理，确保进入大池水干净。进入大池的水，经泵输送盐水工段洗泥。

⑥ 将氯气冷凝水收集起来，制作次氯酸钠，消除了污染，也确保了废水的回收利用。

实行上述技术改造后，用水设备的热交换性能良好，没有发现设备有结垢现象。全厂日用水量由原来的 1230t 减少至 320t，彻底实现了废水零排放。不仅具有良好的经济效益，而且具有明显的环境效益和社会效益。

（4）节水技术集成

通过上述对节水案例进行的剖析，可将氯碱工业中采用的节水技术进行集成：

① 冷却水重复利用：将冷冻机冷却水用于氯气泵酸冷却和洗氢，其余部分同洗氢水、钛冷却水、氯气泵酸冷却水补充至蒸发喷射泵用水，经蒸发喷射泵使用后的水一部分送锅炉使用和化盐，一部分通过循环水池冷却后再循环使用，多余部分外排。

② 串级用水：根据各个岗位的生产工艺条件，不同的水质、水温的要求，采取梯度串联用水、循环用水，综合用水的方法，使工业水一次、二次、三次重复利用或变成产品出售。

③ 蒸发冷凝水的回收利用：将加热室蒸汽冷凝水和效体冷凝水分别回收利用。蒸发器加热室的蒸汽冷凝水通过增加循环水和冷冻盐水换热，降低冷凝水的温度后送至去离子水站作为聚合用水；蒸发器Ⅲ、Ⅳ效碱液蒸发冷凝水通过增加蓄水池，收集冷凝水后在蒸发工序循环使用，多余的冷凝水送往盐水工序化盐。

④ 废次氯酸钠溶液的合理利用：通过增加次氯酸钠配制系统，将氯氢处理系统产生的废次氯酸钠送至乙炔工序配制成浓次氯酸钠溶液，一部分作为成品销售，剩余部分根据工艺要求稀释为合格的乙炔清净液。

⑤ 淡氯水经真空解吸，降低能耗：通过增加氯水脱氯装置，将氯水中的氯气脱吸出来再利用，脱氯后的达标废水经过酸碱中和处理后送至盐水工序化盐，既减轻了氯水排放造成的环境污染，又节约了能源和水资源。

⑥ 乙炔工序零用新鲜水：一方面对电石泥压滤水进行处理，并回用至乙炔发生器，代替自来水用于水解电石，从而使发生器的自来水用量降为零；一方面通过增设冷却器，降低乙炔冷却塔的负荷，从而降低冷却用水量。两方面同步进行，使乙炔工序达到了零用水，大大降低了水资源的消耗，减少了排污量。

⑦ 废水处理与回用：将氯碱生产中产生的隔膜电解淡氯水、氯氢处理工序产生的废次氯酸钠、乙炔电石泥压滤水、聚合离心母液水、蒸发产生的冷凝水及制取去离子水时产生的含钙镁离子的高硬度水等通过废水集水管进入配水槽进行初次沉降除砂，经油水分离器除油后流入调节池内，废水在调节池内进行充分混合发生酸碱中和反应，反应完全后进入隔板反应池进行絮凝反应，再进入两级斜管沉淀池，沉淀后的水经滤池过滤。处理后的淡水进入清水池，由水泵送回车间循环利用；浓盐水进入盐水池，再经耐腐蚀泵送化盐工序回收利用。

8）废水零排放

通过工艺改造，实现氯碱生产过程中废水的零排放，既可减少新鲜水的用量，又能减少废水的排放量，降低企业的废水处理成本，不仅具有良好的经济效益，而且具有明显的环境效益和社会效益。

（5）集成后节水效果预测

对于年生产能力为50000t的某氯碱企业，采用上述节水集成技术进行改造后，单位产品的新水取用量可降至10.8m^3，大大低于江苏省的工业用水定额（2010年修订，其用水定额为13m^3/t），工业水的重复利用率达97%以上，工艺水的回用率达98.7%，冷凝水的回用率达98%，排水率仅为1%左右，基本实现了废水的零排放，既能取得明显的节水效果，又能大幅减少废水治理的费用，具有明显的经济效益、环境效益和社会效益。

8.2.5 化肥工业的节水技术集成

化肥工业是化学工业中一个非常重要的部分，是提高农业产量的主要途径之一。

(1) 尿素生产过程的节水技术集成

尿素，又称碳酸二铵，是由氨和二氧化碳合成的白色针状或柱状结晶，熔点为132.6℃，常压下温度超过熔点即分解。尿素易溶于水，在常温时，尿素在水中缓慢地进行水解，先转化为氨基甲酸铵，然后形成碳酸铵，最后分解为氨和二氧化碳。随着温度的升高，水解速率加快，水解程度也增大。

尿素在农业和工业上都有广泛的用途。作为肥料，尿素含氮量最高，是中性速效肥料，不会影响土质。在工业上，尿素可作为高聚物合成材料，如脲醛树脂、三聚氰胺－甲醛树脂、聚氨酯的原料，用以生产塑料、漆料和胶合剂等。此外，医药、纤维素、石油脱蜡等的生产中也要用尿素。

1) 典型工艺流程

气提法工艺是当前尿素生产中最重要的技术，具有流程简单、能耗低、生产费用低廉等优点。图8－16所示的CO_2气提法是现在广泛采用的生产工艺，单系列可达1750～2100t/d。

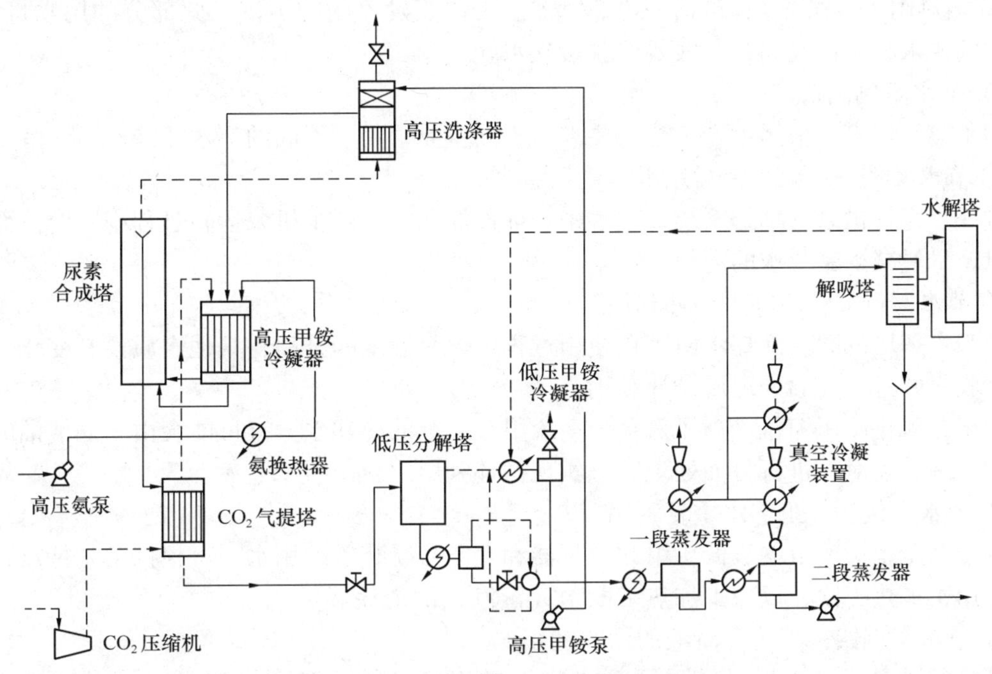

图8－16 CO_2气提法尿素生产流程

尿素合成反应物自流至高压CO_2气提塔内，在与合成塔等压和外加热量下，经由塔底进入的原料CO_2作气提剂，将大部分未转化成尿素的甲铵分解并逸出。CO_2气提塔顶出气与原料液氨，以及从高压洗涤器来的甲铵液经高压液氨喷射器送至高压冷凝器内冷凝，吸收并进行甲铵生成反应，反应放出的热量在高压甲铵冷凝器壳侧副产低压蒸汽，供后续工序利用。控制高压冷凝器内的冷凝液，使少部分的冷凝反应移至合成塔内进行，利用其放出的热量维持合成塔的热平衡。

尿素合成的压力为13.53～14.19MPa，温度为183℃，NH_3∶CO_2（摩尔比）＝2.8～2.9，H_2∶CO_2（摩尔比）为0.34，合成过程的转化率为57%～58%。

CO_2气提塔底出液经减压至0.25MPa进入低压分解（精馏塔），在此进一步加热，将残留的甲铵分解，并与氨一起逸出。塔底尿素溶液经闪蒸后，送至两段真空蒸发浓缩至

99.7%（质量）的熔融尿素，然后送造粒塔制得颗粒状尿素成品。精馏塔塔顶出口混合气体经低压冷凝吸收后，生成的甲铵液由高压甲铵泵加压后送至合成系统。

2）用水节点及水质水量分析

由图8－16可以看出，尿素生产过程中的用水节点很多，主要的用水点包括：

① 密封用水：包括二氧化碳压缩机、高压氨泵、高压甲铵泵的密封用水，其用水量不大，但对水质的要求较高，一般要求为软水。

② 冷却用水：包括二氧化碳压缩机、高压氨泵、高压甲铵泵、水解塔等的用水。这部分的用水量很大，但对水质的要求不高，一般清水即可。

③ 洗涤用水：主要用于洗除合成反应物中的甲铵。此部分的用水量不大，但对水质的要求很高，一般要求为脱盐水。

④ 工艺用水：包括高压甲铵冷凝器、低压甲铵冷凝器、真空冷凝装置等的用水。此部分的用水量较大，并且对水质的要求较高，需脱盐软水，以用于副产蒸汽。

⑤ 加热用水（蒸汽）：包括一段蒸发器、二段蒸发器用的蒸汽。此部分的用水量较大，对水质的要求相对也较高，一般要求脱盐软水。

3）节水案例剖析

为了节约用水，根据生产工艺的要求，不同企业采用了不同的节水改造。

① 节水案例一：减少密封用水

进一步完善机泵的轴封系统，改善密封部件的润滑，减少机泵运转过程中因摩擦而产生的热量，尽量减少密封水的消耗。

② 节水案例二：冷却水循环利用

用于水解塔的间接冷却水由于在使用过程中仅有温度的升高，其他水质没有变化，因此可将其收集并进行降温处理后循环利用。

用于二氧化碳压缩机、高压氨泵、高压甲铵泵等的冷却水，有可能会由于润滑油的泄漏而含油，因此需对其进行除油处理后再实现循环利用。

③ 节水案例三：工艺水重复利用

用于高压甲铵冷凝器、低压甲铵冷凝器和真空冷凝装置的用水，可根据工艺特点，副产蒸汽，用于加热工段，以减少加热工段水（蒸汽）的消耗。

④ 节水案例四：工艺冷凝液的回收利用

某公司尿素装置水解系统采用意大利斯纳姆公司的深度水解技术，每小时外送温度100℃的工艺冷凝液50t。为使回收的工艺冷凝液不致设备衬胶老化和树脂强度降低，该公司通过增设一台板式换热器，采用循环水对其进行降温，循环水的上水温度为32℃，回水温度为45℃，使由解吸塔出来的工艺冷凝液的温度降至40℃，一路送至脱盐水软水槽，一路送至热水站作为冬季生产区采暖用水。当工艺冷凝液中氨、尿素含量超标时，可通过三通阀和软水槽前的排放阀进行。

尿素装置工艺冷凝水的回收利用，不但大大提高了脱盐水的制水批量，缓解了脱盐水供水紧张的状况，降低了脱盐水的酸碱消耗，而且大幅减少了废液的排放和对环境造成的污染，可取得明显的经济效益和社会效益。

⑤ 节水案例五：工艺冷凝液深度水解技术

某化肥公司将来自尿素生产装置冷凝液槽的工艺冷凝液，和来自合成氨系统的稀氨水经水解给料泵加压至约2.45MPa，在水解第一、二预热器预热至约185℃后进入水解塔顶部。

操作压力为2.0~2.1MPa、操作温度为200~210℃。塔下分段注入2.45MPa中压蒸汽作为尿素水解和NH_3、CO_2解吸所需的热源。液体自上而下流至塔底，在高温条件下停留一定时间后，工艺冷凝液中的尿素几乎全部水解，且大部分NH_3、CO_2也在此水解塔解吸。水解气送至中压分解系统。水解塔出液由液位调节阀控制经水解第二预热器回收热量后减压送至原解吸塔顶部，塔底仍注入低压蒸汽继续解吸出残余的NH_3和CO_2。出气送低压吸收系统。塔底含NH_3和尿素的处理后工艺冷凝液由液位调节阀控制经水解第一预热器回收热量，经静置除油后，可送供热系统作软水使用。采用此技术后，可节省大量的软水。

⑥ 节水案例六：废水处理回用

某化工股份有限公司采用二氧化碳气提法尿素生产装置，年生产能力为60万t。该公司在生产过程中排入地沟的工业废水主要来源于：生产过程中的工艺冷凝液经水解装置处理后而未予以回收的精制水；经各楼层地漏汇入地沟的各种含氨排放液；氨水槽溢流管。这些废水的氨氮浓度平均高达1882mg/L，对环境造成了严重的污染。为此，该公司采取了一系列的改造措施，包括：

严格控制各项工艺操作指标，尽量防止生产过程中的超温、超压现象，减少工艺介质的放空，避免地沟排放中的氨氮大量升高；将水解装置的尾气改送入尾气吸收系统进行吸收后，其液相再送入低压吸收系统，大大降低了排入地沟废水的氨氮浓度；将氨泵油氨分离器气氨改排入稀氨水贮槽，进一步降低冷凝液的氨氮浓度；在稀氨水槽溢流管上增加切断阀，避免含氨气体被吸入地沟；对传统的停车清洗方法进行优化改进，使最后的清洗排放液很容易达到环保排放要求。

该公司某车间产生的工业废水约为50m^3/h左右，整改前地沟排污的氨氮浓度平均高达1882mg/L，折算成氨浓度为2285mg/L；整改后降为平均3.61mg/L，折算成氨浓度为4.38mg/L。若一年的生产时间按330天计，整改后所减少的氨耗为903t/a。若将这些氨用来生产尿素，以吨尿素耗氨0.587t计，则可生产尿素1538t/a。与此同时，由于废水中的氨氮浓度大大降低，降低了废水回用的成本，大大减少了新鲜水的取用量。由此可见，实现废水的处理回用可取得显著的经济效益。

4）节水技术集成

根据上述对各节水案例进行的剖析可以看出，由于尿素生产过程的用水量较大，因此可根据各用水节点对水质水量的具体要求，采取如下的节水集成技术，大幅减少新水的用量，实现节约用水。

① 减少密封用水：进一步完善机泵的轴封系统，减少密封水的消耗。

② 冷却水循环利用：用于水解塔的间接冷却水由于在使用过程中仅有温度的升高，其他水质没有变化，因此可将其收集并进行降温处理后循环利用。但对用于二氧化碳压缩机、高压氨泵、高压甲铵泵等的冷却水，有可能会由于润滑油的泄漏而含油，因此需对其进行除油处理后再实现循环利用。

③ 工艺水重复利用：用于高压甲铵冷凝器、低压甲铵冷凝器和真空冷凝装置的用水，可根据工艺特点，副产蒸汽，用于加热工段，以减少加热工段水（蒸汽）的消耗。

④ 冷凝液的回用：通过增设板式换热器对工艺冷凝液进行冷却后回用，可大大提高脱盐水的制水批量，缓解脱盐水供水紧张的状况，降低脱盐水的酸碱消耗，减少废液的排放和环境污染，具有可观的经济效益和社会效益。

⑤ 工艺冷凝液深度水解回用：将工艺冷凝液与稀氨水经水解给料泵加压后进行水解，

回收热量并经静置除油后，可送供热系统作软水使用。采用此技术后，可节省大量的软水。

⑥ 废水处理回用：针对废水的特性，采用相应的方法对其进行深度处理后回用，可大大减少新鲜水的取用量。

⑦ 加强管理：通过进行全民性节水教育，并对用水点加强管理，杜绝使用过程中的跑、冒、滴、漏现象，同时采用耐腐性良好的管线材料，可以减少水的浪费，从而节约用水。

5）集成后节水效果预测

对于年产60万t尿素的某化肥生产企业，采用上述节水集成技术进行改造后，单位产品的新水取用量可降至7.84m^3，大大低于江苏省的工业用水定额（2010年修订，其用水定额为10m^3/t），工业水的重复利用率达95%以上，工艺水的回用率达98.7%以上，冷凝水的回用率达93%以上，排水率仅为5%，既能取得明显的节水效果，又能大幅减少废水治理的费用，具有明显的经济效益、环境效益和社会效益。

（2）磷肥生产过程的节水技术集成

以磷矿为原料生产的含磷化肥，称为磷肥。磷肥分水溶性磷肥和枸溶性磷肥两类。如果采用酸分解磷矿，生产制取的磷肥中的磷绝大部分能溶于水，称为水溶性磷肥，如普通过磷酸钙、重过磷酸钙、磷酸铵类肥料等，其适用于各种土壤，属速效肥料。如果利用高温分解磷矿，并进一步制成被吸收的磷酸盐，即热法生产的磷肥，称为枸溶性磷肥，适宜在酸性或中性土壤上施用。

1）典型工艺流程

图8－17为我国开发的浓酸矿浆法生产普钙（普通过磷酸钙）的流程示意图。粗碎后的磷矿经提升机、加料机与水一起进入球磨机，湿磨好的矿浆经过筛进入矿浆池，然后与硫酸一起加入混合器中，由混合器料浆进入回转化成室，由胶带输送机送到设置有桥式吊车的熟化仓库。由混合器与化成室排出的含氟废气经氟吸收室吸收后放空。

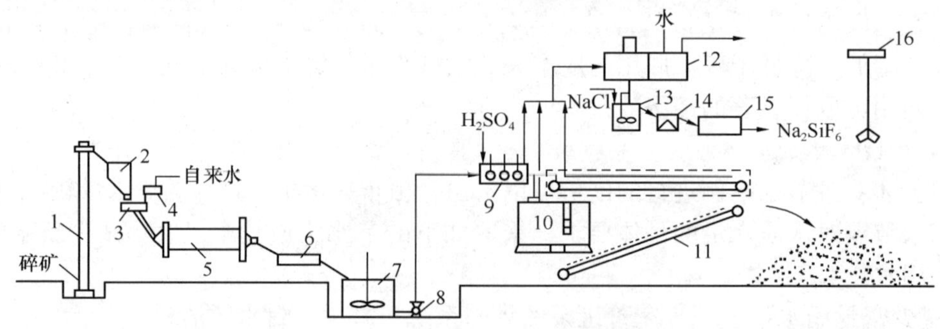

图8－17　普通过磷酸钙生产流程（浓酸矿浆法）

1—斗式提升机；2—碎矿贮斗；3—圆盘喂料机；4—自来水流量计；5—磨机；6—振动筛；7—矿浆池；8—矿浆泵；9—立式混合器；10—回转化成室；11—皮带化成室；12—氟吸收室；13—氟盐反应器；14—离心机；15—干燥机；16—桥式吊车

2）用水节点及水质水量分析

由上图所示的工艺流程可以看出，在磷肥生产过程中的用水节点包括：

① 制浆用水：用于磷矿的湿磨制浆，其用水量很大，但对水质的要求不高，一般清水即可，工业企业一般采用自来水或自备井水。

② 洗涤用水：主要用于酸性尾气的洗涤，用水量不大，对水质的要求也不高。

③ 机泵密封用水：用水量不大，对水质的要求也不高，一般清水即可。

④ 水淬用水：用于对高炉熔料的水淬，用水量不大，对水质的要求也不高。

⑤ 冷却用水：用于对设备和机泵进行冷却，用水量较大，但由于采用间接冷却，对水质的要求不高，一般清水即可。

3）节水案例剖析

为了节约用水，各磷肥企业纷纷采取不同的节水措施，并取得了一定的节水效果。

① 节水案例一：洗涤水工艺改造

某化工集团硝酸磷肥装置对洗涤水系统进行技术改造，主要采取了洗涤塔后的洗涤水返回工艺冷凝水系统，加入絮凝剂进行沉淀处理后，清液回收用于酸性尾气洗涤和供泵密封水使用，形成闭路循环，可以减少洗涤外排水量约 12～15t/h；将各备用泵密封水由常开改为偶开，泵用填料改型，延长了填料的使用寿命和泵的切换周期，而且进入洗涤水系统的密封水量由 6t/h 降低为 2t/h；用洗涤水代替工艺冷凝水做泵的密封水；导淋分离液由外排改入中和槽，把冷凝液中的硝氮和氨氮等转化为产品回收利用，水分随生产工艺过程进入到料浆蒸发系统进行蒸发。这样水分就由洗涤水转化为工艺冷凝水。通过以上措施共减少洗涤水外排 23～27 t/h，基本实现洗涤水零排放。

② 节水案例二：工艺水重复利用

某公司采用高炉法生产钙镁磷肥，废水主要为高炉熔料水淬过程产生的水淬水和炉气净化吸收水，每生产 1t 磷肥需耗水淬水 20～40m^3。采用闭路循环技术，水淬水经闭路循环使用后，可提高水的重复利用率，节省大量的水资源，并可做到不排废水。含氟废气吸收液加工制氟盐后所剩下的部分含氟废水，一般都采用石灰中和法处理。

③ 节水案例三：蒸汽冷凝水回用

某化工公司包括其磷肥部，全公司每天产出蒸汽凝结水 8668t（不含汽机凝水），回收利用凝结水 8097t，凝结水的回收率达 93.41%。

④ 节水案例四：废水处理回用

磷肥生产过程中排放的大量废水来自磷酸循环水系统的溢流排污、磷石膏渣场的排污水、磷肥生产的水淬水和一部分尾气废水和冷却水排放水，废水中的主要污染物为氟和磷，废水中含有过量的氟和磷，会严重污染环境，对人类的健康带来危害。某公司采用投加含 CaF_2 晶种的石灰乳，并按序投加聚铁、聚铝协同除磷，一级 pH 调节分段计量投药的工艺，使处理出水达到《污水综合排放标准》GB 8978—1996 一级排放标准。

4）节水技术集成

根据上述用水情况分析以及对各节水案例进行的剖析可以看出，磷肥生产过程的用水量较大，因此可根据各用水节点对水质水量的具体要求，采取如下的节水集成技术，大幅减少新水的用量，实现节约用水。

① 冷却水循环利用：将冷却水系统由直排改为循环冷却水系统，采用冷却塔对使用过的冷却水进行降温处理后，实现循环利用，从而节约大量的新水。

②提高循环倍数：根据冷却水的使用过程与要求，开发相应的水稳药剂，以提高冷却水系统的浓缩倍数，减少新水的补充量与废水的排放量，从而节约用水。

③ 洗涤水的回用：将洗涤水返回工艺冷凝水系统，加入絮凝剂进行沉淀处理后，清液回收用于酸性尾气洗涤和供泵密封水使用，形成闭路循环，可以减少洗涤外排水量。

④ 减少密封用水：将各备用泵的密封水由常开改为偶开，泵用填料改型，延长填料的使用寿命和泵的切换周期，减少进入洗涤水系统的密封水量；用洗涤水代替工艺冷凝水做泵

的密封水，从而实现节约用水。

⑤ 冷凝液回用：把冷凝液中的硝氮和氨氮等转化为产品回收利用，水分随生产工艺过程进入到料浆蒸发系统进行蒸发。这样水分就由洗涤水转化为工艺冷凝水，从而节约新水。

⑥ 重复用水：采用闭路循环技术，将水淬水经闭路循环使用后，提高水的重复利用率，节省大量的水资源，并做到不排废水。

⑦ 废水处理回用：将磷肥生产过程中排放的大量废水（包括来自磷酸循环水系统的溢流排污、磷石膏渣场的排污水、磷肥生产水淬水和一部分尾气废水和冷却水排放水）通过投加药剂进行处理后，实现达标排放或回用，既可减少外排废水的量，又节约新水的用量。

5）集成后节水效果预测

对于某年产 40 万 t 普钙的磷肥生产企业，如采用上述节水集成技术进行改造后，单位产品的新水取用量可降至 0.56m^3，大大低于江苏省的工业用水定额（2010 年修订本，用水定额为 0.7m^3/t），工业水的重复利用率达 98% 以上，工艺水的回用率达 99.7%，冷凝水的回用率达 96%，排水率不到 2%，基本实现了废水的零排放，既能取得明显的节水效果，又能大幅减少废水治理的费用，具有明显的经济效益、环境效益和社会效益。

8.3 基本有机化工行业的节水技术集成

基本有机化学工业，也称基本有机合成工业，是现代工业结构中的主要组成部分，主要生产各种有机原料，所用的原料包括氢气、一氧化碳、甲烷、乙烯、乙炔、丙烯、碳四以上脂肪烃、苯、甲苯、二甲苯、乙苯等。

8.3.1 甲醇生产过程的节水技术集成

甲醇是一种透明、无色、易燃、有毒的液体，略带酒精味，是一种重要的有机化工原料，主要用于制造甲醛、醋酸、氯甲烷、甲氨、硫酸二甲酯等多种有机产品，也是农药、医药的重要原料之一，亦可代替汽油作燃料使用。

（1）典型工艺流程

工业上几乎都是采用一氧化碳、二氧化碳加压催化氢化法合成甲醇，典型流程包括原料气制造、原料气净化、甲醇合成、粗甲醇精馏等工序。

天然气、石脑油、重油、煤及其加工产品（焦炭、焦炉煤气）、乙炔尾气等均可作为生产甲醇合成气的原料。天然气与石脑油的蒸汽转化需在结构复杂造价很高的高温转化炉中进行烃类蒸汽转化反应。重油部分氧化需在高温气化炉中进行。以固体燃料为原料时，可用间歇气化或连续气化制水煤气。间歇气化法以空气、蒸汽为气化剂，将吹风、制气阶段分开进行，连续气化以氧气、蒸汽为气化剂，过程连续进行。

甲醇生产中所使用的多种催化剂，如天然气与石脑油蒸汽转化催化剂、甲醇合成催化剂都易受硫化物毒害而失去活性，必须将硫化物除净。气体脱硫方法可分为两大类：一是干法脱硫，一是湿法脱硫。干法脱硫设备简单，但由于反应速率较慢，设备比较庞大；湿法脱硫可分为物理吸收法、化学吸收法与直接氧化法三类。

甲醇的合成是在高温、高压、催化剂存在下进行的，是典型的复合气固相催化反应过程。随着甲醇合成催化剂技术的不断发展，目前总的趋势是由高压向低、中压发展。合成的粗甲醇中含有水分、高级醇、醚、酮等杂质，需要精制。精制过程包括精馏与化学处理。化学处理主要是用碱破坏在精馏过程中难以分离的杂质，并调节 pH 值。精馏主要是去除易挥发组分，如二甲醚，以及难以挥发的组分，如乙醇高级醇、水等。

甲醇生产的总流程长，工艺复杂，根据不同原料与不同的净化方法可演变为多种生产流程。目前，煤与焦炭是制造甲醇粗原料气的主要固体燃料，工艺路线包括燃料的气化、气体的脱硫、变换、脱碳及甲醇合成与精制。用煤和焦炭制得的粗原料气组分中氢碳比太低，故在气体脱硫后要经过变换工序，使过量的一氧化碳变换为氢气和二氧化碳，再经脱碳工序将过量的二氧化碳除去。原料气经过压缩、甲醇合成与精馏精制后制得甲醇。

(2) 用水节点及水质水量分析

甲醇生产中，水有两大用途，一是作为工艺用水消耗，一是作为换热或清洗用水。水的主要类型可分为新鲜水、脱盐水、蒸汽、冷凝液等，其中脱盐水主要用于产生蒸汽。蒸汽的利用又可分为两类：工艺蒸汽和换热蒸汽，工艺蒸汽在甲醇生产过程中消耗，换热蒸汽在满足热量交换的前提下形成了冷凝液。

以煤制甲醇的生产过程为例，其生产过程中的用水节点及对水质水量的要求为：

1) 除尘装置用水：目前常压气化工艺的后续除尘冷却系统均采用水喷淋除尘降温工艺，因此需用大量的水，但对水质的要求不高，一般清水即可。

2) 造气装置用水：水的作用有二：一是作为工艺水，以蒸汽的形式用于造气；二是作为冷却水，对造气塔进行冷却。此部分的用水量较大，但对水质的要求不高，一般清水即可。

3) 压缩装置用水：水的作用是用于压缩机及压缩机级间气体的冷却。此部分对水质的要求不高，一般清水即可。

4) 合成系统用水：水的作用是对合成塔的出口气体进行降温及对合成塔进行冷却。此部分的用水量较大，但对水质的要求不高，一般清水即可。

5) 精馏系统的用水：水的作用是用于冷却。此部分的用水量较大，但对水质的要求不高，一般清水即可。

(3) 节水案例剖析

甲醇生产过程的用水节点较多，水量消耗也较大，为了节约用水，国内各甲醇生产企业纷纷采取节水改造措施，并已取得了一定的成果。

1) 节水案例一：冷却水的循环利用

由上述的用水节点分析可知，在煤制甲醇生产过程中，冷却水的使用点及耗用量均很大，但由于采用间接冷却，在使用前后除水温变化外，其他水质没有变化，因此可采用循环回路系统，通过设置冷却塔对使用后的冷却水进行降温处理，实现回用，从而节省新水的消耗。

2) 节水案例二：除尘装置的节水

采用水喷淋除尘降温工艺时，含大量粉尘的造气污水无压返回造气污水系统，经过平流池、旋流池等多次沉淀后，清水经冷却塔降温后循环使用，污泥外送堆放或填埋。造气污水系统属于开放式的系统，其高温污水经过沉淀池时会有大量的蒸发，不仅造成了大量水的损失，而且水里的污染物挥发也污染了周围的空气。同时由于煤气中未分解的蒸汽冷凝液造成的造气污水不断增加，污水成分复杂，其处理和排放也是一项非常困难的工作。

山东枣庄地区某气体有限公司采用干法除尘设施和间接冷却设备，取代原有的直流冷却塔和造气污水处理系统，在煤气进入布袋除尘器除尘后，进一步采用循环水直流喷淋除尘降温，大大减少了喷淋除尘水的用量。通过对工艺进行优化，完全取消了循环水直流喷淋装置和造气污水处理装置，既节约了用水，又保护了环境。

3）节水案例三：造气装置的节水

在单位时间耗水量一定的情况下，提高煤的气化效率，增加产气量，使单位产气量的耗水量减少，可实现节约用水。

某化工集团公司将水夹套改为热壁夹套，保留原来水夹套的形状，在炉内壁高温区砌一层耐高温、抗热震、表面光滑的高级隔热瓷砖，瓷砖外为水夹套，使靠近夹套内壁环形区域的温度提高，既减少了炉内热损失，提高了蒸汽的分解率和发气量，同时减少了炉渣的含碳量和煤气中二氧化碳的含量，提高了有效气体成分的含量，减少了造气污水量。

某化工股份有限公司的造气炉采用熔盐冷却装置：煤气发生炉及炉壁安装循环管，循环管入口与熔盐进入管道连接，熔盐进入管道与工作泵连接，工作泵置于熔盐池内，循环管的出口与出口管道一端连接，出口管道另一端与熔盐池连接并相通，出口管道上安装换热器。熔盐池内安装两台工作泵，两台工作泵通过管道与循环管连接。实施上述改造后，既提高了蒸汽分解率和产气量，又减少了副产夹套蒸汽和水的消耗。

4）节水案例四：压缩系统的节水

减小合成压缩机级间水冷却器入口阀的开度，即使冷却器管程负荷增大，仍能达到工艺参数要求；改造回水管线，使外排水全部回到循环水系统中，在保证压缩机组温度不超标的前提下，大大节约了用水量。

5）节水案例五：合成系统的节水

降低水冷却器循环水出口蝶阀的开度，使水冷却器出口温度在温度控制指标范围内有所升高，在充分满足工艺条件的同时最大限度地节水。

合成塔出口气体降温用的空冷器常设有水喷淋设施，但水喷淋对降温所起的作用很小，而且喷淋后的水直接排至现场，既浪费了大量水资源，又导致生产环境恶化。某甲醇生产企业对喷淋设施予以拆除，大大节约了用水量，工艺条件基本不受影响。

6）节水案例六：精馏系统的节水

降低系统的主塔冷却器循环水回水阀门的开度，使原水压上升，水流量锐减，虽然回流温度稍有上升，但依然能满足回流温度45℃以下的要求。

降低精甲醇冷却器冷却水回水阀的开度，同时采取启动空气冷却器、充分利用与环境温度换热、开大翅片等手段，同样可达到温度控制调节的目的，从而节约用水。

7）节水案例七：冷凝液的回收利用

用精馏系统的循环冷凝液代替循环水，可降低由于管程、壳程的大温差导致的回水管线气击现象，大大减少不能回至循环系统而就地排放的水和热能。从精馏来的约90℃的循环冷凝液经冷却器管程气体换热后，温度升至120℃，去精馏系统的主、预塔再沸器作为精馏的加热蒸汽，冷凝后再用泵打至冷却器，如此循环利用，既充分利用了合成系统的废热，又大大减少了用水量，取得了明显的经济效益。

8）节水案例八：废水处理回用

对甲醇生产过程中产生的造气污水（脱硫水）、甲醇废液、蒸汽冷凝液、终端废水、循环水等采取不同的措施进行处理后回用，可节约大量新水。对于脱硫、造气污水，可采用深度净化、强化水的冷却、水质调整等方法进行处理回用。对于循环水系统，可通过增加高效旁滤器、增设旁滤反洗水澄清回用装置、增设加药装置等提高浓缩倍数而减少新水的耗用量。

9）节水案例九：管理节水

加大现场管理力度，消除跑、冒、滴、漏现象，对换热器定期进行清洗除垢，提高换热效率，禁止一切外排水、长流水，从各个方面节约用水。

（4）节水技术集成

① 加强管理：加大现场管理力度，消除跑冒滴漏现象，对换热器定期进行清洗除垢，提高换热效率，禁止一切外排水、长流水，从各个方面节约用水。

② 除尘装置的节水：将采用水喷淋除尘降温工艺产生的造气污水无压返回造气污水系统，经过平流池、旋流池等多次沉淀后，清水经冷却塔降温后循环使用，污泥外送堆放或填埋。在有条件的地方采用干法除尘设施和间接冷却设备，取代原有的直流冷却塔和造气污水处理系统，在煤气进入布袋除尘器除尘后，进一步采用循环水直流喷淋除尘降温，完全取消循环水直流喷淋装置和造气污水处理装置，既节约了用水，又保护了环境。

③ 造气装置的节水：将水夹套改为热壁夹套，使靠近夹套内壁环形区域的温度提高，既减少了炉内热损失，提高了蒸汽分解率和发气量，同时减少了炉渣的含碳量和煤气中二氧化碳的含量，提高了有效气体成分的含量，减少了造气污水量。

④ 压缩系统的节水：减小合成压缩机级间水冷却器入口阀的开度，即使冷却器管程负荷增大，仍能达到工艺参数要求；改造回水管线，使外排水全部回到循环水系统中，在保证压缩机组温度不超标的前提下，大大节约了用水量。

⑤ 合成系统的节水：降低水冷却器循环水出口蝶阀的开度，使水冷却器出口温度在温度控制指标范围内有所升高，在充分满足工艺条件的同时最大限度地节水。

⑥ 精馏系统的节水：降低系统的主塔冷却器循环水回水阀门的开度，使原水压上升，水流量锐减，虽然回流温度稍有上升，但依然能满足回流温度 45℃以下的要求。降低精甲醇冷却器冷却水回水阀的开度，同时采取启动空气冷却器、充分利用与环境温度换热、开大翅片等手段，同样可达到温度控制调节的目的，从而节约用水。

⑦ 冷凝液的回收利用：用精馏系统的循环冷凝液代替循环水，可降低由于管程、壳程的大温差导致的回水管线气击现象，大大减少不能回至循环系统而就地排放的水和热能，既充分利用合成系统的废热，又大大减少了用水量，取得了明显的经济效益。

⑧ 废水处理回用：对甲醇生产过程中产生的脱硫、造气污水，采用深度净化水质、强化水的冷却、水质调整等方法进行处理回用；对于循环水系统，通过增加高效旁滤器、增设旁滤反洗水澄清回用装置、增设加药装置等手段提高浓缩倍数而减少新水的耗用量。

（5）集成后节水效果预测

对于以煤为原料，年产 30 万 t 甲醇的某化工企业，如采用上述节水技术后，单位产品的新水取用量可降至 $12m^3$，工业水的重复利用率达 97% 以上，工艺水的回用率达 98.7%，冷凝水的回用率达 98%，排水率仅为 3%。既能取得明显的节水效果，又能大幅减少废水治理的费用，具有明显的经济效益、环境效益和社会效益。

8.3.2 甲醛生产过程的节水技术集成

甲醛通常为含甲醛 35% ~55%（质量）的水溶液，商品名为福尔马林。甲醛是一种重要的化工原料，用于生产聚甲醛、酚醛树脂或脲醛树脂、乌洛托品、季戊四醇、1，4 - 丁二醇等产品，在农业和医药部门也可用于杀虫剂或消毒剂。

（1）典型工艺流程

甲醇氧化制甲醛，按其所用的催化剂可分为银法和铁钼法。银法是在甲醇过量而氧气不足的情况下操作，又称氧化脱氢法；铁钼法是在空气过量的情况下操作，又称氧化法。目前国内生产甲醛主要采用银法，以电解银为催化剂，在常压、600～650℃的条件下，同时发生氧化和脱氢反应。50%～60%的甲醛通过氧化反应生成，其余通过脱氢反应生成，因此反应后尾气中含有氢气。此外，甲醇氧化时还有一些副反应发生，生成一氧化碳、二氧化碳、甲酸、甲烷等杂质。

图8－18为银催化法甲醛生产的工艺流程图，空气鼓泡经过加热的甲醇层，被甲醇蒸气所饱和，并与水蒸气混合。混合气通过加热器加热后进入反应器，在630～650℃和催化剂（电解银）的作用下，甲醇转化为甲醛。为控制副反应发生并防止甲醇分解，转化后气体经冷却器骤冷后进入吸收塔底部，绝大部分甲醇、水、甲醛在塔底的冷却区冷凝，在吸收塔顶部通过与新鲜工艺水逆流接触几乎全部除去尾气中的甲醇和甲醛。吸收塔底部的物料送蒸馏塔，蒸馏塔回收甲醇并循环返回反应器。塔底甲醛水溶液含甲醛55%和甲醇1%。

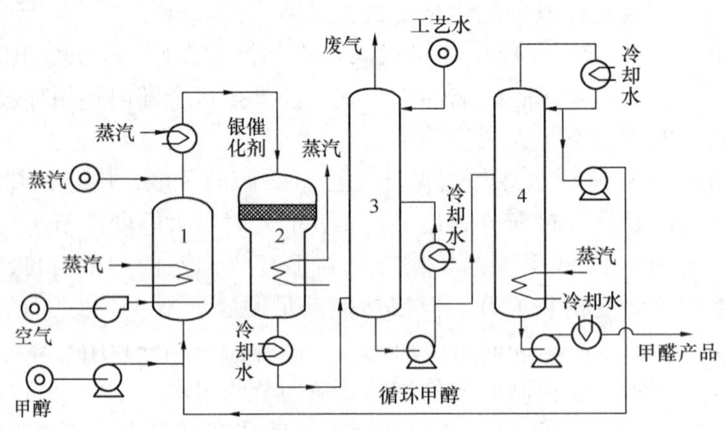

图8－18 银催化法甲醛生产工艺流程图

1—汽化器；2—反应器和再沸器；3—吸收塔；4—蒸馏塔

甲醇氧化反应器由两部分组成，上部为固定床反应器，在气体入口处连接一锥形的顶盖，使气体分布均匀，然后进入催化剂层，银催化剂层的厚度为20～30mm。下部为列管式冷却器，为回收热量，通常可先设置列管式废热锅炉，再进入列管式换热器。

与一般生产流程相比，采用此工艺的甲醛浓度可提高到55%。银催化剂的寿命一般为3～8个月。反应在绝热条件下进行，反应温度通过甲醇或过量水蒸气的过量系数控制。

（2）用水节点及水质水量分析

由上述工艺流程可以看出，甲醛生产中的用水节点及其对水质水量的要求分别为：

1）工艺用水

主要以水蒸气的形式参与催化反应，这部分的用水量较大，并且对水质的要求较高，一般为去离子软化水。

2）冷却用水

主要用于对设备及反应后气体进行冷却。此部分的耗水量较大，但由于采用间接冷却，对水质的要求不高，一般清水即可。

3）洗涤用水

主要用于逆流洗涤除去吸收塔顶尾气中的甲醇和甲醛。此部分的耗水量较大，对水质的要求也较高，一般为去离子软化水。

4）余热回收用水

主要作为管式废热锅炉的锅炉补水，用于回收热量。此部分的耗水量不大，但对水质的要求较高，一般为去离子软化水。

（3）节水案例剖析

1）节水案例一：余热回收

甲醛生产过程中可利用的能量有三部分：甲醇氧化的反应热；吸收塔中气体的冷凝热；尾气的燃烧热，充分考虑回收利用这些能量是甲醛生产节能以及节水的关键。某化工企业采用余热及尾气回收综合利用，在净化环境的同时实现蒸汽自给有余，每天还有 10t 余汽外供。

2）节水案例二：工艺水重复利用

从反应器出来的反应气含有较多的热量，需对其进行骤冷才能保证下段工序的正常进行。某公司通过生产过程热能优化的手段回收利用反应气的热量，采用强化设备或者多段式吸收工艺的方法，将甲醛装置的低温余热纳入全厂范围综合考虑，多产蒸汽供其它耗汽装置使用，降低了锅炉的产汽负荷，节省了吸收塔循环冷却水的消耗量。

3）节水案例三：冷却水的循环利用

在甲醛生产过程中需耗用大量的冷却水，但由于与反应器及反应气间接换热，使用后仅有温度升高，其他水质没有变化，因此可将直流冷却改为循环冷却，通过设置冷却塔对使用后的冷却水进行降温处理后循环利用，可以减少新水的取用量。

4）节水案例四：提高循环水的浓缩倍数

对于循环冷却水系统，如能提高浓缩倍数，既可减少新水的补充量，又可减少污水的排放量。某公司对工业甲醛生产的循环水进行简单易行的化学处理，通过提高水质的稳定性而提高了循环系统的浓缩倍数，大大减少了污水的外排量，有效节约了水资源。

5）节水案例五：蒸汽冷凝水回用

通过实现蒸汽冷凝水的回收利用，大大减少了锅炉水的处理量，不仅节省了药剂费用和水资源费用，同时还减少了对周围环境的影响，降低了燃煤的用量。

6）节水案例六：洗涤水的回用

在与吸收塔顶尾气进行逆流洗涤后，洗涤水中含有一定量的甲醇和甲醛，可根据甲醇和甲醛的物性，通过蒸馏塔进行甲醇回收后，对洗涤水进行重复利用，既可减少新水的用量，又能回收甲醇原料与甲醛产品，取得明显的经济效益。

（4）节水技术集成

根据甲醛生产过程中的用水节点分布及目前各生产企业采取的节水措施可知，甲醛生产企业如采用下述的节水集成技术，可取得显著的节水效果。

① 余热回收：甲醛生产过程中可利用的能量有三部分：甲醇氧化的反应热；吸收塔中气体的冷凝热；尾气的燃烧热，充分考虑回收利用这些能量是甲醛生产节能以及节水的关键。

② 工艺水重复利用：通过生产过程热能优化的手段回收利用反应气热量，采用强化设备或者多段式吸收工艺的方法，将甲醛装置的低温余热纳入全厂范围综合考虑，多产蒸汽供其它耗汽装置使用，降低锅炉的产汽负荷，节省吸收塔循环冷却水的消耗量。

③ 冷却水的循环利用：将直流冷却改为循环冷却，通过设置冷却塔对使用后的冷却水进行降温处理后循环利用，可以减少新水的取用量。

④ 提高循环水的浓缩倍数：对循环水进行简单易行的化学处理，通过提高水质的稳定性而提高循环系统的浓缩倍数，可大大减少污水的外排量，有效节约水资源。

⑤ 蒸汽冷凝水回用：通过实现蒸汽冷凝水的回收利用，可大大减少锅炉水的处理量，不仅可节省药剂费用和水资源费用，同时还可减少对周围环境的影响，降低燃煤的用量。

⑥ 洗涤水的回用：在与吸收塔顶尾气进行逆流洗涤后，洗涤水中含有一定量的甲醇和甲醛，可根据甲醇和甲醛的物性，通过蒸馏塔进行甲醇回收后，对洗涤水进行重复利用，既可减少新水的用量，又能回收甲醇原料与甲醛产品，取得明显的经济效益。

（5）集成后节水效果预测

对于年产 2 万 t 甲醛的某化工企业，如采用上述集成技术进行节水改造后，单位产品的新水取用量可降至 5.8m^3，工业水的重复利用率达 96% 以上，工艺水的回用率达 97.8%，冷凝水的回用率达 95%，既能取得明显的节水效果，又能大幅减少废水治理的费用，具有明显的经济效益、环境效益和社会效益。

8.3.3 乙醇生产过程的节水技术集成

乙醇是基本有机化工的重要产品之一，可用于生产乙醛、乙胺、乙酸乙酯、丙烯酸乙酯等化工产品，也大量作为溶剂使用，还可作为汽车燃料使用。

乙醇的生产方法主要为发酵法和合成法。发酵法是经典方法。随着石油化工的发展，合成乙醇的产量不断增加，但并不能完全取代发酵乙醇。因为合成乙醇中含有异构高碳醇，对人体有不良作用，因此不宜制作饮料、食品、医药及香料等。

乙烯水合制乙醇有两种方法：间接水合法和直接水合法。间接水合法又称硫酸水合法。乙烯被浓硫酸吸收生成硫酸氢乙酯和硫酸二乙酯，然后用水稀释，硫酸酯水解为乙醇。此法的主要缺点是产生大量的稀硫酸，此稀硫酸必须再浓缩，因此对设备的要求高，投资费用和操作费用较高，所以逐渐为水合法所取代。

（1）典型生产流程

图 8－19 为乙烯直接水合法生产乙醇的工艺流程。从反应器出来的气体物料经冷却、分离出液体产物，未反应的乙烯则循环返回反应器。为控制循环乙烯中惰性气体的含量，应释放部分气体。产物中除乙醇外，还有副反应生成的乙醚、乙醛及齐聚物，经精制得乙醇。由于此法在经济上比硫酸水合法有利，因而得到了广泛的应用。

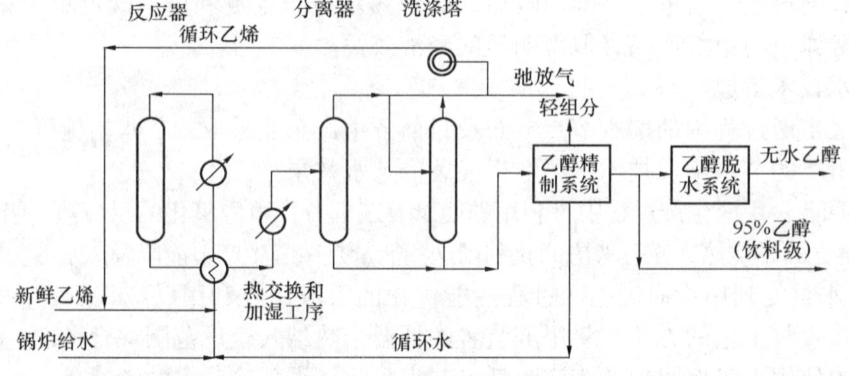

图 8－19　美国联合碳化物公司乙烯水合制乙醇工艺流程图

（2）用水节点及水质水量分析

上述工艺流程中的用水节点及其对水质水量的要求：

1）冷却用水

主要用于对设备及反应气进行冷却。此部分的用水量较大，但由于采用间接冷却，对水质的要求不高，一般清水即可。

2）工艺用水

是指参与发生化学反应所需的水，此部分由锅炉加热形成蒸汽而参与反应，用水量较大，对水质的要求也较高，一般要求为去离子软化水，以免增加产品中的杂质含量。

3）加湿用水

主要用于调节反应气的组分。此部分的耗水量不大，但对水质的要求较高，一般要求为去离子软化水，以免增加产品的的杂质含量。

（3）节水案例剖析

为了节约用水，不同的生产企业采用了不同的节水措施。主要有：

1）节水案例一：冷却水循环利用

江苏无锡地区某化工有限公司是一家年产 6 万 t 的醇醚专业生产厂家，其年用水量约 84500m^3，在工业用水中，冷却用水占工业总用水量的 70% 左右。但由于采用间接冷却，冷却水在使用前后仅有温度升高，其他水质没有变化，为了节约用水，该公司将直流冷却系统改为循环冷却系统，通过设置冷却塔对使用后的冷却水进行冷却处理后实现循环利用，大大节约了新水的消耗。

实施上述改造后，该公司每年可减少 57600t 的水量，减少污水排放量 27600t，按出水平均 COD 为 80mg/L 计算，每年 COD 的减排量达 2510t。

2）节水案例二：提高浓缩倍数

对于冷却系统，如能提高循环水的浓缩倍数，不但可以减少循环系统的补水量，而且可以减少外排污水量。某公司通过向循环水系统添加适当的水稳剂，将循环水的浓缩倍数提高到了5 ~ 6，循环水系统可近似达到不排污，对其少量排污经过处理作为冷却水的补充水回用至循环水系统中，实现循环水的零排放。另外，该公司将工业废水经过生化处理后，再经过深度处理，回至用循环水系统中，使工厂实现真正意义上的零排污。

某公司先后投资 9000 多万元，对现有循环水系统进行彻底改造，使工艺、设备、规模更加完善成熟，在高浓度乙醇一级厌氧处理系统的基础上，增添二级厌氧处理系统和好氧系统，对污水分级处理，使水质进一步净化。通过增添敞开式高温两级降温处理系统、电制冷降温装置及溴化锂冷水机组，使全厂冷却用水实现高、中、低三种水温的闭路循环。全厂水资源重复利用率从原来的 45% 提高到 94.3%，节水 50.91%，年减少污染物 COD 排放量 547t。

3）节水案例三：蒸汽冷凝水回用

江苏无锡地区某化学有限公司是一家专业生产醇醚类产品的厂家，在生产过程中使用蒸汽加热，由于历史原因及现有设备的特性，部分车间的蒸汽冷凝液未有效利用，直接排放于阴沟，造成能源的浪费和对环境的影响。该公司通过实现蒸汽冷凝水的回收利用，大大减少了锅炉水的处理量，实现节水 1000t/a，不仅节省了药剂费用和水资源费用，同时还减少了对周围环境的影响，降低了燃煤的用量。

4）节水案例四：真空泵冷却水回用

某化学有限公司使用的 W 型真空泵和屏蔽泵冷却使用的循环水直接排放到阴沟中。根据生产的实际情况，对泵循环冷却水进行了回收利用改造，将真空泵的用水实现全部回收再利用，有效减少了水资源的浪费、循环水的处理量和污水的处理量。每年可减少用水量 2000t，减少污水排放 1500t 左右。

5）节水案例五：废水处理回用

为了实现废水的深度处理与回用，某化工有限公司采用水解酸化－厌氧－好氧生化高效物化、多级生化结合的水处理工艺流程，使厂区废水经提升进入处理系统，依次经过收集池、调节池、水解酸化池、USAB 反应器、兼氧池、PACT 池和沉淀池，最终达标排放，进入纳管。收集池的作用是储存废水，防止水量波动对系统的冲击，并初步匀化废水。在调节池中，废水经预曝气搅拌，充分混匀，同时通过计量泵向调节池定量加入液碱，调整废水的 pH 值到适宜的范围后进入水解酸化池。废水经水解酸化处理后，大分子难降解的有机物变为小分子易降解的物质，不溶性物质分解为可溶性物质，提高废水的可生化性，同时去除一定量的 COD。水解酸化池配有一套加药系统，可向处理系统投加生化处理所需的营养物质。水解后的废水进入 USAB 反应器，开始大幅度去除废水 COD。厌氧出水经兼氧池调整氧化还原电位后，进入 PACT 池进行高效的好氧处理。PACT 池出水在沉淀池进行泥水分离，清水经排放池进入纳管。沉淀池内污泥需回流至兼氧池和 PACT 池，以维持反应器所必须的污泥浓度，剩余污泥进行压滤处理后焚烧。

（4）节水技术集成

为了最大程度地节约用水，乙醇生产企业可采用如下的节水集成技术：

① 冷却水循环利用：将直流冷却系统改为循环冷却系统，通过设置冷却塔对使用后的冷却水进行冷却处理后实现循环利用，可大大节约新水的消耗。

② 提高浓缩倍数：通过向循环水系统添加适当的水稳剂，将循环水的浓缩倍数提高到 5～6，循环水系统可近似达到不排污，对其少量排污经过处理作为冷却水的补充水回用至循环水系统中，实现循环水的零排放。

③ 蒸汽冷凝水回用：通过实现蒸汽冷凝水的回收利用，可大大减少锅炉水的处理量，不仅可节省药剂费用和水资源费用，同时还可减少对周围环境的影响，降低燃煤的用量。

④ 真空泵冷却水回用：对真空泵和屏蔽泵冷却使用的循环水进行回收利用改造，可有效减少水资源的浪费、循环水的处理量和污水的处理量。

⑤ 废水处理回用：将工业废水经过生化处理后，再经过深度处理，回至用循环水系统中，可使工厂实现真正意义上的零排污。

（5）集成后节水效果预测

对于年产 6 万吨乙醇的某化工企业，如采用上述节水技术后，单位产品的新水取用量可降至 0.35m^3，工业水的重复利用率可达 98.6% 以上，工艺水的回用率达 99.6% 以上，冷凝水的回用率达 97% 以上，每年可减少约 80000t 的水量，减少污水排放量 40000t，按出水平均 COD 为 80mg/L 计算，每年 COD 的减排量达到 3200t。既能取得明显的节水效果，又能大幅减少废水治理的费用，具有明显的经济效益、环境效益和社会效益。

8.3.4 乙醛生产过程的节水技术集成

乙醛是一种重要的中间体，主要用于生产乙酸、乙酐、乙酸乙酯、季戊四醇等重要基本有机化工产品，被广泛应用于医药、化学纤维和合成纤维、塑料、农药、香料等工业。

（1）典型生产流程

图 8－20 所示为一步法生产乙醛的工艺流程图。新鲜乙烯和循环气混合后从反应器底部通入，氧气从侧线进入，反应器内装 1/2～1/3 体积的催化剂溶液，在 120～130℃和 0.4MPa 下进行反应。反应后气体在分离器中除去催化剂溶液，然后经冷凝器，部分乙醛冷凝，未冷凝的气体进入吸收塔用水吸收乙醛，将吸收液与冷凝液一并送入粗乙醛贮槽。吸收塔排出的气体含 65% 乙烯，8% 的氧气，其余为 CO_2 和氯乙烷等。大部分循环使用，少部分送火炬烧掉。粗乙醛水溶液含乙醛约 10%，经精制得纯度 99.5% 以上的乙醛。

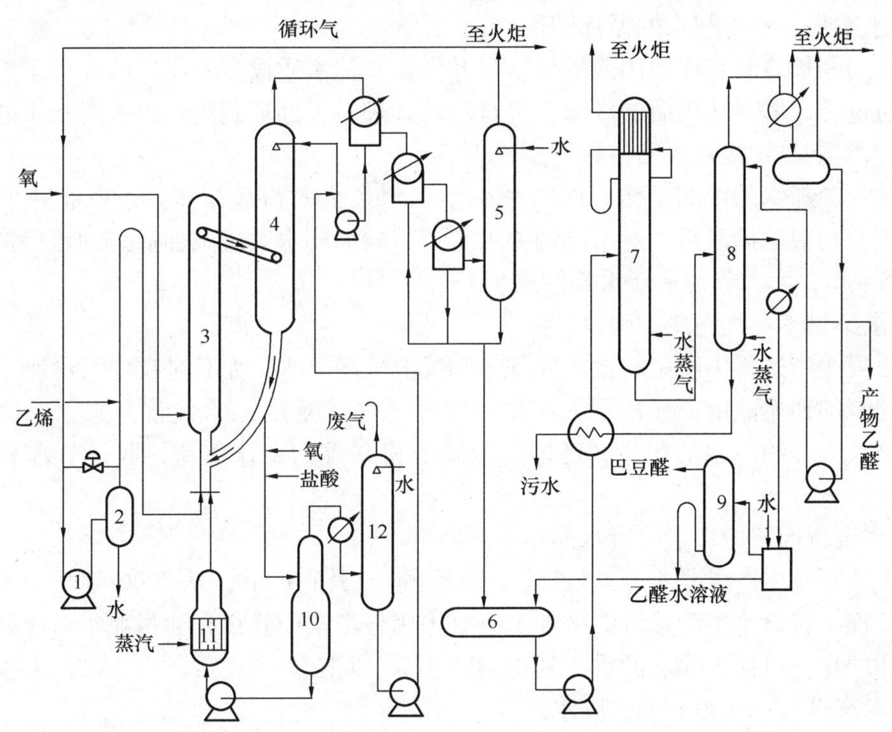

图 8－20　一步法乙烯直接氧化生产乙醛的工艺流程

1—水环压缩机；2—水分离器；3—反应器；4—除沫分离器；5—水吸收塔；6—粗乙醛贮槽；7—脱轻组分塔；8—精馏塔；9—乙醛水溶液分离器；10—分离器；11—分解器；12—水洗涤塔

为了防止乙烯与氧形成爆炸混合物，乙烯需大量循环，从经济和安全考虑，循环气中的氧含量应控制在 8% 左右，乙烯含量在 65% 左右。反应的单程转化率约为 35%。

本法要求乙烯的纯度大于 99.5%，氧的纯度大于 99.5%，并且还要控制乙烯气中乙炔和硫化物的含量，因为乙炔能与催化剂溶液中的铜形成乙炔铜爆炸物，硫化物会使催化剂中毒。

（2）用水节点及水质水量分析

1）工艺用水

主要用于配制催化剂溶液，此部分的用水量不大，但对水质的要求较高，一般为去离子软化水，以免使催化剂中毒和产品受污染。

2）冷却用水

主要用于对设备的冷却和反应气的冷凝。此部分的用水量较大，但由于是间接冷却，对水质的要求不高，一般清水即可，但用于反应气冷凝的冷却水要求水温较低。

3）吸收用水

主要用于吸收反应气中的乙醛。此部分的用水量较大，对水质的要求也较高，一般要求去离子软化水，以免增加乙醛产品中的杂质含量。

4）压缩机用水

主要用于水环压缩机，此部分的耗水量不大，但对水质的要求较高，一般要求为去离子软化水。

（3）节水案例剖析

1）节水案例一：冷却水的循环利用

由于采用间接冷却，在使用前后仅水温升高，其他水质没有变化，因此可采用循环冷却水系统，通过冷却塔对使用后的冷却水进行冷却处理后，循环利用，以节约新水的耗用。

2）节水案例二：提高浓缩倍数

提高循环冷却水的浓缩倍数，既能减少循环水系统的新水补充量，也能减少外排污水量。某化工公司根据循环系统对水质的要求，通过向循环水系统添加适当的水稳剂，将浓缩倍数提高到4.5，大大节约了新水的使用量。

3）节水案例三：提高冷却强度

对于乙醛生产过程中所用的设备冷却水和反应气冷凝水，尤其是反应气冷凝水，如能通过降低冷却水的初始温度，如采用人工制冷水或“冬灌夏用”水代替自来水，提高冷却强度，不但可大大节约冷水的用量，还能有效降低机泵等的工作负荷，取得节水节能的双重效果。

4）节水案例四：冷却水冷凝水回用

某化工公司年生产甲醛5万t、乙醛1.2万t以及其它产品，从2006年开始实施废水全循环利用工程，将整个生产系统的冷却水冷凝水用管道集中收集，通过凉水塔等处理后，进行封闭循环使用，可使工业水的重复利用率达95%以上。

5）节水案例五：清污分流，废水处理

某化工公司除了间接冷却水不外排外，还实施了清污分流工程、废水处理设施扩建工程，所有项目完成后公司减少废水排放120万t/a，减少新鲜水取用量50万t/a，削减COD排放150t/a。

6）节水案例六：加强废水处理

某化工厂以乙醇氧化法生产乙醛，产生的废水主要有甲酸、乙酸和部分没有完全回收的乙醇以及其他副产物。该厂原有一套活性污泥法污水处理系统，但出水难以达标，采用图8－21所示的废水处理流程，稳定运行后，排水的COD_{cr}小于100mg/L，达标排放。

（4）节水技术集成

对于乙醛生产企业，为了最大程度地节约用水，可采用如下的节水集成技术：

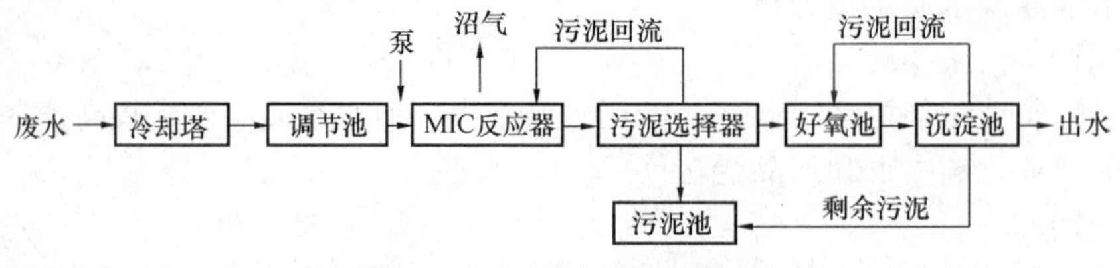

图8－21　乙醛废水处理流程

① 冷却水循环利用：采用循环冷却水系统，对冷却水进行循环利用，可节约新水的耗用。

② 提高浓缩倍数：根据循环系统对水质的要求，通过向循环水系统添加适当的水稳剂，提高循环水的浓缩倍数，可大大节约新水的使用量。

③ 提高冷却水的冷却强度：采用人工制冷冷却水或“冬灌夏用”井水代替自来水，提高冷却强度，不但可大大节约冷水的用量，还能有效降低机泵等的工作负荷，取得节水节能的双重效果。

④ 冷却水冷凝水回用：将生产系统的冷却水冷凝水用管道集中收集，通过凉水塔等处理后，进行封闭循环使用，可大大提高工业用水的重复利用率。

⑤ 清污分流，废水处理：通过实施清污分流，可大幅减少废水的排放量和新鲜水的取用量，实现节约用水。

⑥ 加强废水处理：采用合适的废水处理流程，将废水进行处理后达标排放或回用，既能减少废水的排放，又能节约用水。

（5）集成后节水效果预测

对于年产 10 万 t 乙醛的某化工企业，采用上述节水技术后，单位产品的新水取用量可降至 10.6m^3，工业水的重复利用率达 98% 以上，工艺水的回用率达 98.7%，冷凝水的回用率达 88%，排水率仅为 5%。既能取得明显的节水效果，又能大幅减少废水治理的费用，具有明显的经济效益、环境效益和社会效益。

8.4　精细化工行业的节水技术集成

精细化工产品包括农药、染料、涂料，试剂的高纯物、信息用化学品（包括感光材料、磁性材料等）、食品和饲料添加剂、黏合剂、催化剂和各种助剂、化学药品、日用化学品、功能高分子材料等 11 大类的产品，广泛用于许多工业部门或人们的日常生活中，与人民的生活密切相关。

8.4.1　主要精细化工产品

（1）染料

指在一定介质中能使纤维或其他物质牢固着色的化合物，是由苯、萘、蒽等基本有机原料先经硝化、还原、磺化、卤化、胺化、氧化、酰化、烷基化等化学反应过程生成中间体，再经重氮化、偶合等反应过程制成原染料，再经染料后处理制成商品染料或有机颜料。

（2）农药

是将具有特殊生物活性的某些化合物及其复配物用于影响、控制和调整各种有害生物（包括植物、动物、微生物）的生长、发育和繁殖过程，在保障人类健康和合理生态平衡的前提下，能使有益生物得到有效的保护，有害生物得到抑制的化学药剂。化学农药是重要的精细化学品，目前全世界农药原药的品种已有一千种以上，制剂则数以万计。

（3）医药

又称药品或药物，是用于治疗、缓解、预防、诊断人或动物的疾病及不正常的健康状况及有关的症状，恢复、改正和改善人和动物器官功能的任何物质或混合物。原料药和药物制剂的生产过程称为制药，其主要包括生产植物化学药、化学合成药、抗生素及生物化学药等。

(4) 涂料

主要用来对被涂表面起到装饰与保护作用，也可使被涂物体具有防音、阻燃、绝热、电绝缘等特殊功能。涂料包括成膜物质（即基材料）、颜料、填料、涂料助剂、功能组分、有机溶剂和水。基料是黏结颜料形成坚韧连续膜的主要组分；颜料除了主要用于产生所需的色彩和遮盖能力外，还能增强涂膜的耐久性和耐磨性等；填料是遮盖力很差的白色或稍带色的无机颜料，主要用来增加涂膜的强度和降低成本；涂料助剂用于提高涂料产品和涂膜的性能。功能组分是为使涂料具有特定的功能而加入的；溶剂是用来溶解基料的可挥发性液体。

(5) 颜料

颜料是一种用来着色的粉末状物质。颜料在水、油脂、树脂、有机溶剂等介质中不溶解，但能均匀地在这些介质中分散并能使介质着色，又具有一定的遮盖力。有时也能改变介质的某些性能。颜料是制造涂料、油墨、油画色膏、化妆油彩、彩色纸张等不可缺少的原料。

(6) 表面活性剂

在物质的分子内同时含有疏水性基和亲水性基的化合物，溶于水或水溶液时，其分子吸附于界面或在液体内形成可逆的集合体，能降低水溶液的表面张力或两液相间的界面张力，并改善乳化性、润湿性、分散性、可溶性或渗透力等性质，这种能使界面的物性发生显著变化，具有表面活性的化合物，称为表面（或界面）活性剂。

在精细化学品中，产量最大的表面活性剂是合成洗涤剂。表面活性剂主要用作乳化剂、破乳剂、渗透剂、发泡剂、润湿剂、分散剂、浮选剂、柔软剂、抗静电剂、防水剂等助剂，广泛用于纺织、食品、医药、农药、化妆品、建筑、采矿等工业领域。

8.4.2 染料生产过程的节水技术集成

(1) 典型工艺流程

目前市场上70%左右的合成染料为偶氮染料，其生产方法繁多，工艺流程长，精制过程复杂，属于间歇式小批量生产，但偶氮染料的主要生产流程相似，均经重氮化、偶合反应后压滤，然后进入后处理阶段干燥，最后包装成品。其生产工艺与废水排放流程如图8－22所示。

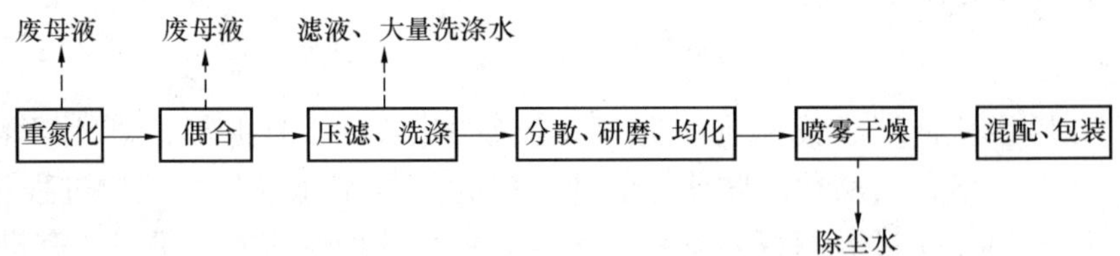

图8－22　偶氮染料生产工艺及废水排放流程

(2) 用水节点及水质水量分析

染料企业的用水主要包括生产和生活用水。生产用水主要供给染料合成车间、后处理车间、污水处理车间以及动力车间，生活用水主要为办公、洗澡用水。图8－23所示为某染料生产企业的水平衡图。

可以看出，在染料的生产过程中，其用水节点及对水质水量的要求为：

1) 工艺用水

主要用于配制反应液，这部分的用水量较大，对水质的要求也较高，一般要求为去离子

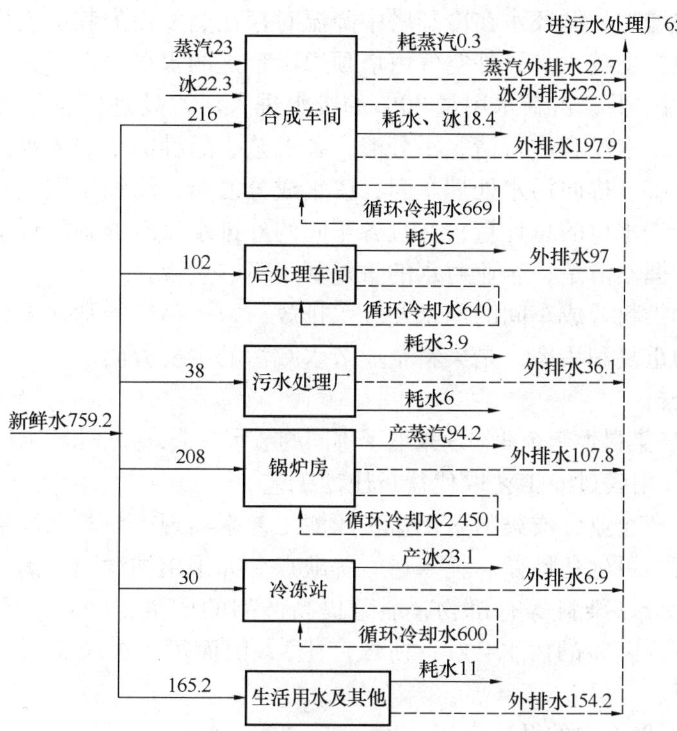

图 8－23　某染料生产企业的水平衡图

软化水，以免使产品受到污染，降低产品的使用性能。

2）加热用水

主要以蒸汽形式用于反应器的加热。这部分的耗水量不大，但对水质的要求较高，一般要求为去离子软化水，以免锅炉结垢并影响产品的使用性能。

3）冷却用水

主要用于对生产装置和反应产物进行冷却。这部分的耗水量较大，但由于采用间接冷却，对水质的要求不高，一般清水即可。

4）制冰用水

主要用于反应过程中某些环节的制冷。这部分的耗水量不大，对水质的要求也不高，一般清水即可。

5）生活用水

主要用于员工的办公、洗澡，这部分的耗水量不大，对水质的要求也不高，一般清水经净化处理后即可使用。

（3）节水潜力分析

根据图 8－23 所示的水平衡图可以发现该企业在用水排水方面存在以下几个问题：

① 合成车间的生产用水和废水排放量最大，这是因为：合成反应为液相反应，反应过程中的母液直接排放，造成废水的 COD 浓度高；大部分废水来自盐析压滤的滤液及设备、滤饼洗涤水，废水的 COD 浓度高、色度高、盐度大，可生化性差；染料产品种类繁多，在转换产品时，会对反应釜、管道、各种贮罐进行冲洗，同时也会有部分地面冲洗水；没有采取节水的清洗方式，产生了更多的冲洗废水。

② 循环冷却用水量偏大，这是因为：管道结垢，传热效率降低，给回水温差低，同时

也造成了供水能耗的增加；循环水在冷却塔中降温时存在蒸发损失和风吹损失。冷却水系统的流量越大，蒸发损失也越大，另外空气由塔顶逸出带走的水量也在增大。

③ 水的重复利用率低，占新水用量80%的废水进入污水处理厂，处理后外排，没有循环利用。这是因为：废水没有进行清、污分流，各工艺、品种的生产废水以及各种冲洗水混合，通过一个排污口统一排向污水处理车间，废水成分复杂，增加了回收利用的难度；各生产车间用水只有一个进水口的总计量，并且各车间的外排水没有准确的计量装置，对于单元车间内部用水情况掌握不清楚；企业对水的重复利用不够重视。

由此可知，减少染料合成车间的用水及废水排放，减少循环冷却水系统的用水量，提高整个企业生产用水的重复利用率，是染料企业节水减污的主要方向。

(4) 节水案例分析

为了节约用水，各染料生产企业纷纷采取了不同的节水改造，并取得了明显的节水效果。

1) 节水案例一：用膜过滤工艺取代盐析压滤工艺

国内许多染料生产企业合成染料采用盐析压滤工艺来实现染料与水溶液的分离，这种工艺会导致废水盐度高、可生化性差、耗水量大等缺点。如采用纳滤膜分离工艺，一方面可以有效去除染料中的盐分、染料等有机物，显著提高产品的质量，同时采用直接喷雾干燥技术，可免去水洗环节（95%的污水会在此阶段产生），因而可大大减少新鲜水的消耗，使污水的排放量大幅下降。

2) 节水案例二：母液水的循环套用技术

将母液用作部分偶合组分的化料及偶合液稀释用水，通过回收再用提高了水的重复利用率，因而减少了废水的排放量。

3) 节水案例三：冷却水循环利用

由于染料生产过程中所用的是间接冷却，冷却水在使用前后仅有温度升高，其他水质没有变化，因此可采用循环冷却水系统，通过设置冷却塔对使用后的冷却水进行冷却处理后循环利用，可节省大量的新水。

4) 节水案例四：完善仪表计量

多数染料企业往往仅在某单元车间的总入口与总出口处设有水表，对于不同用途的用水以及主要耗水设备的用水并没有分计量。企业应完善设备级水表，并定期对已安装的水表进行校验、更新。建立完善的水计量系统，主干管网、各分支管路、主要用水点均应安装计量仪表。用水计量仪表的完善一方面能够减少由于计量不准确造成的用水浪费情况，还有利于产品生产用水定额制度的建立，有利于废水的回收利用、分质处理。同时，完善循环冷却水系统的仪表计量，在生产装置的关键水冷器的循环水进出口应设温度计、压力计、流量表和取样阀，保证冷却水系统在正常的负荷下运行。

5) 节水案例五：采用高压水射流清洗设备

高压水射流清洗是用高压泵打出高压水，并使其经管子达到喷嘴，再把高压力低流速的水转换为低压高速的射流，以很高的冲击动能连续不断地作用在清洗表面，从而使污垢脱落，达到清洗的目的。由于水射流清洗所使用的介质为无需添加任何化学物质的常温水，其效果较传统的机械清洗、化学清洗具有效率高、无污染、节能降耗等诸多优点。

对于染料生产企业，冲洗水用量大，主要用于设备、地面、滤饼、管道、反应釜、锅炉、换热器冲洗等。高压水射流清洗设备在管道、反应釜、地面、换热器、锅炉等方面均适用。采用该清洗技术能为企业节约大量的新鲜水。

6）节水案例六：使用隔膜压滤机

染料生产企业在压滤工段使用隔膜压滤机可以大大减少洗涤水的用量，改善水洗效果。

7）节水案例七：洗涤水梯级循环利用

染料生产车间需要大量的冲洗水，包括设备冲洗水、地面冲洗水、隔膜压滤冲洗水、各反应罐管道冲洗水，以及贮罐冲洗水、除尘水等。大部分装置需要冲洗多次，可以将冲洗水按浓度高低梯级利用，减少新鲜水的用量。对于部分高浓度的贮罐清洗水、除尘水可以作为同一产品下一系列的投料底水或化料水，低浓度水用于循环清洗。洗涤水的梯级循环利用既可大大减少新鲜水的用量，也可大大减少 COD 的排放，做到真正意义上的节水减污。

8）节水案例八：凝结水和制水车间弃水的回收

染料生产中，蒸汽是主要的能源，将疏水阀排出的凝结水回收并泵入循环水池实现循环利用。制水车间制备软化水产生的含盐弃水一方面可以作为锅炉烟气的湿式除尘水，另一方面可以将部分含盐弃水并入循环冷却水系统，而不影响冷却水的水质。

9）节水案例九：废水处理回用

染料生产废水属于高浓度、难降解、高色度废水，尤其是采用传统盐析纯化法在生产过程中会产生大量的高盐度（质量分数大于 5%）、高色度（2～4 万倍）废水。采用膜技术将染料废水分离为浓缩液和透过液，其中浓缩液用于染料回收，透过液用作染料的生产，既可以实现废水的资源化利用，使染料不随排水流失，又不会造成水质污染。如果浓缩液中染料回收困难或回收价值较低，则可采用湿式空气氧化、超临界水氧化、高温焚烧等后续处理系统，去除绝大部分色度和 COD，实现废水的深度处理和回用。透过液可回用或排入污水处理系统，从而实现节水、减排等多种目的。

碳化法主要是根据大多数有机物被加热到 400℃以上时发生热分解而碳化，形成黑色颗粒游离碳，游离碳不溶于水，借以从含无机盐的溶液中分离出来，并回收用作燃料，无机盐则回收利用。该技术已成功用于弱酸性染料废水的治理过程中。含盐废水先进入蒸发器蒸发结晶，得到深棕色的污盐，污盐分批进入碳化炉，在炉内受到 550℃烟气加热，污盐中的有机物碳化，随后在精制器内加水溶解，碳化污盐中的氯化钠遇水溶解，游离碳则悬浮于溶液内，经过滤分离，滤渣（即炭渣）作为燃料返回燃烧炉，滤液（即氯化钠溶液）经蒸发结晶得到工业盐，返回染料生产系统。应用此法可彻底消除污水中的有机物，同时回收无机盐，在治理过程中无二次污染。经碳化处理后排水中的各项指标均能达到国家排放标准，二次蒸汽冷凝水检不出有机物存在。其工艺流程如图 8－24 所示。

10）节水案例十：清污分离治理

染料生产中压滤废液的 COD、色度最高，成分最复杂；滤饼及设备冲洗水用量最大，且冲洗多次，可以将该部分冲洗水与压滤废液分流处理。对于前者可采用湿式氧化技术或超临界水氧化技术进行深度处理，对于低浓度的冲洗水可以进行梯级利用，然后再进行处理。

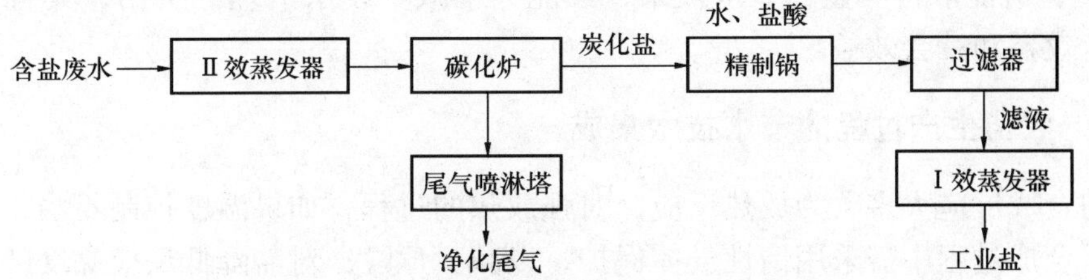

图 8－24　碳化法处理酸性染料含盐废水的工艺流程

最后经处理后的废水按水质进行不同程度的回用，有的可以满足循环水补充水的需求，有的可以继续用作冲洗水。

（5）节水技术集成

为了节约用水，缓解水资源的紧缺矛盾，染料生产企业可采用如下的节水集成技术：

① 用膜过滤工艺取代盐析压滤工艺：一方面可以有效去除染料中的盐分、染料等有机物，显著提高产品的质量，同时采用直接喷雾干燥技术，可免去水洗环节，从而大大减少新鲜水的消耗，使污水量大幅下降。

② 母液水循环套用：将母液用作部分偶合组分的化料及偶合液稀释用水，通过回收再用提高水的重复利用率，因而减少废水的排放量。

③ 冷却水循环利用：采用循环冷却水系统，通过设置冷却塔对使用后的冷却水进行冷却处理后循环利用，可节省大量的新水。

④ 完善仪表计量：建立完善的水计量系统，减少由于计量不准确造成的用水浪费情况，有利于产品生产用水定额制度的建立和废水的分质处理、回收利用。

⑤ 采用高压水射流清洗设备：由于水射流清洗所使用的介质为无需添加任何化学物质的常温水，其效果较传统的机械清洗、化学清洗具有效率高、无污染、节能降耗等诸多优点，能为企业节约大量的新鲜水。

⑥ 使用隔膜压滤机：使用隔膜压滤机可以大大减少洗涤水的用量，改善水洗效果。

⑦ 洗涤水梯级循环利用：将冲洗水按浓度高低梯级利用，减少新鲜水的用量。对于部分高浓度的贮罐清洗水、除尘水可以作为同一产品下一系列的投料底水或化料水，低浓度水用于循环清洗。洗涤水的梯级循环利用既可大大减少新鲜水的用量，也可大大减少 COD 的排放，做到真正意义上的节水减污。

⑧ 凝结水和制水车间弃水的回收：将疏水阀排出的凝结水回收并入循环水池循环利用；将含盐弃水一部分作为锅炉烟气湿式除尘水，另一部分并入循环冷却水系统循环使用。

⑨ 废水处理回用：采用适当的水处理技术对染料废水进行处理后回用，可实现节水、减排等多种目的。

⑩ 清污分流治理：将污染程度轻的冲洗水与污染程度重的压滤废液分流处理。对于高浓度废水可采用湿式氧化技术或超临界水氧化技术进行深度处理，对于低浓度的冲洗水可以采用梯级利用，然后再进行处理。最后经处理后的废水按水质进行不同程度的回用，有的可以满足循环水补充水的需求，有的可以继续用作冲洗水。

（6）集成后节水效果预测

对于年产 1 万 t 偶氮染料的某染料生产企业，采用上述节水集成技术进行改造后，单位产品的新水取用量可降至 $26m^3$，大大低于江苏省的工业用水定额（2010 年修订，其用水定额为 $47m^3/t$），工业水的重复利用率达 95% 以上，工艺水的回用率达 96.8%，冷凝水的回用率达 96%，既能取得明显的节水效果，又能大幅减少废水治理的费用，具有明显的经济效益、环境效益和社会效益。

8.4.3 农药生产过程的节水技术集成

农药的合成反应大多数为放热反应，对强放热的过程，如果温度控制不当，容易发生爆炸，因此在合成过程中需采用惰性气体保护，以减少危险；对需降低反应黏度的物系，可采用惰性溶剂。

(1) 典型生产流程

吡虫啉是一种烟碱类超高效杀虫剂，具有广谱、高效、低毒、低残留，害虫不易产生抗性，对人、畜、植物和天敌安全等特点，并有触杀、胃毒和内吸等多重作用，药效和温度呈正相关，温度高，杀虫效果好，主要用于防治刺吸式口器害虫。图 8－25 所示为某农药厂采用的吡虫啉生产工艺流程。

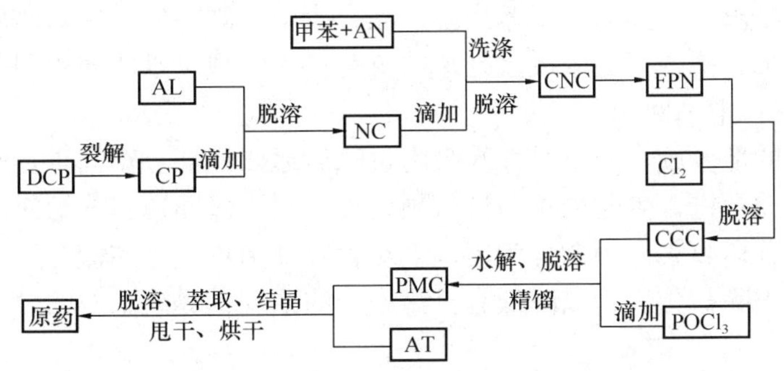

图 8－25 吡虫啉的生产工艺流程

(2) 用水节点及水质水量分析

由图 8－25 所示的工艺流程可知，在生产过程中的用水节点及其对水质水量的要求分别为：

1) 配制溶液

主要用于配制制药所用的反应液，这部分的用水量较大，对水质的要求也较高，一般为去离子软化水，以免使产品中的杂质含量超标而影响使用性能。

2) 洗涤用水

是采用水将生产的初级产品进行脱溶处理，为后续的裂解提供合格的原料，在此用水节点，水的主要作用是作为脱溶溶剂，也就是用于溶解溶剂，耗水量很大，约为 1450kg/批，但对水质的要求不高。

3) 水解用水

是以水为媒介，使生产过程中生成的中间产物进行分解，其用水量约为 920kg/批，对水质的要求也不高。

4) 萃取用水

是以水作为介质，提取中间产物中的有机溶剂，以提高原药的纯度，其耗水量为 850kg/批，但对水质的要求不高。

5) 冷却用水

由于农药的合成反应是放热反应，为控制反应的进程，减少危险的发生，需对反应过程进行冷却。此部分的用水量较大，但由于采用间接冷却，对水质的要求不高，一般清水即可。

(3) 节水案例剖析

某集团股份有限公司是经国家核准的定点农药生产企业，吡虫啉是其主要产品之一。在生产过程中，该公司一方面通过加强内部管理，另一方面通过实施节水技术改造，取得了明显的节水效果。

1) 节水案例一：水解废水的重复利用

PMC 工段的任务是对原料进行水解，每 3. 5t 的原料需通过 1. 5t 水进行分解，产生的废水量较大。水解后的废水如果直接排放到污水处理站进行集中处理，其药剂运行费用较高。

该企业将上一批产品的水解废水返回到车间，作为下一批产品的水解用水，经两次套用后再排入污水处理站集中处理，不仅减少了废水的排放量，降低了污水处理站的运行费用，而且不影响产品收率，达到了节水减排的目的。

2）节水案例二：从废水中回收甲苯减少废水中的污染物

污水处理站在调节 pH 值的过程中，采用静置分层的方式萃取废油，并对萃取后的废油加热使废油与甲苯分离。分离后的甲苯用于产品合成中，既降低了甲苯的使用量，也降低了废水中污染物的含量，减轻了后续废水处理的负荷，为实现废水的回用创造了条件。

3）节水案例三：中水回用

对总排口排放的部分废水通过活性炭吸附过滤后返回到部分车间重复使用。由于废水中的含盐量较高，因此在进入生化处理前进行预处理，利用蒸馏进行浓缩使浓废水中的低沸点组分在蒸馏前进行分离收集；中馏分为废水，对含有高沸点组分和盐等物质的重馏分进行减压蒸馏脱溶浓缩，去除盐分后，以降低有机污染物的浓度，提高水质的可生化性并实现回用水循环利用。

4）节水案例四：管理节水

① 制定取用水定额：根据生产能力和用水的实际情况，本着节约用水的原则，制定出取用水总目标，并将用水总目标逐级分解到各工段，明确专人管理，对超计划用水查明原因，落实整改。

② 配备计量措施：在取用水过程中设立了一级用水、二级用水和三级用水，并配备了一、二、三级计量仪表，以便明确职责。

③ 加强取用水检查：对取用水管理制度的执行情况、计划用水的实施情况、计量设施的完好情况及相应的整改情况等进行定期检查，做好相应的记录，对发现的问题及时纠正，定期复查，以保证取用水制度的执行。

④ 严格取水考核：采用奖惩激励机制，对实际取用水情况进行考核，以充分调动员工节约用水的积极性，做到合理用水，节约用水，杜绝浪费与损耗。

（4）节水技术集成

为了节约用水，农药生产企业可采用如下的节水集成技术：

① 水解废水的重复利用：将上一批产品的水解废水返回到车间，作为下一批产品的水解用水，经两次套用后再排入污水处理站集中处理，不仅可减少废水的排放量，降低污水处理站的运行费用，而且不影响产品收率，达到节水减排的目的。

② 从废水中回收甲苯减少废水中的污染物：采用静置分层的方式萃取废油，并对萃取后的废油加热使废油与甲苯分离。分离后的甲苯用于产品合成，既可降低甲苯的使用量，也可降低废水中污染物的含量，减轻后续废水处理的负荷，为实现废水的回用创造条件。

③ 中水回用：对总排口排放的部分废水通过活性炭吸附过滤后返回到部分车间重复使用。在废水进入生化处理前进行预处理，利用蒸馏进行浓缩使浓废水中的低沸点组分在蒸馏前进行分离收集；中馏分为废水，对含有高沸点组分和盐等物质的重馏分进行减压蒸馏脱溶浓缩，去除盐分后，以降低有机污染物的浓度，提高水质的可生化性及回用水循环利用。

④ 管理节水：加强管理，制定严格的取用水定额、配备完善的计量措施、加强取用水检查、严格取水考核，充分调动员工节约用水的积极性，做到合理用水、节约用水，杜绝浪费与损耗。

（5）集成后节水效果预测

对于年产 10000t 吡虫啉的农药厂，如采用上述节水集成技术进行改造后，单位产品的新水取用量可降至780m^3，大大低于江苏省的工业用水定额（2010 年修订，其用水定额为976m^3/t)，工业水的重复利用率达 92% 以上，工艺水的回用率达 94.8%，冷凝水的回用率达 95%，既能取得明显的节水效果，又能大幅减少废水治理的费用，具有明显的经济效益、环境效益和社会效益。

8.4.4　医药生产过程的节水技术集成

医用原料药的品种繁多，其生产流程一般都较长，工艺复杂，而且每一产品所需原辅材料的种类多，许多原料和生产过程中的中间体都是易燃、易爆、有毒或腐蚀性很强的物质，因此对防火、防爆以及工艺和设备等有严格的要求。另外，产品质量标准高，对原料和中间体要严格控制其质量；物料的净收率很低，往往几吨甚至上百吨原料才能生产出一吨成品，因而副产品多，三废也多。

阿司匹林，化学名称为乙酰水杨酸，是应用最广的解热镇痛药和抗风湿类药，其生产工艺是由异丙苯原料氧化制得苯酚，再由苯酚羧基化制得水杨酸，水杨酸酰化制得乙酰水杨酸。

（1）典型生产流程

水杨酸的生产工艺流程如图 8－26 所示。将苯酚与 50% 的氢氧化钠热溶液（过量 1%～2%（摩尔分数））先混合，然后加入具有加热和搅拌功能的反应器中，在常压和 130℃条件下进行反应，然后在真空下蒸发，得到干燥的苯酚钠。此过程有时也可以在能加热的球磨机内进行，得到干燥的苯酚钠。干燥后温度降至约 100℃，在搅拌下通入二氧化碳，控制压力约为 0.6MPa，进行羧化反应。为了避免树脂化和着色，所用二氧化碳的含量必须小于 0.1%。为了使反应完全，通常通入的二氧化碳过量，当吸收的二氧化碳达到要求时，停止通气，将物料在 150～170℃加热几小时，然后泄压，用真空蒸馏回收苯。

高压釜中的水杨酸粗品经过冷却，加水溶解以形成 30% 的水杨酸钠水溶液，放入脱色槽，加入锌粉和活性炭以除去有色杂质。所得溶液进行压滤，清液送至沉淀槽，由硫酸槽加入 30%～60% 的硫酸进行酸化，得到水杨酸沉淀，然后经离心分离、干燥，即得到工业水杨酸，其收率一般为 90% 左右。

为了制得药用级产品，可将粗水杨酸钠溶液加入晶种进行结晶制得六水水杨酸钠结晶，然后与母液分离，用冷水洗涤除去杂质，经重结晶得到药用级水杨酸钠。将所得的水杨酸钠

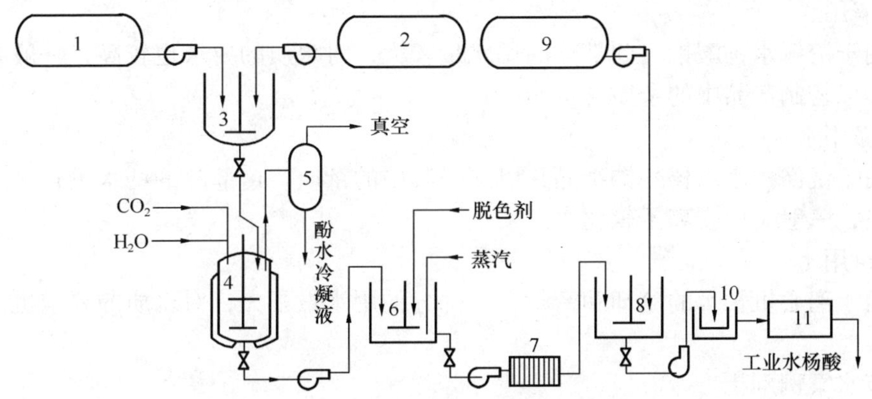

图 8－26　水杨酸的生产工艺流程图

1—苯酚储罐；2—50% 苛性钠储罐；3—混合器；4—高压釜；5—冷凝器；6—脱色槽；7—过滤器；8—沉淀槽；9—35% 硫酸储罐；10—离心机；11—干燥器

溶于水，用硫酸酸化，即可析出药用级水杨酸。

水杨酸酰化的工艺流程如图8－27所示。在搪瓷反应器中加入母液与醋酐，在搅拌下加入水杨酸进行酰化反应。反应时逐步升温至75～80℃，保温5h，反应结束后，缓慢冷却至析出结晶。用离心机分离得乙酰水杨酸结晶，母液循环使用。晶体经洗涤、甩干，并在气流干燥器中干燥，即可得到乙酰水杨酸。

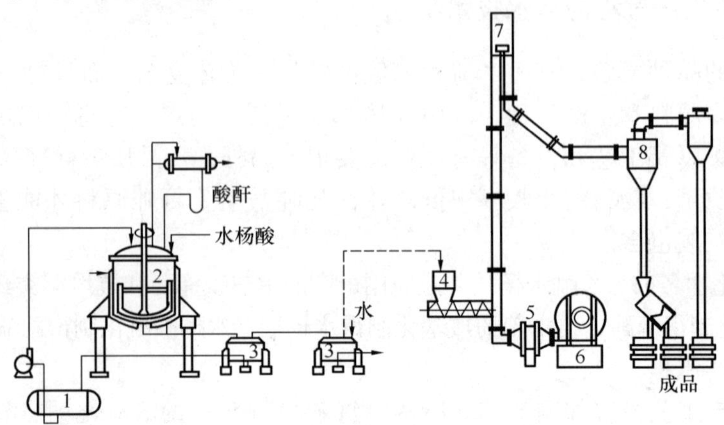

图8－27　乙酰水杨酸生产工艺流程图

1—母液储罐；2—酰化釜；3—离心机；4—加料器；5—加热器；6—鼓风机；7—气流干燥器；8—旋风分离器

（2）用水节点及水质水量分析

由上述的工艺流程可知，阿司匹林生产过程中的用水节点及其对水质水量的要求分别为：

1）配液用水

主要用于配制苯酚与氢氧化钠溶液，此部分的用水量较大，对水质的要求也非常高，一般需用去离子软化水，以控制产品中的杂质含量。

2）冷却用水

主要用于冷却高压釜中的水杨酸粗品。此部分的耗水量较大，但由于采用间接冷却，对水质的要求不高，一般清水即可。

3）溶解用水

主要用于溶解水杨酸钠。此部分的用水量较大，对水质的要求也较高，一般要求为去离子软化水，以控制产品中的杂质含量。

4）洗涤用水

主要用于洗涤六水水杨酸钠结晶，以除去其中的杂质。这部分的耗水量较大，对水质的要求也较高，一般需用去离子软化水。

5）密封用水

主要用于离心机轴承的冷却和密封，此部分的用水量不大，对水质的要求也不高，一般清水即可。

（3）节水案例剖析

为了节约用水，阿司匹林生产企业采取了不同的节水措施：

1）节水案例一：冷却水的循环利用

某企业在生产中的冷却用水量占全部生产用水量的80%以上，其中绝大部分是间接冷却水，它与被冷介质之间由热交换器壁或设备隔开，不与工质物料发生直接接触，只为带走生产设备及物料中多余的热量，用后仅是温度升高，水质变化不大，无疑是节水的重点对象。该厂采取的主要措施是：在全厂铺设冷却水回收管道，将用过的水排入循环水池，再经加压泵输入冷却站，供冷却器使用。

2）节水案例二：提高浓缩倍数

提高冷却水循环系统的浓缩倍数，既可以减少新水的补充量，也可减少污水的排放量。某企业根据循环冷却水系统对水质的要求，通过向循环系统添加适当的水稳剂，将循环水系统的浓缩倍数提高到 5.0，大大节约了新水的用量。

3）节水案例三：循序用水

将冷却水首先经一、二级冷凝器串级使用，虽然用过后水温增高，但水质基本保持不变。再经收集供车间用作工艺洗涤、冲洗板框过滤机、代替新水做锅炉用水等，达到一水四用的目的。将四次水收集后作为车间洗涤、锅炉冲灰冲渣，以及厂区绿化。采取该项用水措施后，每年可节约大量新水，具有显著的经济效益。

4）节水案例四：废水处理回用

对生产过程中产生的不同废水实现分质收集，分别采用不同的处理方法对其进行深度处理后回用，既可减少外排污水的量，又可大量节约用水。

（4）节水技术集成

为了最大程度地节约用水，阿司匹林生产企业可采用如下的节水集成技术：

① 冷却水的循环利用：在全厂铺设冷却水回收管道，将用过的水排入循环水池，再经加压泵输入冷却站，供冷却器使用。

② 提高浓缩倍数：通过向循环系统添加适当的水稳剂，提高循环水系统的浓缩倍数，可大大节约新水的用量。

③ 循序用水：依据各用水点对水质的不同要求，将水循序利用，可取得显著的节水效果。

④ 废水处理回用：将生产过程中产生的废水分质收集，采用不同的方法进行深度处理后回用，既可减少外排污水的量，又可大量节约用水。

（5）集成后节水效果预测

对于年产 8000t 阿司匹林的某医药生产企业，如采用上述节水集成技术进行改造后，单位产品的新水取用量可降至 168m^3，其中水杨酸生产工段的新水取用量为 107m^3，大大低于江苏省的工业用水定额（2010 年修订，水杨酸的用水定额为 130m^3/t），乙酰水杨酸生产工段的新水取用量为 61m^3，工业水的重复利用率达 97.7% 以上，工艺水的回用率达 98.2%，冷凝水的回用率达 98.5%，既能取得明显的节水效果，又能大幅减少废水治理的费用，具有明显的经济效益、环境效益和社会效益。

8.4.5　合成洗涤剂生产过程的节水技术集成

作为洗涤剂，其基本要求是，它的分子应当既含有亲水基又含有亲油基，即分别对水和油都具有较高的亲和力。以目前合成洗涤剂中最重要的烷基苯磺酸钠为例，磺酸盐基是亲水的，而长的烷基链是亲油的。为达到最好的洗涤性能，烷基链必须在 12 ~ 18 个碳原子之间，而以 12 个碳原子的烷基苯磺酸钠具有最好的洗涤性能。

由于具有高度分支的烷基，洗涤剂的生物降解性较差，常导致河流的严重污染，因此现在的洗涤剂是直链烷基的苯磺酸盐，易于被细菌破坏掉，如十二烷基苯磺酸钠。

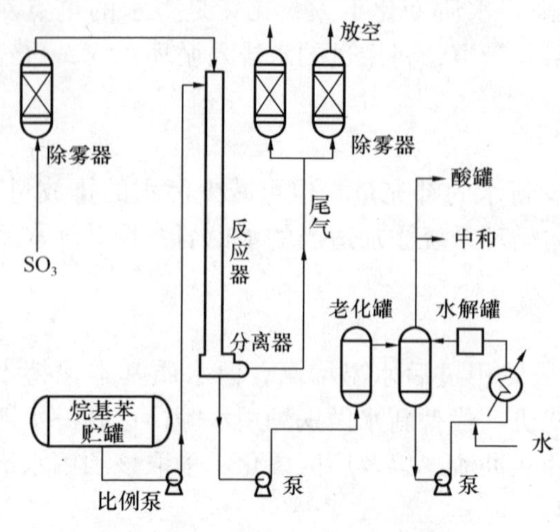

图8-28　三氧化硫膜式磺化流程

(1) 典型生产流程

生产十二烷基苯磺酸钠的工艺流程如图8-28所示。三氧化硫与空气的混合物先经过静电除雾器除去所含微量雾状硫酸，然后与十二烷基苯按一定比例从顶部进入多管降膜磺化器。十二烷基苯沿管壁呈膜状向下流动，管中心气相中的三氧化硫在液膜上发生磺化反应生成焦磺酸，反应热由管外的冷却水移去。从塔底逸出的尾气中含有少量磺酸、二氧化硫和三氧化硫，先经静电除雾器捕集雾状磺酸，再用氢氧化钠溶液洗涤后放空，从塔底流出的磺化液进入老化罐，使焦磺酸完全转化为磺酸，再经水解器使残余的焦磺酸水解成磺酸，或再经中和制成十二烷基苯磺酸盐。

(2) 用水节点及水质水量分析

由上述工艺流程可知，合成洗涤剂生产过程中的用水节点及其对水质水量的要求分别为：

1) 冷却用水

主要用于对焦磺酸和泵轴进行间接冷却。此部分的耗水量较大，但由于采用间接冷却，对水质的要求不高，一般清水即可。

2) 配液用水

主要用于配制氢氧化钠溶液洗涤尾气。这部分的用水量不大，但对水质的要求较高，一般要求为去离子软化水。

3) 水解用水

主要用于使残余的焦磺酸水解成磺酸。这部分的用水量较大，对水质的要求也较高，一般要求为去离子软化水。

(3) 节水案例剖析

为了节约用水，各合成洗涤剂生产企业采取了不同的节水措施，主要有：

1) 节水案例一：冷却水循环利用

由于冷却水与被冷却的设备及物料间接换热，在使用前后仅有水温升高，其他水质没有变化，因此可采用循环冷却水系统，通过设置敞开式循环冷却塔对使用后的冷却水进行冷却处理后，实现重复利用，可大大节约新水的用量。

2) 节水案例二：提高浓缩倍数

提高循环冷却水系统的浓缩倍数，不但可以减少新水的补充量，而且可以减少污水的排放量。某烷基苯厂采用多途径提高循环水浓缩倍数：自动连续投加缓释阻垢剂、减小系统容积/循环水量比值、增加供气换热器温差、提高水质合格率等，将循环水系统的浓缩倍数提高到4.1，水质的综合合格率为96.3%，补水率降至0.69%。

3) 节水案例三：中水回用

某烷基苯厂通过增加中水回用装置，对生产过程中产生的中水经过收集处理后实现回用，节约了大量的新水。目前，全厂的消防水、部分装置的工艺用水、办公楼的厕所冲洗水、循环水补充水、油品办公楼、质管处办公楼、研发部办公楼等，全部改用中水，基本实现了污水零排放，大大减少了新水的消耗。

4）节水案例四：废水的处理与回用

某企业现有两条洗衣粉生产线，年产量达 10 万 t，排放的废水为停车时的管道冲洗水和正常生产时的泵轴冷却水与泄漏原料的混合水。前者每次约 $10m^3$，浓度较高，间歇排放；后者每天约 $300m^3$，浓度较低，连续排放。该厂通过设置含油污水处理装置，将污水进行处理后达标排放，有效减少了外排污水量。

5）节水案例五：管理节水

通过不断完善规章制度、加强供水管理，及时发现并消除泄漏点，减少地下供水管网漏损。优化操作，强化考核，根据季节变化和原水中氨氮含量的高低，及时调整游离氯和总氯的控制指标，科学指导液氯的投加量，既保证出水水质，又降低了氯耗。

6）节水案例六：设备节水

某烷基苯生产企业根据供水量的变化，对部分机泵进行更型改造，充分发挥变频设备的作用，取得了显著的节能降耗效果。

7）节水案例七：工艺节水

某烷基苯企业通过对软化水装置的流速、进水含盐量、再生液流速等因素进行监控，较准确地掌控了树脂的工交容量，使全年的总硬合格率达到了 99.8%，pH 合格率达到了 99.9%；通过严要求、真考核，较好地控制了再生水量的损失，全年制水比保持在 1.06。根据水质监测数据，及时调整并改进加药方式，使全年循环水药剂的单耗仅 0.010 元；通过更换破损的玻璃钢挡水板，降低飞溅损失，稳定循环水水质，避免恶化造成系统大排大补，在保证水质和现场监测数据合格的前提下，夏季调优水处理药剂，提高浓缩倍数减小排污水量。

8）节水案例八：冷凝水的回用

为制得粉状洗涤剂（即洗衣粉），必须对制得的产品进行干燥，以除去其中的水分。目前绝大多数采用喷雾干燥，所含的水分以蒸汽的形式逸出，冷凝后的凝结水水质较好。某烷基苯厂对这部分蒸汽进行冷凝，并将其回用为配液用水与水解用水，不仅大大减少了新水的取用量，还降低了软化水的生产成本。

（4）节水技术集成

① 冷却水循环利用：采用循环系统，实现冷却水的重复利用，可大大节约新水的用量。

② 提高浓缩倍数：采用多途径提高循环水的浓缩倍数，既可减少新水补充量，又可减少外排污水量。

③ 中水回用：对生产过程中产生的中水收集处理后实现回用，可节约大量的新水。

④ 废水的处理与回用：将产生的污水进行处理后达标排放，有效减少了外排污水量。

⑤ 管理节水：不断完善规章制度、加强供水管理，及时发现并消除泄漏点，减少地下供水管网漏损。优化操作，强化考核，可节约大量的新水。

⑥ 设备节水：采用变频机泵，充分发挥变频设备的作用，可取得显著的节能降耗效果。

⑦ 工艺节水：针对用水系统的特性，采用各种合适的方法，可有效节约新水的耗量。

⑧ 冷凝水的回用：将干燥工段排出的蒸汽冷凝液回用作配液用水与水解用水，不仅大大减少了新水的取用量，还降低了软化水的生产成本。

(5) 集成后节水效果预测

对于某年产10万t合成洗涤剂（烷基苯）的化工企业，如采用上述节水集成技术进行改造后，单位产品的新水取用量可降至2.1m^3，大大低于江苏省的工业用水定额（2010年修订，洗衣粉的用水定额为2.6m^3/t），工业水的重复利用率达97%以上，工艺水的回用率达98.8%，冷凝水的回用率达98.2%，既能取得明显的节水效果，又能大幅减少废水治理的费用，具有明显的经济效益、环境效益和社会效益。

参考文献

[1] 杨春升，韩福顺，李孟璐. 中小型合成氨厂生产操作问题[M]. 北京：化学工业出版社，2010.

[2] 司景. 氮肥生产节水改造技术与污水零排放[J]. 安徽化工，2995，(6)：46～48.

[3] 王举良，张均杰，李兆宏. 硫酸系统循环水的水质、水温、水量调节及改进[J]. 中国给水排水，2010，26(14)：113～115，118.

[4] 王平山，史素琴，苏利伟. 浅议纯碱行业蒸汽煅烧炉等冷凝水回收利用[J]. 纯碱工业，2009，(2)：34～36.

[5] 董文林. 联碱生产实现零排放的可行性探索[J]. 纯碱工业，2007，(1)：3～9.

[6] 尚建壮，王孝峰. 我国纯碱工业循环经济现状分析[J]. 纯碱工业，2007，(1)：15～17.

[7] 周鸿雁. 节能降耗，循环利用水资源[J]. 纯碱工业，2008，(3)：17～19.

[8] 叶君树，尚德波. 装置循环水系统节水闭路改造[J]. 能源研究与利用，2003(增刊)：29～31.

[9] 郑小辉. 循环水在氯碱生产中的应用[J]. 江西化工，2003，(3)：114～115.

[10] 徐生智，王奋中，马艳. 浅谈氯碱企业用水和减排[J]. 聚氯乙烯，2010，38(3)：40～42，44.

[11] 庄建峰，牛红卫，黄浩，等. 谈氯碱企业的节水措施[J]. 中国氯碱，2002，(6)：40～41.

[12] 龙荣. 氯碱生产中的废水处理[J]. 氯碱工业，1999，(4)：40～41.

[13] 蔡立芳. 氯碱企业的零水排放和水垢处理[J]. 氯碱工业，2002，(1)：44～45.

[14] 李民杰，孟福堂，陈青. 改造水解系统，回收尿素工艺冷凝液[J]. 河南化工，2002，(8)：39～40.

[15] 陈臻，李世华. 尿素生产过程中工业废水的达标排放[J]. 大氮肥，2005，28(6)：389～390.

[16] 冯元琦，李关云. 甲醇生产操作问题[M]. 北京：化学工业出版社，2008.

[17] 周万德. 甲醛生产操作问题[M]. 北京：化学工业出版社，2009.

[18] 张勇，曲顺利，朱艳艳. 国内煤制甲醇企业节水技术现状[J]. 氮肥技术，2010，31(1)：18～21.

[19] 曹立军. 甲醇装置节水的技术措施[J]. 应用能源技术，2006，(3)：32～33.

[20] 王天华，冯霄. 水系统集成技术在甲醇厂的应用[J]. 化学工程，2008，36(4)：71～74.

[21] 张小华，王爱军. 有机精细化工生产技术[M]. 北京：化学工业出版社，2008.

[22] 录华，李璟. 精细化工概论[M]. 北京：化学工业出版社，2008.

[23] 王军，杨许召. 表面活性剂新应用[M]. 北京：化学工业出版社，2009.

[24] 王军，杨许召，李刚森. 功能表面活性剂制备与应用[M]. 北京：化学工业出版社，2009.

[25] 廖传华，顾国亮，袁连山. 工业化学过程与计算[M]. 北京：化学工业出版社，2005.

[26] 唐受印，戴友芝. 水处理工程师手册[M]. 北京：化学工业出版社，2001.

[27] 张霞，于宏兵，蒋彬，等. 染料行业节水减污措施探讨[J]. 环境科学与管理，2009，34(8)：183～187.

[28] 章杰. 中国染料工业发展新特点和面临的新形势[J]. 印染，2007，33(22)：46～49.

[29] 郑永博，左明，彭博，等. 高压水射流技术在设备清洗中的应用[J]. 石油和化工设备，2008，11(1)：61～63.

第 9 章　石油化工行业的节水技术集成

石油化工又称石油化学工业，是以原油(液体石油)为原料生产化学品的领域，广义上也包括天然气化工。石油化工生产一般与石油炼制或天然气加工结合，相互提供原料、副产品或半成品，以提高经济效益。

9.1　石油化工行业的分类

石油化工行业从原料开始到最终产品，通常需要经过几个大的阶段，前一阶段的产品往往就是下一阶段的原料。根据加工层次，可将其分为石油炼制、石油化工和高分子化工。

9.1.1　石油炼制

是以原油为原料，采用物理方法生产各种燃料油和润滑油的加工过程，因此石油炼制企业又称炼油厂，其主要加工方法有常减压蒸馏、裂化、精炼与精制。

(1) 常减压蒸馏

是分别在常压和减压条件下，通过蒸馏过程将石油分割为不同沸点范围的馏分，然后进一步加工利用，或除去这些馏分中的非理想组分，或经化学变化得到所需组成结构进而获得一系列合格产品。

(2) 重油裂化

是以蒸馏过程剩余的重质馏分油为原料，在热和催化剂的作用下发生裂化反应，转变成裂化气、汽油和柴油等轻质馏分油的过程。裂化工艺大体可分为热裂化和催化裂化两种。由于热裂化的产品质量较差，且开工周期短，因此热裂化已被催化裂化所代替。

(3) 石油精炼

目的是提高产品的质量，以获得更多质量更高的油品。精炼方法主要有重整、异构化、烷基化和叠合。通过精炼可将普通直馏汽油重整或异构化为高辛烷值的汽油，将裂化气烷基化或聚合成高辛烷值的汽油，同时还可制得石油化工和有机化工的基本原料。

(4) 油品精制

石油经过一次加工(蒸馏)、二次加工(裂化)所得到的汽油、喷气燃料油、煤油和柴油等燃料中由于含有各种杂质，产品性能不能全面达到使用要求，往往不能直接作为商品出售或使用，还需经过三次加工(包括石油烃烷基化、烯烃叠合、石油烃异构化等)才能生产高辛烷值的汽油组分和各种化学品，这种加工过程称为油品的精制。

9.1.2　石油化工

是采用各种化学方法将石油制成一系列重要的有机化工原料和产品，如乙烯、丙烯、丁二烯、苯、甲苯、二甲苯和醇、酮、醛、酸类及环氧化合物等。这些产品主要是制备三大合成材料、合成洗涤剂、表面活性剂、染性、医药、农药、香料、涂料等有机化工产品的原料及中间体，为化学工业的发展提供重要的物质基础，从而促进国民经济各部门的发展。

烃类裂解是石油化工中最重要的过程之一，其中包括脱氢、断链、异构化、脱氢环化、芳构化、脱烷基、聚合、缩合、结焦等反应过程。

9.1.3 天然气化工

是以天然气为原料生产燃气和化工产品的工业，是石油化学工业的分支之一。天然气通过净化分离和裂解、蒸汽转化、氧化、氯化、硫化、硝化、脱氢等反应可制成氢气、甲醇、乙炔、二氯甲烷、四氯化碳、二硫化碳、硝基甲烷等。

9.1.4 高分子化工

是以由煤、石油、天然气等为原料，经过化学制取的单体聚合而成的聚合物，主要产品可分为合成塑料、合成纤维和合成橡胶三大类，其产量占合成材料总量的90%。

9.2 石油化工行业的用水现状及节水技术

水是石油化工行业生产的重要辅助资源，水资源短缺已严重影响该行业的发展。实施节水减排措施，对实现石油化工企业的可持续发展、保障我国水资源安全、建设社会主义节约型社会具有重大意义。

9.2.1 石油化工行业的用水现状

在我国，工业用水是仅次于农业用水的第二用水大户，而石油化工行业的取水量约占全国工业取水总量的5%，排放的污水占工业污水总量的16%，占第一位。

石油化工企业比较合理的取水量分配结构是：由循环水系统补充的水量约占50%，化学水的使用量约占40%，生产装置的直接用水量约占10%。节水减排的最大潜力在循环水系统和化学水使用系统。目前，很多石油化工企业加强了循环水系统和化学水使用系统的管理及技术改造，同时由于各种新技术、新材料、新工艺的应用，使水的重复利用率不断提高，最好水平是98%，新鲜水的单耗逐年下降。目前，吨油废水排放量的国际水平是0.5t，我国石油化工行业的吨油取水量已降至1.0t左右，最好水平达到0.38t；吨油废水排放量下降为0.8t左右，最好水平是0.23t。某些先进的炼油厂甚至可以做到废水全部回用，不向外排放。

9.2.2 存在的主要问题

(1) 装置规模小及工艺技术落后

受社会经济条件和资源的限制，原料质量下降；装置受投资制约，规模偏小，造成单位产品的排污量和用水量大；工艺流程不尽合理，造成资源利用率不高，污染物排放量大，污染负荷高，处理难度大；设备质量差造成泄漏，浪费水资源，并使排水水质变差、水量增大；自控水平低造成源头控制水平低。以石油炼制为例，我国石油炼制企业规模最小的仅年产十几万吨，平均也只有1.7Mt/a，而发达国家一般都至少在10Mt/a；国外先进石油炼制企业大多采用全加氢工艺，污染物产量较少，产品质量等级高，而我国石油炼制企业，特别是小于1Mt/a的炼油企业较少采用加氢工艺，产品质量和污染物产生量与国际水平存在着明显的差距；国外污水处理场进口油质量浓度在100mg/L以下，而国内炼油企业污水处理场进口油质量浓度高达500mg/L，有时甚至高达数千 mg/L。另外，国内现有的废水处理工艺及设备均存在不同程度的缺陷，如设计不尽合理、设备不能满足处理要求、清污不分、污污不分等，导致废水处理效果欠佳，未能实现废水回用以降低新鲜水的用量。

(2) 用水系统缺乏统一规划

国内的石油化工企业大部分采用末端处理的方式进行废水处理，即将各工艺单元产生的废水收集起来进行统一处理，节水减排工作也未从生产全过程来进行，仅仅考虑了末端处理回用，没有做到企业整体用水系统的优化。有些石油化工企业对传统的废水集中处理方式进行了改进，增加了水的回用及再生工段，在减少新鲜水用量及废水排放量方面取得了较好的效果，但是离真正的用水系统优化还有一定的距离。

(3) 废水处理系统存在较大的问题

① 没有做到清污分流、污污分治：清污分流不彻底造成污水处理场进水量大，或出水不合格；污污分治不合理造成废水部分指标不达标，影响废水回用。如高含盐废水和低含盐废水合流处理，使废水处理系统的负荷加大，处理后又因废水的含盐量高，无法回用到用水大户(如循环水系统)，只能排放。

② 缺乏必要的预处理：石油化工企业的废水水量大，污染物成分复杂，水质水量波动较大，而废水处理工艺对废水污染负荷的承受能力有一定的限度，所以必须进行适当的预处理。

③ 缺乏对高浓度和难生物降解废水的处理措施：有些石油化工废水具有污染物浓度高或难降解等特点，处理难度较大，如腈纶废水、对苯二甲酸废水等。

④ 废水处理自动化程度较低：石油化工企业的污水处理场多数不能对一些主要指标进行自动检测、自动调节，废水处理工艺、装置的运行参数不能随时掌握，造成其处理效率不能得到最佳发挥，处理水平低，能耗高。

(4) 设备老化、管理不严

某些石油化工企业，由于明漏、暗漏等现象，造成生产用水严重流失，产生的无效供水量很大。据统计，有的企业漏失水量达到企业总取水量的20%以上。某些企业由于缺少计量设备、计量手段不健全以及计量失真等，造成很大的计量误差，水计量表的一级表配置率、二级表和三级表的计量率均未达到国家标准 GB/T 17167 的规定。另外，企业节水工作缺乏有效的综合协调、统一管理与严格的指标考核，尚未建立激励和约束机制，以及规范化、标准化用水节水管理体系。

9.2.3　石油化工行业的节水措施

(1) 采用清洁生产技术

采用源头控制是实现节水减排的重要的、有效的措施，不仅可节约新鲜水，还可减少废水的产生量，为废水回用创造条件。目前，国内一些石油化工企业的清洁生产和源头控制已经取得了很好的成效，如采用加氢工艺淘汰碱洗、酸碱洗等耗水量大的工艺，柴油碱洗电精制装置的废水产生量为每吨原油 0.1t，而采用加氢精制后，每吨原油的废水产生量仅为0.025t；采用分子筛替代氯化铝做苯岐化催化剂，每吨产品的新鲜水用量由 1.3t 降至 1t。

(2) 冷却水循环利用

在石油化工生产中，冷却水的用量较大。可以采用循环冷却和空气冷却代替直流冷却和水冷却；实现装置间的热联合，回收低温余热，减少冷却水的用量。

(3) 凝结水回收

一般炼油厂制备蒸汽所用的水量大约占总取水量的30% ~40%，凝结水回收是石油化工企业节水减排的重要措施，在节约高品质脱盐水的同时可回收利用热能，效益较好。

石油化工生产装置(含自备电站)有多种产蒸汽设备和各种用蒸汽点，蒸汽冷凝水的来源和性质各不相同，凝结水的回收原则是分质、分级、充分利用热量。

凝结水可采用透平凝结水回收和工艺凝结水回收。透平凝结水回收采用过滤技术去除水中的铁锈等固体颗粒物及悬浮物，直接作为高压锅炉给水，目前的回收率达95%以上。工艺凝结水的水温、水质参差不齐，除油除铁工艺有阻截过滤、悬浮隔油、活性炭吸附、精密过滤、电磁过滤等。当油含量较低时，用上述方法处理后出水中的油含量基本能达标。但当油含量高时，出水中的油含量仍会超标或严重超标。北京燕山石油化工股份有限公司采用特种耐高温吸附树脂除油技术回收蒸汽凝结水，同时可回收热量及节约脱盐水，回收1t凝结水的经济效益可达20元，以工艺凝结水的回收量140t/h计，其经济效益每年可达2800万元。

(4) 优化用水排水系统

国内石油化工企业大多未对总体用水和排水系统进行全面优化，造成局部用水的水量过高，排水量大。使用水夹点技术可使水的回用量和出水中的污染物浓度达到最大，从而使新鲜水的用量降到最低，达到全厂水系统的优化。

(5) 废水资源化

目前，废水处理系统的实际运行效果与设计目标之间的差距较大，废水处理系统的优化具有较大的潜力，可以通过以下措施来改善废水处理系统：

1) 实行清污分流

将处理后的化学水、系统正洗和反洗水、循环水系统的非事故排水、后期雨水、部分试压水、球罐夏季喷淋水等作为清净下水排放，减轻废水处理场的水力负荷。

2) 实施污污分治

将不同废水分开处理或按比例混合后进行处理。如石油炼制企业电脱盐过程产生的废水、原油罐区切水、催化剂硫化产生的含碱废水和油品碱精制产生的碱渣等作为高含盐、高浓度废水进行单独处理达标排放，其他低浓度含油废水经过处理达标，再经过适度处理，结合水质稳定剂的配伍性试验，可以作为循环冷却水系统的补充水等。

3) 提高循环水的浓缩倍数，减少排污量和新鲜水的补充量

提高浓缩倍数的措施有提高温差、减少系统保有水量、强化旁滤、开发水稳定剂和杀菌剂、配备在线水质监测和自动加药设施，减少系统泄漏等，有的企业循环水的浓缩倍数已达到5倍以上。根据计算，循环水的浓缩倍数由3提高到5，可以减少新鲜水补充量15%以上，排污量可以减少60%以上。

4) 对废水进行深度处理再生回用

采用达标废水适度处理回用技术，对优质的达标废水进行过滤、杀菌后回用于循环水系统做补充水；一般的达标废水经过强化生物处理并过滤、杀菌后作为循环补充水；对于硬度较高的废水采用除硬除钙技术；对于含盐较高的废水，可采用电渗析或超滤－反渗透技术进行处理而实现回用。

9.3　石油炼制行业的节水技术集成

石油炼制是以原油为原料，主要采用物理的方法生产各种燃料油和润滑油的加工过程，因此石油炼制企业又称炼油厂。石油炼制企业的类型各异，根据主要产品的特性，石油炼制厂可分为四种类型。

(1) 燃料型炼油厂

以生产汽油、喷气燃料油、柴油、燃料油等石油燃料为主要产品，同时也附带生产燃料气、芳香烃和石油焦。这类炼油厂的工艺特点是通过一次加工尽量提取原油中的轻质馏分，并利用裂化和焦化等二次加工工艺，将重质馏分转化为汽油、柴油等轻质油品。随着石油加工向综合利用方向发展，这类炼油厂所占比例会越来越少。图 9－1 为燃料型炼油厂的生产工艺流程。

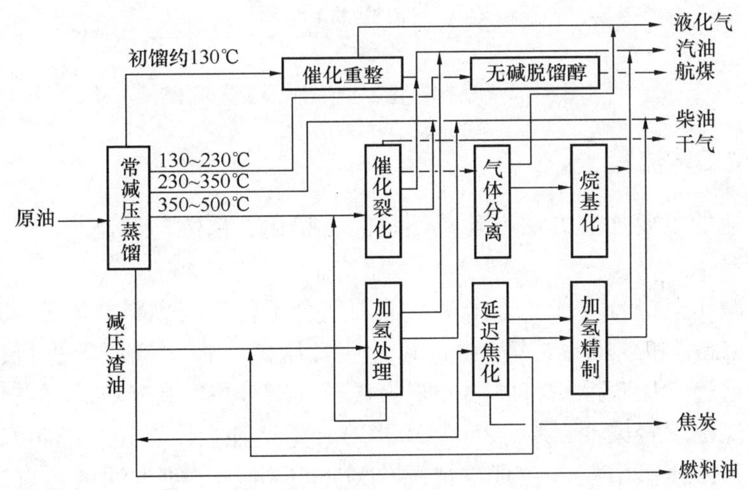

图 9－1　燃料型炼油厂的生产工艺流程

(2) 燃料－润滑油型炼油厂

产品除燃料油外还生产各种润滑油原料，然后将这些原料加以精制，一般采用的过程包括溶剂脱蜡、溶剂精制、白土精制及加氢精制等，制得润滑油组分，并以这些组分为基本原料，根据润滑油品种和质量的具体要求，再按一定的比例加入各种添加剂，最后调配成润滑油成品。若以减压渣油为原料生产重质润滑油馏分，还需增加丙烷脱沥青装置。

(3) 燃料－化工型炼油厂

除生产各种燃料油品外，还利用催化裂化、延迟焦化、催化重整、芳烃抽气、气体分离等装置生产炼厂气、液化石油气和芳烃等，作为石油化工原料。其工艺流程如图 9－2 所示。

随着石油化学工业的发展，为综合利用石油资源，炼油厂正在与石油化工厂联合组成石油化工联合企业。这些企业均利用炼油厂提供的石油化工原料生产各种基本有机化工产品，以及合成树脂、合成橡胶、合成纤维和化肥等。

(4) 燃料－润滑油－化工型炼油厂

这类炼油厂既生产燃料、润滑油类石油产品，又生产石油化工原料。其特点是装置类型多，产品种类广。

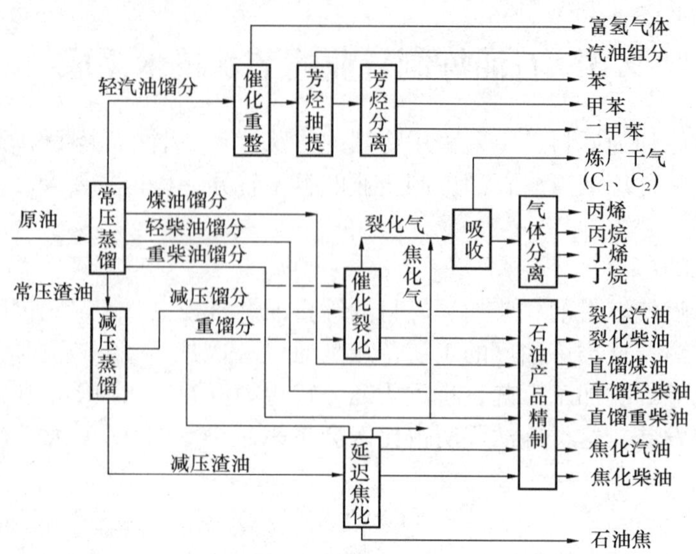

图 9-2　燃料-化工型炼油厂工艺流程

9.3.1　典型工艺流程

石油炼制行业的主要加工方法有常减压蒸馏、裂化、精炼与精制。

（1）常减压蒸馏

原油通过常减压蒸馏分离成若干个沸点范围适合于作不同燃料的馏分。通常这种蒸馏是在两个塔（常压蒸馏塔和减压蒸馏塔）中进行的。常压蒸馏在大气压下进行，仅能分离出沸点较低的馏分。通过常压蒸馏，将原油分割为拔顶气馏分（C_4 及 C_4 以下的轻质烃）、直馏汽油、航空汽油、煤油、轻柴油（沸点 250～300℃）和重柴油（沸点 300～350℃）等，而剩余部分从塔底排出进入减压蒸馏塔，在真空情况（8kPa）下进行，使重油的沸点降低，避免了裂解和焦化。常压重油可以进一步提取润滑油馏分。

常减压蒸馏的工艺流程如图 9-3 所示。原油经预热后进入脱盐罐，脱除盐水后经过一系列的换热器，使温度升高到 200～250℃，然后进入初馏塔进行预分离，将原油中部分较

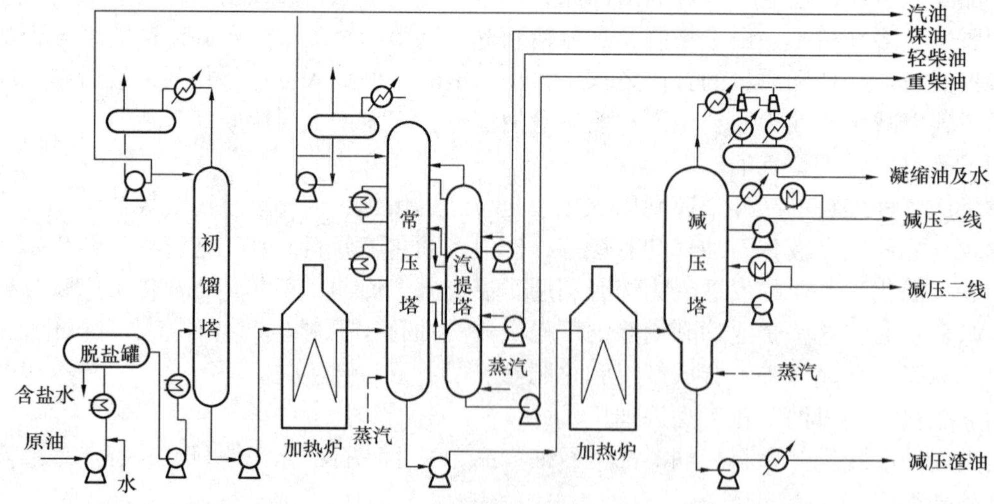

图 9-3　常减压蒸馏工艺流程

轻的组分蒸出，经冷凝冷却后在塔顶回流罐作气液分离，液体的一部分返回塔顶作回流，另一部分作轻汽油(或称石脑油)送出装置。从初馏塔塔底出来的头拔原油，经常压加热炉加热至360~370℃，进入常压蒸馏塔，在此轻质油料气化蒸出。塔顶油气经冷凝冷却后在塔顶回流罐进行气液分离，液体的一部分返回塔顶作回流，另一部分作为汽油送出装置。常压塔一般有4~5根侧线，在此抽出液体，可依次得到航空煤油、灯用煤油、轻柴油和重柴油等。这些馏分在汽提塔中用水蒸气汽提，脱除轻组分后，与原油换热，冷却至规定温度送出装置。从初馏塔塔顶和常压塔塔顶的回流罐中分离出的石油气体为C_1~C_4轻质烷烃和少量轻油，可引至加热炉作燃料或经压缩后进行气体分馏，以回收液化石油气(液态烃)。

常压塔塔底未汽化的重油(常压渣油)经水蒸气汽提吹出轻组分后进加热炉，加热至400~410℃进入减压塔，在减压条件下使重质油气化蒸出。塔顶为不凝气和水蒸气，经冷凝后采用真空喷射器抽出不凝气，使塔内压力维持在2~8kPa。减压塔一般有3~5根侧线，用作引出润滑油原料或裂化原料。液体侧线经水蒸气汽提、换热、冷却至规定的温度后送出装置。

减压塔塔底渣油经水蒸气汽提，以提高拔出率，然后经换热、冷却至规定温度后送出装置。减压渣油经调合后可作为重质燃料油，供炼钢厂或发电厂使用，或作为丙烷脱沥青、延迟焦化、氧化沥青装置的原料。

(2) 催化裂化

中国的原油一般轻馏分较少，经常减压蒸馏后可得到10%~40%的汽油、煤油及柴油等轻质油品，其余的是重质馏分和残渣油。为了满足国民经济对轻质燃料油，尤其是汽油的需要，通常可采用催化裂化、催化重整、烷基化、异构化等方法，所以现代炼油厂中的催化裂化工艺十分重要，其装置性能的好坏对全厂的经济效益有显著的影响。

催化裂化是在热和催化剂作用下使重质油发生裂化反应，转变为裂化气、汽油和柴油等轻质馏分油的过程。原料采用原油蒸馏所得的重质馏分油或在重质馏分油中混入少量渣油，渣油是经溶剂脱沥青后的脱沥青渣油或常压渣油及减压渣油。催化裂化除得到高辛烷值(80以上)汽油外，还可得到裂化气，其中含有丙烯、异丁烯、正丁烯，可作基本有机化工的原料。催化裂化的流程如图9-4所示，包括原料的催化裂化、催化剂的再生及产物的分离。

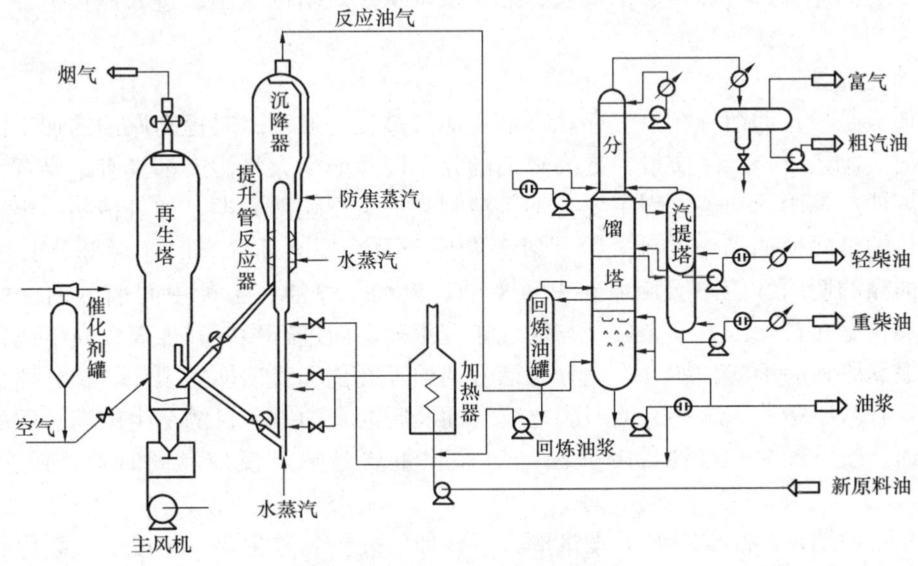

图9-4 催化裂化工艺流程

新鲜原料油经换热后与回炼油混合，经加热炉加热至300～400℃后至提升管反应器下部的喷嘴，原料油用蒸汽雾化并喷入提升管内，与来自再生器的高温催化剂(600～750℃)接触，随即气化并进行反应。由于反应使大分子变成小分子，油气体积增大，在管内的线速度不断增加，催化剂也被加速，一直到提升管口。油气在提升管内的停留时间很短，一般只有几秒钟，反应温度为480～530℃，压力为0.14MPa(表压)。反应产物经旋风分离器分离出夹带的催化剂后离开反应器去分馏塔。

积有焦炭的催化剂(称待生催化剂)由沉降器落入下面的汽提段。汽提段内装有多层人字形挡板并在底部通入过热水蒸气，待生催化剂上吸附的油气和颗粒之间空间的油气被水蒸气置换而返回上部。经汽提后的待生催化剂通过待生斜管进入再生器。

再生器的主要作用是烧去催化剂因反应而生成的积炭，使催化剂的活性得以恢复。再生温度一般为600～700℃，再生用空气由主风机供给，空气通过再生器下面的辅助燃烧室及分布板进入密相床层。再生后的催化剂(称再生催化剂)落入溢流管，再经再生斜管送回反应器循环使用。再生烟气经旋风分离器分离出夹带的催化剂后，经双动滑阀排入大气。

(3) 延迟焦化

延迟焦化是一种重质油热炼化工艺，在加热炉的高热强度炉管中，油品达到结焦温度，同时通过提高油品的流速使其无法结焦，而延迟到在焦炭塔中裂化、结焦。延迟焦化的原料多为重油、渣油、沥青及各种污油，产品主要为焦炭、汽油、柴油、蜡油、液态烃及副气等。

延迟焦化装置通常为间歇操作，最常用的为“一炉两塔”工艺，始终有一个塔处于生产状态，另一个处于准备冷焦、除焦或油气预热状态。来自加热炉的物料进入焦炭塔，待充装一定容积后，先用四通阀将物料切换至另一个焦炭塔。在焦炭塔内的油气经充分裂解、缩合后，轻组分分别进入分馏塔，焦炭留在塔内。再通过四通阀通入蒸汽，将遗留的油气进一步提升至放空冷却塔，同时冷却塔内温度。然后用水将塔内焦层冷却至80～90℃后，水从塔内排出，该过程所用的水称为冷焦水。延迟焦化装置通常采用水力除焦，即水力切焦器利用高压水产生的高速水流将焦炭切割成块，焦炭及水从焦炭塔内流出，进入储焦池，该过程所用的水称为切焦水。

(4) 催化加氢

催化加氢是指石油馏分在氢气存在下催化加氢过程的通称，对提高原油的加工深度，合理利用石油资源，改善产品质量，提高轻油的收率以及减少大气污染都具有重要意义。

目前炼油厂采用的加氢过程主要有加氢精制和加氢裂化两大类。加氢精制主要用于油品精制，其目的是除掉油品中的硫、氮、氧等杂原子及金属杂质，有时还对部分芳烃进行加氢，改善油品的使用性能。所用原料有重整油、汽油、煤油、各种中间馏分油、重油和渣油。加氢裂化是在较高压力下烃分子与氢气在催化剂表面进行裂解和加氢反应生成较小分子的过程。根据原料的不同，加氢裂化分为馏分油加氢裂化和渣油加氢裂化。馏分油加氢裂化的原料主要有减压蜡油、焦化蜡油、裂化循环油及脱沥青油等，目的是生产高品质的轻质油品，如柴油、航空煤油、汽油等。渣油加氢裂化主要是热解反应，同时对产品进行加氢精制。

根据原料性质、产品要求和处理量的大小，加氢裂化装置主要有一段加氢裂化和两段加氢裂化，我国引进的加氢装置两者均有。

1）一段加氢裂化

一段加氢裂化流程用于由粗汽油生产液化气，由减压蜡油、脱沥青油生产航空煤油和柴油。图9－5为直馏重柴油馏分(330～490℃)一段加氢裂化流程。

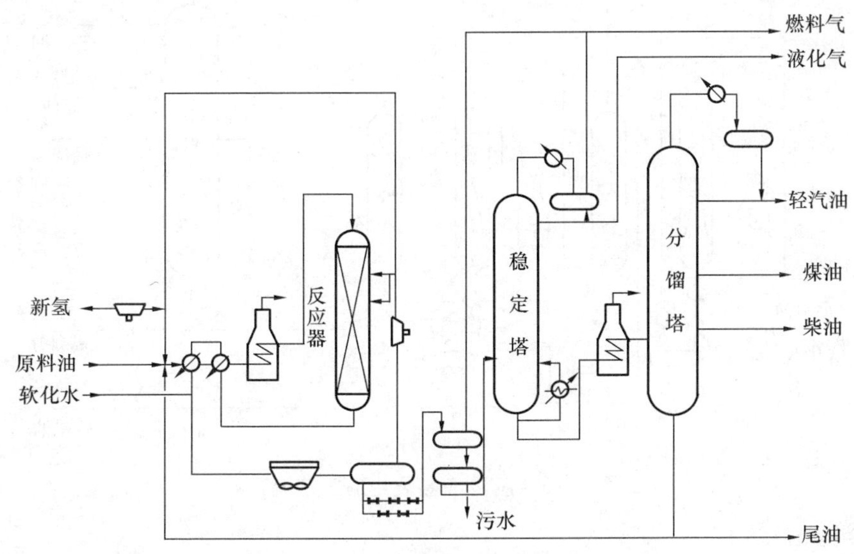

图9－5　一段加氢裂化工艺流程

原料油经泵升压至16.0MPa，与氢气混合、换热后进入加热炉，反应器的进料温度为370～450℃，原料在反应温度380～440℃、空速1.0h^{-1}、氢油的体积比约为2500的条件下进行反应。为控制反应温度，向反应器分层注入冷氢。反应产物经与原料换热后温度降至200℃，再经空冷器冷却，温度降至30～40℃之后进入高压分离器。反应产物进入空冷器之前注入软化水以溶解其中的NH_3、H_2S等，防止水合物析出而堵塞管道。自高压分离器顶部分出循环气，经循环氢压缩机升压后，返回反应系统循环使用。自高压分离器底部分出生成油，经减压系统减压至0.5MPa，进入低压分离器，在低压分离器中将水脱出，并释放出部分溶解气体，作为富气送出装置，可以作燃料用。生成油经加热后送入稳定塔，在1.0～1.2MPa下蒸出液化气，塔底液体经加热炉加热至320℃后送入分馏塔，最后得到轻汽油、航空煤油、冷凝柴油和塔底油(尾油)，尾油可一部分或全部作循环油，与原料混合再去反应。

2）两段流程

图9－6所示为两段加氢裂化过程的工艺流程，原料油经泵升压并与循环氢混合后首先与生成油换热，再在加热炉中加热至反应温度，进入第一段加氢精制反应器，在加氢活性高的催化剂上进行脱硫、脱氮反应，原料中的微量金属也被脱掉，反应生成物经换热、冷却后进入高压分离器，分出循环氢。生成油进入脱氨(硫)塔，脱去NH_3和H_2S，作为第二段加氢裂化反应器的原料。在脱氨塔中用氢气吹掉溶解气、氨和硫化氢。第二段进料与循环氢混合后，进入第二段加热炉，加热至反应温度，在装有高酸性催化剂的第二段加氢裂化反应器内进行裂化反应。反应生成物经换热、冷却、分离，分出溶解气和循环氢后送至稳定分馏系统。

两段加氢裂化流程具有原料适用性广、操作灵活性大等特点，采用两段加氢裂化流程处理重质原料油生产重整原料油以扩大芳烃的来源，已成为许多国家重视的一种工艺方案。我国南京的金陵石化厂就是用胜利减压蜡油来生产重整原料油制取苯、甲苯和二甲苯的，取得

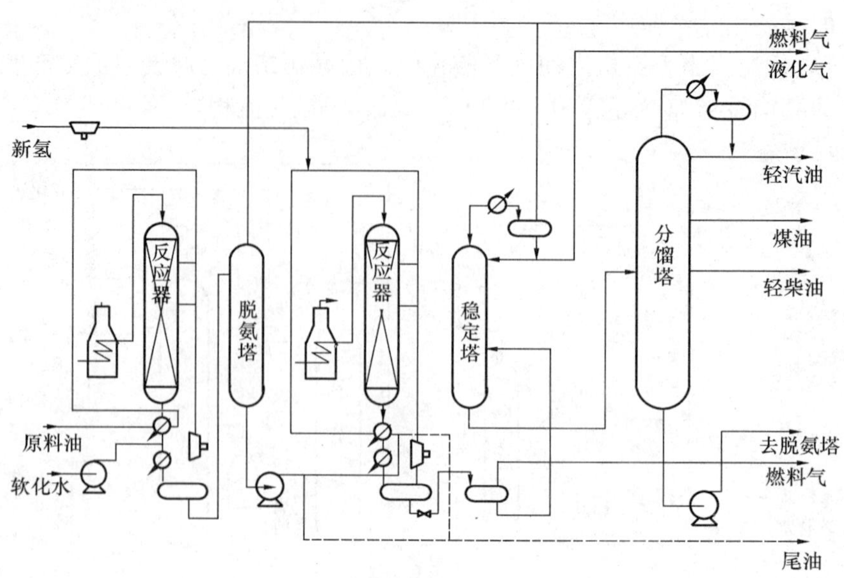

图 9－6　两段加氢裂化的工艺流程

了良好的经济效益。

（5）催化重整

催化重整是在加热、氢压和催化剂存在的条件下，使轻汽油馏分（或石脑油）的分子重新排列，转变为芳烃和异构烷烃，同时副产氢气及液化气的一种单元过程。

以生产高辛烷值汽油为目的时，进料为宽馏分，沸点范围一般为 80～180℃，其流程主要包括原料预处理和重整两个工序，流程如图 9－7 所示。

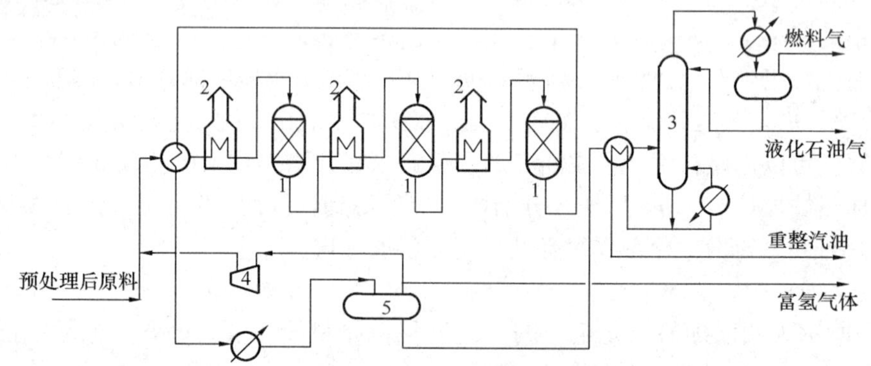

图 9－7　重整工艺流程

1—反应器；2—加热炉；3—稳定塔；4—压缩机；5—分离器

原料通过预处理，得到馏分范围、杂质含量都合乎要求的重整原料，与循环氢混合，再经换热、加热后，进入重整反应器。反应器的入口温度一般为 480～520℃，第一个反应器的入口温度比较低，后面的反应器入口温度稍高些。铂铼重整的操作条件一般为：压力 1.8MPa，空速 1.5h^{-1}，氢油比约 1200（体积比）；铂重整的操作条件为：压力 2.5～3MPa，空速 2～5h^{-1}，氢油比 1200～1500（体积比）。反应器出来的反应产物经高压分离器分出富氢气体（含氢 85%～95%（体积分数）），然后重整油进入稳定塔，塔底得到重整汽油。

以生产芳烃为目的时，催化重整装置由原料预处理、重整、芳烃抽提和芳烃精馏四个部分组成。重整后需加氢，使烯烃变成烷烃，再经过稳定塔，脱去气态烃和戊烷，然后进行芳烃抽提。

连续重整是催化重整的重要组成部分，目前常用的连续重整工艺有：

1）UOP 连续重整工艺

其工艺流程如图 9－8 所示。重整通常设 3～4 个反应器，反应器从上而下叠置在一起，催化剂在反应器内靠重力向下移动。运转过程中积炭的催化剂即待生催化剂从反应器底部流出，被输送到具有特殊结构的再生器中进行再生。再生后的催化剂经氢气还原，再返回第一反应器，依次流经第二、第三、第四反应器，构成了催化剂连续再生回路。这一工艺的优点是产品收率高、氢产率和氢纯度高，产品质量稳定，运转周期长等。

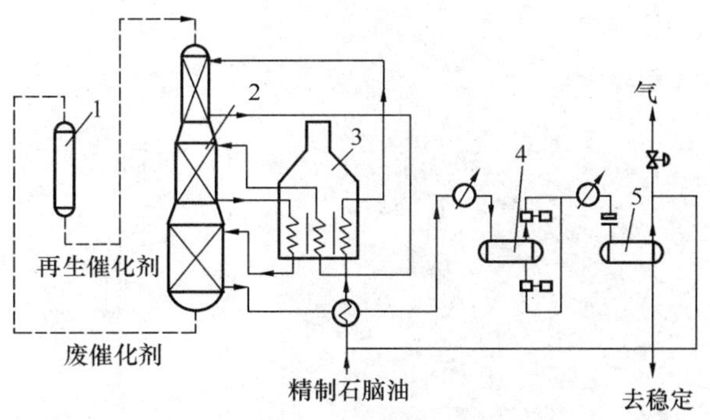

图 9－8　UOP 连续重整典型流程图

1—再生器；2—反应器；3—加热炉；4—低压分离器；5—高压分离器

2）IFP 连续重整工艺

其工艺流程如图 9－9 所示。此工艺与 UOP 连续重整工艺的不同之处在于多个反应器采用并列式放置，新鲜催化剂从一个反应器顶部加入，逐步移至底部，连续地用氢气提升到后一个反应器的顶部，流经三个反应器后，用氮气将第三反应器底部流出的积炭催化剂提升到一个固定床再生器进行再生，再生后的催化剂循环使用。

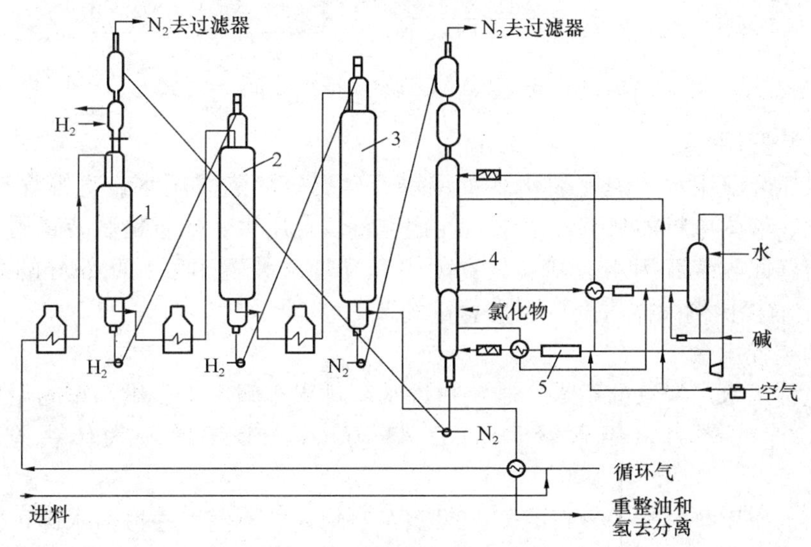

图 9－9　IFP 连续重整典型流程

1，2，3—反应器；4—再生器；5—干燥器

UOP 与 IFP 连续重整工艺是目前世界上最为先进的催化重整工艺。

9.3.2　用水节点及水质水量分析

石油炼制企业的新鲜水用水主要包括工艺装置用水、辅助装置用水、制取化学水用水、循环水补充水、生活和办公用水五部分。图 9－10 所示为某加工量为 8Mt/a 炼化企业的新鲜水消耗分布，其平均新鲜水单耗为 1.31t/t。

由图 9－10 可以看出，石油炼制过程中的用水节点及其对水质水量的要求分别为：

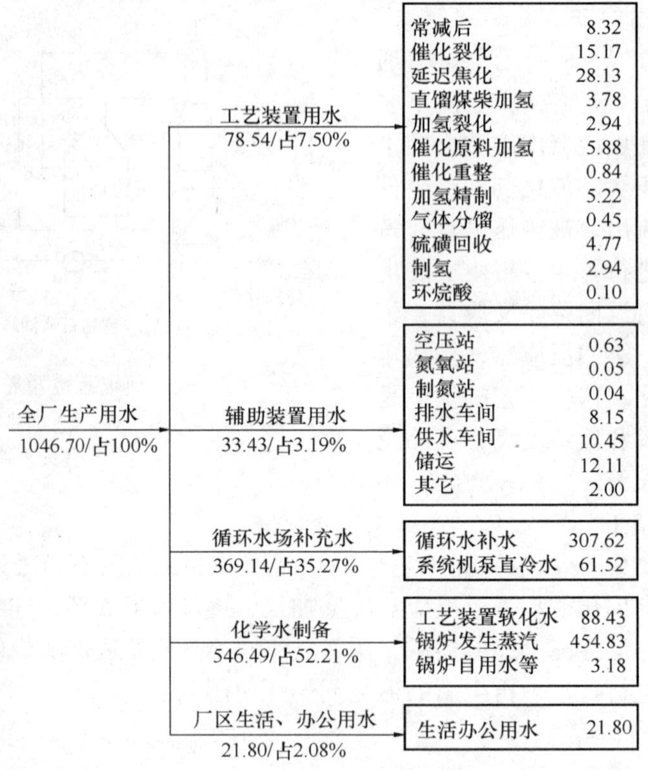

图 9－10　某炼化企业新鲜水消耗分布（万 t/a）

（1）工艺装置用水

包括常减压装置用水、催化裂化装置用水、延迟焦化装置用水、直馏煤柴加氢装置用水、加氢裂化、催化原料加氢装置用水、催化重整装置用水、加氢精制装置用水、气体分馏装置用水、硫磺回收装置用水、制氢装置用水和环烷酸装置用水。此部分的总用水量约为 78.54 万 t/a，消耗比例大体占全厂用水总量的 7.50%。

（2）辅助装置用水

包括空压站用水、氮氧站用水、制氮站用水、排水车间用水、供水车间用水、储运用水和其他用水，此部分的总用水量约为 33.43 万 t/a，消耗比例大体占全厂用水总量的 3.19%。

装置用水的作用是对装置进行冷却，因此对水的要求不高，一般清水即可。

（3）循环水补充水

包括循环水补充水和系统机泵直冷水，此部分的总用水量约为 369.14 万 t/a，大体占全厂用水总量的 35.27%。

（4）制取化学水用水

包括工艺装置软化水、锅炉发生蒸汽和锅炉自用水等。此部分的总用水量约为 546.49 万 t/a，消耗比例大体占全厂用水总量的 52.21%，而且对水质的要求非常高，一般要求为去离子水。

（5）生活、办公用水

此部分的总用水量约为21.80万t/a，消耗比例大体占全厂用水总量的2.08%。在这部分用水中，根据水的用途，对水质的要求也不同：用于饮用的水要求较高，而用于冲厕、清扫的水则要求较低。

9.3.3 废水的处理与回用

循环水系统实施污水回用取决于污水的水质状况、补充水的控制指标，以及解决两者之间差距所选用的工艺技术的经济可行性。

（1）回用水质的控制指标及状况分析

循环水系统平稳运行的前提条件是能够对循环水的碱度、硬度、浊度、Cl^-和SO_4^{2-}离子、生物菌数及其生长繁殖速度等进行有效控制，避免系统结垢、腐蚀和生物黏泥。在借鉴国内外成功运行经验的基础上，中石化集团公司对回用水质的控制指标提出了设计推荐标准。

由于加工原油的种类、生产流程、装置组成、地域性等差别，特别是采用的废水处理流程和运行水平的不同，使炼化企业间外排污水的水质存在着较大的差别，但与污水回用作循环水补充水的控制指标相比，目前总体可表现为以下四种类型：

①总体未能达标或未能稳定达标，如COD>120mg/L，氨氮>50mg/L；②总体稳定达标，但COD、氨氮、悬浮物等明显高于循环水补充水的要求，如COD>50mg/L，氨氮>15mg/L；③总体良好，如COD接近或略高于50mg/L，氨氮接近或略高于10mg/L，但污水中腐蚀性离子或结垢性离子的含量较高；④总体表现出高含盐或强腐蚀性特征的污水。

（2）污水回用技术

1）强化污水达标技术

污水回用必须建立在水质稳定达标和水质中污染组分尽可能降低的基础上，对于目前水质不能稳定达标或水质污染组分相对较高的企业，需要对污水处理场强化管理或处理设施的改善优化，以最大程度地发挥污水处理的潜力；对在此基础上仍难以有效降低污染物含量的，可以采用适度增加污水前处理或后处理单元加以解决，使废水生化处理的潜能和效率得到充分发挥，使污水稳定达标，主要污染物COD、NH_3—N保持在80mg/L和15mg/L以下。

2）污水深度脱COD、氨氮、悬浮物技术

污水回用做循环水补充水的关键问题之一是污水回用后循环水系统不明显加重腐蚀和微生物黏泥生长，并通过适当的缓蚀杀菌药剂能够得到成功控制。根据循环水系统不同浓缩倍数下污染物的积累性分析以及污水回用做循环水补充水的水质推荐指标，应采用各种先进的混凝沉降、多滤料过滤、纤维过滤以及移动床过滤等除悬浮物技术，生物接触氧化、膜生物反应器、曝气生物滤池、活性炭（活性炭纤维）吸附，臭氧氧化-活性炭吸附、生物-活性炭等除COD技术，生化法、折点加氯氧化法、吸附离子交换法等除氨氮技术，使污水稳定在COD<50mg/L、NH_3—N<5mg/L，悬浮物<10mg/L。

3）污水微絮凝过滤-杀菌组合技术

一些污水处理场由于流程完善、设施和管理水平先进，处理后水质优良，其出水的COD、氨氮已分别稳定在50mg/L和10mg/L以下。经分析，废水中的COD主要由悬浮胶体构成，对污水采用微絮凝过滤脱除胶体，再结合适当的杀菌控制，即可使污水得到回用。

4）污水脱盐技术

对某些高含盐、高碱度硬度、高腐蚀性废水，除了考虑污染组分的处理外，还必须对这些离子进行适当处理，以保证污水回用后循环水系统在高浓缩倍数下不结垢、不腐蚀。主要技术有低压反渗透、大孔阳离子交换树脂软化、电絮凝－电渗析－微滤、静电吸附脱盐等。

对炼化污水回用作循环水补充水的总体流程进行归纳，可选择的单元处理技术有：①预处理技术、水质稳定技术、曝气生物滤池、接触氧化、活性炭吸附、生物活性炭、絮凝。②移动床过滤、纤维过滤、多滤料过滤、混凝沉降、微絮凝过滤组合技术。③曝气生物滤池、生物接触氧化、膜生物反应器、活性炭(活性炭纤维)、吸附、臭氧活性炭、生物活性炭。④曝气生物滤池、生物接触氧化、折点加氯、离子交换吸附。⑤低压反渗透、离子交换、电絮凝－电渗析－微滤、静电吸附。⑥大孔阳离子交换树脂软化、电絮凝－电渗析－微滤。

9.3.4 节水案例剖析

根据前述的炼化企业用水分布可知，为使炼化企业的新鲜水单耗得到根本降低，首先必须降低化学水的用量，其次是降低循环水系统的新鲜水补充量，同时对工艺装置、生活和其他辅助装置的新鲜水进行合理控制使用。

(1) 节水案例一：工艺节水

某炼化企业的化学水主要用于动力锅炉和装置余热锅炉发生蒸汽，少部分作为工艺使用。目前该系统的新鲜水单耗为0.68t/h，通过采取节水措施，可使单耗降低至0.42t/h。

1）优化装置热联合和降低蒸汽消耗

装置内、装置间热联合和换热系统的优化设计使油品加工中的大量高温余热得到充分利用，但在低温余热和降低蒸汽的消耗方面，还存在较大潜力。常减压装置，由于蒸汽在较低压力和温度下冷凝，能级质量较低，尽管回收困难，但可根据原油性质、减顶不凝气量合理调整抽真空蒸汽用量；根据催化原料对渣油质量要求不高的特性，停掉增压器并减少一、二级抽真空蒸汽用量；通过提高加热炉瓦斯压力，停掉常压炉雾化用蒸汽等措施，节省蒸汽消耗。重油催化裂化，可通过对进料采用新型高效雾化喷嘴，提高提升管内的反应雾化效果，降低蒸汽消耗。对于焦化工段，可利用排水污泥代替焦炭塔吹气，节省蒸汽等。通过采用这些优化和节约措施，可减少蒸汽用量25t/h。

2）降低装置工艺软化水的消耗

工艺软化水主要用于常减压湿空冷却、溶剂配制；重油催化和焦化富气洗涤；加氢反应空冷前注水、喷淋用水；电脱盐为获得高的脱盐率，一般也采用化学软化水。该部分的总消耗量约为140t/h。根据国内外炼化节水的先进经验和用水水质分析，其中大部分可由低含盐的含硫污水或汽提净化水替代。如含硫污水回用做催化和焦化富气的洗涤用水及常压塔顶注水；汽提净化水回用做电脱盐注水等已得到成功应用，并被证明对生产过程未产生影响。有些已进一步将水质较好的汽提净化污水回用到加氢装置注水上，这可减少100t/h以上的软化水消耗。

3）提高化学水制水率

化学水主要采用软化或离子交换、反渗透－混床两种制备工艺。目前存在的主要问题是：前者由于给水水质不高导致大量的锅炉排污，化学制水率高达1.2以上；后者由于只有70%的水回收率，新鲜水的消耗量较大。对此，企业应采用适当提高给水水平，用二级化学除盐水代替作为中、低压产汽设备的给水，大幅度降低锅炉排污率；对含盐量较低的锅炉排水，利用余压送至循环水场作补充水；在反渗透工艺中增加浓缩水软化循环处理，提高水的回收率至85%以上等多种措施，可节约新鲜水50t/h以上。

4）串级用水，一水多用

炼油厂的动力站一般用冷却新水制备发生蒸汽的软化水，这样既浪费了燃料，又增加了冷却用水量。采用一水多用的方式，将这部分新水首先作为常减压装置减顶冷凝冷却器的冷却用水，再做减顶一级冷凝器的冷却用水。经过两次换热后，其温度可升高到35～40℃，然后再送到动力站进行软化处理，作为锅炉用水。

(2)节水案例二：凝结水回收利用

炼油厂在原油加工过程中需要使用大量的蒸汽，炼化蒸汽除了用以汽提、抽真空、原料雾化、制氢和加热炉喷嘴燃油雾化变为工艺废水消耗外，其余的70%以上仅为间接加热用，完全可以回收利用。但长期以来，由于企业采用落后的蒸汽系统疏水器，没有完善的凝结水回收管网，换热设备的渗漏和腐蚀导致凝结水含油和铁，并缺乏有效的监测手段和净化处理技术，使凝结水的回收率多数低于30%。如果通过完善凝结水系统管网，选用先进的节能疏水阀，将无污染的高压透平凝结水与一般工艺凝结水分开后，实现完全回收。对一般工艺凝结水集中收集后，采用焦炭吸收、活性炭吸附、阻截等除油和离子交换、电磁过滤器除铁等技术设施，并采用在线污染检测设备加以保障。通过这些措施，可使蒸汽凝结水得到高质量、高比例的回收，减少化学水的消耗。以回收率70%计，可减少软化水100t/h以上。

某炼油厂由蒸汽消耗的能量占了全厂总能耗的30%～40%，对冷凝水进行回收利用具有节水节能的双重意义，为此，该炼油厂专门建立了冷凝水回收利用系统：

1）凝结水的回收方法

设备冷凝水回收的原则是：使凝结水尽量与低温油品换热降低其温度，尽量不要浪费热能和本身的压力势能；尽量使同类凝结水回收在一起，为下一步进行处理提供方便条件；不因回收凝结水而影响生产装置的安全运行。冷凝水回收系统如图9－11所示。含盐冷凝水单独设有回收系统，直接回收到电站生化水处理装置水罐内，与罐中生水同时进行处理后送入锅炉发汽。因复水器都有复水泵，该泵的扬程一般在40～50m，为了节能，来自凝汽透平复水器的冷凝水在回收系统中就不另增设输送泵，而利用复水泵直接向电站生水罐送水。考虑到送出和回收分属两个车间，而且管线较长，跨越不少生产装置区，为防止误操作而引起复水器满水的重大事故发生，在沿途及生水罐入口均不设置隔断阀门。

在高温油品加热器中要求使用较高压力的蒸汽，系统中产生的凝结水在经过疏水器或疏水罐后仍具有较高的压力，回收时，用其自压送到较远距离的凝结水总站，对于加热温度要求不高的换热器，以及油罐中的加热管盘一般只供给0.3MPa的蒸汽，这部分凝结水在地理位置较低时，只能先进入就近的凝结水分站，然后由水泵送到总站统一进行处理利用。

凝结水所携带的热量应尽量利用。考虑到高温水进入扩容器后，将产生一定量的二次蒸汽，这种低压蒸汽的回收使用比较困难，因此，在凝结水出装置之前，尽量做到再与低温油品换热，使水温下降，如图9－11中的低温油品加热器。当换热降温较困难时，可以再回到总站后统一采取措施回收利用。

生产装置产生的凝结水一般是连续的，而且随着生产方式的不同和加工量的不同而变化，因此，在回收系统中，任何时候都应保持管道畅通。为此，在各凝结水罐上均设有溢流水封装置，当水量多时可以溢流，当水罐压力升高时，水封击穿排空。各路凝结水在进入凝结水罐之

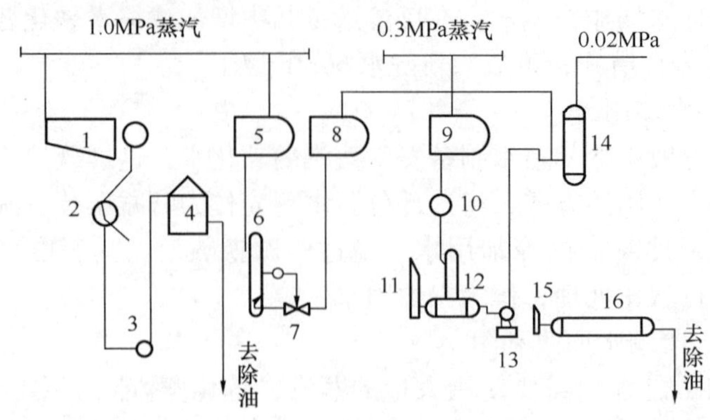

图 9－11　某炼油厂冷凝水回收系统示意图

1—工业凝汽透平；2—复水器；3—复水泵；4—生水泵；5—高温油品加热器；6—疏水罐；7—液位调节阀；8，9—低温油品加热器；10—疏水器；11—分站水封；12—分站凝结水罐；13—分站凝结水泵；14—扩容器；15—总站水封；16—总站凝结水罐

前，都设有排地阀门，若出现水中大量串油时，可以先开排地阀门，然后再停止回收。

此外，在回收冷凝水时应注意到：不要将其他工业水、海水和油类串入到含油凝结水中，不要将油类和含油凝结水串入到含盐凝结水中；尽量采用正压回收系统，防止空气中的氧气、二氧化碳等进入水中而加大腐蚀性。

2）含油凝结水的处理

该厂采用了静置隔油、焦炭吸附、覆盖过滤三级除油措施对含油凝结水进行处理，除油后的水再由电磁过滤器除铁，随后送入除氧器供锅炉发汽用，其流程如图 9－12 所示。

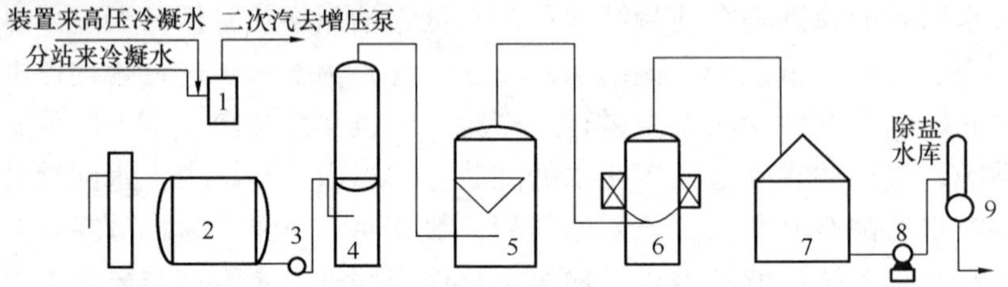

图 9－12　含油凝结水处理流程示意图

1—扩容器；2—总站隔油罐；3—凝结水泵；4—焦炭吸收塔；5—覆盖过滤器；6—电磁过滤器；7—凝结水贮罐；8—凝结水输送泵；9—除氧器

在隔油罐（又称凝结水罐）中，油与水因比重差而进行悬浮分离。装置来的高压凝结水和各分站来的凝结水在扩容器内扩容并进行汽水分离，水沿管道流入隔油罐的一端，在另一端设有凝结水泵向外送水。当含油水从一端缓慢流向另一端时，油水分层，油类漂浮在上层，经过一段时间，将其排出。一般情况下，当水罐内水的流速在 2～3mm/s 时，就能达到较好的除油效果。尤其在发生串油故障时，隔油罐的除油效果非常明显。

焦炭吸附塔内装有经过焙烧的粒度约 10～25mm 的石油焦。当含油凝结水从塔下进入、塔上流出时，石油焦的细小孔隙就会吸附水中的油类，经过一段时间的运行后，石油焦的吸附能力就会下降，使出水水质变差，此时应停止进水。用蒸汽从上部向下吹扫，由于汽温较高和汽水的冲刷作用，致使油污从焦炭中析出，随水排出，当排水中含油污量显著下降时，停止进汽，此过程称为石油焦的再生处理。再生处理结束后，即可再次投入正常进水处理。

覆盖过滤器由多根倒挂在花板上的滤心和外部壳体组成，滤元的内骨架是有纵向开槽的钢管，槽的凹处有不均匀分布的 Φ6mm 的开孔，槽的凸棱上绕有 Φ0. 8mm 的不锈钢丝，钢丝之间留有 0. 2mm 的间隙。当经过搅拌均匀的滤料悬浊液由外侧向管内流动时，覆盖料的细粉就附在滤元表面形成一层均匀的覆盖层，当附膜结束后即可投入应用。含油凝结水经过覆盖层时，就可达到深度除油的目的。覆盖料一般选用多孔材料，而且在水中浸泡时不会释放有害的杂质。当覆盖层吸附能力失效后，可以采用曝膜措施使其恢复吸附能力，然后再次投用。

经采用上述除油措施处理后，含油凝结水的含油量可降至 3mg/L 以下。

3）含铁凝结水的处理

燃油中压锅炉要求水中的含铁量小于 30μg/L，但是新投入运行的凝结水回收系统的回水，其含铁量往往高达 200μg/L 以上，经过一段时间的冲洗，铁含量一般在 60 ~ 100μg/L，因此需采取除铁措施。为此，该炼油厂选用 100m^3/h 电磁过滤器。

电磁过滤器内装有 Φ6. 5mm 的铁球，材质为 DT_3 电工纯铁，外部镀有一层镍作为防腐，在筒体的外部，有采用自然冷却的电磁线圈，运行时，外部线圈通直流电产生强磁场，使筒体内铁球磁化。当凝结水从下部进入时，水中的铁腐蚀产物[主要是磁化氧化铁（Fe_3O_4 和 $\gamma-Fe_2O_3$）]微粒就会被磁化的铁球吸附。运行一段时间后，停电并进行冲洗。失磁铁球与铁球之间的相互摩擦使得吸附的铁腐蚀产物被冲洗水带走，冲洗 1 ~ 2 分钟后即可继续投入使用。这种方法的除铁率一般可达 90% 以上，即使只有 70%，也能满足锅炉给水指标的规定。

炼油厂采用上述凝结水回收系统可回收：高压凝结水（按 130℃ 计）40t/h，节水38t/h，同时回收热量 17. 5MJ/h；低压凝结水（按 95℃ 计）12t/h，节水 11. 4t/h，同时回收热量 3. 57MJ/h；含铁凝结水（按 50℃ 计）15t/h，节水 14. 2t/h，同时回收热量 7. 95MJ/h；因管道减少排空气量而节水 3t/h，同时减少热量损失 30. 78MJ/h，具有较为显著的经济效益。

（3）节水案例三：循环用水

某炼油企业对循环水系统进行了如下的节水改造：

1）降低系统的泄漏

系统泄漏主要来源于两个方面：一是管线渗漏，二是装置的某些机泵冷却用循环水因回水压力低，冷却后直接排入含油污水，造成循环水的流失。采用的节水措施是对系统管道进行有效的查漏、补漏和防渗处理，对低压回水进行集中收集，由泵打回循环系统。通过这些措施，可使泄漏率由 15% 降低到 5% 以下，能相应减少补充水 25 ~ 30m^3/h。

2）降低风吹损失

风吹损失水量较大，且对散热不起作用，应尽量避免。具体措施是完善塔体和填料结构、提高淋水密度、增加和选用有效的收水器、对塔壁做防腐和堵漏处理、对风机增加或完善导流系统、降低风阻和水压等。改造后，可使风吹损失系数下降到 0. 04% 以下，可减少补充水 8 ~ 10m^3/h。

3）降低旁滤系统的反洗水耗

旁滤系统主要存在两方面问题：一是过滤设施的反洗水用量大，由于传统砂滤的滤料利用率低，清洗效果差，反洗水耗高达 5%；二是没有适用于含高浊度、高分散剂的过滤工艺和设施，使过滤效率低，被迫增加旁滤处理量。对此，该炼化企业选用反洗水耗率在 2% 以下的高效纤维过滤、移动床过滤等，可减少补充水 15 ~ 20m^3/h。

4）提高浓缩倍数

该企业除提高管理水平、降低风吹损失和系统泄漏外，还开发了可适用在高浓缩倍数和非良好水质的循环水药剂，降低对循环水水质的要求。同时加大旁滤技术的开发，提高对悬浮胶体、浊度的去除，必要时增设去除有机物、硬度、总盐等工艺手段，改善循环水的水质，使浓缩倍数达到4.0左右。

5）提高冷却水的循环利用率

炼油厂冷却炼油工艺设备和机动设备，需用大量的间接冷却水。该厂为回收余热节约冷却水，安装了一台180m^2 的换热器，使塔顶油气不经循环水冷却，直接与原料换热，改变了过去靠蒸馏汽加热汽油，再蒸馏原料以达到进料温度的工艺。工艺流程改变后，油气的温度由150～160℃降低到130℃，原料由30℃换热到118～120℃，全年可节约循环冷却水60000m^3，回收的热量折合燃料油450t。

（4）节水案例四：中水回用

工艺装置用水包括生产成品或半成品加热时所消耗的直冷水、动力蒸汽的耗水、电脱盐用水、产品水洗水、药剂配制用水、工艺注水、清洗槽车用水、机泵直流冷却水等。为降低工艺新鲜水的消耗，一方面要改革生产工艺，如增大油品加氢处理力度；采用管壳式表面冷却器代替大气冷凝器，真空泵代替蒸汽喷射泵，消除大气冷凝器排水；用干气、瓦斯或其他气体代替蒸汽或采用重沸器代替直接蒸汽汽提；用空气冷却取代水冷却等压缩用水量；取缔机泵等的直流冷却水。另一方面要注重工艺用水的管理和优化使用。根据国内外成功的经验，采用先进的节水管理和中水利用措施，可将工艺新鲜水的单耗由目前的0.1t/h降至0.08t/h。

1）中水回用技术

将上一工序的排水与下一工序的用水结合起来，建立若干循环回用的系统，适当并逐步扩大采用中水代替新鲜水做工艺用水的规模。如含硫汽提净化水回用作电脱盐注水、催化裂化富气洗涤、焦化冷焦补充水、气体回收原料气水洗水、含硫污水原料水罐水封水等；将加氢型脱硫净化水回用加氢反应器空冷器前的注水；用催化装置的汽提蒸汽凝结水吸收富气；将碱洗汽油废碱液脱臭处理后做柴油碱洗；冷焦水、切焦水闭路循环使用；循环水和锅炉排污等洁净废水做锅炉冲灰水等。

2）强化管理，减少非装置用水

目前许多炼化工艺中的新鲜水消耗在非工业生产上，如装置清洗、机泵和地面冲洗等；某些部门因用水管理不善，长流水时有发生。对此必须完善计量，实施用水严格管理，减少或杜绝非装置用水的消耗。

（5）节水案例五：焦化节水

延迟焦化装置的用水主要是冷焦水、切焦水和循环冷却水。此三种水均为循环使用，但它们在延迟焦化装置内起着不同的作用，可采用不同的处理工艺对其进行处理后回用。

1）冷焦水的节水

在装置的运行过程中，冷焦水的损失主要有：①工艺过程要求的蒸汽吹扫焦炭塔内油气及小流量冷焦过程的蒸发及排污损失。以规模为100万t/a的延迟焦化装置为例，该过程每冷焦一次，通常将有约40～50m^3 的冷焦水作为含油污水外排，造成冷焦水的损失。②旋流油水分离器和旋流焦粉分离器的反冲洗排水。根据冷焦水的工艺特点，运行一段时间后，旋流油水分离器需要反冲洗，约10～20天反冲洗一次，水量约为处理水量的20%。③除油过程中污油带走和污油脱水排污损失。经过冷焦热水罐的沉降，所得污油的含水率为40%～60%。该污油再经过污油脱水罐脱水后，含水率降至10%左右，其中所脱出的水均排至含油污水系统，其余水量与污油至全厂污油罐。

针对冷焦水的损失特征，某炼油厂采取了如下的节水措施：

① 合理设计冷焦热水罐的容积：保证焦炭塔出来的冷焦热水在罐中有充分的停留时间，使得水体中所含油分及焦粉有充分的分离、沉降时间，提高重力沉降的去除率，减轻后续设备的负荷，增长反冲洗周期，从而降低排污量。如能使停留时间达2h，冷焦热水罐的除油率可达80%以上。

② 改进工艺流程：将焦炭塔前期蒸汽及小流量冷焦水阶段的污水经过处理后，重新送回冷焦热水罐，以减少冷焦水的损失，提高循环使用率。这部分污水除含油量较高外，其他特征均与后期冷焦水相近。经过除油后再回到冷焦热水罐，对冷焦水无明显的影响。

③ 将高位水罐的切焦水作为补充水接入冷焦水冷水罐，可以节省新鲜水。由于切焦水经过沉淀及旋流焦粉分离器处理后，水质较好，焦粉颗粒的含量在150mg/L以下。储焦池中焦炭对油分有较强的吸附作用，切焦水的油含量少，水温低，可以达到冷焦水的水质要求。

④ 从切焦水提升泵上接备用管线到冷焦热水罐，将切焦水用冷焦水的流程处理合格后，以作冷焦水用。

2）切焦水的节水

切焦水的损失主要有：

① 储焦池、焦粉池及沉淀池中水的蒸发损失。由于储焦池面积较大，通常达1000m^2以上，要定期用天车运送池内的焦炭，池体无法设置盖板，切焦水的蒸发损失不可避免。

② 外运焦炭时，所含水分被一并带走，造成水量损失，通常不小于焦炭质量的3%。

③ 储焦池、焦粉池和沉淀池等的渗漏及排污损失。

针对切焦水的损失特征，某炼油厂采用了下列节水措施：

① 除储焦池的蒸发水量难以克服外，设计中将冷焦水系统及整个装置区的排污水全部自流汇至储焦池，作为切焦水的补充水，大大减小了新鲜水的耗量。

② 收集外运焦炭时所分离的水分，即在焦炭外运场周围设置集水沟，将焦炭中溅溢的水分再汇流到储焦池，既可节省切焦水，又可保护储焦池周围的环境，收效良好。

③ 在降水量较大的地区，可将雨水收集后同时用作切焦水和冷焦水的补充水。

④ 做好储焦池、焦粉池及沉淀池等的防渗处理，尽可能地减少渗漏损失。

3）循环水的节水

循环冷却水主要用于延迟焦化装置内的空冷器、风机、冷换设备和水泵等设备及物料的冷却。循环冷却水来自循环水场，进装置后供至各用水点；循环热水的一部分利用余压回到循环水场，另一部分需要水泵加压，尚有一小部分因冷却水泵无法回收而直接排放至含油污水系统。因此，循环冷却水的损失主要由直接排污量造成。

针对循环水的损失特征，可采用下列节水措施：

① 减少循环水的直接排污量，提高循环利用率。压力循环热水通过管网进循环水场，自流的循环热水也尽可能自流汇集于循环热水池，统一加压后进入管网。

② 尽量减少无压的循环热水，保证其在密闭的管道和容器内运行，以减少水量损失。

③ 优化工艺流程，改变循环介质，如部分水冷可用需要升温的油冷来取代，既节省了油品升温所需的能量，又降低了循环水的用量。

(6) 节水案例六：管理节水

某炼油企业除了开展全民性的节水教育和配备节水型用水设施外，还采取经济手段和量化指标限制新鲜水的使用，或采用较为纯净的洁净排水和经适当处理的净化污水做生活区绿化、冲厕使用，使生活及其他用新鲜水量控制单耗低于0.05t/t。

9.3.5 节水技术集成

(1) 节水技术集成

为了实现可持续发展，炼油企业可以采用如下的节水集成措施：

① 管理节水：开展全民性的节水教育和配备节水型用水设施，采用经济手段和量化指标限制新鲜水的使用，采用较为纯净的洁净排水和经适当处理的净化污水作生活区绿化、冲厕使用，使生活及其他用新鲜水量大大降低。

② 冷却水循环利用：将直流冷却水改为循环冷却水。由于机泵机座和轴套的冷却水使用后不带油，可采用循环水并返回到循环水系统循环使用；由于机泵端封冷却水使用后带有少量的油，一般不利于循环使用，宜采用新鲜水，直接排入含油污水系统。

③ 提高浓缩倍数：合理提高循环冷却水的浓缩倍数可以降低补充水量、节约水资源、降低生产用水成本；降低污水排放量，减少环境污染和废水处理量，节约水处理剂的耗量，降低冷却水的处理成本，从而实现节约用水。

④ 优化装置热联合和降低蒸汽消耗：对于常减压装置，由于蒸汽在较低压力和温度下冷凝，能级质量较低，可根据原油性质和减顶不凝气量而合理调整抽真空蒸汽用量；根据催化原料对油渣质量要求不高的特性，停掉增压器并减少一、二级抽真空蒸汽的用量；通过提高加热炉瓦斯压力，停掉常压炉雾化蒸汽等措施，节省蒸汽消耗。对于重油催化裂化装置，可对进料采用新型高效雾化喷嘴，提高提升管内的反应雾化效果，降低蒸汽消耗。对于焦化工段，可采用延迟焦化工序，节约用水，并利用排水污泥代替焦炭塔吹气，节省蒸汽。

⑤ 优化物料换热流程：焦化装置的余热可用于电站锅炉加热锅炉给水，催化装置的余热可用于气分装置。通过回收焦化装置分馏塔顶油气、分馏塔顶循和分馏塔一中循环的低温位热量加热电站锅炉给水，可减少循环水用量和新鲜水消耗量。将催化装置分馏塔顶油气、分馏塔顶循和轻柴油等低温位热量回收用于加热闭路循环水，然后送到气分装置作为气分装置脱丙烷塔、丙烯精馏塔和脱丁烷塔的热源，实现能量的利用，相当于减少了循环冷却水量。

⑥ 空冷替代水冷：直接用环境空气来冷凝汽轮机的凝气，可节约大量的冷却用水。

⑦ 水的串级使用：采用一水多用的方式，将新水首先作为常减压装置减顶冷凝冷却器的冷却用水，再作减顶一级冷凝器的冷却用水。经过两次换热后，其温度可升高至35~40℃，再送到压力站进行软化处理，作为锅炉用水，不仅可充分利用其热量，减少燃料的消耗，而且可节约冷却水的用量。

⑧ 含硫污水汽提后回用：将石油炼制二次加工装置产生的含硫废水经汽提净化后作为工艺水回用，不仅节水，而且可减少污染物排放总量，其中酚去除率达85%以上，COD的去除率达60%。其他如加氢类装置的湿式空冷注水，也可以使用汽提净化水代替软化水，这些工艺水再成为含硫废水回到废水汽提装置，形成闭路循环，直接减少废水排放量。

⑨ 中水回用：增大油品加氢处理力度；采用管壳式表面冷却器代替大气冷凝器，真空泵代替蒸汽喷射泵，消除大气冷凝器排水；用干气、瓦斯或其他气体代替蒸汽或采用重沸器

代替直接蒸汽汽提；用空气冷却取代水冷却等压缩用水量；取缔机泵等的直流冷却水。

⑩ 废水处理回用：将炼油过程中产生的大量废水实现分质收集，根据各废水的特性采用相应的方法进行适当处理后回用，可节约大量的新水。

（2）集成后节水效果预测

对于年加工原油180多万t的某炼油企业，综合采用上述的节水集成技术进行改造，对凝结水实现回收扩能，可将其回收率提高到98%以上；采用污水回用技术，将各类污水通过污污分流、分质处理、分级利用，可大大提高外排污水的回用率；进一步提高循环水的浓缩倍数等，吨油的理论新水耗量可降至0.32t，大大低于江苏省的工业用水定额(2010年修订，1998年1月1日后投产的燃料－润滑油型炼油厂原油加工的用水定额为1.5m^3/t)，外排废水量仅为0.07t，基本实现了炼油工业污水“零”排放，达到国际先进水平。既能取得明显的节水效果，又能大幅减少废水治理的费用，具有明显的经济效益、环境效益和社会效益。

9.4 石油化工行业的节水技术集成

石油化工是以石油为原料，通过各种化学加工方法制取一系列有机化工原料和产品，如乙烯、丙烯、丁二烯、苯、甲苯、二甲苯和醇、酮、醛、酸类及环氧化合物等。

9.4.1 烯烃生产过程的节水技术集成

烃类裂解制乙烯是石油化工中最重要的过程之一，所得裂解气是含有多种烃类及杂质的混合气体，如乙烯、丙烯、丁二烯、苯、甲苯、二甲苯及副产氢、甲烷等，为此需进行分离和精馏，以得到石油化工的原料。甲烷主要用作气体燃料和生产合成氨；乙烯主要用于生产聚乙烯、聚氯乙烯、环氧乙烷、二氯乙烷等；丙烯主要用于生产聚丙烯、丙烯腈、环氧丙烷等产品；C_4馏分经分离得丁二烯、异丁烯和丁烯，用于生产丁苯橡胶、顺丁橡胶、ABS塑料、聚丁烯等；芳烃不仅可以直接作为溶剂，也是三大合成材料的原料。

根据加工需要，除少数乙烯、丙烯可作化学级使用外，大部分需达到聚合级的要求，即乙烯的纯度需达到99.8%～99.95%，丙烯的纯度需达到99.7%～99.8%，C_4的纯度需大于99%。

（1）典型工艺流程

裂解气的深冷分离法主要包括气体净化系统、压缩和冷冻系统和精馏分离系统。

1）气体净化系统：裂解气中含有少量杂质，如酸性气体、水和炔烃。烯烃的进一步加工对纯度的要求较高，需对其进行净化，以保证产品质量，避免催化剂中毒并减轻设备腐蚀。

2）压缩和冷冻系统：裂解气中许多组分在常压下都是气体，其沸点都很低。如果在常压下进行各组分的冷凝分离，则分离的温度很低，需要大量的冷量。为使分离温度不太低，可以适当提高分离压力，以便提高分离温度并降低各组分的相对挥发度。

3）精馏分离系统：由于不同碳原子数的烃之间的相对挥发度较大，分离比较容易，而同一碳原子数的烯烃和烷烃之间的相对挥发度较小，分离比较困难。所以在深冷分离时，先进行不同碳原子数的烃的分离，然后再进行同一碳原子数的烯烃和烷烃的分离。

图9－13所示为裂解气的顺序分离流程。裂解气经压缩机三段压缩至1MPa，送入碱洗

塔脱去 H_2S、CO_2 等酸性气体，然后经过4~5段压缩机压缩至3.6MPa，经冷却至15℃，去干燥器脱水，使裂解气的露点温度达到-70℃左右。干燥后的裂解气经一系列冷却冷凝，在前冷箱中分出富氢和四股馏分，富氢经过甲烷化作为加氢用氢气。四股馏分进入脱甲烷塔的不同塔板，轻馏分因温度低进入上层塔板，重馏分因温度高进入下层塔板。脱甲烷塔塔顶脱去甲烷馏分，塔釜液是 C_2 以上馏分，进入脱乙烷塔，塔顶分出 C_2 馏分，塔釜液为 C_3 以上馏分。

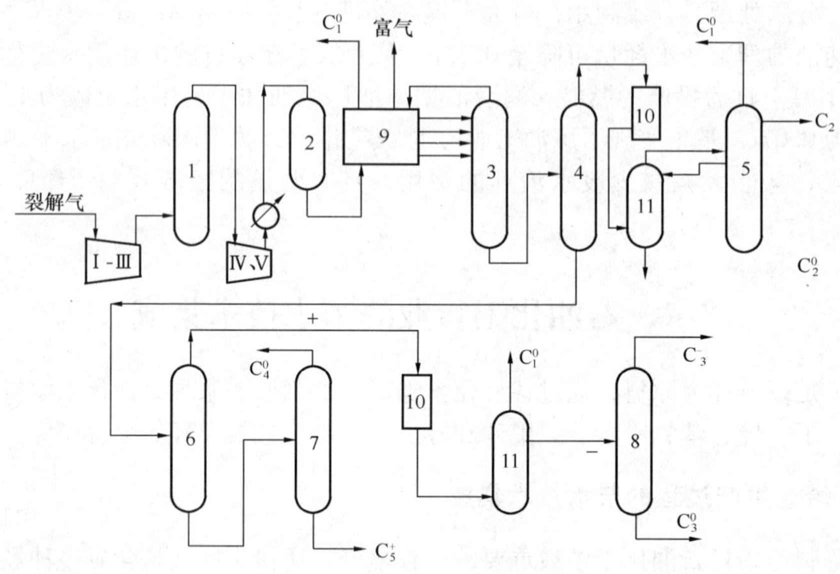

图9-13　顺序深冷分离流程

1—碱洗塔；2—干燥器；3—脱甲烷塔；4—脱乙烷塔；5—乙烯塔；6—脱丙烷塔；7—脱丁烷塔；8—丙烯塔；9—冷箱；10—加氢脱炔反应器；11—绿油塔

由脱乙烷塔顶来的 C_2 馏分，经过换热升温，进行气相加氢脱乙炔，在绿油塔用乙烯塔来的侧线馏分洗去绿油，再经过干燥，然后送去乙烯塔。在乙烯塔上部的侧线引出纯度为99.9%的乙烯产品。塔釜液为乙烷馏分，送回裂解炉作裂解原料，塔顶为甲烷和氢气。脱乙烷塔釜液入脱丙烷塔，塔顶分出 C_3 馏分，塔釜液为 C_4 以上馏分。由于塔釜液中含有二烯烃，易聚合结焦，故塔釜温度不宜超过100℃，并需加入阻聚剂。由脱丙烷塔蒸出的 C_3 馏分，经过加氢脱丙炔和丙二烯，然后在绿油塔脱去绿油和加氢时带入的甲烷、氢，再入丙烯塔进行精馏，塔顶蒸出纯度为99.9%的丙烯产品，塔釜液为丙烷馏分。脱丙烷塔的釜液在脱丁烷塔分成 C_4 馏分和 C_5 以上馏分，C_4 和 C_5 馏分分别送往下步工序，以便进一步分离与利用。

C_4 馏分中含有丁二烯、1-丁烯、顺-2-丁烯，反-2-丁烯、异丁烯、正丁烷、异丁烷等组分。随着石油化学工业的发展，C_4 烯烃的用途越来越广，如丁二烯是生产合成橡胶、合成树脂等产品的原料。如何充分利用 C_4 馏分已成为影响乙烯厂和炼油厂经济效益的一个重要因素。

丁二烯有两种异构体，即1，3-丁二烯和1，2-丁二烯，其中1，3-丁二烯是需要的。丁二烯的工业生产主要是由乙烯装置副产的 C_4 馏分中分离出来和丁烯氧化脱氢制取丁二烯。一般以石脑油裂解生产乙烯时，丁二烯主要由 C_4 馏分中分离得到，而以轻烃（乙烷、丙烷等)作为乙烯装置的裂解原料时，副产的丁二烯不能满足需要，因此可以由正丁烷或正丁烯脱氢或氧化脱氢制取丁二烯。近年来，从 C_4 馏分中分离丁二烯(即抽提法)已占优势。在分离流程中，首先需要分出丁二烯，再分离出异丁烯，然后通过精馏分离获得高纯度 1－丁烯。

图9－14为二甲基甲酰胺(DMF)法萃取精馏丁二烯的工艺流程图。该法以二甲基甲酰胺为溶剂，采用二级萃取精馏和二级精馏相结合的流程得到聚合级的丁二烯。原料 C_4 馏分气化后进入第一萃取精馏塔，经 DMF 萃取蒸馏分出丁烷—丁烯。塔釜含溶剂的馏分经汽提塔解吸出溶剂，溶剂循环返回第一萃取塔。解吸出的富含丁二烯的馏分经第二萃取蒸馏塔分离出炔烃，再经两次蒸馏除去甲基乙炔、1，2－丁二烯、乙烯基乙炔等，得到高纯度的丁二烯产品。溶剂循环量的1%送至溶剂再生系统，经过减压蒸馏脱除丁二烯的二聚体、水等物质。

生产过程中，第一萃取精馏塔的塔顶温度为42℃，塔釜温度为120～130℃，为防止在塔釜发生丁二烯的聚合，在溶剂中添加糠醛和亚硝酸钠阻聚剂，并使塔釜温度低于145℃。

DMF法适用于含丁二烯为30%以上的 C_4 馏分的分离，回收率超过97%，丁二烯产品的纯度为99.7%以上，可用于顺丁橡胶的生产。

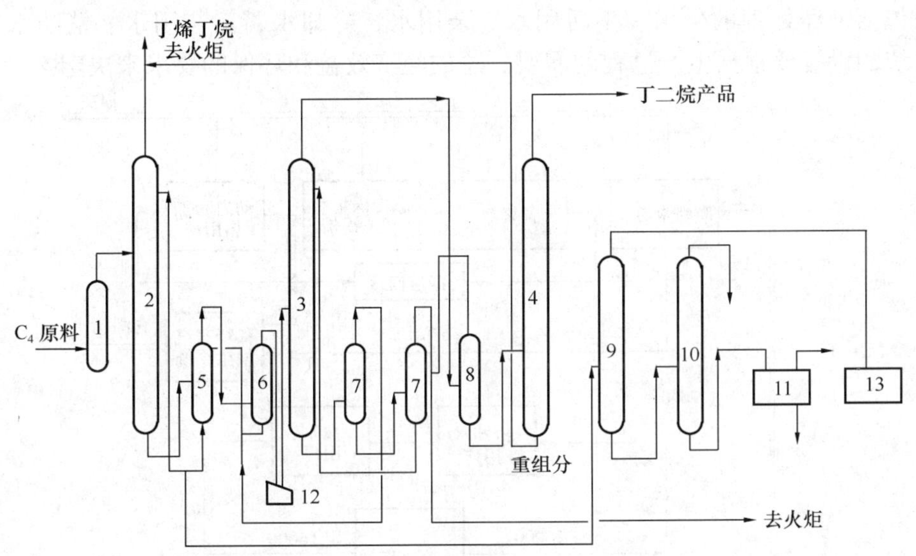

图9－14 二甲基甲酰胺法丁二烯过程的流程

1—蒸发器；2—第一萃取蒸馏塔；3—第二萃取蒸馏塔；4—丁二烯蒸馏塔；5—汽提塔；6—分离器；7—丁二烯回收塔；8—脱轻组分塔；9—溶剂脱二聚体塔；10—回收塔；11—焦油罐；12—压缩机；13—二聚物贮罐

甲基叔丁基醚(MTBE)的辛烷值高，蒸汽压低，有类似于汽油的性质，在汽油中掺加一定量的MTBE可提高汽油的辛烷值。同时，将 C_4 馏分中的异丁烯转化为汽油的掺加组分，为充分利用 C_4 馏分的其他组分提供了有利条件。

MTBE的典型工艺流程如图9－15所示。甲醇与含异丁烯的 C_4 馏分经预热进入列管式固定床反应器，反应温度为50～60℃，反应后的产物有甲基叔丁基醚、异丁烯、甲醇及不反应的其余 C_4 馏分，经换热后进入提纯塔，塔釜为MTBE成品，塔顶的甲醇及其余的 C_4 馏分送入水洗塔回收甲醇，水洗塔釜液即甲醇水溶液送至甲醇回收塔回收甲醇，循环使用。水

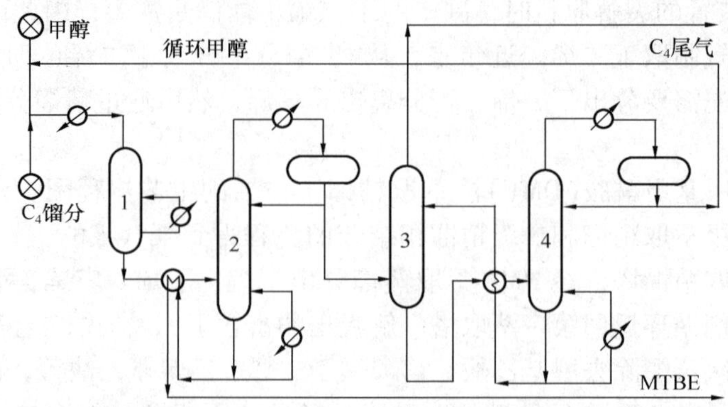

图 9－15　MTBE 工艺流程示意图

1—醚化反应器；2—MTBE 提纯塔；3—甲醇脱水除塔；4—甲醇回收塔

洗后的 C_4 馏分可作进一步处理。

（2）用水节点及水质水量分析

图 9－16 是某石化企业年产 30 万 t 乙烯装置的用水分布图。可以看出，乙烯装置的水系统一般包括未经处理的生水、生活用水、杂用水、冷却水、工艺用水、消防水、锅炉给水。水系统的设置要根据生产过程的需要、总的经济效益和环保的要求来决定。

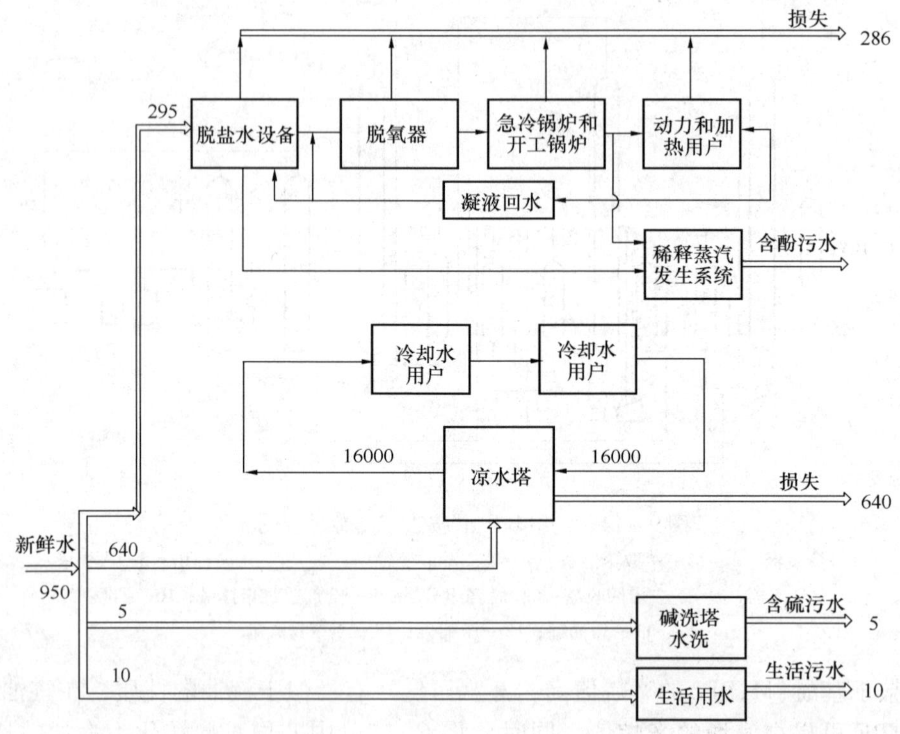

图 9－16　某石化企业年产 30 万吨乙烯车间的用水分布图（t/h）

1）冷却用水

主要用于设备和反应气的冷却。此部分的需水量较大，但由于采用间接冷却，对水质的要求不高，一般清水即可，而且在使用前后仅有水温升高，其他水质没有变化，因此可采用循环冷却水系统，冷却水的消耗主要用于循环系统的补水。

2）洗涤用水

主要用于裂解气的碱洗。此部分的耗水量较大，其用水量大约为裂解气量的4%～5%，对水质的要求也较高，通常使用脱盐水，经碱洗塔水洗后作为含硫污水排放。为控制污水量，碱洗塔水洗段的用水量不宜过大。为减少脱盐水的用量，有些装置用高压锅炉或裂解炉连续排污水经减压闪蒸并冷却后作为碱洗塔水洗段用水。

3）锅炉给水

主要用于急冷锅炉和开工锅炉。锅炉给水是乙烯装置用水量较大的用户，其对水质的要求也较高，一般要求为脱盐水。

急冷水系统的补充水量应与稀释蒸汽排污水和稀释蒸汽系统直接补气量（包括防焦蒸汽系统、汽提蒸汽、稀释蒸汽补汽等）相平衡。稀释蒸汽排污量一般为稀释蒸汽发生量的5%～8%。在正常生产期间，通常均使直接补汽量与排污量平衡，而无需补充脱盐水。只是在裂解炉烧焦而烧焦气放空时，可能需补充相应的脱盐水。在装置开车期间，多台裂解炉处于蒸汽开车状态，大量稀释蒸汽放空。此时，除供给部分直接蒸汽作为稀释蒸汽外，也常常要求补充脱盐水保持急冷水系统的平衡。因此，乙烯装置的脱盐水装置能力除应保证锅炉给水的需要外，还需考虑开工期间急冷水系统的补充水量，其量可按两台裂解炉的稀释蒸汽量平衡。

图9－17和图9－18分别为某年产100万t乙烯装置在60%工况和100%工况时的水平衡图。可以看出，对于同一套装置，在工况条件不同时，其用水分布也不相同。

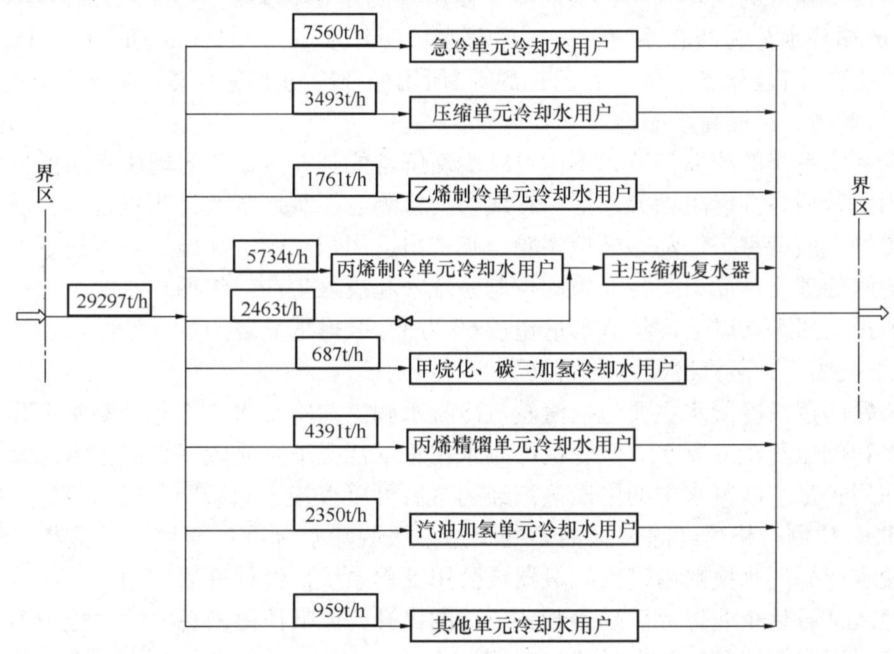

图9－17　某年产100万t乙烯装置60%工况的水平衡图

（3）节水案例剖析

由上述分析可知，烯烃行业是耗水大户，为了节约用水，各烯烃企业分别采取了不同的节水措施，并取得了一定的节水效果。

1）节水案例一：循环水利用

由于采用间接冷却，冷却水在使用前后只有温度升高，其他水质没有变化，因此可采用

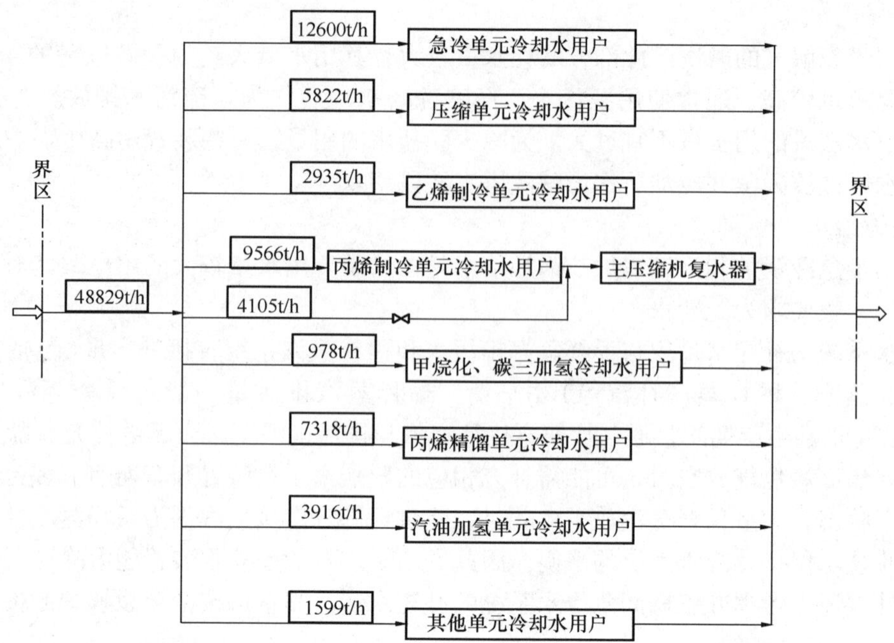

图 9－18　某年产 100 万 t 乙烯装置 100% 工况的水平衡图

循环系统实现冷却水的循环利用，从而减少新鲜水的用量。某石化公司乙烯厂年产乙烯 20 万 t。全厂的循环水分为两套系统，第一循环水场循环水量为 $11000m^3/h$，供乙烯生产装置使用，其他生产装置(聚乙、聚丙、乙二醇等)所用循环冷却水则由第二循环水场提供。

2）节水案例二：提高浓缩倍数

提高循环水系统的浓缩倍数，不但可减少新鲜水的补充量，还可减少污水的排放量。某乙烯厂采用示踪型高性能阻垢分散剂、在线自动检测与控制系统及计算机远程控制平台，针对乙烯装置的水质特点，经动态模拟实验，筛选出适用于高硬、高碱、高含盐量水质及耐水解能力强的水处理化学品，与自动检测控制系统一起投入生产，将循环水的浓缩倍数由原来的 3.0 以下提高到 5.0 以上，年节水量超过 60 万 t，取得了显著的节水效益。

3）节水案例三：蒸汽冷凝水的回收

乙烯装置的蒸汽冷凝水主要包括汽轮机冷凝水和工艺冷凝水，工艺冷凝水主要包括中压蒸汽冷凝水和低压蒸汽冷凝水。汽轮机冷凝水在正常情况下水质较好，经精密过滤和混床处理后即可回用；工艺冷凝水中的中压蒸汽经闪蒸后可以直接进除氧器，或与脱盐水换热，在油含量或 TOC 检测合格后经除铁除油等处理达二级脱盐水标准后回用；低压蒸汽经常压闪蒸后与脱盐水或循环水换热后进入除氧器或公用工程系统，经处理后回用。

南京地区某石化企业烯烃厂随着装置负荷的提升，原低压凝液总管输送能力不足造成装置部分凝液回不到系统管网，大量蒸汽凝液被迫就地排放，使装置能耗大幅上升，污水排放总量大幅增加。该企业通过增配凝液总管，将各区域就地排放的凝液全部回收至循环水车间二循装置，减少了水资源的浪费，实现节水 264 万 t/a，同时使高品质的蒸汽凝液得到了有效利用，共回收凝液 310 万 t/a，有效实现了装置的节水减排。

4）节水案例四：优化工艺操作

减少机泵的冷却水量：南京地区某石化企业烯烃厂装置内机泵的冷却用水在使用后排入装置含油污水系统。为减少这部分污水的排放量，规定要视气温和季节变化情况适当调整冷却水量，尽量减少除盐水的用量，减少含油污水量。

优化乙烯片区蒸汽管网：针对乙烯片区原蒸汽管网存在的局限性，对蒸汽系统进行了一系列改造，减少了能源浪费，做到了优质优用、低质低用，提高了公用工程的经济性。同时，在日常操作中合理控制压缩机的抽汽参数，调整复水器的真空度以及使用透平高效转子，从而减少蒸汽的消耗量；合理使用各等级蒸汽，适当引用电厂廉价蒸汽，严格控制减温减压器的开度，避免高等级蒸汽降级使用和低压蒸汽放空，保持“零放空”的最佳状态。此外，精心调整电机－透平运行模式和背压为低压蒸汽的透平运行台数，尽可能降低辅锅发汽量，多烧裂解燃料油、天然气和火炬气，顶出重油和液化气。

合理控制裂解炉汽包、余热锅炉的排污量：裂解炉汽包和余热锅炉的连续排污和间断排污是直接排放到清净下水系统的，但其排污量的多少直接影响到装置的能耗。在正常运行情况下，全关间断排污，尽量优化发汽、进水及排污的平衡。依照连续排污量等于锅炉给水进水量加蒸汽减温水量之和减去蒸汽发汽量来判断，优化调整连续排污量为锅炉给水进水流量的 2% ~3%。此外，推广多级孔板、应用进口阀门、定期排查裂解炉排污阀泄漏情况，分步分批更换内漏的阀门，不断改善裂解炉排污的状况。

5）节水案例五：污水处理回用

乙烯装置产生的污水主要是含油、含酚和含硫的污水。含油污水主要来自急冷水排放、稀释蒸汽排放和地面污染含油水；含酚污水主要来自稀释蒸汽发生部分。当大量急冷水用来发生稀释蒸汽时，从稀释蒸汽发生器或稀释蒸汽罐排出大量的含酚废水，约占最大排放量的一半左右；含硫污水主要来自裂解气脱酸部分，在碱洗塔的顶部水洗段一般用超高压蒸汽包的连续排污水或用脱盐水洗涤，排出含硫污水。

某烯烃厂将污水处理后回用，可节约新鲜水 $100m^3/h$，减少外排污水 $100m^3/h$。

6）节水案例六：清污分流

某石化公司的烯烃装置由于运行时间长，地下排污管线不畅，经常会发生油污井满而外溢。该厂对装置的地下排污管线进行了高压清洗，并在可能引发这类事故的地点加筑围堰，同时对事故状态下的堵截点实施改造，对装置区的不合理排放实施整改，使机泵冷却水、蒸汽凝液由原来进油污改为进雨排，减少污水排放量，避免了由地下污水管线堵塞而引起的生产污水外溢、影响外环境或逼迫生产减负荷运行等情况的发生。

7）节水案例七：控制废水排放

某烯烃厂在裂解炉烧焦期间，大量高温的烧焦气进入烧焦罐。为保护设备，对罐体直接喷淋冷却水进行降温。如此大幅增加的现场污水排放量常超出净化岗位的处理能力，甚至带来恶劣的环保事故。为此，该厂对裂解炉尝试停用烧焦罐冷却水，以减少污水排放。该措施实行后，减少新鲜水补充量 3t/h，减少污水排放量 20t/h，同时保障了清净下水的合格排放。

（4）节水技术集成

为了更大程度地节约用水，烯烃企业可采用如下的节水集成技术：

① 冷却水循环利用：采用循环系统对冷却水进行循环利用，可减少新鲜水的用量。

② 提高浓缩倍数：不但可减少新水的补充量，还可减少污水的排放量，从而节约用水。

③ 蒸汽冷凝水回用：对蒸汽冷凝水进行回收利用，可有效实现装置的节水减排。

④ 优化工艺操作：通过减少机泵的冷却水量、优化乙烯片区蒸汽管网、合理控制裂解炉汽包、余热锅炉的排污量，均可减少新水的耗用量。

⑤ 污水处理回用：对外排污水进行处理后回用，可大大节约新水的用量。

⑥ 清污分流：对产生的废水实现清污分流，可减少污水排放量，避免由地下污水管线堵塞而引起的生产污水外溢、影响外环境或逼迫生产减负荷运行等情况的发生。

⑦ 控制废水排放：可减少新鲜水的补充量，保障清净下水的合格排放，改善现场环境。

(5) 集成后节水效果预测

对于年产120万t乙烯的某石化公司烯烃厂，采用上述节水集成技术进行改造后，单位产品的新水取用量可降至16m^3，工业水的重复利用率达96%以上，工艺水的回用率达98.7%，冷凝水的回用率达98.2%，既能取得明显的节水效果，又能大幅减少废水治理的费用，具有明显的经济效益、环境效益和社会效益。

9.4.2 芳烃生产过程的节水技术集成

芳烃是含苯环结构的碳氢化合物，其中的苯、甲苯、二甲苯(简称BTX)是石油化工的重要原料，广泛用于合成树脂、纤维、塑料、洗涤剂，也用于制取中间体合成精细化工产品。

(1) 典型工艺流程

1) 芳烃抽提

石油芳烃主要由催化重整油及乙烯装置副产裂解汽油中分离得到的。如催化重整油中一般含芳烃50%～72%(其中苯6%～8%，甲苯20%～25%，二甲苯21%～30%)，裂解汽油中一般含芳烃54%～73%(其中苯19.6%～36%，甲苯10%～15.0%，二甲苯8%～14%)。

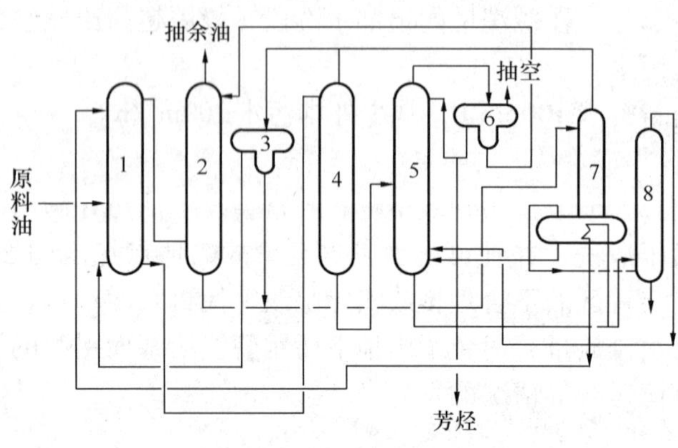

图9-19 环丁砜抽提工艺流程

1—抽提塔；2—抽余油水洗塔；3—回流芳烃罐；4—提馏塔；5—回收塔；6—芳烃罐；7—水汽提塔；8—溶剂再生塔

目前工业上一般采用环丁砜抽提工艺从芳烃原料油中提取芳烃，其工艺流程如图9-19所示。原料油从抽提塔中部进入，在塔内与自上而下的溶剂逆流接触，塔顶出来的抽余油经冷却后进入抽余油水洗塔，用水逆流洗涤，除去微量溶剂，洗后的抽余油送出装置。抽提塔底溶解了大量芳烃和少量非芳烃的第一富溶剂与贫溶剂换热后进入提馏塔顶，进行抽提蒸馏提馏操作，除去非芳烃，塔顶出来的含非芳烃的芳烃馏出物经冷凝冷却后进入回流芳烃罐，将油水分离，油作为回流芳烃打回抽提塔底。提馏塔塔底富含芳烃的第二富溶剂送至回收塔中部进入，在塔内进行减压汽提蒸馏将芳烃与溶剂分离。塔顶馏出物经冷凝冷却后进入芳烃罐，进行油水分离，一部分作为回流，其余为芳烃产品，送至精馏装置进一步精制。由芳烃罐分出的水作为水洗水，被送往抽余油水洗塔，回收塔底出来的贫溶剂作为水汽提塔底热源后，再与第一富溶剂换热后循环返回抽提塔顶，完成溶剂循环。抽余油水洗塔的塔底水送至水汽提塔，提馏除去水中的微量非芳烃，塔顶馏出物送至回流芳烃罐，塔底水蒸气送至溶剂再生塔底，进行减压水蒸气蒸馏，塔顶馏出物送至回收塔底，溶剂再生塔塔底不定期排渣。

由于环丁砜的凝固点为27℃，含水3%时的凝固点为9℃，因此有关的管线需进行保温处理。为减少溶剂的变质，在环丁砜溶剂中添加单乙醇胺，以控制溶剂的 pH 值为6。

2）芳烃脱烷基化

在芳烃的应用中，苯的需求量最大，其次是对二甲苯，但在石油芳烃中苯与对二甲苯的量是有限的，为此开发了脱烷基制苯工艺、二甲苯异构化等芳烃转化工艺。

芳烃脱烷基化反应，工业占主要应用的是甲苯脱甲基制苯，甲基萘脱甲基制萘。最常用的催化剂是氧化铬－氧化铝，如 Hydeal 法在 600～650℃、3.4～3.9MPa 的条件下，理论收率大于98%，苯的纯度可达99.98%。为了抑制芳烃裂解生成甲烷等副反应，可用碱或碱土金属作为助催化剂，同时加入反应物5%（质量）的水蒸气，以抑制缩合物及焦的生成。图9－20为以催化重整油、裂化汽油等为原料的催化加氢脱烷基制苯过程，将原料与氢气经加热炉加热至所需的温度后送至反应器，在不同的反应条件下，第一台反应器中进行烯烃和烷烃的加氢裂解反应，第二台反应器中进行加氢脱烷基反应。反应后出来的气体经冷凝后进入闪蒸分离器，分出的氢气一部分直接返回反应器，其余送至氢气提浓装置除去轻质烃。液体芳烃经稳定塔除去轻质烃，由白土塔脱去烯烃后送至精馏塔精制得到产品苯。未转化的甲苯由循环塔返回反应器使用，重质芳烃排出系统。

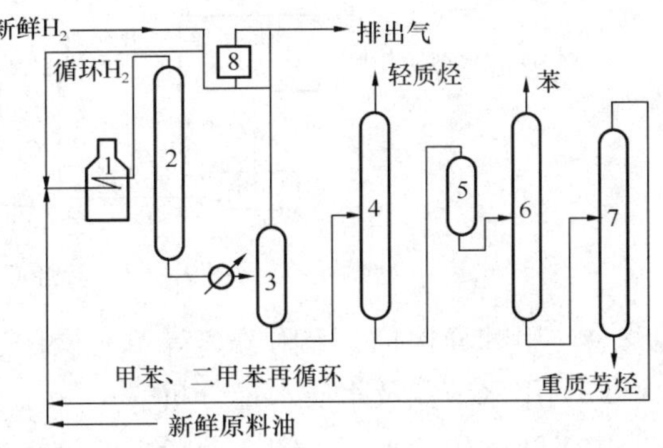

图9－20 Hydeal 法催化加氢脱烷基制苯工艺流程

1—加热炉；2—反应器；3—闪蒸分离器；4—稳定塔；5—白土塔；6—苯塔；7—再循环塔；8—H_2 提浓装置

3）芳烃歧化

芳烃歧化是指两个相同的芳烃分子在催化剂的作用下，一个芳烃分子上的侧链烷基转移到另一个芳烃分子上的反应。在工业上应用最广的是甲苯歧化制取苯和二甲苯。目前需求量最大的是对二甲苯，其次是邻二甲苯。图9－21所示为日本东丽与 UOP 公司开发的 Tatoray 法甲苯歧化工艺流程。原料甲苯和 C_9A（芳烃）经进料泵与循环氢混合，混合后的物料与反应器出来的物料换热后，经过原料加热炉预热到反应要求的温度，自上而下通过歧化反应器，与催化剂接触发生歧化与烷基转移反应。反应产物离开反应器经换热器与原料换热，再经冷凝冷却后进入产品分离器进行气液分离。气液分离器顶部分出的富氢气体大部分经氢循环压缩机加压循环使用，少部分作燃料使用；气液分离器下部出口的液体产物进入汽提塔，在汽提塔顶分出轻组分，汽提塔底物料经苯塔、甲苯塔、二甲苯塔、重芳烃塔，先后分出苯、甲苯、二甲苯、C_9A 和 $C_{10}{}^+A$ 重芳烃。甲苯和 C_9A 循环使用，作为歧化与烷基化的原料。苯和二甲苯都是产品，$C_{10}{}^+A$ 重芳烃作为副产物。

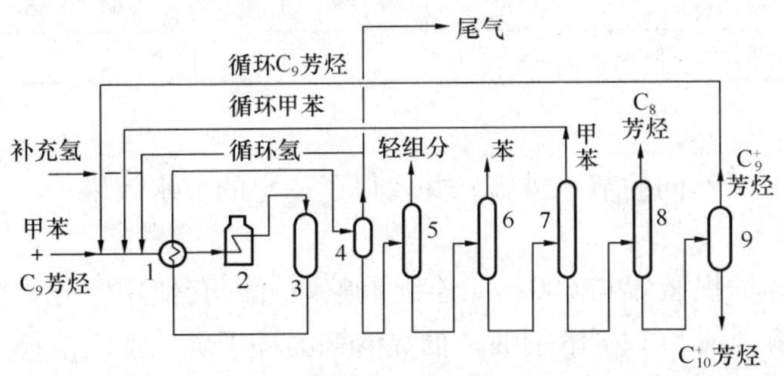

图9－21 Tatoray 法甲苯歧化工艺流程

1—换热器；2—加热炉；3—反应器；4—气液分离器；5—汽提塔；6—苯塔；7—甲苯塔；8—二甲苯塔；9—C_9 塔

歧化与烷基化转移是芳烃联合装置的一部分。如图9－22所示，芳烃联合装置包括加氢、重整、芳烃抽提、芳烃分馏、歧化和烷基化

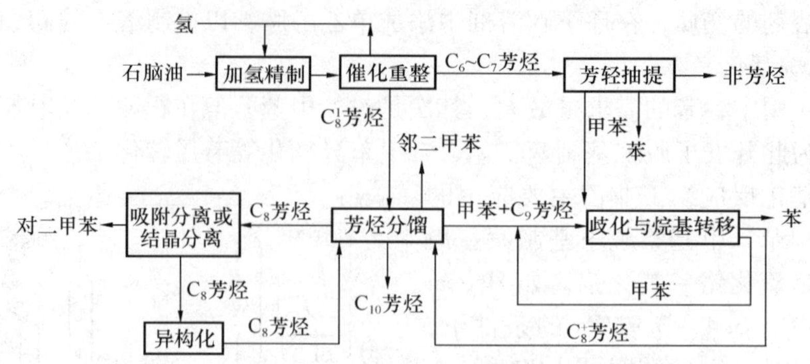

图9－22　芳烃联合装置总流程示意图

转移、二甲苯异构化、吸附分离等单元操作过程。

（2）用水节点及水质水量分析

由上述的生产工艺可知，芳烃生产过程中的用水节点及其对水质水量的要求分别为：

1）冷却用水

主要用于环丁砜抽提工艺中抽提塔顶抽余油的冷却、提馏塔顶馏出物的冷凝冷却、脱烷基化工艺中反应气的冷却、歧化反应器产物的冷凝冷却。这部分的耗水量较大，但由于冷却水与物料为间接冷却，对水质的要求不高，一般清水即可。

2）洗涤用水

主要用于环丁砜抽提工艺中抽余油的逆流洗涤等。由于洗涤水与物料直接接触，为控制物料中杂质的含量，对水质的要求非常高，一般要求为去离子软水。

3）加热用水

主要是以蒸汽的形式用于抽提蒸汽、水汽提等，这部分的耗水量较大，对水质的要求也较高，一般要求为去离子软水。

水和蒸汽的消耗与装置处理能力、原料中芳烃含量、设备严密性及企业管理水平诸多因素有密切关系，因此数据也有比较大的差别。各种方法的水、汽产品单耗如表9－1所示。

表9－1　各种生产方法的水、汽产品单耗

单　耗	冷却水/m^3	蒸汽/t	单　耗	冷却水/m^3	蒸汽/t
二甘醇法	40~100	1.9~3.4	IFP法	34.5	2.25
环丁砜法	50~75	0.87~1.87	Formex法	8~10	0.65~0.85
Arosovan法	30~65	0.8~1.95			

（3）节水案例剖析

为了节约用水，各芳烃装置均采取了不同的节水措施，并取得了一定的节水效果。

1）节水案例一：停用抽空器

某石化公司芳烃装置400kt/a芳烃抽提装置与600kt/a连续重整装置配套使用，芳烃抽提装置产品为苯、甲苯、二甲苯、6#溶剂油和120#溶剂油，抽提溶剂为环丁砜。蒸汽消耗为主要能耗与水耗之一，装置使用蒸汽的部位分别为抽提抽空器、溶剂油塔进料换热器和溶剂油塔重沸器。停用抽空器，则使抽空器的蒸汽用量降为零，从而节省蒸汽量约2t/h，同时也减少了相应抽空器产生的污水。

2）节水案例二：工艺节水

采用 Sulfolane 工艺进行芳烃抽提过程中，传统工艺的污水排放来自以下几个环节：

水洗劣质溶剂：环丁砜在一定条件下解开环成酸性物质，主要是磺酸，还有少量羧酸及硫酸，因水解产生了主要以 Fe 为主的磺酸盐，还有磺酸乙醇胺盐。由于磺酸盐等杂质的存在影响了抽余油产品的质量。用水洗塔去除抽余油中的劣质溶剂，不仅抽余油中溶剂去除程度不均，效果不稳定，而且水洗水质量差，不能全部循环利用，只能部分排掉。这不但增加了污水处理负担，还会造成溶剂损失，污水 COD 难以控制。

再生劣质溶剂：采用常压离子交换吸附技术对劣质溶剂进行再生，对失活树脂进行再生时不仅消耗了大量碱液、流失了树脂，溶剂再生效果也并不理想，产生大量的工业污水。

蒸汽喷射泵抽真空：传统芳烃抽提装置采用蒸汽喷射泵来保证贫溶剂回收和劣质溶剂再生操作的真空度，不仅增加了蒸汽动力能耗，也会排放大量的含油污水。

系统内水平衡：芳烃的回收采用系统外来脱盐水汽提技术，回流罐里凝集的大量水需要定期排放以维持水和物料的平衡，这不仅容易造成芳烃物料损失，也增加了污水处理负担。

蒸汽凝液外排：有些装置的蒸汽余热未能利用或利用不完全，凝液带热排放至雨排或其它场所，既浪费了水资源又浪费了热能。

有鉴于此，某公司采用负压劣质溶剂再生系统进行溶剂过滤除磺酸盐等杂质及脱除酸类物质，最大限度保证了溶剂质量，减轻了设备腐蚀，提高了产品质量和系统内循环水的质量，为精简水洗塔操作和消除系统内水的排放提供了条件；抽提操作以最优的溶剂比和剂水比实现溶剂的最佳选择性，以保证抽余油纯度，省去水洗塔操作，避免了工业污水的产生和排放；用爪式电动真空泵代替传统蒸汽喷射泵，保证系统恒定的高真空度，没有污水排放，降低了能耗；回收利用各塔气相水分，各回流罐底增加水包，将水包里的水作为汽提水和补水密闭循环利用，实现无油污水零排放；蒸汽凝液回收至闪蒸罐，余热余压用于设备及管线伴热后回锅炉处理，循环使用，无需外排。改造后，装置能耗得到了大幅度下降，以 10 万 t/a 加氢抽提原料的芳烃抽提为例，单位产品的综合能耗不大于 6. 0kg 标准燃料油，能耗降低 10% ~20% 。实现了装置无油污水零排放，保护了环境。

3）节水案例三：中水回用

某石化企业的芳烃联合装置由芳烃抽提装置和二甲苯装置两大部分组成。芳烃抽提装置由预分馏、抽提、B/T、溶剂油四个单元组成；二甲苯装置由歧化及烷基转移、二甲苯精馏、吸附分离及异构化四个单元组成，以芳烃抽提装置生产的甲苯、C_8 以上芳烃为原料，主要产品为苯和对二甲苯(PX)。芳烃装置的 PX 单元具备 24 万 t/a PX 和 3. 2 万 t/a OX 的生产能力。后又新增一套苯抽提装置，设计负荷为 15 万 t/a(以预分馏部分进料计)，采用抽提蒸馏工艺，以环丁砜为溶剂，生产高纯度的苯产品。装置废水的主要来源为采样器冷却水回水、精馏塔水包工艺脱水、抽空器凝水排放水、锅炉连续排放闪蒸罐排液等。其中对二甲苯装置采样器冷却水的设计外排量为 8t/h。

为了节水减排，该企业采取了如下一系列措施：

回收采样器冷却水。将芳烃装置的大部分采样器冷却回水进行回收，可减少含油污水的排放。经过增设地下水收集罐和增压泵，将收集的采样器冷却回水经过增压后输送到循环水回水系统。经测算，仅二甲苯装置年减少含油污水排放近 7 万 t。

实施中水回用项目。芳烃装置的各项施工用水均采用中水，并严格用水制度和程序，加强对承包商进行考核，年节约新鲜水1.7万t。

回收汽包水连续排污闪蒸罐低点排液。二甲苯塔汽包水连续排污闪蒸罐低点排液线原设计流程为排放至含油污水，设计量为0.4t/h，装置经过改造，将其回收至地下收集罐中，减少装置污水外排，杜绝高质低用问题。每年可减少污水外排量0.34万t。

加强用水管理。实行责任区包干制度，加强巡回检查和漏点处理。加强设备管理，实行预知性维修，减少装置静、动密封泄漏率，将装置密封泄漏率控制到最低。

4）节水案例四：物料换热节水

芳烃抽提装置的贫溶剂出塔温度为165℃，经与富溶剂换热后，温度保持在125～135℃。改造前，这一股热物流要与预分馏单元的冷进料换热，换热后再经过水冷器，将其温度控制在65℃左右，进入下一个生产单元。但在实际生产过程中预分馏单元不是全年都开工，当预分馏单元不开工时，这一股热物流只能直接进入水冷器冷却至65℃，不但浪费了热能，又增加了循环水的消耗。因此改造时新增加一股冷物流即40℃左右的抽余油与贫溶剂换热，充分利用这股热物流的热量，先预热抽余油，再经过加热器加热到100℃后进入溶剂油分馏单元进行分馏。通过技术改造，每年可以节约1.0MPa蒸汽1800t。

5）节水案例五：调节阀控制方案改造

改造前芳烃抽提装置的加热器均采用出口调节阀控制，热工介质主要为1.0MPa蒸汽，温度一般控制在210℃左右；调节阀出口与进入装置的0.6MPa低压蒸汽相通，以充分利用1.0MPa蒸汽冷凝水的热量。在入口热工介质压力、流量稳定的情况下，这种控制方案对稳定生产有一定好处。但由于绝大多数1.0MPa蒸汽冷凝水通过0.6MPa低压蒸汽分液罐底的冷凝水线回到锅炉蓄水池，热量利用率较低。改造后把调节阀移至加热器入口，将加热器出口原调节阀组正、副线换装成疏水阀，充分利用1.0MPa蒸汽的汽化潜热，保证其冷凝水的热品位最低；同时对装置内溶剂管线的伴热线进行了改造，以1.0MPa蒸汽冷凝水作为主要伴热介质，在冬季伴热线热量不足时，再以0.6MPa低压蒸汽作为补充热源，保障正常生产。

通过改造，在实际加工量50kt/a不变的情况下，1.0MPa蒸汽的单耗由1.528t降到1.258t，全年可节约1.0MPa蒸汽13.5kt。通过对1.0MPa蒸汽冷凝水剩余热量的有效利用，0.6MPa伴热蒸汽的用量由36kt/a降到13kt/a，节约23kt/a。

6）节水案例六：冷凝水回收

改造前除白土精制单元的重沸器和溶剂管线的伴热防冻蒸汽（经过调节阀改造后换成1.0MPa蒸汽冷凝水）可以回收外，其余的0.6MPa蒸汽在冬季生产中使用，均要开低点放空排凝防冻，这部分冷凝水用量为36kt/a，造成相当大的浪费，而且因不能回收这一部分冷凝水，又增加了锅炉用水的消耗。于是改造时在这些蒸汽管线低点放空处全部加装了疏水阀，并将疏水阀出口汇总至一根总管线，至冷凝水泵入口，通过冷凝水泵自压回到锅炉。

改造后，芳烃抽提装置内的0.6MPa蒸汽全部回用，每年可节约锅炉用水费用36万元。

7）节水案例七：溶剂多级过滤再生

某石化分公司芳烃厂芳烃联合装置采用美国UOP公司的技术，设计规模为0.25Mt/aPX。其中抽提单元的设计规模为0.19Mt/a，经过技术改造后规模达到约0.25Mt/a，抽提溶剂一直采用环丁砜。装置在溶剂再生塔的进料线上并列增加了两台JWF－Ⅱ型溶剂专用过滤器以降低系统溶剂的胶质含量，达到提高溶剂质量、改善系统环境、避免换热器及管道堵塞和腐蚀、确保单元长周期运行的目的，同时使中压蒸汽的损耗由平均21t/h降至18t/h。

8）节水案例八：设备节水

某石化公司30万t/a联合芳烃装置使用干式真空泵，解决了原蒸汽喷射泵能耗较高的问题，降低了装置的综合能耗；采取机泵冷却水循环使用，既降低了新鲜水的消耗，又确保了机泵冷却水的长期稳定供应；使用密排系统，解决了系统开停车过程中的无序排放；伴热系统采用本装置凝水闪蒸所产生的热水，降低了使用0.9MPa蒸汽所造成的能耗。

（4）节水技术集成

为了更大程度地节约用水，芳烃企业可采用如下的节水集成技术：

① 停用抽空器：停用抽空器，可使蒸汽用量降为零，相应减少抽空器产生的污水。

② 工艺节水：采用Sulfolane工艺，通过负压劣质溶剂再生工艺、溶剂比优化设计、电动真空泵设计、系统水内闭循环、蒸汽凝液循环利用等优化措施使装置能耗大幅度下降，实现了装置无油污水零排放，保护了环境。

③ 中水回用：分别回收采样器冷却水、回收汽包水连续排污闪蒸罐低点排液等，减少装置污水外排，杜绝高质低用问题，既可节约用水，也可减排污水。

④ 物料换热节水：充分利用贫溶剂的热量先预热抽余油，再经过加热器加热到100℃后进入溶剂油分馏单元进行分馏，可以节约大量的蒸汽。

⑤ 调节阀控制方案改造：把调节阀移至加热器入口，将加热器出口原调节阀组正、副线换装成疏水阀，充分利用1.0MPa蒸汽的汽化潜热，保证其冷凝水的热品位最低；同时对装置内溶剂管线的伴热线进行改造，以1.0MPa蒸汽冷凝水作为主要伴热介质，在冬季若伴热线热量不足时，再以0.6MPa低压蒸汽作为补充热源，保障正常生产。

⑥ 冷凝水回收：在蒸汽管线低点放空处全部加装疏水阀，并将疏水阀出口汇总至一根总管线，至冷凝水泵入口，通过冷凝水泵自压回到锅炉。

⑦ 溶剂多级过滤再生：采用专用过滤器降低系统溶剂的胶质含量，达到提高溶剂质量、改善系统环境、避免换热器及管道堵塞和腐蚀，确保单元长周期运行的目的。

⑧ 设备节水：使用干式真空泵，降低装置的综合能耗；机泵冷却水循环使用，降低新鲜水的消耗，同时确保机泵冷却水的长期稳定供应；使用密排系统，解决系统开停车过程中的无序排放；伴热系统采用凝水闪蒸所产生的热水，降低蒸汽的能耗。

⑨ 管理节水：加强管理，实行全民节水教育，严格执行用水定额，检修供水管网，杜绝生产过程中的跑冒滴漏，从而节约用水。

（5）集成后节水效果预测

对于年产60万t芳烃的某石化企业芳烃厂，采用上述节水集成技术进行改造后，单位产品的新水取用量可降至9.8m^3左右，工业水的重复利用率达95%以上，工艺水的回用率达98%以上，冷凝水的回用率达97.2%以上，既能取得明显的节水效果，又能大幅减少废水治理的费用，具有明显的经济效益、环境效益和社会效益。

9.5　天然气化工行业的节水技术集成

天然气化工是以天然气为原料生产燃气和化工产品的工业，是石油化学工业的分支之一，一般包括天然气的净化分离、化学加工。

净化分离：从地下采出的天然气，在气井现场经脱水、脱砂与分离凝析油后，根据气体组成情况进行进一步的净化分离加工。富含硫化物的天然气，必须经过脱硫处理，以达到输送要求，副产的硫磺作为硫资源，用以生产硫酸、二硫化碳等一系列硫化物；脱硫后的天然气经过深冷分离，可得到液化天然气；若天然气富含稀有气体氦，可同时得到氦气；若天然气是富含乙烷以上烷烃的湿气，可同时得到天然气凝析液，后者常采用精馏的方法以回收乙烷、丙烷、丁烷，并且还有一部分凝析油。

化学加工：包括在高温下进行的天然气热裂解，主要生产乙炔和炭黑；天然气蒸汽转化或天然气的部分氧化，可制得合成气；天然气经过氯化、硫化、硝化、氨化、氧化可制得甲烷的各种衍生物；湿性天然气中的乙烷、丙烷、丁烷和天然气凝析液等，经蒸汽裂解或热裂解可生产乙烯、丙烯和丁二烯；丁烷脱氢或氧化可生产丁二烯或醋酸、甲基乙基酮、顺丁烯二酸酐等。

天然气的化工利用目前有四个方面的趋势：① 以天然气为原料的合成氨工业发展最快，许多国家的制氨原料已由煤向天然气转移，生产规模逐渐扩大；② 以天然气制甲醇和乙炔占有重要地位，特别是甲醇已成为天然气利用中仅次于合成氨的第二大产品；③ 加强综合利用，从天然气中回收硫、提取氦，并利用工艺过程中产生的各种尾气生产所需的产品，如从甲醇吹出气制合成氨；以乙炔尾气制合成氨或甲醇；副产品一氧化碳和二氧化碳分别同甲醇和氨生产醋酸和尿素，更加经济，更加有效地利用了天然气资源；④ 重视湿性天然气和油田伴生气的利用。以这些气体中富含的乙烷、丙烷为原料制取乙烯和丙烷；以湿性天然气中的乙烷制取氯乙烯；制取乙烯副产的裂解汽油经加氢处理提取芳烃等。

9.5.1 天然气净化过程的节水技术集成

不同地区的天然气组成有显著的差别。天然气作为商品，在输送至用户或深加工之前，需要净化以达到一定的质量指标要求，如要满足燃烧工艺特性以及某些边界值，则要求水露点、烃露点、H_2S 含量、总硫含量、氧含量达到一定标准。燃烧工艺特性对以供热为主要用途的气体具有重要意义，而气体中杂质的最大允许含量对远距离输送的安全性关系重大(H_2S 的腐蚀、氢气诱导的胀裂腐蚀和 CO_2 的腐蚀)，对近区分配管和地下贮罐等也有影响。

为达到所要求的质量指标，井口出来的天然气通常需经过脱硫、脱水、脱 C_2 以上烃等净化环节。

(1) 典型工艺流程

图 9－23 为天然气加工处理的典型工艺流程图。将采掘口压力为 40MPa 的天然气先减压到气体收集管网的压力(10MPa)，随气逸出的大量气源水和 C_5 以上的烃类被冷凝。不论是含 H_2S 和 CO_2 量低的天然气(可直接送入管网)，还是需先送入中心气体净化装置脱除

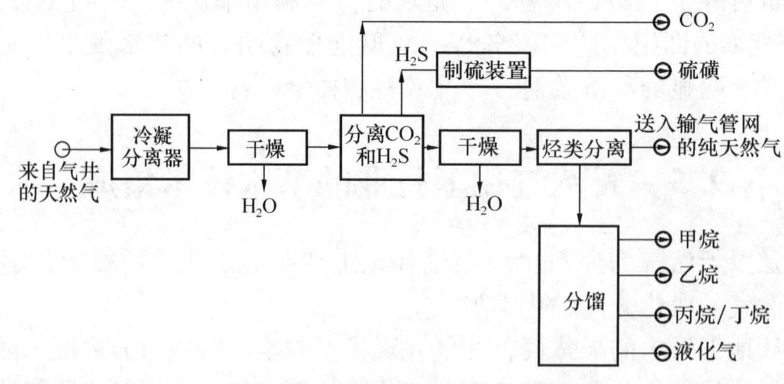

图 9－23 天然气加工处理流程

H_2S 和 CO_2 的天然气，一般都应先经干燥使露点达到 -5～8℃，这是出于腐蚀方面的考虑。

1）天然气脱硫

天然气中的硫化物主要以硫化氢(H_2S)存在，同时还可能有一些有机硫化物，如硫醇(CH_4S)、硫醚(CH_3SCH_3)及二硫化碳(CS_2)等。天然气脱硫工艺除用于脱除 H_2S 和有机硫化物外，通常还可用于脱除 CO_2。目前天然气脱硫工艺有多种方法，包括以醇胺法(简称胺法)为主的化学溶剂法、以砜铵法为主的化学-物理溶剂法、物理溶剂法、直接转化法(亦称氧化还原法)、吸附法和非再生法等，其中占主导地位的是醇胺法和砜胺法。

醇胺法和砜胺法两者的工艺过程相同，只是使用的吸收剂不同。醇胺法是以醇胺水溶液为吸收剂，属化学吸收，砜胺法则以醇胺的环丁砜水溶液为吸收剂，是以醇胺的化学吸收和环丁砜的物理吸收联合的化学-物理吸收，此吸收方法被称为 Sulinol 法。图 9-24 所示为醇胺法和砜胺法的典型工艺流程，包括吸收、闪蒸、换热及再生四个环节。吸收环节使天然气中的酸性气体脱除到规定指标；闪蒸用于除去富液中的烃类(以降低酸性气体中的烃含量)；换热是以富液回收贫液的热量；再生是将富液中的酸性气体解析出来以恢复其脱硫性能。

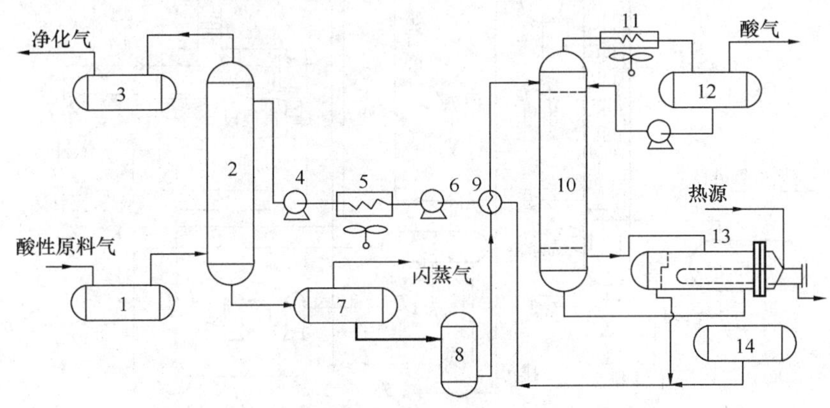

图 9-24　醇胺法和砜胺法典型的工艺流程

1—进口分离器；2—吸收塔；3—出口分离器；4—醇胺溶液泵；5—溶液冷却器；6—升压泵；7—闪蒸罐；8—过滤器；9—换热器；10—再生塔；11—塔顶冷凝器；12—回流罐；13—再沸器；14—缓冲罐

原料气经气液进口分离器 1 后，由下部进入吸收塔内与塔上部喷淋的醇胺溶液逆流接触，净化后的天然气由塔顶流出。吸收酸性气体后的富胺溶液由吸收塔底流出，经过闪蒸罐 7，释放出吸收的烃类气体，然后经过滤器 8 除去可能的杂质。富胺溶液在进入再生塔 10 之前，在换热器 9 中与贫胺溶液进行热交换，温度升至 82～94℃进入再生塔 10 上部，沿再生塔向下与蒸汽逆流接触，大部分酸性气体被解吸，半贫液进入再沸器 13 被加热到 107～127℃，酸性气体进一步解吸，溶液得到较完全再生。再生后的贫胺溶液由再生塔底流出，在换热器 9 中先与富液换热并在溶液冷却器进一步冷却后循环回吸收塔。再生塔顶馏出的酸性气体经过冷凝器 11 和回流罐 12 分出液态水后，酸性气体送至硫磺回收装置制硫或送至火炬中燃烧，分出的液态水经回流泵返回再生塔。

2）天然气脱水

从油、气井采出并脱硫后的天然气中一般都含有饱和水蒸气，在外输前通常要将其中的水蒸气脱除至一定程度，使其露点或水含量符合管道输送的要求。此外，为了防止天然气在压缩天然气加气站的高压系统和天然气冷凝液回收及天然气液化装置的低温系统形成水合物或冰堵，还应对其深度脱水。脱水前原料气的露点与脱水后的干气露点之差称为露点降。常用露点降表示天然气的脱水深度或效果，而干气露点或水含量则应根据管道输送的要求和天然气冷凝液回收及天然气液化装置的工艺要求而定，然后按照不同的露点降、干气露点或水含量选择合适的脱水方法。

天然气脱水有冷却法、吸收法和吸附法等，其中吸收法主要用于使天然气露点符合管输要求的场合，而吸附法脱水则主要用于天然气冷凝液回收、天然气净化装置以及压缩天然气加气站。图 9－25 所示为三甘醇脱水工艺流程。此工艺流程由高压吸收及低压再生两部分组成，原料气先经分离器 1(洗涤器)除去游离水、液烃和固体杂质，如果杂质过多，还要采用过滤分离器。由原料气分离出的气体进入吸收塔 2 的底部，与向下流过各层塔板或填料的甘醇溶液逆流接触，使气体中的水蒸气被甘醇溶液吸收。离开吸收塔的干气经气体/贫甘醇换热器先使贫甘醇进一步冷却，然后进入管道外输。

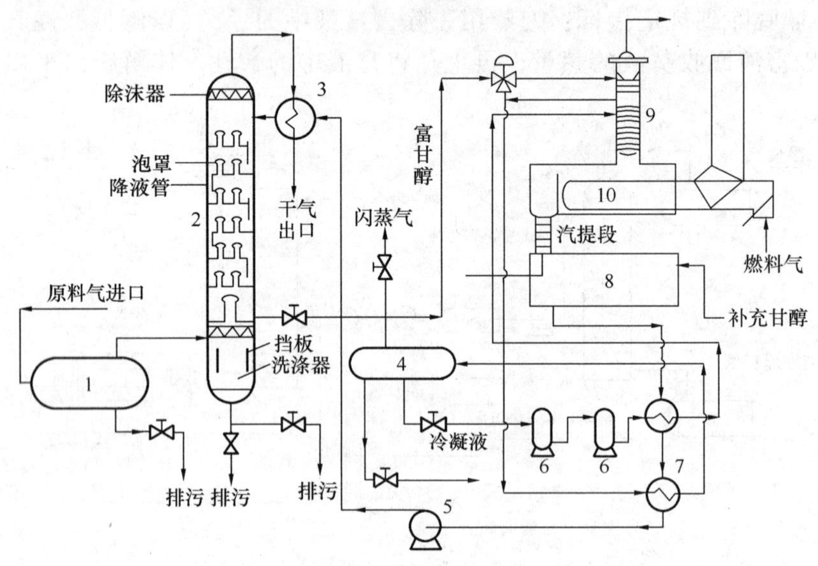

图 9－25　三甘醇脱水工艺流程

1—原料气分离器；2—吸收塔；3—气体/甘醇换热器；4—闪蒸罐；5—甘醇泵；
6—活性炭过滤器；7—贫/富甘醇换热器；8—缓冲罐；9—再生塔；10—再沸器

吸收了气体中的水蒸气的甘醇富液从吸收塔下侧流出，先经高压过滤器(图 9－25 中未画出)除去原料气带入富液中的固体杂质，再经再生塔顶回流冷凝器及贫/富甘醇换热器 7 预热后进入闪蒸罐 4，分出被富甘醇吸收的烃类气体(闪蒸气)。此气体一般作为本装置燃料用，但含硫闪蒸气则应灼烧后放空。从闪蒸罐底部流出的富甘醇经过纤维过滤器(滤布过滤器、固体过滤器)和活性炭过滤器 6，除去其中的固、液杂质后，再经贫/富甘醇换热器 7 进一步预热后进入再生塔 9 的精馏柱。从精馏柱流入再沸器的甘醇溶液加热至 177 ~ 204℃，通过再生脱除所吸收的水蒸气后成为贫甘醇。为使再生后的贫甘醇液质量分数在 99% 以上，通常还需向再沸器 10 或汽提段中通入汽提气，即采用汽提法再生。

三甘醇脱水装置吸收系统主要由吸收塔和再生系统组成。再生系统包括再生塔 9、再沸器 10 及缓冲罐 8 等组合成的再生塔。吸收塔一般由底部的分离器、中部的吸收段及顶部的除沫器组合成一个整体。吸收段采用泡罩和浮阀塔板，也可采用填料。三甘醇溶液的吸收温度一般为 20 ~ 50℃，最好在 27 ~ 38℃，吸收塔内压力为 2. 8 ~ 10. 5MPa，最低应大于 0. 4MPa。

大多数气田是用集中处理来分离天然气中的 H_2 和 CO_2，通常也都采用吸收分离法。有许多有机溶剂可用作吸收剂，可借化学或物理原理分别或同时将 CO_2 和 H_2S 吸收脱除。

经脱除 CO_2 和 H_2S 后的天然气一般已相当干燥，可直接送入输气管道。如果还需将天然气中 C_2 以上的烃类用深冷法分离，可在深冷之前用活性 Al_2O_3、硅胶（干燥至露点 -40℃）或分子筛（干燥至露点 -70℃）使气体干燥。否则，虽然湿含量已很低，但还会因结冰而使深冷装置入口堵塞。

3）天然气凝液回收

天然气脱 C_2 以上烃的过程，即从天然气中回收乙烷、丙烷、丁烷等烃类混合物的过程，称为天然气凝液（天然气冷凝液）回收。根据湿天然气的气量、压力和组成的不同，可用不同的方法分离 C_2 以上烃类，主要有吸附法、油吸收法及冷凝分离法三种。最简单的是用分步冷凝法分离，即先将湿天然气冷却，使大部分高沸点组成凝出。一般采用丙烷或氨式冷冻机外冷式冷凝，或通过节流阀绝热膨胀以及膨胀透平膨胀做功来完成。凝液则用常压或加压多级低温蒸馏，分别得到各纯组分如甲烷、乙烷、丙烷、气态石脑油等，如图9-26所示。

在常压蒸馏时，脱甲烷塔的塔顶用液体乙烷冷却，而脱乙烷塔的塔顶则用液体丙烷作冷却剂，其余各项可用空气来冷却。

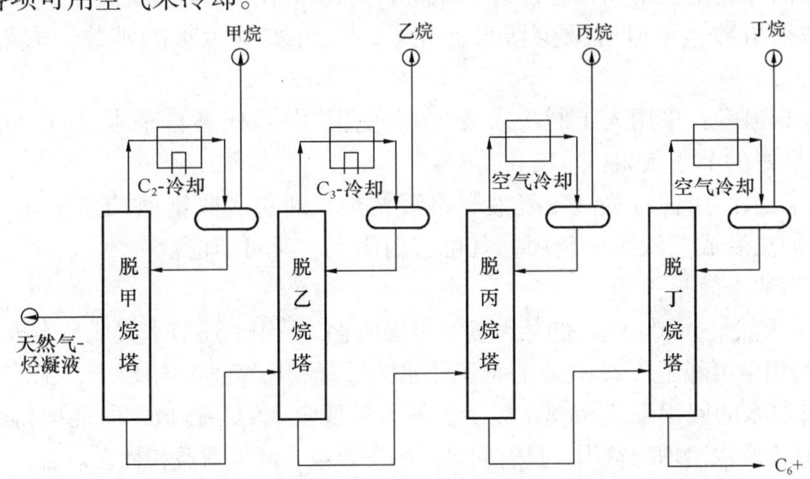

图9-26 从湿天然气中分离烃类的低温蒸馏法

（2）用水节点及水质水量分析

天然气加工过程中的用水节点及其对水质水量的要求分别为：

1）加热用水

主要以蒸汽的形式用于吸收液的解吸再生、三甘醇的再生等。这部分的耗水量很大，对水质的要求也较高，一般要求为去离子软化水。

2）冷却用水

主要用于脱硫工段贫胺液的冷却和酸性气体的冷凝等。此部分的耗水量较大，但由于采用间接冷却冷凝，因此对水质的要求不高，一般清水即可。

（3）节水案例剖析

为了节约用水，各天然气加工企业纷纷采取了不同的节水措施，主要有：

1）节水案例一：冷却水循环利用

由于采用间接冷却，冷却水在使用前后仅有温度升高，其他水质没有变化，因此可采用循环冷却水系统，通过设置冷却塔对使用后的冷却水进行冷却处理，实现循环利用。

2）节水案例二：提高浓缩倍数

提高循环冷却水系统的浓缩倍数，不但可以节约新水补充量，而且可有效减少污水的排放。某天然气加工企业根据循环水的水质要求，通过向循环水系统添加适当的水稳剂后，将冷却水循环系统的浓缩倍数提高到5.0以上，取得了明显的节水效果。

3）节水案例三：提高冷却强度

对于冷却冷凝过程，如能降低冷却水的初始温度，提高冷却水的冷却强度，在达到相同冷却负荷的同时可以减少冷却水的用量。某企业采用人工制冷水或“冬灌夏用”井水代替自来水进行冷却，取得了良好的节水效果。

4）节水案例四：蒸汽冷凝水回用

用于加热的蒸汽在冷凝后会形成冷凝水，其水质较好，可根据生产需要对其实现回收利用。某企业将蒸汽冷凝液与富液换热，通过吸收富液的热量提高冷凝液的温度，再进一步加热变成蒸汽循环利用，既可节约用水，又可节能。

（4）节水技术集成

① 冷却水循环利用：采用循环冷却水系统，对冷却水进行冷却处理，实现循环利用。

② 提高浓缩倍数：不但可减少新水补充量，还可减少污水的排放，取得明显的节水效果。

③ 提高冷却强度：采用人工制冷水或“冬灌夏用”井水代替自来水进行冷却，提高冷却强度，可取得良好的节水效果。

④ 蒸汽冷凝水回用：将蒸汽冷凝液与富液换热，通过吸收富液的热量提高冷凝液的温度，再进一步加热变成蒸汽循环利用，既可节约用水，又可节能。

（5）集成后节水效果预测

对于年加工天然气2000万m^3的某天然气净化企业，采用上述节水集成技术进行改造后，单位产品的新水取用量可降至0.28m^3左右，工业水的重复利用率达98%以上，工艺水的回用率达99.2%以上，冷凝水的回用率达98.8%以上，基本实现废水的零排放，既能取得明显的节水效果，又能大幅减少废水治理的费用，具有明显的经济效益、环境效益和社会效益。

9.5.2　天然气制甲醇过程的节水技术集成

天然气的主要组分是甲烷，还含有少量的其他烷烃、烯烃与氮气，是制造甲醇的主要原料。由于反应吸热，必须从外部供热以保持所要求的转化温度，一般是在管间燃烧某种燃料气来实现。转化用的蒸汽直接在装置上靠烟道气和转化气的热量制取。

（1）典型工艺流程

以天然气为原料生产甲醇有蒸汽转化、催化部分氧化、非催化部分氧化等方法。工业上用得最多的是水蒸气两段连续催化转化法和蓄热式间歇催化转化法。

蓄热式间歇催化转化法是以蓄热的方式供给转化反应需要的反应热。整个过程分吹风蓄热和转化制气两个阶段，前一阶段让部分天然气与适当过量的空气在烧嘴和燃烧炉内燃烧，并放出大量的热，部分蓄积在燃烧炉、蓄热炉和转化炉内。制气阶段用的蒸汽、工艺空气和天然气入炉后，首先吸收炉内蓄积的热量而被预热，温度升高并发生转化反应。随着反应的进行，不断消耗热量，当炉内温度下降到一定限制时，停止制气，再行吹风。如此交替循环进行，保持整个过程的不稳定热平衡。其工艺流程如图9－27所示。

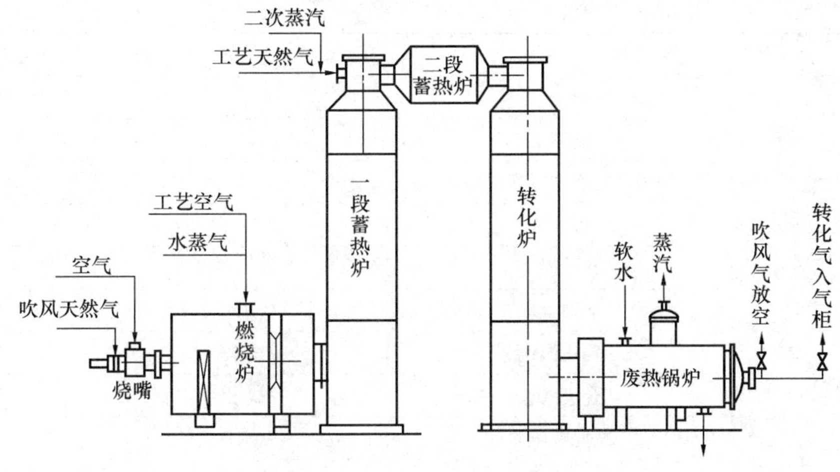

图9-27 天然气间歇转化原则流程

连续转化法的特点是把从天然气制合成原料气的过程分成两个阶段，分别在两个设备中进行。前阶段，原料在一段管式转化炉中经间壁加热，进行主要的 CH_4—H_2O 转化反应，生成 CO 和 H_2；后阶段让一段转化气在二段竖井炉中配入适当的工艺空气，进行自热的部分氧化和转化反应。其工艺流程如图 9-28 所示。

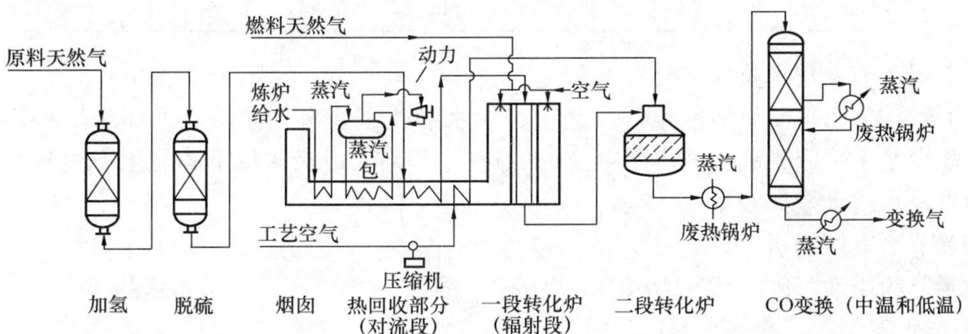

图9-28 天然气两段法转化流程

在天然气蒸汽转化法制的合成气中，氢过量而一氧化碳与二氧化碳量不足，工业上的解决方法是采用添加二氧化碳的蒸汽转化法，以达到合适的配比。二氧化碳可以外部供应，也可由转化炉烟道气中回收。另一种方法是以天然气为原料的二段转化法，即在第一段转化中进行天然气的蒸汽转化，只有约 1/4 的甲烷进行反应，第二段进行天然气的部分氧化，不仅所得合成气配比合适，而且由于反应温度提高到 800℃以上，残留的甲烷可以减少，增加了合成甲醇的有效气体组分。转化后的气体经压缩去合成工段合成甲醇。

表9-2 天然气制甲醇的用水节点及水质水量

用水节点		水质	水量/(m^3/d)
脱盐水装置	新鲜水	一般地表水	1050
	脱盐水	脱盐水	2110
	工艺冷凝液		580
	蒸汽冷凝液		480
	排污量		45

续表

用水节点		水质	水量/(m^3/d)
循环水装置	新鲜水		1500
	循环水		100000
	蒸发和液滴飞溅损失		1500
	排污量		30
	其他损失		2
甲醇装置	锅炉给水	软水	320
	转化汽包	脱盐水	1520
	合成汽包	脱盐水	250
	减温减压器	软水	50
	蒸汽排放损失量		10
污水装置	回收塔排放液		100
	工艺锅炉定排废液		70
	装车台地面冲洗用水		20
	生活用水		50
	冷却用新鲜水		20
	排放处理后污水		240

（2）用水节点及水质水量分析

以天然气为原料制甲醇的生产过程中，用水形式主要有新鲜水、循环冷却水和脱盐水等，伴随少量工艺冷凝液和蒸汽冷凝液的回用。以年产 15 万 t 精甲醇的生产过程为例，其用水节点及水质水量如表 9－2 所示。

（3）节水案例剖析

为了节约用水，以天然气为原料的甲醇生产企业采取了不同的节水措施：

1）节水案例一：冷却水循环利用

由于采用间接冷却方式，冷却水在使用后仅有温度升高，其他水质没有变化，因此可采用循环冷却水系统，通过设置冷却塔对其冷却后循环使用，可节约大量新水。

2）节水案例二：提高浓缩倍数

提高循环冷却水系统的浓缩倍数，不但可减少补充水量，还能减少污水排放。以天然气为原料的某甲醇生产企业将循环冷却水补充水软化，降低硬度，提高浓缩倍数，可减少排污水 130t/h；新鲜水先进入阳离子树脂床去除水中大部分成垢的钙镁离子，再作为补充水补到冷却塔水池。这样循环水的浓缩倍率由 3.0 提高到 6.0，减少系统的排污水量，除去旁滤器反洗和阳床再生时的用水，系统不再排污。

3）节水案例三：甲醇废水汽化回用

甲醇装置产生的含醇废水由于含石蜡及高级醇类较多而难以生化降解，直接排往生化装置将使生化过程无法进行，现场使用槽车运至生化装置的氧化塘，自然降解后进行生化处理。这种处理方式会导致废水处理成本增加，且严重污染甲醇装置现场环境。某气化厂采用甲醇废水汽提技术，利用 3.5MPa、435℃的高压过热蒸汽对甲醇装置产生的废水进行汽提，产生的饱和蒸汽(3.2MPa)作为气化剂进入气化炉，替代部分高压过热蒸汽。既解决了生化装置不能处理含醇废水的难题，又较好解决了甲醇装置现场的环境污染。

4）节水案例四：冷凝液回收

蒸汽冷凝液的品质较好，可将其回收，一部分直接进除氧器，一部分去冷凝液精制，不但可节约大量新水，而且可充分利用蒸汽冷凝液所含有的低位热能，减少能耗。

5）节水案例五：锅炉排污水回用

锅炉排污水先通过闪蒸，蒸汽进入低压蒸汽管网，水回收到冷凝系统。某气化厂进行回用改造后，每小时可回收水6t。

6）节水案例六：虹吸滤池、盘式过滤器反洗水回用

以天然气为原料生产甲醇的某企业将虹吸滤池、盘式过滤器的反洗水与原水一起通过澄清过滤后，进入新鲜水池，每小时可回用水量150t。

7）节水案例七：灰锁充水水源改造

某气化厂甲醇生产线的气化装置灰锁膨胀冷凝器充水原先采用循环回用，耗水3.5吨/台。装置开车初期，生产用水非常紧张，几度因缺水而被迫降负或停车。因灰锁膨胀冷凝器对充水水质的要求不高，可将灰锁充水使用的循环回水改为沉渣池澄清灰水，使用灰水充水，循环回水作为备用充水源，能取得良好的节水效果。该气化厂采用上述技术改造后，按5台气化炉正常运行，每小时可以节约生产用水17.5t。

8）节水案例八：污水处理回用

根据气化生产工艺及用途，首先进行循环冷却水的清浊分流，热电、空分循环水系统用清净水，采用离子交换后的软化水作为补充水，工艺循环水回用至污水循环。

某甲醇生产企业将含酚、氨的工艺污水采用水解酸化-SBR-接触氧化-化学氧化-微孔过滤—回用于循环冷却水系统；排污水采用膜分离-多效蒸发-焚烧的处理方法。外排污水经处理后回用于循环冷却水系统，可回收水量18t/h。

（4）节水技术集成

为了进一步节约用水，以天然气为原料的甲醇生产企业可采用如下的节水集成技术：

① 冷却水循环利用：采用循环冷却水系统，使冷却水冷却后循环使用，可节约大量新水。

② 提高浓缩倍数：不但可减少补充水量，还能减少污水排放。

③ 甲醇废水汽化回用：采用甲醇废水汽提技术，利用高压过热蒸汽进行汽提，产生的饱和蒸汽作为气化剂进入气化炉，替代部分高压过热蒸汽。既解决了生化装置不能处理含醇废水的难题，又较好的解决了甲醇装置现场的环境污染。

④ 冷凝液回收：不但可节约大量新水，而且可充分利用低位热能，减少能耗。

⑤ 锅炉排污水回用：先通过闪蒸，蒸汽进入低压蒸汽管网，水回收到冷凝系统。

⑥ 虹吸滤池、盘式过滤器反洗水回用：与原水一起通过澄清过滤后，进入新鲜水池。

⑦ 灰锁充水水源改造：将灰锁充水使用的循环回水改为沉渣池澄清灰水，使用灰水充水，循环回水作为备用充水源，能取得良好的节水效果。

⑧ 污水处理回用：首先进行循环冷却水的清浊分流，热电、空分循环水系统用清净水，采用离子交换后的软化水作为补充水，工艺循环水回用污水循环。

（5）集成后节水效果预测

对于以天然气为原料年产20万t甲醇的某化工企业，采用上述节水集成技术进行改造后，单位产品的新水取用量可降至10.8m^3左右，工业水的重复利用率达98%以上，工艺水

的回用率达99.2%，冷凝水的回用率达98.7%，既能取得明显的节水效果，又能大幅减少废水治理的费用，具有明显的经济效益、环境效益和社会效益。

9.5.3 天然气制乙炔过程的节水技术集成

（1）典型工艺流程

天然气部分氧化热解制乙炔的工艺包括两个部分：稀乙炔的制备和乙炔提浓。其工艺流程如图9－29所示。

1）稀乙炔的制备

将压力为0.35MPa的天然气和氧气分别在预热炉内预热至650℃，然后进入反应器上部的混合器内，按总氧比为0.5～0.6的比例均匀混合。混合后的气体经多个旋焰烧嘴导流进入反应道，在1400～1500℃的高温下进行部分氧化热解反应。反应后的气体被反应器中心塔形喷头喷出的水幕淬冷至90℃左右，出反应炉的裂化气中乙炔的体积分数为8%左右。由于热解反应中有炭析出，裂化气中炭黑的质量浓度约为1.5～2.0g/m^3，这些炭黑依次经过沉降槽、淋洗冷却塔、电除尘器等清除设备后，降至3mg/m^3以下，然后将裂化气送入稀乙炔气柜储存。

2）乙炔提浓

现行的乙炔提浓工艺主要用*N*－甲基吡咯烷酮为乙炔吸收剂进行吸收富集，如图9－29所示。由气柜来的稀乙炔气与回收气、返回气混合后，由压缩机经两级压缩至1.2MPa后进入预吸收塔。在预吸收塔中，用少量吸收剂除去气体中的水、萘及高级炔烃（丁二炔、乙炔基炔、甲基乙炔等）等高沸点杂质，同时也有少量乙炔被吸收剂吸收。

经预吸收后的气体进入主吸收塔时压力仍为1.2MPa左右，温度为20～35℃。在主吸收塔内，用*N*－甲基吡咯烷酮将乙炔及其同系物全部吸收，同时也会吸收部分二氧化碳和低溶解度气体。从顶部出来的尾气中CO和H_2的体积分数高达90%，乙炔的体积分数很小（小于0.1%），可用作合成氨或合成甲醇的合成气。

将预吸收塔底部流出的富液用换热器加热至70℃，节流减压至0.12MPa后，送入预解吸塔上部，并用主吸收塔的尾气（分流一部分）对其进行反吹解吸其中吸收的乙炔和CO_2等，上段所得解吸气称为回收气，送循环压缩机。余下液体经U形管进入预解吸塔的下段，在90%真空度下解吸高级炔烃，解吸后的贫液循环使用。

主吸收塔出来的吸收富液节流至0.12MPa后进入逆流解吸塔的上部，在此解吸低溶解度气体（如CO_2、H_2、CO、CH_4等），为充分解吸这些气体，用二解吸塔导出的部分乙炔气体进行反吹，将低溶解度气体完全解吸，同时少量乙炔也会被吹出。此段解吸气因含有大量乙炔，返回压缩机压缩循环使用，因而称为返回气。经上段解吸后的液体在逆流解吸塔的下段用二解吸塔解吸气底吹，从中部出来的气体就为乙炔的提浓气，乙炔纯度在99%以上。

逆流解吸塔底出来的吸收液用真空解吸塔解吸后的贫液预热至105℃左右后送入二解吸塔，进行乙炔的二次解吸，解吸气用作逆流解吸塔的反吹气，解吸后的吸收液进真空解吸塔，在80%左右的真空度下，以116℃左右的温度加热吸收液（沸腾），将溶剂中的所有残留气体全部解吸出去。解吸后的贫液冷至20℃左右返回主吸收塔使用，真空解吸尾气通常用火炬烧掉。溶剂中的聚合物质量分数最多不能超过0.45%～0.8%，因此需不断抽取贫液去再生，再生方法一般采用减压蒸馏和干馏。

乙炔提浓除*N*－甲基吡咯烷酮溶剂外，还可用二甲基甲酰胺、液氨、甲醇、丙酮等作为

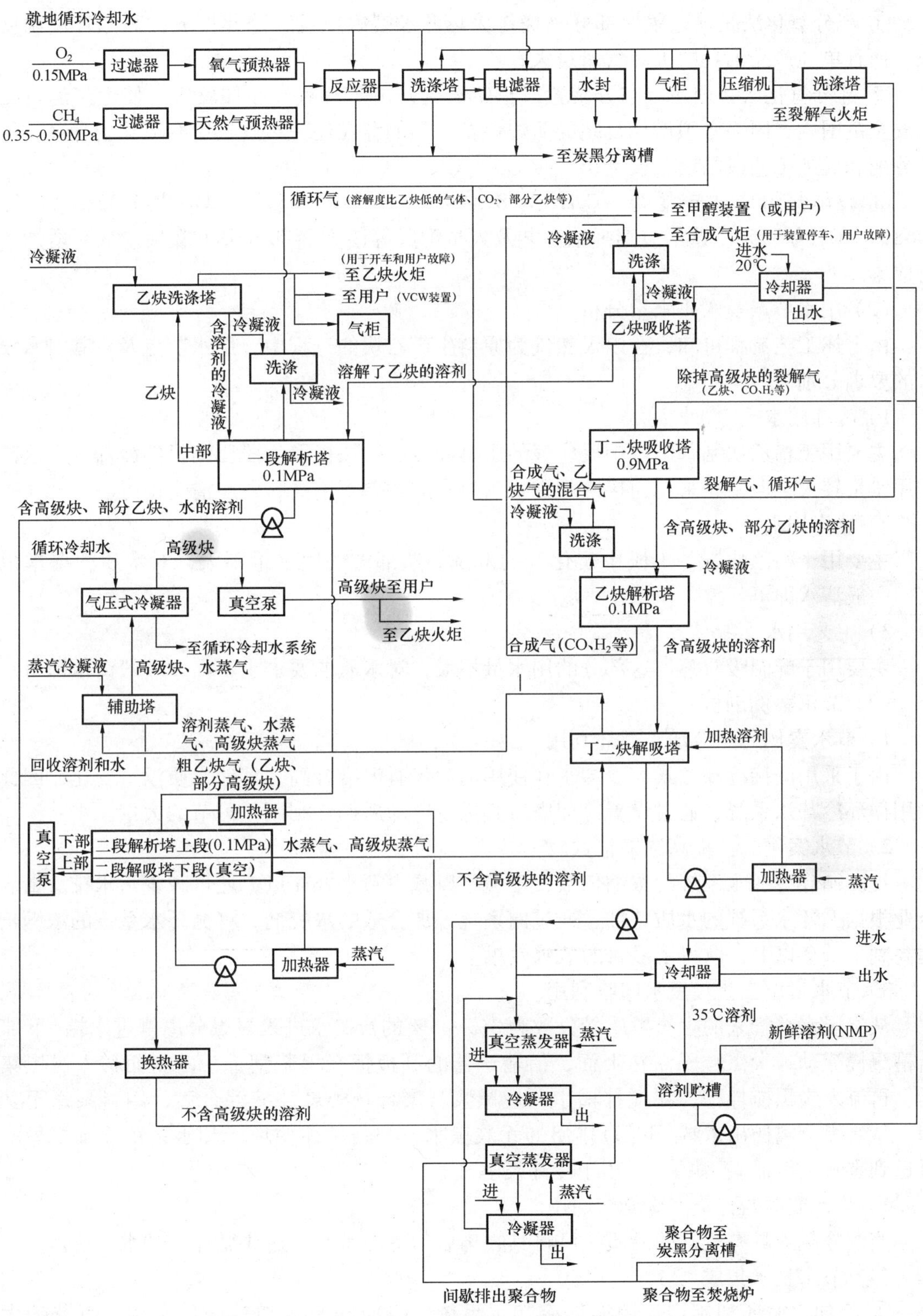

图9－29　天然气部分氧化热解制乙炔的工艺流程

吸收剂进行吸收提浓。除采用溶剂吸收法提浓乙炔外，还可采用变压吸附分离方法。

部分氧化法是天然气生产乙炔中应用最多的方法，但投资和运行成本较高，其原因为：

① 部分氧化法是通过甲烷部分燃烧作为热源来裂解甲烷，因此形成的高温环境温度受限，而且单吨产品消耗的天然气量过大；

② 部分氧化法必须建立空分装置以供给氧气，由于有氧气参加反应，使生产运行处于不安全范围内，因而必须增加复杂的防爆设备。氧的存在还使裂解气中有氧化物存在，增加了分离和提浓工艺段的设备投资；

③ 裂化气组成比较复杂，C_2H_2 为 8.54%，CO 为 25.65%，CO_2 为 3.32%，CH_4 为 5.68%，H_2 为 55%。这给分离提浓工艺及人员配置等诸方面都带来了麻烦，从而增加了运行成本。

（2）用水节点及水质水量分析

由上述工艺流程可知，在以天然气为原料生产乙炔的过程中，用水节点及对其对水质水量的要求分别为：

1）冷却用水

主要用于稀乙炔制备工段中反应气的水幕淬冷、乙炔提取工段压缩机的冷却等。这部分的用水量较大，但由于采用间接冷却方式，对水质的要求不高，一般清水即可。

2）洗涤用水

主要用于稀乙炔制备工段中裂化气的淋洗。这部分的用水量不大，对水质的要求也不高，一般清水即可。

3）工艺用水

主要用于配制吸收液。这部分的用水量不大，对水质的要求也不高，一般清水即可。

（3）节水案例剖析

1）节水案例一：冷却水循环利用

由于采用间接冷却方式，冷却水在使用前后仅有温度升高，其他水质没有变化，因此可采用循环冷却水系统，通过设置冷却塔对其进行冷却后循环利用，可节约大量新水。

2）节水案例二：提高浓缩倍数

提高循环冷却水系统的浓缩倍数，不但可以减少新水补充量，还可减少污水排放量。某企业根据循环水系统的水质特性，通过向系统添加合适的水稳剂，将循环水系统的浓缩倍数提高到了 5.0 以上，取得了显著的节水效果。

3）节水案例三：炭黑水回收利用

从炭黑水总管来的含炭黑质量分数为 3% ~5% 的炭黑水进入炭黑分离槽进水端（下部），沿槽缓慢流动，炭黑粒子浮在上面，借输送器的刮板把炭黑浆刮下，由斜面移入炭黑集中槽，再流入炭黑搅拌槽，在搅拌槽中，炭黑浆与聚合物类悬浮液混合后，用料泵送至焚烧炉。从炭黑分离槽出水端（下部）排出的无炭黑水，一路送往循环冷却水系统冷却，另一路泵送到裂解反应器（乙炔炉），用于冷却裂解气。

4）节水节例四：蒸汽冷凝液回用

蒸汽冷凝液具有较好的品质，可将其收集后与冷却水回水送往循环冷却水系统。

（4）节水技术集成

① 冷却水循环利用：采用循环冷却水系统，将冷却水冷却后循环利用，可节约大量新水。

② 提高浓缩倍数：不但可减少新水补充量，还可减少污水排放量，取得显著的节水效果。

③ 炭黑水回收利用：将炭黑水收集并经沉淀处理后，一路送往循环冷却水系统冷却，另一路泵送到裂解反应器(乙炔炉)，用于冷却裂解气。

④ 蒸汽冷凝液回用：收集后与冷却水回水送往循环冷却水系统。

(5) 集成后节水效果预测

对于以天然气为原料年产15万t乙炔的某石化企业，采用上述节水集成技术进行改造后，单位产品的新水取用量可降至6.1m^3，工业水的重复利用率达95.8%以上，工艺水的回用率达97.3%，冷凝水的回用率达98.5%，既能取得明显的节水效果，又能大幅减少废水治理的费用，具有明显的经济效益、环境效益和社会效益。

9.6　高分子化工行业的节水技术集成

高分子化工是以由煤、石油、天然气等经过化学制取的单体聚合而成的聚合物，主要产品可分为合成塑料、合成纤维和合成橡胶三大类，其产量占合成材料总量的90%。

9.6.1　合成塑料工业的节水技术集成

塑料是由合成树脂经成型加工而制得的产品。合成树脂可分为热塑性和热固性两类，制得的塑料也分为热塑性塑料和热固性塑料两类。当前世界的塑料总产量为300Mt，其中热塑性塑料约占60%，而聚乙烯、聚丙烯、聚氯乙烯和聚苯乙烯等四种产品占热塑性塑料的80%以上。

(1) 高压聚乙烯生产过程的节水技术集成

聚乙烯是聚烯烃中产量最大的一个品种，是由乙烯聚合而成的聚合物。聚乙烯产品有高压低密度聚乙烯(HP－LDPE)、线性低密度聚乙烯(LLDPE)、高密度聚乙烯(HDPE)、极低密度聚乙烯(VLDPE)、超低密度聚乙烯(ULDPE)、超高分子量聚乙烯(UHMNPE)、聚烯烃树脂的化学改性如氯化聚乙烯等，其中，高压法生产的聚乙烯占聚乙烯生产量的50%，一半以上用于薄膜制品，其次是管材，注射成型制品，电线包覆层。中低压聚乙烯则以注射成型制品及中空制品为主。超高分子聚乙烯，由于其优异的综合性能，可作为工程塑料使用。

1) 典型生产流程

高压聚乙烯是采用气相本体聚合的，其典型聚合条件是：压力为100～300MPa，温度为80～300℃，采用氧或有机过氧化物为引发剂。用氧引发时，温度为230℃；用有机过氧化物引发时，温度为150℃。由于反应温度高于乙烯的临界温度，因此聚合时单体处于气相，这是少有的。为了有利于链的增长反应(与乙烯的浓度有关)，并超过终止反应(不受乙烯浓度影响)，需在高压下进行。乙烯的转化率一般为15%～25%，最高可达35%，其余则循环使用。

乙烯高压聚合的生产流程如图9－30所示。来自乙烯精制车间的乙烯原料，其压力通常为3MPa，与低压分离器的循环乙烯及分子量调节剂的混合物混合后，由压缩机压缩至25MPa，再与高压分离器的循环乙烯混合，然后进行二次压缩至250～300MPa，一般管式反应器的最高压力为300MPa，釜式反应器的最高压力为250MPa。达到压力的乙烯经冷却后进入聚合反应器，引发剂用高压泵送入乙烯进料口或直接注入聚合设备。聚合后的物料经适当冷却后进入高压分离器，减压至25MPa，未反应的乙烯与聚乙烯分离，经冷却脱去低聚合物后，返回压缩机循环使用。聚乙烯则进入低压分离器，减压至0.1MPa以下，使残存的乙烯进一步分离循环使用。聚乙烯经后处理，如挤出切粒、干燥、密炼、混合、造粒等，制成粒状。

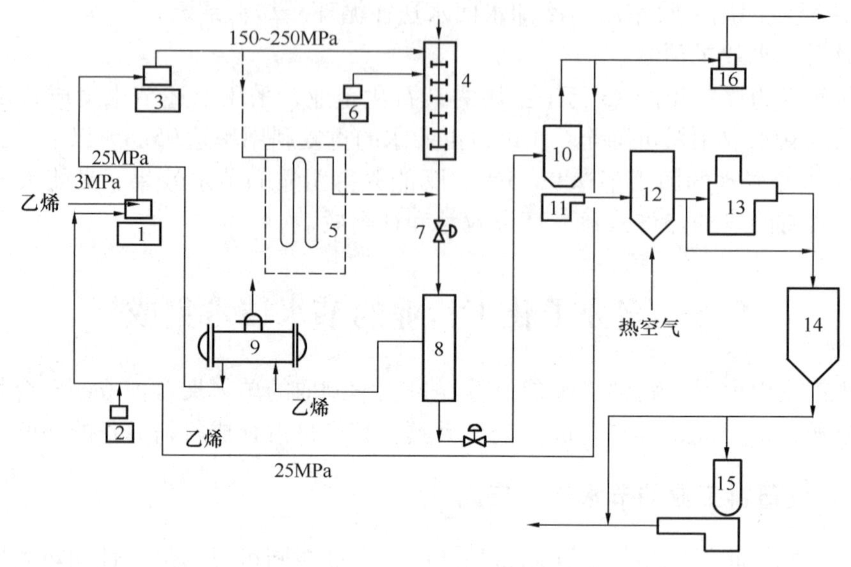

图9－30　乙烯高压聚合生产流程图

1—一次压缩机；2—分子量调节剂泵；3—二次高压压缩机；4—釜式聚合反应器；5—管式聚合反应器；6—催化剂泵；7—减压阀；8—高压分离器；9—废热锅炉；10—低压分离器；11—挤出切粒机；12—干燥器；13—密炼机；14—混合机；15—混合物造粒机；16—压缩机

2）用水节点及水质水量分析

从上述流程可以看出，其用水节点及对水质水量的要求分别为：

① 冷却用水：用于压缩机的级间冷却、乙烯气体及聚合后物料的冷却。此部分的用水量较大，但由于采用间接冷却，对水质的要求不高，一般清水即可。

② 水封用水；用于高压泵的水封。此部分的用水量较大，对水质的要求也较高，一般要求为脱盐水。

③ 加热用水：以蒸汽的形式用于加热乙烯气体，使其达到反应的温度要求。这部分的用水量较大，对水质的要求也较高，一般要求为脱盐水。

表9－3所示为某石化企业18万t/a高压聚乙烯装置、20万t/a二高压聚乙烯装置的用水情况。可以看出，聚乙烯生产过程的用水量非常大，采取有效措施节约用水具有重要意义。

表9－3　某石化企业聚乙烯装置的用水量分布　　t/a

装置名称	新鲜水	循环水	脱盐水	锅炉给水	高压蒸汽	中压蒸汽	低压蒸汽
二高压聚乙烯装置	71883.6	43742886	65536	57020	0	137411	0
高压聚乙烯装置	71882	54150354	45932	71882	0	31245	48243

3）节水案例剖析

为了节约用水，各聚乙烯生产装置均采取了一系列的节水措施：

① 节水案例一：切粒废水回用

聚乙烯装置切粒过程中排出的废水，以前直接排放。某石化企业增加回收水处理装置后，经调节池两台(一用一备)提升泵增压后进过滤器过滤，再经管道输送进入循环水回水系统，流量 15t/h，回送至循环水系统。

② 节水案例二：填料冷却水回用

装置目前将压缩机气缸填料冷却回水直接排入污水系统，由于该水上水为脱盐水，在经过气缸后也未受到污染，所以可以将回水用管线引入不远处的颗粒循环水罐，作为新鲜水源，减少脱盐水的使用量。减少废水排放量 26280t/a；节省脱盐水 26280t/a。

③ 节水案例三：颗粒循环水罐溢流水回用

装置目前将颗粒循环水罐溢流水直接排入污水系统，由于该水补水为脱盐水，溢流水比较清洁，所以经过简单处理后即可作为四循的补水水源。具体方案为：将溢流水用管线引入四循水池，作为新鲜水源，减少新鲜水的使用量，减少废水排放量 70080t。

④ 节水案例五：污水回用

回用水在污水净化厂经预处理、超滤、反渗透处理并加氨后成为加氨水进入污水净化厂储水箱，再经 3 台供水泵送至动力车间清水箱。回用水经动力车间化学水装置处理后成为锅炉用水，可减少新水用量 40000t/a。

⑤ 节水案例六：提高浓缩倍数

对循环水用加入 H_2SO_4 的方法来控制循环水的 pH 值，降低循环水中的碱度，进而配合阻垢分散剂防止系统结垢；同时选用缓蚀效果好的缓蚀剂，重点解决系统的腐蚀问题，提高循环水的浓缩倍数，既可大大减少补充水的用量，又可减少排污。

4）节水技术集成

① 切粒废水回用：采用提升泵增压后进过滤器过滤，再经管道输入循环水回水系统。

② 填料冷却水回用：将回水引入颗粒循环水罐，作为新鲜水源，减少脱盐水的使用量。

③ 颗粒循环水罐溢流水回用：将溢流水引入循环水池作新鲜水源，可减少新鲜水的用量。

④ 污水回用：将回用水经动力车间化学水装置处理后成为锅炉用水，可减少新水用量。

⑤ 提高浓缩倍数：控制循环水的 pH 值，降低循环水中的碱度，配合阻垢分散剂防止系统结垢，选用缓蚀效果好的缓蚀剂并加大用量，提高循环水的浓缩倍数，既可大大减少补充水的用量，又可减少排污。

5）集成后节水效果预测

对于年产 20 万 t 高压聚乙烯的某石化企业，采用上述节水集成技术进行改造后，单位产品的新水取用量可降至 $26m^3$，大大低于江苏省的工业用水定额(2010 年修订，合成材料制造类初级形态的塑料及合成树脂制造中聚乙烯的用水定额为 $35m^3/t$)，工业水的重复利用率达 95% 以上，工艺水的回用率达 97.3%，冷凝水的回用率达 98.1%，既能取得明显的节水效果，又能大幅减少废水治理的费用，具有明显的经济效益、环境效益和社会效益。

（2）聚氯乙烯生产过程的节水技术集成

聚氯乙烯塑料是仅次于聚乙烯的第二位大吨位塑料品种，主要用于制作薄膜、人造革、管材、板材、门窗、棒材、电线电缆绝缘层、化工容器以及地板、家具等。

1）典型生产流程

聚氯乙烯是氯乙烯的均聚物，目前工业上采用的氯乙烯聚合方法有四种：悬浮聚合、本体聚合、乳液聚合和溶液聚合，其中最普遍采用的是悬浮聚合法，其工艺流程如图 9 - 31 所示。将计量的软水加入反应釜中，启动搅拌，加入分散剂、引发剂和助剂，使之溶解和分散均匀，然后停止搅拌，并将釜内空气用氮气进行置换，然后将氯乙烯加入釜中，在0.66～0.86MPa的压力下加热至47～58℃，同时进行搅拌及聚合反应。聚合反应温度的允许波动范围为±(0.2～0.5)℃，因此采用向釜夹套通入冷却水移出反应热，或釜顶冷凝器进行回流冷凝排除反应热。经12～14h的聚合，转化率达85%～95%时，将压力降至0.46～0.56MPa，即可准备出料。

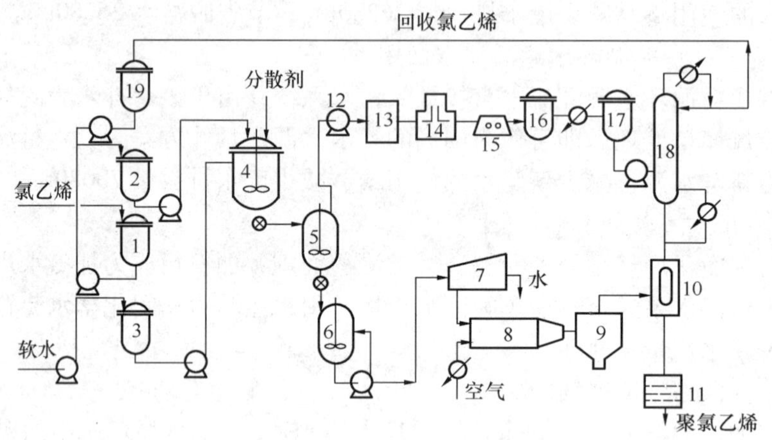

图9－31　氯乙烯悬浮聚合工艺流程

1—氯乙烯贮槽；2—氯乙烯计量槽；3—软水计量槽；4—反应釜；5—单体回收槽；6—混合槽；7—离心分离机；8—转鼓干燥机；9—旋风分离器；10—袋式过滤器；11—转动筛；12—泵；13—水分离槽；14—气柜；15—压缩机；16—氯乙烯中间槽；17—粗氯乙烯槽；18—氯乙烯精馏塔；19—回收氯乙烯槽

聚合结束后，利用聚合釜内的余压将聚合物悬浮液压入沉析槽，让未反应的单体返回气柜。聚氯乙烯则在沉析槽中进行碱处理，以破坏低分子聚合物，中和其中的酸性物质，并水解其中的引发剂等，然后进行脱水洗涤和干燥，即可得到聚氯乙烯合格产品。

2）用水节点及水质水量分析

由上述的工艺流程可知，聚氯乙烯生产过程中的用水节点及对水质水量的要求分别为：

① 工艺用水：主要用于溶解分散剂、引发剂和助剂，为反应创造条件。这部分的用水量较大，对水质的要求也较高，一般要求为去离子软水。

② 冷却用水：主要用于移除反应放出的热量，以控制反应釜内的温度。这部分的用水量较大，但由于采用间接冷却，对水质的要求较低，一般清水即可。

③ 密封用水：主要用于离心分离机和压缩机的密封。这部分的用水量不大，但对水质的要求较高，一般要求为去离子软水。

3）节水案例剖析

为了节约用水，各生产企业纷纷采取了一系列的节水措施，并取得了一定的效果。

① 节水案例一：冷却水循环利用

某化工有限责任公司的聚氯乙烯生产能力达25万t/a，聚氯乙烯生产中间接冷却水用量大，均是井水，不含任何污染物质，可全部回收循环利用。该公司采用间冷废水冷却循环回用装置，使聚氯乙烯生产间接冷却水全部回用。间接冷却水的循环利用量为177673.92m^3/d，其中乙炔工序72336m^3/d；氯乙烯工序19732.08m^3/d；合成工序12392.64m^3/d；PVC聚合工序 44691.12m^3/d；EPVC 工序 25239.6m^3/d；氮氧站工序 3282.48m^3/d，减少了新鲜水用量。

② 节水案例二：工艺废水多级串联重复利用

聚氯乙烯生产中可多级串连重复利用的水源包括冷冻站氨压机、合成压缩机、成品离心机等的间接冷却水、乙炔发生器的含硫废水和聚合母液水等工艺废水。多级串连重复利用的水量为 12902.76m^3/d，减少了新鲜水用量和废水排放量。

③ 节水案例三：含汞废水闭路循环

电石法聚氯乙烯生产的氯乙烯合成使用汞触媒作为催化剂，在转化器触媒翻倒时需用真空泵抽出汞触媒，产生了真空泵轴封含汞废水。对含汞废水采取吸附回收汞和废水循环再利用措施，同时实现含汞废水零排放，达到节能减排的目的。

④ 节水案例四：降低 PVC 生产中蒸汽消耗

某石化集团有限公司采用筛板式汽提塔，浆料从塔顶部进入，蒸汽从塔底部进入。通过汽提塔每层塔盘处开设的手孔进行清理后，蒸汽的消耗量明显降低，产品质量也有所提高。

某石化集团有限公司 PVC 生产装置有两套干燥工序，一套为 3 万 t/a，另一套为 5 万 t/a，干燥主要用蒸汽的部分是空气加热器，对从空气加热器出来的蒸汽尾气加以利用，可以达到节约蒸汽的目的。3 万 t/a 干燥工序中从空气预热器里出来的蒸汽尾气被送到聚合的热水槽，基本不用蒸汽再升温，热水槽内水温就能维持在 80℃左右。5 万 t/a 干燥工序中从空气加热器里出来的蒸汽尾气被用于 3 万 t/a 干燥工序中空气预热器。

原来 PVC 界区内所用的蒸汽都是过热蒸汽，温度为 300～350℃，压力为 1.2～1.5MPa，主要用于汽提干燥、聚合升温和涂釜等。把过热蒸汽改为饱和蒸汽，蒸汽用量显著降低，由原来的 1tPVC 使用蒸汽 2.24t 降到 1.94t，并且汽提装置运行平稳，产品质量提高。

⑤ 节水案例五：水洗工艺中水的综合利用

某公司的氯乙烯水洗净化工艺存在耗水量大、稀酸污染环境、氯乙烯溶解损失多等问题。该公司采用泡沫水洗回收工艺，利用酸泵将水洗塔的一部分废水送回泡沫塔作为吸收剂，大部分自身循环。而泡沫塔不再进水，循环吸收产生的热量由石墨冷却器使用 0℃盐水带走。通过不断循环，回收的盐酸质量分数可达 36%。8 万 t/aPVC 生产装置的泡沫回收水洗工艺可副产 30% 的盐酸 16000t/a，减少氯乙烯溶解损失 520t/a，减少耗水量 22 万 t/a。

⑥ 节水案例六：离心母液水的综合利用

某公司 PVC 生产中的离心母液水一次性使用后即排掉，造成生产用水极为紧张。大量排放的聚合母液废水中悬浮物和氯乙烯单体的含量较高，不仅给环境造成严重的污染，而且大量氯乙烯单体的溢出在下水中形成潜在的安全隐患。对母液水进行综合利用，既可解决水资源紧缺的问题，又可回收热能，消除污染，还可增加经济效益。

从离心机出来的母液水经两级沉淀分离进入热水槽，由泵打入空气预热器，对空气进行预热，可使空气温度提高 20～30℃，被加热的母液水一部分回到热水循环槽，一部分进入洗涤水槽用作洗涤水，冬季被加热的母液水部分用于取暖供热。

⑦ 节水案例七：冷却水的综合利用

某公司 PVC 装置运行初期，空压机及合成单体压缩机用的冷却水为地下水，用后排入地沟，随着下水排到污水厂。后将合成用水和空分用水一同集中排放，用水泵送往乙炔工段对水进行二次利用，送过来的水主要加入废次氯酸钠储槽的补水用于发生器加水。通过改造，乙炔工段每年可节约用水量近 2600 万 t。

⑧ 节水案例八：渣浆回收水的综合利用

某公司 PVC 装置开车之初，乙炔发生器底部排出的废渣和溢流出的渣浆通过渣浆泵排到公司废弃的厂区，对渣浆和水都没有进行二次利用，每年排放的渣浆量为 210 万 m^3。该公司采用浓缩分离技术对乙炔系统的渣浆进行浓缩分离，实现固液分离，可回收 $160m^3/h$ 上清液。

4）节水技术集成

为了更大程度地节约用水，聚氯乙烯生产企业可采用如下的节水集成技术：

① 冷却水循环利用：间接冷却水不含任何污染物质，可全部回收利用，减少新水用量。

② 工艺废水多级串联利用：将冷冻站氨压机、合成压缩机、成品离心机等的间接冷却水、乙炔发生器的含硫废水和聚合母液水等工艺废水实现多级串连重复利用，可减少新鲜水用量和废水排放量。

③ 含汞废水闭路循环：对含汞废水采取吸附回收汞和废水循环再利用措施，同时实现含汞废水零排放，可达到节能减排的目的。

④ 降低 PVC 生产中蒸汽消耗：清理汽提塔，可降低蒸汽的消耗量；对从空气加热器出来的蒸汽尾气加以利用，可达到节约蒸汽的目的；把过热蒸汽改为饱和蒸汽，可显著降低蒸汽用量。

⑤ 水洗工艺中水的综合利用：利用酸泵将水洗塔的一部分废水送回泡沫塔作为吸收剂，大部分自身循环，不但可减少氯乙烯的溶解损失和耗水量，还可副产盐酸。

⑥ 离心母液水的综合利用：对母液水进行综合利用，既可解决水资源紧缺的问题，又可回收热能，消除污染，还可增加经济效益。

⑦ 冷却水的综合利用：将合成用水和空分用水一同集中排放，用水泵送往乙炔工段对水进行二次利用，送过来的水主要加入废次氯酸钠储槽的补水用于发生器加水，可节约用水。

⑧ 渣浆回收水的综合利用：采用浓缩分离技术对乙炔系统的渣浆进行浓缩分离，实现固液分离，回收上清液，可节约用水。

5）集成后节水效果预测

对于年产 30 万 t 高压聚乙烯的某石化企业，采用上述节水集成技术进行改造后，单位产品的新水取用量可降至 $19m^3$，大大低于江苏省的工业用水定额(2010 年修订，合成材料制造类初级形态的塑料及合成树脂制造中聚氯乙烯的用水定额为 $33m^3/t$)，工业水的重复利用率达 98.3% 以上，工艺水的回用率达 98.8%，冷凝水的回用率达 98.2%，既能取得明显的节水效果，又能大幅减少废水治理的费用，具有明显的经济效益、环境效益和社会效益。

9.6.2 合成纤维工业的节水技术集成

合成纤维一般是由单体经聚合反应制得线性高分子，再通过机械加工而制得的纤维，具有优良的物理、机械和化学性能，如强度高、弹性高、耐磨性好、吸水性低、保暖性好、耐酸碱性好、不会发霉和虫蛀，因此除用作纺制各种衣料外，还可用作轮胎帘子线、运输带、鱼网、绳索、滤布和工作服等。高性能特种纤维可用于国防和航天航空等领域。

(1) 聚酰胺纤维生产过程的节水技术集成

聚酰胺纤维俗称尼龙(Nylon)，英文名称 Polyamide(简称 PA)，是分子主链上含有重复酰胺基团 -[NHCO]- 的热塑性树脂总称。包括脂肪族 PA，脂肪 - 芳香族 PA 和芳香族 PA。

其中，脂肪族PA品种多，产量大，应用广泛。尼龙是最重要的工程塑料，产量在五大通用工程塑料中居首位，其主要品种是尼龙6和尼龙66，占绝对主导地位。

1）典型生产流程

聚酰胺6又称为尼龙6，一般是由已内酰胺开环聚合制取。工业上生产聚酰胺6通常用水作催化剂进行连续聚合。根据产品要求，可采用常压法、高压法、常减压并用及固相聚合。常压连续聚合工艺是生产纤维级聚酰胺6切片的主要方法，高压法是生产帘子线、工程级聚酰胺6的方法。聚合中，引发剂用量为已内酰胺的0.5%～5%左右。为了控制产品的分子量，加入分子量调节剂乙酸（0.07%～0.14%）或己二酸（0.2%～0.3%），使分子量控制在15000～23000范围内。图9－32为常压法聚合工艺流程，其中Ⅰ和Ⅱ分别表示采用直形管与U形管。

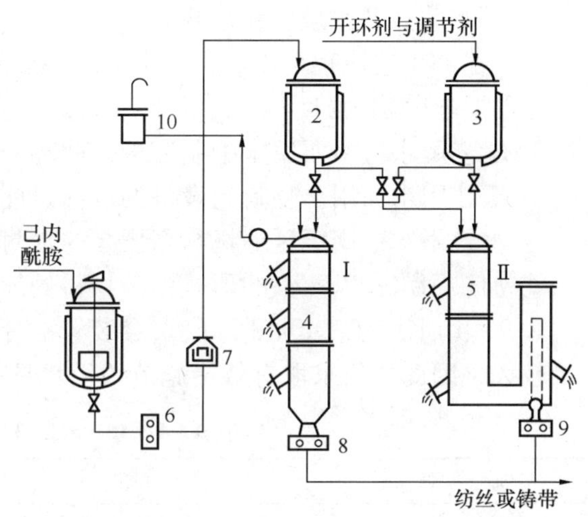

图9－32 常压连续生产聚酰胺6的工艺流程

1—已内酰胺熔融釜；2—已内酰胺熔体贮罐；3—助剂计量槽；4—直形VK管；5—U形VK管；6、8、9—齿轮泵；7—烛筒形过滤器；10—水封管

直形连续聚合管（称VK管）高约9m，用联苯－联苯醚为热载体分别加热。第一段加热至230～240℃，第二段加热至（265±2）℃，第三段加热至（240±2）℃。投料前先用氮气排除聚合管内的空气，再将熔融（90～100℃）的已内酰胺经过滤后，用计量泵送入直形管反应器的顶端，同时加入引发剂和分子量调节剂，物料由上而下在管内多孔挡板间曲折流下。在第一段，已内酰胺引发开环并初步聚合，经过第二、第三段时，完成聚合反应。反应过程中的水分不断从反应器的顶部排出，物料在管内的平均停留时间约为20～24h，熔融高聚物可直接纺丝。

尼龙66工业丝的生产主要采用连续缩聚，包括缩聚、盐处理与尼龙66盐缩聚三个工段。

缩聚反应的初始温度控制在214℃左右，逐渐升高到后期的280℃左右，即高于聚合物熔点15℃左右。反应初期压力选择1.76MPa左右。随着反应的进行，单体初步缩聚成预聚体后，除去反应体系中的水，进一步提高聚合物的相对分子质量。所以反应中后期降至常压乃至负压进行缩聚。在盐溶解槽内把固体尼龙66盐溶解于55℃的高纯水中制成50%的溶液，送往活性炭处理槽，吸附溶液中的可溶性杂质，经活性炭过滤器循环过滤除去活性炭，制得的精尼龙66盐溶液送往第一中间槽，进一步对盐液质量确认后送往精制盐槽内向聚合工序供料。

50%的精制尼龙66盐溶液在计量槽内分批计量后，加入一定量的反应催化剂。盐溶液进入第二中间槽，泵送到盐过滤器过滤后，再经盐预热器加热至90℃进入浓缩槽，在温度120℃，压力29.4kPa下浓缩至接近平衡浓度70%，从而减轻反应器的蒸发负荷。

70%的盐溶液在送往反应器前先经第一、第二预热器加热至214℃，进入反应器的物料在1.71MPa压力下，温度逐渐升高至245℃继续蒸发排出水分，并开始初步缩聚，预聚物含水10%、聚合度约22。预聚物经减压到接近常压，温度达到280℃后进入前聚合器。为了增强后工序纺丝的拉伸性能，物料在进入减压器前注入约20μg/g的TiO_2。预聚物在前聚合器内，水分迅速被排除到常压饱和溶解水量，保持280℃，常压下继续缩聚，制得聚合度约58、相对黏度(甲酸法)35左右的聚合物，经齿轮泵送往后聚合器。后聚合器内物料保持280℃，在负压下缩聚成适宜纺制高强力帘子布用的高聚物。

2）用水节点及水质水量分析

由上述的工艺流程可以看出，尼龙(包括尼龙6和尼龙66)生产中的用水节点及其对水质水量的要求分别为：

① 工艺用水：主要用于配制溶液，此部分的用水量不大，但要求为高纯脱盐水。

② 冷却用水：用于物料与设备的冷却，此部分的用水量较大，一般清水即可。

③ 水封用水：用于压缩机与高压泵的水封。这部分的用水量不大，但一般要求为软水。

④ 加热用水：以蒸汽的形式用于物料的加热，用水量不大，但一般要求为脱盐水。

表9-4所示为某40t/d二段聚合装置的原料及公用工程消耗。可以看出，其中水的消耗量较大，因此如何采取有效措施节约用水具有重要意义。

表9-4　40t/d二段聚合装置的水量消耗

原　料	消　耗	原　料	消　耗
循环水/t	70.35	蒸汽/t(中压)	1.12
脱盐水/t	0.18	低压蒸汽/t	0.28
新鲜水/t	3.28	冷冻水/t	312.26

注：以生产1t干切片计。

3）节水案例剖析

① 节水案例一：循环冷却水排污水的利用

某公司循环水系统的排污水量为118m³/h，压力为0.2MPa，其水质完全满足热电泡沫除尘器喷淋水的要求，因此将其作为热电站冲灰水回用。

② 节水案例二：电站泡沫除尘水的利用

热电站泡沫除尘器产生的含尘水先进入沉灰池沉淀，出水经过机械过滤器过滤后，其固体悬浮物指标低于制氢装置湿式电滤器冲灰用水的要求，即可作为造气冲灰补充水回收利用，回收水量为80~100m³/h。

③ 节水案例三：己二酸装置工艺冷却水的回用

己二酸装置的工艺换热使用一次工业水进行冷却，用水量为113m³/h，给水温度不高于19℃，经换热后排放温度为60℃，水质指标除温度高外，其他各项指标完全符合工业水的要求，而且只占循环系统的总水量16600m³/h的0.8%，不会对循环水系统的温度造成影响，因此将其作为循环水补充水进行回收，与循环水回水一起经冷却塔冷却后送生产装置使用。

④ 节水案例四：污水处理场出水回用

某化纤公司的污水处理场采用前置反硝化(A/O)工艺处理生产废水和少量生活污水，处理量为250m³/h，出水水质稳定，完全满足热电装置泡沫除尘器用水要求，其补充水量近113m³/h，原来一直用自来水补水，经过改造目前已经完全用污水处理场出水代替，沉灰池及泡沫除尘器运行状况良好。

⑤ 节水案例五：冷凝液的回用

某公司的冷凝液自开车以来其铁的质量浓度经常大于10mg/L，而供水分厂化学水装置的处理效果不好，未达到除铁要求，因此一直未对这股水进行回收而直接排放。经过分析得出冷凝液中的铁超标是由于己二胺装置机泵密封水泄漏所致，将机泵密封水改为低纯水，解决了冷凝液含铁量高的问题，目前已将蒸汽冷凝液75t/h经蒸汽冷凝液回收系统回收，不仅用于公司采暖换热，而且作为低纯水回收进入化学水生产装置进行净化，降低了净化成本。

⑥ 节水案例六：热电站装置工艺冷却水的回用

热电站装置拥有数台大型风机(一次风机、二次风机、引风机)，风机轴承采用工业水进行冷却，用水量为30m^3/h，随后就地排放。经过技改，建一个集水池将这股水进行回收送至生产用水吸水池，回用于生产。

⑦ 节水案例七：己二酸废水的清浊分流和回用

己二酸废水包括废化学水和有机废水两部分，废化学水由结晶器和硝酸浓缩塔真空系统冷却水产生，排放量为180m^3/h，具有低污染大水量的特点；有机废水由第一 HNO_3 浓缩塔二次蒸汽冷凝液产生，排放量为13.1m^3/h，水量小但污泥负荷大。目前这两股水并在一起收集送界区外中和后进入污水处理场处理，未能实现清浊分流，不能循序使用，造成水资源浪费的同时也加重了污水处理场的水力负荷。根据两股水的水质特点，将有机废水单独排放后进行生化处理，而废化学水中和后作为循环冷却水或中水回用。

⑧ 节水案例八：污水处理场出水的深度处理及回用

某化纤公司污水处理场的出水经过二级处理后水质完全达到国家二级排放标准。如果该出水经过絮凝、过滤、加药消毒处理后，经加压送至中水管网，可用于公司绿化(每天用水量近百吨)、消防、洗车、冲厕，再利用活性炭吸附完全可达到我国再生水用作冷却水的建议水质标准和公司自己的循环冷却水指标要求，从而减少排放，实现污水的回用。

4）节水技术集成

为了更大程度地节约用水，各化纤企业可采用如下节水集成技术：

① 循环冷却水排污水利用：循环水系统排污水的水质完全满足热电泡沫除尘器喷淋水的要求，将其作为热电站冲灰水回用，可以节约新水用量。

② 电站泡沫除尘水的利用：将其进行沉淀、过滤后，使其固体悬浮物指标降低后，即可作为造气冲灰补充水回收利用，节约新水用量。

③ 己二酸装置工艺冷却水的回用：对己二酸装置的工艺冷却水作为循环水补充水进行回收，与循环水回水一起经冷却塔冷却后送生产装置使用。

④ 污水处理场出水回用：将污水处理场的出水作为热电装置泡沫除尘器用水。

⑤ 冷凝液的回用：用于采暖换热和回收进入化学水生产装置进行净化，减少新水用量。

⑥ 热电站装置工艺冷却水的回用：将风机轴承冷却水回收用于生产，可节约用水。

⑦ 己二酸废水的清浊分流和回用：废化学水和有机废水分质收集，有机废水单独排放后进行生化处理，废化学水中和后作为循环冷却水或中水回用。

⑧ 污水处理场出水的深度处理及回用：污水处理场的出水经过絮凝、过滤、加药消毒处理，回用于绿化、消防、洗车、冲厕；再利用活性炭吸附完全可达到我国再生水用作冷却水的建议水质标准和循环冷却水指标要求，从而减少排放，实现污水的回用。

5）集成后节水效果预测

对于年产15万t尼龙66的某石化企业，如采用上述节水集成技术进行改造后，单位产品的新水取用量可降至1.1m^3，工业水的重复利用率达96%以上，工艺水的回用率达

98.8%，冷凝水的回用率达98.2%，既能取得明显的节水效果，又能大幅减少废水治理的费用，具有明显的经济效益、环境效益和社会效益。

(2) 聚酯纤维生产过程的节水技术集成

聚酯纤维是由二元酸和二元醇经缩聚后制得的，其主要品种是聚对苯二甲酸乙二酯，是由对苯二甲酸和乙二醇缩聚制得的纤维，商品名为"涤纶"，俗称"的确良"。由于聚酯纤维弹性好，织物易洗易干，保形性好，是理想的纺织纤维，可纯纺或与其他纤维混纺制作各种服装及针织品，同时在工业上也可用作轮胎帘子线、运输带等。

1) 典型生产流程

涤纶聚酯是以对苯二甲酸(PTA)和乙二醇(EG)为原料，经酯交换和缩聚反应得到的。

图9-33所示为吉玛连续直缩工艺。EG/PTA按摩尔比1.138加入打浆罐D13，并同时计量加入催化剂及酯化和缩聚过程回收精制后的EG。配制好的浆液以螺杆泵连续计量送入第一酯化釜R-21，在压力0.11MPa、温度257℃和搅拌下进行酯化，酯化率达93%。以压差送入第二酯化釜R-22，在压力0.1~0.105MPa、温度265℃和搅拌下继续进行酯化，酯化率可达97%左右。然后酯化产物以压差送入预缩聚釜R-31，在压力25kPa、温度273℃下进行预缩聚；预缩聚物再送入缩聚釜R-32，在压力10kPa、温度278℃和搅拌下继续缩聚。缩聚产物经齿轮泵送入卧式终缩釜R-33，在压力100Pa、温度285℃，搅拌进行到缩聚终点(通常聚合度100左右)。PET熔体可直接纺丝或铸条冷却后切粒。

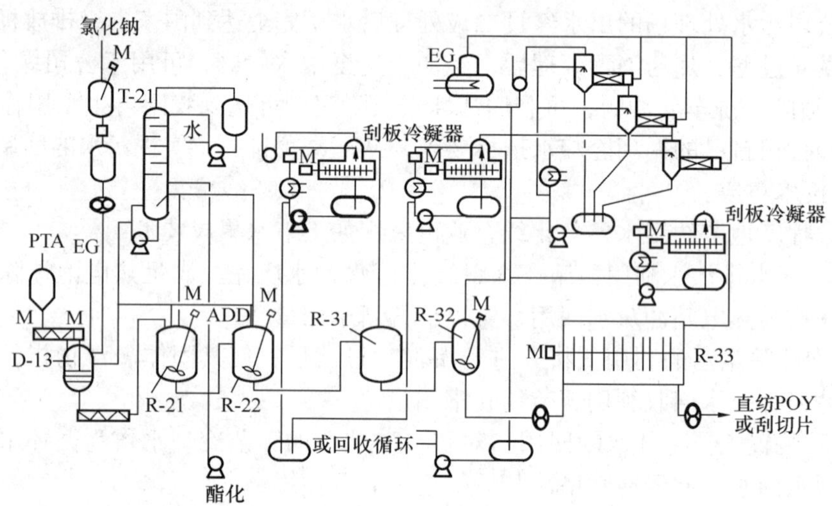

图9-33 吉玛连续直缩工艺流程

D-13—浆料制备器；R-21，R-22—酯化反应器；R-31，R-32—预缩聚反应器；R-33—圆盘反应器；T-21—EG(乙二醇)回收塔

2) 用水节点及水质水量分析

聚酯生产中需用到下列几种水：循环冷却水、软水、脱盐水、冷冻水、普通工业水、饮用水、消防水和热水。根据工艺过程及设备的不同要求，水的规格和水质指标等不尽相同。

① 循环冷却水：在聚酯生产中，为了使某些介质控制在一定的温度下运行，有的需要加热，有的需要冷却。在进行冷却操作时，往往使用换热器或夹套等，通过冷热介质间的热交换，使其达到工艺上所要求的温度，其中的冷却介质大多使用水。由于冷却水的用量较

大，为了节约水资源，工业上要求进行循环使用，这就是循环冷却水。

循环冷却水在聚酯装置中主要用于物料的冷却或冷凝，其用户分布情况为：

酯化、缩聚工艺过程中各取样点的样品冷却器的冷却。因为被取样的物料往往具有较高的温度，为了使样品取出后到分析测定之前这段时间内样品不改变其性质，必须及时将样品冷却下来。这样的样品可以如实反映取样时反应釜或管道内物料的性质。

工艺塔、乙二醇回收塔等的塔顶冷凝器的冷却。塔顶的组分呈气相状态，通过循环冷却水的冷却可使气相转变成液相，以利于及时排去低组分物质和保持稳定的回流液，稳定塔系统的正常运行。

中间贮槽的冷却。一些中间贮槽接受高温流体介质后需要贮存一定的时间，光靠空气的自然冷却是来不及的。温度高、时间长有可能导致物料的变质或部分气化损失。所以，用冷却夹套或盘管的形式进行冷却处理后可以保证物料贮存后的质量。

测量仪表、密封系统和润滑系统的冷却。一些测量仪表如液位变送器等由于温度高，会加速某些部件的老化变质，进而影响测量精度，因此要求工作环境的温度不能太高，需及时用循环冷却水冷却。密封系统和润滑系统处于高温状态下运行时很容易发生机械故障，应及时用冷却水冷却，使其维持在允许的温度范围内。

换热器的冷却。工艺上经常需要从某一系统带走热量，或将某一物料温度降低也需要用循环冷却水。例如聚酯生产中的真空系统，设置有许多换热器都是用循环冷却水来冷却乙二醇喷淋液，使喷淋乙二醇冷却到足够低的温度。

② 软水：聚酯生产中，对要求较高的设备，如各反应器中的搅拌器轴封和输送泵的冷却，为防止结垢和腐蚀，往往选用软水作为冷却介质。聚酯生产中的软水用户有以下几个方面：

反应釜中搅拌器轴封冷却。如第一酯化釜、第二酯化釜和第二预缩聚釜，反应温度较高，其搅拌器的轴封要求有足够的软水来冷却。

热媒屏蔽泵和高温离心泵的冷却。热媒屏蔽泵和某些输送高温介质的离心泵，为了保护泵的机封和延长泵的使用寿命，也选用软水作为冷却介质。

PTA 输送风机冷却。PTA 输送风机虽然工作温度不高，但风机轴封的气密性要求较高，所以采用软水冷却的方法，使轴封处于较低的温度下运行。

过滤器的清洗。在过滤器的清洗中，为了尽可能避免带入水垢或水中的一些沉淀物，也采用软水进行清洗，提高滤芯清洗的质量。

③ 脱盐水：聚酯生产中脱盐水主要用于切片生产。聚酯熔体在加工成切片的过程中需要大量的水进行冷却，如 USG－600 型水下切粒机的冷却水用量为 $30m^3/h$。同时，为了切片的输送，脱盐水在冷却切片的过程中还可以作为载体输送切片。由于聚酯切片对杂质离子的含量控制比较严格，不但要求金属离子含量低(如切片中要求铁含量小于 3×10^{-6})，而且要求非金属离子的含量也要低，所以切片的冷却和输送都必须用脱盐水。

切片中杂质离子含量对产品质量的影响主要是在用切片纺丝的过程中，杂质离子会影响纺丝工艺的稳定性，导致纺丝质量下降。

④ 冷冻水：在聚酯生产过程中，有些设备或工艺介质要求温度较低，用冷却水无法达到要求，这时就需要使用冷冻水。冷冻水的用途主要有以下几个方面：

缩聚反应真空系统液环真空泵的进口气相冷却。缩聚，特别是最终缩聚系统，要求的真空度较高，除设置喷射泵外还需对真空抽出的气体充分降温才能提高真空泵的抽吸能力，获得较高的真空度。一般说来，气相温度越低，液环真空泵的抽气能力越大，能形成的真空度就越高，而普通的冷却水很难达到工艺要求，所以必须使用冷冻水来冷却气相物料。

乙二醇回收中高沸塔气相换热器的冷却。高沸塔塔顶馏出物大多为乙二醇，为了及时冷却不使乙二醇长期处于高温状态，也使用冷冻水作为冷却介质。

空调设备运行的空气的冷却。对于恒温恒湿的空气调节系统，在夏天环境温度比较高的情况下，需要用冷冻水将空气冷却后再送到空调室中，使空调室内的温度维持在设定值上。

⑤ 热水：在聚酯生产中一般不用热水，但在制冷机的运行中需要热水作为热源。其主要用途有二：80℃的热水作为工艺塔冷凝器的冷却介质，使工艺塔气相冷凝成液态水，而热水本身则由80℃升温到90℃；90℃的热水被送到制冷机中作为制冷过程的热量，制冷机吸热后使热水由90℃下降到80℃，再一次返回工艺塔塔顶的冷凝器中使用，使整个过程循环不已。这样，使聚酯生产过程中的热量得到充分利用，节约能量，从而降低生产成本。

3）节水案例剖析

为了节约用水，各聚酯企业纷纷开展了节水改造，典型的有：

① 节水案例一：废水处理回用

某厂年产3万t聚酯切片生产线包括酯化和缩聚，主要原料为精对苯二甲酸和乙二醇，生产废水来源于酯化过程中产生的酯化废水和缩聚过程中产生的喷射泵废水。该公司采用酸化水解、接触氧化法处理该废水，处理后的废水全部回用于生产。其工艺流程如图9－34所示。

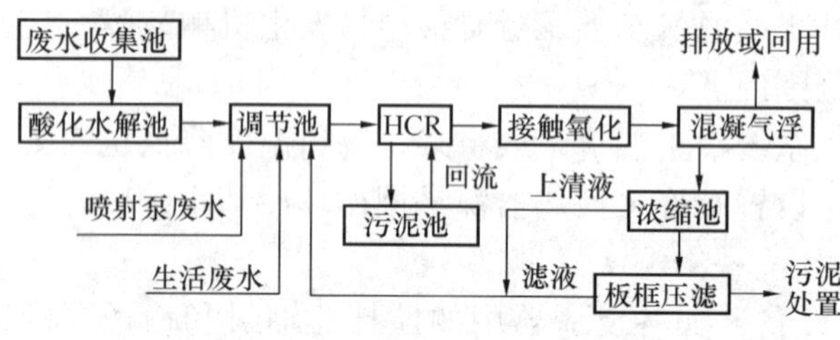

图9－34 废水处理工艺流程

表9－5 生产废水各主要排放点统计

	排放点	排放量/(t/d)	COD	BOD	B/C	pH
1	聚酯蒸汽喷射水(真空系统)	12	5100	2600	0.5	7.4
2	酯化蒸馏系统的排水	15	17100	8600	0.5	4
3	乙二醇回收系统排放水(真空系统)	36	400	200	0.5	7.8
4	化验室排水及其它废水	117	100	50	0.5	2～10

国内某企业采用PTA直接酯化法生产，年产量为3万t聚酯熔体，每天排出的废水约180t。生产废水各主要排放点的排放量和水质情况见表9－5。采用隔油－兼性厌氧(生物膜氧化沟)－厌氧－两级好氧生物接触氧化－过滤工艺处理聚酯废水，出水可以达到国家一级排放标准。

② 节水案例二：聚酯装置的凝液再利用

某石化公司化纤厂聚酯装置以精对苯二甲酸(PTA)和乙二醇(EG)为原料直接酯化连续缩聚生产供短纤装置用的聚对苯二甲酸乙二酯熔体和切片，年生产能力为4.2万t。装置蒸汽主要有以下用途：缩聚真空喷射泵使用，用量1.0～1.5t/h；管线伴热使用，夏季用量0.5t/h，冬季2.0t/h以上；加热介质，用量0.05t/h。真空喷射泵和冬季伴热系统投用后，消耗大量蒸汽，产生5t/h凝液，如果对这些凝液简单地排放，不仅会造成热污染，而且也浪费了宝贵的水资源。每年冬季伴热投用后，将界区脱盐水进口阀门关死，将脱盐水管线吹扫干净后停用，冬季所有切粒机补水全部采用凝液回收补充的方法，从而节省了大量的脱盐水。少部分凝液进入废水池作为废水池防冻使用。

③ 节水案例三：物料换热节水

被冷却介质出口温度在工艺要求上限温度运行，聚酯装置共有冷却器22台，其主要作用是冷却真空系统中捕集下来的乙二醇，再循环喷淋。冷却器一般使用小于32℃的冷却水作为冷却介质，冷却过程中最有效的节能方法是使被冷却的介质出口温度永远贴近工艺要求的上限温度运行。可以大大节省冷却水的用量。

④ 节水案例四：设备节水

某公司聚酯装置缩聚工段的真空装置原采用水蒸气喷射泵，能耗较大，单台蒸汽用量为1.5t/h(12kt/a)，循环水用量为150m^3/h(1.2Mm^3/a)；抽出的乙二醇(EG)、乙醛和少量的低聚物与动力蒸汽直接混合，既增加了原料消耗量，还产生了大量的废水。为了降低装置能耗，将缩聚工段2台水蒸气喷射泵改造为EG蒸汽喷射泵。EG循环使用，大大降低了装置的蒸汽消耗。每年可节约蒸汽12kt和循环水1.2Mm^3。

4）节水技术集成

为了更大程度地节约用水，各聚酯生产企业可采用如下的节水集成技术：

① 废水处理回用：采用酸化水解、接触氧化法处理酯化过程中产生的酯化废水和缩聚过程中产生的喷射泵废水，将处理后的废水全部回用于生产，可节约大量新水。

② 聚酯装置的凝液再利用：所有切粒机补水全部采用凝液回收补充的方法，可节省大量的脱盐水。少部分凝液进入废水池作为废水池防冻使用。

③ 物料换热节水：使被冷却的介质出口温度永远贴近工艺要求的上限温度运行，可以大大节省冷却水的用量。

④ 设备节水：将缩聚工段两台水蒸气喷射泵改造为EG蒸汽喷射泵。EG循环使用，可大大降低装置的蒸汽消耗。每年可节约蒸汽12kt和循环水1.2Mm^3。

5）集成后节水效果预测

对于年产12万聚酯切片的某化纤有限公司，如采用上述节水集成技术进行改造后，单位产品的新水取用量可降至0.9m^3，大大低于江苏省的工业用水定额(2010年修订，合成材料制造中初级形态的塑料及合成树脂制造中聚酯切片的用水定额为2m^3/t)，工业水的重复利用率达98%以上，工艺水的回用率达98.8%，冷凝水的回用率达98.6%，既能取得明显的节水效果，又能大幅减少废水治理的费用，具有明显的经济效益、环境效益和社会效益。

(3) 聚丙烯腈生产过程中的节水集成技术

聚丙烯腈通常为丙烯腈的三元共聚物，第一单体为丙烯腈(含量88%～95%)，第二单体为丙烯酸甲酯(含量4%～10%)，第三单体(含量0.3%～2%)常为含磺酸基团或羧酸基团的单体或含碱性基团的单体。聚丙烯腈是合成纤维的主要品种之一，国内的商品名为腈纶，其纤维的性能优良，作用广泛，为世界三大合成纤维之一。

1）典型生产流程

聚丙烯腈的工业生产方法有溶液聚合法和水相沉淀聚合法两种。

溶液聚合法是单体溶于某一溶剂中进行聚合，而生成的聚合物也溶于该溶剂中的聚合方法，优点是反应温度易于控制，并可进行连续聚合。聚合结束后，聚合液可直接纺丝，所以又称为一步法。其生产流程如图9－35所示。丙烯腈(AN)、丙烯酸甲酯(MA)、衣康酸(甲叉丁二酸，第三单体)的共聚是以硫氰酸钠水溶液为溶剂，同时加入调节剂(异丙醇)和浅色剂(二氧化硫脲，TUD)，在引发剂偶氮二异丁腈(AIBN)的作用下进行聚合的。通常先将衣康酸与22%的NaOH配制成13.5%的衣康酸钠盐溶液，在搅拌器内与硫氰酸钠、偶氮二异丁腈和二氧化硫脲混合，将其 pH 值调至 4～5。然后在混合器中与 AN、MA 混合，经预热后进入聚合釜，在反应温度 75～80℃的条件下，经过 1.5h 的聚合反应，转化率为 70%～75%。聚合后的浆液进入脱单体塔，在真空度为 90.6kPa 的条件下脱除单体，单体在喷淋冷凝器中用冷却至 9℃的混合液喷淋冷却后返回混合器，聚合液经二次脱单体，冷却后直接送去纺丝。

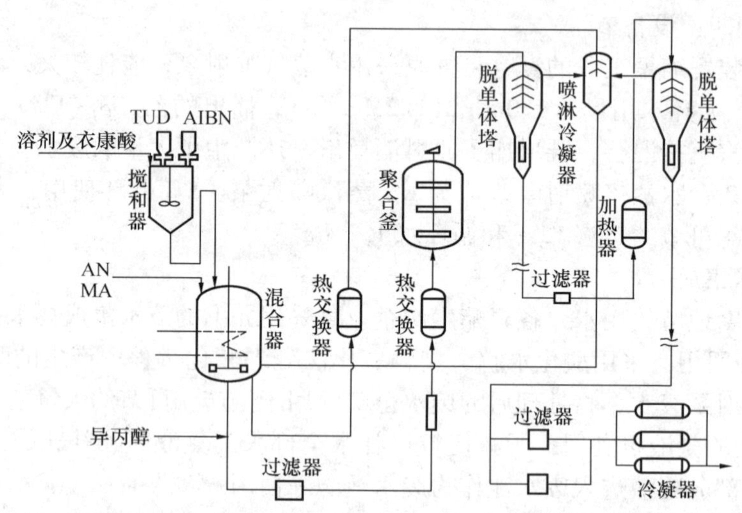

图 9－35　聚丙烯腈溶液聚合法生产流程图

水相沉淀聚合法以丙烯腈为主要原料，甲基丙烯酸甲酯为第二单体，采用氧化还原体系，如 $NaClO_3-NaHSO_3$ 作引发剂，进行二元水相悬浮聚合的。所得聚合物不溶于水相而沉淀出来，由于在纺丝前还要进行聚合物的溶解工序，所以称为二步法。

由于采用水溶性氧化还原体系，聚合温度低，聚合物质量较好，反应热容易控制，分子量分布较窄，转化率也较高，其工艺流程如图 9－36 所示。将反应混合物（水、引发剂、乳化剂等）与单体（单体与水的比例为 15%～40%）经计量后加入到聚合釜中，在 pH 值为 2～5、温度为 30～60℃的条件下，聚合 1.5～3h 后，聚合转化率为 80%～85%。从聚合釜出来的含单体的高聚物淤浆流到碱终止釜，在釜内加入 NaOH 水溶液以改变高聚物淤浆的 pH 值，使反应终止。再将高聚物淤浆送到脱单体塔，用低压蒸汽在减压下除去未反应的单体，

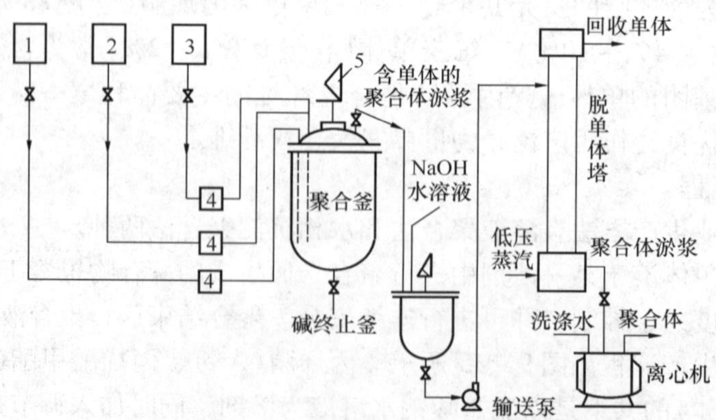

图 9－36　连续式水相沉淀聚合工艺流程示意图

1—AN 计量槽；2—反应混合液贮槽；3—计量槽；4—计量泵；5—搅拌器

单体回收后循环使用。脱去单体的高聚物淤浆经离心脱水、洗涤、干燥即可得到丙烯腈共聚物。

2）用水节点及水质水量分析

由上述的工艺流程可以看出，其生产过程中的用水节点及对水质水量的要求分别为：

① 工艺用水：用于配制反应液。此部分的用水量不大，但对水质的要求较高，一般要求为脱盐水，以免使产品中杂质含量超标。

② 冷却用水：用于设备及物料的冷却。此部分的用水量较大，但由于采用间接冷却，对水质的要求较低，一般清水即可。

③ 加热用水：以蒸汽的形式用于反应物料的加热。此部分的用水量不大，但对水质的要求较高，一般要求为去离子软水，以免使锅炉结垢。

3）节水案例剖析

为了节约用水，各生产企业纷纷采取了不同的节水措施，并已取得了一定的节水效果。

① 节水案例一：蒸汽冷凝水代替脱盐水

某化纤集团腈纶部的整个生产系统均采用脱盐水和加热到80℃的脱盐水，由于聚合是脱盐水用量大户而且位于管网末端，时常发生脱盐水流量波动而造成生产波动，给稳定生产带来困难。为了节约脱盐水和蒸汽用量，该公司将生产系统的脱单塔、真空转鼓过滤机等使用的热脱盐水改用蒸汽冷凝水代替，不但解决了脱盐水流量不稳问题，还降低了蒸汽消耗。

② 节水案例二：工艺节水

某石化腈纶部的腈纶纺丝生产工序主要包括纺丝、冷牵伸、水洗、热牵伸、第一干燥、卷曲、定型、上油、第二干燥、切断、打包等。其中卷曲至后工序称为纺丝后处理工艺，主要是改善纤维的使用性能。虽然纤维产品能耗已居国内同行业的领先水平，但综合能耗在生产总成本中仍占10%比例，其中蒸汽消耗占产品综合能耗的67%，所以降低纤维产品蒸汽消耗仍是装置节能工作必须面对的问题，也是目前装置提高竞争力的主要手段之一。该公司将纺丝上油工序前移至卷曲前进行后，使纤维在第二干燥机进行烘干的蒸汽消耗减少0.49t/t。按年产量为29000t计算，全年可节约蒸汽14210t(0.42MPa)，节能为1461.6t标煤。

③ 节水案例三：乏汽回收利用

某石化腈纶纺丝装置的产量达7.5万t/a左右。由于该公司腈纶湿法纺丝生产工艺采取连续汽蒸定型，过饱和定型溢流水闪蒸年产生乏汽量在1.6万吨左右，并且乏汽直接在纺丝厂房顶部排放，造成热能和水资源的浪费，同时对环境造成了一定的影响。该公司采用乏汽回收工艺，降低了乏汽的排放量，每小时减少0.4MPa低压饱和蒸汽量约2.01t，同时回收的水温、水质均达到了使用要求，可以完全代替“B”级脱盐水作为纺丝装置水洗工序的水洗水，降低了回收装置“B”级脱盐水的补加量。

④ 节水案例四：余热利用

对污水降温水进行再利用，可对外排污水的温度进行再次降温。具体作法是：a. 对聚合车间的B级脱盐水和原液进行换热处理，不但为聚合车间降低了消耗，而且使外排污水的温度达到了工艺要求；b. 在各项指标合格的情况下，引一条污水降温水在换热之前去pH调节罐的管线，在回收车间供料不足和水洗水温度低的情况下，保证EC水的量和温度，从而保证纺丝维持正常生产，也相应降低了外排污水的量，起到了节能减排的功效。

通过对水洗水加热器进行改造，将用来给水洗水加热的蒸汽改为用热牵伸溢流罐去污水罐的溢流水对水洗水进行加热，从而节省了蒸汽，而且还起到了对热牵伸溢流水进行初次降温，减轻了污水降温换热器的负荷。将装置伴热采暖系统蒸汽改为热水，可使装置蒸汽用量明显降低。严格执行循环水进出口温度控制指标，调整循环水用量，在保证装置正常生产的同时，使换热器循环水出入口温差达到最佳状态，降低了装置循环水用量。

⑤ 节水案例五：污水处理

中石化某石化公司对产生的腈纶污水进行处理。进水是腈纶聚合污水和纺丝污水按1：1比例进行混兑，COD 为 1130～1400mg/L，BOD 为 110mg/L 左右。出水从第二天开始 COD 始终低于60mg/L，最后几天出水 COD 连续都在 30～40mg/L 之间，实现了污水的再生回用。

4）节水技术集成

为了更大程度地节约用水，聚丙烯腈生产企业可采用如下的节水集成技术：

① 蒸汽冷凝水代替脱盐水：将生产系统的脱单塔、真空转鼓过滤机等使用的热脱盐水改用蒸汽冷凝水代替，不但可解决脱盐水流量不稳问题，还可降低蒸汽消耗。

② 工艺节水：将纺丝上油工序前移至卷曲前进行后，可使纤维在第二干燥机进行烘干的蒸汽消耗减少，从而取得节水节能的双重效果。

③ 乏汽回收利用：采用乏汽回收工艺，并将回收的水作为纺丝装置水洗工序的水洗水，既可降低乏汽的排放量，又可节约用水。

④ 余热利用：对污水降温水进行再利用，可对外排污水进行再次降温；对水洗水加热器进行改造，将用来给水洗水加热的蒸汽改为用热牵伸溢流罐去污水罐的溢流水对水洗水进行加热，不但可节省蒸汽，还可实现对热牵伸溢流水进行初次降温，减轻污水降温换热器的负荷；将装置伴热采暖系统蒸汽改为热水，可使装置蒸汽用量明显降低。严格执行循环水进出口温度控制指标，调整循环水用量，在保证装置正常生产的同时，使换热器循环水出入口温差达到最佳状态，降低装置循环水用量。

⑤ 污水处理：将产生的腈纶污水进行处理回用，可节约用水。

5）集成后节水效果预测

对于某年产 10 万 t 聚丙烯腈纤维的石化企业，采用上述节水集成技术进行改造后，单位产品的新水取用量可降至 1.7m^3，工业水的重复利用率达 97.3% 以上，工艺水的回用率达 98.6%，冷凝水的回用率达 98.5%，既能取得明显的节水效果，又能大幅减少废水治理的费用，具有明显的经济效益、环境效益和社会效益。

9.6.3 合成橡胶工业的节水技术集成

天然橡胶是由异戊二烯构成的一类线性柔性天然高分子化合物，具有一系列优良的物理和机械性能，如良好的弹性、较高的机械强度、良好的耐屈挠疲劳性能等，是一种用途广泛的通用橡胶。由于资源有限，此后相继开发了合成橡胶，如丁苯、顺丁、丁腈、丁基、乙丙、氯丁等橡胶，以代替天然橡胶作轮胎、胶管、胶带、胶鞋以及各种橡胶配件。

（1）丁苯橡胶

丁苯橡胶有乳液丁苯橡胶和溶液丁苯橡胶。

1）典型生产流程

根据聚合温度、配方及其制备条件的不同，丁苯橡胶主要有两种类型：热丁苯橡胶和冷丁苯橡胶。以过硫酸钾为引发剂，在大约 50℃下聚合而成的，称为热丁苯橡胶；采用氧化还原的引发剂体系，在低温 5℃下进行聚合的称为冷丁苯橡胶。由于冷丁苯橡胶性能优良，目前国内丁苯橡胶全部采用冷法生产，其工艺流程如图 9－37 所示。

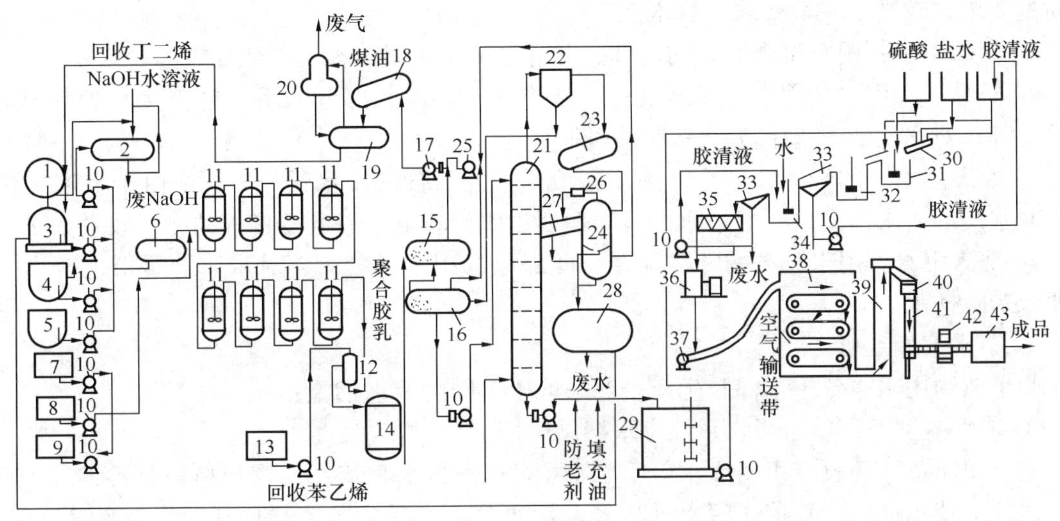

图9-37　乳聚丁苯橡胶冷法连续聚合工艺流程

1—丁二烯原料贮罐；2—阻聚剂(TBC)除去槽；3—苯乙烯原料贮槽；4—皂液贮槽；5—水槽；6—冷却器；7—过氧化物计量罐；8—活化剂计量罐；9—调节剂计量罐；10—泵；11—聚合釜；12—转化率调节器；13—终止剂计量罐；14—泄料罐；15—第一闪蒸槽；16—第二闪蒸槽；17—压缩机；18—冷凝器；19—丁二烯贮槽；20—洗气罐；21—苯乙烯脱气塔；22—气体分离器；23—冷凝器；24—升压分离器；25—真空泵；26—喷射泵；27—冷凝器；28—苯乙烯倾析槽；29—混合槽；30—凝聚槽；31—胶粒皂化槽；32—停置槽；33—振动筛；34—胶粒洗涤槽；35—挤压脱水机；36—粉碎机；37—鼓风机；38—干燥箱；39—输送器；40—自动计量器；41—压胶机；42—金属检测器；43—包装机

冷丁苯橡胶的生产工艺过程包括：油相及水相的配制；助剂(引发剂、活化剂、调节剂、终止剂、防老剂溶液)的配制；共聚合；脱气(回收单体)；乳胶的凝聚及后处理。

精制后的苯乙烯与丁二烯(用10%~15%浓度的NaOH水溶液进行淋洗，以除去所含的阻聚剂)分别按比例在油相混合槽中均匀混合。乳化剂混合液(水相)是按规定量将软水、乳化剂、电解质(磷酸钠)、除氧剂(保险粉)混合而成。然后将油相、水相经过滤并用盐水冷却，再在乳化槽充分混合均匀进行乳化后，送入第一聚合釜中。在送入管线中加入引发剂溶液(5%~10%引发剂的歧化松香皂液)，同时在第一聚合釜中还要加入活化剂溶液(还原剂、螯合剂、NaOH络合液)、调节剂。聚合装置一般由8~12个不锈钢聚合釜串联而成，用盐水或液氨蒸发冷却，每釜停留1h。反应物料聚合达到规定的转化率后，加入终止剂(二硫代氨基甲酸钠)以使聚合反应停止进行。为此，在聚合釜后面装有小型终止釜数个串联，可以根据测定的转化率在不同位置添加终止剂溶液。

从终止釜流出的胶乳被卸入胶乳缓冲罐，然后经过两个不同真空度的闪蒸器回收未反应的丁二烯。回收的丁二烯压缩液化，再经冷凝除去惰性气体后循环使用。脱除了丁二烯的胶乳进入脱苯乙烯的汽提塔，然后胶乳进入混合槽，与防老剂乳液(也可在脱气前加入)及其他添加剂搅拌混合均匀，达到要求的浓度后送往后处理工序。混合均匀的胶乳，送到凝聚槽加入24%~26%的食盐水和0.5%的稀硫酸进行凝聚，使橡胶完全凝聚成小胶粒，再经胶粒皂化槽、洗涤槽、振动筛、真空过滤器，经粉筛、干燥、压块后包装成成品。

2）用水节点及水质水量分析

① 工艺用水：用于配制乳化剂混合液和凝聚槽的凝聚用液。此部分的用水量较大，对

水质的要求也较高，一般要求为软水。

② 冷却用水：用于聚合装置的冷却，此部分的用水量较大，一般要求为盐水。

③ 机泵冷却用水：用于对压缩机等设备进行冷却。此部分的用水量较大，但由于采用间接冷却，对水质的要求不高，一般清水即可。

④ 冷凝用水：用于回收丁二烯的冷凝液化。此部分的用水量较大，但由于采用间接冷凝，对水质的要求不高，一般清水即可，但要求水温较低，以起到良好的冷凝效果。

⑤ 洗涤用水：用于胶粒的洗涤除杂。此部分的用水量较大，对水质的要求也较高，一般要求为除盐水。

3）节水案例剖析

为了节约用水，各丁苯橡胶生产企业采取了不同的节水措施：

① 节水案例一：单体回收系统废水精制回用

某公司原单体回收工段的废水（丁二烯压缩机密封水和苯乙烯汽提塔塔顶冷凝水）经过滗析器脱除苯乙烯后，直接送污水处理场。污水量大，其中苯乙烯的质量分数约 2×10^{-4}，不仅浪费了资源，苯乙烯作为恶臭物质还将影响环境。该公司增加废水精制系统，采用低压蒸汽将单体回收工段的废水进行汽提脱除苯乙烯，使苯乙烯的质量分数降低到 1×10^{-5} 以下。塔顶含苯乙烯的气相物料并入苯乙烯汽提塔塔顶气相冷却回收系统，脱除苯乙烯的精制废水用于非聚合化学品的配制（如消泡剂等）及回收工段蒸汽降温水。增加废水精制系统后，其主要效果为：a. 减少污水排放量 13t/h，精制废水返到装置内代替部分脱盐水和脱氧水，每年可减少脱氧水用量约 40kt，减少脱盐水用量 64kt；b. 原排污废水中大部分苯乙烯得到回收，按原排废水中最低苯乙烯质量分数 2×10^{-4} 计算，可回收苯乙烯约 20.2t/a。

② 节水案例二：单体回收滗析器系统

原工艺采用一个 40m^3 的滗析器，即水环式压缩机密封水与苯乙烯汽提塔顶凝液进入同一个滗析器，采用负压操作，气相回收丁二烯，油相回收苯乙烯。现将丁二烯压缩机密封水系统与苯乙烯回收塔顶凝液分开，根据两部分物系的组成和流量情况分别进行回收。单体回收滗析器系统技术改造后，压缩机密封水与苯乙烯汽提塔顶凝液分开，密封水中的丁二烯负压、快速回收，苯乙烯滗析器常压操作，在整个单体回收系统中未出现因产生端聚物造成生产停车的情况，增强了生产的稳定性和安全性，减少了物料及公用工程消耗及事故排放，1t 橡胶回收废水量为 1.6t，每生产 1 万 t 橡胶可减少苯乙烯损失约 35t，同时减小了污水处理系统的物耗、能耗。

③ 节水案例三：丁二烯闪蒸回收系统改进

原工艺中泄料槽为立式设备，饱和蒸汽自设备底部加入，1#泄料槽和 2#泄料槽的温度分别控制在 50℃和 55℃。在基本不改变泄料槽几何尺寸的前提下，将泄料槽由立式改为卧式，使闪蒸丁二烯中夹带胶乳的问题有较大改善；同时，由于闪蒸面积增大，大大提高了丁二烯的闪蒸速率，且卧式泄料槽中的液层厚度较小，有利于提高闪蒸效果，降低操作温度，可以提高胶乳的稳定性，减少凝胶的产生以及由此引起的胶乳堵挂问题，减小了回收系统产生丁二烯端聚物的可能性。另外，泄料槽由立式改为卧式后，可采用“在线加热”，即在从聚合釜到泄料槽的胶乳管线上引入蒸汽进行加热。

经过改造后，可取得如下效果：生产稳定性增强。泄料槽由立式改为卧式，操作温度平均降低 10℃，有效改善了胶乳的稳定性，降低了负压回收系统产生的丁二烯端聚物的可能性；卧式泄料槽的蒸汽加热系统改为在线加热，消除了原立式泄料槽底部加热系统引起的局部过热和对胶乳的长时间蒸煮，也改善了胶乳的稳定性，减少了凝胶的产生。丁二烯回收系统管线和设备的堵挂现象明显减轻，清理周期由原来的 20～30 天增加到 60～70 天。操作温度比原操作温度平均降低 10℃，生产 1t 橡胶节约蒸汽用量约 76kg。泄料槽系统清理周期增长，每条生产线每年至少可节约新鲜水 42t，同时减少污水排放 42t，在不增加原料消耗的情况下，生产 1 万 t 胶可增产 6t，经济效益、环境效益明显。

④ 节水案例四：苯乙烯汽提塔技术改进

在苯乙烯汽提塔塔顶用 4 块筛孔塔盘代替原有的 2 块压沫板，将滗析器出来的废水自塔顶进料、从胶乳进料盘上侧线抽出。塔顶加入的废水一方面起到消泡的作用，减少塔顶气相中胶乳的夹带量，提高塔操作的稳定性；另一方面，当生产操作有波动时，尤其是生产负荷增加或胶乳中苯乙烯含量较高时，可通过调整加入废水量和侧线抽出量，使汽提塔接近精馏塔的操作，通过调整塔底蒸汽量，降低塔底胶乳中残留苯乙烯的含量，减少排放。

⑤ 节水案例五：生产工艺的优化

对乳化剂歧化松香酸钾皂中的“有效皂”成分实施有效监控，使工艺更加平稳；适当提高脂肪酸皂的用量并使其与歧化松香酸钾皂保持合理的配比，提高聚合效率并有利于产物的 300% 定伸应力。采用控制各个聚合釜温度或几台釜组合调节温度的方法可较好地控制转化率，通过调节单体加料量则可控制反应时间，从而优化工艺控制。将闪蒸槽用湿蒸汽加热，并对脱气系统实行加热梯度控制以及增加关键部位的阻聚剂用量，都能使装置的运行周期得以极大地延长，使得能耗、物耗等方面均可大大降低。

⑥ 节水案例六：工业废水深度处理回用

某石化橡胶厂工业废水排放量为 $200m^3/h$。将橡胶工业废水经深度处理后，大部分水质指标明显优于当地地下水，可以用做锅炉补给水或工艺用水源水。

4）节水技术集成

为了更大程度地节水，各丁苯橡胶生产企业可采用如下的节水集成技术：

① 单体回收系统废水精制回用：增加废水精制系统，采用低压蒸汽将单体回收工段的废水进行汽提脱除苯乙烯，使苯乙烯的质量分数降低。塔顶含苯乙烯的气相物料并入苯乙烯汽提塔塔顶气相冷却回收系统，脱除苯乙烯的精制废水用于非聚合化学品的配制（如消泡剂等）及回收工段蒸汽降温水。既可减少污水排放量，又可使大部分苯乙烯得到回收。

② 单体回收滗析器系统：将压缩机密封水与苯乙烯汽提塔顶凝液分开，密封水中的丁二烯负压、快速回收，苯乙烯滗析器常压操作，可增强生产的稳定性和安全性，减少了物料及公用工程消耗及事故排放，同时减小了污水处理系统的物耗、能耗。

③ 丁二烯闪蒸回收系统改进：将泄料槽由立式改为卧式，操作温度平均降低 10℃，有效改善了胶乳的稳定性，降低了负压回收系统产生的丁二烯端聚物的可能性；卧式泄料槽的蒸汽加热系统改为在线加热，消除了原立式泄料槽底部加热系统引起的局部过热和对胶乳的长时间蒸煮，也改善了胶乳的稳定性，减少了凝胶的产生，既可节约新鲜，又可减少污水排放。

④ 苯乙烯汽提塔技术改进：将滗析器出来的废水自塔顶进料、从胶乳进料盘上侧线抽出。塔顶加入的废水一方面起到消泡的作用，减少塔顶气相中胶乳的夹带量，提高塔操作的稳定性；另一方面，当生产操作有波动时，尤其是生产负荷增加或胶乳中苯乙烯含量较高时，可通过调整加入废水量和侧线抽出量，使汽提塔接近精馏塔的操作，通过调整塔底蒸汽量，降低塔底胶乳中残留苯乙烯的含量，减少排放。

⑤ 生产工艺的优化：对乳化剂歧化松香酸钾皂中的“有效皂”成分实施有效监控，使工艺更加平稳；适当提高脂肪酸皂的用量并使其与歧化松香酸钾皂保持合理的配比，提高聚合效率并有利于产物的300%定伸应力。采用控制各个聚合釜温度或几台釜组合调节温度的方法可较好地控制转化率，通过调节单体加料量可控制反应时间，从而优化工艺控制。将闪蒸槽用湿蒸汽加热，并对脱气系统实行加热梯度控制以及增加关键部位的阻聚剂用量，都能使装置的运行周期得以极大地延长，使得能耗、物耗等方面均可大大降低。

⑥ 工业废水深度处理回用：将橡胶工业废水经深度处理后，大部分水质指标明显优于当地地下水，可以用做锅炉补给水或工艺用水源水。

5）集成后节水效果预测

对于年产10万t丁苯橡胶的某石化企业，如采用上述节水集成技术进行改造后，单位产品的新水取用量可降至10.7m^3，工业水的重复利用率达96.7%以上，工艺水的回用率达98.3%，冷凝水的回用率达97.2%，既能取得明显的节水效果，又能大幅减少废水治理的费用，具有明显的经济效益、环境效益和社会效益。

（2）顺丁橡胶生产过程的节水技术集成

生产所用的原料单体为1，3－丁二烯，纯度大于99.5%。在齐格勒—纳塔型催化剂或有机锂催化剂的作用下，在溶液中定向聚合，即可制得顺1，4－聚丁二烯。

1）典型生产流程

聚丁二烯橡胶的生产工艺流程如图9－38所示。单体和溶液经精制、脱水后，以一定比例与催化剂混合后连续加至聚合釜。聚合系统在聚合前必须先经充分脱氧、脱水。聚合釜为装有搅拌和冷却夹套的压力釜，通常由2～5台串联使用。反应温度若用钴、钛催化剂体系时为0～50℃，而用镍系催化剂时为50～80℃，压力为反应温度下单体与溶剂的蒸汽压，约为0.1～0.3MPa，反应时间为3～5h，聚合液中橡胶的浓度常在10%～15%之间。得到的聚合液溶液，加入终止剂和防老剂后送入混合槽混合，然后将聚合液喷入由蒸汽加热的热水中，在蒸出溶剂的同时，聚合物凝聚成小颗粒。经几个凝聚釜充分除净溶剂后的聚合物淤浆送入后处理，经过滤除水后所得湿聚合物（橡胶）用挤压膨胀干燥机干燥后，成型包装即可得到产品。因此总工序是由原料精制、催化剂配制、聚合、分离回收、后处理等步骤所组成。

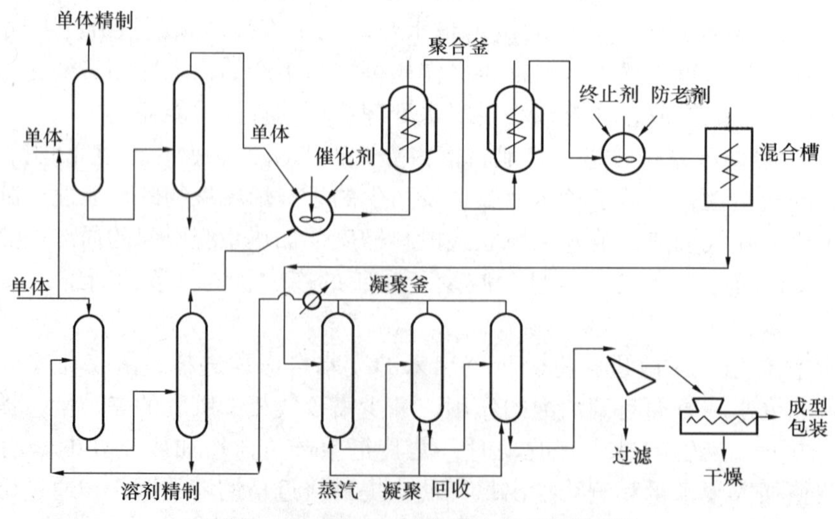

图9－38　聚丁二烯橡胶生产工艺流程

聚合反应结束后，常用醇类及胺类等可溶于有机溶剂的极性物质作为终止剂，如甲醇、乙醇、异丙醇和氨等。然后采用水析凝聚干燥法，将胶液注入热水，用水蒸气汽提，脱除溶剂及未反应的单体，使聚合物凝聚成小颗粒。

2）用水节点及水质水量分析

在顺丁橡胶生产中的用水节点及其对水质水量的要求分别为：

① 加热用水：以蒸汽的形式用于加热。这部分的用水量较大，对水质的要求也较高，一般要求为软水，以防止锅炉结垢。

② 水析用水：用于终止剂的水析凝聚。此部分的用水量较大，一般要求清水即可。

③ 汽提用水：以蒸汽的形式用于终止剂溶剂的脱除，此部分的用水量较大，一般为软水。

3）节水案例剖析

为了节约用水，各顺丁橡胶生产企业采取了不同的节水措施：

① 节水案例一：差压凝聚

某石化公司顺丁橡胶装置的能耗为 1.56×10^{9}MJ/a，蒸汽生产能耗是顺丁橡胶生产的主要能耗，占橡胶生产总能耗的77.58%，而凝聚单元又是整个顺丁橡胶装置的蒸汽消耗大户，占整个蒸汽消耗的64.19%。该公司对顺丁橡胶装置进行了差压凝聚工艺改造，使顺丁橡胶装置的蒸汽单耗由原来的4.81t降低到3.8t，节约了大量的蒸汽。

② 节水案例二：采用新工艺

在顺丁橡胶(BR)生产中，凝聚环节所消耗的能量占总能耗的60%，因此凝聚工艺是BR生产中能耗物耗控制的一道关键工艺。为降低成本，提高产品竞争力，某石化公司自行开发出BR三釜凝聚新技术。该工艺控制手段先进；在同等条件下生产每吨BR的蒸汽单耗减少了0.4t以上，循环水消耗每小时减少70余吨。同时由于凝聚效果增强、生产过程中溶剂油的挥发减少，不但降低了物耗，还消除了因溶剂挥发而产生的安全隐患。

4）节水技术集成

为了节约用水，顺丁橡胶生产企业可采用如下的节水集成技术：

① 差压凝聚：顺丁橡胶装置采用差压凝聚，可使蒸汽单耗大幅降低，节约大量的蒸汽。

② 采用新工艺：采用三釜凝聚新技术，可使蒸汽单耗和循环水消耗送减少，溶剂油的挥发减少，不但可降低物耗，还可消除因溶剂挥发而产生的安全隐患。

5）集成后节水效果预测

对于年产150万吨顺丁橡胶的某石化公司橡胶厂，如采用上述节水集成技术进行改造后，单位产品的新水取用量可降至12.1m^3，工业水的重复利用率达96.7%以上，工艺水的回用率达98.0%，冷凝水的回用率达98.1%，既能取得明显的节水效果，又能大幅减少废水治理的费用，具有明显的经济效益、环境效益和社会效益。

参考文献

[1] 刘春平．石油化工企业的节水减排[J]．化工环保，2006，26(1)：74～77.

[2] 蔺爱国．炼油化工节水减排管理与实践[M]．北京：中国石化出版社，2007.

[3] 韩崇仁．加氢裂化工艺与工程[M]．北京：中国石化出版社，2009.

[4] 马卫虞．炼化企业水资源调研及综合利用[J]．石油化工环境保护，2006，29(1)：1～5.

[5] 廖传华，任晓乾，王重庆. 反应过程与设备[M]. 北京：中国石化出版社，2008.
[6] 贺永德. 天然气应用技术手册[M]. 北京：化学工业出版社，2010.
[7] 廖传华，顾国亮，袁连山. 工业化学过程与计算[M]. 北京：化学工业出版社，2005.
[8] 吴志泉，涂晋林. 工业化学[M]. 上海：华东理工大学出版社，2003.
[9] 魏顺安. 天然气化工工艺学[M]. 北京：化学工业出版社，2009.
[10] 陈丽，程延峰. 义马气化厂减排措施和成效[J]. 河南化工，2008，25(6)：38 ~ 39.
[11] 李文英. 甲醇厂用水系统水平衡测试探讨[J]. 天然气技术，2009，3(4)：54 ~ 55.
[12] 陈平，廖明义. 高分子合成材料学[M]. 北京：化学工业出版社，2010.
[13] 谢建玲，桂祖桐，蔡满福. 聚氯乙烯树脂及其应用[M]. 北京：化学工业出版社，2007.
[14] 桑永. 塑料材料与配方[M]. 北京：化学工业出版社，2009.
[15] 聂恒凯. 橡胶材料与配方[M]. 北京：化学工业出版社，2009.